Thieme

1.ÄP

Original-Prüfungsfragen
mit Kommentar

Physik für Mediziner

20. Auflage

Bearbeitet von
Andreas Jerrentrup

Georg Thieme Verlag
Stuttgart · New York

Dr. Andreas Jerrentrup
Klinik für Innere Medizin
SP Pneumologie
Philipps-Universität Marburg
Baldingerstraße
35033 Marburg

1. Auflage 1982
2. Auflage 1984
3. Auflage 1986
4. Auflage 1988
5. Auflage 1989
6. Auflage 1990
7. Auflage 1992
8. Auflage 1993
9. Auflage 1994
10. Auflage 1996
11. Auflage 1997
12. Auflage 1999
13. Auflage 2000
14. Auflage 2002
15. Auflage 2003
16. Auflage 2005
17. Auflage 2006
18. Auflage 2008
19. Auflage 2009
20. Auflage 2011

Bibliografische Information der Deutschen Nationalbibliothek

Die Deutsche Nationalbibliothek verzeichnet diese Publikation in der Deutschen Nationalbibliographie; detaillierte bibliographische Daten sind im Internet über http://dnb.d-nb.de abrufbar.

Rüdigerstr. 14, D-70469 Stuttgart
Unsere Homepage:
http://www.thieme.de

Umschlaggestaltung:
Thieme Verlagsgruppe

Umschlagfoto:
Studio Nordbahnhof

Satz:
medionet Publishing Services Ltd., Berlin

Druck:
Grafisches Centrum Cuno GmbH & Co. KG, Calbe
Printed in Germany

ISBN 978-3-13-114940-4

Vorwort

Das vorliegende Buch enthält eine Auswahl aus den Prüfungsfragen zum Fachgebiet Physik, die seit Einführung des schriftlichen Physikums im Herbst 1974 gestellt wurden. Die Auswahl orientiert sich an der Häufigkeit, mit der Fragen aus einem Themenkreis vorkamen, und dem Alter der Fragen, wobei der Schwerpunkt auf den Fragen aus den letzten 10 Jahren liegt. Aus den jüngeren Examina sind alle Fragen aufgenommen worden, auch wenn sie zu seltenen Themen gehören.

Seit Januar 2001 gibt es den neuen Gegenstandskatalog. Nachdem nun eine Anzahl Fragen nach dem neuen Gegenstandskatalog gestellt worden sind, wurde der Fachband nochmals in dieser Hinsicht überarbeitet.

Die in den Kommentarteilen eingefügten Lerntexte fassen Grundwissen, das zur Beantwortung der Prüfungsfragen benötigt wird, in sehr kompakter Form zusammen. Natürlich können sie in ihrer Kürze kein Lehrbuch ersetzen; wer weiterführende Erläuterungen oder Herleitungen sucht, sei auf einschlägige Literatur verwiesen, z. B. das im gleichen Verlag erschienene Lehrbuch „Physik für Mediziner". Zusätzlich enthält der Kommentarteil eine Reihe von Hinweisen und Merkregeln, die eine weitere Hilfe zur Lösung der Aufgaben bieten.

Über Anregungen und Kritik zu diesem Buch würde ich mich sehr freuen. Die Reaktionen der Leser fließen immer in die Weiterentwicklung dieses Bandes mit ein.

Ich wünsche Ihnen viel Erfolg beim Physikum!

Marburg, im August 2011
Andreas Jerrentrup

ANMERKUNGEN DER REDAKTION

Zur besseren Übersicht über die Schwerpunkte des umfangreichen Prüfungswissens wurden Fragen und Kommentare mit Quadraten gekennzeichnet. Diese gehören Stoffgebieten an, zu denen wiederholt in verschiedener Form Fragen gestellt werden.

■ **wiederholt geprüfter Stoff**

■■ **sehr wichtiger, häufig geprüfter Stoff**

Inhalt

Die fett gedruckten Seitenzahlen beziehen sich auf den Kommentarteil.

Lerntextverzeichnis

Bearbeitungshinweise

Die Original-Prüfungsfragen bilden die Grundlage dieses Bandes. Zur Prüfungsvorbereitung erscheint eine fachbezogene Fragenordnung, wie sie in diesem Band vorliegt, geeignet.
In den Original-Aufgabenheften richtet sich die Reihenfolge der Prüfungsfragen nach inhaltlichen Gesichtspunkten. Der Aufgabentyp kann sich daher von Aufgabe zu Aufgabe ändern.
Seit mehreren Jahren werden vom IMPP ausschließlich Aufgaben vom Typ **Einfachauswahl** und **Zuordnung** gestellt. Deshalb kommen Aufgaben vom Typ *Kausale Verknüpfung* und *Aussagenkombination* in diesem Band nicht mehr vor.
Die Lösung zu jeder Frage ist am Unterrand derselben Seite vermerkt. Im Lösungsteil findet sich ein ausführlicher Kommentar.

Allgemeines

Soweit nicht besondere Bedingungen genannt sind, bezieht sich der in einer Aufgabe angesprochene Sachverhalt auf den medizinischen und wissenschaftlichen Regelfall sowie auf die Gegebenheiten in der Bundesrepublik Deutschland.
Die Prüfungsaufgaben sind Antwortwahlaufgaben. Sie grenzen die Zahl der Antwortmöglichkeiten auf einen zuvor bestimmten Entscheidungszusammenhang ein. Für alle Aufgabentypen gilt daher: Antworten, die im Antwortangebot nicht enthalten sind, können nicht die richtige Lösung sein.
Die Aufgabe gilt als **richtig gelöst**, wenn die beste Antwort aus dem Antwortangebot A bis E markiert wurde. Die beste Antwort ist diejenige, die im Vergleich der fünf Antwortmöglichkeiten die Aufgabe **am umfassendsten beantwortet**.

Lesen Sie immer alle Antwortmöglichkeiten durch, bevor Sie sich für eine Lösung entscheiden.
Eine Mehrfachmarkierung und das Fehlen einer Markierung wird als falsch gewertet. Können Sie eine Aufgabe nicht lösen, lohnt es sich zu raten, weil eine 20-prozentige Chance besteht, die richtige Lösung zu treffen.

Aufgabentypen

→ Aufgabentyp A: Einfachauswahl

Bei diesem Aufgabentyp sind alle angebotenen Antworten A bis E gegeneinander abzuwägen. Als richtige Lösung wird die Bestantwort anerkannt. Bestantwort ist entweder die am meisten zutreffende oder die allein zutreffende Antwort bzw. die am wenigsten zutreffende oder die allein unzutreffende Antwort.

→ Aufgabentyp B: Zuordnung (Aufgaben mit gemeinsamem Antwortangebot)

Bei diesem Aufgabentyp sind in Liste 1 Begriffe oder Sachverhalte aufgeführt, Liste 2 enthält die möglichen Antworten A bis E. Als richtige Lösung wird die allein oder am besten zutreffende Zuordnung anerkannt. Dabei kann auch für mehrere Aufgaben der Liste 1 die gleiche Antwort der Liste 2 die richtige Lösung sein.

Fragen

1 Grundbegriffe des Messens und der quantitativen Beschreibung

1.1 Physikalische Größen und Einheiten

H92 ■

→1.1 **Welche Größe ist ein Skalar?**
(A) Kraft
(B) Geschwindigkeit
(C) Beschleunigung
(D) Dichte
(E) Impuls

F91 ■■

→1.2 **Welche Größe ist ein Vektor?**
(A) Arbeit
(B) Temperatur
(C) Masse
(D) elektrische Feldstärke
(E) Zeit

H97 ■■

→1.3 **Eine mögliche Komponentenzerlegung des Vektors F_4 der Abbildung ist**
(A) F_3, F_5
(B) F_2, F_5
(C) F_1, F_6
(D) F_1, F_5
(E) F_2, F_6

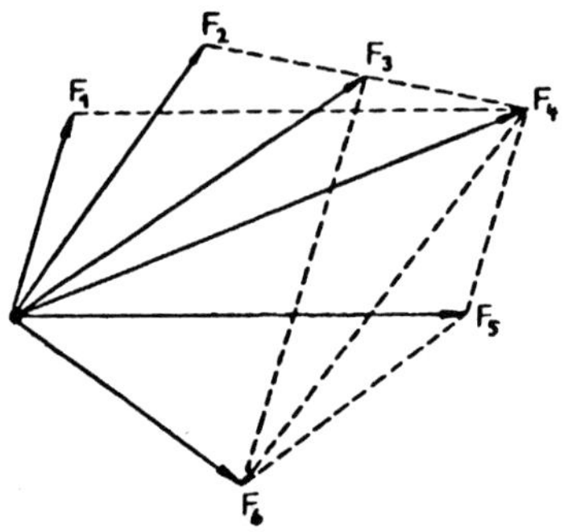

H01 ■■

→1.4 **Wie groß ist nach der folgenden Abbildung der Betrag der resultierenden Geschwindigkeit $\vec{v} = \vec{v_1} + \vec{v_2}$ wenn die Beträge der Geschwindigkeiten $\vec{v_1}$ und $\vec{v_2}$ jeweils 1,0 m/s sind?**

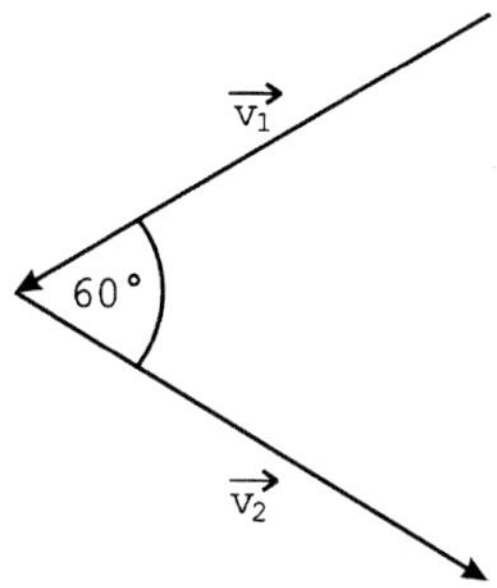

(A) 0,5 m/s
(B) 1,0 m/s
(C) $\sqrt{2}$ m/s
(D) $\sqrt{3}$ m/s
(E) 2,0 m/s

F06 ■

→1.5 **Ein Muskel entspringt zweiköpfig (also an zwei verschiedenen Ursprungsstellen), hat aber eine gemeinsame Insertionsstelle am Knochen. Jeder der beiden Muskelteile wirkt mit einer Kraft von 50 N in einem Winkel von 15° zur dazwischen (in derselben Ebene) befindlichen Achse (s. Schemazeichnung). sin(15°) ≈ 0,26; cos(15°) ≈ 0,97; sin(30°) = 0,5; cos (30°) ≈ 0,87**

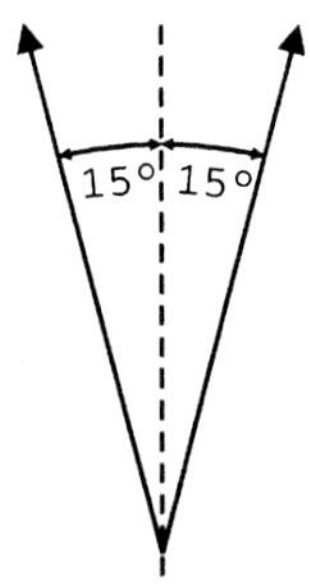

Welcher der folgenden Werte gibt den Betrag der resultierenden Kraft (mit der der Muskel an der Insertionsstelle zieht) am besten wieder?
(A) 26 N
(B) 48,5 N
(C) 50 N
(D) 87 N
(E) 97 N

1.1 (D) 1.2 (D) 1.3 (D) 1.4 (B) 1.5 (E)

F02 ■

→ **1.6 Zwei aufeinander senkrecht stehende Geschwindigkeitsvektoren der Beträge 0,6 m/s und 0,8 m/s addieren sich zu einer Gesamtgeschwindigkeit des Betrags**
(A) 0,6 m/s
(B) 0,8 m/s
(C) 1,0 m/s
(D) 1,2 m/s
(E) 1,4 m/s

F98 ■

→ **1.7 Welche der folgenden Einheiten ist eine Basiseinheit im Internationalen Einheitensystem (SI)?**
(A) Newton
(B) Pascal
(C) Mol
(D) Volt
(E) Dioptrie

H98 ■

→ **1.8 Welche der folgenden Einheiten ist <u>keine</u> Basiseinheit des Internationalen Einheitensystems (SI)?**
(A) Sekunde
(B) Kilogramm
(C) Kelvin
(D) Volt
(E) Candela

H99 ■■

→ **1.9 In welcher der Antworten (A)–(E) sind beide Einheiten Basiseinheiten des SI-Systems?**
(A) Sekunde und Newton
(B) Kilogramm und Candela
(C) Pascal und Mol
(D) Kelvin und Coulomb
(E) Ampere und Volt

F03

→ **1.10 Für eine Kugel mit Radius r ist das Verhältnis von Kugelvolumen zu Kugeloberfläche (direkt) proportional zu**
(A) $1/r$
(B) $\sqrt{r}$
(C) r
(D) r^2
(E) r^3

F95 ■■

→ **1.11 Gemessene Längen, Flächen und Volumina sollen mit einer zehnfach größeren Längeneinheit dargestellt werden.
Mit welchem Faktor muss die Maßzahl multipliziert werden?**
(A) bei Längen mit dem Faktor 10
(B) bei Flächen mit dem Faktor 10^2
(C) bei Volumina mit dem Faktor 10^3
(D) bei Volumina mit dem Faktor 10^{-3}
(E) bei Volumina mit dem Faktor 10^{-2}

H00 ■■

→ **1.12 Die Dichte der Luft (bei 0 °C und 1 bar) beträgt 1,29 g/L. Dies entspricht:**
(A) $1{,}29 \cdot 10^{-6}$ kg/m³
(B) $1{,}29 \cdot 10^{-3}$ kg/m³
(C) $1{,}29 \cdot 10^{-2}$ kg/m³
(D) 1,29 kg/m³
(E) $1{,}29 \cdot 10^{2}$ kg/m³

H04 ■

→ **1.13 Bei einem Menschen verkleinerte sich während einer Abmagerungskur das Volumen seines Körpers um 5,0 L, und seine Masse nahm dabei von 72,2 kg auf 67,7 kg ab.
Wie groß ist die mittlere Dichte des Körperanteils, der bei der Kur verloren wurde?**
(A) 0,80 kg/L
(B) 0,90 kg/L
(C) 1,0 kg/L
(D) 1,1 kg/L
(E) 1,2 kg/L

F04 ■

→ **1.14 Aerosole werden in der Medizin als Heilmittel zur Inhalation verwendet. Bei ihrer Herstellung entstehen aus einer makroskopischen Flüssigkeitsmenge mikroskopisch kleine Teilchen.
Ein Flüssigkeitsvolumen, das einer Kugel vom Durchmesser 2 cm entspricht, wird zerstäubt.
Wie groß ist die Anzahl der dabei entstehenden kleinen Kugeln unter der Annahme, dass deren Durchmesser jeweils genau 1 µm beträgt?**
(A) $2 \cdot 10^4$
(B) $8 \cdot 10^4$
(C) $4 \cdot 10^8$
(D) $8 \cdot 10^{12}$
(E) $2 \cdot 10^{15}$

1.6 (C) 1.7 (C) 1.8 (D) 1.9 (B) 1.10 (C) 1.11 (D) 1.12 (D) 1.13 (B) 1.14 (D)

F05 ■

→ **1.15 Aerosole werden in der Medizin als Heilmittel oder zur Desinfektion verwendet.**
Im folgenden Gedankenexperiment wird eine Flüssigkeitskugel vom Durchmesser D = 2 cm zerstäubt. Die Anzahl der dabei entstehenden kleinen Kugeln mit dem Durchmesser d = 1 µm beträgt $n = D^3/d^3$.
Wie groß ist das Verhältnis der Gesamt-Grenzfläche zwischen Flüssigkeit und Luft nach der Zerstäubung zur Grenzfläche vor der Zerstäubung?

(A) $2 \cdot 10^3$
(B) $2 \cdot 10^4$
(C) $2\pi \cdot 10^4$
(D) $4 \cdot 10^8$
(E) $8 \cdot 10^{12}$

H83 ■■

→ **1.16 Leistung ist in der Physik**

(A) Energie mal Weg
(B) Kraft geteilt durch Zeit
(C) Arbeit mal Weg
(D) Masse mal Geschwindigkeit
(E) Energie geteilt durch Zeit

F09 ■■

→ **1.17 Bei einem Patienten wird eine Belastungsuntersuchung mittels Fahrradergometer durchgeführt. Die dem Patienten jeweils vorgegebene Belastung ist die von ihm zu erbringende mechanische Leistung.**
Eine korrekte Angabe der Maßeinheit dieser physikalischen Größe ist:

(A) J
(B) J · s
(C) kcal
(D) W
(E) W · s

H99 ■■

→ **1.18 Welche Größe und Einheit gehört nicht zueinander?**

(A) Leistung – Watt
(B) Stromstärke – Ampere
(C) Kapazität – Farad
(D) Induktivität – Henry
(E) Magnetische Flussdichte – Coulomb

H94 ■■

→ **1.19 Das Produkt aus Watt (W) und Sekunde (s) ist**

(A) Newton (N)
(B) Joule (J)
(C) Coulomb (C)
(D) Pascal (Pa)
(E) $kg \cdot m \cdot s^{-2}$

F92 ■■

→ **1.20 Welcher der folgenden Ausdrücke hat nicht die Dimension einer Energie?**

(A) $p \cdot V$
p = Druck, V = Volumen
(B) $U \cdot I \cdot t$
U = Spannung, I = Stromstärke, t = Zeit
(C) $^1/_2\, m \cdot v^2$
m = Masse, v = Geschwindigkeit
(D) $h \cdot \nu$
h = Plancksches Wirkungsquantum, ν = Frequenz
(E) $^1/_2\, g \cdot t^2$
g = Schwerebeschleunigung, t = Zeit

H88 ■■

→ **1.21 Die Einheit Elektronenvolt (eV) ist eine Einheit der**

(A) Spannung
(B) Ladung
(C) Energie
(D) Ionendosis
(E) Energiedosis

H98 ■

→ **1.22 Eine Energie kann durch folgende Einheit nicht ausgedrückt werden:**

(A) J
(B) N · m
(C) A · V · s
(D) Gy · kg
(E) $kg \cdot m \cdot s^{-2}$

F96 ■

Ordnen Sie den angegebenen photometrischen Größen in Liste 1 die jeweilige Einheit aus Liste 2 zu!

Liste 1
→ **1.23 Lichtstärke**
→ **1.24 Beleuchtungsstärke**

Liste 2
(A) Candela
(B) Candela · Sterad
(C) Lumen
(D) Lux
(E) Lux · $(\text{Meter})^{-2}$

1.15 (B) 1.16 (E) 1.17 (D) 1.18 (E) 1.19 (B) 1.20 (E) 1.21 (C) 1.22 (E) 1.23 (A) 1.24 (D)

H04 ■

→1.25 Der minimale Winkel zwischen zwei Punkten, damit diese eben noch getrennt gesehen werden, beträgt beim normalsichtigen Erwachsenen durchschnittlich etwa 1 Winkelminute. Das entspricht im Bogenmaß etwa $3 \cdot 10^{-4}$ rad.
Etwa wie weit müssen demnach zwei Punkte auf einem 60 m entfernten Gegenstand quer zur Blickrichtung mindestens voneinander entfernt sein, um ohne Hilfsmittel getrennt wahrgenommen zu werden?
(A) 5 mm
(B) 2 cm
(C) 5 cm
(D) 20 cm
(E) 50 cm

F10

→1.26 Ein (emmetroper) Proband muss den Abstand, den zwei parallele Linien voneinander haben, in einem Sehwinkel von mindestens 0,82 Winkelminuten $\approx 2{,}4 \cdot 10^{-4}$ rad sehen, um die beiden Linien gerade noch als getrennt auflösen zu können.
Etwa welchen Abstand zueinander haben dann zwei derartige Linien, wenn er sie ab 30 cm Entfernung vom Auge gerade nicht mehr als getrennt auflösen kann?
(A) 12,5 μm
(B) 72 μm
(C) 125 μm
(D) 800 μm
(E) 1,25 mm

F00

→1.27 Wie ist mit A als Kugelteilfläche und r als Radius der Raumwinkel Ω definiert?
(A) $\Omega = A^2 \cdot r$
(B) $\Omega = A \cdot r^2$
(C) $\Omega = A/r$
(D) $\Omega = A/r^2$
(E) $\Omega = A^2/r$

1.2 Messen und Unsicherheiten beim Messen

F05 ■■

→1.28 Das Ergebnis einer einmaligen (korrekt durchgeführten) Messung der Pulsfrequenz mit einem automatischen Messgerät ergibt 120/min. Die Genauigkeit der Pulsmessung wird vom Hersteller mit ± 5 % angegeben.
Die absolute Messunsicherheit (der absolute Fehler) der Messung beträgt demnach:
(A) ± 0,6/min
(B) ± 2,4/min
(C) ± 4/min
(D) ± 6/min
(E) ± 24/min

H08 ■■

→1.29 Ein Patient mit Diabetes mellitus bestimmt mithilfe eines elektronischen Messgeräts seine Glucose-Konzentration im Kapillarblut. Das Gerät weist eine (relative) Messunsicherheit von ± 5 % auf.
Wenn das Gerät eine Konzentration von 140 mg/dL anzeigt, bedeutet dies eine absolute Messunsicherheit von
(A) ± 3,5 mg/dL
(B) ± 5 mg/dL
(C) ± 7 mg/dL
(D) ± 14 mg/dL
(E) ± 28 mg/dL

F09 ■■

→1.30 Ein Gerät zur Messung des Augeninnendrucks zeigt 20 mmHg Druckdifferenz zum Außenluftdruck. Das Gerät weist eine absolute Messunsicherheit von ± 3,0 mmHg auf.
Wie groß ist die relative Messunsicherheit der gemessenen Druckdifferenz?
(A) ± 15 %
(B) ± 6,0 %
(C) ± 6,7 %
(D) ± 15 %
(E) ± 60 %

H05 ■■

→1.31 Das Ergebnis einer einmaligen (korrekt durchgeführten) Messung des systolischen Blutdrucks mit einem automatischen Blutdruckmessgerät ergibt 150 mmHg. Die Genauigkeit der Druckmessung wird vom Hersteller mit ±3 mmHg angegeben.
Die relative Messunsicherheit (der relative Fehler) der Messung beträgt demnach:
(A) ± 0,5 %
(B) ± 2 %
(C) ± 3 %
(D) ± 4,5 %
(E) ± 5 %

F03 ■

→1.32 Die einmalige Messung der Dauer eines Vorgangs A ergab t_A = 100 ms. Die einmalige Messung der Dauer eines Vorgangs B ergab t_B = 110 ms. Die maximale relative Unsicherheit beider Messungen hat jeweils ± 0,5 % betragen.
Wie groß ist die maximale relative Unsicherheit der aus t_A und t_B errechneten Summe $t_g = t_A + t_B$?
(A) ± 0,3 %
(B) ± 0,5 %
(C) ± 1 %
(D) ± 5 %
(E) ± 10 %

1.25 (B) 1.26 (B) 1.27 (D) 1.28 (D) 1.29 (C) 1.30 (D) 1.31 (B) 1.32 (B)

H03 ■

→1.33 Die einmalige Messung der Dauer eines Vorgangs A ergab t_A = 110 ms. Die einmalige Messung der Dauer eines Vorgangs B ergab t_B = 100 ms. Die maximale relative Unsicherheit beider Messungen hat jeweils ± 0,5 % betragen.
Die maximale relative Unsicherheit der aus t_A und t_B errechneten Zeitdifferenz $\Delta t = t_A - t_B$ liegt am nächsten bei welcher der folgenden Angaben?
(A) ± 0,3 %
(B) ± 0,5 %
(C) ± 1 %
(D) ± 5 %
(E) ± 10 %

F04 ■■

→1.34 Die einmalige Messung der Länge eines Rechtecks ergab 100 mm.
Die einmalige Messung der Breite des Rechtecks ergab 110 mm.
Die maximale relative Unsicherheit der beiden Streckenmessungen hat jeweils ± 0,5 % betragen.
Etwa wie groß ist die maximale relative Unsicherheit der aus der Länge und der Breite errechneten Rechtecksfläche?
(A) ± 0,3 %
(B) ± 0,5 %
(C) ± 1 %
(D) ± 5 %
(E) ± 10 %

F07 ■■

→1.35 Ein elektronisches Thermometer zeigt einen Wert für die Körpertemperatur von 39,9 °C an. Die letzte Ziffer (!) der Digitalanzeige ist um ± 1 unsicher. Etwa wie groß ist die daraus resultierende relative Messunsicherheit (relativer Fehler)?
(A) ± 0,25 %
(B) ± 0,4 %
(C) ± 1 %
(D) ± 2,5 %
(E) ± 4 %

F02 ■■

→1.36 Die Kantenlänge a eines Würfels und ihre abgeschätzte Unsicherheit betragen (10 ± 0,1) cm.
Dann ergibt sich für das Würfelvolumen V und dessen Unsicherheit:
(A) V = (100 ± 1) cm^3
(B) V = (100 ± 3) cm^3
(C) V = (1000 ± 3) cm^3
(D) V = (1000 ± 30) cm^3
(E) V = (1000 ± 300) cm^3

F01 ■■

→1.37 Etwa wie groß ist die maximale relative Unsicherheit für den Wert der in einem (als rein ohmscher Widerstand wirkenden) Heizgerät umgesetzten elektrischen Leistung, wenn die maximale relative Messunsicherheit der elektrischen Spannung ± 4 % und die der elektrischen Stromstärke ± 3 % beträgt?
(A) ± 1 %
(B) ± 5 %
(C) ± 7 %
(D) ± 12 %
(E) ± 24 %

H01 ■■

→1.38 Bei der Ermittlung des Werts eines ohmschen Widerstands ergibt die Messung und Abschätzung der Unsicherheit für die elektrische Stromstärke 3 A ± 30 mA und für die elektrische Spannung 10 V ± 0,5 V.
Etwa wie groß ist die maximale relative Unsicherheit für den Wert des Widerstands?
(A) ± 0,2 %
(B) ± 1 %
(C) ± 4 %
(D) ± 5 %
(E) ± 6 %

H04 ■■

→1.39 Ein Gegenstand bewegte sich gleichförmig und geradlinig von Punkt A zum Punkt B. Die (einmalige) Messung der Zeitdauer für den Weg des Gegenstands zwischen A und B ergab t = 100 s. Die (einmalige) Messung des Abstands zwischen A und B ergab s = 110 mm. Die maximale relative Unsicherheit sowohl der Zeit- als auch der Streckenmessung hat jeweils ± 0,5 % betragen.
Etwa wie groß ist die maximale relative Unsicherheit der aus t und s errechneten Geschwindigkeit v = s/t?
(A) ± 0,3 %
(B) ± 0,5 %
(C) ± 1 %
(D) ± 5 %
(E) ± 10 %

H00 ■■

→1.40 Wie groß ist die maximale relative Unsicherheit für den Wert der elektrischen Energie
$E = \frac{1}{2}\frac{Q^2}{C}$ eines geladenen Kondensators, dessen Kapazität C und dessen Ladung Q auf je ± 2 % genau bekannt sind?
(A) ± 2 %
(B) ± 3 %
(C) ± 4 %
(D) ± 5 %
(E) ± 6 %

1.33 (E) 1.34 (C) 1.35 (A) 1.36 (D) 1.37 (C) 1.38 (E) 1.39 (C) 1.40 (E)

H06 ■

1.41 Die Körpertemperatur eines Patienten wird fünfmal gemessen und ergibt folgende Werte:
37,2 °C
37,8 °C
37,2 °C
37,5 °C
37,3 °C
Wie groß ist der arithmetische Mittelwert?
(A) 37,3 °C
(B) 37,4 °C
(C) 37,5 °C
(D) 37,6 °C
(E) 37,7 °C

H05

1.42 Bei 50 Patienten wird der Augeninnendruck gemessen. Aus den 50 Messwerten errechnet sich ein Mittelwert (arithmetisches Mittel) von 25,0 hPa. Unter den 50 Messwerten ist einer mit 50,0 hPa vergleichsweise sehr groß.
Wie groß ist der Mittelwert ohne diesen Ausreißer?
(A) $\frac{1100}{49}$ hPa ~ 22,5 hPa
(B) $\frac{1125}{49}$ hPa ~ 23,0 hPa
(C) $\frac{1150}{49}$ hPa ~ 23,5 hPa
(D) $\frac{1175}{49}$ hPa ~ 24,0 hPa
(E) $\frac{1200}{49}$ hPa ~ 24,5 hPa

F08

1.43 Bei 100 jungen Erwachsenen wird sonographisch die axiale Augapfellänge jeweils einmalig am linken Auge gemessen. Der (arithmetische) Mittelwert der 100 Messwerte ist 24,0 mm, die Standardabweichung der Messwerte 1,0 mm und die Messunsicherheit als Standardabweichung des Mittelwerts (Standardfehler des Mittelwerts) ± 0,1 mm. Die Streuung der Messwerte genügt in guter Näherung einer Gauß-Verteilung.
An wie vielen zusätzlichen Probanden müsste in gleicher Weise gemessen werden, um die durch statistische Schwankung bedingte Messunsicherheit um den Faktor 10 zu reduzieren, also die Standardabweichung des Mittelwerts auf ± 0,01 mm zu senken (bei gleicher Standardabweichung der Messwerte)?
(A) 100
(B) 900
(C) 1000
(D) 1900
(E) 9900

F10

1.44 Im Rahmen einer Untersuchung wird die Körpergröße von 2 850 Mädchen im Alter von 60 Monaten bestimmt. Die Größenverteilung genügt in guter Näherung einer Gauß-Verteilung mit einem Mittelwert von 110 cm und einer Standardabweichung von 5 cm.
Etwa wie groß ist der Anteil der Mädchen mit einer Körpergröße im Intervall von 105 cm bis 115 cm?
(A) 50 %
(B) 63 %
(C) 68 %
(D) 96 %
(E) 99 %

H10 ■

1.45 Im Rahmen einer Untersuchung wird die Körpergröße von 2 850 Mädchen im Alter von 60 Monaten bestimmt. Die Größenverteilung genügt in guter Näherung einer Gauß-Verteilung mit einem Mittelwert von 110 cm und einer Standardabweichung von 5 cm.
Etwa wie groß ist der Anteil der Mädchen mit einer Körpergröße von mehr als 115 cm?
(A) 5 %
(B) 8 %
(C) 16 %
(D) 22 %
(E) 33 %

H04 ■

1.46 Ein Hohlzylinder mit dem Innenradius r_i und dem Außenradius r_a dient als Modell für einen Röhrenknochen (siehe Zeichnung).

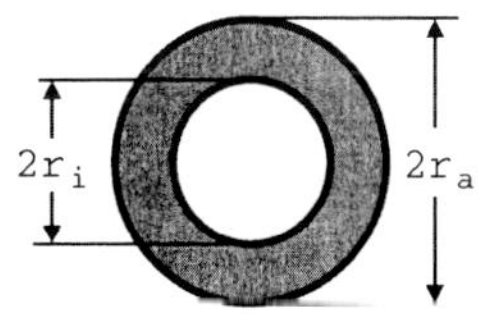

Wie groß ist im Modell die Querschnittsfläche für das Knochengewebe?
(A) $2\pi(r_a^2 - r_i^2)$
(B) $2\pi(r_a - r_i)$
(C) $\pi(r_a - r_i)^2$
(D) $\pi(r_a^2 - r_i^2)$
(E) $\pi^2(r_a - r_i)$

H07 ■

1.47 Eine Zelle habe eine etwa kugelförmige Gestalt mit einem Radius von 10 µm.
Etwa welches Innenvolumen haben 1 Milliarde (10^9) dieser Zellen?

(A) 0,4 mL
(B) 4 mL
(C) 40 mL
(D) 0,4 L
(E) 4 L

H10 ■

1.48 Würfelförmige Zellen mit jeweils 10 µm Kantenlänge bilden mit vernachlässigbar kleinen Zwischenräumen ein Gewebe.
Wie viele Zellen sind in 1 cm^3 eines derartigen Gewebes enthalten?

(A) 10^3 = 1 000
(B) 10^6 = 1 Million
(C) 10^9 = 1 Milliarde
(D) 10^{11} = 100 Milliarden
(E) 10^{12} = 1 Billion

F06

1.49 Beim Einsatz von Implantaten kommt es häufig auf passgenauen Sitz an. Bestimmen Sie den Durchmesser der Implantathülse mit der Schieblehre unter Zuhilfenahme der Noniusskala gemäß folgender Zeichnung:

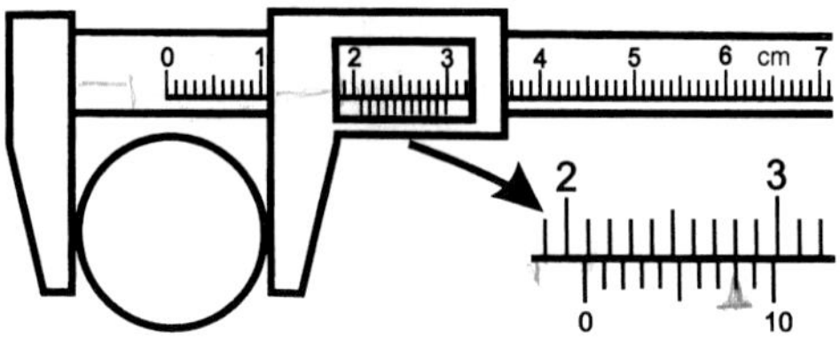

Der Durchmesser beträgt

(A) 18,8 mm
(B) 20,8 mm
(C) 28,0 mm
(D) 28,8 mm
(E) 29,8 mm

1.3 Zusammenhänge zwischen physikalischen Größen

■

1.50 Durch welche der Darstellungen (A)–(E) wird die Funktion $s = v \cdot t + s_0$ dargestellt?
($v>0; s_0>0$; Abszissen und Ordinaten linear geteilt)

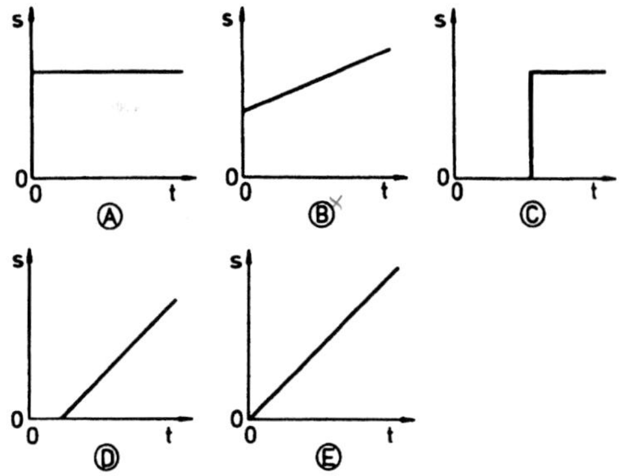

F09 ■■

1.51 Die passive Dehnbarkeit der Aorta ist unter anderem für die Dämpfung der kardial erzeugten Pulswelle bedeutsam („Windkesselfunktion“). Statt der Compliance als Maß für die Volumendehnbarkeit wird auch deren Kehrwert verwendet: der Volumenelastizitätskoeffizient E′. Er ist der Quotient aus Änderung des (transmuralen) Drucks p und Änderung des (luminalen) Volumens V, also $E' = \Delta p / \Delta V$.

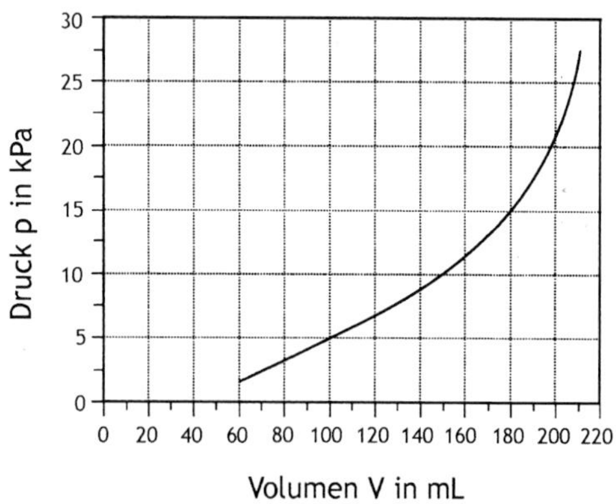

Etwa wie groß ist hier der Volumenelastizitätskoeffizient E′ im Druckbereich von 10 kPa bis 15 kPa?

(A) 0,08 kPa/mL
(B) 0,17 kPa/mL
(C) 6 mL/kPa
(D) 12 mL/kPa
(E) 15 mL/kPa

1.47 (B) 1.48 (C) 1.49 (B) 1.50 (B) 1.51 (B)

F07 ■■

1.52 Der Augeninnendruck ist die Druckdifferenz zwischen Augeninnerem und Luftdruck. Er entsteht, indem Flüssigkeit in das Augeninnere gepumpt wird. Gleichzeitig fließt aufgrund des Augeninnendrucks Flüssigkeit aus dem Augeninneren unter Überwindung eines Strömungswiderstands in venöse Gefäße hinaus. Die Druckdifferenz zwischen diesen venösen Gefäßen und dem Luftdruck sei vernachlässigbar klein.
Der ursprüngliche Augeninnendruck eines Patienten ist p_0. Durch eine medikamentöse Behandlung wird der gepumpte Flüssigkeitsstrom (die Volumenstromstärke) um 10 % verringert. Außerdem wird durch einen chirurgischen Eingriff der Strömungswiderstand für die abfließende Flüssigkeit um 50 % erniedrigt. Es stellt sich im neuen Fließgleichgewicht der Augeninnendruck p_1 ein.
Es gilt:
(A) $p_1/p_0 = 0{,}40$
(B) $p_1/p_0 = 0{,}45$
(C) $p_1/p_0 = 0{,}50$
(D) $p_1/p_0 = 0{,}55$
(E) $p_1/p_0 = 0{,}60$

H09 ■

1.53 Bei einem Patienten mit homozygoter familiärer Hypercholesterinämie wird eine LDL-Apherese durchgeführt:
2 Stunden lang fließt Blut des Patienten mit einem Volumenstrom (Volumenstromstärke) von 100 mL/min durch eine Maschine.
Innerhalb der Maschine werden vom hindurchströmenden Blutplasma ¾ vorübergehend abgetrennt und durch Adsorbersäulen geleitet.
Der Patient hat ein Gesamtblutvolumen von 6 L (mit einem Volumenanteil des Blutplasmas von 60 %).
Dem Wievielfachen des Blutplasmas des Patienten entspricht das in den zwei Stunden durch die Adsorbersäulen geleitete Blutplasma?
(A) dem 0,75fachen
(B) dem 1,5fachen
(C) dem 3fachen
(D) dem 6fachen
(E) dem 12fachen

1.4 Fragen aus Examen Frühjahr 2011

F11 ■■

1.54 Zum Personenschutz vor den gefährlichen Schädigungen durch einen Elektrounfall werden in Neubauten „FI-Schalter“ (residual current protective devices, RCDs) installiert. Wird ein unter Spannung stehendes und unzulänglich isoliertes Kabel von einer Person berührt, so fließt Strom über die Person ab. Überschreitet dieser „Fehlerstrom“ („FI“) eine bestimmte elektrische Stromstärke, so trennt der „FI-Schalter“ nach einer kurzen Zeit die Netzspannung ab.
Eine Person ist in Kontakt mit einem defekten Kabel der (im Haushalt üblichen) Spannung 230 V, wodurch ein „Fehlerstrom“ von etwa 10 mA fließt. Nach etwa 0,2 s schaltet der „FI-Schalter“ die Spannung ab. Nahezu die gesamte elektrische Energie des „Fehlerstroms“ wird im Körper der Person umgesetzt.
Etwa wie groß ist diese Energie?
(A) 90 mJ
(B) 0,5 J
(C) 2 J
(D) 10 J
(E) 5 kJ

F11 ■

1.55 Bei einem Herzschrittmacher wird eine elektrische Ladung von 1,2 µC innerhalb von 0,4 ms einem Kondensator entnommen, wobei die dadurch entstehende elektrische Stromstärke I nahezu konstant ist.
Wie groß ist I?
(A) 0,48 µA
(B) 3 µA
(C) 0,48 mA
(D) 3 mA
(E) 48 mA

F11 ■

1.56 Etwa wie viele Erythrozyten sind insgesamt im Blut eines Menschen, der etwa 6 L Blut und etwa 4 Millionen Erythrozyten pro µL Blut hat?
(A) $1{,}5 \cdot 10^9$
(B) $24 \cdot 10^9$
(C) $0{,}67 \cdot 10^{12}$
(D) $1{,}5 \cdot 10^{12}$
(E) $24 \cdot 10^{12}$

1.52 (B) 1.53 (B) 1.54 (B) 1.55 (D) 1.56 (E)

2 Mechanik

2.1 Bewegungen

H02 ■

2.1 In einem Zentrifugenröhrchen bewegen sich gleichzeitig zwei Sorten von Makromolekülen, die sich anfangs im selben Abstand von der Drehachse der rotierenden Zentrifuge befanden, mit den konstanten Geschwindigkeiten v_1 = 1 mm/h und v_2 = 2 mm/h radial von der Drehachse weg.
Nach welcher Zeit sind sie in radialer Richtung 1 cm voneinander entfernt?

(A) 1 h
(B) 2 h
(C) 3 h
(D) 5 h
(E) 10 h

F10 ■

2.2 Bei einem Sturz fällt eine Person mit dem Kopf auf den Boden. Beim Aufprall wird der Kopf von der Geschwindigkeit 4 m/s innerhalb einer Strecke von 10 mm vollständig abgebremst.
Wie groß ist der Absolutbetrag der Beschleunigung (Abbremsung), wenn man eine geradlinige gleichförmige Beschleunigung (Abbremsung) annimmt?

(A) 200 m/s²
(B) 400 m/s²
(C) 600 m/s²
(D) 800 m/s²
(E) 1 600 m/s²

H98 ■■

2.3 Ein Körper bewegt sich nach abgebildeter Weg-Zeit-Kurve.

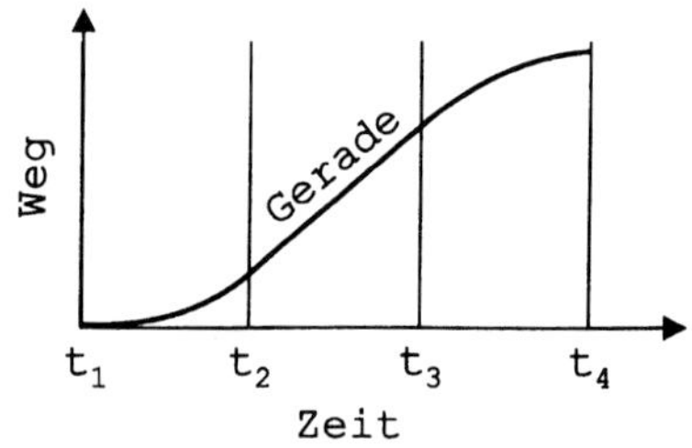

(A) Zum Zeitpunkt t_3 ist die Geschwindigkeit kleiner als zum Zeitpunkt t_4.
(B) Zum Zeitpunkt t_1 ist die Geschwindigkeit größer als zum Zeitpunkt t_2.
(C) Im Zeitintervall zwischen t_1 und t_4 ist die mittlere Geschwindigkeit kleiner als die maximale Geschwindigkeit.
(D) Die Beschleunigung ist im Zeitintervall zwischen t_3 und t_4 positiv.
(E) Die mittlere Beschleunigung ist im Zeitintervall zwischen t_1 und t_2 kleiner als im Zeitintervall zwischen t_2 und t_3.

H08 ■

2.4 Im Diagramm sind sechs Messwerte der Körpergröße eines Mädchens im Verlauf des 1. bis 48. Lebensmonats dargestellt:

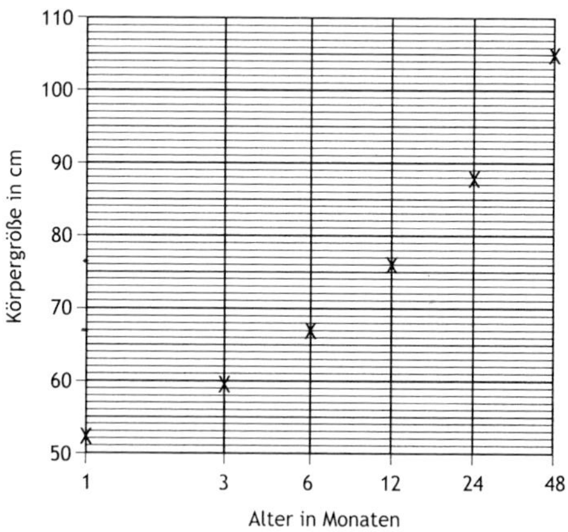

Etwa wie groß war die mittlere Wachstumsgeschwindigkeit im zweiten Lebenshalbjahr, also in der zweiten Hälfte des ersten Lebensjahrs?

(A) 0,5 cm/Monat
(B) 1,5 cm/Monat
(C) 2,5 cm/Monat
(D) 3 cm/Monat
(E) 5 cm/Monat

2.1 (E) 2.2 (D) 2.3 (C) 2.4 (B)

F06 ■■

2.5 Bei einem Probanden beträgt die Pulswellengeschwindigkeit in der Aorta etwa 6 m/s.
Wie lange dauert es etwa, bis die Pulswelle im Verlauf der Aorta 30 cm zurückgelegt hat?

(A) 2 ms
(B) 5 ms
(C) 20 ms
(D) 50 ms
(E) 500 ms

H06 ■■

2.6 Bei einem Patienten wird der N. ulnaris am Oberarm und am Handgelenk gereizt und jeweils das Summenaktionspotential am M. abductor digiti minimi abgeleitet.
Bei Reizung am Oberarm beginnt das Summenpotential nach 10,5 ms und bei Reizung am Handgelenk nach 2,1 ms. Die beiden Reizorte sind 42 cm voneinander entfernt. Die motorische Nervenleitgeschwindigkeit des N. ulnaris ist die mittlere Erregungsleitungsgeschwindigkeit zwischen den beiden Reizorten.
Wie groß ist sie bei dem Patienten?

(A) 20 m/s
(B) 30 m/s
(C) 40 m/s
(D) 50 m/s
(E) 60 m/s

F92 H85 ■■

2.7 Ein Körper bewegt sich vom Ort I zum Ort II. Das Weg-Zeit-Diagramm ist in der Abbildung dargestellt.

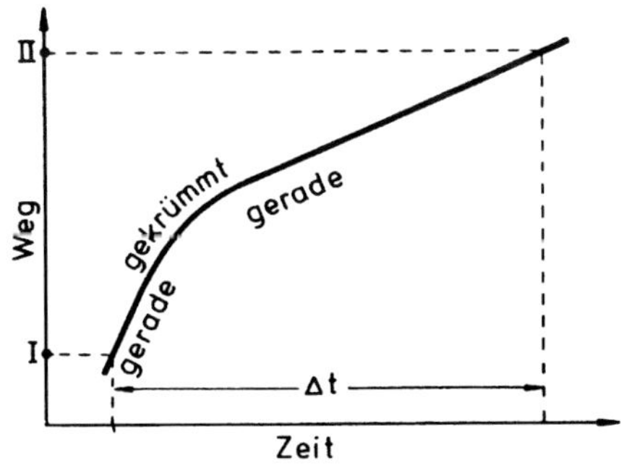

(A) Zwischen I und II tritt eine positive Beschleunigung des Körpers auf.
(B) In II ist die Geschwindigkeit des Körpers größer als in I.
(C) Die Beschleunigung des Körpers ist in I größer als in II.
(D) Die mittlere Geschwindigkeit im Zeitintervall Δt wird vom Körper auf der Strecke von I nach II nur an einem einzigen Zeitpunkt angenommen.
(E) In I ist die Geschwindigkeit des Körpers kleiner als die mittlere Geschwindigkeit im Zeitintervall Δt.

H02 ■■

2.8 Ein Körper bewegt sich mit der konstanten negativen Beschleunigung $a = -1\,m \cdot s^{-2}$ auf einer Geraden. Seine Anfangsgeschwindigkeit beträgt $v_0 = 1\,m \cdot s^{-1}$.
Welche der Kurven (A) bis (E) zeigt den zugehörigen Geschwindigkeits-Zeit-Zusammenhang?

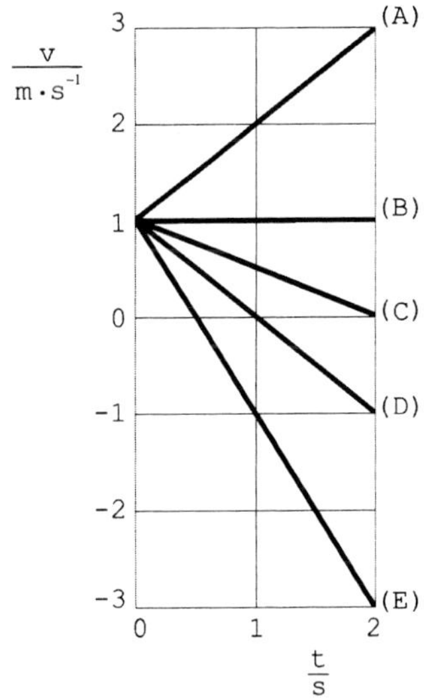

H00 ■

2.9 In einem Zentrifugenröhrchen befinden sich im Abstand R = 10 cm von der Drehachse der Zentrifuge Makromoleküle der Masse m, die eine Radialbeschleunigung von $10^3 \cdot g$ ($g \approx 10\,m \cdot s^{-2}$) erfahren sollen.
Etwa mit welcher Drehfrequenz (Umdrehungen pro Sekunde, „Drehzahl") muss die Zentrifuge rotieren ($4\pi^2 \approx 40$)?

(A) $10\sqrt{5}\,s^{-1}$
(B) $5 \cdot 10^2\,s^{-1}$
(C) $2 \cdot 10^3\,s^{-1}$
(D) $5 \cdot 10^3\,s^{-1}$
(E) $2{,}5 \cdot 10^5\,s^{-1}$

F02 ■

2.10 Die Zentrifugalbeschleunigung a in einer Laborzentrifuge beträgt zunächst $9 \cdot g$ (das Neunfache der Erdbeschleunigung g).
Welcher Wert ergibt sich für a bei dreifach höherer Drehzahl der Zentrifuge?

(A) $27 \cdot g$
(B) $81 \cdot g$
(C) $2\pi \cdot 27 \cdot g$
(D) $2\pi \cdot 81 \cdot g$
(E) $4\pi^2 \cdot 81 \cdot g$

2.5 (D) 2.6 (D) 2.7 (D) 2.8 (D) 2.9 (B) 2.10 (B)

H01

→2.11 Die Sedimentationskonstante ist der Quotient aus Sedimentationsgeschwindigkeit und Zentrifugalbeschleunigung. Sie wird in der Einheit Svedberg (1 S = 10^{-13} s) angegeben.
Serumalbuminmoleküle bewegen sich bei einer Zentrifugalbeschleunigung von $2 \cdot 10^5 \cdot g$ ($g \approx 10\,m/s^2$) in einem Zentrifugenröhrchen mit konstanter Sedimentationsgeschwindigkeit. Ihre Sedimentationskonstante beträgt 5 S.
Etwa in welcher Zeit legen sie radial die Strecke 1 cm zurück?

(A) 10 s
(B) 10^2 s
(C) 10^3 s
(D) 10^4 s
(E) 10^5 s

H09 ■

→2.12 Ein geladenes Teilchen (im Vakuum) fliegt mit einer konstanten Geschwindigkeit und gelangt dann senkrecht zu den magnetischen Feldlinien in ein gleich bleibendes, homogenes Magnetfeld. Dort beschreibt seine Flugbahn einen Kreisbogen mit dem Radius r.
Welche Aussage zum Vorgang im Magnetfeld trifft zu?

(A) r ist direkt proportional zur Ladung des Teilchens.
(B) r ist umgekehrt proportional zur Masse des Teilchens.
(C) r ist nicht von der Masse des Teilchens abhängig.
(D) Die (Lorentz-)Kraft zeigt jeweils in Richtung der Geschwindigkeit des Teilchens.
(E) Die Beschleunigung steht jeweils senkrecht auf der Geschwindigkeit des Teilchens.

H10 ■

→2.13 Mit Heparin versetzte Blutproben werden zur Abtrennung des Plasmas mit der Winkelgeschwindigkeit $\omega = 300\,s^{-1}$ (also fast 3 000 Umdrehungen pro Minute) zentrifugiert.
Wie groß ist die auf die Proben in einem radialen Abstand $r = 20\,cm$ von der Drehachse wirkende Beschleunigung (bei gleichförmiger Kreisbewegung)?

(A) $12\,m \cdot s^{-2}$
(B) $60\,m \cdot s^{-2}$
(C) $3{,}6 \cdot 10^3\,m \cdot s^{-2}$
(D) $1{,}8 \cdot 10^4\,m \cdot s^{-2}$
(E) $4{,}5 \cdot 10^5\,m \cdot s^{-2}$

2.2 Impuls, Kraft; Kräfte

H06 ■

→2.14 Die Zentrifuge eines klinischen Labors kann mit unterschiedlichen Drehzahlen (Umdrehungen pro Minute) betrieben werden. Um in der Zentrifuge eine ausreichende Sedimentation bestimmter Teilchen gleicher Masse zu erzielen, ist eine gewisse Zeit der Zentrifugation erforderlich (Zentrifugationsdauer). Die Zentrifugationsdauer ist umgekehrt proportional zur Zentrifugalkraft.
Um welchen Faktor verlängert sich (im Großen und Ganzen) die Zentrifugationsdauer, wenn (bei gleichem Radius) die Drehzahl der Zentrifuge nur halb so groß ist?

(A) $\sqrt{2} \approx 1{,}4$
(B) 2
(C) $2^2 = 4$
(D) $2^3 = 8$
(E) $2^4 = 16$

H06 ■

→2.15 Ein auf der Rückbank eines PKW festgeschnalltes Kind (25 kg) kommt bei einem Frontalzusammenstoß des PKW in nur 0,1 s von einer Geschwindigkeit von 72 km/h (20 m/s) mit konstanter Verzögerung zum Stillstand.
Der Betrag der Kraft, mit der das Kind in die Sicherheitsgurte gepresst wird, ist F.
Der Betrag der Gewichtskraft des Kindes ist G.
Um etwa welchen Faktor ist F größer als G?

(A) $F/G \approx 2$
(B) $F/G \approx 4$
(C) $F/G \approx 12{,}5$
(D) $F/G \approx 20$
(E) $F/G \approx 100$

2.11 (D) 2.12 (E) 2.13 (D) 2.14 (C) 2.15 (D)

H09 ■

2.16 Die Zeichnung zeigt schematisiert ein Gerät zum Krafttraining.

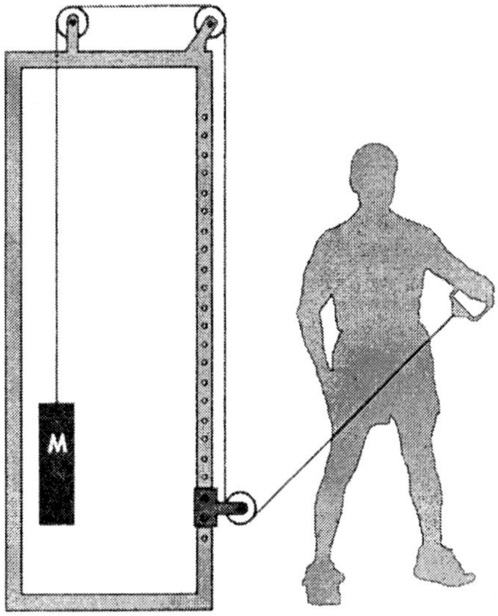

Die am Seil hängende Masse M kann von 5 kg bis 50 kg verändert werden. Die Massen der übrigen Teile des Geräts und Reibungskräfte werden nicht berücksichtigt.
Zwischen welchen Werten etwa kann also die Kraft variiert werden, mit der der Sportler am Seil gegenzuhalten hätte?

(A) 2,5 N bis 25 N
(B) 5 N bis 50 N
(C) 25 N bis 250 N
(D) 50 N bis 500 N
(E) 100 N bis 1 000 N

H90 ■■

2.17 Drei gleiche Federwaagen mit einem Messbereich von je 1 N seien wie abgebildet aneinandergehängt und ohne angehängtes Gewicht auf Null justiert (d. h. alle zeigen in der hängenden Position Null an).
Was zeigen die Waagen an, wenn ein Gewicht von 1 N an Waage 3 unten angehängt wird?

(A) jede Waage zeigt 0,33 N
(B) jede Waage zeigt 0,5 N
(C) jede Waage zeigt 1 N
(D) Waage 1 und 2 zeigen je 0,5 N, Waage 3 zeigt 1 N
(E) Waage 1 und 2 zeigen je 0,25 N, Waage 3 zeigt 0,5 N

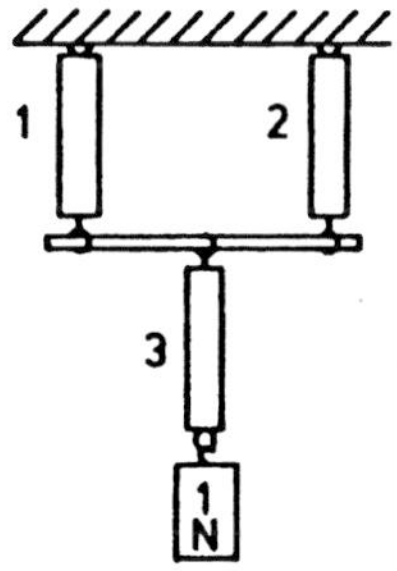

F05 ■■

2.18 Die elastischen Dehnungseigenschaften eines Verbundmaterials (z. B. als Modell der Haut bei nicht zu starker Dehnung) entsprechen der Parallelschaltung zweier elastischer Materialien I und II.
I zeigt ein hookesches Verhalten und II ein nicht-hookesches Verhalten (F = Kraft in einer willkürlich festgelegten relativen Einheit; $\frac{\Delta l}{l_0}$ = relative Längenänderung):

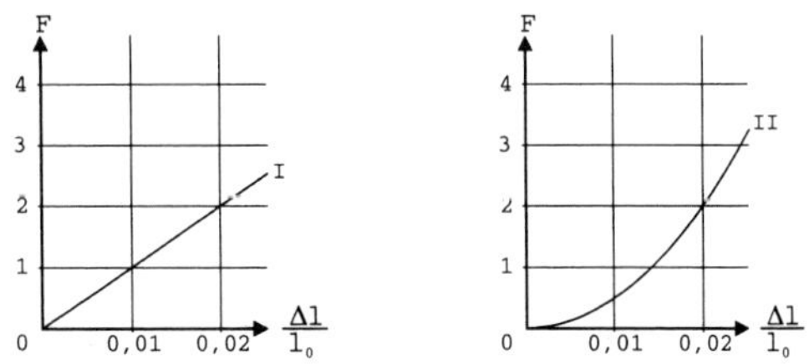

Welche der Kurven A bis E gilt (unter Verwendung derselben willkürlichen Einheit für die Kraft wie in den vorigen Diagrammen) am ehesten für die Parallelschaltung der beiden Materialien I und II?

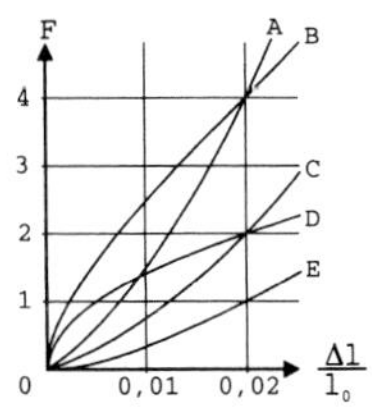

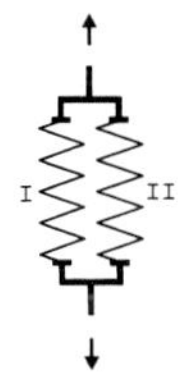

F98 ■■

→2.19 Längs einer schiefen Ebene mit dem Neigungswinkel von 30° wird eine Masse m = 100 kg reibungslos gehoben. Dazu muss folgende Kraft (F) (parallel zur schiefen Ebene) aufgewendet werden: (Beschleunigung des freien Falls g = 10 m s^{-2}) (sin 30° = 0,50; cos 30° = 0,87; tg 30° = 0,58)
(A) 50 N
(B) 100 N
(C) 500 N
(D) 1000 N
(E) Die aufzuwendende Kraft kann ohne Angabe der Höhe nicht berechnet werden.

2.3 Drehmoment, Trägheitsmoment, Drehimpuls

H01 ■

→2.20 Eine Versuchsperson steht frei auf einer Personenbodenwaage (Federwaage). Als sie ruhig steht, wird die Masse m_0 angezeigt. Die Versuchsperson macht nun eine Kniebeuge, um anschließend wieder in die Ausgangsstellung zurückzukehren.
Die von der Federwaage angezeigte Masse m ist während der Beschleunigung des Oberkörpers am Anfang der
(A) Abwärtsbewegung gleich m_0
(B) Abwärtsbewegung größer als m_0
(C) Abwärtsbewegung kleiner als m_0
(D) Aufwärtsbewegung kleiner als m_0
(E) Aufwärtsbewegung gleich m_0

H99 ■■

→2.21 Wie sind bei Gleichgewicht an der Balkenwaage die Längen l_1, l_2 und die Massen m_1, m_2 miteinander verknüpft?

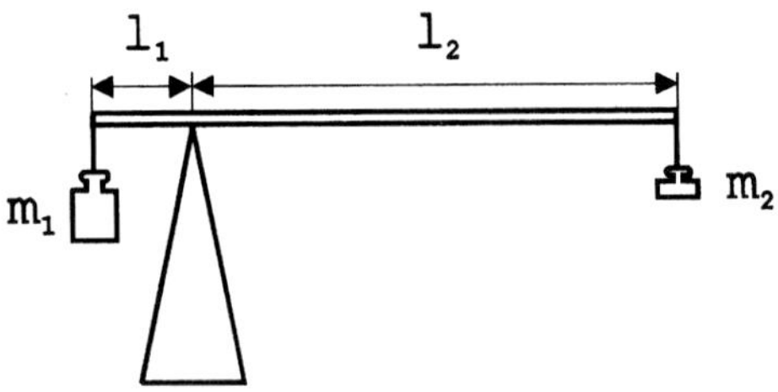

(A) $m_1 + l_1 = m_2 + l_2$
(B) $m_1 + l_2 = m_2 + l_1$
(C) $m_1 \cdot l_1 = m_2 \cdot l_2$
(D) $m_1 \cdot l_2 = m_2 \cdot l_1$
(E) $m_1/l_1 = m_2/l_2$

H89 ■

→2.22 Die Abbildung zeigt schematisch einen Unterarm als Hebel. Die Entfernung des Angriffspunktes A der Gewichtskraft F_G vom Ellenbogengelenk C sei a, die Entfernung des Angriffspunktes B des Bizeps M von C sei b.

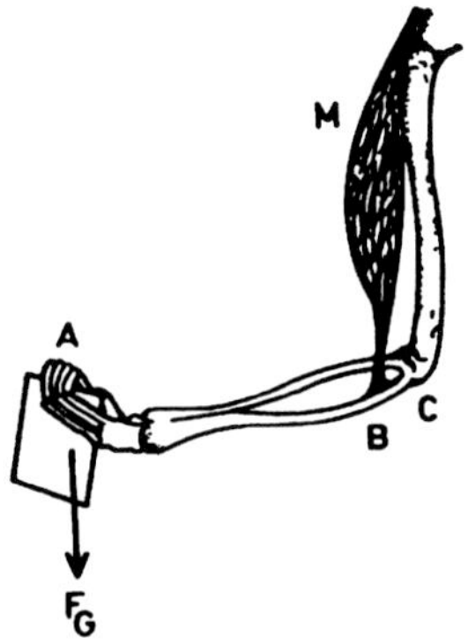

Welche Kraft F muss der Bizeps etwa aufbringen, um F_G im Gleichgewicht zu halten, falls beide Kräfte senkrecht zum Unterarm wirken?
(A) $F = F_G$
(B) $F = F_G \cdot \frac{a}{b}$
(C) $F = F_G \cdot \frac{b}{a}$
(D) $F = F_G \cdot \frac{ab}{b}$
(E) $F = F_G \cdot \frac{ab}{a}$

2.19 (C) 2.20 (C) 2.21 (C) 2.22 (B)

F07 ■■

2.23 Ein Mann hält eine Hantel (siehe Skizze). Unterarm und Hand (mit vernachlässigbarem Eigengewicht) wirken wie ein waagrecht stehender, einarmiger Hebel mit den Längen l_1 = 32 cm und l_2 = 4 cm. Die Hantel hat die Masse 10 kg.

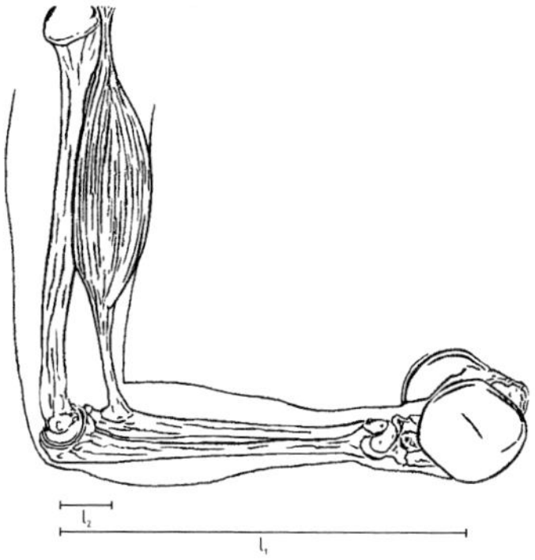

Etwa mit welcher senkrechten Kraft muss der Bizeps ziehen, um die Hantel in dieser Stellung zu halten?

(A) 100 N
(B) 300 N
(C) 800 N
(D) 8 kN
(E) 80 kN

F10 ■■

2.24 Ein Athlet hält statisch eine Hantel mit der Masse 10 kg. Unterarm und Hand (mit vernachlässigbarem Eigengewicht) sind wie ein waagrecht stehender einarmiger Hebel mit den Längen l_1 = 40 cm und l_2 = 4 cm. Die Wirkung aller Muskeln außer dem Bizeps ist zu vernachlässigen. Die Achse des Ellenbogengelenks ist waagrecht und steht in rechtem Winkel zum Unterarm und zur Wirkrichtung des Bizeps.

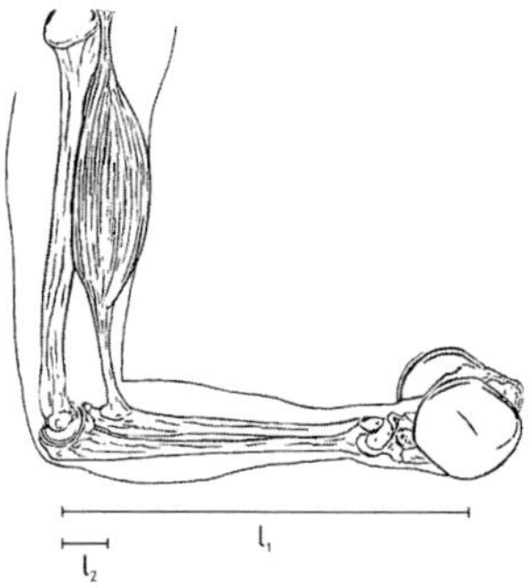

Etwa wie groß sind die Drehmomente, die von Hantel und Bizeps am Unterarm erzeugt werden? (Positives Vorzeichen: Vektor zeigt in die Zeichenebene hinein; negatives Vorzeichen: Vektor zeigt auf den Betrachter.)

(A) Hantel: +4 Nm; Bizeps: −40 Nm
(B) Hantel: +4 Nm; Bizeps: −4 Nm
(C) Hantel: +40 Nm; Bizeps: −40 Nm
(D) Hantel: +40 Nm; Bizeps: −4 Nm
(E) Hantel: +400 Nm; Bizeps: −40 Nm

H10 ■■

2.25 Bei der schematisch dargestellten Maschine drückt die trainierende Person mit der linken Hand das Ende einer 120 cm langen starren Stange hinunter. Die Stange ist um eine Querachse drehbar, die sich etwa 80 cm von der Handmitte entfernt befindet und in einer bestimmten Höhe fest verankert ist. An dem der Hand gegenüberliegenden Ende der Stange ist über eine Achse ein Gewicht mit der Masse m = 20 kg angehängt. (Das Eigengewicht von Stange, Achsenlager usw. bleibt unberücksichtigt.)

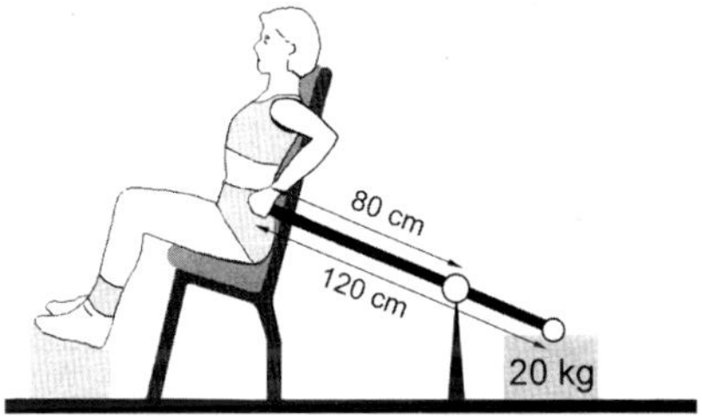

Etwa welche (senkrecht nach unten wirkende) Kraft muss die Person an der Stange aufbringen, um das Gewicht anzuheben?

(A) 10 N
(B) 20 N
(C) 50 N
(D) 75 N
(E) 100 N

H03 ■

2.26 Zwei Metallstangen 1 und 2 (gleicher Querschnitt, gleiche Dichte) sind bei der (zur Zeichenebene senkrechten) Achse A fest verbunden. Die Stange 1 ist doppelt so lang wie Stange 2. Die Punkte S_1 und S_2 bezeichnen jeweils die Schwerpunkte der Stangen (siehe schematische Skizze; die Strecken r_1 und r_2 sind waagrecht). Die Anordnung bewegt sich um die Achse A, bis sie im Gleichgewicht ist.

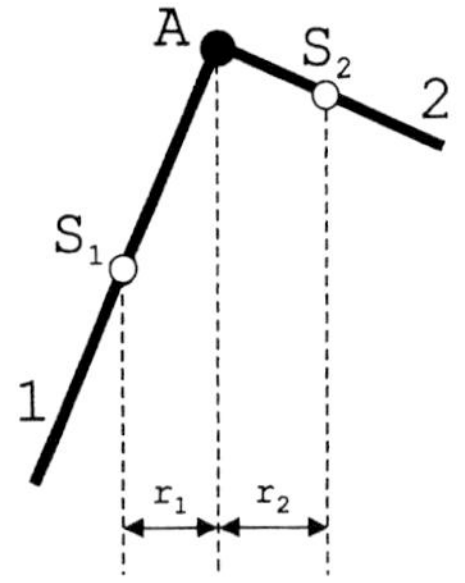

Dann gilt für den Quotienten $\frac{r_1}{r_2}$:

(A) $\frac{1}{4}$

(B) $\frac{1}{3}$

(C) $\frac{1}{2}$

(D) $\frac{1}{1}$

(E) $\frac{2}{1}$

F00 ■■

2.27 Eine Stange ist bei A um eine zur Zeichenebene senkrechte Achse drehbar gelagert. An der Stange greift die Kraft $F_2 = 10$ N an (siehe Skizze).

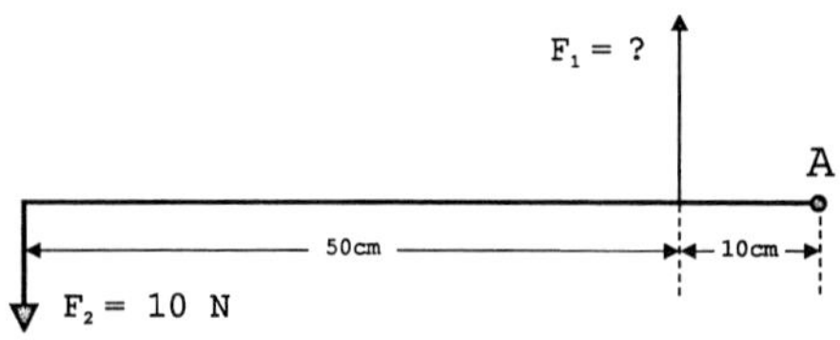

Wie groß muss F_1 gewählt werden, damit sich die beiden Drehmomente kompensieren?

(A) $F_1 =$ 10 N
(B) $F_1 =$ 40 N
(C) $F_1 =$ 50 N
(D) $F_1 =$ 60 N
(E) $F_1 =$ 500 N

F03 ■

2.28 Eine „Rippe" eines atemmechanischen Modells ist ein gerader Stab, der drehbar an einer Wand gelagert ist. Eine Kraft $F_1 = 10$ N, die im Abstand $r_1 = 12$ cm angreift, wirkt an ihm in einem Winkel von 60° nach oben, während eine zweite Kraft $F_2 = 10$ N, die im Abstand $r_2 = 7{,}0$ cm angreift, in einem Winkel von 60° nach unten wirkt.
(cos 60° = sin 30° = 0,500; cos 30° = sin 60° ≈ 0,866)

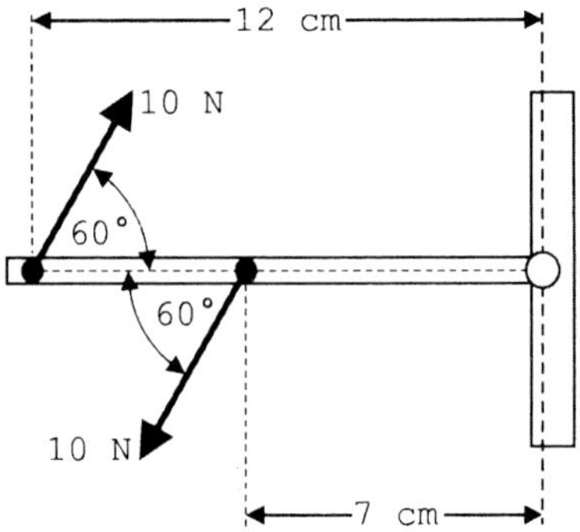

Wie groß etwa ist der Betrag des resultierenden Drehmoments?

(A) 0,25 N · m
(B) 0,43 N · m
(C) 1,0 N · m
(D) 1,4 N · m
(E) 4,4 N · m

F01 ■

2.29 An den Enden einer Stange, die in der Mitte unterstützt wird, hängen zwei Kugeln 1 und 2 mit einem Radienverhältnis von $r_1 : r_2 = 1 : 2$.

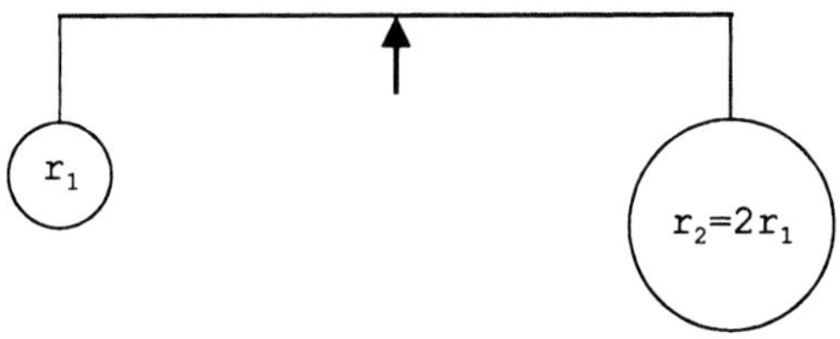

Wie muss ihr Dichteverhältnis $\rho_1 : \rho_2$ sein, damit die Stange im Gleichgewicht ist?

(A) $\rho_1 : \rho_2 = 1 : 4$
(B) $\rho_1 : \rho_2 = 1 : 2$
(C) $\rho_1 : \rho_2 = 2 : 1$
(D) $\rho_1 : \rho_2 = 4 : 1$
(E) $\rho_1 : \rho_2 = 8 : 1$

2.26 (C) 2.27 (D) 2.28 (B) 2.29 (E)

H97 ■

2.30 Eine 1 m lange und 1 kg schwere homogene Stange wird in der gekennzeichneten Weise unterstützt.

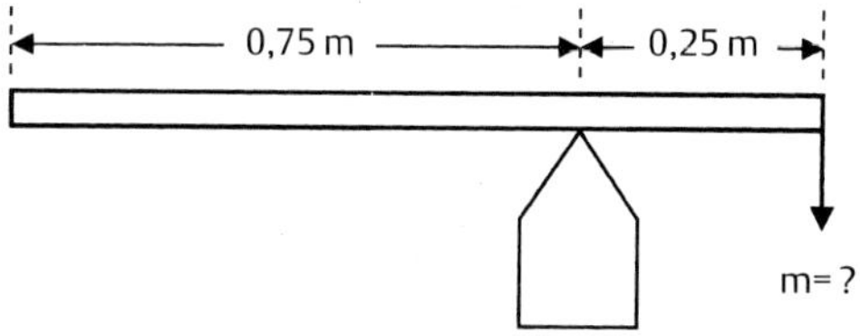

Welche Masse m ist rechts erforderlich, um Gleichgewicht herzustellen?

(A) 0,25 kg
(B) 0,5 kg
(C) 1,0 kg
(D) 1,5 kg
(E) 2,0 kg

F98 H88 ■■

2.31 Auf einer Waage befindet sich ein vollständig mit Wasser gefülltes Überlaufgefäß (siehe Skizze). Die Waage zeigt eine Gesamtmasse m = 5,0 kg an. Legt man vorsichtig ein Metallstück (Masse: 1 kg, Dichte: 10 g/cm³) in das Wasser, so wird dabei ein Teil des Wassers auslaufen.

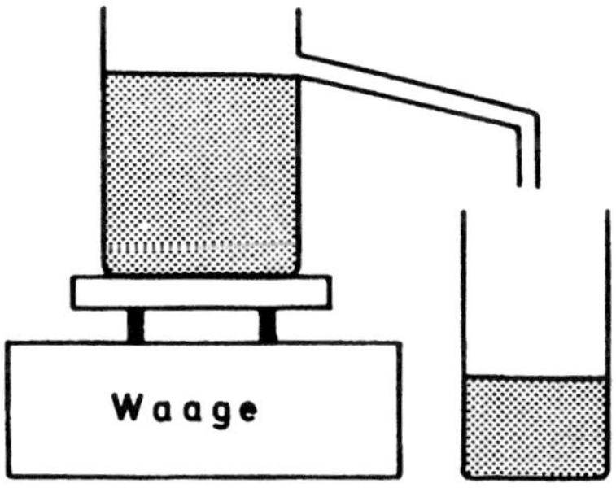

Welche Masse zeigt die Waage anschließend an?

(A) 4,9 kg
(B) 5,0 kg
(C) 5,1 kg
(D) 5,9 kg
(E) 6,0 kg

2.4 Arbeit, Energie; Leistung

F00 ■

2.32 Eine Masse von 100 kg wird (von der Erdoberfläche) um 2 m gegen die Schwerkraft angehoben ($g \approx 10\,m \cdot s^{-2}$).
Die dabei zu leistende Arbeit ist etwa

(A) 50 J
(B) 100 J
(C) 200 J
(D) 1000 J
(E) 2000 J

F08 ■■

2.33 Ein Patient hat bei seiner Reduktionsdiät „gesündigt“ und seine Energiezufuhr mit der Nahrung um 2 MJ überschritten. Er möchte nun durch körperliche Arbeit einen Mehrumsatz von 2 MJ erzielen. Hierzu will er auf einen Berg steigen. Der Patient wiegt einschließlich Wanderausrüstung etwa 100 kg. Der Nettowirkungsgrad, also das Verhältnis aus Hubarbeit zum Mehrumsatz des Organismus, betrage 0,20. (Der Rückweg ins Tal wird nicht berücksichtigt.) Etwa welche Höhendifferenz muss der Patient nach dieser einfachen Abschätzung überwinden?

(A) 40 m
(B) 100 m
(C) 250 m
(D) 400 m
(E) 1000 m

H04 ■■

2.34 Das Haftverhalten von Fibroblasten auf einer speziell präparierten steifen Oberfläche wird untersucht. Die haftende Zelle wird mit Hilfe spezieller Elektroden von der Oberfläche weggezogen. Dabei wirkt die Kraft in Richtung des Weges. Es ergibt sich folgendes Kraft-Weg-Diagramm:

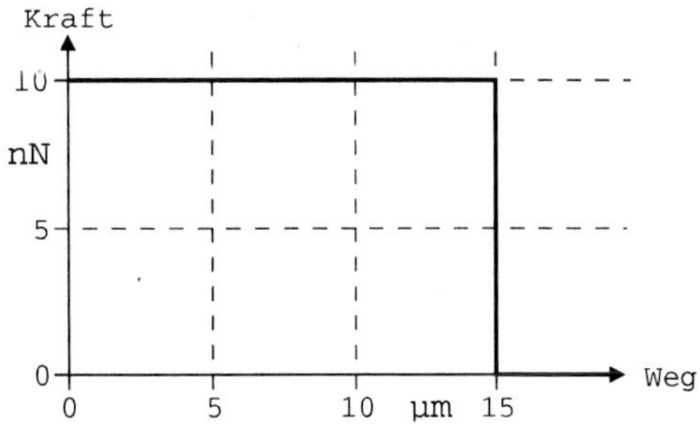

Welche Arbeit wurde somit aufgewendet, um die Zelle von der Oberfläche abzureißen?

(A) $7,5 \cdot 10^{-17}$ J
(B) $1,5 \cdot 10^{-16}$ J
(C) $7,5 \cdot 10^{-14}$ J
(D) $1,5 \cdot 10^{-13}$ J
(E) $1,5 \cdot 10^{-10}$ J

2.30 (C) 2.31 (D) 2.32 (E) 2.33 (D) 2.34 (D)

H00 ■■

→2.35 Wie groß ist die bei Abnahme der Geschwindigkeit eines Körpers mit der Masse m = 2 kg durch Reibung von v_1 = 11 km/s auf v_2 = 10 km/s entstehende Wärmemenge ΔQ?

(A) $\Delta Q = \frac{1}{2} m (v_1 - v_2)^2 = 10^6$ J

(B) $\Delta Q = \frac{1}{2} m (v_1 - v_2)^2 = 10^3$ J

(C) $\Delta Q = \frac{1}{2} m (v_1^2 - v_2^2) = 21 \cdot 10^6$ J

(D) $\Delta Q = \frac{1}{2} m (v_1^2 - v_2^2) = 21 \cdot 10^3$ J

(E) $\Delta Q = \frac{1}{2} m (v_1^2 - v_2^2) = 2{,}1$ kJ

H08 ■

→2.36 Das Herz leistet als zweifache Pumpe hauptsächlich Druck-Volumen-Arbeit (Druckarbeit, Volumenarbeit), indem es jeweils Volumen unter Druck aus den Ventrikeln gegen einen Strömungswiderstand verschiebt. Zur Vereinfachung wird der Druck jeweils als konstant angesehen.

	Druck	Volumen
rechter Ventrikel	2 kPa	70 mL
linker Ventrikel	14 kPa	70 mL

Etwa wie groß ist anhand dieser Daten die Druck-Volumen-Arbeit, die beide Herzventrikel gemeinsam bei einem Herzschlag erbringen?

(A) 0,11 Nm
(B) 1,1 Nm
(C) 2,2 Nm
(D) 11 Nm
(E) 2,2 kNm

F04 ■■

→2.37 Die mittlere Energiezufuhr mit den Nährstoffen beträgt pro Tag (24 Stunden) bei einem Probanden 18 MJ, wobei die Person 10 % der Energie in mechanische Arbeit umwandelt.
Eine mittlere (mechanische) Leistung von 1,8 MJ/Tag ist etwa gleich

(A) 11 W
(B) 21 W
(C) 31 W
(D) 41 W
(E) 51 W

H10 ■

→2.38 Ein Mann hat 1 L Limonade mit einem biologischen Brennwert von 1,8 MJ getrunken. Er möchte die Energieaufnahme durch körperliche Mehrbelastung wieder ausgleichen. Beim Spazierengehen ist sein Energieumsatz um 120 W höher als im Sitzen.
Etwa wie lange muss er spazieren gehen, bis diese Steigerung des Energieumsatzes 1,8 MJ ergibt?

(A) 2,5 min
(B) 15 min
(C) 60 min
(D) 150 min
(E) 250 min

F08 ■

→2.39 Eine Person hat einen Energieumsatz in körperlicher Ruhe von 100 W. Die Außentemperaturen sind so hoch wie die Hauttemperatur und die 100 W Wärme werden vollständig durch Evaporation (Verdunstung von Wasser) abgegeben. Die spezifische Verdunstungswärme von Wasser beträgt etwa 2,4 MJ/kg.
Etwa welches Volumen an Wasser verliert hierbei der Körper durch Evaporation während einer Stunde?

(A) 150 mL
(B) 250 mL
(C) 350 mL
(D) 450 mL
(E) 550 mL

F10 ■■

→2.40 Das Blut strömt bei einem dynamisch arbeitenden Menschen mit einem Volumenstrom (Volumenstromstärke) von 20 L/min durch die Aorta ascendens. Der (mittlere) Blutdruck in der Aorta ist etwa 18 kPa höher als der Druck, mit dem das Blut zum Herzen zurückkommt. Vereinfachend wird die Blutströmung als kontinuierlich (und nicht pulsierend) angenommen.
Etwa welche mechanische Leistung (des Herzens) ist für diese Blutströmung nötig?

(A) A
(B) B
(C) C
(D) D
(E) E

2.35 (C) 2.36 (B) 2.37 (B) 2.38 (E) 2.39 (A) 2.40 (B)

H00 ■■

→**2.41 Bei der ungedämpften (reibungsfreien) Schwingung eines Fadenpendels**

(A) ist die kinetische Energie in den Umkehrpunkten am größten
(B) ist die kinetische Energie beim Durchgang des Pendels durch den tiefsten Punkt am kleinsten
(C) ist die potenzielle Energie beim Durchgang des Pendels durch den tiefsten Punkt am größten
(D) ist die potenzielle Energie in den Umkehrpunkten am kleinsten
(E) ist zu jedem Zeitpunkt der Schwingung die Summe der Energien konstant

2.5 Mengengrößen, bezogene Größen

H01

→**2.42 In einer Lösung beträgt die Konzentration des gelösten Stoffes 0,25 mg/mL. Es werden nun n mL dieser Lösung mit m mL des Lösungsmittels gemischt.**
Für welche n und m ergibt sich dabei eine Lösung der Konzentration 0,10 mg/mL?

(A) n = m = 0,125
(B) n = 2 und m = 3
(C) n = 2 und m = 5
(D) n = 3 und m = 2
(E) n = 5 und m = 2

H09 ■■

→**2.43 Die intrazelluläre Na^+-Konzentration beträgt etwa 15 mmol/L.**
Etwa wie viele Na^+-Ionen befinden sich in 1 µm³ (= 1 fL) intrazellulärem Volumen?

(A) $9 \cdot 10^3$
(B) $9 \cdot 10^4$
(C) $9 \cdot 10^5$
(D) $9 \cdot 10^6$
(E) $9 \cdot 10^7$

F09 H10 ■■

→**2.44 Einem Patienten (mit einer schweren anaphylaktischen Reaktion) sollen 0,1 mg Epinephrin (Adrenalin) intravenös injiziert werden. Der Massengehalt (relativer Massenanteil) des Epinephrins in der Ausgangslösung ist 1 : 1 000 = 0,1 %. Die spezifische Dichte der Ausgangslösung unterscheidet sich nicht wesentlich von der des Wassers. Zu 1 mL der Ausgangslösung werden 9 mL isotone Kochsalzlösung hinzugefügt, sodass 10 mL verdünnte Lösung entstehen.**
Wie viel verdünnte Lösung ist zu injizieren?

(A) 0,1 mL
(B) 0,9 mL
(C) 1,0 mL
(D) 9,0 mL
(E) 10 mL

2.6 Verformung fester Körper

H03

→**2.45 Ein Röhrenknochen werde vereinfacht als Hohlzylinder mit massiver, homogener Wandung angesehen. Die ringförmige Querschnittsfläche beträgt 4 cm². Der Knochen wird durch eine Kraft von 2 kN gedehnt, die senkrecht zur Querschnittsfläche angreift.**
Daraus ergibt sich eine Zugspannung im Knochengewebe von

(A) $5 \cdot 10^5\ N \cdot m^{-2}$
(B) $8 \cdot 10^5\ N \cdot m^{-2}$
(C) $2 \cdot 10^6\ N \cdot m^{-2}$
(D) $5 \cdot 10^6\ N \cdot m^{-2}$
(E) $8 \cdot 10^6\ N \cdot m^{-2}$

H09

→**2.46 In nachstehendem Diagramm ist der Zusammenhang zwischen (mechanischer Zug–)Spannung und Länge einer Sehne dargestellt:**

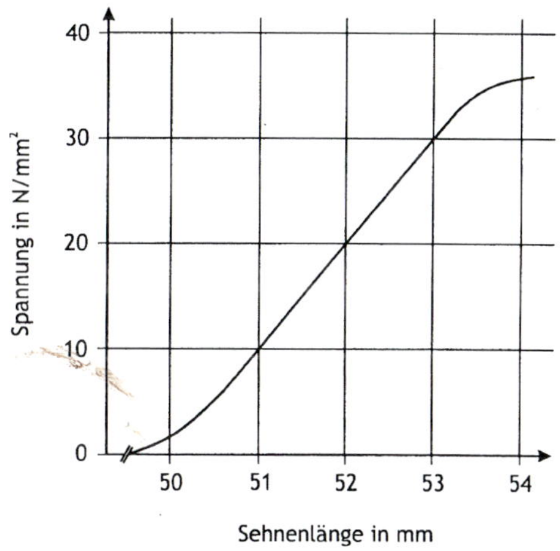

Schätzen Sie den Elastizitätsmodul der Sehne unter Berücksichtigung des linearen Bereichs der Messkurve ab!

(A) 0,1 N/mm²
(B) 1,8 N/mm²
(C) 10 N/mm²
(D) 500 N/mm²
(E) 1 000 N/mm²

2.7 Druck

H90 ■

2.47 Auf den einen Stempel (Fläche $100\,cm^2$) einer hydraulischen Presse wird eine Kraft von 15 N ausgeübt, wobei über der Kompression einer Probe ein Weg von 8 cm zurückgelegt wird.
Die an dem anderen Stempel (Fläche $400\,cm^2$) angreifende Kraft und der zurückgelegte Weg dieses Stempels sind gegeben durch

	Kraft	Weg
(A)	7,5 N	16 cm
(B)	30 N	4 cm
(C)	30 N	42 cm
(D)	60 N	44 cm
(E)	60 N	42 cm

F02 ■■

2.48 In einem Steigrohr steht (kaltes) Wasser 10 cm hoch.
Wie groß etwa ist der Schweredruck dieser Wassersäule am Boden des Steigrohrs?
(A) $0{,}5\,N \cdot m^{-2}$
(B) $1\,N \cdot m^{-2}$
(C) $1 \cdot 10^3\,N \cdot m^{-2}$
(D) $2 \cdot 10^3\,N \cdot m^{-2}$
(E) $5 \cdot 10^6\,N \cdot m^{-2}$

F06 ■■

2.49 Ein Mensch steht unbewegt auf etwa Meereshöhe. In einem seiner Blutgefäße ist bei vernachlässigbar kleinem Blutströmungswiderstand die Druckdifferenz zwischen zwei Punkten verschiedener Höhe gleich der zugehörigen Schweredruckdifferenz des Blutes. Die Höhendifferenz der beiden Punkte beträgt 50 cm. (Die Dichte des Blutes ist näherungsweise so groß wie die von Wasser.)
Etwa wie groß ist die Druckdifferenz zwischen den beiden Punkten?
(A) 1 kPa (8 mmHg)
(B) 2 kPa (15 mmHg)
(C) 3 kPa (23 mmHg)
(D) 4 kPa (30 mmHg)
(E) 5 kPa (38 mmHg)

F09 ■■

2.50 Bei einer bestimmten Jogaübung ruht der Körper auf Schädeldecke und beiden Unterarmen, wobei Rumpf und Beine senkrecht nach oben stehen. Dadurch steigt der hydrostatische Druck in den Blutgefäßen des Gehirns an. Vereinfacht soll die Zunahme dem Schweredruck einer 170 cm hohen Blutsäule entsprechen. Die Dichte des Blutes ist etwa gleich der Dichte von Wasser.
Etwa wie groß ist dann die Zunahme des hydrostatischen Drucks?
(A) $1{,}7 \cdot 10^{-2}$ Pa
(B) $3{,}4 \cdot 10^{-2}$ Pa
(C) $1{,}7 \cdot 10^{4}$ Pa
(D) $3{,}4 \cdot 10^{4}$ Pa
(E) $1{,}7 \cdot 10^{5}$ Pa

H09 ■■

2.51 Ein Blutdruckmessgerät ist mit einer Manschette im Bereich des Handgelenks befestigt. Gemäß Bedienungsanleitung muss sich das Gerät für eine korrekte Messung in Herzhöhe befinden. Versehentlich befindet sich der Messort jedoch 13 cm zu weit unten. Dies führt zu einer Verfälschung, die dem Schweredruck einer Blutsäule von 13 cm entspricht. (Die Dichte des Blutes ist etwa gleich der Dichte von Wasser.) Sonstige Messfehler bzw. Messungenauigkeiten bleiben unberücksichtigt.
Die vom Messgerät angezeigten Werte sind unter diesen Annahmen gegenüberden tatsächlichen Blutdruckwerten um etwa
(A) 20 mmHg zu niedrig
(B) 10 mmHg zu niedrig
(C) 3 mmHg zu niedrig
(D) 10 mmHg zu hoch
(E) 20 mmHg zu hoch

H06 ■

2.52 Der Zentralvenendruck wird vielerorts bei der nichtapparativen Messung mittels Wassersäule in der Einheit cmH_2O, jedoch bei der elektronischen Messung im mmHg angegeben.
Ein Druck von $20\,cmH_2O$ entspricht dem Schweredruck einer 20 cm hohen Wassersäule.
Etwa wie viel mmHg sind $20\,cmH_2O$?
(A) 5 mmHg
(B) 10 mmHg
(C) 15 mmHg
(D) 20 mmHg
(E) 25 mmHg

2.47 (E) 2.48 (C) 2.49 (E) 2.50 (C) 2.51 (D) 2.52 (C)

F00 ■

2.53 Die Höhendifferenz der Flüssigkeitssäulen in den Schenkeln eines wassergefüllten U-Rohr-Manometers beträgt 10 cm.

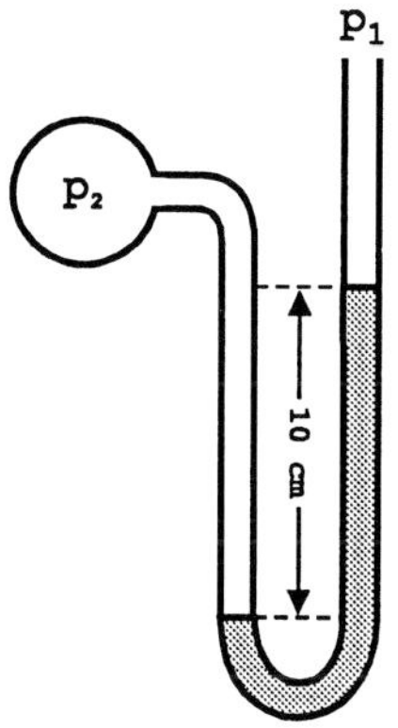

Etwa welche Druckdifferenz $p_2 - p_1$ zeigt das Manometer an ($g \approx 10\,m \cdot s^{-2}$)?

(A) 0,1 Pa
(B) 1 Pa
(C) 10 Pa
(D) 100 Pa
(E) 1000 Pa

H04 F97 ■■

2.54 In einer senkrecht stehenden, bauchigen, mit Wasser gefüllten Röhre (s. Schemazeichnung) wird der Druck p als Funktion der Wassertiefe w gemessen.

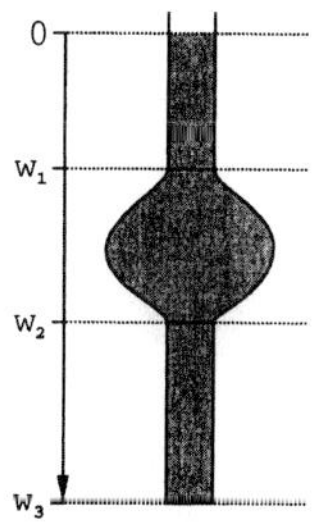

Welches der Diagramme (A) bis (E) gibt die Abhängigkeit des Drucks p von der Wassertiefe w am besten wieder (bei linear geteilten Koordinatenachsen)?

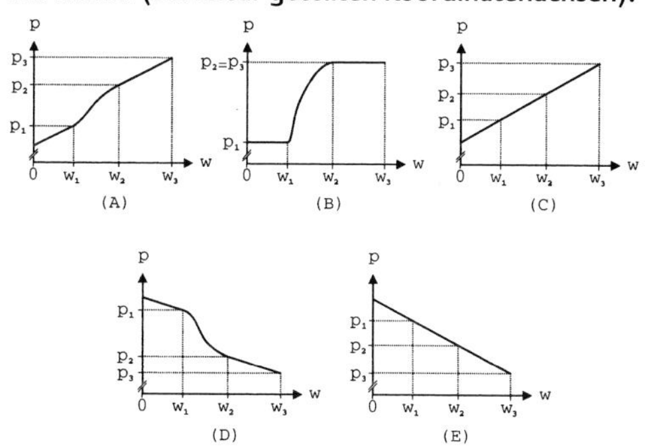

F97 H87 ■■

2.55 Welches Diagramm gibt qualitativ den Zusammenhang zwischen Luftdruck und Höhe richtig wieder (lineare Koordinaten)?

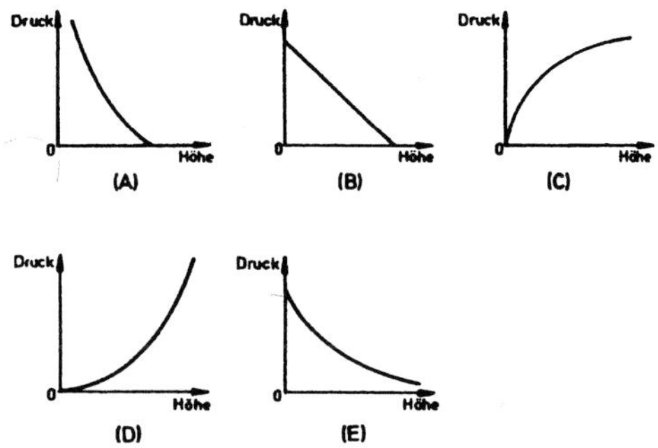

F09 ■

2.56 Ein Patient mit einer Erkrankung des Schultergürtels macht Wassergymnastik (in normalem Wasser). Die Masse eines Arms beträgt etwa 5 kg und die mittlere Dichte etwa 1,1 kg/L.
Etwa wie groß ist die relative Auftriebskraft auf einen Arm im Wasser bezogen auf seine Gewichtskraft, wenn der Arm vollständig untergetaucht ist?

(A) 0,1
(B) 0,2
(C) 0,9
(D) 1,0
(E) 1,1

H98 ■

2.57 Ein kugelförmiger Luftballon wird unter Wasser auf den doppelten Durchmesser aufgeblasen.
Seine Auftriebskraft

(A) ändert sich dadurch nicht
(B) steigt auf das Doppelte
(C) steigt auf das Vierfache
(D) steigt auf das Achtfache
(E) sinkt auf die Hälfte

F03 ■

2.58 Eis der Dichte $0{,}9\,g/cm^3$ schwimmt auf Wasser einer Dichte von $1{,}0\,g/cm^3$.
Wie groß ist der relative Volumenanteil des Eises, der sich unter der Wasseroberfläche befindet?

(A) 9 %
(B) 10 %
(C) 50 %
(D) 90 %
(E) 99 %

2.53 (E) 2.54 (C) 2.55 (E) 2.56 (C) 2.57 (D) 2.58 (D)

F00 ■■

2.59 Im Inneren einer Kugel mit dem Durchmesser d' = 2d befindet sich ein kugelförmiger luftleerer Hohlraum mit dem Durchmesser d.

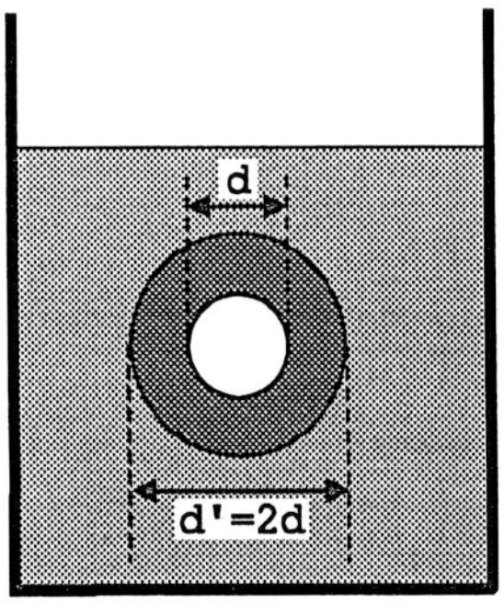

Welche Dichte muss das Material der äußeren Kugel haben, damit sie in Wasser gerade schwebt?

(A) $3/4\,g/cm^3$
(B) $7/8\,g/cm^3$
(C) $8/7\,g/cm^3$
(D) $4/3\,g/cm^3$
(E) $3/2\,g/cm^3$

2.8 Kräfte an Grenzflächen

H94 H87 ■

2.60 Eine Kapillare taucht in eine Flüssigkeit, die ihre Wand nicht benetzt.
Welche Abbildung gibt das Verhalten der Flüssigkeit richtig wieder?

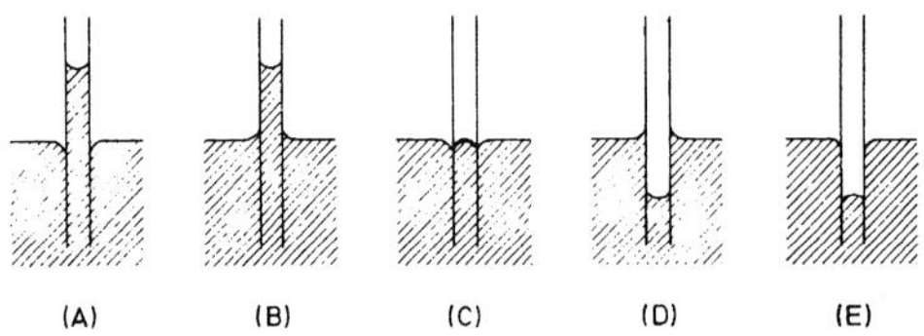

F06

2.61 Bei ausreichend vorhandenem Surfactant beträgt die Oberflächenspannung in stark entdehnten Lungenalveolen etwa 5 mN/m, in stark gedehnten dagegen etwa 50 mN/m.
Oberflächenspannung ist gleich

(A) Kohäsionsdruckabnahme mal Oberflächenzunahme
(B) Kohäsionsdruck pro Oberfläche
(C) Oberflächenenergiezunahme pro Oberflächenzunahme
(D) Oberflächenzunahme pro Oberflächenenergiezunahme
(E) (resultierende) Kohäsionskraft pro Oberfläche

2.9 Strömung von Flüssigkeiten und Gasen

H97 ■

2.62 In einem zylindrischen Gefäß steigt der Flüssigkeitsspiegel h entsprechend der nachstehenden Abbildung mit der Zeit an.

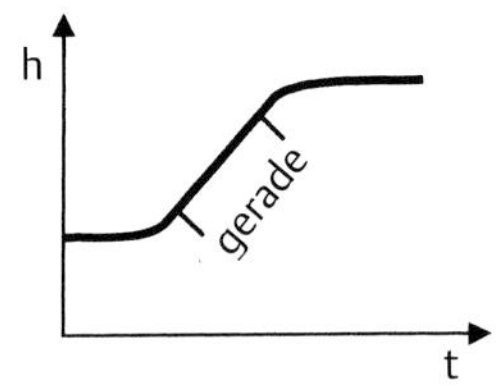

Welchen zeitlichen Verlauf hat die Volumenstromstärke I für den Zulauf?

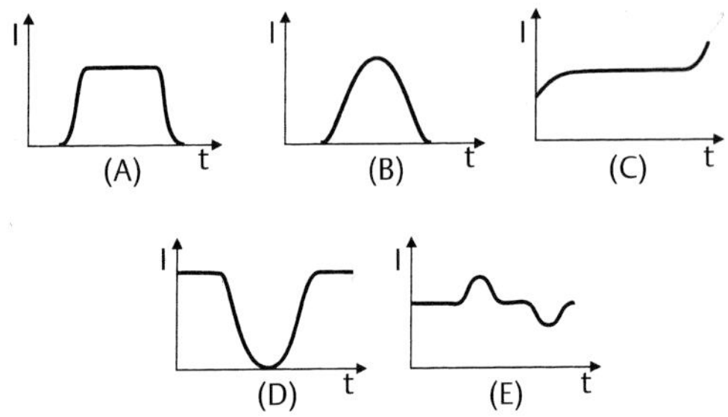

H05 ■

2.63 Durch ein Gefäß mit der Querschnittsfläche $0{,}5\,cm^2$ fließt Blut mit der mittleren Volumenstromstärke 0,6 L/min.
Wie groß ist die mittlere Strömungsgeschwindigkeit?

(A) 0,05 m/s
(B) 0,2 m/s
(C) 0,5 m/s
(D) 2 m/s
(E) 5 m/s

H10 ■■

2.64 In einem Blutgefäß strömt Blut mit einer mittleren Strömungsgeschwindigkeit von 20 cm/s. Die Querschnittsfläche ist näherungsweise kreisförmig. Der Durchmesser beträgt 2,0 cm.
Der Volumenstrom (die Volumenstromstärke) liegt dann am nächsten bei

(A) $30\,cm^3/s$
(B) $40\,cm^3/s$
(C) $60\,cm^3/s$
(D) $120\,cm^3/s$
(E) $200\,cm^3/s$

2.59 (C) 2.60 (E) 2.61 (C) 2.62 (A) 2.63 (B) 2.64 (C)

F08 ■

2.65 Ein Patient atmet nach maximaler Einatmung forciert aus. Die Dauer zwischen den beiden Zeitpunkten, zu denen er 25 % bzw. 75 % seiner Vitalkapazität von 4,0 L ausgeatmet hat, beträgt 0,8 s. Der mittlere Volumenstrom (Volumenstromstärke) $FEF_{25-75\%}$ (auch als FEF_{25-75} oder MEF_{25-75} bezeichnet) zwischen den beiden Zeitpunkten soll zur diagnostischen Beurteilung der Ventilation errechnet werden.
Etwa wie groß ist die $FEF_{25-75\%}$?
(A) 0,2 s/L
(B) 0,4 s/L
(C) 2,5 L/s
(D) 5 L/s
(E) 10 L/s

H01 ■■

2.66 Ein Rohr(abschnitt) ist vollständig mit einer inkompressiblen, von links nach rechts (laminar) hindurchfließenden Flüssigkeit gefüllt. Bei der kreisförmigen Querschnittsfläche A_1 beträgt der Innendurchmesser des Rohres d_1 = 4,5 cm und die (mittlere) Strömungsgeschwindigkeit v_1 = 5,0 cm/s.

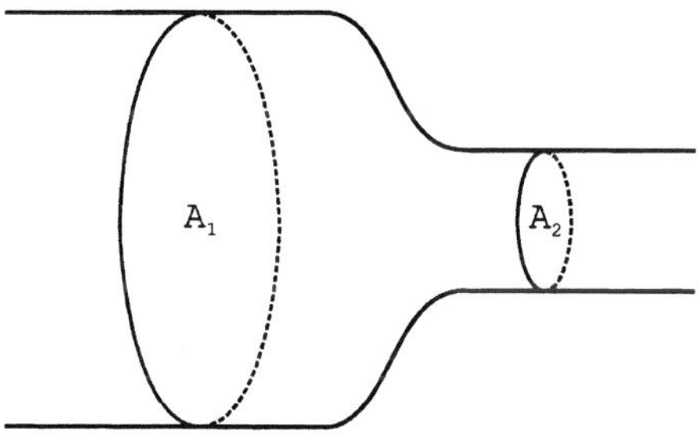

Welchen Wert hat die (mittlere) Strömungsgeschwindigkeit v_2 bei der kreisförmigen Querschnittsfläche A_2, wenn dort der Innendurchmesser d_2 = 1,5 cm ist?
(A) v_2 = 10 cm/s
(B) v_2 = 15 cm/s
(C) v_2 = 20 cm/s
(D) v_2 = 45 cm/s
(E) v_2 = 135 cm/s

H02 ■■

2.67 Ein Rohr(abschnitt) ist vollständig mit einer inkompressiblen, von links nach rechts (laminar) hindurchfließenden Flüssigkeit gefüllt. Für die Radien r_1 und r_2 der kreisförmigen Querschnittsflächen A_1 und A_2 gilt:

$$\frac{r_1}{r_2} = \frac{3}{2}$$

Welche Aussage zum Verhältnis der (mittleren) Strömungsgeschwindigkeiten v_1 (bei A_1) und v_2 (bei A_2) trifft zu?
(A) $\frac{v_1}{v_2} = \frac{16}{81}$
(B) $\frac{v_1}{v_2} = \frac{4}{9}$
(C) $\frac{v_1}{v_2} = \frac{2}{3}$
(D) $\frac{v_1}{v_2} = \frac{3}{2}$
(E) $\frac{v_1}{v_2} = \frac{9}{4}$

F05 ■

2.68 Durch ein Gefäß mit der Querschnittsfläche 0,5 cm^2 fließt Blut mit der mittleren Strömungsgeschwindigkeit 0,2 m/s.
Wie groß ist die mittlere Volumenstromstärke (in L/min)?
(A) 0,06 L/min
(B) 0,1 L/min
(C) 0,25 L/min
(D) 0,6 L/min
(E) 1 L/min

F06 ■■

2.69 In einem unverzweigten Abschnitt eines Blutgefäßes befindet sich eine Stenose. Der Durchmesser ist dort (bei jeweils kreisförmiger Querschnittsfläche) von 8 mm auf 4 mm verengt. Das Blut ist als inkompressibel anzusehen. Im Blutgefäß vor und nach der Stenose beträgt die mittlere Strömungsgeschwindigkeit 0,1 m/s.
Wie groß ist sie in der Stenose?
(A) 0,05 m/s
(B) 0,1 m/s
(C) $\frac{\sqrt{2}}{10}$ m/s
(D) 0,2 m/s
(E) 0,4 m/s

2.65 (C) 2.66 (D) 2.67 (B) 2.68 (D) 2.69 (E)

F10 ■

2.70 Einem Patienten werden innerhalb von 10 s kontinuierlich 10 mL einer Lösung in eine Vene injiziert. Die Kanüle hat eine Länge von 33 mm und eine Innenquerschnittsfläche von 0,5 mm^2.
Etwa mit welcher (mittleren) Strömungsgeschwindigkeit tritt die Flüssigkeit aus der Kanüle aus?
(A) 3 cm/s
(B) 7 cm/s
(C) 0,7 m/s
(D) 2 m/s
(E) 20 m/s

H07 ■■

2.71 In einem unverzweigten Abschnitt eines Blutgefäßes mit kreisrundem Querschnitt befindet sich eine konzentrische Stenose. Es wird dort eine (über den Querschnitt gemittelte) doppelt so große Blutströmungsgeschwindigkeit wie vor und nach der Stenose gemessen (bei laminarer Strömung).
Der Innendurchmesser an der Stenose beträgt relativ zum Innendurchmesser vor oder nach der Stenose
(A) $0,5^4 = 6,25\,\%$
(B) $0,5^3 = 12,5\,\%$
(C) $0,5^2 = 25\,\%$
(D) $0,5 = 50\,\%$
(E) $\sqrt{0,5} \approx 71\,\%$

F07 ■■

2.72 Die mittlere Strömungsgeschwindigkeit in der Aorta ascendens betrage 0,2 m/s bei einer Querschnittsfläche von 5 cm^2. Im Bereich der nachfolgenden Kapillaren betrage die gesamte Querschnittsfläche aller parallelen Blutgefäße 3 000 cm^2.
Etwa welche mittlere Strömungsgeschwindigkeit ergibt sich hieraus im Mittel im Bereich der Kapillaren?
(A) $1 \cdot 10^{-4}$ m/s
(B) $3 \cdot 10^{-4}$ m/s
(C) $1 \cdot 10^{-3}$ m/s
(D) $3 \cdot 10^{-3}$ m/s
(E) $1 \cdot 10^{-2}$ m/s

F99 ■■

2.73 Eine Flüssigkeit ströme unter Gültigkeit des Hagen-Poiseuille-Gesetzes durch eine Kapillare.
Die Stromstärke wird doppelt so groß, wenn man
(A) eine Kapillare mit dem doppelten Durchmesser wählt
(B) eine Kapillare mit der vierfachen Querschnittsfläche verwendet
(C) eine Flüssigkeit mit der doppelten dynamischen Viskosität (Zähigkeit) nimmt
(D) die Druckdifferenz zwischen den Enden der Kapillare verdoppelt
(E) eine Kapillare von doppelter Länge benutzt

F09 ■■

2.74 In einer Dialysemaschine strömt mit der Druckdifferenz Δp_1 Flüssigkeit durch einen Schlauch von 40 cm Länge und einer Querschnittsfläche von 8 mm^2. Dieser wird durch einen Schlauch gleicher Länge mit einer Querschnittsfläche von 4 mm^2 ersetzt. Die Maschine ist so eingestellt, dass der Volumenstrom (die Volumenstromstärke) durch den Schlauch wieder genau so groß wie vorher ist. Der Druckabfall über den Schlauch beträgt nun Δp_2.
(Die Schläuche werden näherungsweise als starre Rohre mit kreisförmigem Querschnitt betrachtet, durch die newtonsche Flüssigkeit laminar strömt.)
Wie ändert sich der Druckabfall durch den Schlauchwechsel?
$\Delta p_2/\Delta p_1 =$
(A) 0,5
(B) $1/\sqrt{2}$
(C) $\sqrt{2}$
(D) 2
(E) 4

F02 ■■

2.75 Die Skizze zeigt in seitlicher Ansicht einen Ausschnitt aus einem Rohrsystem. Aufgrund unterschiedlicher (kreisförmiger) Querschnittsflächen lassen sich drei Teilbereiche an diesem unverzweigten Rohrstück unterscheiden, das vollständig mit einer inkompressiblen, von links nach rechts (laminar) hindurchfließenden Flüssigkeit gefüllt ist.

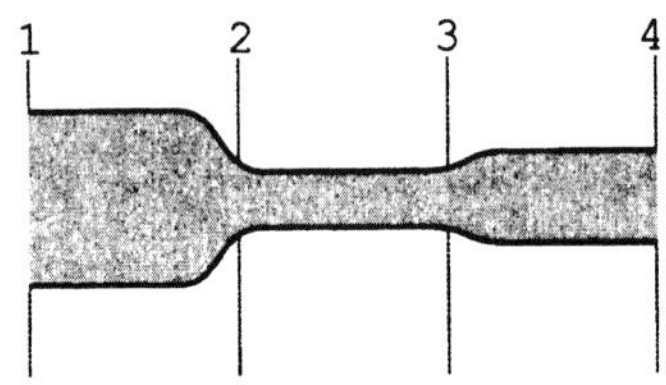

Welche Aussage trifft zu?
(A) Alle Flüssigkeitsteilchen bewegen sich mit gleicher Geschwindigkeit durch die drei Teilbereiche.
(B) Die Volumenstromstärken in den drei Teilbereichen sind gleich.
(C) Die Strömungswiderstände der drei Teilbereiche sind gleich.
(D) Der Strömungswiderstand ist im rechten Teilbereich (zwischen 3 und 4) am größten.
(E) Die Druckabfälle längs der drei Teilbereiche sind gleich.

2.70 (D) 2.71 (E) 2.72 (B) 2.73 (D) 2.74 (E) 2.75 (B)

F03 ■

→2.76 Eine Flüssigkeit strömt durch eine Röhre mit dem Radius $r_1 = 1{,}0$ cm. Dabei stellt sich zwischen Anfang und Ende der Röhre eine Druckdifferenz $\Delta p_1 = 10$ kPA ein.
Wie groß etwa ist bei unveränderter Stromstärke und gleicher Temperatur der laminar fließenden, newtonschen Flüssigkeit die Druckdifferenz Δp_2, wenn der Röhrenradius bei derselben Röhrenlänge auf $r_2 = 0{,}7$ cm reduziert wird?
(A) 7 kPa
(B) 14 kPa
(C) 20 kPa
(D) 27 kPa
(E) 42 kPa

F05 ■■

→2.77 Der Augeninnendruck (Überdruck gegenüber umgebendem Luftdruck) wird mit Hilfe eines Modells demonstriert: Eine mechanische Pumpe pumpt kontinuierlich Flüssigkeit in einen Plastikbehälter. Von dort strömt die Flüssigkeit über einen Strömungswiderstand R = 100 MPa · s/L wieder aus dem Behälter heraus. Im Fließgleichgewicht ist die Volumenstromstärke der Flüssigkeit I = 6 mL/min.
Welcher Überdruck Δp herrscht im Plastikbehälter (im Modell-Auge)?
(A) 0,6 kPa
(B) 1 kPa
(C) 6 kPa
(D) 10 kPa
(E) 60 kPa

H00 ■

→2.78 In dem Diagramm ist der Zusammenhang zwischen hydrodynamischer Stromstärke I und Druckdifferenz Δp (bei konstanter Entfernung der Druckmessstellen) für die Strömung von Wasser durch ein dünnes Glasrohr dargestellt:

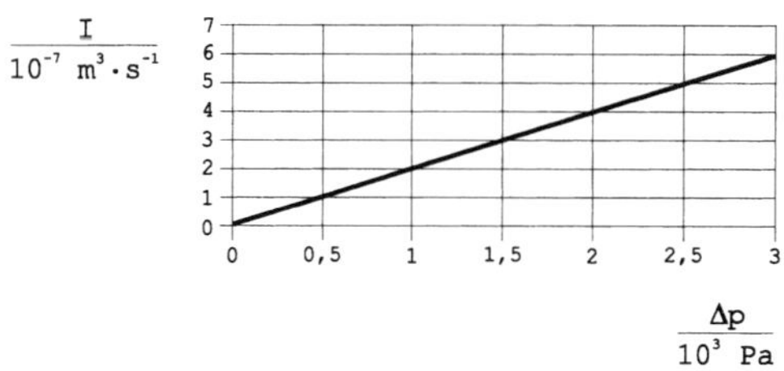

Für den hydrodynamischen Widerstand (Strömungswiderstand) R ergibt sich:
(A) $2 \cdot 10^{-10}$ N · s · m^{-5}
(B) $5 \cdot 10^{-5}$ N · s · m^{-5}
(C) $2 \cdot 10^{-4}$ N · s · m^{-5}
(D) $5 \cdot 10^{9}$ N · s · m^{-5}
(E) $5 \cdot 10^{11}$ N · s · m^{-5}

F07 ■

→2.79 Ein Patient mit Nasenklemme atmet durch den Mund aus. Seine Atemstromstärke $\dot{V}$, der Druck p_A in den Alveolen und der Druck p_M vorn am Mund werden gemessen.
Wie errechnet sich der Atemwegs(strömungs)widerstand R?
(A) $R = (p_A - p_M) \cdot \dot{V}$
(B) $R = (p_A + p_M) \cdot \dot{V}$
(C) $R = \frac{\dot{V}}{p_A + p_M}$
(D) $R = \frac{\dot{V}}{p_A - p_M}$
(E) $R = \frac{p_A - p_M}{\dot{V}}$

H07 ■■

→2.80 Bei einem Patienten beträgt bei einer Druckdifferenz zwischen Alveole und Umgebungsluftdruck von 0,2 kPa die Ausatemstromstärke 0,5 L · S^{-1}.
Wie groß ist der (momentane) Atemwegs(strömungs)widerstand?
(A) 0,08 kPa^2 · L^{-1} · s
(B) 0,1 kPa · L · s^{-1}
(C) 0,4 kPa · L^{-1} · s
(D) 2,5 L · s^{-1} · kPa^{-1}
(E) 12,5 L · s^{-1} · kPa^{-2}

H08 ■

→2.81 Eine Flüssigkeit strömt durch eine Röhre (z. B. Blut durch ein Blutgefäß). Nun wird bei gleich bleibender Druckdifferenz eine zweite, genau gleiche Röhre parallel geschaltet.
Was gilt für die zwei Röhren gemeinsam im Vergleich zu einer Röhre allein?
(A) Der Strömungswiderstand ist halb so groß.
(B) Der Strömungswiderstand ist doppelt so groß.
(C) Die mittlere Strömungsgeschwindigkeit ist halb so groß.
(D) Die mittlere Strömungsgeschwindigkeit ist doppelt so groß.
(E) Die Stromstärke (der Volumenstrom) ist gleich groß.

2.76 (E) 2.77 (D) 2.78 (D) 2.79 (E) 2.80 (C) 2.81 (A)

H05 ■■

2.82 Der Durchmesser eines Gefäßabschnitts wird durch einen Eingriff vergrößert. In guter Näherung kann der Gefäßabschnitt vorher und nachher als starre Röhre derselben Länge mit jeweils kreisförmiger Querschnittsfläche angesehen werden. In dem Gefäßabschnitt ströme weiterhin laminar dieselbe newtonsche Flüssigkeit gleicher Temperatur und Viskosität. Auch die Druckdifferenz zwischen Anfang und Ende des Gefäßabschnitts bleibe dieselbe.
Die neue Volumenstromstärke ist dann wievielmal höher als die ursprüngliche, wenn der Durchmesser um 20 % vergrößert wird?

(A) $\sqrt{1{,}2} \sim 1{,}1$
(B) 1,2
(C) $1{,}2^2 \sim 1{,}4$
(D) $1{,}2^3 \sim 1{,}7$
(E) $1{,}2^4 \sim 2{,}1$

H07 ■■

2.83 Im Modell für einen Blutgefäß-Bypass wird zu einer Röhre 1 mit dem Durchmesser 1 mm eine Röhre 2 mit dem Durchmesser 2 mm parallel geschaltet, wobei beide Röhren gleich lang sind. Die Stromstärke (der Volumenstrom) durch Röhre 1 allein betrug I_1. In den starren Röhren mit kreisförmigem Querschnitt strömt laminar newtonsche Flüssigkeit.
Wievielmal größer als I_1 ist dann die Stromstärke I_{ges} von beiden Röhren gemeinsam, wenn die Druckdifferenz gleich bleibt?

(A) 2
(B) 4
(C) 8
(D) 16
(E) 17

F08 ■■

2.84 Zu einem Rohr I wird ein Rohr II mit derselben Länge, aber nur halb so großem Radius parallel zugeschaltet. Es wird angenommen, dass darin newtonsche Flüssigkeit laminar strömt und das Hagen-Poiseuille-Gesetz gilt. Der (Strömungs)Leitwert ist der Kehrwert des (Strömungs)Widerstands.
Etwa um wie viel Prozent ist der gemeinsame Leitwert der Rohre I und II größer als der Leitwert von Rohr I allein?

(A) 2 %
(B) 4 %
(C) 6 %
(D) 12 %
(E) 25 %

H03 ■■

2.85 Eine Flüssigkeit strömt laminar mit der Volumenstromstärke $I_1 = 100\,cm^3/s$ durch eine Röhre mit dem Radius $r_1 = 1{,}0\,cm$.
Wie groß etwa ist bei unveränderter Druckdifferenz pro Länge und bei konstanter Temperatur die Stromstärke I_2 der newtonschen Flüssigkeit, wenn der Röhrenradius auf $r_2 = 0{,}8\,cm$ reduziert wird?

(A) $41\,cm^3/s$
(B) $64\,cm^3/s$
(C) $80\,cm^3/s$
(D) $89\,cm^3/s$
(E) $120\,cm^3/s$

F04 ■

2.86 In einem bestimmten Zeitraum beträgt die Strömungsgeschwindigkeit des Blutes durch eine stenosierte Aortenklappe konstant $v_1 = 4\,m/s$. Reibung und Schwerkrafteinflüsse werden nicht berücksichtigt. Die Geschwindigkeit v_0 von der Stenose ist vernachlässigbar klein. Das (praktisch inkompressible) Blut hat eine Dichte von etwa 1 kg/L. Der statische Druck ist vor der Stenose p_0 und innerhalb der Stenose p_1.
Etwa wie groß ist die Druckdifferenz $p_0 - p_1$? (Denken Sie an die auf dem Energieerhaltungssatz basierende Bernoullische Gleichung!)

(A) 2 kPa
(B) 4 kPa
(C) 8 kPa
(D) 16 kPa
(E) 32 kPa

H97 ■

2.87 Welche Aussage trifft nicht zu?
Eine Aluminium-Kugel (Dichte $2{,}7\,g \cdot cm^{-3}$) wird unter Wasser losgelassen und sinkt nach unten.

(A) Der Auftrieb der Kugel im Wasser ist proportional zum Kugelvolumen.
(B) Der Auftrieb ist proportional zur Dichte der Kugel.
(C) Die Kugel kann bei hinreichend großer Fallstrecke konstante Sinkgeschwindigkeit erreichen.
(D) Der Auftrieb der Kugel hängt von der Masse der von der Kugel verdrängten Flüssigkeit ab.
(E) Der Auftrieb bleibt konstant, wenn anstelle der Aluminium-Kugel eine Eisen-Kugel mit gleichem Durchmesser verwendet wird.

2.82 (E) 2.83 (E) 2.84 (C) 2.85 (A) 2.86 (C) 2.87 (B)

2.10 Fragen aus Examen Frühjahr 2011

F11 ■■

2.88 Bei einem Probanden fließen 6 Liter Blut pro Minute (laminar) durch einen Aortenabschnitt mit 5 cm^2 Querschnittsfläche.
Wie groß ist dort die (mittlere) Strömungsgeschwindigkeit des Blutes?
(A) 1,2 cm/s
(B) 3,3 cm/s
(C) 12 cm/s
(D) 20 cm/s
(E) 33 cm/s

F11 ■

2.89 Eine Sehne wird innerhalb des Bereichs des Spannungs-Dehnungs-Diagramms, in dem das Hooke'sche Gesetz gilt, bei einem Elastizitätsmodul von 0,2 GPa mit einer Zugspannung von 6 N/mm^2 belastet.
Welche relative Längenänderung der Sehne ergibt sich?
(A) 0,1 %
(B) 0,3 %
(C) 0,8 %
(D) 1 %
(E) 3 %

F11 ■■

2.90 Trifft ein von einem β^+-Strahler freigesetztes Positron auf ein Elektron, so entstehen bei der Paarvernichtung zwei γ-Quanten, die sich diametral voneinander wegbewegen.
Bei einem Positronenemissionstomographen werden zwei γ-Quanten dann als koinzident (bei derselben Paarvernichtung entstanden) anerkannt, wenn das zweite γ-Quant höchstens 10 ns nach dem ersten im gegenüberliegenden Detektor eintrifft. Bei einer geradlinigen (ungestreuten) Ausbreitung der γ-Quanten mit näherungsweise Vakuum-Lichtgeschwindigkeit entspräche eine Zeitdifferenz von 10 ns einer Differenz der Wege zweier koinzidenter γ-Quanten zu ihrem jeweiligen Detektor von etwa
(A) 1 cm
(B) 3 cm
(C) 10 cm
(D) 30 cm
(E) 3 m

F11 ■■

2.91 Ein (nur gering aktiver) Proband hält seine Körpertemperatur konstant, indem er etwa 120 W Wärme an die Umgebung abgibt. Da die Umgebungstemperatur etwa so hoch wie seine Hauttemperatur ist, gibt er diese Wärme nahezu ausschließlich durch Evaporation von Wasser ab, wobei die Verdunstungswärme von Wasser etwa 2,4 kJ/g beträgt.
Etwa wie viel Wasser wird allein hierdurch dem Körper pro Stunde entzogen?
(A) 120 mL
(B) 180 mL
(C) 240 mL
(D) 360 mL
(E) 1,2 L

2.88 (D) 2.89 (E) 2.90 (E) 2.91 (B)

3 Struktur der Materie

3.1 Aufbau der Atome und Atomkerne

F99 ■■

3.1 Welche Aussage zum Begriff „Isotope eines Elements" trifft nicht zu?

(A) Isotope haben gleiche Kernladungszahlen.
(B) Isotope haben gleiche relative Atommassen (Atomgewichte).
(C) Isotope stehen an gleicher Stelle im Periodensystem.
(D) Isotope haben unterschiedliche Anzahl von Neutronen im Kern.
(E) Elektrisch neutrale Isotope haben die gleiche Anzahl von Elektronen in ihren Elektronenhüllen.

F04 ■■

**3.2 Der Kern eines Helium-Isotops besteht aus 2 Protonen und 1 Neutron.
Welche der symbolischen Schreibweisen ist für dieses Nuklid zutreffend?**

(A) $^{4}_{2}He$
(B) $^{3}_{2}He$
(C) $^{2}_{3}He$
(D) $^{2}_{1}He$
(E) $^{1}_{2}He$

F03 F00 ■■

**3.3 Der Kern eines Nuklids besteht aus 2 Protonen und 2 Neutronen.
Welche der symbolischen Schreibweisen ist für dieses Nuklid zutreffend?**

(A) $^{2}_{2}H$
(B) $^{4}_{2}H$
(C) $^{2}_{2}He$
(D) $^{2}_{4}He$
(E) $^{4}_{2}He$

F98 ■■

**3.4 Der Kern eines Argon-Isotops besteht aus 18 Protonen und 22 Neutronen.
Welche symbolische Schreibweise dafür trifft zu?**

(A) $^{22}_{18}Ar$
(B) $^{18}_{22}Ar$
(C) $^{40}_{18}Ar$
(D) $^{18}_{40}Ar$
(E) $^{40}_{22}Ar$

H09 ■■

3.5 Welches der Nuklide enthält 18 Neutronen?

(A) $^{40}_{18}Ar$
(B) $^{12}_{6}C$
(C) $^{35}_{17}Cl$
(D) $^{19}_{9}F$
(E) $^{18}_{8}O$

H03 ■■

3.6 Durch die Verschmelzung eines Deuteriumkerns ($^{2}_{1}H$) mit einem Tritiumkern ($^{3}_{1}H$) entsteht außer einem $^{4}_{2}He$-Kern als weiteres Teilchen ein

(A) Elektron
(B) $^{3}_{2}He$-Kern
(C) Neutron
(D) Positron
(E) Proton

F08 ■■

**3.7 Künstliche radioaktive Isotope enthaltende Substanzen werden beispielsweise eingesetzt, um Transport, Anreicherung und Abbau von Medikamenten im menschlichen Körper zu verfolgen.
Wenn zwei Nuklide zueinander isotop sind, so besitzen sie**

(A) die gleiche Massenzahl, aber unterschiedliche Kernladungszahlen
(B) die gleiche Protonenzahl, aber unterschiedliche Neutronenzahlen
(C) sowohl unterschiedliche Massen- als auch unterschiedliche Kernladungszahlen
(D) sowohl unterschiedliche Protonen- als auch unterschiedliche Elektronenzahlen
(E) sowohl unterschiedliche Protonen- als auch unterschiedliche Neutronenzahlen

3.1 (B) 3.2 (B) 3.3 (E) 3.4 (C) 3.5 (C) 3.6 (C) 3.7 (B)

F05 H01 ■■

3.8 Welches weitere Teilchen X ist an der Kernreaktion $^{6}_{3}Li + ^{1}_{0}n \rightarrow X + ^{3}_{1}H$ beteiligt? ($^{3}_{1}H$ = Tritiumkern)
X ist ein
(A) α-Teilchen
(B) Elektron
(C) Neutron
(D) Positron
(E) Proton

H02 ■■

3.9 Von den folgenden Teilchen hat die kleinste Ruhemasse das
(A) α-Teilchen
(B) Elektron
(C) Neutron
(D) Proton
(E) Deuteron

3.2 Festkörper, Flüssigkeiten, Gase

3.10 Welche Aussage trifft zu?
In einem abgeschlossenen Gefäß befindet sich ein Gas. Wenn ein Gasmolekül auf die Wand prallt, übt es einen Kraftstoß auf die Wand aus. Die Summe aller Kraftstöße dividiert durch die verstrichene Zeit und die Gefäßwandfläche ergibt
(A) die Kraft, die die Moleküle auf die Wand ausüben
(B) die Gesamtenergie des Systems
(C) den Gesamtimpuls des Systems
(D) die kinetische Energie der Moleküle im Gefäß
(E) den Gasdruck

4 Wärmelehre

4.1 Temperatur

H87 ■

4.1 Welche der Aussagen trifft nicht zu?
Die Temperatur
(A) ist eine Energieform
(B) kann sowohl in °C als auch K angegeben werden
(C) ist eine der Größen, von denen der Aggregatzustand eines Stoffes abhängt
(D) ist eine Zustandsgröße
(E) kann mit Hilfe einer Widerstandsmessung ermittelt werden

H96 ■

4.2 Etwa welchen Wert hat für die beiden Temperaturen t_1 = 127°C und t_2 = 47°C das Verhältnis T_1/T_2 ihrer zugehörigen absoluten Temperaturen?
(A) 1/3
(B) 4/5
(C) 5/4
(D) 5
(E) Keiner der Werte (A)–(D) trifft zu.

F96 H90 H83 ■■

4.3 Das Volumen eines Körpers dehnt sich bei steigender Temperatur t nach der Gleichung
$V = V_0 (1 + \alpha \cdot t)$
aus.
Welche der Darstellungen (A)–(E) gibt dieses Verhalten wieder?
(Abszissen und Ordinaten linear geteilt)

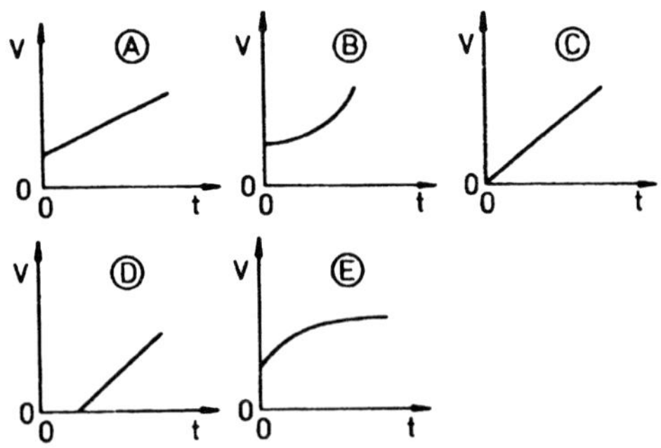

H02 ■

4.4 Ein Widerstandsthermometer hat einen Widerstand von 8,00 Ω bei 0 °C und von 11,2 Ω bei 100 °C. Welcher Temperatur in Grad Celsius entspricht der Widerstandswert 8,96 Ω, wenn sich der Widerstand linear mit der Temperatur ändert?
(A) 15 °C
(B) 20 °C
(C) 25 °C
(D) 30 °C
(E) 35 °C

4.2 Wärme, Wärmekapazität

F94 ■■

4.5 Welchen Wert hat die spezifische Wärmekapazität von Wasser, wenn sie in $J \cdot g^{-1} \cdot K^{-1}$ angegeben wird?
(A) ca. 0,5
(B) ca. 1,0
(C) ca. 3,3
(D) ca. 4,2
(E) ca. 5,4

H03 ■■

4.6 Zur Erwärmung eines Kalorimeters von 20 °C auf 64 °C braucht man 8,8 kJ.
Welchen Wert hat die Wärmekapazität des Kalorimeters?
(A) 73 J/K
(B) 200 J/K
(C) 440 J/K
(D) 730 J/K
(E) 2000 J/K

F04 F95 ■■

4.7 Es werden 1 L Wasser der Temperatur 60 °C und 3 L Wasser der Temperatur 100 °C miteinander vermischt. (Sowohl die durch das Rühren zugeführte Energie als auch die Wärmeabgabe des Wassers an andere Materialien sei vernachlässigbar klein.)
Welche Wassertemperatur ergibt sich?
(A) 70 °C
(B) 75 °C
(C) 80 °C
(D) 85 °C
(E) 90 °C

4.1 (A) 4.2 (C) 4.3 (A) 4.4 (D) 4.5 (D) 4.6 (B) 4.7 (E)

F96 ■

4.8 Welche Energie gibt eine Wärmflasche mit einem Liter Wasser von 60°C beim Abkühlen auf Körpertemperatur etwa ab?

(A) 2,3 J
(B) $1 \cdot 10^2$ J
(C) $2{,}3 \cdot 10^3$ J
(D) $1 \cdot 10^5$ J
(E) $1 \cdot 10^7$ J

H00 ■

4.9 In einem Dewargefäß befinden sich 100 g Wasser und 100 g Eis von 0 °C.
Welche Zeit ist erforderlich, um 60 g des Eises mit einem Heizgerät der Leistung 100 W zu schmelzen?
(Die spezifische Schmelzwärme von H_2O beträgt 333 J/g.)

(A) < 1,5 min
(B) 1,5 min
(C) 2,0 min
(D) 3,0 min
(E) > 3,0 min

H01 ■

4.10 Durch ein Heizgerät mit 1 kW werden 2 L Wasser zum Sieden gebracht. Die spezifische Verdampfungsenthalpie (Verdampfungswärme) von H_2O beträgt etwa 2 MJ/kg.
Etwa welche Zeit ist bei unveränderter Wärmezufuhr erforderlich, um 5 % des siedenden Wassers zu verdampfen?

(A) $1 \cdot 10^2$ s
(B) $2 \cdot 10^2$ s
(C) $4 \cdot 10^2$ s
(D) $8 \cdot 10^2$ s
(E) $2 \cdot 10^3$ s

F02 ■■

4.11 In einem wärmeisolierten Gefäß befinden sich zu Beginn des Wärmeausgleichs 1 kg Wasser von 50 ° C und 1 kg Eis von 0 °C. Die Wärmekapazität des Gefäßes und der Einfluss der Umgebung werden vernachlässigt.
spezifische Wärmekapazität des Wassers:
$4{,}2\ \text{kJ} \cdot \text{kg}^{-1} \cdot \text{K}^{-1}$
Schmelzwärme des Eises: $334\ \text{kJ} \cdot \text{kg}^{-1}$
Nach Wärmeausgleich ist im Mischungsgefäß

(A) Wasser und Eis von 0 °C
(B) Wasser von 0 °C und kein Eis
(C) Wasser von 15 °C und kein Eis
(D) Wasser von 25 °C und kein Eis
(E) Wasser von 35 °C und kein Eis

F05 ■■

4.12 Ein Proband gibt (bei leichter Tätigkeit) 100 W in Form von Wärme an die Umgebung ab. Dies ist gerade so viel, dass seine (mittlere) Körpertemperatur konstant bleibt. Die Wärmekapazität seines Körpers beträgt 180 kJ/K.
Um welchen Betrag wäre die (mittlere) Körpertemperatur angestiegen, wenn bei gleicher Wärmebildung eine Stunde lang nichts von der Wärme hätte abgegeben werden können?

(A) 0,2 °C
(B) 0,5 °C
(C) 2 °C
(D) 3 °C
(E) 5 °C

H05 ■

4.13 Ein Proband gibt (bei leichter Tätigkeit) 100 W in Form von Wärme an die Umgebung ab. Dies ist gerade so viel, dass seine (mittlere) Körpertemperatur konstant bleibt. Die Wärmekapazität seines Körpers beträgt 180 kJ/K.
In welcher Zeit steigt bei gleicher Wärmebildung die (mittlere) Körpertemperatur um 2 °C an, wenn jegliche Wärmeabgabe unterbunden wird?

(A) 1 min
(B) 100 s
(C) 10 min
(D) 1 h
(E) 100 min

H07 ■■

4.14 In der Regenbogenpresse findet man immer mal wieder den gut gemeinten Rat, eine Diät zur Gewichtsreduktion könne dadurch unterstützt werden, dass man nur gekühlte Speisen und Getränke zu sich nimmt.
Der spezifische Brennwert von Bier sei etwa $2000\,\frac{\text{kJ}}{\text{kg}}$, seine spezifische Wärmekapazität etwa $4\,\frac{\text{kJ}}{\text{kgK}}$ und seine Dichte näherungsweise so groß wie die von Wasser.
Etwa welche Energie wird benötigt, um 0,5 L Bier von 7 °C auf 37 °C Körpertemperatur zu erwärmen?

(A) 4 kJ
(B) 40 kJ
(C) 60 kJ
(D) 120 kJ
(E) 600 kJ

4.8 (D) 4.9 (E) 4.10 (B) 4.11 (A) 4.12 (C) 4.13 (D) 4.14 (C)

F94 ■

4.15 Eine Wassermenge habe zum Zeitpunkt $t = 0$ eine Temperatur von 70°C und kühle sich danach bis auf die Umgebungstemperatur von 20°C ab.
Welche der Kurven (A)–(E) beschreibt qualitativ richtig die Abhängigkeit der Wassertemperatur T von der Zeit t?

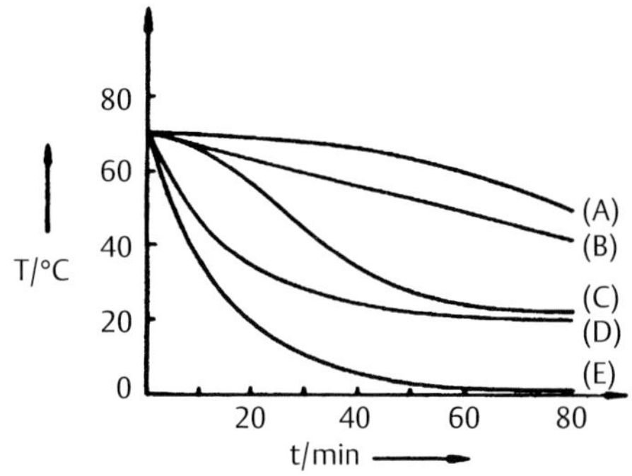

4.3 Gaszustand

F95 ■■

4.16 Welche der folgenden Beziehungen beschreibt den Zusammenhang zwischen der allgemeinen Gaskonstanten R, der Temperatur T, dem Druck p und dem molaren Volumen V_m richtig?

(A) $R = \frac{T}{Vm \cdot p}$

(B) $R = \frac{T \cdot p}{Vm}$

(C) $R = \frac{Vm}{T \cdot p}$

(D) $R = \frac{Vm \cdot T}{p}$

(E) $R = \frac{Vm \cdot p}{T}$

F00 F96 ■

4.17 Welche Abhängigkeit besteht zwischen dem Druck p eines in einem bestimmten Volumen eingeschlossenen idealen Gases und der mittleren kinetischen Energie $\overline{E_k}$ seiner Moleküle?

(A) $p \sim \frac{1}{\overline{E}_k}$

(B) $p \sim \frac{1}{\sqrt{\overline{E}_k}}$

(C) $p \sim \sqrt{\overline{E}_k}$

(D) $p \sim \overline{E}_k$

(E) $p \sim \overline{E}_k^2$

F05 ■■

4.18 In einem Volumen V befindet sich ein ideales Gas mit der Temperatur T_1, der Teilchenzahl N_1 und dem Druck p_1. Nun wird bei konstantem Volumen die Temperatur (in K) auf die Hälfte abgesenkt und zugleich die Teilchenzahl verdoppelt:
$V_2 = V_1$
$T_2 = T_1/2$
$N_2 = 2 \cdot N_1$
Wie groß ist das zugehörige p_2?
(A) $p_2 = p_1$
(B) $p_2 = 2 \cdot p_1$
(C) $p_2 = 4 \cdot p_1$
(D) $p_2 = p_1/2$
(E) $p_2 = p_1/4$

H08 ■■

4.19 Ein Sporttaucher atmet Luft aus einer Vorratsflasche über einen Druckregler, der den Druck der eingeatmeten Luft automatisch dem der Tauchtiefe entsprechenden Wasserdruck angleicht. Nach einer Einatmung sind in 30 m Tiefe 6 L Luft in seinem Atemtrakt, als er seinen Bleigurt verliert und an die Meeresoberfläche schießt.
Etwa welches Volumen nähmen die 6 L Luft ein, wenn sie (bei unveränderter Temperatur) sich dem Umgebungsluftdruck an der Wasseroberfläche angleichen würden?
(A) 1,5 L
(B) 2 L
(C) 6 L
(D) 18 L
(E) 24 L

4.15 (D) 4.16 (E) 4.17 (D) 4.18 (A) 4.19 (E)

F04 ■■

→4.20 In den Lungenalveolen eines Menschen befinden sich 6 L (als ideal angesehenes) Gas mit einem O_2-Partialdruck von 13 kPa. (Temperatur 37 °C, allgemeine Gaskonstante $R \approx 8\,J \cdot K^{-1} \cdot mol^{-1}$)
Etwa wie viel mol O_2 sind in dem Gas enthalten?
(A) 0,003 mol
(B) 0,03 mol
(C) 0,3 mol
(D) 3 mol
(E) 30 mol

F10 ■■

→4.21 Eine Druckflasche mit 10 L Innenraum enthält Sauerstoff unter einem Druck von 180 bar. Sie wird nun zur Versorgung eines Patienten eingesetzt, wobei 12 L/min nahezu unter normalem Umgebungsluftdruck und ohne Temperaturänderung ausströmen. Näherungsweise darf der Sauerstoff als ideales Gas angesehen werden.
Etwa wie lange wird der O_2-Vorrat reichen?
(A) 15 min
(B) 30 min
(C) 1 h
(D) 2,5 h
(E) 5 h

F08 ■

→4.22 Die passive Dehnbarkeit der Aorta ist unter anderem für die Dämpfung der kardial erzeugten Pulswelle bedeutsam („Windkesselfunktion"). Die Volumendehnbarkeit oder Compliance C (der Kehrwert des Volumenelastizitätskoeffizienten) ist der Quotient aus Änderung des (luminalen) Volumens V und Änderung des (transmuralen) Drucks p, also $C = \Delta V/\Delta p$.

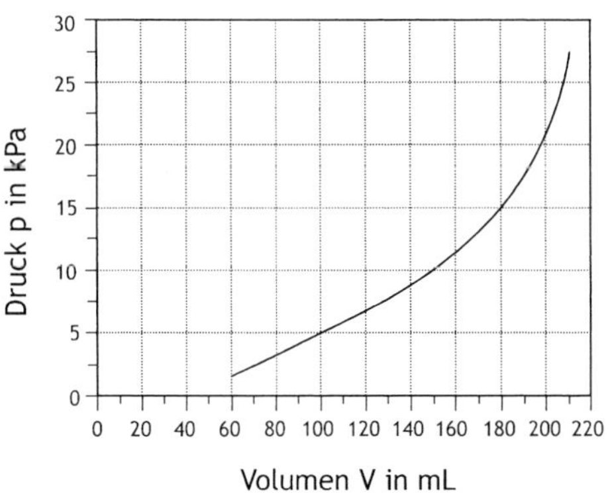

Etwa wie groß ist hier die Compliance C im Druckbereich von 10 kPa bis 15 kPa?
(A) 6 mL/kPa
(B) 12 mL/kPa
(C) 15 mL/kPa
(D) 83 Pa/mL
(E) 170 Pa/mL

H96 F88 H82 ■■

→4.23 Ein Glasgefäß (10 l) ist mit Argon gefüllt. Wieviel Gas entweicht, wenn das Gas von 0°C auf 2,73°C erwärmt wird (und sich dabei der Druck nicht ändert)?
(A) ca. 1/273 der Gasmenge
(B) ca. 1/100 der Gasmenge
(C) ca. 2,73/100 der Gasmenge
(D) ca. 1/10 des molaren Volumens
(E) ca. 2,73/22,4 Liter

F00 ■

→4.24 Um wieviel Prozent nimmt das Volumen einer gegebenen Menge eines (idealen) Gases zu, wenn die Temperatur bei konstantem Druck von 27°C auf 87°C steigt?
(A) 3 %
(B) 8 %
(C) 20 %
(D) 50 %
(E) 120 %

H01 ■

→4.25 In einem 15 m^2 großen und 3 m hohen (quaderförmigen) Raum wird die Luft von −3 °C auf 27 °C erwärmt, ohne dass sich dabei der Luftdruck ändert.
Etwa wie viel Luft entweicht aus dem Raum?
(A) 1 m^3
(B) 2 m^3
(C) 3 m^3
(D) 5 m^3
(E) 10 m^3

H06 ■

→4.26 Eine Sauerstoff-Vorratsflasche enthält $V_0 = 10\,L$ bei einem Anfangsdruck $P_0 = 2 \cdot 10^7$ Pa. Näherungsweise darf hierbei das Gas als ideal angesehen werden.
Wenn man das Gas ohne Änderung der Temperatur mit Umgebungsdruck $P_U \approx 1 \cdot 10^5$ Pa ausströmen lässt, erhält man insgesamt etwa
(A) 200 L
(B) 2000 L
(C) 5000 L
(D) 20000 L
(E) 50000 L

4.20 (B) 4.21 (D) 4.22 (A) 4.23 (B) 4.24 (C) 4.25 (D) 4.26 (B)

F07 ■

4.27 Eine tragbare Sauerstoffflasche hat bei einem Innenvolumen von 2 L anfänglich einen Innendruck von $2 \cdot 10^7$ Pa. Aus dieser Flasche werden 10 L/min in die Sauerstoffmaske eines Notfallpatienten geleitet.
Etwa wie lange würde der Gasvorrat reichen, wenn das Gas ohne Temperaturänderung mit ungefähr $1 \cdot 10^5$ Pa ausströmt?
(A) 10 min
(B) 20 min
(C) 30 min
(D) 40 min
(E) 60 min

F08 ■■

4.28 In einer Druckflasche mit 10 L Innenvolumen befindet sich reiner Sauerstoff mit einem aktuellen Druck von 85 bar. Näherungsweise darf das Gas als ideal angesehen werden. Es strömen mit etwa 1 bar ohne Temperaturänderung 12 L/min in die Sauerstoffmaske eines Patienten aus.
Etwa wie lange wird der Sauerstoffvorrat aus der Flasche hierzu noch ausreichen?
(A) 30 min
(B) 40 min
(C) 50 min
(D) 60 min
(E) 70 min

H05 ■■

4.29 Trockenes (und als ideal anzusehendes) Gas in einem Spirometer hat bei 27 °C und 101,3 kPa (760 mmHg) ein Volumen von 3,0 L.
Etwa wie groß ist das Volumen unter STPD-Bedingungen, also bei 0 °C statt 27 °C?
(A) 2,4 L
(B) 2,7 L
(C) 3,0 L
(D) 3,3 L
(E) 3,6 L

F01 ■

4.30 In einer Hochdruck-Sauerstoff-Flasche steigt die Temperatur des Gases von 27 °C auf 57 °C an, weil die Flasche versehentlich in der Sonne steht. (Die Änderung des Innenvolumens der Flasche sei vernachlässigbar klein und der Sauerstoff verhalte sich wie ein ideales Gas.)
Der Druck des Gases betrug 200 bar bei 27 °C.
Unter welchem Druck steht dann das Gas bei 57 °C?
(A) 200 bar
(B) 220 bar
(C) 300 bar
(D) 400 bar
(E) 600 bar

H10 ■■

4.31 Welcher der Graphen A bis E zeigt für ein sogenanntes ideales Gas schematisch am besten den Zusammenhang zwischen Temperatur T in Kelvin (K) und Druck p in kPa bei einer isochoren Zustandsänderung?

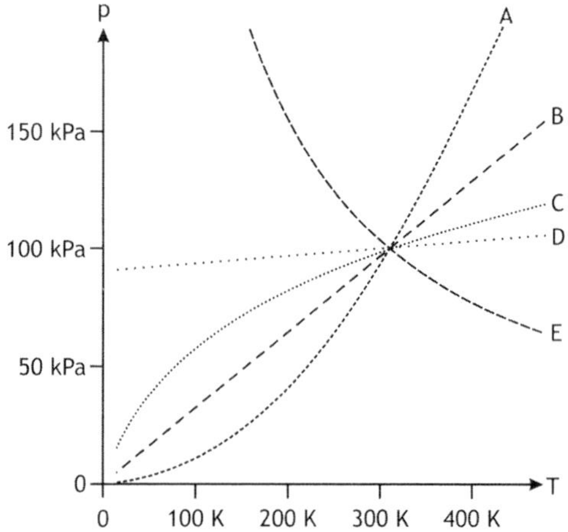

F03 ■■

4.32 Die folgenden drei Diagramme zeigen für ein ideales Gas jeweils den Zusammenhang zwischen zwei der Zustandsgrößen Druck (p), Volumen (V) und Temperatur (T in Kelvin) bei konstant gehaltener dritter Größe.
Welche der Zeilen (A) bis (E) gibt hierfür drei richtige Beziehungen an, wobei das Zeichen ~ für „ist (direkt) proportional zu" steht?

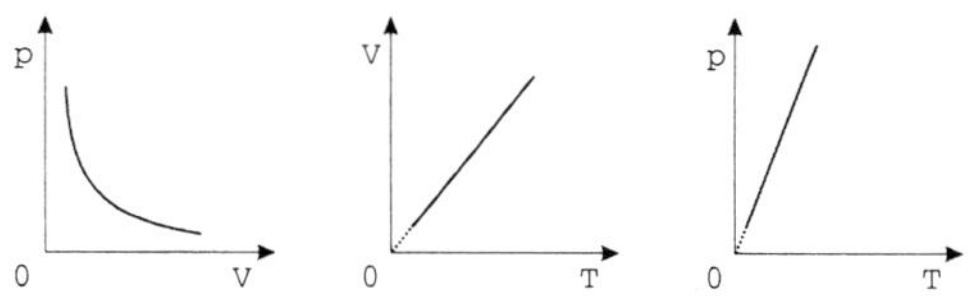

(A)	$p \sim V$	$V \sim T$	$p \sim T$
(B)	$p \sim V$	$V \sim 1/T$	$p \sim 1/T$
(C)	$p \sim V$	$V \sim 1/T^2$	$p \sim 1/T^2$
(D)	$p \sim 1/V$	$V \sim T$	$p \sim T$
(E)	$p \sim 1/V$	$V \sim 1/T$	$p \sim 1/T$

F95 H87 ■

4.33 Ein evakuierter Behälter mit dem Volumen $0{,}2\,m^3$ ist über ein Ventil mit einer Druckgasflasche ($V = 0{,}1\,m^3$; $p = 4\,MPa$) verbunden, die mit Edelgas gefüllt ist.
Welcher Druck stellt sich nach Öffnen des Ventils und nach Temperaturausgleich ein?
(Das Volumen der Verbindungsleitung und des Ventils sei vernachlässigbar)
(A) 0,67 MPa
(B) 1,67 MPa
(C) 1,33 MPa
(D) 2 MPa
(E) 4 MPa

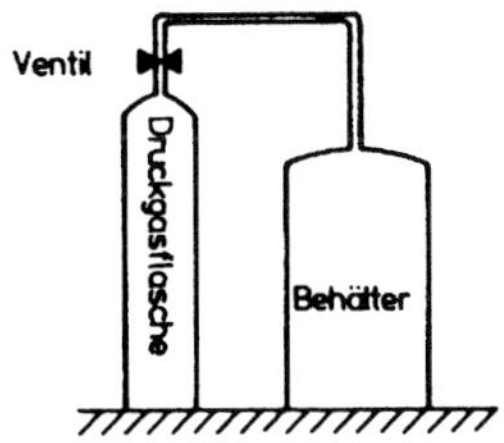

H07 ■■

4.34 Ein Mann taucht rasch mit angehaltenem Atem 15 m tief ins Meer hinab. Vor dem Abtauchen betrug das Gasvolumen in seinen Lungen und Atemwegen $V_1 = 7{,}5\,L$. In 15 m Tiefe hat sich dieses Gasvolumen auf V_2 verringert. Die Differenz des Gasdrucks zum jeweiligen Umgebungsdruck ist vernachlässigbar klein. Auch der Gasaustausch und eventuelle Temperaturänderungen in den Lungen brauchen nicht berücksichtigt zu werden.
Etwa wie groß ist V_2?
(A) 2 L
(B) 3 L
(C) 4 L
(D) 5 L
(E) 6 L

H09 ■

4.35 Welche Zeile gibt den normalen Volumenanteil der Gase CO_2, N_2 und O_2 in trockener (atmosphärischer) Luft am besten wieder?

(A)	0,04 % CO_2,	78 % N_2,	21 % O_2
(B)	0,04 % CO_2,	83 % N_2,	16 % O_2
(C)	0,9 % CO_2,	20 % N_2,	78 % O_2
(D)	4 % CO_2,	78 % N_2,	16 % O_2
(E)	4 % CO_2,	83 % N_2,	12 % O_2

F00 ■

4.36 Etwa wie groß ist unter Normalbedingungen der Sauerstoffpartialdruck in der uns umgebenden Luft?
(A) $2 \cdot 10^3$ Pa
(B) $5 \cdot 10^3$ Pa
(C) $2 \cdot 10^4$ Pa
(D) $8 \cdot 10^4$ Pa
(E) $1 \cdot 10^5$ Pa

H04 ■■

4.37 In den Lungenalveolen eines Höhenbewohners (etwa 4500 m über Meereshöhe) befinden sich bei einem Volumen von 6 L und 37 °C:
16 mmol Sauerstoff
100 mmol Stickstoff
9 mmol Kohlendioxid
15 mmol Wasserdampf
Es gelten näherungsweise die Bedingungen für ideale Gase.
Etwa wie groß ist der (mittlere) Sauerstoff-Partialdruck in den Lungenalveolen, wenn der Gesamtdruck 60 kPa beträgt?
(A) 7 kPa
(B) 10 kPa
(C) 13 kPa
(D) 16 kPa
(E) 20 kPa

F06 ■

4.38 Ein Patient (z. B. mit Kohlenmonoxid-Vergiftung) atmet für eine gewisse Zeit nahezu 100 % Sauerstoff in einer (in etwa Meereshöhe stehenden) Druckkammer mit 3 bar.
Der O_2-Partialdruck im Einatemgas verhält sich zum O_2-Partialdruck in der (trockenen) Luft außerhalb der Kammer wie etwa
(A) 3 : 1
(B) 6 : 1
(C) 9 : 1
(D) 11 : 1
(E) 14 : 1

F09 ■

4.39 Der Luftdruck in einer Flugzeugkabine beträgt 80 kPa (bei sehr geringer Luftfeuchtigkeit und ansonsten normaler Zusammensetzung der Luft).
Etwa wie groß ist der O_2-Partialdruck in der Kabine?
(A) 17 kPa
(B) 20 kPa
(C) 23 kPa
(D) 26 kPa
(E) 29 kPa

4.4 Änderung des Aggregatzustands

H98 H88 H85 ■■

Ordnen Sie den Phasenübergängen der Liste 1 den jeweils zugehörigen Richtungspfeil (A–E) in der Abbildung (Liste 2) zu!

Liste 1

→**4.40** Sublimation

→**4.41** Kondensation

Liste 2

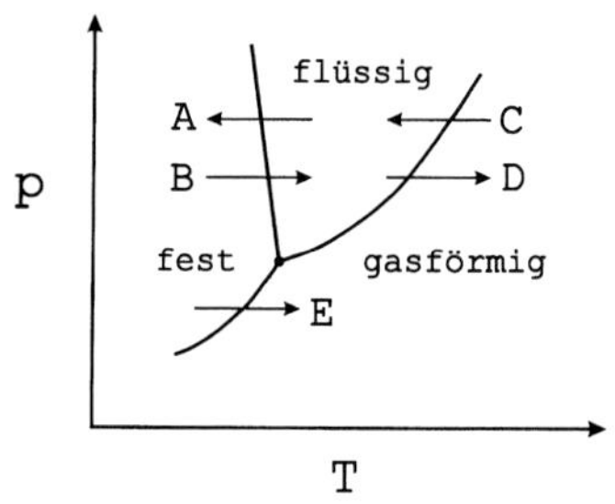

F07

→**4.42 Durch Lyophilisation (Gefriertrocknung) werden z. B. bestimmte Impfstoffe konserviert. Es wird eine wasserhaltige Substanz rasch eingefroren und das gefrorene Wasser durch Sublimation (also ohne Durchlaufen einer flüssigen Phase) verdampft. Wodurch wird diese Sublimation des Wassers am besten erreicht?**

(A) radioaktive Bestrahlung
(B) rasche Erwärmung auf etwa 300 °C
(C) Laser-Bestrahlung
(D) starke mechanische Vibrationen
(E) stark verminderter Druck

F05 ■■

→**4.43 Wasser siedet (in einem offenen Topf) im Gebirge bei einer niedrigeren Temperatur als in Meereshöhe,**

(A) weil der (Sättigungs)Dampfdruck des Wassers mit der Höhe abnimmt
(B) weil der (Sättigungs)Dampfdruck des Wassers mit der Höhe zunimmt
(C) weil der (äußere) Luftdruck mit der Höhe abnimmt
(D) weil der (äußere) Luftdruck mit der Höhe zunimmt
(E) weil die relative Luftfeuchtigkeit mit der Höhe zunimmt

H97 H90 ■■

→**4.44 Bei welcher Temperatur besitzt Wasser einen Dampfdruck von 1013 hPa (1013 mbar)?**

(A) 273 K
(B) −273°C
(C) 298 K
(D) 373 K
(E) 4 °C

F01 ■

→**4.45 Der Sättigungsdampfdruck von H_2O bei 100 °C beträgt etwa**

(A) 10 Pa
(B) 10^2 Pa
(C) 10^3 Pa
(D) 10^4 Pa
(E) 10^5 Pa

H91 ■

→**4.46 Die relative Luftfeuchte gibt an:**

(A) den Massengehalt des Wasserdampfes in der Luft
(B) das Verhältnis der Zahl der Wassermoleküle, die als Dampf und als Tröpfchen in der Luft vorhanden sind
(C) den Quotienten aus tatsächlichem Druck des Wasserdampfes und dem Sättigungsdampfdruck bei der vorliegenden Temperatur
(D) die bei der vorliegenden Temperatur erreichbare Stoffmengenkonzentration des Wasserdampfes in Luft
(E) Keine der Aussagen (A)–(D) trifft zu.

4.5 Wärmetransport, Transportphänomene

F89 ■

→**4.47 Unter Konvektion versteht man unter anderem:**

(A) Adiabatische Entspannung (Druckerniedrigung)
(B) Endotherme chemische Reaktionen
(C) Abstrahlung von Infrarot
(D) Wärmeleitung in Festkörpern
(E) Wärmetransport durch strömende Gase oder Flüssigkeiten

4.40 (E) 4.41 (C) 4.42 (E) 4.43 (C) 4.44 (D) 4.45 (E) 4.46 (C) 4.47 (E)

H99

→4.48 Die Endflächen zweier aneinandergefügter wärmeleitender Stäbe werden auf den konstanten Temperaturen T_1 und T_2 ($T_1 > T_2$) gehalten, sodass ein Wärmestrom von links nach rechts fließt. Es sollen keine nach außen gerichteten Wärmeverluste auftreten. Die Wärmeleitfähigkeit von Stab 1 ist kleiner als diejenige von Stab 2 ($\lambda_1 < \lambda_2$).
Welche der Kurven (A) bis (E) gibt den Temperaturverlauf zwischen den beiden Endflächen am besten wieder?

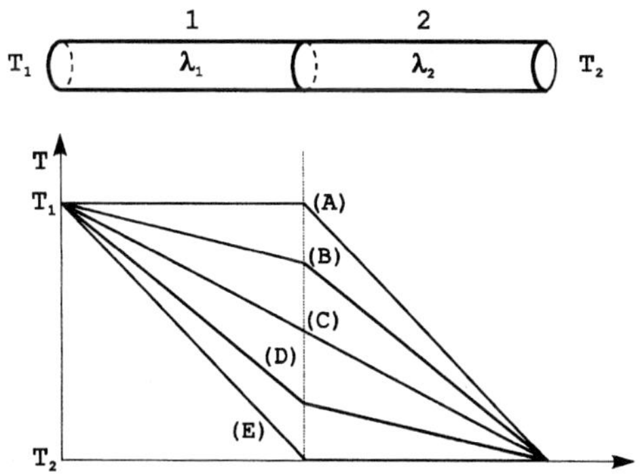

4.6 Stoffgemische

F10

→4.49 Der Permeabilitätskoeffizient P beschreibt die Durchlässigkeit einer (Zell-)Membran. Die Differenz der Konzentrationen eines Stoffes diesseits und jenseits der Membran ist Δc. Die (einheitliche) Membran hat die (Diffusions-)Fläche A. Die (netto) durch die Membran diffundierende Stoffmenge pro Zeit des Stoffs ist I_D. (Schwerkraft, elektrische Anziehungskräfte, Druckdifferenzen oder dgl. spielen keine Rolle.)
Für I_D gilt bei einfacher Diffusion (ohne Berücksichtigung des Vorzeichens):

(A) $I_D = \frac{A}{P} \cdot \Delta c$

(B) $I_D = P \cdot A \cdot \Delta c$

(C) $I_D = P \cdot A^2 \cdot \Delta c$

(D) $I_D = P \cdot A \cdot (\Delta c)^2$

(E) $I_D = \frac{P}{A} \cdot \Delta c$

F03 ■■

→4.50 Eine wässrige Lösung, bei der 0,3 mol osmotisch wirksame Partikel in einem Liter Wasser gelöst sind, ist durch eine semipermeable Membran von reinem Wasser getrennt.
(Die allgemeine Gaskonstante R beträgt ungefähr $8{,}3 \frac{\text{N}\cdot\text{m}}{\text{mol}\cdot\text{K}}$.)
Wie groß etwa ist der osmotische Druck zwischen der wässrigen Lösung und dem reinen Wasser bei 37 °C?

(A) 0,8 kPa
(B) 8 kPa
(C) 80 kPa
(D) 0,8 MPa
(E) 8 MPa

F04 F02 ■■

→4.51 Der Quotient aus dem osmotischen Druck einer vollständig dissoziierten Kochsalzlösung bei 7 °C und dem derselben Lösung bei 37 °C beträgt etwa

(A) 0,15
(B) 0,90
(C) 1,1
(D) 1,2
(E) 6,7

H03 ■

→4.52 Ein Behälter mit reinem Lösungsmittel ist durch eine semipermeable Membran mit einem Gefäß verbunden, das eine Lösung enthält. Die Konzentration der osmotisch wirksamen Teilchen in dieser Lösung wird bei gleich bleibender Temperatur von 37 °C um 0,1 mol/L erhöht.
(Die allgemeine Gaskonstante beträgt etwa $8{,}3 \frac{\text{N}\cdot\text{m}}{\text{mol}\cdot\text{K}}$.)
Um welchen Betrag etwa erhöht sich dadurch der osmotische Druck zwischen der Lösung und dem reinen Lösungsmittel?

(A) $2{,}6 \cdot 10^2$ Pa
(B) $3{,}7 \cdot 10^3$ Pa
(C) $3{,}1 \cdot 10^4$ Pa
(D) $2{,}6 \cdot 10^5$ Pa
(E) $2{,}6 \cdot 10^7$ Pa

H04 ■■

→4.53 Der osmotische Druck einer Lösung gegenüber dem reinen Lösungsmittel ist 250 kPa bei 37 °C. Die allgemeine Gaskonstante beträgt etwa $8{,}3 \frac{\text{N}\cdot\text{m}}{\text{mol}\cdot\text{K}}$.
Etwa wie groß ist die Konzentration der osmotisch wirksamen Teilchen in der Lösung?

(A) 1mmol/L
(B) 10mmol/L
(C) 0,1mol/L
(D) 1mol/L
(E) 10mol/L

4.48 (D) 4.49 (B) 4.50 (D) 4.51 (B) 4.52 (D) 4.53 (C)

H02 ■

4.54 Etwa wie groß ist bei 27 °C der (potentielle) osmotische Druck (gegenüber reinem Wasser) einer Glucose-Lösung, die pro Liter Wasser 18 g Glucose enthält?
(molare Masse von Glucose: 180 g/mol;
universelle Gaskonstante: $8{,}3\,J \cdot K^{-1} \cdot mol^{-1}$;
10^5 Pa = 1 bar)
(A) 0,02 bar
(B) 0,08 bar
(C) 0,2 bar
(D) 0,8 bar
(E) > 1 bar

F08

4.55 Die Osmolarität einer Lösung ist dem Blutplasma isoton. Das Volumen der Lösung beträgt 0,6 L. Durch Zugabe von 60 mmol einer gut löslichen, nicht in Ionen dissoziierenden Substanz wird die Osmolarität der Lösung um etwa 0,1 osmol/L erhöht, ohne das Volumen nennenswert zu verändern.
Etwa wie viel (reines) Wasser muss zu den 0,6 L gegeben werden, damit die Lösung wieder isoton wird?
(A) 0,1 L
(B) 0,2 L
(C) 0,3 L
(D) 0,4 L
(E) 0,5 L

F07 ■

4.56 Etwa wievielmal höher ist die Konzentration an physikalisch gelöstem Sauerstoff im arteriellen Blut, wenn (bei konstanter Temperatur) der arterielle Sauerstoffpartialdruck verzehnfacht ist?
(A) 1,1-mal
(B) 2-mal
(C) 3-mal
(D) 10-mal
(E) 100-mal

4.7 Fragen aus Examen Frühjahr 2011

F11 ■■

4.57 Zur Umrechnung von Atemvolumina (näherungsweise idealer Gase) auf andere Temperatur- und Druckbedingungen ist die allgemeine Zustandsgleichung von Nutzen, in der die Temperatur in der Einheit Kelvin (K) einzusetzen ist. Zur Umrechnung eines spirometrisch bei 27 °C bestimmten Volumens auf ein Volumen bei 0 °C Standardtemperatur werden die zugehörigen Temperaturen in Kelvin benötigt.
Welche der Zeilen (A) bis (E) gibt diese am besten an?

	27 °C	0 °C
(A)	127 K	32 K
(B)	127 K	100 K
(C)	273 K	246 K
(D)	300 K	273 K
(E)	310 K	273 K

(A) ...
(B) ...
(C) ...
(D) ...
(E) ...

F11 ■

4.58 Bei einem Patienten wird eine hyperbare Sauerstofftherapie durchgeführt, wobei sich in der Druckkammer als Gas nahezu reiner Sauerstoff bei einem Kammerdruck von 2 500 hPa befindet.
Etwa wievielfach höher ist dieser (Sauerstoffpartial-) Druck als der Sauerstoffpartialdruck von normaler Luft unter normalem Luftdruck?
(A) 2-fach
(B) 5-fach
(C) 8-fach
(D) 12-fach
(E) 20-fach

4.54 (E) 4.55 (B) 4.56 (D) 4.57 (D) 4.58 (D)

5 Elektrizitätslehre

5.1 Elektrische Stromstärke, elektrische Ladung

F02 ■

5.1 Gespeist von einer Batterie mit der Klemmspannung 12 V fließt für 20 min ein elektrischer Strom der Stromstärke 0,5 A durch einen elektrischen Widerstand.
Wie groß ist die dabei transportierte Ladung?
(A) 10 C
(B) 50 C
(C) 120 C
(D) 600 C
(E) 7200 C

F04 ■■

5.2 In einem Experiment wurden in einer Gewebekultur schnellwachsende Tumorzellen durch das wiederholte Anlegen einer hohen Spannung zerstört, ohne dass die gesunden Zellen abstarben. Mit Hilfe von Elektroden wurde hierbei an das Gewebe jeweils für 10 ns eine Spannung von 20 kV angelegt, wobei ein Strom von 5 A floss. Es wurden 1 000 solcher Stromstöße appliziert.
Wie groß war die dem Gewebe zugeführte Energie?
(A) 50 μJ
(B) 1 J
(C) 10 J
(D) 20 J
(E) 100 J

F05

5.3 Bei einer Elektrokoagulation fließt ein elektrischer Strom mit der Stromstärke 40 mA von einer feinen Spitze zu einer Gegenelektrode. Diese liegt dem Rücken des Patienten mit einer rechteckigen Fläche der Länge 20 cm und der Breite 10 cm an. Es darf angenommen werden, dass der Strom auf diese Fläche gleichmäßig verteilt und senkrecht auftrifft.
Wie groß ist die Stromdichte an der Gegenelektrode?
(A) 20 $\mu A/cm^2$
(B) 200 $\mu A/cm^2$
(C) 2 mA/cm^2
(D) 8 mA/cm^2
(E) 8 A/cm^2

F09 ■

5.4 Ein Elektroskalpell (zum „Schneiden“ mit elektrischem Wechselstrom in der Chirurgie) wird als „monopolare“ Elektrode verwendet. Die Gegenelektrode („Neutralelektrode“) am Rücken des Patienten hat eine Kontaktfläche von etwa 500 cm^2. Der Strom zwischen den Elektroden hat eine Frequenz von etwa 500 kHz und eine Stromstärke von etwa 1 A. (Die Ladungsträger treten senkrecht durch die Kontaktfläche.)
Etwa wie groß ist die Stromdichte an der Gegenelektrode?
(A) $40\,\frac{\mu A}{m^2}$
(B) $0{,}2\,\frac{A}{m^2}$
(C) $20\,\frac{A}{m^2}$
(D) $50\,\frac{m^2}{kA}$
(E) $5\,\frac{m^2}{A}$

5.2 Elektrische Feldstärke

H98

5.5 Auf ein geladenes Teilchen mit der Ladung 0,1 C wird in einem elektrischen Feld von 10 V/m folgende Kraft ausgeübt:
(A) 0,01 N
(B) 0,1 N
(C) 1 N
(D) 10 N
(E) 100 N

H90 ■

5.6 Welche der folgenden Aussagen zu Äquipotenzialflächen/Feldlinien trifft nicht zu?
(A) Äquipotenzialflächen sind Flächen konstanten elektrischen Potenzials.
(B) Elektrische Feldlinien sind kreisförmig geschlossene Linien um eine Punktladung.
(C) Äquipotenzialflächen verlaufen stets senkrecht zu den elektrischen Feldlinien.
(D) Wenn keine Ströme fließen, sind Leiteroberflächen Äquipotenzialflächen.
(E) Wenn keine Ströme fließen, stehen elektrische Feldlinien senkrecht auf Leiteroberflächen.

5.1 (D) 5.2 (B) 5.3 (B) 5.4 (C) 5.5 (C) 5.6 (B)

5.3 Elektrisches Potenzial, elektrische Spannung

F01

→5.7 Eine Gleichspannung $U_=$ und eine Sinusspannung $U_\sim$ werden überlagert. Die Abbildung zeigt die Spannungen vor der Überlagerung auf einem Oszillografenschirm.
Beachten Sie: Die Empfindlichkeit der Y-Ablenkung beträgt 2 V/cm.

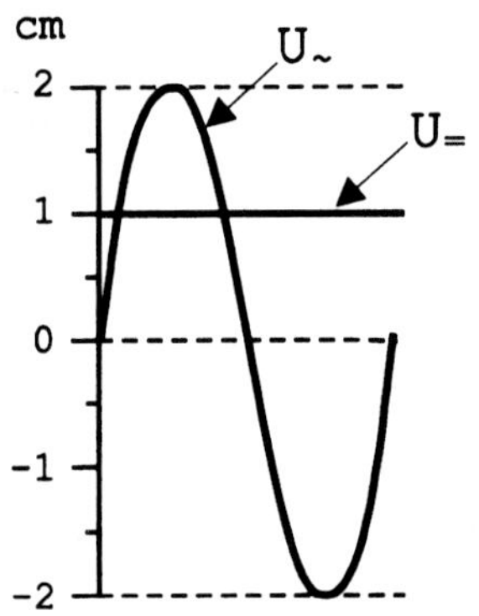

Nach der Überlagerung ergibt sich als maximaler und minimaler Spannungswert
(A) 3 V und −1 V
(B) 4 V und −4 V
(C) 4 V und −2 V
(D) 6 V und −2 V
(E) 6 V und −1 V

H93 F91 ■■

→5.8 Die Horizontalablenkung eines Oszillographen beträgt 3 ms/cm. Die auf dem Oszillographenbild dargestellte Schwingung hat die Schwingungsdauer T und die Frequenz v mit den Werten
(A) T = 20 ms; $v = 5 \cdot 10^{-2}$ Hz
(B) T = 30 ms; v = $^1/_3$ kHz
(C) T = 2 ms; v = 0,5 Hz
(D) T = 20 ms; v = 50 Hz
(E) T = 2 ms; v = 500 Hz

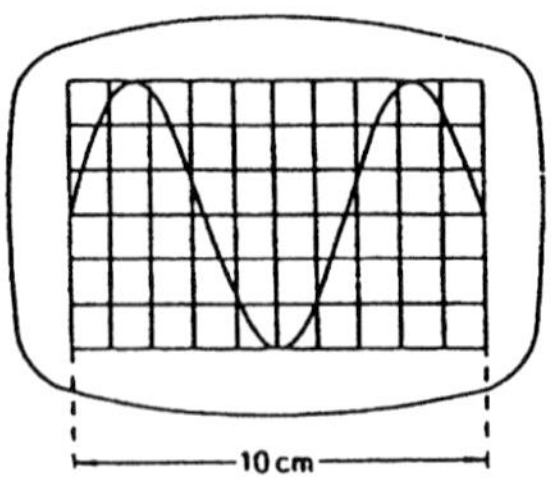

F85 ■

→5.9 Auf dem Schirm eines Oszilloskops sei das abgebildete EKG zu sehen (Zeitbasis 200 ms/cm, Empfindlichkeit 1 mV/cm, Nullinie bei Marke 0 V).

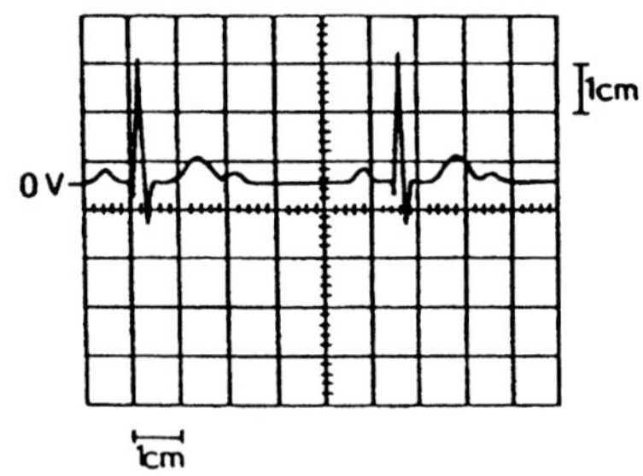

Die Herzfrequenz beträgt etwa
(A) 40 min^{-1}
(B) 60 min^{-1}
(C) 90 min^{-1}
(D) 120 min^{-1}
(E) 150 min^{-1}

5.4 Elektrischer Widerstand

F10 ■■

→5.10 Fließt elektrischer Wechselstrom der Frequenz 50 Hz seit etwa 0,5 s mit einer Stromstärke von 25 mA durch den Körper zwischen einem mit einer Hand umfassten Stromkabel und den Schuhsohlen eines Erwachsenen, so ist meist schon die Loslassschwelle überschritten. Als elektrischer Widerstand des Körpers (bei trockener Haut) werden 2 kΩ (als rein ohmscher Widerstand) angenommen.
Wie groß ist die hierbei über dem Körper abfallende Spannung(sdifferenz)?
(A) 5 V
(B) 12,5 V
(C) 50 V
(D) 80 V
(E) 1 250 V

H05 ■■

→5.11 Im Rahmen einer Reizstromtherapie soll ein Strom von 10 mA durch das Muskelgewebe fließen. Der elektrische Widerstand des Gewebes beträgt 8 kΩ.
Welche elektrische Spannung muss über das Muskelgewebe angelegt sein?
(A) 0,8 V
(B) 8 V
(C) 12,5 V
(D) 42 V
(E) 80 V

5.7 (D) 5.8 (D) 5.9 (B) 5.10 (C) 5.11 (E)

H06 ■■

5.12 Fließt bei einem Mann über Elektroden, die er in jeder Hand hält, ein technischer Wechselstrom (50 Hz) der Stromstärke 5 mA durch seinen Körper, so bemerkt er im Allgemeinen ein sehr deutliches Kribbeln. Der elektrische Widerstand des menschlichen Körpers hängt allerdings erheblich vom Zustand der Haut (trocken oder feucht usw.) an den Elektroden ab.
Welche Spannung liegt bei einer Stromstärke von 5 mA an, wenn der (Wirk-)Widerstand zwischen den Elektroden 10 kΩ beträgt?
(A) 5 V
(B) 20 V
(C) 50 V
(D) 100 V
(E) 200 V

H04 ■■

5.13 Bei kleiner Stromdichte und genügend hoher Frequenz eines sinusförmigen Wechselstroms besitzen biologische Gewebe einen praktisch rein ohmschen Widerstand R, sodass näherungsweise das ohmsche Gesetz gilt, wenn zur Berechnung von R gemäß dem dargestellten Schaltbild die effektive Stromstärke I (bei vernachlässigbar kleinem Innenwiderstand des Amperemeters) und die effektive Spannung U gemessen werden.

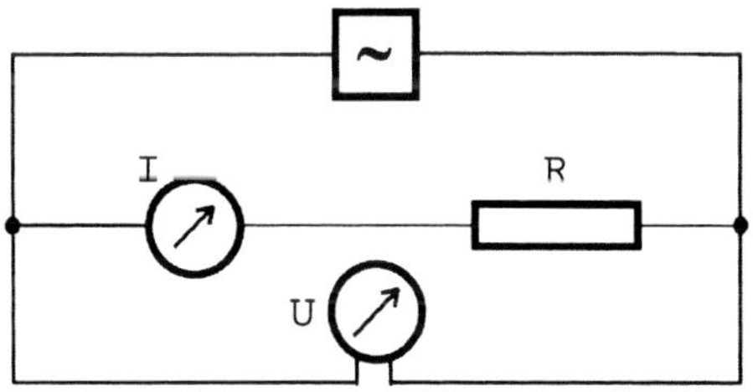

Etwa wie groß ist R, falls I = 30 mA und U = 6 V abgelesen werden?
(A) 5 mΩ
(B) 0,2 Ω
(C) 50 Ω
(D) 200 Ω
(E) 200 kΩ

F06 ■■

5.14 Im Rahmen einer Reizstromtherapie fließt ein Strom von 10 mA durch das Muskelgewebe. Die angelegte Spannung beträgt 50 V.
Wie groß ist der elektrische Leitwert des Gewebes?
(A) 0,2 mS
(B) 5 mS
(C) 50 mS
(D) 0,5 S
(E) 5 kS

F07 ■■

5.15 Durch einen Körper mit dem elektrischen Leitwert 2 mS fließt Strom mit der elektrischen Stromstärke 0,2 A.
Welche elektrische Spannung liegt zwischen Ein- und Austrittspunkt des Körpers?
(A) 0,4 mV
(B) 10 mV
(C) 0,4 V
(D) 100 V
(E) 2,5 kV

F08 ■■

5.16 Fließt elektrischer Strom (50 Hz Wechselstrom) der (Effektiv)Stromstärke 80 mA für eine gewisse Zeit zwischen der linken Hand und den Füßen durch den Körper hindurch, so ist mit der Auslösung von Herzkammerflimmern zu rechnen. (Der Blindwiderstand sei hierbei Null.)
Welche (Effektiv)Spannung führt zu dieser Stromstärke, wenn der Widerstand zwischen den Stromkontakten 5 kΩ beträgt?
(A) 110 V
(B) 230 V
(C) 400 V
(D) 625 V
(E) 1,6 kV

F97 ■

5.17 Werden der Radius r und die Länge l eines zylindrischen Drahtes um den Faktor 2 vergrößert, so verändert sich der elektrische Widerstand ($R = \rho \cdot l / \pi \cdot r^2$) um den Faktor
(A) $^1/_4$
(B) $^1/_2$
(C) 1
(D) 2
(E) 4

F06 F04

5.18 Die Länge des Internodiums einer Nervenfaser ist $1 \cdot 10^{-3}$ m.
Das Axon hat eine Innenquerschnittsfläche von $6 \cdot 10^{-11}$ m².
Die Resistivität (spezifischer elektrischer Widerstand) des Materials im Axon beträgt etwa 0,6 Ω · m.
Das Axoninnere ist durch Axolemm und Myelinscheide vom Außenraum isoliert.
Etwa wie groß ist der elektrische Längswiderstand im Axon über die Länge des Internodiums?
(A) 10^3 Ω
(B) 10^4 Ω
(C) 10^5 Ω
(D) 10^6 Ω
(E) 10^7 Ω

5.12 (C) 5.13 (D) 5.14 (A) 5.15 (D) 5.16 (C) 5.17 (B) 5.18 (E)

F05

5.19 Die Resistivität (der spezifische elektrische Widerstand) einer wässrigen Elektrolytlösung

(A) ist unabhängig von der Wertigkeit der gelösten Ionen
(B) ist (direkt) proportional zur mittleren Beweglichkeit der gelösten Ionen
(C) ist (direkt) proportional zur Konzentration der gelösten Ionen
(D) ist abhängig von der Temperatur
(E) wird in der Einheit $\frac{1}{\Omega \cdot m^3}$ gemessen

H00 ■■

5.20 Zwei parallel geschaltete Widerstände von 8 Ω und 2 Ω haben einen Gesamtwiderstand von

(A) $\frac{5}{8}\,\Omega$
(B) 1,6 Ω
(C) 5 Ω
(D) 10 Ω
(E) 16 Ω

H94 ■■

5.21 In der abgebildeten Schaltung liegt

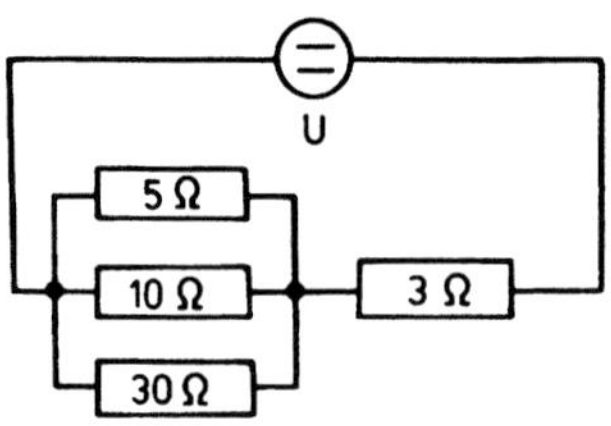

(A) an den drei parallel geschalteten Widerständen die gleiche Teilspannung, und diese ist größer als die Teilspannung an dem 3 Ω-Widerstand
(B) an den drei parallel geschalteten Widerständen die gleiche Teilspannung, und diese ist kleiner als die Teilspannung an dem 3 Ω-Widerstand
(C) an dem 3 Ω-Widerstand die größte Teilspannung
(D) an dem 3 Ω-Widerstand die kleinste Teilspannung
(E) an jedem der vier Widerstände die gleiche Spannung

H02 ■■

5.22 Welchen Wert hat die elektrische Stromstärke durch den 15 Ω-Widerstand?

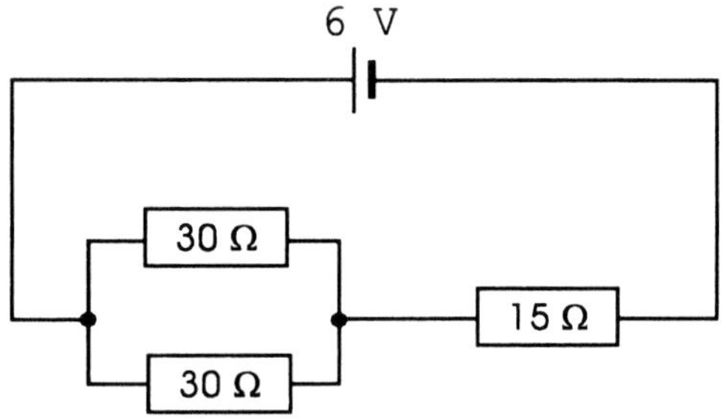

(A) 100 mA
(B) 200 mA
(C) 400 mA
(D) 900 mA
(E) 1,8 A

F00 ■■

5.23 Die im 100 Ω-Widerstand dieser Schaltung verbrauchte Leistung betrage 10 W.

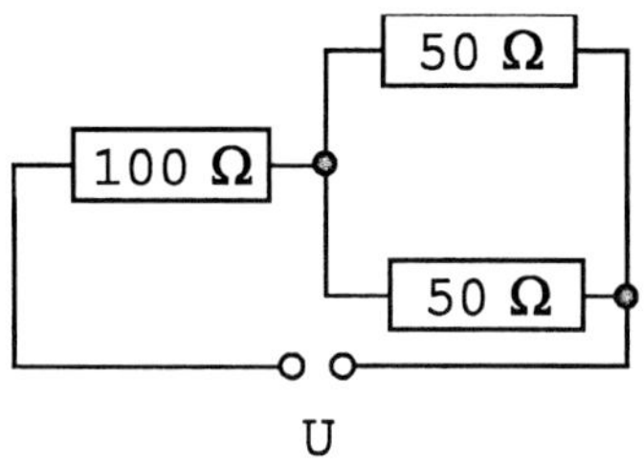

In jedem 50 Ω-Widerstand beträgt die verbrauchte Leistung dann

(A) 1,25 W
(B) 2,5 W
(C) 5 W
(D) 10 W
(E) 20 W

5.19 (D) 5.20 (B) 5.21 (E) 5.22 (B) 5.23 (A)

F96 F87 ■■

5.24 Über die Stromstärken I_1, I_2 und I_3 in der Abbildung kann man folgende Aussage machen:

(A) $I_1 + I_2 + I_3 = I_0$
(B) $I_1 = I_2 = I_3$
(C) $I_1 < I_2 = I_3$
(D) $I_1 > I_2 > I_3$
(E) $I_2 = I_3 < I_1$

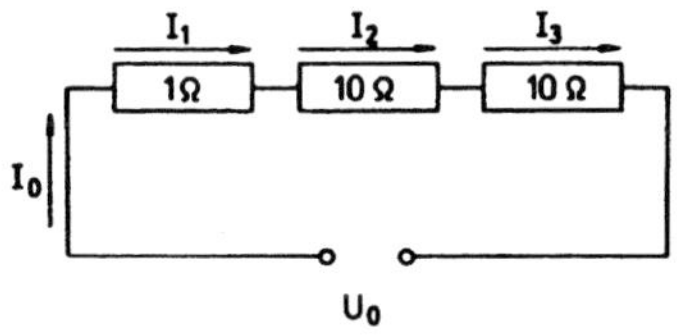

H98 ■

5.25 Vier gleiche Lampen sind nach abgebildeter Schaltung an eine Spannungsquelle angeschlossen.

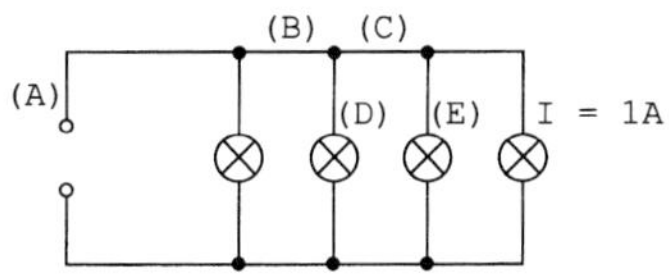

Die Stromstärke in den Leitungen beträgt bei

(A) 5 A
(B) 4 A
(C) 3 A
(D) 2 A
(E) 1 A

H00 ■

5.26 In einem Zimmer sind (parallel geschaltet) eine Lampe von 100 W und ein Heizlüfter von 1000 W in Betrieb. Die Netzspannung beträgt 230 V. (Betrachten Sie beide Geräte als rein ohmsche Widerstände.) Etwa wie groß ist die Gesamtstromstärke?

(A) 1,5 A
(B) 2,6 A
(C) 3,7 A
(D) 4,8 A
(E) 5,9 A

F03 ■■

5.27 An zwei parallel geschaltete Widerstände $R_1 = 5\ \Omega$ und $R_2 = 10\ \Omega$ wird eine Gleichspannung gelegt. Das Verhältnis der in den Widerständen in Wärme umgesetzten elektrischen Energien W_1/W_2 beträgt

(A) 1/4
(B) 1/2
(C) 1
(D) 2
(E) 4

H10 ■

5.28 Bei einer Reizstromtherapie (transkutane elektrische Nervenstimulation) bilden die beiden Hautkontakte und das Gewebe eine elektrische Serienschaltung mit den Leitwerten 1 mS, 2 mS und 1 mS:

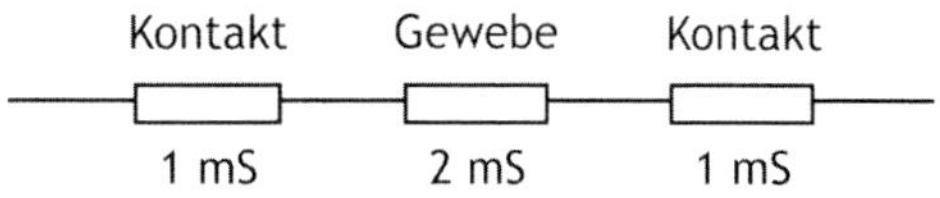

Wie groß ist der Gesamtleitwert dieser Anordnung?

(A) 0,3 mS
(B) 0,4 mS
(C) 2,5 mS
(D) 3 mS
(E) 4 mS

H97 ■

5.29 Ein Widerstand R sei unter Zwischenschaltung eines Amperemeters A mit einer Spannungsquelle mit dem inneren Widerstand R_i verbunden (s. Skizze (1)). Die Punkte X und Y werden mittels eines dicken Kupferdrahtes verbunden (s. Skizze (2)).

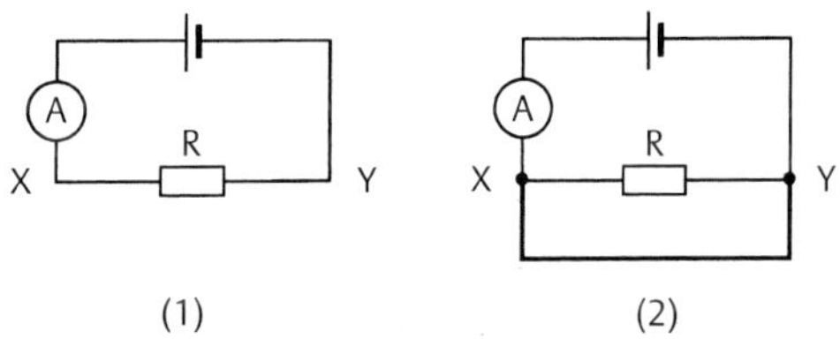

Daraus folgt:

(A) Der Strom durch R ändert sich nicht wesentlich.
(B) Der Strom durch den Kupferdraht ist kleiner als der durch den Widerstand R.
(C) Der Strom durch das Amperemeter ändert sich nicht.
(D) Der Strom durch das Amperemeter nimmt zu, und der Strom fließt hauptsächlich durch den Kupferdraht.
(E) Die Spannung zwischen X und Y ändert sich nicht.

5.24 (B) 5.25 (E) 5.26 (D) 5.27 (D) 5.28 (B) 5.29 (D)

F99 ■■

→ 5.30 An drei in Reihe geschaltete Widerstände ist eine Spannung von U = 12 V gelegt (s. Skizze).

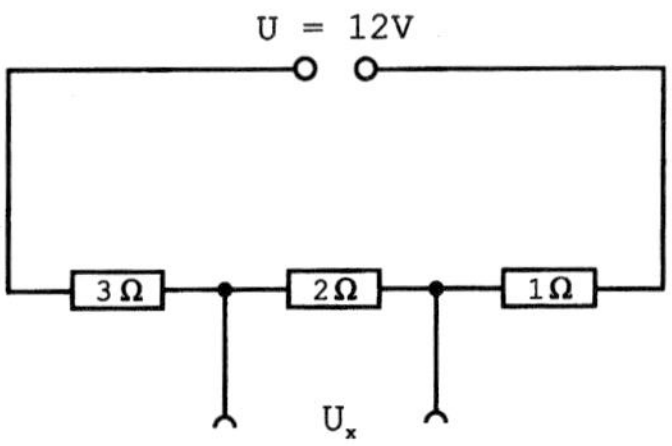

Die Spannung U_x am mittleren Widerstand beträgt
(A) 2 V
(B) 4 V
(C) 6 V
(D) 12 V
(E) 24 V

H01 ■■

→ 5.31 Wie groß ist die Spannung U_2, die am Widerstand R_2 abfällt (siehe abgebildeten Schaltplan, U_0 = Klemmenspannung)?

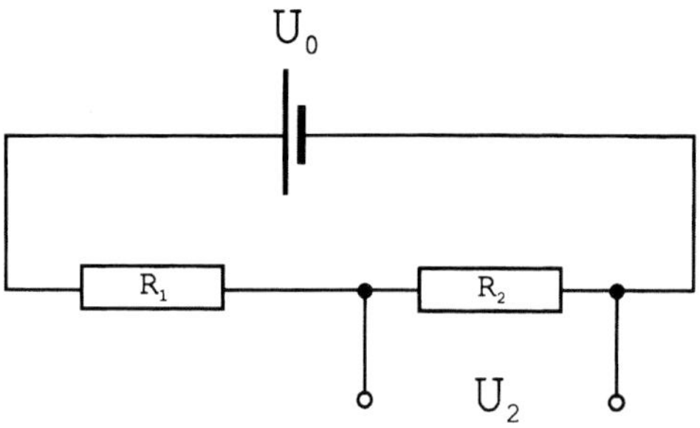

(A) $U_2 = U_0$

(B) $U_2 = U_0 \cdot \frac{R_2}{R_1 + R_2}$

(C) $U_2 = U_0 \cdot \frac{R_1 + R_2}{R_2}$

(D) $U_2 = U_0 \cdot \frac{R_2}{R_1}$

(E) $U_2 = U_0 \cdot \frac{R_1}{R_2}$

F02 ■

→ 5.32 Im abgebildeten Schaltplan

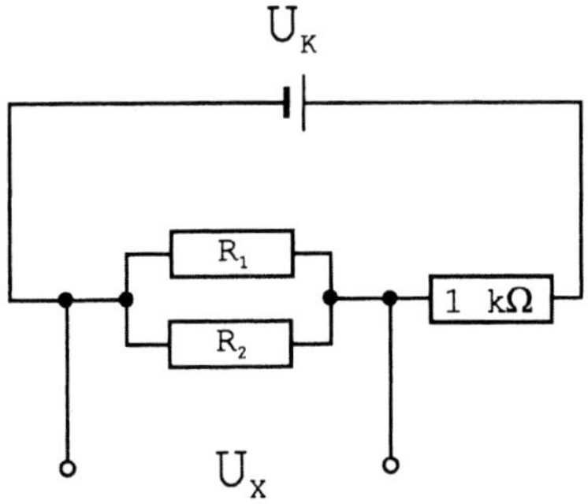

ist $U_x = ½\, U_K$, wenn
(A) $R_1 = R_2 = ½\ k\Omega$
(B) $R_1 = R_2 = 1\ k\Omega$
(C) $R_1 = R_2 = 2\ k\Omega$
(D) $R_1 = 2\ k\Omega$ und $R_2 = 3\ k\Omega$
(E) $R_1 = 2\ k\Omega$ und $R_2 = 4\ k\Omega$

F95 ■■

→ 5.33 Welche der folgenden Angaben über Potenziale φ und Potenzialdifferenzen U ist zur abgebildeten Schaltung nicht richtig?
(A) $\varphi_A = -4\ V$
(B) $\varphi_B = -3\ V$
(C) $\varphi_C = -6\ V$
(D) $U_{AB} = 1\ V$
(E) $U_{BC} = 9\ V$

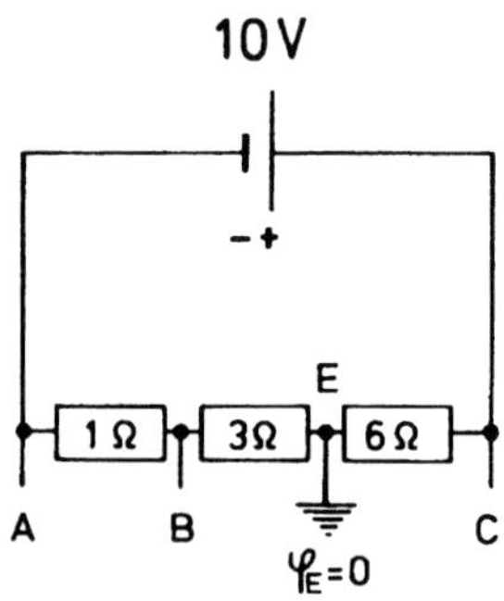

5.30 (B) 5.31 (B) 5.32 (C) 5.33 (C)

H95 ■■

5.34 Welche der folgenden Angaben über Potenziale φ und Potenzialdifferenzen U trifft für die dargestellte Schaltung nicht zu?

(A) $\varphi_A = -9\,V$

(B) $\varphi_B = -3\,V$

(C) $\varphi_C = +1\,V$

(D) $U_{AB} = 6\,V$

(E) $U_{BC} = 2\,V$

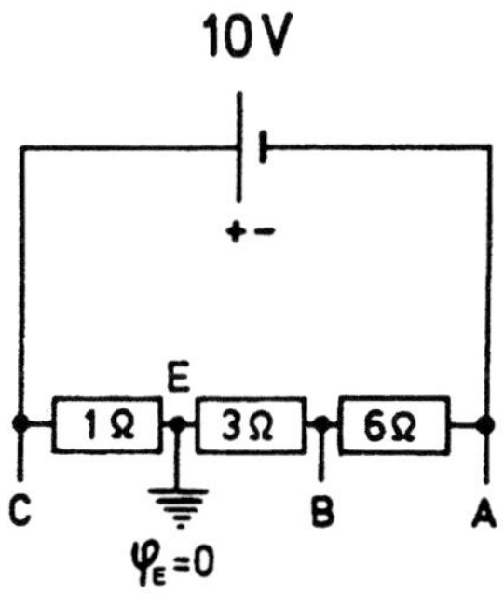

H03 ■■

5.35 An zwei in Serie geschaltete Widerstände $R_1 = 5\,\Omega$ und $R_2 = 10\,\Omega$ wird eine Gleichspannung gelegt. Das Verhältnis der in den Widerständen in Wärme umgesetzten elektrischen Energien W_1/W_2 beträgt

(A) 1/4

(B) 1/2

(C) 1

(D) 2

(E) 4

H99 ■■

5.36 Welchen Wert hat U_0 in abgebildeter Potenziometerschaltung, wenn $R_1 = 600\,\Omega$, $R_2 = 150\,\Omega$ und $U_2 = 1{,}2\,V$ betragen?

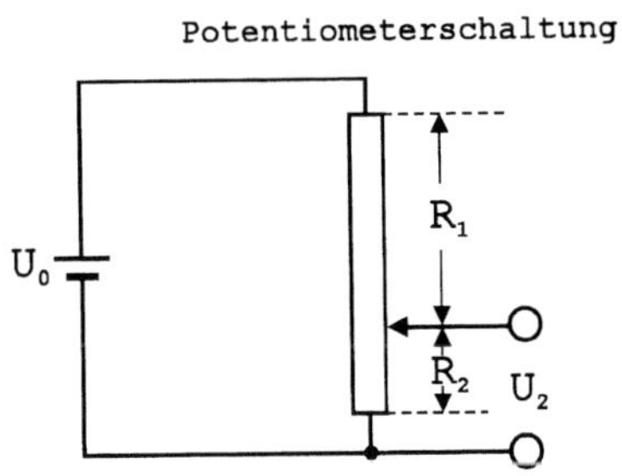

(A) 9,0 V

(B) 7,5 V

(C) 6,0 V

(D) 4,5 V

(E) 3,0 V

F96 ■

5.37 Welche Kurve in nachstehendem Diagramm gibt bei linear geteilten Achsen die Temperaturabhängigkeit des elektrischen Widerstands R eines reinen Metalls zwischen 0°C und 100°C qualitativ richtig wieder?

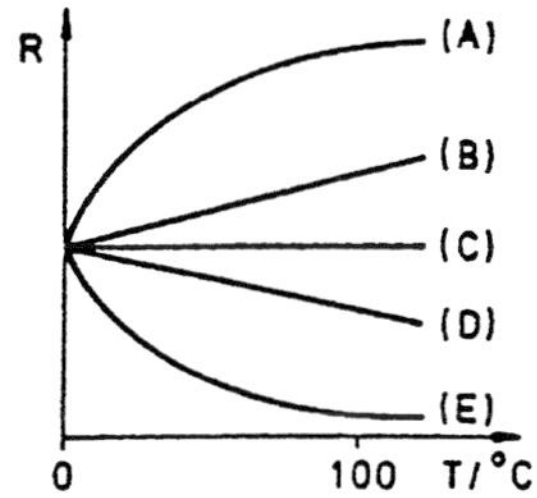

5.5 Elektrischer Stromkreis

F84 ■

5.38 Welches der folgenden Diagramme gibt qualitativ die Abhängigkeit der Klemmenspannung U einer Batterie mit Innenwiderstand von dem entnommenen Strom I richtig wieder?

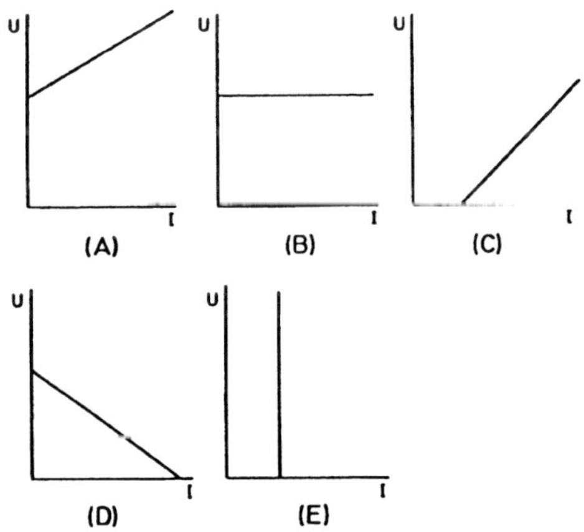

F01 ■

5.39 Die Pole einer (galvanischen) Spannungsquelle mit der Leerlaufspannung U_0 = 110 mV und dem Innenwiderstand $R_{i,0}$ = 0,1 MΩ sind (ausschließlich) mit den Anschlüssen eines Voltmeters mit dem Innenwiderstand $R_{i,V}$ = 1 MΩ verbunden.
Welche Spannung liegt am Messgerät an (und ist somit als Anzeige zu erwarten)?

(A) 10 mV
(B) 50 mV
(C) 90 mV
(D) 100 mV
(E) 110 mV

F97 H93 ■

5.40 Ein Widerstand R sei an eine Spannungsquelle U_0 mit dem Innenwiderstand R_i = 0 angeschlossen. Ein zweiter, gleicher Widerstand wird anschließend in Reihe mit dem ersten in den Stromkreis eingeschaltet.
Welche Aussage ist richtig?

(A) Die Spannung an den Klemmen der Spannungsquelle nimmt zu.
(B) Die Spannung an den Klemmen der Spannungsquelle nimmt ab.
(C) Die Joulesche Wärmeentwicklung verdoppelt sich.
(D) Die Joulesche Wärmeentwicklung vermindert sich auf die Hälfte.
(E) Die Joulesche Wärmeentwicklung bleibt gleich.

F86 ■■

5.41 Vier Bleiakkumulatoren gleicher Spannung U = 2 V sind wie in untenstehender Abbildung geschaltet.

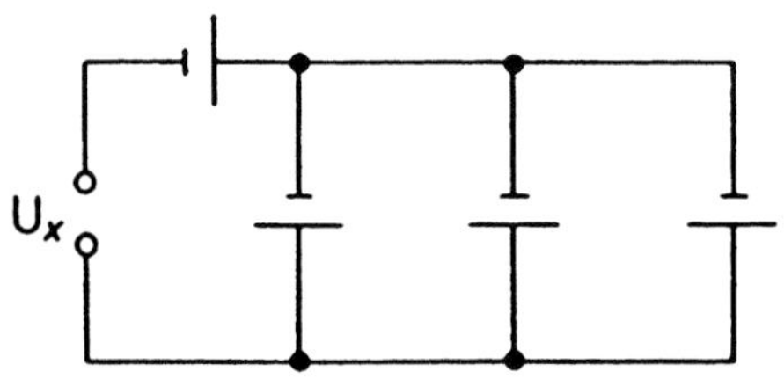

Die Spannung U_x beträgt

(A) U_x = 8 V
(B) U_x = 6 V
(C) U_x = 4 V
(D) U_x = 2 V
(E) $U_x = (2 + {}^2/_3)$ V = ${}^8/_3$ V

F00 F94 H86 ■■

5.42 Strommesser werden

(A) in Serie in den Stromkreis geschaltet, ihr Innenwiderstand soll möglichst groß sein
(B) parallel zum Verbraucher geschaltet, ihr Innenwiderstand soll möglichst groß sein
(C) in Serie in den Stromkreis geschaltet, ihr Innenwiderstand soll möglichst klein sein
(D) parallel zum Verbraucher geschaltet, ihr Innenwiderstand soll möglichst klein sein
(E) parallel zum Verbraucher geschaltet, ihr Innenwiderstand spielt keine Rolle

H87 H84 ■■

5.43 Welche der angegebenen Schaltungen ist am besten geeignet, die Strom-Spannungskennlinie eines Widerstandes R zu messen, wenn der Widerstand R etwa gleich dem Innenwiderstand R_i des Spannungsmessgerätes und der Innenwiderstand des Strommessgerätes vernachlässigbar klein ist?

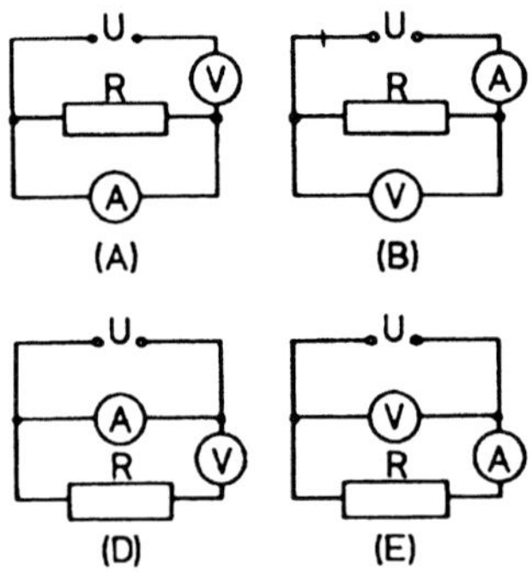

H01 F92 ■

5.44 Was ist das Produkt aus elektrischer Spannung und elektrischer Stromstärke?

(A) elektrischer Widerstand
(B) elektrische Kapazität
(C) elektrische Ladung
(D) elektrische Arbeit
(E) elektrische Leistung

F89 ■

5.45 Ein Tauchsieder von 500 W Leistung bei 220 V werde mit 110 V betrieben.
Welche Leistung nimmt er dann etwa auf?

(A) 125 W
(B) 250 W
(C) 500 W
(D) 1000 W
(E) 2000 W

5.39 (D) 5.40 (D) 5.41 (C) 5.42 (C) 5.43 (E) 5.44 (E) 5.45 (A)

F07 ■

5.46 Eine mobile medizinische Notfallstation mit einer Leistungsaufnahme von 2 kW wird durch eine Batterie von Bleiakkumulatoren mit 220 Ah „Kapazität" (verfügbarer Ladungsmenge) und 100 V Betriebsspannung versorgt. Die Versorgung würde zusammenbrechen, wenn die „Kapazität" auf 10 % gesunken ist. Bis zu diesem Zeitpunkt bleibt die Spannung annähernd 100 V.
Etwa wie lange kann die Station betrieben werden, wenn die Akkumulatoren zunächst voll aufgeladen sind und nicht ausgetauscht werden können?

(A) 2 h
(B) 10 h
(C) 20 h
(D) 22 h
(E) 100 h

H90 H82 ■■

5.47 Die Spannung, die an einer Heizvorrichtung (Widerstand R = const.) liegt, wird verdoppelt. Die Heizleistung wird dabei

(A) halb so groß
(B) gleich bleiben
(C) doppelt so groß
(D) viermal so groß
(E) achtmal so groß

H07 ■

5.48 Fließen bei einem Elektrounfall Ströme durch den menschlichen Körper, kann es zu Verbrennungen kommen. Hierbei spielt unter anderem das Ausmaß der im Körper umgesetzten elektrischen Energie eine wichtige Rolle.
Etwa wie groß ist die umgesetzte Energie unter der Annahme, dass der Leitwert des Körpers konstant etwa 2 mS beträgt und für 0,2 s ein Strom mit der Effektivstromstärke 30 A fließt?

(A) 360 mJ
(B) 3 kJ
(C) 90 kJ
(D) 450 kJ
(E) 2,25 MJ

F98 F88 H85 F83 ■■

5.49 In einem Stromkreis seien vier gleiche Lampen wie aus der Zeichnung ersichtlich angeordnet.

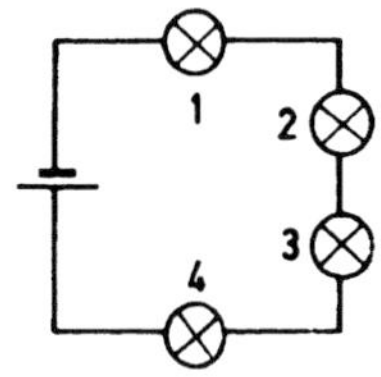

Was lässt sich über die Helligkeit der Lampen sagen?

(A) Lampe 1 ist am hellsten.
(B) Lampe 4 ist am hellsten.
(C) Die Lampen 1 und 4 sind heller als 2 und 3.
(D) Die Lampen 3 und 4 sind heller als 1 und 2.
(E) Alle Lampen sind gleich hell.

F99 ■

5.50 Die im 100 Ω-Widerstand dieser Schaltung verbrauchte Leistung betrage 10 W.

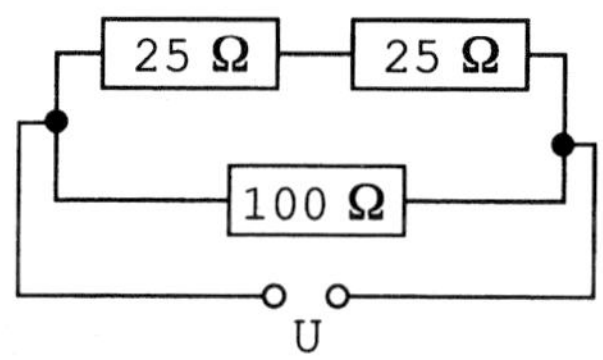

In jedem 25 Ω-Widerstand beträgt die verbrauchte Leistung dann

(A) 20 W
(B) 10 W
(C) 5
(D) 2,5 W
(E) 1,25 W

H07 ■

5.51 Die Zeichnung zeigt das elektrische Ersatzschaltbild mit Membranwiderstand R_m und Membrankapazität C_m einer Zellmembran (z. B. einer kleinen kugeligen Zelle):

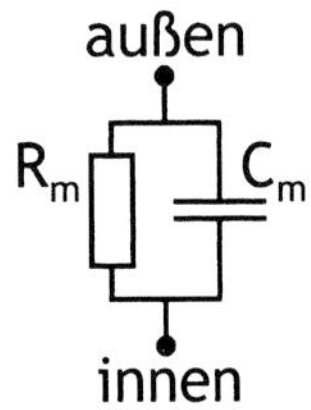

Die beiden Kontakte des Ersatzschaltbildes werden mit einer Gleichstromquelle verbunden. Ein Regler sorgt für eine konstante Stromstärke I_{const} an den Kontakten. Die elektrische Spannung über das Membranschaltbild hinweg entspricht dem Elektrotonus (Änderung des Membranpotentials) der Zelle, wenn an einer intrazellulären Elektrode I_{const} fließt, wobei vereinfachend angenommen wird, dass sich R_m und C_m nicht ändern.
Welchen Endwert (dem Betrage nach) erreicht der Elektrotonus?

(A) I_{const} / R_m
(B) $R_m \cdot I_{const}$
(C) R_m / I_{const}
(D) $(R_m + \frac{1}{C_m}) \cdot I_{const}$
(E) $(R_m + \frac{1}{C_m})/I_{const}$

H08 ■■

5.52 Die Zeichnung zeigt das elektrische Ersatzschaltbild mit Membranwiderstand R_m und Membrankapazität C_m einer Zellmembran (z. B. einer kleinen kugeligen Zelle):

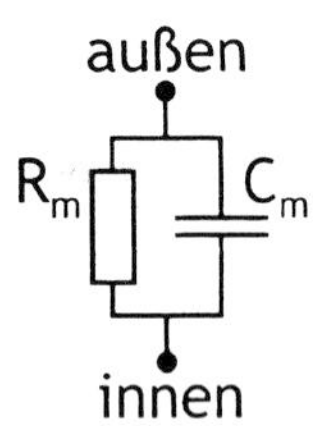

Die beiden Kontakte des Ersatzschaltbildes werden mit einer Gleichstromquelle verbunden. Ein Regler sorgt für eine konstante Stromstärke I_{const} an den Kontakten. Die elektrische Spannung über das Membranschaltbild hinweg entspricht dem Elektrotonus (Änderung des Membranpotentials) der Zelle, wenn an einer intrazellulären Elektrode I_{const} fließt, wobei vereinfachend angenommen wird, dass sich R_m und C_m nicht ändern.

$I_{const} = 2\,nA$
$R_m = 6\,M\Omega$
$C_m = 300\,pF$

Welchen Endwert (dem Betrage nach) erreicht der Elektrotonus?

(A) 6 µV
(B) 12 µV
(C) 6 mV
(D) 12 mV
(E) 6 V

5.6 Elektrische Kapazität

H98 ■

5.53 Ein Elektronenstrahl wird zwischen die Platten eines aufgeladenen Plattenkondensators gelenkt. Die Richtung des Elektronenstrahls vor Eintritt in das elektrische Feld des Kondensators ist in der Abbildung senkrecht zur Zeichenebene auf den Betrachter zu (Richtung 5).

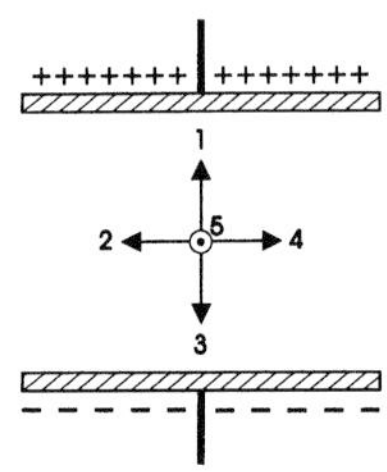

In welcher Richtung wird der Elektronenstrahl abgelenkt?

(A) in Richtung 1
(B) in Richtung 2
(C) in Richtung 3
(D) in Richtung 4
(E) Der Elektronenstrahl wird nicht abgelenkt, er behält Richtung 5 bei.

F98 ■

5.54 Wie berechnet sich die Gesamtkapazität C der abgebildeten Serienschaltung zweier Kondensatoren der Einzelkapazitäten C_1 und C_2?

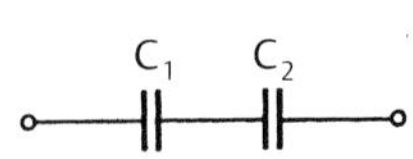

(A) $C = \frac{1}{2}(C_1 + C_2)$
(B) $C = C_1 + C_2$
(C) $C = \frac{1}{C_1} + \frac{1}{C_2}$
(D) $\frac{1}{C} = \frac{1}{C_2 + C_2}$
(E) $\frac{1}{C} = \frac{C_2 + C_1}{C_1 \cdot C_2}$

5.51 (B) 5.52 (D) 5.53 (A) 5.54 (E)

H04 F01 ■

5.55 Ein Kondensator nimmt bei einer angelegten Spannung von 200 V eine Ladung von 0,4 mC auf.
Die Kapazität des Kondensators ist dann:
(A) 2 µF
(B) 2 mF
(C) 80 mF
(D) 500 mF
(E) 80 F

H03 ■■

5.56 Die Spannung an einem elektrischen Plattenkondensator (als Modell für die Plasmamembran einer Zelle) mit der Kapazität $3{,}0 \cdot 10^{-12}$ F wird um 20 mV erhöht, ohne dass sich die Kapazität ändert.
Um welchen Betrag ändert sich dadurch die Ladung auf jeder Kondensatorplatte?
(A) $1{,}7 \cdot 10^{-14}$ Coulomb
(B) $6{,}0 \cdot 10^{-14}$ Coulomb
(C) $1{,}7 \cdot 10^{-13}$ Coulomb
(D) $6{,}0 \cdot 10^{-12}$ Coulomb
(E) $1{,}7 \cdot 10^{-10}$ Coulomb

F06 ■

5.57 Eine beidseitig von wässriger Elektrolytlösung umgebene Lipidmembran (200 µm² Oberfläche) wirkt wie ein Plattenkondensator der Kapazität 2 pF. Anfänglich war der Kondensator ungeladen und die elektrische Spannung Null. Dann wurden Kalium-Ionen von der einen auf die andere Seite der Membran transportiert, sodass der Betrag der elektrischen Spannung auf 0,08 V gestiegen ist. Andere Ladungsträger als die transportierten Kalium-Ionen konnten die Membran nicht passieren.
Die Elementarladung e_0 beträgt etwa $1{,}6 \cdot 10^{-19}$ Coulomb.
Etwa wie viele Kalium-Ionen wurden zur anderen Seite transportiert?
(A) 10^2
(B) 10^4
(C) 10^6
(D) 10^8
(E) 10^{10}

H09 ■■

5.58 Ein etwa 1 µm² großer Abschnitt einer Zellmembran wird als elektrischer Kondensator mit 10^{-14} F Kapazität betrachtet. Er soll durch Ladungsverschiebung um 10 mV depolarisiert werden, wobei ausschließlich Na^+-Ionen transmembranär strömen sollen. Die Elementarladung beträgt etwa $1{,}6 \cdot 10^{-19}$ Coulomb.
Etwa wie vielen Na^+-Ionen entspricht die verschobene Ladung?
(A) 600
(B) $6 \cdot 10^3$
(C) $2 \cdot 10^4$
(D) $2 \cdot 10^5$
(E) $2 \cdot 10^6$

H06 ■■

5.59 Eine beidseitig von wässriger Elektrolytlösung umgebene Lipidmembran (200 µm² Oberfläche) wirkt wie ein Plattenkondensator der Kapazität 2 pF. Anfänglich war der Kondensator ungeladen und die elektrische Spannung Null. Dann wurden 1 Million Kalium-Ionen von der einen auf die andere Seite der Membran transportiert. Andere Ladungsträger als die transportierten Kalium-Ionen konnten die Membran nicht passieren.
Die Elementarladung e_0 beträgt etwa $1{,}6 \cdot 10^{-19}$ Coulomb.
Etwa welcher Betrag der elektrischen Spannung herrscht jetzt am Kondensator?
(A) 3 mV
(B) 8 mV
(C) 30 mV
(D) 80 mV
(E) 300 mV

H02 ■

5.60 Wenn man bei einem Plattenkondensator (ohne Dielektrikum) der Kapazität C_1 die anliegende Spannung halbiert und den Plattenabstand verdoppelt, so hat seine neue Kapazität C_2 den Wert
(A) $C_2 = 4 \cdot C_1$
(B) $C_2 = 2 \cdot C_1$
(C) $C_2 = C_1$
(D) $C_2 = C_1/2$
(E) $C_2 = C_1/4$

H05 ■

→5.61 Eine beidseitig von Elektrolyt umgebene Lipidmembran wirkt wie ein Plattenkondensator mit $2 \cdot 10^{-2}\ F/m^2$ großer Plattenfläche. Die spezifische Membrankapazität beträgt $1 \cdot 10^{-2}\ F/m^2$. Dieser anfänglich ungeladene Kondensator wird an eine Spannungsquelle von 0,1 V gelegt.
Mit welcher Ladungsmenge wird der Kondensator dadurch aufgeladen?
(A) $2 \cdot 10^{-13}$ Coulomb
(B) $2 \cdot 10^{-11}$ Coulomb
(C) $2 \cdot 10^{-7}$ Coulomb
(D) $5 \cdot 10^{6}$ Coulomb
(E) $5 \cdot 10^{8}$ Coulomb

F03 ■

→5.62 Ein mögliches Modell für die elektrischen Eigenschaften einer Lipiddoppelschicht umgeben von Elektrolyten ist ein Plattenkondensator mit einem Plattenabstand d = 5 nm und einer Permittivitätszahl (Dielektrizitätszahl) $\varepsilon = 3$. Die elektrische Feldkonstante beträgt $\varepsilon_0 \approx 9 \cdot 10^{-12}\ \frac{A \cdot s}{V \cdot m}$.
Wie groß etwa ist die spezifische elektrische Kapazität $\frac{C}{A}$ (Kapazität pro Fläche) der Lipiddoppelschicht?
(A) $5 \cdot 10^{-3}\ \frac{A \cdot s}{V \cdot m^2}$
(B) $0{,}1\ \frac{A \cdot s}{V}$
(C) $5\ \frac{A \cdot s}{V \cdot m^2}$
(D) $1 \cdot 10^{2}\ \frac{A \cdot s}{V}$
(E) $2 \cdot 10^{2}\ \frac{V \cdot m^2}{A \cdot s}$

H10 ■■

→5.63 Extra- und Intrazellulärflüssigkeit bilden zusammen mit einer Zellmembran einen elektrischen Kondensator. Die Kapazität dieses Kondensators ist $1{,}6 \cdot 10^{-12}$ F. (Elementarladung $1{,}6 \cdot 10^{-19}$ Coulomb)
Etwa wie groß muss ein einseitiger Überschuss einwertiger Ionen sein, damit sich dadurch eine Potentialdifferenz von 10 mV ausbildet?
(A) 10^4
(B) 10^5
(C) 10^6
(D) 10^7
(E) 10^8

F08 ■■

→5.64 Die Dicke der Zellmembran selbst variiert zwar nur wenig, aber bei myelinisierten Nervenfasern sind mehrere Zellmembran-Lagen übereinander geschichtet. Vereinfacht wird das Myelin als homogenes Dielektrikum mit konstanter Permittivitätszahl (Dielektrizitätszahl) in einem typischen Plattenkondensator (mit ebenen Platten in verhältnismäßig kleinem Abstand) angesehen, wobei die Dicke der Myelinschicht dem Plattenabstand entspricht.
Näherungsweise gilt somit für die Kapazität C des Kondensators und die Dicke d der Myelinschicht:
(A) C ist proportional zu d^{-2}.
(B) C ist proportional zu d^{-1}.
(C) C ist unabhängig von d.
(D) C ist proportional zu d.
(E) C ist proportional zu d^2.

F04 ■■

→5.65 Die Membran einer biologischen Zelle besitzt zunächst eine auf einen Quadratzentimeter Membranoberfläche bezogene elektrische Kapazität von $0{,}6\ \mu F/cm^2$. Nach einer induzierten Phasenumwandlung in der Membran (mit veränderter Anordnung der Lipidmoleküle) ist ihre Dicke um 20 % vermindert und die Permittivitätszahl (Dielektrizitätszahl) um 20 % vergrößert.
Etwa wie groß ist die auf einen Quadratzentimeter bezogene Kapazität nach der Umwandlung, wenn man als Näherung von einem Plattenkondensator ausgeht?
(A) $0{,}2\ \mu F/cm^2$
(B) $0{,}4\ \mu F/cm^2$
(C) $0{,}6\ \mu F/cm^2$
(D) $0{,}9\ \mu F/cm^2$
(E) $1{,}2\ \mu F/cm^2$

5.61 (A) 5.62 (A) 5.63 (B) 5.64 (B) 5.65 (D)

F09 ■■

5.66 Die Erregungsleitungsgeschwindigkeit einer Nervenfaser wird u. a. durch die Membrankapazität bestimmt. Die Kapazität C eines Nervenfaserabschnitts kann näherungsweise als ein zur Röhre aufgerollter Plattenkondensator mit Länge l, Radius r und dem Plattenabstand d beschrieben werden (d << r). Die Permittivitätszahl (Dielektrizitätszahl) der Membran ist mit ε und die elektrische Feldkonstante mit ε_0 bezeichnet.

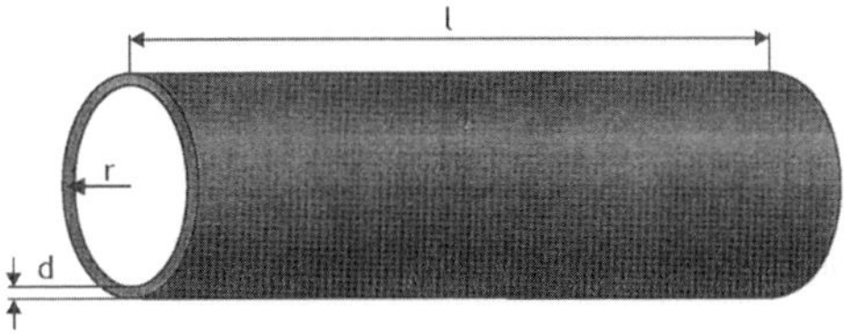

Wie kann dann die Membrankapazität näherungsweise berechnet werden?

(A) $C = \varepsilon \cdot \varepsilon_0 \cdot \frac{l}{d}$

(B) $C = \varepsilon \cdot \varepsilon_0 \cdot \frac{2\pi \cdot r \cdot l}{d}$

(C) $C = \varepsilon \cdot \varepsilon_0 \cdot \frac{\pi \cdot r^2 \cdot l}{d}$

(D) $C = \frac{2\pi \cdot r \cdot l}{\varepsilon \cdot \varepsilon_0 \cdot d}$

(E) $C = \frac{\pi \cdot r^2 \cdot l}{\varepsilon \cdot \varepsilon_0 \cdot d}$

H96 ■

5.67 Welche Kurve beschreibt in nachstehendem Diagramm (Achsen linear geteilt) für einen luftgefüllten Plattenkondensator qualitativ richtig die Abhängigkeit seiner Kapazität C von der an die Platten angelegten Spannung U?

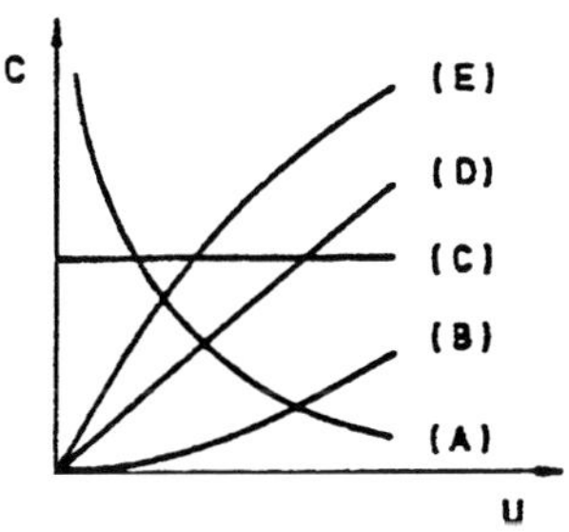

H00

5.68 Zwischen zwei elektrischen Ladungen im Abstand r voneinander wird im Vakuum die Kraft F_0 gemessen und nach Eintauchen in eine Flüssigkeit der Dielektrizitätszahl (relativen Dielektrizitätskonstanten) ε_r die Kraft F_1.

Für das Verhältnis F_1/F_0 gilt:

(A) $F_1/F_0 = \varepsilon_r^2$

(B) $F_1/F_0 = \varepsilon_r$

(C) $F_1/F_0 = 1$

(D) $F_1/F_0 = \varepsilon_r^{-1}$

(E) $F_1/F_0 = \varepsilon_r^{-2}$

H88 ■

5.69 Die Spannung U an einem Kondensator nehme in Abhängigkeit von der Zeit t bei der Entladung über einen Widerstand wie folgt ab:

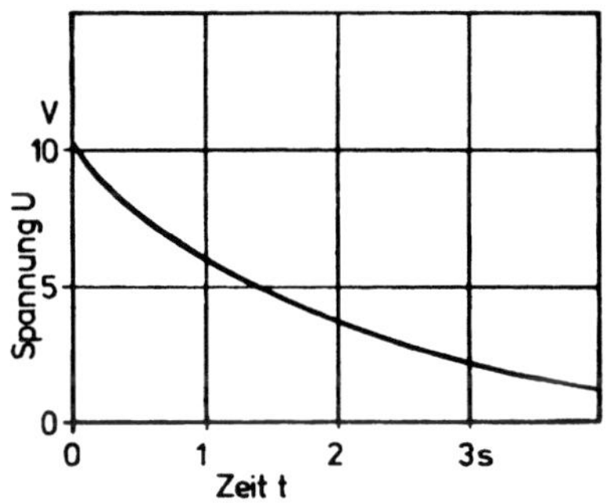

Wie groß ist die Zeitkonstante der Schaltung etwa?

(A) < 0,5 s

(B) ≈ 1 s

(C) ≈ 1,5 s

(D) ≈ 2 s

(E) > 3 s

F05 ■■

5.70 Ein Kondensator mit der Kapazität 10 µF wird über einen 100 kΩ-Widerstand entladen.

Nach welcher Zeit (Zeitkonstante τ) ist die Kondensatorspannung auf ein etel (also auf etwa das 0,368fache) abgesunken?

(A) 1 µs

(B) 1 ms

(C) 1 s

(D) 10 s

(E) 100 s

5.66 (B) 5.67 (C) 5.68 (D) 5.69 (D) 5.70 (C)

F08 ■■

5.71 Ein Teil der elektrischen Eigenschaften einer Zellmembran kann durch ein elektrisches Ersatzschaltbild mit Kondensator und parallel geschaltetem ohmschen Membranwiderstand wiedergegeben werden.
Der Kondensator wird durch eine Spannungsquelle auf U_0 aufgeladen und dann die Spannungsquelle entfernt.

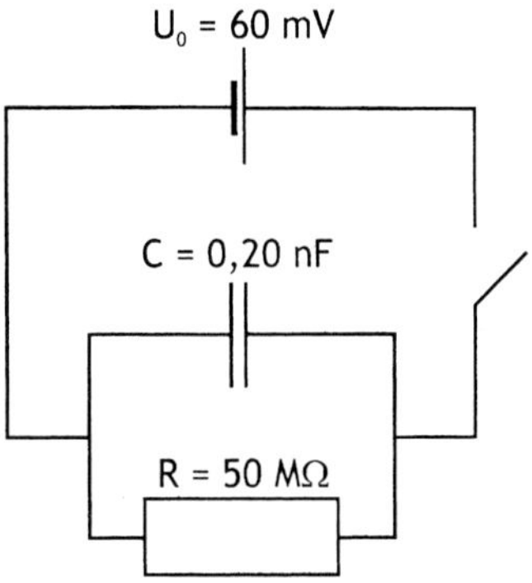

Nach welcher Zeit ist die Spannung auf U_0/e abgefallen?
(e ist die Euler-Zahl 2,718...)

(A) 2,5 ms
(B) 6,0 ms
(C) 10 ms
(D) 25 ms
(E) 60 ms

F10 ■■

5.72 Ein Teil der elektrischen Eigenschaften einer Zellmembran kann durch ein elektrisches Ersatzschaltbild mit einem Kondensator der Kapazität C_m und einem ohmschen Widerstand R_m wiedergegeben werden:

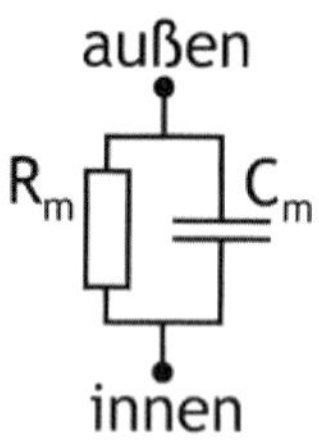

Die Zeitkonstante τ dieses Glieds ist dann

(A) C_m/R_m
(B) R_m/C_m
(C) $R_m \cdot C_m$
(D) $\sqrt{R_m \cdot C_m}$
(E) $(R_m \cdot C_m)^2$

F00 ■

5.73 Wie groß ist die Kapazität eines Kondensators, der sich über einen 500 kΩ-Widerstand mit einer Zeitkonstanten von 10 s entlädt?

(A) 0,5 μF
(B) 2 μF
(C) 5 μF
(D) 20 μF
(E) 50 μF

H94

5.74 Zur Zeit t = 0 wird der Schalter S in der angegebenen Schaltung (Kondensator ungeladen) geschlossen.

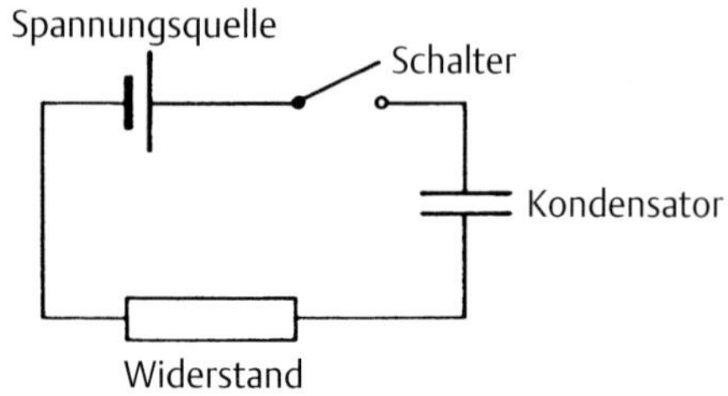

Welche der Kurven A–E gibt den zeitlichen Verlauf der Spannung U am Kondensator am besten wieder?

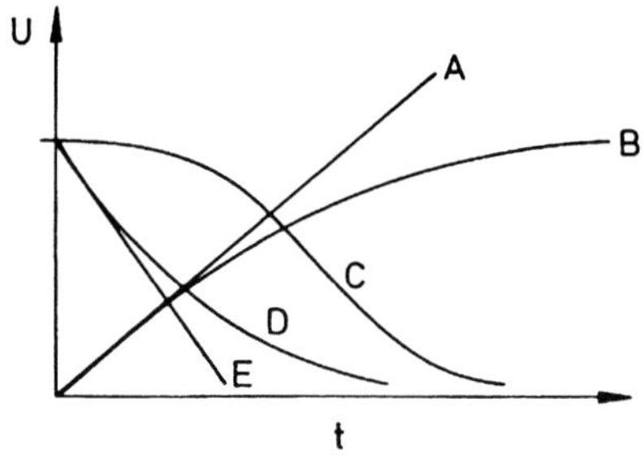

F93 F92 ■■

5.75 Welche der folgenden Aussagen über Kondensatoren trifft nicht zu?

(A) Auf einem Kondensator kann man elektrische Ladung speichern.
(B) Die Spannung an einem Kondensator ist proportional zur aufgebrachten Ladung.
(C) Die Kapazität eines luftgefüllten Kondensators ist unabhängig von der angelegten Spannung.
(D) Der zeitliche Verlauf der Entladung eines Kondensators der Kapazität C über einen Widerstand R wird durch die Zeitkonstante τ = RC bestimmt.
(E) Bei Parallelschaltung zweier gleicher Kondensatoren ist die Gesamtkapazität gleich der Hälfte der Kapazitäten der beiden Kondensatoren.

5.71 (C) 5.72 (C) 5.73 (D) 5.74 (B) 5.75 (E)

F07 ■

5.76 An der Zellmembran einer langgestreckten Zelle liegt am Ort x = 0 ein konstanter elektrischer Gleichstrom an. Hierdurch besteht am Ort x = 0 ein Elektrotonus (Verschiebung des Membranpotentials) von $\Delta E_{max}(0)$ und in der Entfernung x ein Elektrotonus von $\Delta E_{max}(x)$. Die Membranleitfähigkeiten seien durch den Elektrotonus unbeeinflusst, und die elektrischen Eigenschaften der Zelle seien in Ausbreitungsrichtung homogen. Die Membranlängskonstante ist λ.
Welche der folgenden Gleichungen trifft am ehesten zu?

(A) $\Delta E_{max}(x) = \Delta E_{max}(0) \cdot e^{\lambda/x}$
(B) $\Delta E_{max}(x) = \Delta E_{max}(0) \cdot e^{x/\lambda}$
(C) $\Delta E_{max}(x) = \Delta E_{max}(0) \cdot e^{-\lambda/x}$
(D) $\Delta E_{max}(x) = \Delta E_{max}(0) \cdot e^{-x/\lambda}$
(E) $\Delta E_{max}(x) = \Delta E_{max}(0) \cdot (1 - e^{-x/\lambda})$

F90 ■

5.77 In das elektrische Feld eines aufgeladenen, ebenen Plattenkondensators wird eine elektrisch leitende, metallische Hohl-Kugel eingebracht.
In welcher der Abbildungen (A)–(E) ist der Verlauf der elektrischen Feldlinien richtig dargestellt?

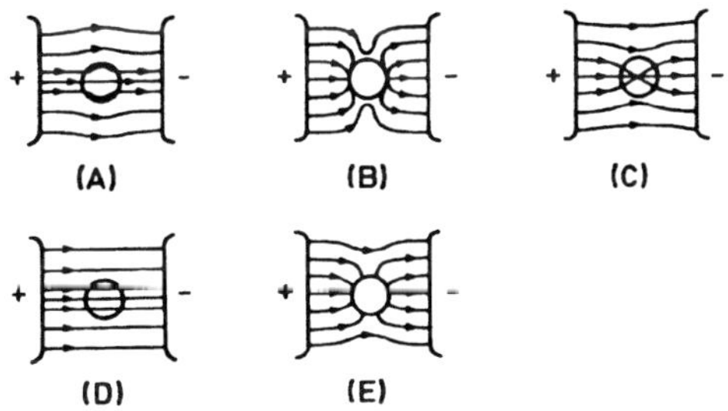

5.7 Elektrizitätsleitung

F97 ■■

5.78 Welche Aussage trifft nicht zu?
Die Leitfähigkeit der elektrolytischen, flüssigen Leiter ist um so größer,

(A) je größer die Ionenkonzentration ist
(B) je kleiner die dynamische Viskosität der Flüssigkeit ist
(C) je kleiner die Ionenradien sind
(D) je niedriger die Temperatur ist
(E) je größer die Ionenladung ist

5.8 Elektrische Spannungen an Grenzflächen, Diffusionsspannungen

F06 ■

5.79 Die Konzentration der (freien) Magnesium-Ionen sei auf der Außenseite einer Zellmembran c_a = 1 mmol/L und auf der Innenseite c_i = 10 mmol/L.
Das Gleichgewichtspotential für Mg^{2+} ist die innen gegen außen bestehende transmembranäre elektrische Spannung, die sich einstellen würde, wenn die Zellmembran ausschließlich für Mg^{2+} durchlässig wäre:

$$E_{Mg^{2+}} = 30\,\text{mV} \cdot \lg \frac{c_a}{c_i}$$

Diese Gleichung ergibt sich aus der Nernst-Gleichung für zweiwertige Kationen bei etwa 30 °C (lg bedeutet Logarithmus zur Basis 10).
Wie groß wäre dann das Gleichgewichtspotential für Mg^{2+}?

(A) –60 mV
(B) –30 mV
(C) –3 mV
(D) +3 mV
(E) +30 mV

F07

5.80 Die Nernst-Gleichung für das Gleichgewichtspotential U_G lautet für einwertige Ionen und bei 30 °C nach Einsetzen der Zahlenwerte für die Konstanten:

$$U_G = 60\,\text{mV} \cdot \lg \frac{c_a}{c_i}$$

(lg bedeutet Logarithmus zur Basis 10).
Die (physikochemisch wirksame) Konzentration der Na^+-Ionen sei extrazellulär c_a = 100 mmol/L und zytosolisch c_i = 10 mmol/L. Außerdem sei die Zellmembran praktisch nur für Na^+-Ionen durchlässig.
Etwa welches Potential U_G (transmembranär innen gegen außen) stellt sich ein?

(A) –120 mV
(B) –60 mV
(C) –6 mV
(D) +6 mV
(E) +60 mV

H08 ■

5.81 Die Nernst-Gleichung für das Gleichgewichtspotential U_G transmembranär innen gegen außen lautet für einwertige Anionen und bei 37 °C nach Einsetzen der Zahlenwerte für die Konstanten:

$$U_G = 61\,\text{mV} \cdot \lg \frac{c_i}{c_a}$$

(lg bedeutet Logarithmus zur Basis 10.)
Die (physikochemisch wirksame) Konzentration der Cl^--Ionen sei zytosolisch $c_i = 2$ mmol/L und extrazellulär $c_a = 200$ mmol/L. Außerdem sei die Zellmembran nur für Cl^--Ionen durchlässig.
Welches Potential U_G (transmembranär innen gegen außen) würde sich einstellen?

(A) −122 mV
(B) −61 mV
(C) +6,1 mV
(D) +61 mV
(E) +122 mV

5.9 Magnetische Größen, elektromagnetische Induktion

H95 ■

5.82 Welches ist die SI-Einheit für die magnetische Feldstärke:

(A) A/m
(B) A · m
(C) V/m
(D) (A/V) · Windungszahl
(E) V · m

F99 ■

5.83 Durch einen geraden Draht fließe ein konstanter elektrischer Gleichstrom I. Der Draht ist daher von einem Magnetfeld H umgeben.
Welche der folgenden Abbildungen gibt die Feldlinien dieses Magnetfeldes wieder?

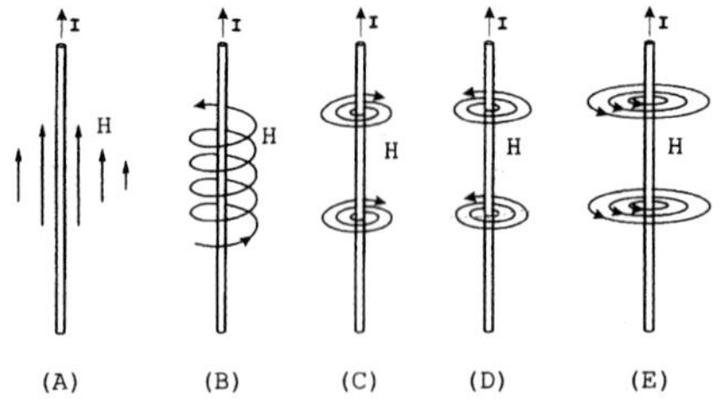

F03 H00 ■■

5.84 Ein (idealer, verlustfreier) Labortransformator mit primärseitig 920 Windungen wird an 230 V Wechselspannung angeschlossen und soll (unbelastet) sekundärseitig 10 V liefern.
Wie viele Windungen sind sekundärseitig erforderlich?

(A) 23
(B) 40
(C) 65
(D) 80
(E) 92

5.10 Wechselspannung, Wechselstrom

F02 F97 ■■

5.85 Welche der folgenden Gleichungen beschreibt den Zusammenhang zwischen der Effektivspannung U_{eff} und der Scheitelspannung U_s einer rein sinusförmigen Wechselspannung richtig?

(A) $U_{eff} = \frac{U_s}{2}$
(B) $U_{eff} = \frac{U_s}{\sqrt{2}}$
(C) $U_{eff} = U_s$
(D) $U_{eff} = \sqrt{2} \cdot U_s$
(E) $U_{eff} = 2 \cdot U_s$

F88 ■■

5.86 Der Effektivwert einer sinusförmigen Spannung

(A) nimmt linear mit der Frequenz zu
(B) nimmt quadratisch mit der Frequenz zu
(C) nimmt linear mit der Frequenz ab
(D) nimmt quadratisch mit der Frequenz ab
(E) hängt nicht von der Frequenz ab

H98 ■

5.87 Welche Aussage trifft nicht zu?
Für die an unseren Haushaltssteckdosen liegende Wechselspannung gilt:

(A) Die Frequenz der Wechselspannung beträgt 50 Hz.
(B) Die Kreisfrequenz der Wechselspannung beträgt ca. 31 s^{-1}.
(C) Die Periodendauer der Wechselspannung beträgt 20 ms.
(D) Die Amplitude der Wechselspannung beträgt ca. 325 V.
(E) Der Effektivwert der Wechselspannung beträgt ca. 230 V (früher ca. 220 V).

5.81 (A) 5.82 (A) 5.83 (E) 5.84 (B) 5.85 (B) 5.86 (E) 5.87 (B)

■

5.88 Welche der folgenden Schaltungen stellt einen elektrischen Schwingkreis dar?

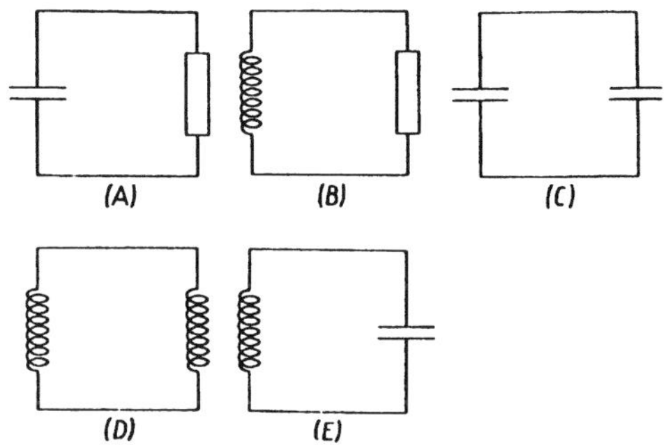

F01 ■

5.89 Der Betrag der Impedanz Z aus einer Reihenanordnung von ohmschem Widerstand (R), Kondensator (mit der Kapazität C) und Spule (mit der Induktivität L) ist:

$$|Z| = \sqrt{R^2 + \left(\omega L - \frac{1}{\omega C}\right)^2}.$$

Für welche Kreisfrequenz ω wird $|Z|$ minimal?

(A) $\frac{1}{LC}$

(B) $\frac{1}{2\pi LC}$

(C) $\frac{1}{\sqrt{LC}}$

(D) $\frac{1}{\sqrt{2\pi LC}}$

(E) LC

5.11 Fragen aus Examen Frühjahr 2011

F11 ■

5.90 Bei EKG-Ableitungen I, II und III (die bipolaren Ableitungen nach Einthoven) werden die Spannungen U_I, U_{II} und U_{III} (mit den Richtungen wie im Schema) gemessen:

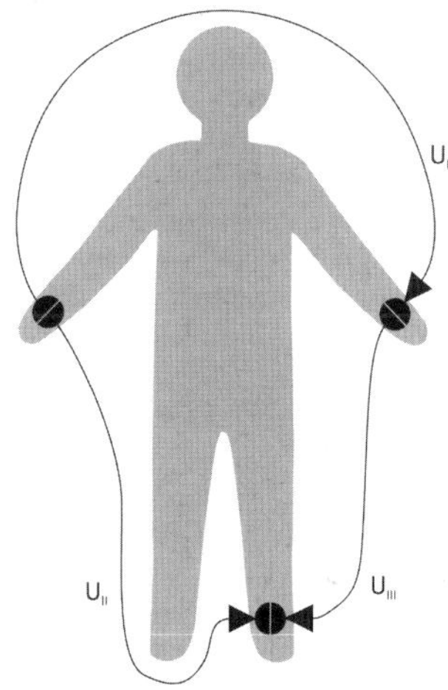

Welche Aussage über die Spannungen U_I, U_{II} und U_{III} ist richtig?

(A) $U_I + U_{II} + U_{III} = 0$

(B) $U_I - U_{II} + U_{III} = 0$

(C) $U_I + U_{II} - U_{III} = 0$

(D) $U_I - U_{II} - U_{III} = 0$

(E) $(U_I)^2 - (U_{II})^2 + (U_{III})^2 = 0$

F11 ■■

5.91 Die Elementarladung beträgt etwa $1{,}6 \cdot 10^{-19}$ Coulomb. Eine elektrisch isolierende Zellmembran bildet zusammen mit den Elektrolyten des Intra- und Extrazellulärraums einen Kondensator. Bei einem isolierten Axonabschnitt mit der Kapazität 8 pF strömen nun 50 000 K^+-Ionen aus der Zelle hinaus.

Wenn dabei keine anderen Ionen transmembranär strömen, würde sich die elektrische Potentialdifferenz über die Membran dem Betrage nach ändern um etwa

(A) 1 mV

(B) 6 mV

(C) 10 mV

(D) 16 mV

(E) 60 mV

6 Schwingungen und Wellen

6.1 Schwingungen

F00 ■■

6.1 Die Abbildung zeigt das Oszillographenbild der technischen Wechselspannung. Diese besitzt eine Frequenz von 50 Hz.

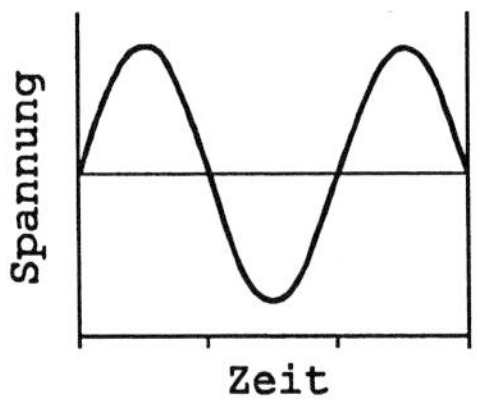

Welche gesamte Zeitspanne wird in der Abbildung dargestellt?
(A) 0,015 s
(B) 0,02 s
(C) 0,03 s
(D) 0,15 s
(E) 0,3 s

H05 ■■

6.2 Bei einem 67-jährigen Patienten werden an einem Handmuskel elektromyographisch 300 Zuckungen in einer Minute registriert.
Wie groß ist die Frequenz in Hz?
(A) 5 Hz
(B) 20 Hz
(C) 50 Hz
(D) 200 Hz
(E) 300 Hz

F08 ■■

6.3 Die Spektralanalyse der Herzfrequenzvariabilität gibt Hinweise auf die kardiovaskuläre autonome Kontrolle. Innerhalb der Frequenzen, die der Herzfrequenz unterlagert sind, werden drei Hauptkomponenten unterschieden: der „sehr niederfrequente", der „niederfrequente" und der „hochfrequente" Frequenzbereich. Die Grenze zwischen „sehr niederfrequentem" und „niederfrequentem" Frequenzbereich ist 0,04 Hz.
Welcher Periodendauer entspricht 0,04 Hz?
(A) 40 ms
(B) 25 s
(C) 250 s
(D) 400 s
(E) 25 min

H08

6.4 Die Spektralanalyse der Herzfrequenzvariabilität gibt Hinweise auf die kardiovaskuläre autonome Kontrolle. Innerhalb der Frequenzen, die der Herzfrequenz unterlagert sind, werden drei Hauptkomponenten unterschieden: der „sehr niederfrequente", der „niederfrequente" und der „hochfrequente" Frequenzbereich. Die Grenze zwischen „niederfrequentem" und „hochfrequentem" Frequenzbereich ist 0,15 Hz.
Etwa welcher Periodendauer entspricht 0,15 Hz?
(A) 1 s
(B) 3 s
(C) 5 s
(D) 7 s
(E) 9 s

F05 ■

6.5 Zwei (sinusförmige) Schwingungen gleicher Frequenz $f_1 = f_2 = 5$ Hz haben eine Phasendifferenz (Phasenverschiebung) $\Delta\varphi_0 = \pi/2$.
Um welche Zeit Δt sind sie gegeneinander verschoben?
(A) Δt = 10 ms
(B) Δt = 20 ms
(C) Δt = 50 ms
(D) Δt = 100 ms
(E) Δt = 200 ms

F10 ■

6.6 Bei einem Experiment werden in beiden Kanälen eines zweikanaligen Elektroenzephalogramms (α-) Wellen (als näherungsweise harmonische Schwingungen) mit derselben Frequenz von 10 Hz registriert, deren Phasen jedoch zueinander um 90° (= π/2) verschoben sind.
Wie groß ist der kürzeste zeitliche Abstand zwischen einem Maximum in einem der beiden Kanäle und einem Maximum in dem anderen Kanal?
(A) 11 ms
(B) 25 ms
(C) 60 ms
(D) 0,1 s
(E) 0,9 s

6.1 (C) 6.2 (A) 6.3 (B) 6.4 (D) 6.5 (C) 6.6 (B)

6.2 Wellen

H03 F00 ■■

6.7 Welche Wellenlänge hat Ultraschall der Frequenz 10 MHz in Gewebe, worin seine Ausbreitungsgeschwindigkeit 1,5 km/s beträgt?
(A) 0,15 mm
(B) 0,67 mm
(C) 1,5 mm
(D) 6,7 mm
(E) 15 mm

F04 ■■

6.8 Schallwellen mit einer Frequenz von 660 Hz haben in Luft bei einer Schallgeschwindigkeit von 330 m/s eine Wellenlänge von
(A) 2 cm
(B) 5 cm
(C) 2 dm
(D) 5 dm
(E) 2 m

F05 ■■

6.9 Das räumliche Auflösungsvermögen bei bildgebenden Verfahren wird durch die Wellenlänge der verwendeten Strahlung begrenzt. Ein Sonographiegerät benutzt Ultraschall mit einer Frequenz von etwa 8 MHz. Die Schallgeschwindigkeit im Gewebe beträgt etwa 1,6 km/s.
Etwa wie groß ist die Wellenlänge der verwendeten Strahlung?
(A) 1,28 µm
(B) 12,8 µm
(C) 0,2 mm
(D) 0,5 mm
(E) 12,8 mm

F09 ■■

6.10 Der von einem Schallkopf eines medizinischen Geräts zur sonographischen Diagnostik emittierte Ultraschall hat die Frequenz 10 MHz.
Bei einer Schallgeschwindigkeit im Gewebe von etwa 1,5 km/s ist dort die Wellenlänge etwa
(A) 6,6 µm
(B) 15 µm
(C) 66 µm
(D) 150 µm
(E) 1,5 mm

H04 H01 ■■

6.11 Ein Therapiegerät strahlt elektromagnetische Wellen mit der Frequenz 27,12 MHz ab.
Welcher der folgenden Werte liegt der zugehörigen Wellenlänge in Luft am nächsten?
(A) 1 mm
(B) 1 cm
(C) 1 dm
(D) 1 m
(E) 10 m

F10 ■■

6.12 Ein Patient mit entzündeten Nasennebenhöhlen erhält eine Mikrowellenbestrahlung. Das Mikrowellentherapiegerät sendet elektromagnetische Wellen mit einer Frequenz von etwa 2,5 GHz.
Etwa wie groß ist die Wellenlänge dieser Strahlung in Luft?
(B) 12 µm
(C) 25 µm
(D) 12 cm
(E) 100 cm

H10 ■■

6.13 Der von einem Schallkopf eines medizinischen Geräts zur sonographischen Diagnostik emittierte Ultraschall hat die Frequenz 7,5 MHz.
Bei einer Schallgeschwindigkeit im Gewebe von etwa 1,5 km/s ist dort die Wellenlänge etwa
(A) 50 µm
(B) 110 µm
(C) 150 µm
(D) 200 µm
(E) 500 µm

H02 ■■

6.14 Ein Therapiegerät strahlt (elektromagnetische) Dezimeterwellen mit einer Wellenlänge von 69 cm (in Luft) ab.
Welcher der folgenden Werte liegt der zugehörigen Frequenz am nächsten?
(A) 400 kHz
(B) 4 MHz
(C) 40 MHz
(D) 400 MHz
(E) 4 GHz

6.7 (A) 6.8 (D) 6.9 (C) 6.10 (D) 6.11 (E) 6.12 (D) 6.13 (D) 6.14 (D)

H07 ■■

6.15 Das räumliche Auflösungsvermögen der Puls-Echo-Ultraschallsonographie ist eng verknüpft mit der Wellenlänge des Ultraschalls.
Etwa wie groß ist die Wellenlänge einer Ultraschallwelle der Frequenz 4 MHz bei einer Schallgeschwindigkeit von etwa 1,6 km/s im Muskelgewebe?

(A) 640 nm
(B) 40 µm
(C) 160 µm
(D) 400 µm
(E) 4 mm

F02 ■■

6.16 Die folgende Abbildung zeigt verkleinert einen Ausschnitt einer auf einem Papier registrierten Pulskurve. Auf dem Papier entsprachen 1 cm 0,05 Sekunden.

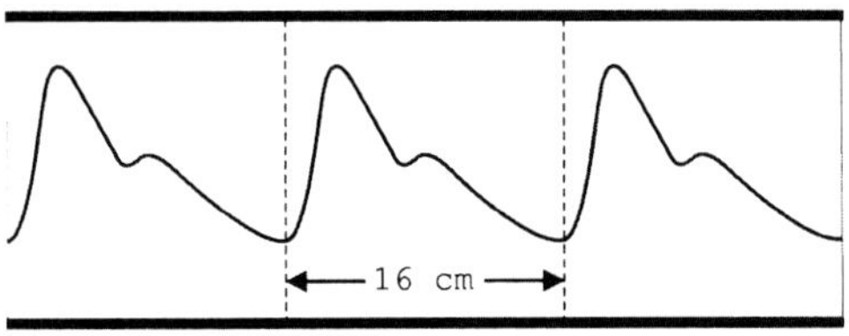

Wie groß ist die Periodendauer?

(A) 0,08 s
(B) 0,3 s
(C) 0,8 s
(D) 3 s
(E) 8 s

H02 ■

6.17 Die folgende Abbildung zeigt verkleinert einen Ausschnitt einer auf einem Papier registrierten Druckpulskurve der Arteria brachialis, wobei 1 cm auf dem Papier 0,05 Sekunden entsprachen.

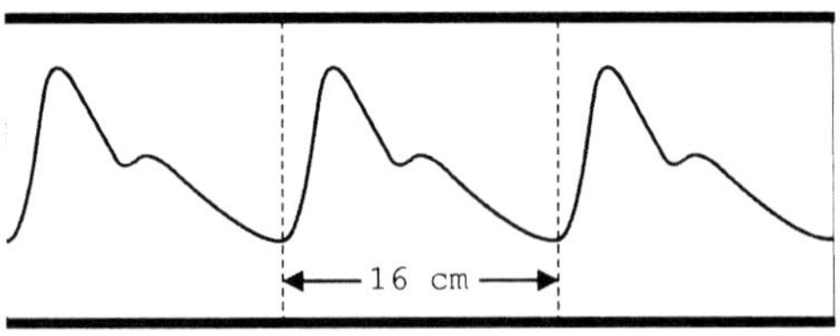

Etwa wie groß ist die Pulsfrequenz?

(A) 31 min^{-1}
(B) 48 min^{-1}
(C) 60 min^{-1}
(D) 75 min^{-1}
(E) 125 min^{-1}

H09 ■

6.18 Bestimmen Sie die Herzfrequenz bei dem (repräsentativen) Ausschnitt des Elektrokardiogramms (EKG) eines Patienten, das mit einer Vorschubgeschwindigkeit von 50 mm/s aufgezeichnet wurde:

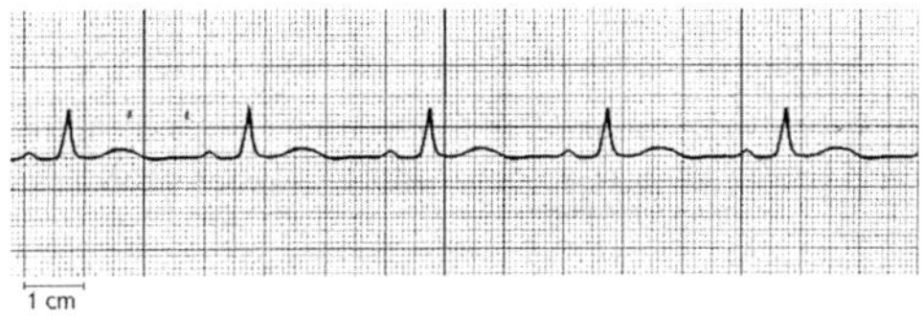

(A) 50/min
(B) 80/min
(C) 100/min
(D) 120/min
(E) 140/min

F09 ■■

6.19 Das Elektrokardiogramm (EKG) eines Patienten wird auf einem Papierstreifen aufgezeichnet, der mit einer Geschwindigkeit von 50 mm/s unter den Schreibstiften hindurchtransportiert wird. Die R-Zacken erscheinen in regelmäßigem Abstand von 30 mm auf dem Papier.
Wie groß ist die Herzfrequenz?

(A) 50 min^{-1}
(B) 60 min^{-1}
(C) 100 min^{-1}
(D) 120 min^{-1}
(E) 150 min^{-1}

F04 ■

6.20 Bei einer Person mit einer Herzfrequenz von 60/min wird das EKG auf einem Papierstreifen aufgezeichnet, der mit konstanter Geschwindigkeit unter den Schreibstiften des EKG hindurchtransportiert wird. Die Herzaktionen wiederholen sich gleichförmig, wobei die Länge einer Periode (also z. B. der Abstand zwischen den Anfangspunkten zweier aufeinander folgenden P-Wellen) auf dem Papierstreifen 5 cm beträgt.
Mit welcher der folgenden Papiervorschubgeschwindigkeiten wurde das EKG am wahrscheinlichsten aufgezeichnet?

(A) 30 cm/min
(B) 50 cm/min
(C) 100 cm/min
(D) 300 cm/min
(E) 500 cm/min

6.15 (D) 6.16 (C) 6.17 (D) 6.18 (C) 6.19 (C) 6.20 (D)

F05 ■

→6.21 Wässrige Lösungen von D-Glucose und von D-Fructose sind optisch aktiv und drehen die Polarisationsebene linear polarisierten Lichts, wobei das spezifische Drehvermögen der D-Glucose etwa $5 \frac{\text{Grad}\cdot\text{cm}^2}{\text{g}}$ nach rechts und das der D-Fructose etwa $9 \frac{\text{Grad}\cdot\text{cm}^2}{\text{g}}$ nach links beträgt.
In Wasser sind 50 g D-Glucose und gerade so viel Gramm D-Fructose gelöst, dass sich das Drehvermögen der D-Glucose und der D-Fructose gerade aufhebt, also die Lösung linear polarisiertes Licht nicht dreht.
Etwa wie viel Gramm Fructose sind in der Lösung enthalten?

(A) 20 g
(B) 30 g
(C) 40 g
(D) 60 g
(E) 80 g

6.3 Schallwellen

H95 ■■

→6.22 Die Schallgeschwindigkeit in Luft beträgt

(A) ca. 120 m/s
(B) ca. 330 m/s
(C) ca. 760 m/s
(D) ca. 1500 m/s
(E) ca. 5000 m/s

F06 ■■

→6.23 Die Schallgeschwindigkeit in Wasser beträgt

(A) ca. 120 m/s
(B) ca. 330 m/s
(C) ca. 760 m/s
(D) ca. 1500 m/s
(E) ca. 5000 m/s

F06 ■

→6.24 Ein gleichzeitig entstandenes Licht- und Schallsignal gelangt durch die Luft (unter Normbedingungen) zu einem 2 km entfernten Beobachter.
Bei diesem trifft das

(A) akustische Signal etwa 6 ms vor dem optischen Signal ein
(B) akustische Signal etwa 0,6 s vor dem optischen Signal ein
(C) akustische Signal etwa 6 s vor dem optischen Signal ein
(D) optische Signal etwa 6 ms vor dem akustischen Signal ein
(E) optische Signal etwa 6 s vor dem akustischen Signal ein

F10 ■■

→6.25 Welche Aussage zum System Trommelfell, Gehörknöchelchen und ovales Fenster des Hörorgans trifft zu?

(A) Bei Fehlen des Amboss ist im Tonschwellenaudiogramm die Luft- und Knochenleitung im Vergleich zu Gesunden gleichermaßen verschlechtert.
(B) Bei niedrigen Schallintensitäten wird die Schallübertragung des Systems durch Anspannung des M. stapedius erhöht, bei hohen Schallintensitäten durch Erschlaffung des M. stapedius vermindert.
(C) Es dient der akustischen Impedanzanpassung zwischen Luft und Perilymphe.
(D) Es vermindert die akustische Impedanz der Luft im Mittelohr.
(E) Es verstärkt den Hörschall in erster Linie durch Erzeugung von Schwebungen.

F09

→6.26 Der äußere Gehörgang kann als akustischer Hohlraumresonator in Form eines lufthaltigen Rohrs angesehen werden, bei dem das eine Ende offen, das andere jedoch geschlossen ist (wie bei einer gedackten Orgelpfeife).
(Der Rohrdurchmesser sei klein verglichen mit der Rohrlänge.)
Wenn darin die Luftsäule 2,5 cm lang ist, so liegt die Frequenz der Grundschwingung (also die kleinste Eigenfrequenz) am nächsten bei

(A) 0,1 kHz
(B) 0,3 kHz
(C) 0,9 kHz
(D) 3 kHz
(E) 9 kHz

F09 ■

→6.27 Bei welcher Tonfrequenz stimmen per definitionem die Zahlenwerte der Lautstärke (Lautstärkepegel) in Phon und die der Schallstärke (Schalldruckpegel) in dB SPL überein?

(A) 1 Hz
(B) 10 Hz
(C) 100 Hz
(D) 1 kHz
(E) 10 kHz

6.21 (B) 6.22 (B) 6.23 (D) 6.24 (E) 6.25 (C) 6.26 (D) 6.27 (D)

F06 F03 ■■

→6.28 Bei einem Patienten wird seitengetrennt (unter Vertäubung des anderen Ohres) die Hörschwelle für einen Testton der Schallfrequenz 1 kHz bestimmt. Aufgrund einer Hörminderung am linken Ohr liegt die Hörschwelle für den Ton am linken Ohr 20 dB höher als am rechten Ohr.
Um welchen Faktor ist die Schwellenschallintensität (Energiestromdichte des Schalls bei der Hörschwelle) für den Ton am linken Ohr höher?
(A) 2
(B) 20
(C) 100
(D) 200
(E) 1000

H06 ■

→6.29 Ein Patient hat für einen Testton mit der Schallfrequenz 1 kHz am linken Ohr eine Hörminderung von 20 dB, d. h. die Hörschwelle für den Ton liegt am linken Ohr 20 dB höher als am gesunden rechten.
Um welchen Faktor ist die Amplitude der Druckschwankung der Schallwelle (Schallwechseldruck, Schalldruck) bei der Hörschwelle des linken Ohrs größer als die bei der Hörschwelle des rechten Ohrs?
(A) 2
(B) 10
(C) 20
(D) 100
(E) 200

F07 ■

→6.30 Bei einem Patienten wird bei der Tonschwellenaudiometrie ein Hörverlust von 40 dB bei 1 000 Hz gemessen.
Um welchen Faktor ist der Schall(wechsel)druck (die Amplitude der Schallwellendruckschwankung) des Schwellentesttons beim Patienten höher als beim Gesunden?
(A) 4
(B) 40
(C) 100
(D) 1000
(E) 10000

H05 ■■

→6.31 Bei einem Patienten wird eine Hörminderung von 30 dB festgestellt, d. h. die Hörschwelle liegt bei ihm 30 dB höher als beim Normalhörenden.
Um welchen Faktor ist die Schwellenschallintensität (Energiestromdichte des Schalls bei der Hörschwelle) bei ihm höher als beim Normalhörenden?
(A) 30
(B) 100
(C) 300
(D) 1000
(E) 3000

H03 ■

→6.32 Eine Schallquelle (mit der Schallfrequenz 1 kHz) erzeugt einen Schallpegel von 80 dB. Dann wird eine Schalldämmmauer eingebaut. Der reduzierte Schallpegel ist 60 dB.
Um welchen Faktor wird die Schallintensität (Energiestromdichte des Schalls) durch die Schalldämmmauer reduziert?
(A) 10
(B) 20
(C) 100
(D) 200
(E) 400

F04 ■■

→6.33 Eine Schallquelle erzeugt einen Schallpegel von 50 dB.
100 dieser Schallquellen bewirken zusammen die hundertfache Schallintensität (Energiestromdichte des Schalls) der einzelnen Schallquelle und somit einen Schallpegel von insgesamt
(A) 60 dB
(B) 70 dB
(C) 80 dB
(D) 90 dB
(E) 100 dB

F05 ■■

→6.34 In einem Zimmer wird die Schallintensität (Energiestromdichte des Schalls) eines auf der Straße stehenden Motorrads gemessen. Die Schallintensität im Leerlauf entspricht einem Schallpegel von 30 dB. Durch Gasgeben erhöht sich die Schallintensität auf das Zehntausendfache.
Wie hoch ist jetzt der Schallpegel?
(A) 34 dB
(B) 70 dB
(C) 110 dB
(D) 3000 dB
(E) 300000 dB

F08 ■■

→6.35 Die Schwellenschallintensität (Energiestromdichte des Schalls bei der Hörschwelle) für Töne von 1000 Hz ist bei einem Patienten hundertfach höher als bei einer Vergleichsperson. Vereinfacht gesprochen: Wenn die Vergleichsperson eine bestimmte Schallquelle gerade noch hören kann, so braucht der Patient mindestens 100 derartige Schallquellen in derselben Entfernung, um sie zu hören.
Um wie viel dB ist die Schallschwelle beim Patienten höher als bei der Vergleichsperson?
(A) 4 dB
(B) 10 dB
(C) 20 dB
(D) 40 dB
(E) 100 dB

6.28 (C) 6.29 (B) 6.30 (C) 6.31 (D) 6.32 (C) 6.33 (B) 6.34 (B) 6.35 (C)

H08 ■■

→**6.36 Die Schwellenschallintensität (Energiestromdichte des Schalls bei der Hörschwelle) für Töne von 1000 Hz ist bei einem Patienten tausendfach höher als bei einer Vergleichsperson. Vereinfacht gesprochen: Wenn die Vergleichsperson eine bestimmte Schallquelle gerade noch hören kann, so braucht der Patient mindestens tausend davon in derselben Entfernung, um sie zu hören.**
Um wie viel dB ist die Schallschwelle beim Patienten höher als bei der Vergleichsperson?

(A) 15 dB
(B) 30 dB
(C) 60 dB
(D) 600 dB
(E) 1000 dB

H04 ■

→**6.37 Der effektive Schall(wechsel)druck eines Tons beträgt $2 \cdot 10^{-5}$ N · m^{-2} und seine Schallintensität $1 \cdot 10^{-12}$ W · m^{-2}.**
Wie groß ist die Intensität des Tons bei einem effektiven Schalldruck von $8 \cdot 10^{-5}$ N · m^{-2} (und ansonsten unveränderten Bedingungen)?

(A) $2 \cdot 10^{-12}$ W · m^{-2}
(B) $4 \cdot 10^{-12}$ W · m^{-2}
(C) $16 \cdot 10^{-12}$ W · m^{-2}
(D) $64 \cdot 10^{-12}$ W · m^{-2}
(E) $1 \cdot 10^{-8}$ W · m^{-2}

H09 ■■

→**6.38 Ein Ultraschall liegt sicher vor bei einer**

(A) Schallgeschwindigkeit in Luft von 344 m/s
(B) Schallfrequenz von 1 MHz
(C) Schallintensität (Energiestromdichte) von 1 W/m^2
(D) Schallwechseldruckamplitude von 10 Pa
(E) Schallwellenlänge in Luft von 0,3 m

F02 ■

→**6.39 Bei einer Ultraschalluntersuchung befindet sich im Weg zwischen Schallkopf und Leber lufthaltiger Darm.**
Was ist der (hauptsächliche) Grund, dass sich kein verwertbares Bild der Leber ergibt?

(A) Absorption des Ultraschalls in der Luft
(B) Reflexion des Ultraschalls am Gewebe-Luft-Übergang
(C) Streuung des Ultraschalls in der Luft
(D) Ultraschall-Resonanz im luftgefüllten Raum
(E) Verfälschung durch Ultraschall-Doppler-Effekte

H05

→**6.40 Für die transösophageale Echokardiographie wurden Schallköpfe mit Beschallungsfrequenzen von 3,5 MHz bis 9,0 MHz entwickelt.**
Bei einer Beschallung mit hoher Frequenz ist im Vergleich zur Beschallung mit niedriger Frequenz (und gleicher Intensität)

(A) das Auflösungsvermögen im Nahfeld geringer
(B) der Absorptionskoeffizient im Gewebe größer
(C) die Beugung größer
(D) die Eindringtiefe ins Gewebe größer
(E) die Wellenlänge des Schalls größer

H06 ■■

→**6.41 Bei einer Lebersonographie wird Ultraschall von 3,5 MHz eingesetzt, der im Gewebe exponentiell mit einer Halbwerttiefe von 1,2 cm abnimmt.**
Auf welchen Bruchteil hat die Schallintensität nach 6 cm Gewebedicke abgenommen?

(A) $1/\sqrt{5}$
(B) 1/5
(C) 1/16
(D) 1/25
(E) 1/32

F06 ■

→**6.42 Beim sonographischen A-Scan sendet der Schallkopf jeweils einen kurzen Ultraschallimpuls aus und empfängt dessen Echo(s).**
Etwa wie weit vom Schallkopf entfernt befindet sich eine ultraschallreflektierende Grenzfläche im Körper bei einer Laufzeit vom Schallkopf zu ihr und zurück von insgesamt 20 µs und einer Schallgeschwindigkeit von etwa 1500 m/s (wasserreiches Gewebe)?

(A) 7,5 mm
(B) 15 mm
(C) 30 mm
(D) 60 mm
(E) 150 mm

F07 ■■

→**6.43 Bei einem Patienten mit Verdacht auf Ablösung der Retina wird zur Abklärung das Ultraschall-Puls-Echo-Verfahren verwendet. Der Schallkopf, der als Schallgeber und Empfänger fungiert, wird auf die Cornea gesetzt. Die Schallgeschwindigkeit im Auge beträgt etwa 1,5 km/s. Der Abstand zwischen den Vorderflächen von Cornea und Retina beträgt bei dem Patienten 22,5 mm.**
Etwa wie groß ist die gesamte Laufzeit des Signals (also von der Cornea-Vorderfläche zur Retina-Vorderfläche und wieder zurück zur Cornea-Vorderfläche)?

(A) 4,5 µs
(B) 15 µs
(C) 30 µs
(D) 45 µs
(E) 0,3 ms

6.36 (B) 6.37 (C) 6.38 (B) 6.39 (B) 6.40 (B) 6.41 (E) 6.42 (B) 6.43 (C)

H02 ■

→ **6.44 Mit der Doppler-Sonographie kann die Blutströmungsgeschwindigkeit aufgrund einer gegenüber dem eingesandten Ultraschallimpuls veränderten Frequenz der reflektierten Welle unter Berücksichtigung des Winkels zwischen Blutströmungs- und Einschallrichtung bestimmt werden.**
Bei welchem der Winkel zwischen Blutströmungs- und Einschallrichtung erfolgt bei unveränderter Blutströmungsgeschwindigkeit die stärkste Verschiebung zu höheren Frequenzen?

(A) 20° (Schall fällt in flachem Winkel zur Strömungsrichtung ein)
(B) 60° (Schall fällt in steilem Winkel zur Strömungsrichtung ein)
(C) 90° (Schall fällt senkrecht zur Strömungsrichtung ein)
(D) 120° (Schall fällt in steilem Winkel entgegengesetzt zur Strömungsrichtung ein)
(E) 160° (Schall fällt in flachem Winkel entgegengesetzt zur Strömungsrichtung ein)

F10 ■

→ **6.45 Bei der dopplersonographischen Bestimmung von Blutströmungsgeschwindigkeiten wird in erster Linie ausgenutzt, dass aufgrund des Doppler-Effektes**

(A) die vom Schallkopf ausgesendeten Ultraschallwellen an zellulären Blutbestandteilen gebeugt werden
(B) die vom Schallkopf ausgesendeten Ultraschallwellen ausgelöscht werden, wenn sie auf zelluläre Blutbestandteile treffen
(C) die von zellulären Blutbestandteilen zurückkommenden Ultraschallwellen schwächer als die vom Schallkopf ausgesendeten sind
(D) die von zellulären Blutbestandteilen zurückkommenden Ultraschallwellen eine andere Frequenz als die vom Schallkopf ausgesendeten haben
(E) die von zellulären Blutbestandteilen zurückkommenden Ultraschallwellen mit den vom Schallkopf ausgesendeten durch Interferenz stehende Wellen ausbilden

F03 ■■

→ **6.46 Mit der Doppler-Sonographie kann die Blutströmungsgeschwindigkeit aufgrund einer gegenüber dem eingesandten Ultraschallimpuls veränderten Frequenz der reflektierten Welle unter Berücksichtigung des Winkels zwischen Blutströmungs- und Einschallrichtung bestimmt werden.**
Bei welchem der Winkel zwischen Blutströmungs- und Einschallrichtung erfolgt bei unveränderter Blutströmungsgeschwindigkeit die stärkste Verschiebung zu tieferen Frequenzen?

(A) 20° (Schall fällt in flachem Winkel zur Strömungsrichtung ein)
(B) 60° (Schall fällt in steilem Winkel zur Strömungsrichtung ein)
(C) 90° (Schall fällt senkrecht zur Strömungsrichtung ein)
(D) 120° (Schall fällt in steilem Winkel entgegengesetzt zur Strömungsrichtung ein)
(E) 160° (Schall fällt in flachem Winkel entgegengesetzt zur Strömungsrichtung ein)

6.4 Elektromagnetische Wellen

F91 ■■

→ **6.47 Die Lichtgeschwindigkeit im Vakuum beträgt:**

(A) $3 \cdot 10^5$ m/s
(B) $3 \cdot 10^5$ km/s
(C) $3 \cdot 10^5$ m/h
(D) $3 \cdot 10^5$ km/h
(E) Keine der Aussagen (A)–(D) trifft zu.

H00 ■

→ **6.48 Welcher der nachfolgenden Wellenlängenbereiche entspricht am ehesten dem Bereich des sichtbaren Lichtes?**

(A) 100–400 nm
(B) 200–500 nm
(C) 300–600 nm
(D) 400–700 nm
(E) 500–900 nm

H06 ■■

→ **6.49 UV-Strahlung (ultraviolette Strahlung) liegt in einem bestimmten Bereich im elektromagnetischen Spektrum.**
Welche der folgenden Wellenlängen passt am besten zu einer UV-Strahlung, genauer zu einer UV-A-Strahlung?

(A) 330 pm
(B) 330 nm
(C) 660 nm
(D) 990 nm
(E) 3,3 µm

6.44 (E) 6.45 (D) 6.46 (A) 6.47 (B) 6.48 (D) 6.49 (B)

H10

→6.50 Bei einem Solarium ist angegeben, dass es hauptsächlich UV-A-Strahlung abgibt. Bei dieser Strahlung handelt es sich um elektromagnetische Wellen mit einer Wellenlänge in Luft von etwa

(A) 0,31–0,40 µm
(B) 0,41–0,55 µm
(C) 0,56–0,80 µm
(D) 0,81–2,0 µm
(E) 3,0–4,0 µm

6.5 Fragen aus Examen Frühjahr 2011

F11 ■

→6.51 Bei einer Sonographie läuft eine zur Diagnostik eingesetzte Ultraschall-Welle von Muskelgewebe in Knochen (Schallimpedanzsprung).
Welche der physikalischen Größen zur Beschreibung der Ultraschall-Welle ist im Knochen dann gleich groß wie im Muskelgewebe?

(A) Ausbreitungsgeschwindigkeit
(B) Frequenz
(C) Schalldruckamplitude
(D) Schallintensität
(E) Wellenlänge

F11 ■■

→6.52 Welche der elektromagnetischen Wellenstrahlungen (Photonenstrahlungen) hat (in Luft) die größte Wellenlänge?

(A) Gammastrahlung
(B) Mikrowellenstrahlung
(C) Röntgenstrahlung
(D) sichtbares Licht
(E) ultraviolette Strahlung

F11 ■■

→6.53 In einem der Kanäle eines Elektroenzephalogramms, das mit einem Papiervorschub bzw. einer Zeitachse von 30 mm/s registriert wurde, folgen gleichartige Wellen aufeinander. Das Maximum einer dieser Wellen hat zum Maximum der darauffolgenden Welle einen Abstand von 5 mm.
Welche Frequenz haben diese Wellen?

(A) 2 Hz
(B) 6 Hz
(C) 8 Hz
(D) 15 Hz
(E) 17 Hz

7 Optik

7.1 Licht

F04

→7.1 Welche der folgenden Farben befindet sich am langwelligen Ende des sichtbaren Spektrums elektromagnetischer Strahlung?
(A) Blau
(B) Grün
(C) Orange
(D) Rot
(E) Violett

F06 ■■

→7.2 Welche der folgenden Wellenlängen einer elektromagnetischen Strahlung trifft am besten für die Wellenlänge von rotem Licht zu?
(A) $700 \cdot 10^{-3}$ m
(B) $700 \cdot 10^{-6}$ m
(C) $700 \cdot 10^{-9}$ m
(D) $700 \cdot 10^{-10}$ m
(E) $700 \cdot 10^{-12}$ m

F10 ■

→7.3 In der Retina lassen sich drei Zapfentypen anhand ihrer maximalen spektralen Empfindlichkeit im blauen, gelben oder grünen Bereich unterscheiden (wobei Zapfen mit dem Absorptionsmaximum im gelben Bereich manchmal auch als „Rot-Zapfen" bezeichnet werden).
Welche der Zuordnungen (A) bis (E) von Wellenlängen (in Luft) zu den entsprechenden Spektralfarben trifft am besten zu?

	blau	gelb	grün
(A)	210 nm	420 nm	680 nm
(B)	420 nm	570 nm	540 nm
(C)	420 nm	570 nm	680 nm
(D)	680 nm	540 nm	210 nm
(E)	680 nm	570 nm	540 nm

7.2 Geometrische Optik

F05 ■■

→7.4 Licht mit der Vakuumwellenlänge 600 nm besitzt im Glaskörper eines Auges mit der Brechzahl (Brechungsindex) $n \approx \frac{4}{3}$ eine Wellenlänge von etwa
(A) 340 nm
(B) 450 nm
(C) 600 nm
(D) 2800 nm
(E) 1070 nm

H94 ■■

→7.5 Eine Glühlampe befindet sich zwischen dem Brennpunkt (F) und dem Krümmungsmittelpunkt (M) eines sphärischen Hohlspiegels (siehe Skizze).
Welcher der reflektierten Strahlen A–E ist physikalisch möglich?

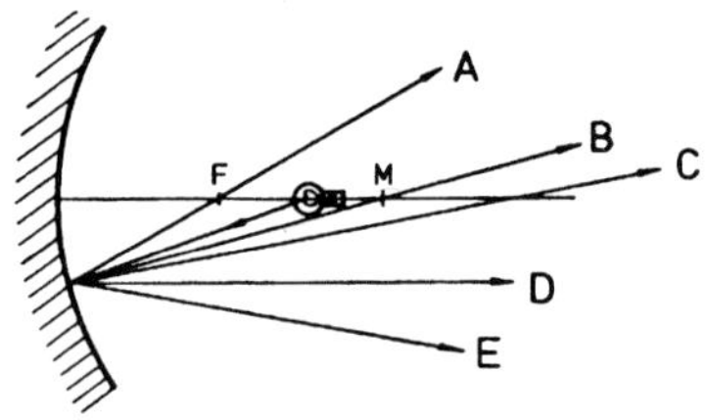

F00 ■■

→7.6 Medium I ist optisch dünner als Medium II, wenn
(A) das Licht beim Übergang von I nach II vom Einfallslot weggebrochen wird
(B) die Brechzahl von I größer ist als die von II
(C) beim Übergang von I nach II nach Überschreiten eines Grenzwinkels Totalreflexion auftritt
(D) die Wellenlänge in I kleiner ist als in II
(E) die Fortpflanzungsgeschwindigkeit des Lichts in I größer ist als in II

F02 ■

→7.7 Eine Person blickt vom Ufer aus auf die Steine und Pflanzen am Grund eines Teichs.
Durch welches Phänomen erscheint ihr der Teich weniger tief, als er tatsächlich ist?
(A) Beugung
(B) Brechung
(C) Interferenz
(D) Polarisation
(E) Reflexion

7.1 (D) 7.2 (C) 7.3 (B) 7.4 (B) 7.5 (C) 7.6 (E) 7.7 (B)

F07 ■■

7.8 Zum Verständnis optisch-medizinischer Instrumente ist auch die Kenntnis des Lichtwegs beim Übergang von optisch dichterem zu dünnerem Medium erforderlich.
Ein einfallender Lichtstrahl trifft auf die Grenzfläche zwischen Glas und Luft (siehe Zeichnung). Welcher der folgenden Verläufe A–E gibt qualitativ am ehesten den Weg des Lichtstrahls in Luft wieder?

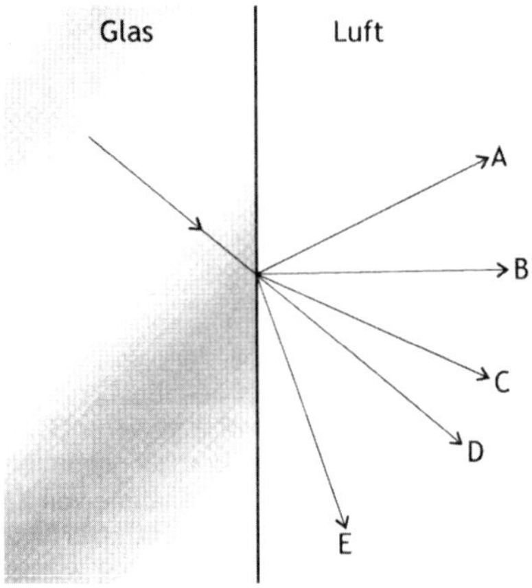

H03 ■■

7.9 Welche der Zeichnungen (A) bis (E) zeigt qualitativ einen möglichen Strahlengang von monochromatischem Licht durch eine Glaskugel in Luft (wobei die dünnen Linien die Lote am Ein- und Austrittspunkt darstellen)?

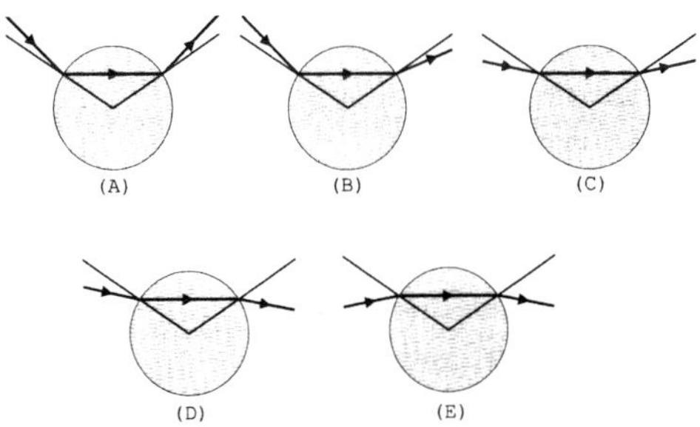

F08 ■

7.10 Ein in Luft Normalsichtiger kann ohne Hilfsmittel (z. B. Taucherbrille) unter Wasser auch bei günstigen Lichtverhältnissen nichts scharf sehen.
Die Ursache hierfür ist in erster Linie eine im Wasser auftretende

(A) Abnahme der Cornea-Krümmung durch den Wasserdruck
(B) Trübung der Cornea durch eindringendes Wasser
(C) Verminderung der Lichtbrechung an der Cornea-Vorderfläche
(D) Verstärkung der Lichtstreuung an der Cornea-Vorderfläche
(E) Zunahme der Cornea-Krümmung durch den Wasserdruck

H02 ■■

7.11 An der Grenze zweier Medien M_1 und M_2 mit den Brechzahlen n_1 und n_2 wird Licht ab einem bestimmten (Grenz)Winkel total reflektiert, wenn

(A) $n_1 = n_2$
(B) $n_1 < n_2$ und das Licht aus M_1 kommend auftrifft
(C) $n_2 < n_1$ und das Licht aus M_2 kommend auftrifft
(D) die Lichtgeschwindigkeiten in M_1 und M_2 gleich groß sind
(E) die Lichtgeschwindigkeit in M_2 kleiner als die in M_1 ist und das Licht aus M_2 kommend auftrifft

H98 H88 ■

7.12 Ein Lichtstrahl trifft auf eine mit Wasser gefüllte Küvette.
Welcher Lichtweg durch das Gefäß ist möglich?

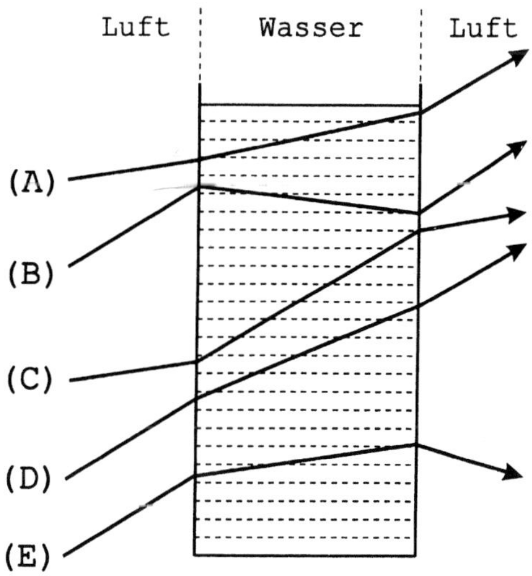

7.8 (E) 7.9 (E) 7.10 (C) 7.11 (E) 7.12 (D)

F01 ■■

→7.13 Welche Brennweite hat ein Brillenglas mit dem Brechwert (Brechkraft) –5 Dioptrien (in Luft)?

(A) –5 cm
(B) –20 cm
(C) –30 cm
(D) –40 cm
(E) –50 cm

F03 ■

→7.14 In der Schemazeichnung ist in seitlicher Ansicht eine rotationssymmetrische Glaslinse in Luft dargestellt. Der Absolutbetrag des Brechwerts der Glaslinse ist 5 Dioptrien.

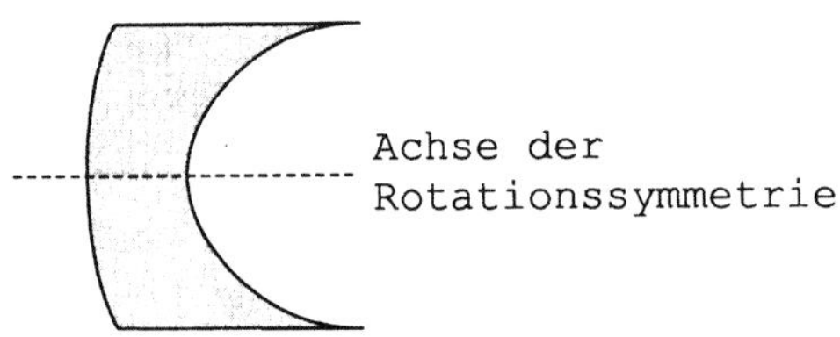

Wie groß ist die Brennweite?

(A) – 0,02 m
(B) – 0,5 m
(C) – 0,2 m
(D) + 0,2 m
(E) + 0,5 m

H06 ■

→7.15 Zur Korrektur der Myopie werden Zerstreuungslinsen verwendet.
In nachstehender Zeichnung ist die optische Achse einer Zerstreuungslinse als waagrechte unterbrochene Linie dargestellt. Von der Spitze eines Gegenstandes G verläuft ein Lichtstrahl waagrecht in Richtung der Hauptebene (Mittelebene) L einer („dünnen") Zerstreuungslinse. Die Länge f entspricht dem Betrag der (negativen) Brennweite.
Welche der Richtungen A–E gibt qualitativ am besten den Verlauf des Lichtstrahls hinter der Zerstreuungslinse (also rechts von L) wieder?

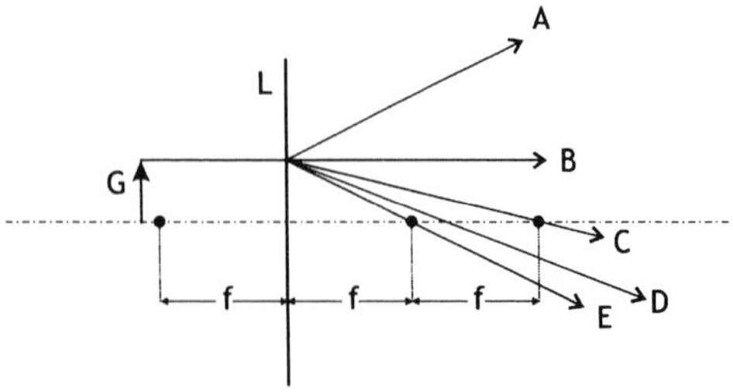

H03 ■■

→7.16 Ein Brillenglas bündelt in Luft das Sonnenlicht in 50 cm Abstand von der Linse.
Wie groß etwa ist der Brechwert der Linse?

(A) –2 dpt
(B) –0,5 dpt
(C) +0,2 dpt
(D) +0,5 dpt
(E) +2 dpt

H09 ■■

→7.17 Ein Brillenglas (in Luft) hat +2,5 dpt Brechwert („Brechkraft").
Es handelt sich somit um eine

(A) Zerstreuungslinse mit –40 cm Brennweite
(B) Zerstreuungslinse mit –25 cm Brennweite
(C) Zerstreuungslinse mit –2,5 cm Brennweite
(D) Sammellinse mit 2,5 cm Brennweite
(E) Sammellinse mit 40 cm Brennweite

H99 ■

→7.18 Eine Sammellinse bildet einen Gegenstand reell und gleich groß in der Bildweite a' = 20 cm ab.
Dann hat die Linse in Luft eine Brechkraft

(A) D = 20 dpt
(B) D = 10 dpt
(C) D = 0,5 dpt
(D) $D = \frac{1}{5}$ dpt
(E) $D = \frac{1}{20}$ dpt

F91 ■

→7.19 Eine Sammellinse mit der Brennweite f = 50 mm bildet einen Gegenstand ab, der sich in 15,2 cm Abstand von ihrer Hauptebene befindet. Die Bildweite beträgt dann

(A) ungefähr 2,5 cm
(B) ungefähr 5,0 cm
(C) ungefähr 7,5 cm
(D) ungefähr 10 cm
(E) ungefähr 15 cm

7.13 (B) 7.14 (C) 7.15 (A) 7.16 (E) 7.17 (E) 7.18 (B) 7.19 (C)

F10 ■■

→7.20 **Ein Betrachter hält eine Lupe der Brennweite f so, dass er mit entspanntem Auge (Akkommodation auf „unendlich“ große Entfernung) den Gegenstand betrachten kann.**
Für den Abstand a zwischen dem Gegenstand und der Hauptebene der Linse gilt dann typischerweise:

(A) $a < \frac{1}{2} \cdot f$
(B) $a = \frac{1}{2} \cdot f$
(C) $a = f$
(D) $1{,}2 \cdot f < a < 2 \cdot f$
(E) $a = 2 \cdot f$

F98 ■

→7.21 **Steht bei einer Sammellinse der Gegenstand außerhalb der doppelten Brennweite, so ist das Bild**

(A) reell, vergrößert und steht außerhalb der doppelten Brennweite
(B) reell, verkleinert und steht außerhalb der doppelten Brennweite
(C) reell, vergrößert und steht innerhalb der doppelten Brennweite
(D) reell, verkleinert und steht innerhalb der doppelten Brennweite
(E) virtuell und vergrößert

F06 ■■

→7.22 **Ein Gegenstand wird mit einer („dünnen“) Sammellinse des Brechwerts D = 2,5 dpt, die sich im Abstand g = 80 cm befindet, abgebildet. (Gegenstand und Bild befinden sich im gleichen Medium, z. B. Luft.)**
Das Bild des Gegenstandes ist

(A) reell und gleich groß wie der Gegenstand
(B) reell und vergrößert
(C) reell und verkleinert
(D) virtuell und vergrößert
(E) virtuell und verkleinert

F97 ■

→7.23 **Eine dünne Sammellinse der Brennweite 15 cm entwirft von einem 20 cm entfernten Gegenstand ein Bild.**
Dann gilt für Bild und Bildweite:

	Bild	Bildweite
(A)	vergrößert	60 cm
(B)	vergrößert	45 cm
(C)	vergrößert	30 cm
(D)	verkleinert	60 cm
(E)	verkleinert	45 cm

F00 ■

→7.24 **Gegeben ist eine (dünne, von Luft umgebene) Sammellinse mit der Brechkraft 20 dpt.**
In welcher Entfernung von der Linse muss ein Gegenstand platziert werden, damit das Bild reell und gleich groß wie der Gegenstand wird?

(A) 5 cm
(B) 10 cm
(C) 20 cm
(D) 30 cm
(E) 40 cm

F92 ■

→7.25 **Die drei Abbildungen zeigen gestrichelt die Hauptebenen von dünnen Sammellinsen, strichpunktiert die optischen Achsen mit den Brennpunkten F und F′ sowie die Begrenzungen von Lichtbündeln, die von links einfallen.**

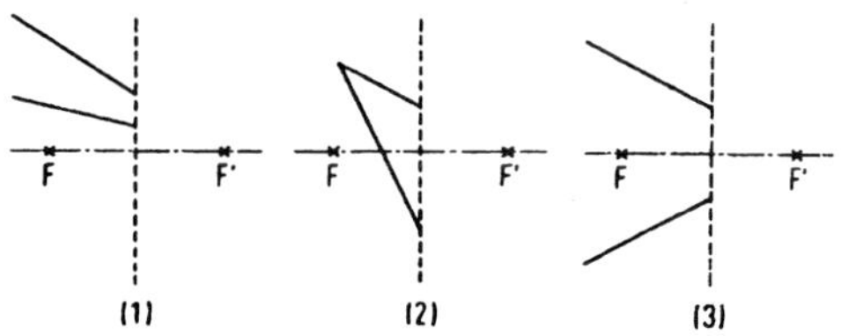

In welchem(n) der drei Fälle ist es grundsätzlich möglich, dass das Bündel die Linse praktisch als Parallellichtbündel verlässt?

(A) in keinem Fall
(B) nur in Fall (1)
(C) nur in Fall (2)
(D) nur in Fall (3)
(E) in allen 3 Fällen

H90 F83 ■■

→7.26 Die Zeichnung enthält eine dünne Sammellinse (Hauptebene gestrichelt) sowie strichpunktiert deren optische Achse mit den beiden Brennpunkten F und F′.
Welche der Ebenen E_1, E_2, E_3, E_4 und E_5 liegt dem Bildpunkt des Gegenstandspunktes P am nächsten?

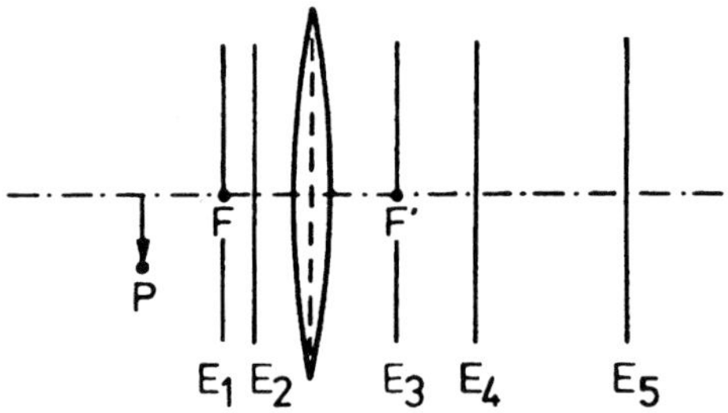

(A) E_1
(B) E_2
(C) E_3
(D) E_4
(E) E_5

H92 ■

→7.27 Der von der Spitze des Gegenstandes G ausgehende Lichtstrahl verläuft hinter der Sammellinse L in Richtung

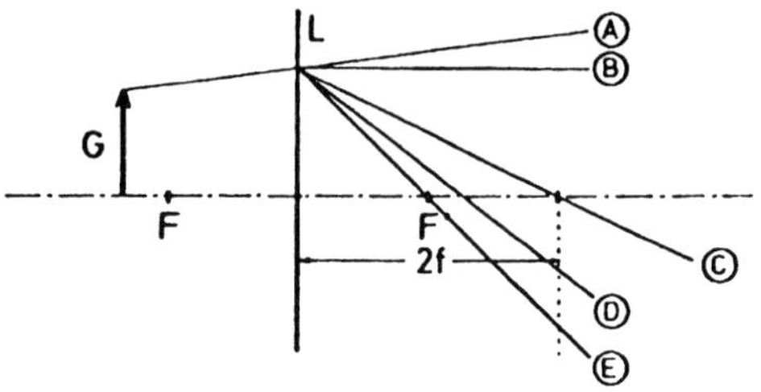

F85 ■

→7.28 Ein pfeilförmiges Objekt (→) ist im Gesichtsfeld eines Mikroskopes parallel zur optischen Achse orientiert.
Wie bildet das Objektiv O in den Abbildungen (A) bis (E) dieses Objekt ab?
(Die Pfeilspitze ist korrekt abgebildet)

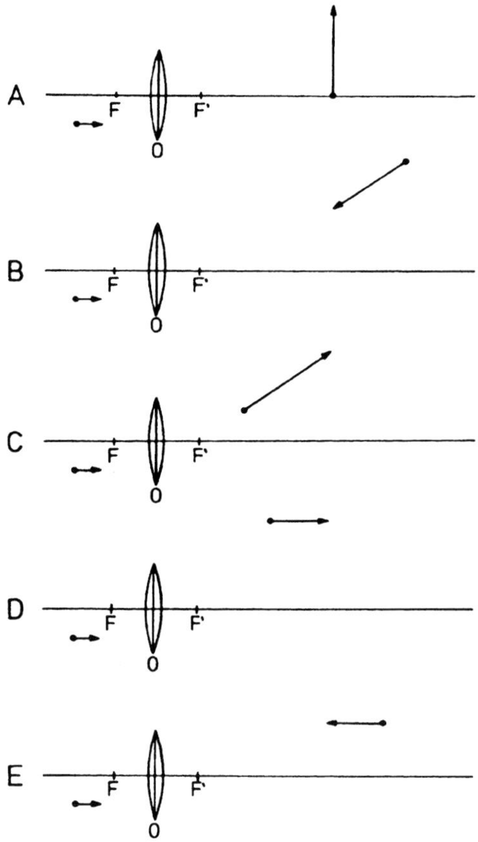

F99 ■■

7.29 **Zwei Sammellinsen mit derselben optischen Achse stehen so hintereinander, dass der hintere Brennpunkt der ersten Linse (F_1') mit dem vorderen Brennpunkt der zweiten Linse (F_2) zusammenfällt (siehe Skizze). Für ein von links achsenparallel einfallendes schmales Parallellichtbündel mit dem Durchmesser d gilt dann:**

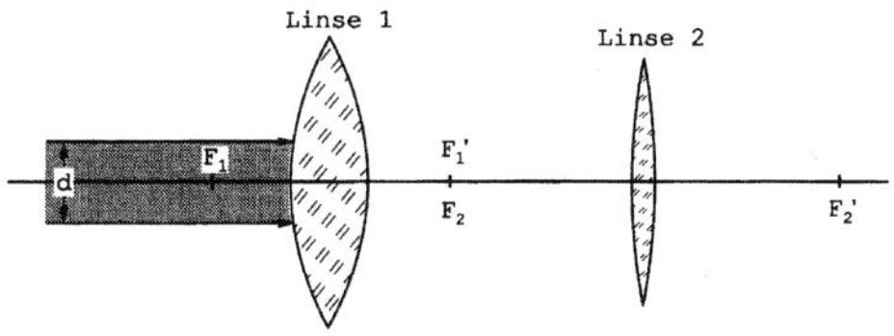

(A) Nach dem Austritt aus Linse 2 ist das Bündel konvergent.
(B) Nach dem Austritt aus Linse 2 ist das Bündel divergent.
(C) Nach dem Austritt aus Linse 2 ist das Bündel achsenparallel, aber mit einem kleineren Durchmesser als d.
(D) Nach dem Austritt aus Linse 2 ist das Bündel achsenparallel mit dem gleichen Durchmesser wie beim Eintreten.
(E) Nach dem Austritt aus Linse 2 ist das Bündel achsenparallel, aber mit einem größeren Durchmesser als d.

F90 ■

7.30 **Zwei dünne sammelnde Linsen haben in Luft je einen Brechwert von 5 dpt.**
In welchem Abstand voneinander müssen sich die Linsen befinden, damit sich gerade ein Gesamtbrechwert von Null dpt ergibt?
(Hinweis: Es wird empfohlen, sich die Aufgabe mit einer Skizze zu verdeutlichen.)
(A) 5 cm
(B) 10 cm
(C) 20 cm
(D) 40 cm
(E) 80 cm

H01 ■

7.31 **Eine Sammellinse von 20 cm Brennweite soll mit einer Linse kombiniert werden, um eine Gesamtbrennweite von 40 cm zu erhalten. (Beide Linsen seien „dünn“ und einander so nah, dass der Abstand ihrer Zentren vernachlässigbar klein ist.)**
Welche Linse ist erforderlich?
(A) eine Sammellinse der Brennweite 60 cm
(B) eine Sammellinse der Brennweite 40 cm
(C) eine Sammellinse der Brennweite 20 cm
(D) eine Zerstreuungslinse der Brennweite –20 cm
(E) eine Zerstreuungslinse der Brennweite –40 cm

F09 ■

7.32 **Es wird näherungsweise der Brechwert („Brechkraft“) eines Brillenglases (in Luft) bestimmt. Hierbei wird eine Lupe mit einer Brennweite von 10 cm verwendet. Das Brillenglas und die Lupe werden hintereinander angeordnet, wobei der Abstand der Mittelebenen der Linsen vernachlässigbar klein sei („dünne“ Linsen direkt hintereinander). Parallel einfallende Lichtstrahlen bündeln sich etwa 20 cm hinter den beiden Linsen.**
Etwa welchen Brechwert hat das Brillenglas?
(A) –10 dpt
(B) –5 dpt
(C) –3 dpt
(D) +3 dpt
(E) +5 dpt

F06 ■

7.33 **Welche Brechwertveränderung („Brechkraftveränderung“) trägt in erster Linie zur Akkommodation des Auges von der Ferne auf die Nähe bei?**
(A) Abnahme des Brechwerts der Augenhornhaut
(B) Abnahme des Brechwerts der Augenlinse
(C) Zunahme des Brechwerts der Augenhornhaut
(D) Zunahme des Brechwerts der Augenlinse
(E) Zunahme des Brechwerts des Glaskörpers

F04 ■■

7.34 **Bei einem Patienten wurden die (getrübten) Linsen beider Augen durch künstliche Linsen ersetzt. Beide Augen bilden ferne (im „Unendlichen“ liegende) Gegenstände scharf ab. Eine Nahakkommodation ist aber nicht mehr möglich. Der Patient soll nun eine Naharbeitsbrille bekommen, um damit Gegenstände in 20 cm Abstand vom Auge scharf sehen zu können. (Die Entfernung des Brillenglases vom Auge sei vernachlässigbar klein.)**
Jedes der beiden Brillengläser muss dann etwa folgenden Brechwert haben:
(A) 0,2 dpt
(B) 0,5 dpt
(C) 2 dpt
(D) 5 dpt
(E) 20 dpt

7.29 (E) 7.30 (D) 7.31 (E) 7.32 (B) 7.33 (D) 7.34 (D)

H04 ■

7.35 Bei einem myopen Auge mit 1 m Entfernung des Fernpunkts vom Auge besteht außerdem eine altersbedingte Verminderung der Akkommodationsbreite auf 2 dpt.
Welchen Brechwert muss eine vorgesetzte Linse haben, damit bei maximaler Nahakkommodation Gegenstände in 20 cm Entfernung vom Auge scharf gesehen werden? (Die Entfernung des Korrekturglases vom Auge sei vernachlässigbar klein.)
(A) –3 dpt
(B) –2 dpt
(C) –1 dpt
(D) +2 dpt
(E) +3 dpt

H05 ■■

7.36 Am kurzsichtigen Auge eines älteren Patienten wird für die (unendliche) Ferne eine Korrektur von –2 dpt benötigt. Seine Akkommodationsbreite beträgt 0 dpt (Vollpresbyopie). Zum Lesen trägt er statt des Brillenglases mit –2 dpt ein Brillenglas mit +1 dpt. (Die Entfernung des Korrekturglases vom Auge sei jeweils vernachlässigbar klein.)
Etwa in welcher Entfernung zum Auge befinden sich Gegenstände, die der Patient unter Verwendung der Lesebrille mit dem Auge scharf sieht?
(A) 17 cm
(B) 20 cm
(C) 25 cm
(D) 33 cm
(E) 40 cm

F07 ■■

7.37 Ein Großvater befürchtet, sein 8-jähriger Enkel sei kurzsichtig, da dieser Gegenstände in 7 cm Abstand zu den Augen hält, wenn er sie ganz genau betrachtet.
Etwa welche Akkommodationsbreite hat sein in Wirklichkeit emmetroper Enkel höchstwahrscheinlich?
(A) 2 dpt
(B) 7 dpt
(C) 14 dpt
(D) 49 dpt
(E) 93 dpt

F08 ■■

7.38 Der Fernpunkt eines Patientenauges liegt bei 50 cm, der (akkommodative) Nahpunkt bei 20 cm.
Wie groß ist die Akkommodationsbreite?
(A) 1 dpt
(B) 2 dpt
(C) 3 dpt
(D) 4 dpt
(E) 5 dpt

H07 ■■

7.39 Bei einem weitsichtigen Auge beträgt der Abstand des (akkommodativen) Nahpunkts zum Auge 1 m.
Welchen Brechwert („Brechkraft“) muss eine vorgesetzte Linse haben, um den Nahpunkt von 1 m auf 20 cm zu verlagern? (Die Entfernung des Korrekturglases vom Auge sei vernachlässigbar klein.)
(A) +1,25 dpt
(B) +2,5 dpt
(C) +4 dpt
(D) +5 dpt
(E) +8 dpt

H08 ■■

7.40 Bei einem weitsichtigen Auge beträgt der Abstand des (akkommodativen) Nahpunkts zum Auge 50 cm.
Welchen Brechwert („Brechkraft“) muss eine vorgesetzte Linse haben, um den Nahpunkt von 50 cm auf 25 cm zu verlagern? (Die Entfernung des Korrekturglases vom Auge sei vernachlässigbar klein.)
(A) +1 dpt
(B) +2 dpt
(C) +4 dpt
(D) +6 dpt
(E) +7 dpt

F07 ■

7.41 Wenn sich der Pupillendurchmesser von 1,5 mm auf 7,5 mm erweitert, so erhöht sich bei unveränderter Beleuchtung der Lichtstrom durch die Pupille auf das
(A) $\sqrt{5}$fache
(B) 5fache
(C) 6fache
(D) 25fache
(E) 36fache

7.35 (D) 7.36 (D) 7.37 (C) 7.38 (C) 7.39 (C) 7.40 (B) 7.41 (D)

7.3 Wellenoptik

F94 ■■

7.42 In einem optisch dichteren Medium ist im Vergleich zu einem optisch dünneren Medium die
(A) Lichtgeschwindigkeit größer
(B) Lichtwellenlänge größer
(C) Frequenz des Lichtes kleiner
(D) Quantenenergie größer
(E) Brechzahl größer

7.4 Optische Instrumente

F04 ■

7.43 Mit einem Photometer können in der Labormedizin quantitative und qualitative Analysen, die auf Lichtabsorption beruhen, durchgeführt werden.
Eine Lösung in einer dafür vorgesehenen Messküvette absorbiert 90 % des eingestrahlten monochromatischen Lichts.
Wie groß ist die dekadische Extinktion (Zehnerlogarithmus des Quotienten aus eingestrahlter und durchgelassener Intensität)?
(A) −0,1
(B) −1
(C) 0
(D) 0,1
(E) 1

F05 ■■

7.44 Die Transmission (Quotient aus durchgelassener und eingestrahlter Intensität) des monochromatischen Lichts bei einer photometrischen Messung beträgt $\frac{I}{I_0} = 0{,}1$.
Die dekadische Extinktion ist (ohne Reflexion) der Zehnerlogarithmus des Quotienten aus eingestrahlter und durchgelassener Intensität. Sie beträgt hier
$\lg\left(\frac{I_0}{I}\right) =$
(A) 0,01
(B) 0,1
(C) 1
(D) 10
(E) 100

H08 ■

7.45 Bei einer photometrischen Untersuchung ist die Transmission (Quotient aus durchgelassener und eingestrahlter Intensität) des monochromatischen Lichts $\frac{I}{I_0} = 0{,}01$.
Die dekadische Extinktion ist (ohne Reflexion) der Zehnerlogarithmus des Quotienten aus eingestrahlter und durchgelassener Intensität. Sie beträgt hier
$\lg\left(\frac{I_0}{I}\right) =$
(A) 10^{-2}
(B) 0,2
(C) 2
(D) 20
(E) 200

F02 ■

7.46 In der Formel $I(0) = I(d) \cdot 10^{\varepsilon \cdot c \cdot d}$ bedeuten:

I(0)	Intensität monochromatischen Lichts vor einer Küvette, die eine absorbierende Substanz enthält
I(d)	Intensität des Lichts nach Durchgang durch die Küvette
ε	Extinktionskoeffizient
c	Massenkonzentration der absorbierenden Substanz
d	Dicke der Küvette

Das Diagramm zeigt I(0)/I(d) in Abhängigkeit von c für d = 1,0 cm:

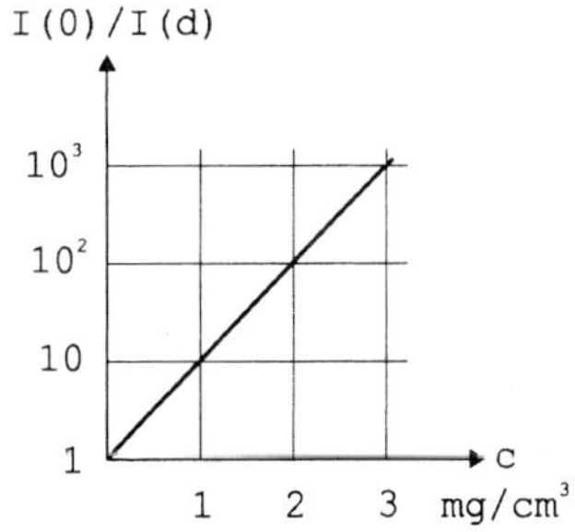

Welchen Wert hat der Extinktionskoeffizient ε?
(A) 0,1 cm^2/mg
(B) 1 cm^2/mg
(C) 10 cm^2/mg
(D) 100 cm^2/mg
(E) 1000 cm^2/mg

H06 ■■

7.47 Bei einer spektralphotometrischen Untersuchung in der Laboratoriumsmedizin ergibt sich eine dekadische Extinktion E = 2. Hierbei wird als dekadische Extinktion der Zehnerlogarithmus des Quotienten aus eingestrahlter und durchgelassener Intensität bezeichnet: $E = \lg(I_0/I)$.
Die Transmission sei der Quotient aus durchgelassener und eingestrahlter Intensität: $T = I/I_0$.
Wie groß ist dann die Transmission, wenn die dekadische Extinktion E = 2 beträgt?

(A) T = 1 %
(B) T = 2 %
(C) T = 10 %
(D) T = 20 %
(E) T = 50 %

H07 ■■

7.48 Bei der photometrischen Konzentrationsbestimmung in der Laboratoriumsmedizin wird die Lichtschwächung gemessen, die von der zu untersuchenden Substanz in der Messküvette bewirkt wird. Die in die Flüssigkeit eingestrahlte Lichtintensität ist I_0 und die die Flüssigkeit verlassende Lichtintensität ist I. Der Leerwert sei vernachlässigbar klein oder bereits abgezogen.
Welche Proportionalität zur Substanz-Konzentration c besteht für verdünnte Lösungen und monochromatische Messstrahlung typischerweise (nach Lambert und Beer)?

(A) $e^{I/I_0} \sim c$
(B) $\log(I_0/I) \sim c$
(C) $\dfrac{1}{\log(I_0/I)} \sim c$
(D) $I/I_0 \sim c$
(E) $I_0/I \sim c$

F08 ■■

7.49 Bei dieser Aufgabe seien die Bedingungen für die Gültigkeit des Lambert-Beer-(Bouguer)Gesetzes erfüllt. In einem Photometer wird monochromatisches Licht der Intensität I_0 in ein Lösungsmittel eingestrahlt, das dieses Licht praktisch nicht schwächt. Wenn im Lösungsmittel jedoch 1 mmol/L eines bestimmten Stoffs gelöst sind, beträgt die Lichtintensität hinter der Lösung nur noch $I_0/2$.
Wie groß ist die Intensität des austretenden Lichts, wenn 3 mmol/L des Stoffs gelöst sind?

(A) $I_0/3$
(B) $I_0/4$
(C) $I_0/6$
(D) $I_0/8$
(E) $I_0/9$

H02 H99 F95 ■■

7.50 Das vom Objektiv eines Lichtmikroskops erzeugte Zwischenbild ist

(A) vergrößert, reell, umgekehrt
(B) vergrößert, virtuell, umgekehrt
(C) vergrößert, virtuell, aufrecht
(D) verkleinert, reell, umgekehrt
(E) verkleinert, virtuell, umgekehrt

F09 ■■

7.51 Beim konventionellen Lichtmikroskop

(A) erzeugt das Objektiv ein reelles Zwischenbild
(B) ist der Abstand von Okular und Objektiv kleiner als die Summe ihrer Brennweiten
(C) ist der Kondensor im Strahlengang zwischen Objektiv und Okular
(D) ist die numerische Apertur das Produkt aus der Vergrößerung des Objektivs und der des Okulars
(E) wird vom Untersucher ein vom Okular erzeugtes reelles Bild betrachtet

F03 ■

7.52 Es wird mit auf „unendliche" Ferne akkommodiertem Auge mikroskopiert, so dass parallel ins Auge fallende Lichtstrahlen auf der Retina zusammentreffen.
Welche der Zeichnungen (A) bis (E) gibt am besten Lage und Größe des durch das Objektiv Obj vom Objekt O erzeugten Zwischenbildes Z wieder?
(Objektiv und Okular seien jeweils eine dünne Linse, bei der die Hauptpunkte mit dem Mittelpunkt der Linse zusammenfallen.)

F_{Obj}: gegenstandsseitiger Brennpunkt des Objektivs
F'_{Obj}: bildseitiger Brennpunkt des Objektivs
F_{Ok}: gegenstandsseitiger Brennpunkt des Okulars
F'_{Ok}: bildseitiger Brennpunkt des Okulars

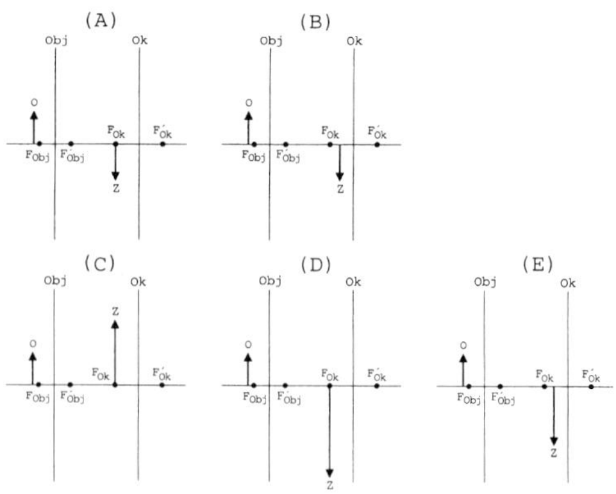

7.47 (A) 7.48 (B) 7.49 (D) 7.50 (A) 7.51 (A) 7.52 (D)

H95 ■■

7.53 Von welcher der folgenden Größen hängt das maximal erreichbare Auflösungsvermögen des Mikroskops ab?

(A) von der Brennweite der Okularlinse
(B) von der Brennweite der Objektivlinse
(C) vom Abstand Objektiv – Okular
(D) von der Wellenlänge des verwendeten Lichts
(E) von der Intensität des verwendeten Lichts

F04 ■

7.54 Der kleinste mit einem Lichtmikroskop (nicht Raster-Licht-Mikroskop) auflösbare Abstand liegt (unter Verwendung von Immersionsöl mit der Brechzahl 1,5 und sichtbarem Licht) im Bereich von

(A) 2–10 nm
(B) 20–100 nm
(C) 200–1000 nm
(D) 2–10 µm
(E) 20–100 µm

H08 ■■

7.55 Ein normalsichtiger 20-jähriger Proband betrachtet einen Gegenstand in der Sehweite 25 cm. Anschließend hält er ein Brillenglas von +6 dpt gleichsam als Lupe in solcher Entfernung vor ein Auge, dass er mit entspanntem Auge (Akkommodation auf „unendlich“ große Entfernung!) den Gegenstand betrachten kann. Der Gegenstand ist nun größer als vorher zu sehen.
Etwa wie groß ist diese Vergrößerung?

(A) 1,0
(B) 1,5
(C) 2,5
(D) 4,1
(E) 6,0

H05 F01 ■

7.56 Ein Mikroskop hat eine Vergrößerung v_1 = 180. Etwa welche Vergrößerung v_2 erhält man, wenn sowohl das Objektiv gegen ein anderes mit doppelter Brennweite als auch das Okular gegen ein anderes mit doppelter Brennweite ausgetauscht wird (bei gleicher „optischer Tubuslänge“ und gleicher „deutlicher Sehweite“)?

(A) v_2 = 45
(B) v_2 = 90
(C) v_2 = 120
(D) v_2 = 240
(E) v_2 = 360

H07 ■■

7.57 Ein Mikroskop hat eine Vergrößerung v_1 = 400. Nun wird sowohl das Objektiv gegen ein anderes mit vierfacher Brennweite als auch das Okular gegen ein anderes mit doppelter Brennweite ausgetauscht (bei gleicher „optischer Tubuslänge“ und gleicher „deutlicher Sehweite“).
Etwa welche Vergrößerung v_2 ergibt sich?

(A) v_2 = 50
(B) v_2 = 100
(C) v_2 = 200
(D) v_2 = 800
(E) v_2 = 1600

7.5 Fragen aus Examen Frühjahr 2011

F11 ■■

7.58 Die dekadische Extinktion E ist (ohne Reflexion) der Zehnerlogarithmus des Quotienten aus eingestrahlter und durchgelassener Intensität.
Wie viel Prozent des einfallenden monochromatischen Lichtes wird von einer Lösung mit E = 1,0 absorbiert?

(A) 1 %
(B) 5 %
(C) 10 %
(D) 90 %
(E) 100 %

F11 ■■

7.59 Aus einer Blutserumprobe werden zwei gleich große Küvetten befüllt. Wird Licht (als Parallelbündel) durch eine Küvette geschickt, so wird es um 30 % der eingestrahlten Intensität I_0 geschwächt.
Etwa um wie viel Prozent von I_0 wird das Licht durch beide direkt hintereinander gestellte Küvetten geschwächt?

(A) 10 %
(B) 33 %
(C) 50 %
(D) 60 %
(E) 90 %

8 Ionisierende Strahlung

8.1 Radioaktivität

H05 ■■

8.1 Welche der Beschreibungen entspricht am ehesten der Aktivität einer radioaktiven Substanz?
(A) Anzahl der radioaktiven Kerne geteilt durch die Zerfallskonstante
(B) Anzahl der radioaktiven Kerne multipliziert mit deren mittlerer Lebensdauer
(C) Anzahl der Zerfälle geteilt durch die mittlere Lebensdauer der radioaktiven Kerne
(D) Anzahl der Zerfälle pro Sekunde
(E) Zerfallskonstante geteilt durch die Anzahl der radioaktiven Kerne

F95 F90 F86 ■■

8.2 Welche Aussage trifft nicht zu?
Beim α-Zerfall eines radioaktiven Atomkerns gilt:
(A) Die Ordnungszahl nimmt um 2 ab.
(B) Die Nukleonenzahl nimmt um 2 ab.
(C) Die Kernladungszahl nimmt um 2 ab.
(D) Die Neutronenzahl nimmt um 2 ab.
(E) Die Protonenzahl nimmt um 2 ab.

H06 ■■

8.3 Bei einem Patienten mit schwerer Spondylitis ankylosans wird der Alphastrahler ^{224}Ra (in Form von Radium-224-Chlorid) therapeutisch eingesetzt.
α-Strahlung besteht aus
(A) Elektronen
(B) $^{1}_{1}$H-Kernen
(C) $^{4}_{2}$He-Kernen
(D) Photonen
(E) Positronen

F10 ■■

8.4 In bestimmten Kurorten wird Radon aus radonhaltigem Quellwasser zur Inhalation eingesetzt. Das Radon-Isotop mit der längsten (physikalischen) Halbwertzeit (3,8 Tage) ist der α-Strahler ^{222}Rn.
Aus diesem Radionuclid entsteht unter Aussendung von α-Strahlung der Tochterkern
(A) ^{218}Po
(B) ^{221}Rn
(C) ^{223}Ra
(D) ^{224}Rn
(E) ^{226}Ra

H10 ■

8.5 Aus dem Radionuklid ^{226}Ra entsteht unter Aussendung von α-Strahlung der Tochterkern
(A) ^{222}Ra
(B) ^{222}Rn
(C) ^{224}Rn
(D) ^{225}U
(E) ^{226}Fr

F99 ■■

Ordnen Sie den in Liste 1 aufgeführten Strahlenarten die zugehörigen Teilchen der Liste 2 zu!

Liste 1
8.6 Alphastrahlung
8.7 Betastrahlung

Liste 2
(A) Photonen
(B) Elektronen
(C) Neutronen
(D) Wasserstoff-Kerne
(E) Helium-Kerne

F06 ■

8.8 Ein Patient mit einem malignen Lymphom erhält eine Infusion mit monoklonalen Antikörpern, die gegen ein B-Lymphozyten-Antigen gerichtet sind und an die mit einem Chelator das Radionuklid Yttrium-90 gekoppelt ist. Yttrium-90 emittiert im Wesentlichen β^--Strahlung.
Die Strahlung besteht also im Wesentlichen aus
(A) Elektronen
(B) Heliumkernen
(C) Neutronen
(D) Photonen
(E) Positronen

F09 ■■

8.9 Ionisierende Strahlung wird in der Medizin diagnostisch und therapeutisch genutzt.
Welche der folgenden Strahlenarten gehört zur Photonenstrahlung?
(A) Alphastrahlung
(B) Betastrahlung
(C) Gammastrahlung
(D) Neutronenstrahlung
(E) Protonenstrahlung

8.1 (D) 8.2 (B) 8.3 (C) 8.4 (A) 8.5 (B) 8.6 (E) 8.7 (B) 8.8 (A) 8.9 (C)

H08 ■

→8.10 Bei einer Ventilationsszintigraphie zur Beurteilung der regionalen Lungenbelüftung enthält das Atemgas das radioaktive Edelgasisotop ^{133}Xe. Die szintigraphisch erfassbare Strahlung muss Gewebe von vielen cm Dicke durchdringen können, darf also darin keine begrenzte Reichweite haben.
Die vom ^{133}Xe ausgesendete und szintigraphisch detektierte Strahlung besteht am wahrscheinlichsten aus
(A) Elektronen
(B) γ-Quanten
(C) Helium-Kernen
(D) Positronen
(E) Wasserstoff-Kernen

F04 ■

→8.11 Bei der Absorption von γ-Strahlung in der medizinischen Therapie kann es zur Paarbildung kommen. Aus einem γ-Quant entstehen dabei
(A) ein β^--Teilchen und ein Neutrino
(B) ein Proton und ein Elektron
(C) ein Positron und ein Neutron
(D) ein Positron und ein Elektron
(E) ein Proton und ein Neutron

H03

→8.12 Ein Patient erhält intravenös ^{18}F-Fluordesoxyglucose. Eine mediastinale Lymphknotenmetastase mit hohem Glucoseumsatz enthält danach relativ viel von diesem Positronenstrahler, so dass sie in der Positronen-Emissions-Tomographie (PET) lokalisierbar wird. Welches der folgenden Phänomene wird in der PET genutzt?
(A) Bei der Vernichtung eines Positrons mit einem Elektron entstehen zwei diametral auseinander fliegende Photonen.
(B) Bei der Vernichtung eines Positrons mit einem Elektron entsteht ein in die ursprüngliche Richtung des Positrons fliegendes Photon.
(C) Beim Abbremsen eines Positrons im Detektor entsteht ein Photon mit vom Auftreffwinkel abhängiger Energie.
(D) Beim Auftreffen eines Positrons auf den Detektor entsteht ein Ladungsimpuls.
(E) Beim Zusammentreffen eines Positrons mit einem Neutron entsteht ein Proton und ein energiereiches Photon.

F08 ■

→8.13 Bei der Positronenemissionstomographie (PET) wird folgender Effekt ausgenutzt: Trifft ein von einem β^+-Strahler freigesetztes Positron auf ein Elektron, so entsteht/entstehen hierdurch
(A) 1 Gammaquant
(B) 2 Gammaquanten
(C) 1 Neutrino
(D) 2 Neutrinos
(E) 1 Neutron

F09 ■

→8.14 Bei der Positronenemissionstomographie (PET) kommt unter anderem das Radionuklid ^{18}F zum Einsatz.
Welcher Tochterkern entsteht beim Zerfall dieses Radionuklids?
(A) ^{17}F
(B) ^{17}O
(C) ^{18}O
(D) ^{19}F
(E) ^{19}O

H09 ■

→8.15 Welche Strahlung gelangt bei der PET (Positronenemissionstomographie) aus dem menschlichen Körper, um von den Detektoren registriert zu werden?
(A) β^--Strahlung
(B) infrarotes Licht
(C) Paarvernichtungsstrahlung
(D) Röntgenbremsstrahlung
(E) ultraviolettes Licht

H88 ■

→8.16 Die Abhängigkeit der Anzahl N der noch nicht zerfallenen Kerne des radioaktiven Nuklids wird durch folgende Kurve beschrieben.

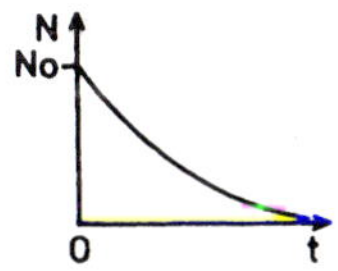

Wie sieht die Kurve für die Anzahl M der insgesamt zerfallenen Kerne aus (Koordinatenachsen sind linear geteilt)?

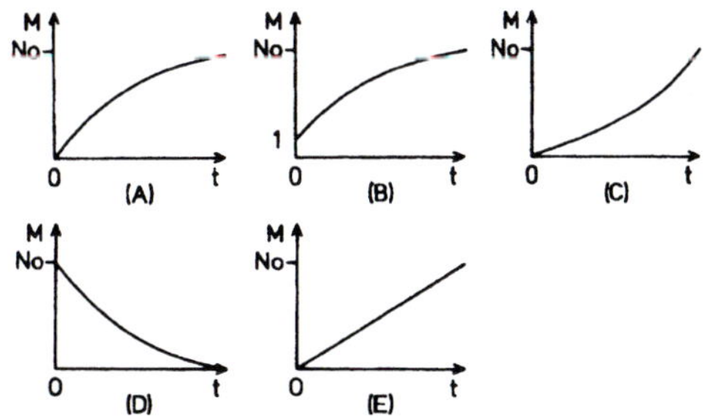

H08 ■■

8.17 In der Nuklearmedizin kommt u. a. das radioaktive Sauerstoffisotop ^{15}O zum Einsatz. Seine Aktivität nimmt in 20 min auf etwa 0,1 % des ursprünglichen Wertes ab.
Etwa wie groß ist die Halbwertszeit des Nuklids?
(A) 10^{-3} s
(B) 0,5 s
(C) 0,2 min
(D) 2 min
(E) 1000 min

F05 H99 ■■

8.18 Eine Substanz besteht aus einem radioaktiven Nuklid und seinem nicht radioaktiven Zerfallsprodukt.
Die Aktivität der Substanz betrug vor einer Stunde 1000 kBq. Momentan beträgt sie 900 kBq.
Wie groß ist die Aktivität eine Stunde später?
(A) 870 kBq
(B) 850 kBq
(C) 830 kBq
(D) 810 kBq
(E) 800 kBq

H06 ■■

8.19 Eine Substanz besteht aus einem radioaktiven Nuklid und seinem nicht radioaktiven Zerfallsprodukt.
Die Aktivität der Substanz betrug vor genau 4 Jahren 125 kBq.
Heute beträgt sie 100 kBq.
Wie groß wird die Aktivität sein, wenn in genau 4 Jahren erneut gemessen werden wird?
(A) 25 kBq
(B) 50 kBq
(C) 75 kBq
(D) 80 kBq
(E) 90 kBq

F05 ■

8.20 Nach Applikation eines radioaktiven Tracers zur medizinischen Diagnostik nimmt die Zahl der Traceratome im Organismus mit der effektiven Halbwertzeit T_{eff} ab, die aus der physikalischen Halbwertzeit T_{ph} (durch radioaktiven Zerfall) und der biologischen Halbwertzeit T_b (durch Ausscheidung) resultiert.
Für T_{eff} gilt
(A) $T_{eff} = \frac{T_{ph} + T_b}{T_{ph} \cdot T_b}$
(B) $T_{eff} = T_{ph} + T_b$
(C) $T_{eff} = \frac{T_{ph} \cdot T_b}{T_{ph} + T_b}$
(D) $T_{eff} > T_{ph}$
(E) $T_{eff} > T_b$

F04 ■

8.21 Nach Applikation eines radioaktiven Tracers zur medizinischen Diagnostik nimmt die Zahl der Traceratome im Organismus mit der effektiven Halbwertzeit T_{eff} ab, die aus der biologischen Halbwertzeit T_b (durch Ausscheidung) und der physikalischen Halbwertzeit T_{ph} (durch radioaktiven Zerfall) resultiert.
Wenn $T_{eff} = \frac{1}{2} T_b$ ist, so gilt
(A) $T_{ph} = \frac{1}{4} T_b$
(B) $T_{ph} = \frac{1}{2} T_b$
(C) $T_{ph} = T_b$
(D) $T_{ph} = \frac{3}{2} T_b$
(E) $T_{ph} = 2\, T_b$

H07 ■■

8.22 Einem Patienten wird im Rahmen einer nuklearmedizinischen Untersuchung ein Radionuclid injiziert. Die physikalische Halbwertzeit (für den Zerfall des Radionuclids) beträgt 5 Stunden. Die biologische Halbwertzeit (für die Ausscheidung des Radionuclids) beträgt 10 Stunden.
Nach etwa welcher Zeit ist die Menge des Radionuclids im Körper auf 1/8 gefallen?
(A) 5 Stunden
(B) 10 Stunden
(C) 15 Stunden
(D) 20 Stunden
(E) 30 Stunden

8.17 (D) 8.18 (D) 8.19 (D) 8.20 (C) 8.21 (C) 8.22 (B)

F94 ■■

8.23 Im dargestellten Diagramm ist die Anzahl N der noch nicht zerfallenen Atomkerne eines radioaktiven Präparates logarithmisch gegen die Zeit t aufgetragen.

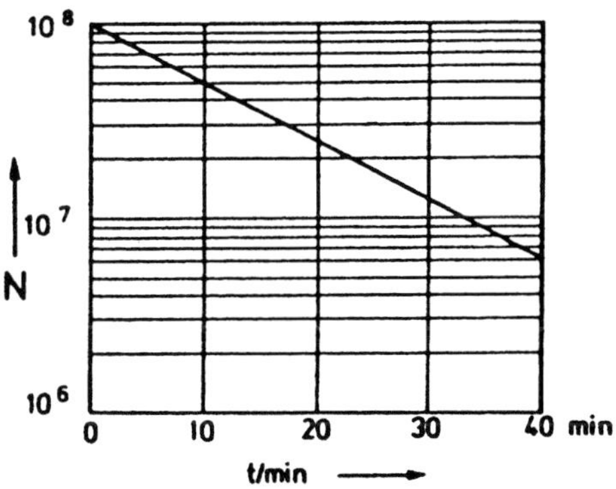

Wie groß ist etwa die Halbwertszeit?

(A) etwa 5 Minuten
(B) etwa 10 Minuten
(C) etwa 20 Minuten
(D) etwa 30 Minuten
(E) größer als 30 Minuten

F03 ■

8.24 Im Diagramm ist der radioaktive Zerfall von Iod-133 halblogarithmisch dargestellt.
N(0) ist die Anzahl der Iod-133-Atome zum Zeitpunkt t = 0.

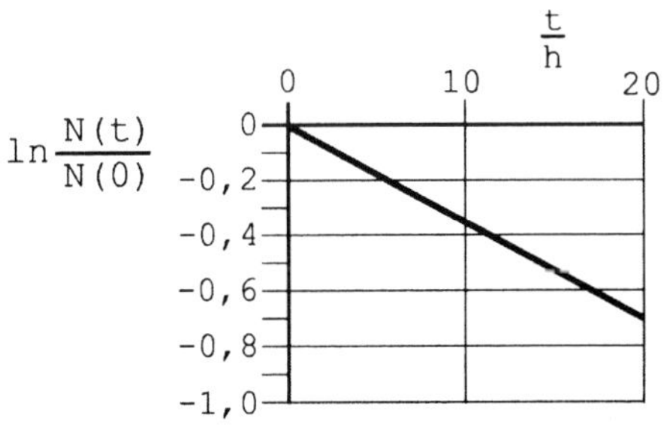

Wie groß etwa ist die Zerfallskonstante λ?

(A) 0,035/h
(B) 0,05/h
(C) 0,07/h
(D) 20/h
(E) 29/h

H09 ■

8.25 Im Körper eines Patienten wurde ein radioaktives Nuklid mit der Anfangsaktivität 500 MBq eingelagert. Es soll die Zeit t berechnet werden, nach der die Aktivität des Radionuklids im Körper allein durch radioaktiven Zerfall auf 1 MBq abgefallen ist (also unter der Annahme, dass währenddessen keine Ausscheidung des Radionuklids aus dem Körper erfolgt). Die physikalische Halbwertzeit des Radionuklids beträgt 6 h.
Dann gilt:

(A) $t = (\ln 500) \cdot 6\,h$
(B) $t = e^{-500} \cdot 6\,h$
(C) $t = e^{500} \cdot 6\,h$
(D) $t = \frac{\ln 500}{\ln 2} \cdot 6\,h$
(E) $t = \frac{e^{500}}{\ln 2} \cdot 6\,h$

F06 ■■

8.26 In den Laborfußboden ist eine durch ein Missgeschick verschüttete, radioaktive Substanz eingedrungen. Ihre Halbwertzeit beträgt zwei Monate.
Wie viel der ursprünglichen Radioaktivität besitzt die Substanz nach einem Jahr?

(A) 1/8
(B) 1/16
(C) 1/32
(D) 1/64
(E) 1/128

F07 ■■

8.27 Um Transport, Anreicherung und Metabolismus eines Pharmakons im menschlichen Körper zu verfolgen, wird das Pharmakon durch ein künstliches radioaktives Isotop markiert. Die (physikalische) Halbwertszeit des Radionuklids beträgt 20 min.
Nach welcher Zeit sind noch etwa 6 % vom ursprünglichen Radionuklid vorhanden (d. h. noch nicht radioaktiv zerfallen)?

(A) 40 min
(B) 80 min
(C) 120 min
(D) 3 h
(E) 5 h

H04 ■

8.28 Bei einer nuklearmedizinischen Untersuchung wird ein Radiopharmakon verwendet, das eine effektive Ganzkörper-Halbwertzeit von 6 Stunden besitzt. Der Patient will wissen, wie viele Tage es dauert, bis der Gehalt an dieser radioaktiven Substanz in seinem Körper auf weniger als 1 % der applizierten Menge abgefallen sein wird.
In welchem der folgenden Zeiträume nach der Applikation sinkt der Gehalt unter 1 %?
(A) 0– 24 Stunden
(B) 24– 48 Stunden
(C) 48– 72 Stunden
(D) 72– 96 Stunden
(E) 96–120 Stunden

F09 ■■

8.29 Das radioaktive Iod-Isotop ^{131}I, das in der Radioiodtherapie eingesetzt wird, zerfällt mit einer Halbwertzeit von etwa 8 Tagen in das stabile ^{131}Xe.
Etwa wie lange dauert es, bis die Aktivität eines radioaktiven ^{131}I-Präparates auf 10 % der Ursprungsaktivität abgefallen ist?
(A) 3 Tage
(B) 8 Tage
(C) 22 Tage
(D) 27 Tage
(E) 80 Tage

F00 F88 ■

8.30 Zum Zeitpunkt t = 0 wird für die Aktivität eines radioaktiven Präparates mit der Halbwertszeit $T_{1/2}$ = 3 min der Wert A = 2,4 · 10^4 Bq gemessen.
Wie groß ist die Aktivität nach t = 6 min?
(A) A = 1,2 · 10^4 Bq
(B) A = 8 · 10^3 Bq
(C) A = 6 · 10^3 Bq
(D) A = 4 · 10^3 Bq
(E) A = 0

F10 ■

8.31 In einer als radioaktiver Tracer eingesetzten Probe befinden sich 10^{12} zerfallsfähige Atome. Bei deren Zerfall entstehen stabile Nuclide. Die Probe hat eine Aktivität von etwa 1 800 Bq.
Etwa wie viele zerfallsfähige Atome sind nach 3 Stunden noch vorhanden?
(A) 10^8
(B) 10^9
(C) 10^{10}
(D) 10^{11}
(E) 10^{12}

F92 ■

8.32 In welcher Abbildung wird der Zusammenhang zwischen dem Quotienten A/A_0 einer radioaktiven Substanz und der Zeit t richtig dargestellt?
(A = Aktivität; A_0 = Aktivität zum Zeitpunkt t = 0)

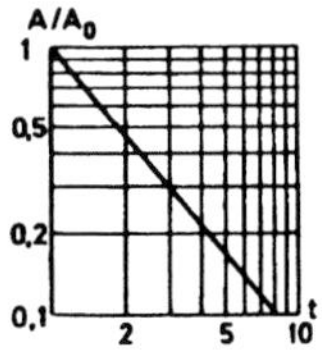

Abb. 1

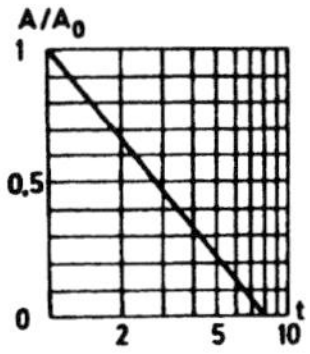

Abb. 2

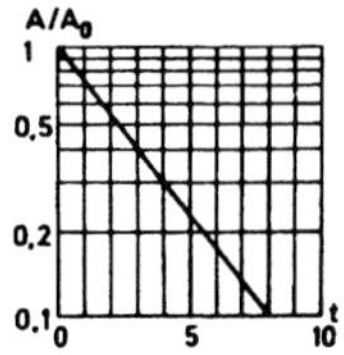

Abb. 3

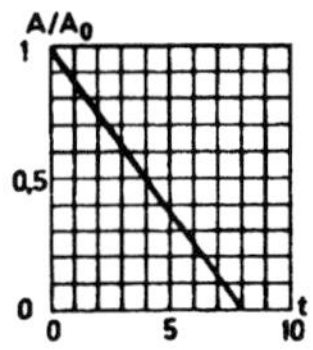

Abb. 4

(A) in keiner der Abbildungen 1–4
(B) in Abbildung 1
(C) in Abbildung 2
(D) in Abbildung 3
(E) in Abbildung 4

8.2 Röntgenstrahlung

F07 F99 F94 H89 H85 ■■

8.33 In welcher Größenordnung liegt die elektrische Spannung zwischen Anode und Kathode einer Röntgenröhre für die medizinische Diagnostik?
(A) 0,1 μV
(B) 0,1 mV
(C) 0,1 V
(D) 0,1 kV
(E) 0,1 MV

H02 ■■

8.34 Etwa welche kinetische Energie erreicht in einer Röntgenröhre ein aus der Kathode austretendes Elektron (mit einer Anfangsgeschwindigkeit in Richtung Anode von null und der Ladung 1,6 · 10^{-19} C) beim Auftreffen auf die Anode, wenn die Spannung zwischen Kathode und Anode der Röhre 100 kV beträgt?
(A) 1,6 · 10^{-24} J
(B) 6 · 10^{-21} J
(C) 6 · 10^{-18} J
(D) 1,6 · 10^{-17} J
(E) 1,6 · 10^{-14} J

8.28 (B) 8.29 (D) 8.30 (C) 8.31 (E) 8.32 (D) 8.33 (E) 8.34 (E)

F08 ■■

8.35 In einer Röntgenanlage zur medizinischen Diagnostik mit einer typischen Röntgenröhre wird durch einen Generator aus der Netzspannung eine Hochspannung (in der Größenordnung von 100 kV) erzeugt.
Für welchen der folgenden Vorgänge wird dabei aus prinzipiellen Gründen unbedingt Hochspannung benötigt?

(A) Abschirmung der Röntgenröhre
(B) Beschleunigung der freien Elektronen in der Röntgenröhre
(C) Heizen der Kathode zur Erzeugung freier Elektronen in der Röntgenröhre
(D) hochtourige Drehung des Anodentellers in der Röntgenröhre
(E) Kühlung der Röntgenröhre

H04 ■

8.36 Die Härte der Röntgenstrahlung (Quantenenergie) hängt von der Anodenspannung der Röhre ab. Welche Anodenspannung ist mindestens notwendig, um die Quantenenergie von $2{,}4 \cdot 10^{-14}$ J im Bremsspektrum der Strahlung zu erzeugen? (Die Elementarladung beträgt $1{,}6 \cdot 10^{-19}$ C.)

(A) 0,7 kV
(B) 1,5 kV
(C) 50 kV
(D) 150 kV
(E) 384 kV

H09 ■

8.37 Die Absorption der Röntgenstrahlung (wie sie bei einer klassischen diagnostischen Röntgenaufnahme mit einer Quantenenergie von etwa 100 keV eingesetzt wird) beim Durchgang durch Materie hängt außer von der Schichtdicke und der Dichte des Materials auch wesentlich von der Art der Atome/Moleküle im Material ab. Der Massenabsorptionskoeffizient ist der Quotient aus dem Absorptionskoeffizienten und der Dichte des Absorbermaterials.
Ordnen Sie Blei, Calcium und Wasser aufsteigend nach ihrem Massenabsorptionskoeffizienten an!

(A) Blei < Wasser < Calcium
(B) Calcium < Blei < Wasser
(C) Calcium < Wasser < Blei
(D) Wasser < Blei < Calcium
(E) Wasser < Calcium < Blei

H10

8.38 In der Röntgendiagnostik wird die unterschiedliche Schwächung der Röntgenstrahlung durch Körperbestandteile und Kontrastmittel diagnostisch ausgenutzt. Der Massenabsorptionskoeffizient ist der Quotient aus dem Absorptionskoeffizienten und der Dichte des Absorbermaterials. Vereinfachend soll das Absorbermaterial jeweils nur eine einzige Atomart enthalten.
Welches Charakteristikum des Atoms ist in erster Linie entscheidend für den Massenabsorptionskoeffizienten bei Röntgenstrahlung gleicher Wellenlänge?

(A) Neutronenzahl
(B) Nukleonenzahl
(C) Ordnungszahl
(D) Zahl der Elektronen in der äußersten Schale
(E) Zahl der Elektronen in der innersten Schale

H10 ■■

8.39 In einer typischen Röntgenröhre für die medizinische Diagnostik entsteht Röntgenstrahlung insbesondere als Bremsstrahlung.
Die zur Bildung der Bremsstrahlung benötigte Energie ist umgewandelte Bewegungsenergie durch das Abbremsen von

(A) Elektronen
(B) Neutronen
(C) Nukleonen
(D) Positronen
(E) Protonen

F91 ■

8.40 Das Spektrum der Bremsstrahlung einer Röntgenröhre (Intensität I_λ als Funktion der Wellenlänge λ) hat die in der Figur gezeichnete Form.

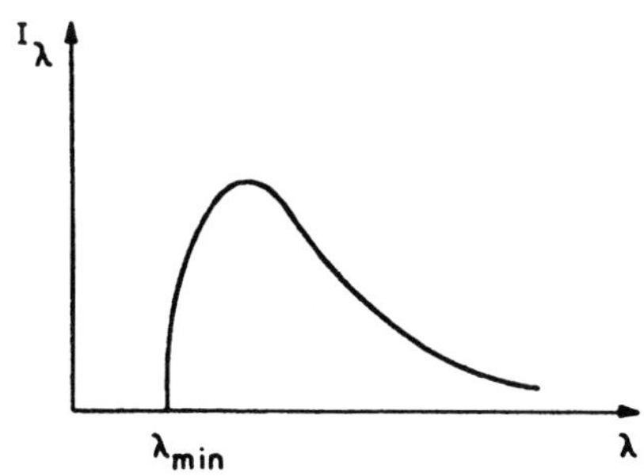

Die Grenzwellenlänge λ_{min} ist bestimmt durch die

(A) Strahlungsabsorption in der Wandung bzw. im Austrittsfenster der Röhre
(B) elektrische Leistung der Röntgenröhre
(C) Energie der im Restgas der Röhre erzeugten Ionen
(D) Energie der auf die Anode treffenden Elektronen
(E) Größe des Elektronenstromes

8.35 (B) 8.36 (D) 8.37 (E) 8.38 (C) 8.39 (A) 8.40 (D)

F10 ■

→ **8.41 Bei einer Röntgenröhre mit einer Betriebsspannung (Anodenspannung, Beschleunigungsspannung) von 150 kV beträgt die Wellenlänge der kurzwelligen Grenze der Röntgenstrahlung etwa $\lambda = 8 \cdot 10^{-12}$ m.**
Etwa welche Grenzwellenlänge findet man bei Halbierung der Betriebsspannung?

(A) $2 \cdot 10^{-12}$ m
(B) $4 \cdot 10^{-12}$ m
(C) $8 \cdot 10^{-12}$ m
(D) $16 \cdot 10^{-12}$ m
(E) $32 \cdot 10^{-12}$ m

H89

→ **8.42 Eine Röntgenröhre werde mit 60 kV betrieben. Etwa welche Geschwindigkeit haben die von der Kathode emittierten Elektronen beim Auftreffen auf die Anode?**
$e = 1{,}6 \cdot 10^{-19}$ As; $m_e = 9{,}1 \cdot 10^{-31}$ kg

(A) $7 \cdot 10^6$ m/s
(B) $1{,}5 \cdot 10^7$ m/s
(C) $4{,}5 \cdot 10^7$ m/s
(D) $1{,}4 \cdot 10^8$ m/s
(E) $3 \cdot 10^8$ m/s (Lichtgeschwindigkeit)

F01 F90 F84 ■■

→ **8.43 Wie hängt die Maximalenergie von Röntgenquanten E_{max} von der Anodenspannung U der Röntgenröhre ab?**
(Das Zeichen $\sim$ bedeutet „proportional zu".)

(A) $E_{max} \sim U^{-1}$
(B) $E_{max} \sim U^0$
(C) $E_{max} \sim U^{1/2}$
(D) $E_{max} \sim U$
(E) $E_{max} \sim U^2$

F93 H85 ■

→ **8.44 Die Grenzwellenlänge der Bremsstrahlung einer Röntgenröhre hängt ab**

(A) von der Energie der Elektronen, die die Anode verlassen
(B) vom Material der Kathode
(C) vom Material der Anode
(D) vom Emissionsstrom der Röhre
(E) von der Energie der Elektronen, die auf die Anode auftreffen

H07

→ **8.45 Bei bestimmten Techniken in der Röntgendiagnostik wird geeignete charakteristische Röntgenstrahlung erzeugt, um zusammen mit dem passenden Film-Folien-System die Abbildungsqualität zu optimieren.**
Die Wellenlängen des Anteils der charakteristischen Röntgenstrahlung einer Röntgenröhre hängen (im Wesentlichen) ab

(A) vom Anodenmaterial
(B) vom Anodenstrom
(C) vom Emissionsstrom
(D) vom Kathodenmaterial
(E) von der Anodenspannung

H90 ■

→ **8.46 Werden aus den kernnahen Schalen der Atome eines Metalls Elektronen herausgelöst, so beobachtet man**

(A) ein Linienspektrum im Sichtbaren
(B) ein Absorptionsspektrum im Sichtbaren
(C) Röntgenbremsstrahlung
(D) charakteristische Röntgenstrahlung
(E) γ-Strahlung

F02

→ **8.47 Röntgenaufnahmen können durch Zentralprojektion entstehen. Bei nahezu punktförmiger Strahlungsquelle ist das Bild des Gegenstandes vergrößert.**
Der Vergrößerungsfaktor kann hierbei klein gehalten werden, indem

(A) die Strahlungsquelle möglichst nah am abzubildenden Gegenstand angebracht wird
(B) ein möglichst kleiner Gegenstand gewählt wird
(C) der Film möglichst weit entfernt vom Gegenstand angebracht wird
(D) der Film möglichst nah am Gegenstand angebracht wird
(E) ein Film mit möglichst kleiner Körnung gewählt wird

8.41 (D) 8.42 (D) 8.43 (D) 8.44 (E) 8.45 (A) 8.46 (D) 8.47 (D)

8.3 Nachweis ionisierender Strahlen

F09 ■

→8.48 Eine wichtige physikalische Größe in der Dosimetrie ist die Energiedosis ionisierender Strahlen. Sie ist der Quotient aus absorbierter Energie und Masse des Absorbers. Im Allgemeinen wird die Energiedosis im Gewebe aus der Ionendosis in Luft umgerechnet. Eine korrekte Einheit für die Energiedosis ist:
(A) Bq (Becquerel)
(B) Gy (Gray)
(C) S (Siemens)
(D) Sv (Sievert)
(E) T (Tesla)

F00 ■

→8.49 Im Zusammenhang mit der Wirkung energiereicher Strahlung ist die Energiedosis eine wichtige Größe. Sie ist definiert als:
die (vom durchstrahlten Materiestück mit dem Volumen V, der Masse m und der Dichte ρ) absorbierte Energie
(A) dividiert durch die Dichte ρ
(B) dividiert durch die Masse m
(C) dividiert durch das Volumen V
(D) multipliziert mit der Masse m
(E) multipliziert mit dem Volumen V

H07 ■

→8.50 Für die Beurteilung der Wirkung ionisierender Strahlung auf den menschlichen Körper ist die Äquivalentdosis eine wichtige Größe.
In welcher Einheit wird die Äquivalentdosis angegeben?
(A) Bq (Becquerel)
(B) C/kg (Coulomb pro Kilogramm)
(C) Gy (Gray)
(D) Sv (Sievert)
(E) W/kg (Watt pro Kilogramm)

H08 ■

→8.51 Sievert (Sv) ist die Einheit der
(A) Aktivität einer radioaktiven Substanz
(B) Äquivalentdosis
(C) Energiedosis
(D) Energiedosisleistung (Energiedosisrate)
(E) Ionendosis

F97 ■

→8.52 Mit einem Geiger-Müller-Zählrohr werde in einem Abstand von 50 cm von einem punktförmigen gammastrahlenden Präparat eine Impulsrate von 100 Imp/s gemessen.
Welche Impulsrate (Imp/s) ist in einem Abstand von 5 cm zu erwarten?
(A) 20
(B) 500
(C) 1000
(D) 5000
(E) 10000

H02

→8.53 Ein Gramm natürliches Kalium emittiert wegen seines Gehaltes an radioaktivem ^{40}K im Mittel pro Sekunde 3,0 Gammaquanten von 1,5 MeV.
Etwa wie viel Gramm an (natürlichem) Kalium enthält ein Mensch, für den pro Sekunde 78 Gammaquanten von 1,5 MeV gemessen werden, wenn der Detektor nur 20 Prozent der vom ganzen Körper emittierten Gammaquanten erfassen kann und keine weitere 1,5 MeV-Strahlung emittiert wird?
(A) 16 g
(B) 26 g
(C) 78 g
(D) 130 g
(E) 200 g

8.4 Strahlenwirkungen

F07 ■

→8.54 Die biologische Wirksamkeit ionisierender Strahlung hängt auch von der Art der Strahlung ab. Bei gleicher Energiedosis ist der räumliche Abstand der Ionisierungsvorgänge im Gewebe bei dichter ionisierender Strahlung kleiner als bei locker ionisierender Strahlung. Beim Vergleich der folgenden Strahlenarten ist diejenige am dichtesten ionisierend, die aus Teilchen (Korpuskeln) mit der größten (Ruhe) Masse und stärksten Ladung besteht.
Welche der Strahlenarten ist also am dichtesten ionisierend?
(A) Alphastrahlung
(B) Bremsstrahlung
(C) Elektronenstrahlung
(D) Gammastrahlung
(E) Neutronenstrahlung

8.48 (B) 8.49 (B) 8.50 (D) 8.51 (B) 8.52 (E) 8.53 (D) 8.54 (A)

F01 F98 ■■

→ 8.55 Eine (parallel eintreffende) monoenergetische γ-Strahlung werde in einer Bleischicht von 8 mm Dicke zur Hälfte absorbiert, zur Hälfte durchgelassen. Welcher Anteil der Strahlung wird dann von einer Bleischicht von 24 mm Dicke durchgelassen?

(A) 1/3
(B) 1/6
(C) 1/8
(D) 1/16
(E) 1/27

H01 ■■

→ 8.56 Von einer Röntgenstrahlung, die in einem Material eine exponentielle Abschwächung erfährt, werden in einer 2 mm dicken Schicht 50 % absorbiert. Etwa wie viel Prozent der Strahlung durchdringt eine 1 cm dicke Schicht dieses Materials?

(A) 3 %
(B) 6 %
(C) 13 %
(D) 25 %
(E) 37 %

F02 F88 ■■

→ 8.57 Von einer Röntgenstrahlung, die in einem Material eine exponentielle Abschwächung erfährt, werden in einer 2 mm dicken Schicht 50 % absorbiert. Etwa wie viel Prozent der Strahlung wird in einer 1 cm dicken Schicht dieses Materials absorbiert?

(A) 63 %
(B) 75 %
(C) 88 %
(D) 94 %
(E) 97 %

H05 ■■

→ 8.58 Die Intensität einer Röntgenstrahlung wird durch eine (quer zur Strahlung angebrachte) 0,1 mm dicke Bleiplatte um 50 % reduziert. Es wird vereinfachend angenommen, dass die einfallenden Strahlen monoenergetisch (100 keV-Photonen) und zueinander parallel sind.
Mit einer 0,4 mm dicken Bleiplatte erreicht man dann eine Abschwächung um etwa

(A) 68 %
(B) 75 %
(C) 87 %
(D) 94 %
(E) 99 %

F10 ■■

→ 8.59 Bei der Röntgendiagnostik gelangt nur ein kleiner Teil der einfallenden Strahlung durch das menschliche Gewebe hindurch bis auf den Röntgenfilm. Bei einem Patienten sind es nach Durchstrahlung einer Gewebeschicht von 8 cm Dicke etwa 20 % der einfallenden Strahlung. Vorausgesetzt sei, dass es sich um parallel einfallende, monoenergetische Strahlung handelt, die gemäß einem Exponentialgesetz geschwächt wird.
Etwa wie viel Prozent der einfallenden Strahlung gelangen auf den Film, wenn stattdessen eine 16 cm dicke Gewebeschicht unter ansonsten gleichen Bedingungen durchstrahlt wird?

(A) 0,5 %
(B) 2 %
(C) 4 %
(D) 10 %
(E) 40 %

H03 ■

→ 8.60 Der Schwächungskoeffizient (Absorptionskoeffizient) von Blei für ein paralleles Bündel der γ-Strahlung von Cäsium-137 ist 1 cm^{-1}. Es stehen Absorberscheiben aus Blei der Dicke 0,7 cm zur Verfügung ($\ln 2 \approx 0{,}7$). Die Scheiben werden quer zur Strahlung angebracht, so dass die Strahlung also genau in Richtung der Dicke der Scheiben einfällt.
Wie viele Scheiben werden mindestens benötigt, um eine Schwächung der Intensität der Strahlung auf weniger als 15 % der Ausgangsintensität zu erreichen?

(A) 2
(B) 3
(C) 4
(D) 5
(E) 6

H00 H97 ■■

→ 8.61 An einer Röntgenanlage (Strahlengang in Luft, Schwächung vernachlässigbar) wird in 100 cm Fokusabstand eine Energiedosisleistung von 4 Gy · min^{-1} gemessen.
In welchem Fokusabstand würde sich unter Annahme eines punktförmigen Röntgenfokus eine Energiedosisleistung von 1 Gy · min^{-1} ergeben?

(A) 25 cm
(B) 50 cm
(C) 200 cm
(D) 250 cm
(E) 400 cm

8.55 (C) 8.56 (A) 8.57 (E) 8.58 (D) 8.59 (C) 8.60 (B) 8.61 (C)

H91 H84 ■■

8.62 Im Abstand 1 m von einem punktförmigen, radioaktiven γ-Strahler beträgt die Dosisleistung in Luft $8\,\mu J \cdot kg^{-1} \cdot h^{-1}$.
Wie groß ist etwa die aufgenommene Dosis bei 2 m Abstand und 5-stündigem Aufenthalt? (Die Schwächung durch die 1 m bzw. 2 m dicke Luftschicht sei vernachlässigbar klein.)

(A) $5\,\mu J \cdot kg^{-1}$
(B) $10\,\mu J \cdot kg^{-1}$
(C) $20\,\mu J \cdot kg^{-1}$
(D) $40\,\mu J \cdot kg^{-1}$
(E) $80\,\mu J \cdot kg^{-1}$

F06 F00 ■■

8.63 An einer Röntgenanlage wird in 50 cm Fokusabstand eine Energiedosisleistung von 4 Gy/min gemessen.
Wie groß ist die Energiedosisleistung in einem Fokusabstand von 100 cm (unter Annahme eines punktförmigen Röntgenfokus bei einem Strahlengang in Luft mit vernachlässigbarer Schwächung)?

(A) 1 Gy/min
(B) 2 Gy/min
(C) 4 Gy/min
(D) 8 Gy/min
(E) 16 Gy/min

F03 ■■

8.64 An einer Röntgenanlage (Strahlengang in Luft mit vernachlässigbarer Schwächung) wird in 50 cm Fokusabstand eine Energiedosisleistung von 8 Gy/min gemessen.
Wie groß ist die Energiedosisleistung unter Annahme eines punktförmigen Röntgenfokus (Strahlengang in Luft mit vernachlässigbarer Schwächung) in einem Fokusabstand von 1 m?

(A) 1 Gy/min
(B) 2 Gy/min
(C) 4 Gy/min
(D) 8 Gy/min
(E) 16 Gy/min

F08 ■■

8.65 Ein Patient mit Schilddrüsenüberfunktion hat radioaktives Iod-131 erhalten, damit sein Schilddrüsengewebe teilweise zerstört wird. Iod-131 ist ein β^-- und γ-Strahler, wobei die β^--Strahlung praktisch vollständig im Körper absorbiert wird. Der Patient wird als punktförmige γ-Strahlenquelle angesehen. Bei Entlassung aus der stationären Behandlung beträgt die (Äquivalent)Dosisleistung 3,5 µSv/h in 2 m Entfernung. Das ist gerade die in der Richtlinie Strahlenschutz in der Medizin angeführte Obergrenze. Zwischen Patient und Messgerät befindet sich jeweils Luft, wobei die Schwächung der Strahlung in Luft zu vernachlässigen ist.
Etwa wie groß ist in 6 m Entfernung die vom Patienten erzeugte Dosisleistung unter diesen Annahmen?

(A) 0,1 µSv/h
(B) 0,4 µSv/h
(C) 1 µSv/h
(D) 2 µSv/h
(E) 3 µSv/h

8.5 Fragen aus Examen Frühjahr 2011

F11 ■

8.66 Die Aktivität von 1 g ^{40}K (also als reines Radionuclid) beträgt etwa 260 kBq.
Natürlich vorkommendes Kalium enthält außer den stabilen Isotopen ^{39}K und ^{41}K das instabile Isotop ^{40}K mit einem Anteil von etwa $1{,}2 \cdot 10^{-4}$. Dies gilt auch für das im menschlichen Körper vorkommende Kalium.
Etwa wie viele ^{40}K-Zerfälle pro Sekunde erfolgen in einem Menschen, wenn sich in ihm insgesamt 100 g Kalium befinden?

(A) 30
(B) 200
(C) 300
(D) 2 000
(E) 3 000

F11 ■

8.67 Die von den terrestrischen Radionucliden verursachte äußere Strahlenexposition eines Menschen besteht im Wesentlichen aus Gammastrahlung und hängt von dessen jeweiliger Umgebung und Aufenthaltsdauer ab. In diesem Beispiel beträgt sie 0,5 mSv/a und der Mensch ist 80 kg schwer.
Welche Energie nimmt er dadurch innerhalb eines Jahres auf?

(A) 6 µJ
(B) 40 mJ
(C) 160 mJ
(D) 6 J
(E) 40 J

F11 ■

→8.68 Ein Patient mit Schilddrüsenüberfunktion hat radioaktives Iod-131 erhalten, damit sein Schilddrüsengewebe teilweise zerstört wird. Iod-131 ist ein β^-- und γ-Strahler. Da die β^--Strahlung praktisch vollständig im Körper absorbiert wird, gelangt nur γ-Strahlung in die Umgebung. In verschiedenen Entfernungen R vom Patienten wird mit einem Dosisleistungsmesser die jeweilige Dosisleistung (Dosisrate) gemessen. Zwischen Patient und Messgerät befindet sich Luft, wobei die Schwächung der Strahlung in Luft zu vernachlässigen ist. Außerdem wird der Patient als punktförmige Strahlenquelle angesehen.
Dann gilt für Dosisleistung $\dot{D}$ und Entfernung R typischerweise:

(A) $\dot{D}$ ändert sich nicht mit der Entfernung ($\dot{D}$ = const.).
(B) $\dot{D}$ nimmt linear mit der Entfernung ab ($\dot{D} \sim 1/R$).
(C) $\dot{D}$ nimmt exponentiell mit der Entfernung ab ($\dot{D} \sim 1/e^R$).
(D) $\dot{D}$ nimmt quadratisch mit der Entfernung ab ($\dot{D} \sim 1/R^2$).
(E) $\dot{D}$ nimmt mit der dritten Potenz der Entfernung ab ($\dot{D} \sim 1/R^3$).

F11 ■

→8.69 Unter Emission von β^--Strahlung entsteht aus $^{60}_{27}Co$

(A) $^{59}_{26}Fe$
(B) $^{59}_{28}Ni$
(C) $^{60}_{26}Fe$
(D) $^{60}_{28}Ni$
(E) $^{61}_{28}Ni$

8.68 (D) 8.69 (D)

Kommentare

1 Grundbegriffe des Messens und der quantitativen Beschreibung

1.1 Physikalische Größen und Einheiten

I.1 Physikalische Größen

Physikalische Größen dienen dazu, den Zustand und die Eigenschaften eines Körpers (eines „Systems") quantitativ zu beschreiben. Aus diesem Grund muss man sie messen, d.h. mit einer Einheit vergleichen können. Als Ergebnis der Messung einer physikalischen Größe wird angegeben, mit welchem Faktor die (durch Definition festgelegte) Einheit multipliziert werden muss, um den gesuchten Wert einer Größe zu erhalten. Der Wert einer physikalischen Größe kann also als Produkt einer Maßzahl und der dazugehörigen Einheit geschrieben werden:
Wert der physikalischen Größe = Maßzahl · Einheit (z.B. Länge = 5 km). (Gl. 1.1.)

I.2 Vektoren

Physikalische Größen, denen man eine Richtung im Raum zuordnen kann, heißen Vektoren. In Diagrammen wird ein Vektor durch einen Pfeil dargestellt, der die Richtung der betreffenden Größe angibt; seine Länge ist ein Maß für den Betrag der Größe. Ungerichtete Größen werden Skalare genannt.
Die wichtigsten physikalischen Größen mit Vektorcharakter sind: Geschwindigkeit **v**, Beschleunigung **a**, Kraft **F** (z.B. Gewichtskraft, Auftriebskraft usw.), Impuls **p** und elektrische Feldstärke **E**.

Klinischer Bezug
Die elektrische Erregung im Herzmuskel breitet sich über eine große Menge einzelner Muskelfasern aus. Diese bilden kleine Dipole (der schon erregte Teil ist elektronegativ, der noch nicht erregte demgegenüber entsprechend positiv). Diese Dipole können als Vektoren betrachtet werden. Der Vektor beginnt im negativen erregten Teil der Muskelfaser und zeigt mit seinem Pfeil zum noch nicht erregten Teil. Ein an der Körperoberfläche abgeleitetes EKG ist ein Abbild der Summe aller dieser kleinen Muskelfaserdipole und entsteht somit aus einer großen Summe von Vektoren.

H92 ■

→ **Frage 1.1: Lösung D**

Wie aus den vorgenannten Beispielen (siehe Lerntext I.2) für Vektoren zu ersehen ist, kann den Größen Kraft (A), Geschwindigkeit (B), Beschleunigung (C) und Impuls (E) (= Masse mal Geschwindigkeit) eine Richtung zugeordnet werden. Allein beim Begriff der Dichte genügt die Angabe eines Betrages zur vollständigen Bestimmung. So beträgt z.B. die Dichte der Luft ca. 1,3 kg/m^3, eine Richtung hat diese Größe nicht.

F91 ■■

→ **Frage 1.2: Lösung D**

Siehe Lerntext I.2. Arbeit (A), Energie, Temperatur (B), Masse (C), Zeit (E) und Trägheitsmoment sind Beispiele für skalare Größen. Durch die Angabe eines Zahlenwertes sind sie vollkommen bestimmt, die Zuordnung einer Richtung ist sinnlos.
Die elektrische Feldstärke (D) dagegen ist ganz klar ein Vektor, immer in eine bestimmte Richtung gerichtet – auch wenn dieser Vektor unter bestimmten Bedingungen nicht gerade verlaufen muss, sondern die Form eines Bogens haben kann.

Merke!
Bei der allgemeinen Formulierung physikalischer Gesetze kann man auf die Benutzung von Vektoren nicht verzichten. In vielen Fällen ist es jedoch möglich, den Vektorcharakter der beteiligten Größen unberücksichtigt zu lassen, wenn man sich auf Grund einfacher Überlegungen die Richtungsbeziehungen zwischen diesen Größen klar machen kann. Auch wir werden in diesem Buch mit wenigen Ausnahmen so verfahren (vgl. Hinweis im Anschluss an den Kommentar zu Frage 2.19).

I.3 Komponenten eines Vektors

Jeder Vektor kann als Summe zweier anderer Vektoren dargestellt werden, die in vorgegebene Richtungen weisen. Um die Summe zweier Vektoren zu bilden, legt man den Anfang des zweiten Vektors durch Parallelverschiebung (d.h. unter Beibehaltung seiner Richtung) an das Ende des ersten Vektors. Der resultierende Vektor verbindet sodann den Anfangspunkt des ersten mit dem Endpunkt des zweiten Vektors.
Vektoren werden also **geometrisch** addiert. Soll aus den Beträgen zweier Vektoren, die resultierend einen dritten Vektor ergeben, der Betrag des dritten errechnet werden, kann man keinesfalls die Beträge der beiden Einzelvektoren **arithmetisch** addieren, indem man die Zahlen der Beträge addiert! Die Berechnung muss stattdessen unter Berücksichtigung der trigonometrischen Lehrsätze für das Dreieck erfolgen.

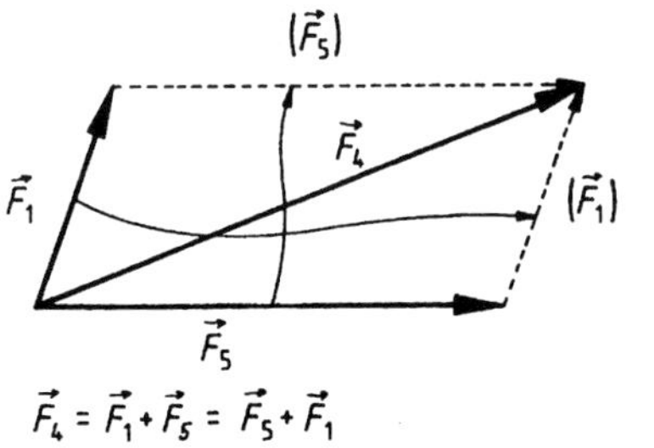

Abb. 1.1 Wie aus der Zeichnung ersichtlich ist, lässt sich der Vektor $\mathbf{F_4}$ als Summe der Vektoren $\mathbf{F_1}$ und $\mathbf{F_5}$ darstellen; anders ausgedrückt lässt sich Vektor $\mathbf{F_4}$ in die beiden „Komponenten" Vektor $\mathbf{F_1}$ und Vektor $\mathbf{F_5}$ zerlegen. Für jeden Vektor gibt es prinzipiell unendlich viele Möglichkeiten der Komponentenzerlegung.

H97 ■■

→ **Frage 1.3: Lösung D**

Versucht man, durch Addition von zwei der gegebenen Vektoren ($\mathbf{F_1}$, $\mathbf{F_2}$, $\mathbf{F_3}$, $\mathbf{F_5}$, $\mathbf{F_6}$) den Vektor $\mathbf{F_4}$ zu erzeugen, dann gelingt dies nur mit den Vektoren $\mathbf{F_1}$ und $\mathbf{F_5}$ (siehe Abb. 1.1). Das Ergebnis der Addition ist unabhängig von der Reihenfolge, in der die Vektoren addiert werden: $\mathbf{F_4} = \mathbf{F_1} + \mathbf{F_5} = \mathbf{F_5} + \mathbf{F_1}$.

H01 ■■

→ **Frage 1.4: Lösung B**

Um die Summe zweier Vektoren zu bilden, legt man den Anfang des zweiten Vektors durch Parallelverschiebung (d. h. unter Beibehaltung seiner Richtung) an das Ende des ersten Vektors. Der resultierende Vektor verbindet dann den Anfangspunkt des ersten mit dem Endpunkt des zweiten Vektors.
In unserer Aufgabe ist die Parallelverschiebung nicht nötig; der Anfangspunkt des Vektors $\overrightarrow{v_2}$ befindet sich bereits am Ende des ersten Vektors $\overrightarrow{v_1}$. Wenn man den resultierenden Vektor $\overrightarrow{v_R}$ einzeichnet, ergibt sich folgendes Bild:

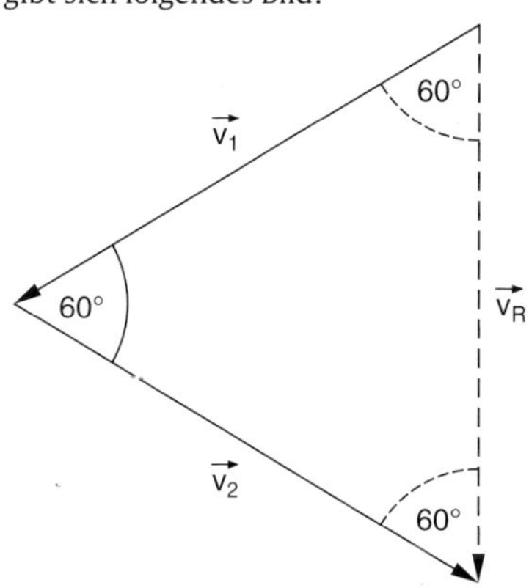

Abb. 1.2

Man erkennt im entstandenen Dreieck eine Besonderheit: Alle drei Winkel betragen 60°; wir erhalten ein **gleichschenkliges** Dreieck, in dem alle Seiten gleich lang sind. Damit ist der Betrag des resultierenden Vektors $\overrightarrow{v_R}$ genauso groß wie der Betrag von $\overrightarrow{v_1}$ und $\overrightarrow{v_2}$, nämlich 1,0 m/s.

F06 ■

→ **Frage 1.5: Lösung E**

Betrachten wir zunächst einen Muskelbauch:
F_A sei die angreifende Kraft, die in 2 Teilvektoren zerlegt werden kann: die resultierende Kraft F_R und die seitliche Kraft F_S. Zwischen F_A und F_R liegt wie in der Aufgabe beschrieben ein Winkel von 15°.

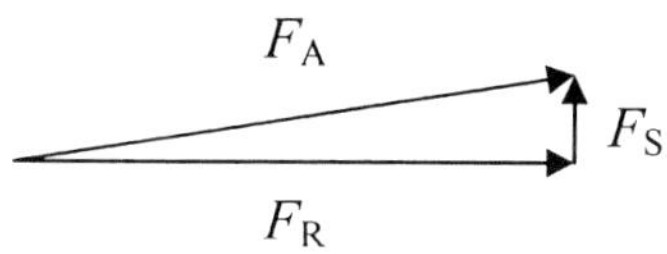

Abb. 1.3

Da es sich um ein rechtwinkliges Dreieck handelt (F_S und F_R stehen im rechten Winkel aufeinander), kann man aus F_A leicht die resultierende oder die seitlich wirkende Kraft F_S errechnen:
$F_R = F_A \cdot \cos\alpha$ und $F_S = F_A \cdot \sin\alpha$.
Die resultierende Kraft **eines** Muskelbauchs F_R ist also:
$F_R = F_A \cdot \cos\alpha = 50\,N \cdot \cos 15°$. Nun hat der Muskel aber **zwei** Muskelbäuche, die jeweils im Winkel von 15° zur Zwischenachse angreifen, also gilt für die gesamte resultierende Kraft F:
$F = 2 \cdot (F_A \cdot \cos\alpha) = 50\,N \cdot \cos 15° + 50\,N \cdot \cos 15°$
$= 100\,N \cdot \cos 15° = 100\,N \cdot 0{,}97 = 97\,N$.

F02 ■

→ **Frage 1.6: Lösung C**

Um den Ergebnisvektor „Gesamtgeschwindigkeit" zu erhalten, muss man eine Verbindung vom Anfang des einen zum Ende des anderen gegebenen Vektors einzeichnen; so entsteht (da die beiden Geschwindigkeitsvektoren senkrecht aufeinander stehen) ein **rechtwinkliges Dreieck**. Die Katheten dieses Dreiecks sind die gegebenen Geschwindigkeitsvektoren, die Hypotenuse (die Seite gegenüber dem rechten Winkel) ist der Vektor der Gesamtgeschwindigkeit.
Nach dem Satz von Pythagoras gilt: Im rechtwinkligen Dreieck ist das Quadrat über der Hypotenuse gleich der Summe der Quadrate der beiden Katheten. Anders ausgedrückt:
$a^2 + b^2 = c^2$
Dabei sind in dieser Aufgabe c der gesuchte Vektor der Gesamtgeschwindigkeit, a und b die senkrecht aufeinanderstehenden gegebenen Vektoren:
$(0{,}6)^2 + (0{,}8)^2 = c^2 = 0{,}36 + 0{,}64 = 1 = c^2$
Damit ist c^2 und somit auch $c = 1$, d. h. Lösung (C) ist richtig.

I.4 Basisgrößen

Alle in der Physik benötigten physikalischen Größen können durch Definition aus einer kleinen Anzahl so genannter Basisgrößen hergeleitet werden. Im Internationalen Einheitensystem SI (Système Internationale) sind die folgenden Größen als Basisgrößen festgelegt:

Tabelle 1.1 Basisgrößen und Basiseinheiten des SI

Basisgröße	Basiseinheit Name	Zeichen
Länge	Meter	m
Masse	Kilogramm	kg
Zeit	Sekunde	s
elektrische Stromstärke	Ampere	A
Temperatur	Kelvin	K
Lichtstärke	Candela	cd
Stoffmenge	Mol	mol

F98 ■

→ **Frage 1.7: Lösung C**

Die einzige Basiseinheit in dieser Liste ist das Mol. Dies ist die Einheit für die Basisgröße „Stoffmenge".
Zu **(A)**: Newton ist die Einheit für die Kraft.
Definition: Kraft = Masse · Beschleunigung.

Einheit: $1 \frac{kg \cdot m}{s^2} = 1$ Newton = 1 N

Zu **(B)**: Pascal ist die Einheit für den Druck.

Definition: Druck = $\frac{\text{Kraft}}{\text{Fläche}}$

Einheit: $1 \frac{N}{m^2} = 1$ Pascal = 1 Pa

Zu **(D)**: Volt ist die Einheit für die Spannung bzw. das elektrische Potenzial.

Definition: Spannung = $\frac{\text{geleistete Arbeit}}{\text{transportierte Ladung}}$

Einheit: $1 \frac{J}{C} = 1$ Volt = 1 V

Zu **(E)**: Dioptrie ist die Einheit für die Brechkraft.

Definition: Brechkraft = $\frac{1}{\text{Brennweite}}$

Einheit: $1 \frac{1}{m} = 1$ Dioptrie = 1 dpt

H98 ■

→ **Frage 1.8:** Lösung D

Aus Tabelle 1.1 (siehe Lerntext I.4) können die 7 Basiseinheiten des Internationalen Einheitensystem SI (Système internationale) entnommen werden. Sekunde (A), Kilogramm (B), Kelvin (C) und Candela (E) gehören zu den Basiseinheiten.
Zu **(D)**: Die elektrische Spannung U (Einheit: Volt) ist zwischen 2 Punkten 1 und 2 definiert durch die Arbeit W, die verrichtet werden muss, um eine positive Ladung Q von 1 nach 2 zu bringen, dividiert durch diese Ladung Q:

$$\text{Spannung} = \frac{\text{Arbeit}}{\text{Ladung}}$$

$$U = \frac{W}{Q}\left(\frac{\text{Joule}}{\text{Coulomb}} = \frac{J}{C} = \frac{kg \cdot m^2 \cdot s^{-2}}{A \cdot s}\right)$$

Somit ist Volt keine Basis-, sondern eine abgeleitete Einheit.

H99 ■■

→ **Frage 1.9: Lösung B**

Aus Tabelle 1.1 (siehe Lerntext I.4) können die 7 Basiseinheiten des Internationalen Einheitensystem SI (Système internationale) entnommen werden.
Nur in Antwort (B) sind beide Einheiten (Kilogramm und Candela) Basiseinheiten des SI-Systems. In den anderen Antworten ist nur jeweils eine Einheit Basiseinheit: Sekunde in (A), Mol in (C), Kelvin in (D) und Ampere in (E).

I.5 Dezimale Vielfache und Bruchteile von Einheiten

Für die Angabe sehr großer und sehr kleiner Zahlenwerte empfiehlt sich die Schreibweise mit Zehnerpotenzen. Für die folgenden Werte, die sich stets um den Faktor 10^3 = 1000 unterscheiden, wurden internationale Abkürzungen vereinbart:

Tabelle 1.2 Die wichtigsten international vereinbarten Abkürzungen für Vielfache und Bruchteile von Einheiten

Vorsilbe	pico	nano	mikro	milli	kilo	mega	giga
Kennbuchstabe	p	n	µ	m	k	M	G
Zehnerpotenz	10^{-12}	10^{-9}	10^{-6}	10^{-3}	10^3	10^6	10^9

Gebräuchlich sind außerdem noch die Abkürzungen
deci (d) für 10^{-1} (z. B. 1 dm = 0,1 m) und
centi (c) für 10^{-2} (z. B. 1 cm = 0,01 m).
Für die Umrechnungen werden die Abkürzungen zunächst durch die entsprechende Zehnerpotenz ersetzt, mit denen nach den Gesetzen der Potenzrechnung besser umgegangen werden kann. Im Ergebnis kann wiederum eine Abkürzung verwendet werden.

I.6 Umrechnung in andere Einheiten

Soll der Wert einer physikalischen Größe auf eine andere Einheit umgerechnet werden, so muss die Umrechnungsbeziehung zwischen den betreffenden Einheiten bekannt sein.
Beispiel: Um einen Druck von p = 756 Torr in mbar umzurechnen, benötigen wir die Gleichung
1 Torr = 1,334 mbar oder
1 mbar = 0,750 Torr.
Zur Umrechnung verfährt man wie folgt:
p = 756 Torr = 756 · (1 Torr)
= 756 · (1,334 mbar)
= (756 · 1,334) mbar
= 1008,5 mbar

Klinischer Bezug

Wird ein Patient aus den neuen Bundesländern in die alten Bundesländer oder umgekehrt verlegt, müssen die mitgegebenen Labor-Befunde in der Regel umgerechnet werden. Denn in den neuen Bundesländern wurde bereits lange vor der Wiedervereinigung mit den SI-Einheiten für Laborwerte gearbeitet (deren Einführung von den WHO-Mitgliedsstaaten 1977 in einer Resolution beschlossen wurde). In den alten Bundesländern werden jedoch weiterhin konventionelle Einheiten wie mg/dl oder U/l (Units pro Liter) benutzt.

F03

→ **Frage 1.10: Lösung C**

Die Formel für das Kugelvolumen lautet $V_K = \frac{4}{3}\pi \cdot r^3$, die Formel für die Kugeloberfläche $F_K = 4\pi \cdot r^2$. Setzt man die beiden ins Verhältnis, ergibt sich:

$$\frac{V_K}{F_K} = \frac{\frac{4}{3}\pi \cdot r^3}{4\pi \cdot r^2} = \frac{1}{3}r$$

Damit ist das Verhältnis direkt proportional zu *r*.

F95 ■■

→ **Frage 1.11: Lösung D**

Der Wert einer physikalischen Größe (z. B. Länge, Fläche oder Volumen) wird dargestellt durch das Produkt aus Maßzahl und Einheit (Beispiel: Länge eines Tisches *l* = 1,45 (Maßzahl) mal m (Einheit) = 1,45 m). Da sich der Wert nicht ändern darf, wenn eine andere Einheit verwendet wird, wird z. B. die Maßzahl um den Faktor 100 größer, wenn die Einheit um diesen Faktor kleiner wird (*l* = 1,45 m = 145 cm).
Bezieht man diese Überlegungen auf die Fläche bzw. das Volumen, dann muss berücksichtigt werden, dass die Einheiten dieser Größen aus der Längeneinheit abgeleitet sind:
$1\,m^2 = (1\,m) \cdot (1\,m)$ bzw. $1\,m^3 = (1\,m) \cdot (1\,m) \cdot (1\,m)$.

Wird die Längeneinheit um den Faktor 10 vergrößert, dann bedeutet dies eine Vergrößerung der Flächeneinheit um den Faktor 100 = 10^2, der Volumeneinheit um den Faktor 1000 = 10^3. Die Maßzahlen müssen daher um den Faktor 10^{-2} (bei Flächenangaben) bzw. 10^{-3} (bei Volumenangaben) verkleinert werden. Nur die Angabe (D) ist richtig!

H00 ■■

→ **Frage 1.12: Lösung D**

1000 Liter entsprechen einem Volumen von einem Kubikmeter. Wenn ein Liter Luft die Masse 1,29 g hat, müssen 1000 Liter (also 1 m^3) 1290 g Masse haben. Die Dichte von Luft auf die Einheit Kubikmeter bezogen beträgt also 1290 g/m^3 oder **1,29 kg/m^3**.

H04 ■

→ **Frage 1.13: Lösung B**

Unter der Dichte ρ eines Körpers versteht man die Masse *m* des Körpers geteilt durch sein Volumen *V*:

$$\rho = \frac{m}{V}$$

Während der Abmagerungskur hat der Betreffende seine Masse um 72,2 kg – 67,7 kg = 4,5 kg verkleinert, gleichzeitig nahm das Volumen seines Körpers um 5,0 Liter ab.
Die mittlere Dichte des bei der Kur verlorenen Körperanteils war damit:

$$\rho = \frac{m}{V} = \frac{4{,}5\,kg}{5{,}0\,l} = \underline{0{,}9\,kg/l}$$

F04 ■

→ **Frage 1.14: Lösung D**

Gefragt ist in dieser Aufgabe, wie viele Kugeln eines Durchmessers 1 µm (Radius r_1 damit 0,5 µm = $0{,}5 \cdot 10^{-6}$ m) in eine Kugel des Durchmessers 2 cm (Radius r_2 damit 1 cm = $1 \cdot 10^{-2}$ m) passen. Das Volumen einer Kugel errechnet sich nach $V = \frac{4}{3}\pi \cdot r^3$:

$$\frac{V_{2\,cm}}{V_{1\,\mu m}} = \frac{\frac{4}{3}\pi \cdot r_2^3}{\frac{4}{3}\pi \cdot r_1^3} = \frac{r_2^3}{r_1^3} = \frac{(1 \cdot 10^{-2}\,m)^3}{(0{,}5 \cdot 10^{-6}\,m)^3} = \frac{(1 \cdot 10^{-2} m)^3}{(5 \cdot 10^{-7} m)^3}$$
$$= \frac{1 \cdot 10^{-6} m^3}{125 \cdot 10^{-21} m^3} = \frac{1000 \cdot 10^{-9}}{125 \cdot 10^{-21}} = \underline{8 \cdot 10^{12}}$$

Man beachte, dass bei der Division von Zehnerexponenten der Exponent des Nenners von dem des Zählers abgezogen wird.

Ein Beispiel: Bei der Division $\frac{10^5}{10^3}$ muss der Exponent des Nenners (3) von dem des Zählers (5) abgezogen werden: 5 – 3 = 2. Das Ergebnis ist
$\frac{10^5}{10^3} = 10^2$

Für unsere Aufgabe ist der Exponent des Nenners –21, der des Zählers –9:

$-9 - (-21) = -9 + 21 = 12$. Damit ergibt $\frac{10^{-9}}{10^{-21}} = 10^{12}$

F05 ■

→ **Frage 1.15: Lösung B**

In diesem Gedankenexperiment entstehen aus einer großen Kugel mit einem Durchmesser von 2 cm sehr viele kleine mit einem Durchmesser von jeweils 1 µm.
Die Anzahl der dabei entstehenden kleinen Kugeln beträgt dabei $n = D^3/d^3$,

also $n = \frac{(2 \cdot 10^{-2}\text{m})^3}{(1 \cdot 10^{-6}\text{m})^3} = \frac{8 \cdot 10^{-6}\text{m}^3}{1 \cdot 10^{-18}\text{m}^3} = 8 \cdot 10^{12}$

(Zunächst werden die Einheiten cm bzw. µm auf m umgerechnet. Ist ein 10-er Exponent mit einer Hochzahl versehen, so muss man ihn einfach mit der Hochzahl multiplizieren.)
Die Gesamt-Grenzfläche zwischen Flüssigkeit und Luft ist nichts anderes als die Kugeloberfläche. Sie lässt sich nach der bekannten Formel $F = 4 \cdot \pi \cdot r^2$ errechnen.
Das Verhältnis der Grenzflächen V_G nach und vor der Zerstäubung ist damit (F_K, r_K = Fläche, Radius kleine Kugel; F_G, r_G = Fläche, Radius große Kugel, n = Anzahl der kleinen Kugeln = $8 \cdot 10^{12}$):

$$V_G = \frac{n \cdot F_K}{F_G} = n \cdot \frac{4 \cdot \pi \cdot r_K^2}{4 \cdot \pi \cdot r_G^2} = n \cdot \frac{r_K^2}{r_G^2} = n \cdot \frac{(0{,}5 \cdot 10^{-6}\text{m})^2}{(1 \cdot 10^{-2}\text{m})^2} =$$

$$n \cdot \frac{(5 \cdot 10^{-7}\text{m})^2}{(1 \cdot 10^{-2}\text{m})^2} = n \cdot \frac{25 \cdot 10^{-14}}{1 \cdot 10^{-4}} = 8 \cdot 10^{12} \cdot 25 \cdot 10^{-10}$$

$$= 200 \cdot 10^2 = \underline{2 \cdot 10^4}$$

Übrigens: Wem die genaue Formel der Kugeloberfläche entfallen ist, dem reicht zum Lösen der Aufgabe auch die Überlegung, dass sie proportional dem Radius² der Kugel sein muss (der Faktor 4π kürzt sich durch die Verhältnisbildung heraus).

I.7 Abgeleitete Größen in der Mechanik

Dichte:
Unter der Dichte eines Körpers versteht man die Masse m des Körpers geteilt durch sein Volumen V.

$\rho = \frac{m}{V}$; $[\rho] = \text{kg/m}^3$ (Gl. 1.2.)

Geschwindigkeit:
Legt ein Körper im Zeitintervall Δt eine Strecke Δs zurück, dann bezeichnet man den Quotienten $\Delta s/\Delta t$ als die Geschwindigkeit des Körpers.

$v = \frac{\Delta s}{\Delta t}$; $[v] = \text{m/s}$ (Gl. 1.3.)

Impuls:
Bewegt sich ein Körper (Masse m) mit der Geschwindigkeit v, so besitzt er den Impuls: Masse mal Geschwindigkeit.
$p = m \cdot v$; $[p] = \text{kg} \cdot \text{m/s}$ (Gl. 1.4.)

Beschleunigung:
Die Beschleunigung eines bewegten Körpers erhält man, indem man die während einer Zeitspanne Δt erfolgte Geschwindigkeitsänderung Δv durch Δt dividiert.

$a = \frac{\Delta v}{\Delta t}$; $[a] = \text{m/s}^2$ (Gl. 1.5.)

Kraft:
Erfährt ein Körper mit der Masse m eine Beschleunigung a, dann wirkt auf ihn eine Kraft, die definiert ist als das Produkt: Masse mal Beschleunigung.

$F = m \cdot a$; $[F] = \frac{\text{kg} \cdot \text{m}}{\text{s}^2} = \text{Newton} = \text{N}$ (Gl. 1.6.)

Druck:
Unter dem Druck p, der von einer Kraft F auf eine Fläche A ausgeübt wird, versteht man den Quotienten: Kraft geteilt durch Fläche. F ist dabei die zu A senkrechte Kraftkomponente.

$p = \frac{F}{A}$; $[p] = \text{N/m}^2 = \text{Pascal} = \text{Pa}$ (Gl. 1.7.)

Als Einheit auch zugelassen ist 1 bar = 10^5 Pa.

Arbeit:
Man unterscheidet zwei Fälle:
Wird ein Körper durch eine Kraft F über eine Strecke Δs bewegt, dann wird **Verschiebungsarbeit** geleistet, die folgendermaßen definiert ist:
$W = F \cdot \Delta s$; $[W] = \text{N} \cdot \text{m} = \text{Joule} = \text{J}$ (Gl. 1.8.)
F ist dabei die Kraftkomponente parallel zum Weg.
Schließen die beiden Vektoren F und Δs (Kraft und zurückgelegter Weg sind gerichtete Größen) den Winkel α miteinander ein, so beträgt diese Komponente $F \cdot \cos\alpha$, und für die verrichtete Arbeit ergibt sich die Beziehung
$W = (F \cdot \cos\alpha) \cdot \Delta s = F \cdot \Delta s \cdot \cos\alpha$ (Gl. 1.8a)
Dagegen spricht man von **Druck-Volumen-Arbeit**, wenn ein Volumen gegen den Druck p um einen Betrag ΔV verringert wird:
$W = p \cdot \Delta V$; $[W] = \text{Joule} = \text{J}$ (Gl. 1.9.)

Energie:
Zwischen Arbeit und Energie besteht ein enger Zusammenhang. Wird an einem Körper Arbeit verrichtet, dann erhöht sich dessen Energie auf Kosten der Energie des Körpers, der die Arbeit leistet. Arbeit bedeutet letztlich Energieübertragung. Wie die Arbeit besitzt die Energie die Einheit Joule.

In der Mechanik unterscheidet man zwei Energieformen: Durch Arbeitsleistung kann die Geschwindigkeit v eines Körpers (Masse m) erhöht werden. Dies bedeutet eine Zunahme seiner kinetischen (Bewegungs-)Energie. Ihre Definition lautet:

$$E_{kin} = \frac{1}{2} m \cdot v^2 \qquad \text{(Gl. 1.10.)}$$

Wird durch die Arbeit dagegen der Körper auf die Höhe h angehoben (im Schwerefeld der Erde), dann erhöht sich seine potenzielle (Lage-)Energie:

$$E_{pot} = m \cdot g \cdot h \qquad \text{(Gl. 1.11.)}$$

g ist die Erdbeschleunigung (9,81 m/s^2).

Leistung:
Wird eine Arbeit W in einem Zeitintervall Δt verrichtet, dann liefert der Quotient $W/\Delta t$ die Leistung.

$$P = \frac{W}{\Delta t}; \; [P] = J/s = \text{Watt} = W \qquad \text{(Gl. 1.12.)}$$

Drehmoment:
An einem um den Punkt P drehbar gelagerten Körper greife im Punkt A eine Kraft F an, die Kraftwirkungslinie KWL (das ist die Gerade in Kraftrichtung durch den Angriffspunkt A der Kraft) habe vom Drehzentrum den Abstand d (Abb. 1.4).
Das Produkt $F \cdot d$ bezeichnet man als das Drehmoment dieser Kraft:

$$M = F \cdot d; \; [M] = N \cdot m \qquad \text{(Gl. 1.13.)}$$

Eine weitere (gleichwertige) Formulierungsmöglichkeit ergibt sich bei Verwendung des Abstandes r, den der Angriffspunkt der Kraft A vom Drehpunkt P besitzt, und des Winkels φ zwischen r und F:

$$M = F \cdot r \cdot \sin \varphi, \text{ da } d = r \cdot \sin \varphi \qquad \text{(Gl. 1.13a)}$$

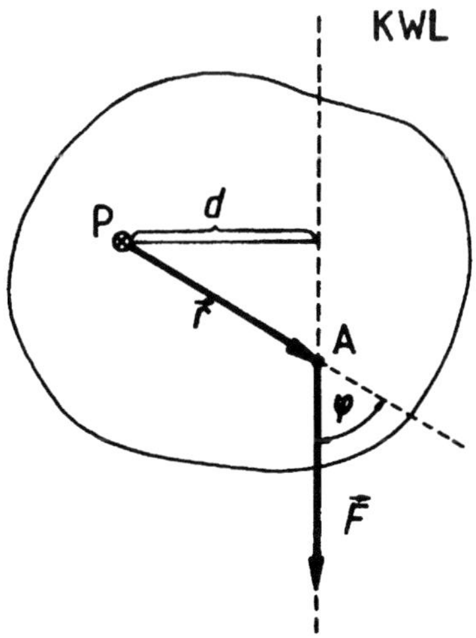

Abb. 1.4 Zur Definition des Drehmomentes

Merke!
Die Definitionen für die abgeleiteten physikalischen Größen, d. h. letztlich ihr Zusammenhang mit den Basisgrößen, gehört zu den wichtigsten Grundlagen physikalischen Wissens. Es ist unerlässlich, sich diese gut einzuprägen, da man sie zur Beantwortung vieler Fragen benötigt.
Es empfiehlt sich, diese Definitionen nicht nur als Buchstabengleichung zu lernen („F gleich m mal a“), sondern nach Möglichkeit in Form einer kompletten Aussage („Kraft ist Masse mal Beschleunigung“), da dies in vielen Fällen ihre korrekte Anwendung erleichtert. Es gibt auch keine verbindlichen Vorschriften für die Bezeichnung von physikalischen Größen durch bestimmte Buchstaben, sodass Verwechslungen möglich sind.
Man beachte, dass zwischen den Einheiten physikalischer Größen die gleichen Zusammenhänge bestehen wie zwischen den Größen selbst. Kennt man daher die Definitionen, so können auch Fragen bezüglich der Einheiten richtig beantwortet werden.
Das Zeichen Δ (delta) wird stets verwendet, wenn es sich um die Änderung einer Größe handelt (Δv = Geschwindigkeitsänderung, Δt = Zeitintervall usw.). Die Beachtung dieser Symbolik erleichtert ebenfalls das Verständnis.

Merke!
Man beachte die formale Ähnlichkeit der Definitionen für Drehmoment und Arbeit: Kraft mal Länge. Der Unterschied liegt in der Bedeutung des Begriffs Strecke, der aus den Definitionen eindeutig hervorgeht. Als Einheit für das Drehmoment sollte man nie Joule verwenden, sondern stets N · m.

H83 ■■

→ **Frage 1.16: Lösung E**

Die Leistung ist definiert als der Quotient Arbeit geteilt durch Zeit (vgl. Gl. 1.12).
Die Aussage „Leistung ist in der Physik Energie geteilt durch Zeit“ ist nicht falsch, aber irreführend und daher zu vermeiden. Man könnte auf den Gedanken kommen, dass auch ein Körper, der über ein Zeitintervall Δt eine **konstante Energie** E besitzt, eine Leistung erbringt: $P = E/\Delta t$. **Leistung** ist jedoch **immer mit** Arbeit, d. h. mit **Energieveränderung verbunden**.

F09 ■■

→ **Frage 1.17: Lösung D**

Zu **(D):** Wird eine Arbeit **W** in einem Zeitintervall $\mathbf{\Delta t}$ verrichtet, dann liefert der Quotient $\mathbf{W/\Delta t}$ die

Leistung P. Sie kann in J/s (Joule/s) oder der Einheit **Watt** angegeben werden (siehe Lerntext I.7):

$$P = \frac{W}{\Delta t}, \ [P] = \text{J/s} = \underline{\text{Watt} = \text{W}}$$

I.8 Abgeleitete Größen in der Wärmelehre

Wärmekapazität:
Erwärmt sich ein Körper bei der Zufuhr einer Wärmemenge Q um ΔT, dann besitzt er eine Wärmekapazität von

$$C = \frac{Q}{\Delta T}; \ [C] = \frac{\text{J}}{\text{K}} \qquad \text{(Gl. 1.14.)}$$

Die Wärmekapazität eines Körpers gibt an, wieviel Energie man braucht, um ihn um 1 K zu erwärmen. Genauso gibt sie auch an, wieviel Energie frei wird, wenn die Temperatur des Körpers um 1 K fällt.

Spezifische Wärmekapazität:
Die spezifische Wärmekapazität c ist eine Stoffkonstante. Sie ist gleich der Wärmekapazität bezogen auf die Masseneinheit 1 kg.

$$c = \frac{C}{m} = \frac{Q}{m \cdot \Delta T}; \ [c] = \frac{\text{J}}{\text{kg} \cdot \text{K}} \qquad \text{(Gl. 1.15.)}$$

Molare Wärmekapazität:
Ist die Bezugsgröße 1 mol, dann spricht man von der molaren Wärmekapazität:

$$c_{mol} = \frac{Q}{\nu \cdot \Delta T}; \ [c_{\text{mol}}] = \frac{\text{J}}{\text{mol} \cdot \text{K}} \qquad \text{(Gl. 1.16.)}$$

ν = Anzahl der Mole
Die spezifische (molare) Wärmekapazität einer Substanz gibt an, wieviel Wärmeenergie benötigt wird, um 1 kg (1 mol) dieses Stoffes um 1 K zu erwärmen.

Hinweis:
Man beachte den Unterschied zwischen der Wärmekapazität eines Körpers (der aus verschiedenen Stoffen zusammengesetzt sein kann) und der spezifischen und molaren Wärmekapazität, die nur für homogene Körper definiert sind.

Wärmestrom, Wärmeleitfähigkeit:
Der Wärmestrom I durch einen homogenen Stab (Länge l, Querschnittsfläche A), zwischen dessen Enden eine Temperaturdifferenz ΔT besteht, kann nach folgender Beziehung berechnet werden:

$$I = \frac{Q}{\Delta t} = \lambda \cdot A \cdot \frac{\Delta T}{l}; \ [I] = \frac{\text{J}}{\text{s}} \qquad \text{(Gl. 1.17.)}$$

λ nennt man die Wärmeleitfähigkeit der betreffenden Substanz. Betrachtet man die Einheiten der in Gleichung 1.17 auftretenden Größen, so erhält man für λ die Einheit $\text{J} \cdot \text{s}^{-1} \cdot \text{m}^{-1} \cdot \text{K}^{-1}$.

Moldefinition:
1 mol eines Stoffes ist diejenige Stoffmenge, die genauso viele Teilchen (Atome, Moleküle) enthält wie Atome in 12 g des Kohlenstoffisotops ^{12}C enthalten sind.
Größen, die auf die Stoffmenge 1 mol bezogen sind, nennt man „molar" (molare Teilchenzahl = $6{,}02 \cdot 10^{23}\ \text{mol}^{-1}$ (Avogadro-Konstante), molare Masse kg/mol, usw.).

I.9 Abgeleitete Größen in der Elektrizitätslehre

Elektrische Ladung:
Fließt während einer Zeitdauer Δt ein konstanter elektrischer Strom I durch einen Leiter, dann ist insgesamt eine Ladungsmenge
$Q = I \cdot \Delta t$; [Q] = A · s = Coulomb = C (Gl. 1.18.)
geflossen.

Elektrische Feldstärke:
In der Umgebung elektrischer Ladungen existiert ein elektrisches Feld. Der Betrag der elektrischen Feldstärke E ist über die Kraft F definiert, die in diesem Feld auf eine positive Ladung Q ausgeübt wird:

$$E = \frac{F}{Q}; \ [E] = \frac{\text{N}}{\text{C}} = \frac{\text{N} \cdot \text{V}}{\text{J}} = \frac{\text{N} \cdot \text{V}}{\text{N} \cdot \text{m}} = \frac{\text{V}}{\text{m}} \qquad \text{(Gl. 1.19.)}$$

In der Praxis ist die Einheit für die Feldstärke stets V/m. Sie folgt aus der Einheit N/C durch Verwendung der Beziehungen C = J/V (vgl. Gl. 1.20) und J = N · m (vgl. Gl. 1.8).

Spannung und Potenzial:
Die elektrische Spannung zwischen zwei Punkten 1 und 2 ist definiert durch die Arbeit W, die verrichtet werden muss, um eine positive Ladung Q von 1 nach 2 zu bringen, dividiert durch die Ladung Q:

$$U = \frac{W}{Q}; \ [U] = \text{J/C} = \text{Volt} = \text{V} \qquad \text{(Gl. 1.20.)}$$

Die Spannung ist gleich der sog. Potenzialdifferenz zwischen zwei Punkten. Da das Potenzial der Erde durch Definition gleich 0 V gesetzt wird, ist das Potenzial eines beliebigen Punktes gleich der Spannung zwischen diesem Punkt und der Erde.

Arbeit und Leistung im elektrischen Fall:
Aus Gleichung 1.20 folgt ein Ausdruck für die Arbeit bei Verschiebung einer Ladung Q gegen eine Spannung U:
$W = Q \cdot U = I \cdot U \cdot \Delta t$; [W] = J (Gl. 1.21.)
Wird für diese Arbeit die Zeit Δt benötigt, dann ist die vollbrachte Leistung

$$P = \frac{W}{\Delta t} = \frac{Q \cdot U}{\Delta t} = I \cdot U; \ [P] = \text{A} \cdot \text{V} = \text{W} \qquad \text{(Gl. 1.22.)}$$

In den Gleichungen 1.21 und 1.22 wurde die Tatsache zugrunde gelegt, dass bewegte Ladungen einen elektrischen Strom darstellen (vgl. Gl. 1.18).

Elektrischer Widerstand:
Wird an einen elektrischen Leiter eine Spannung U angelegt und fließt auf Grund dieser Spannung ein Strom I, dann besitzt dieser Leiter einen elektrischen Widerstand, der gleich dem Quotienten aus Strom und Spannung ist:

$$R = \frac{U}{I};\ [R] = V/A = Ohm = \Omega \qquad \text{(Gl. 1.23.)}$$

Kapazität:
Wenn man einen Kondensator an eine Gleichspannung U anschließt, dann fließt eine bestimmte Ladung Q auf den Kondensator. Man definiert die Kapazität eines Kondensators durch das Verhältnis: (auf den Kondensator geflossene Ladung) zu (angelegter Spannung).

$$C = \frac{Q}{U};\ [C] = \frac{C}{V} = Farad = F \qquad \text{(Gl. 1.24.)}$$

Induktivität :
Ändert sich der durch eine Spule fließende Strom, dann wird an den Enden der Spule eine Spannung U_i induziert, die proportional zur Änderungsgeschwindigkeit des Stromes ist:

$$U_i = -L\frac{dI}{dt};\ [L] = \frac{V \cdot s}{A} = Henry = H \qquad \text{(Gl. 1.25.)}$$

L nennt man die Induktivität der Spule.

Merke!
Oft kann der gleiche Buchstabe verschiedene physikalische Größen bezeichnen. So wird Q üblicherweise sowohl für die elektrische Ladung als auch für die Wärmemenge verwendet. Vorsicht vor Verwechslungen!

Merke!
Die Beziehungen für Arbeit und Leistung bedeuten keine neuen Definitionen für diese Größen. Es wurden lediglich die in der Mechanik vorgenommenen Definitionen auf die Bewegung elektrischer Ladungen im Feld angewendet. Daher sind die Einheiten natürlich auch Joule und Watt.

H99 ■■

→ **Frage 1.18: Lösung E**

Zu **(A):** Leistung $= \frac{\text{geleistete Arbeit}}{\text{benötigte Zeit}}$

Einheit: Watt

Zu **(B):** Stromstärke ist Basisgröße im SI-System, Einheit: Ampere.

Zu **(C):** Kapazität (Kondensator)

$$= \frac{\text{auf den Kondensator geflossene Ladung}}{\text{angelegte Spannung}} = \frac{Q}{U}$$

Einheit: Farad

Zu **(D):** Induktivität:

Ändert sich der durch eine Spule fließende Strom, dann wird an den Enden der Spule eine Spannung U_i induziert, die proportional zur Änderungsgeschwindigkeit des Stromes ist:

$U_i = -L\frac{dI}{dt}$; L nennt man Induktivität.

Einheit: Henry

Zu **(E): Coulomb** ist die **Einheit der Ladung**.

H94 ■■

→ **Frage 1.19: Lösung B**

Watt ist die Einheit für die Leistung, Joule diejenige für die Energie (bzw. für die Arbeit) und Sekunde ist die Einheit für die Zeit. Wir erinnern uns, dass diese drei Größen über die Definition der Leistung miteinander verknüpft sind:

$$\text{Leistung} = \frac{\text{Arbeit}}{\text{Zeit}}$$

oder in Einheiten

$$\text{Watt} = \frac{\text{Joule}}{\text{Sekunde}}$$

Daraus ergibt sich unmittelbar die richtige Antwort auf die gestellte Frage.

F92 ■■

→ **Frage 1.20: Lösung E**

Richtig sind die Ausdrücke für die Druck-Volumenarbeit (A), die elektrische Arbeit (B), die kinetische Energie (C) und die Energie eines Lichtquants (Photon) (D). (E) beschreibt jedoch die Beziehung für den zurückgelegten Weg beim freien Fall mit der Dimension Länge.

1.10 Die Energieeinheit 1 Elektronenvolt (1 eV)

Die Energieeinheit 1 eV ist den Energiebeträgen angepasst, die bei atomaren Prozessen auftreten.

Definition:

1 eV ist diejenige Energie, die aufgewendet werden muss, um eine Elementarladung (= die Ladung eines Elektrons) gegen eine Spannung von 1 Volt zu verschieben, oder (was damit gleichbedeutend ist) 1 eV ist diejenige Energie, die ein Elektron besitzt, nachdem es die Spannung 1 Volt durchlaufen hat. Die Umrechnung in Joule ergibt sich aus der Gleichung für die elektrische Arbeit $W = Q \cdot U$:

Kommentare

$W = (1{,}6 \cdot 10^{-19}\,C)\,(1\,V) = 1{,}6 \cdot 10^{-19}\,J$
oder
$1\,eV = 1{,}6 \cdot 10^{-19}\,J$

Klinischer Bezug
Die Energieeinheit Elektronenvolt verwenden wir in der Medizin bei der Angabe der Energie von Linearbeschleunigern. Diese Geräte kommen in der modernen Strahlentherapie zum Beispiel zur Behandlung von Krebserkrankungen zum Einsatz.

Merke!
Es ist sinnvoll, sich die Zahl $1{,}6 \cdot 10^{-19}$ zu merken. In Coulomb ist es die Größe der Elementarladung, in Joule ist es der Umrechnungsfaktor für 1 eV.

H88 ■■

→ **Frage 1.21: Lösung C**

Zur Übung seien noch die Einheiten der übrigen Größen genannt:
Spannung – Volt (V)
Ladung – Coulomb (C)
Ionendosis – Coulomb/Kilogramm (C/kg)
Energiedosis – Joule/Kilogramm (J/kg = Gray = Gy)

H98 ■

→ **Frage 1.22: Lösung E**

Im einzelnen:
Zu **(A):** Die Energie besitzt wie die Arbeit die Einheit Joule, in SI-Einheiten ausgedrückt
$kg \cdot m^2 \cdot s^{-2}$
Zu **(B):** N · m ist die Einheit des Drehmoments und entspricht formal der Energie- und Arbeitseinheit Joule ($1\,N = kg \cdot m \cdot s^{-2}$; N · m ist also $kg \cdot m^2 \cdot s^{-2}$ = Joule).
Zu **(C):** Wir betrachten zunächst die Spannungseinheit Volt; Spannung ist definiert als Arbeit (J) durch Ladung (A · s), also gilt:

$$\text{Spannung} = \frac{\text{Arbeit}}{\text{Ladung}} = \left(\frac{\text{Joule}}{A \cdot s} = V\right)$$

Das Produkt von V und A · s ist somit die Energieeinheit Joule.
Zu **(D):** Gray (Gy) ist die Einheit der Energiedosis, ein Maß für die von einem Körper absorbierte Energie, wenn er von ionisierender Strahlung getroffen wird. Die Energiedosis *D* ist definiert als Quotient aus der absorbierten Strahlungsenergie *E* und der Masse *m* des durchstrahlten Körpers:

$$D = \frac{E}{m} = \left(\frac{\text{Joule}}{kg} = Gy\right)$$

Gray (Gy) multipliziert mit kg ergibt also Joule.

Zu **(E):** Das Produkt der Einheiten $kg \cdot m \cdot s^{-2}$ entspricht N und ist natürlich keine Energieeinheit.

F96 ■

→ **Frage 1.23: Lösung A**

Lichtstrom Φ: Die von einer Lichtquelle in den Raumwinkel Ω ausgesandte Strahlung nennt man den Lichtstrom. Einheit: 1 Lumen
Lichtstärke I: Darunter versteht man den Lichtstrom pro Raumwinkel: $I = \Phi/\Omega$. Einheit: 1 Candela
Dies ist eine Basisgröße im Internationalen Einheitensystem (SI-System).

F96 ■

→ **Frage 1.24: Lösung D**

Die von der Wellenlänge abhängige Empfindlichkeit des Auges macht es erforderlich, Messgrößen einzuführen, die diese Tatsache entsprechend berücksichtigen. Man nennt sie physiologisch bewertete Größen.
Beleuchtungsstärke B: Sie gibt den Lichtstrom pro Flächeneinheit an. Einheit: 1 Lux

I.11 Winkelmessung im Bogenmaß

Schneidet ein Winkel φ aus einem Kreis, der mit dem Radius *r* um den Scheitel des Winkels geschlagen wird, einen Bogen der Länge *s* aus (Abb. 1.5), dann definiert man den Winkel im Bogenmaß als
$\varphi = s/r$, $[\varphi]$ = m/m = Radiant = rad (Gl. 1.26.)
Der Winkel im Vollkreis (360° im Gradmaß) beträgt daher im Bogenmaß

$$\varphi_{voll} = \frac{\text{Kreisumfang}}{\text{Radius}} = \frac{2 \cdot r \cdot \pi}{r} = 2\pi\ \text{rad} \quad \text{(Gl. 1.27.)}$$

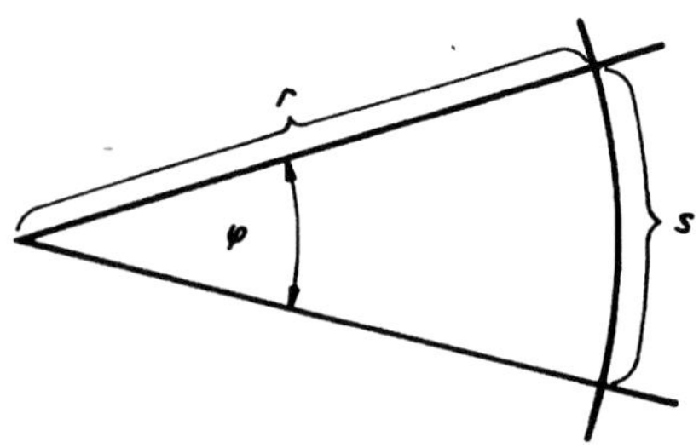

Abb. 1.5 Winkelmessung im Bogenmaß

H04 ■

→ **Frage 1.25: Lösung B**

Siehe Lerntext I.11.
Zu **(B)**: Der minimale Winkel *φ* zwischen zwei Punkten, damit diese eben noch getrennt werden,

soll beim normalsichtigen Erwachsenen durchschnittlich $3 \cdot 10^{-4}$ rad betragen.
Gefragt ist in der Aufgabe, welche Länge *s* zwei Punkte auf einem 60 m entfernten Gegenstand (damit ist der Radius *r* des Winkels = 60 m) mindestens voneinander entfernt sein müssen, um ohne Hilfsmittel getrennt wahrgenommen zu werden. Dazu lösen wir die obere Gleichung nach *s* auf:
$s = \varphi \cdot r = 3 \cdot 10^{-4} \cdot 60\,\text{m} = 180 \cdot 10^{-4}\,\text{m} = 0{,}018\,\text{m}$
$\approx \underline{2\,\text{cm}}$

F10

→ **Frage 1.26: Lösung B**

Siehe Lerntext I.11
Zu **(B)**: Der minimale Winkel φ zwischen zwei Linien, damit diese eben noch getrennt gesehen werden, soll beim normalsichtigen Erwachsenen durchschnittlich $2 \cdot 10^{-4}$ rad betragen. Gefragt ist in der Aufgabe, welche Länge *s* 2 Linien auf einem 30 cm entfernten Gegenstand (Radius *r* des Winkels = 30 cm) mindestens voneinander entfernt sein müssen, um ohne Hilfsmittel getrennt wahrgenommen zu werden. Dazu lösen wir die obere Gleichung nach *s* auf:

$s = \varphi \cdot r = 2{,}4 \cdot 10^{-4} \cdot 30\,\text{cm}$
$= 2{,}4 \cdot 10^{-4} \cdot 30 \cdot 10^{-2}\,\text{m}$
$= 72 \cdot 10^{-6}\,\text{m} = \underline{72\,\mu\text{m}}$

F00

→ **Frage 1.27: Lösung D**

Vor dem Raumwinkel betrachten wir zunächst den ebenen Winkel: Schneidet der Winkel *φ* aus einem Kreis mit dem Radius *r* den Bogen der Länge *s* aus, dann definiert man den Winkel (im Bogenmaß) als:

$\varphi = \frac{s}{r}$ (siehe Lerntext I.11)

Beim Raumwinkel betrachtet man nicht wie beim ebenen Winkel einen Kreis, sondern eine Kugel: Schneidet ein Kegel aus einer Kugel mit dem Radius *r*, die um die Spitze des Kegels gelegt wurde, die Fläche *A* aus, dann fasst der Kegel den Raumwinkel *Ω* ein. Er ist definiert durch:

$$\Omega = \frac{A}{r^2}$$

1.2 Messen und Unsicherheiten beim Messen

I.12 Systematische und statistische Fehler

Systematische Fehler haben ihre Ursache in Unzulänglichkeiten der Messanordnung, wie z. B. falsch geeichte Messgeräte. Fehler dieser Art verfälschen das Messergebnis stets um den gleichen Betrag in die gleiche Richtung. Wenn sie erkannt werden, dann können sie experimentell berücksichtigt oder rechnerisch korrigiert werden.
Statistische Fehler entstehen durch den Beobachter selbst (Einstell- und Ablesefehler) oder durch statistische Schwankungen äußerer Einflüsse (z. B. Spannungsschwankungen). Diese Fehler führen zu einer Streuung der Messwerte um einen Mittelwert. Sie können prinzipiell nicht vermieden werden. Es ist jedoch möglich, mit Hilfe der Fehlerrechnung ihre ungefähre Größe zu ermitteln und zusammen mit dem Ergebnis einer Messung anzugeben.

Klinischer Bezug
Besonders kritisch in der Medizin sind die systematischen Fehler. Nur ein Beispiel: Wenn das Blutdruckmessgerät eines Arztes falsch geeicht wäre und bei jeder Messung einen um 20 mmHg zu hohen Blutdruckwert anzeigen würde, würden viele Patienten eine möglicherweise gefährliche Blutdruckmedikation von diesem Arzt erhalten.

I.13 Absoluter und relativer Fehler

Wir wollen annehmen, dass *x* das Ergebnis einer Messreihe und Δx der mit den Methoden der Fehlerrechnung berechnete Fehler ist. Schreiben wir das Ergebnis in der Form
gesucht Größe = $x \pm \Delta x$, (Gl. 1.28.)
dann nennt man Δx den absoluten Fehler. Er hat die gleiche Einheit wie die Größe *x*.
Man kann den Fehler auf das Ergebnis beziehen, indem man das Verhältnis $(\Delta x / x)$ bildet. $\Delta x / x$ heißt der relative Fehler. Da in diesem Bruch Zähler und Nenner die gleiche Einheit haben, ist der relative Fehler stets dimensionslos. Die Angabe im Ergebnis erfolgt in diesem Fall in Prozent:

gesuchte Größe = $x \pm \left(\frac{\Delta x}{x} \cdot 100\right)\%$ (Gl. 1.29.)

F05 ■■

→ **Frage 1.28: Lösung D**

Die Genauigkeit des Pulsmessgeräts ist mit ± 5 % angegeben. Damit ist die absolute Messunsicherheit (der absolute Fehler) besagte 5 % vom Messwert (siehe auch Lerntext I.13):

$$\text{absoluter Fehler} = 120/\text{min} \cdot \pm 5\,\% = 120/\text{min} \cdot \pm \frac{5}{100} = 1{,}2/\text{min} \cdot \pm 5 = \underline{\pm 6/\text{min}}$$

H08 ■■

→ **Frage 1.29: Lösung C**

Siehe Kommentar zu Frage 1.31.
Zu **(C)**: Den in der Aufgabe geforderten Fehler als Absolutwert (Δx) erhält man, indem man das Messergebnis (hier 140 mg/dl) mit dem relativen Fehler (±5 %) multipliziert:

$$\Delta x = 140\,\text{mg/dl} \pm 5\,\% = 140\,\text{mg/dl} \pm 0{,}05$$
$$= 140\,\text{mg/dl} \pm \frac{1}{20} = \underline{\pm 7\,\text{mg/dl}}$$

F09 ■■

→ **Frage 1.30: Lösung D**

Siehe Kommentar zu Frage 1.31.
Zu **(D)**: Wir brauchen also nur in der Klammer einzusetzen:

$$\text{gesuchte Grösse} = \pm\left(\frac{\Delta x}{x} \cdot 100\right)\%$$
$$= \pm\left(\frac{3{,}0\,\text{mmHg}}{20\,\text{mmHg}} \cdot 100\right)\%$$
$$= \pm(0{,}15 \cdot 100)\,\%$$
$$= \underline{\pm 15\,\%}$$

H05 ■■

→ **Frage 1.31: Lösung B**

Unter der relativen Unsicherheit (dem relativen Fehler) einer Messung versteht man das Verhältnis Messunsicherheit/Ergebnis ($\Delta x/x$). Da in diesem Bruch Zähler und Nenner die gleiche Einheit haben, ist der relative Fehler stets dimensionslos. Die Angabe im Ergebnis erfolgt üblicherweise in Prozent und wird wie folgt ausgedrückt:

$$\text{gesuchte Größe} = x \pm \left(\frac{\Delta x}{x} \cdot 100\right)\%$$

Der relative Fehler ist dabei der Teil in der Klammer.
Zu **(B)**: Die Genauigkeit des Blutdruckmessgeräts (Δx) ist vom Hersteller mit ±3 mmHg angegeben, das Ergebnis der Blutdruckmessung (x) war 150 mmHg. Damit gilt:

$$\text{relativer Fehler} = \left(\frac{\Delta x}{x} \cdot 100\right)\%$$
$$= \left(\frac{\pm 3\,\text{mmHg}}{150\,\text{mmHg}} \cdot 100\right)\% = \underline{\pm 2\,\%}$$

F03 ■

→ **Frage 1.32: Lösung B**

Unter der relativen Unsicherheit (dem relativen Fehler) einer Messung versteht man das Verhältnis Messunsicherheit/Ergebnis. Wenn zwei Größen mit der gleichen maximalen relativen Unsicherheit addiert werden, entsteht die maximal mögliche Unsicherheit für die Summe, wenn beide Größen mit maximaler Unsicherheit in die gleiche Richtung (nach oben oder unten) abweichen. Diese maximale Unsicherheit kann nur so groß sein wie die maximale Unsicherheit der einzelnen Messgrößen.
Beispiel: Wenn beide Größen um 0,5 % zu niedrig gemessen worden wären, wären die „wahren" Werte für t_A = 100,5 ms, für t_B = 110,55 ms. Das „wahre" Ergebnis t_G = 100,5 ms + 110,55 ms = 211,05 ms würde vom gemessenen Ergebnis t_G = 100 ms + 110 ms = 210 ms ebenfalls um 0,5 % abweichen:

$$\frac{211{,}05\,\text{ms}}{210\,\text{ms}} = 1{,}005 = 100{,}5\,\% = \underline{0{,}5\,\%\ \text{Abweichung}}$$

H03 ■

→ **Frage 1.33: Lösung E**

Unter der relativen Unsicherheit (dem relativen Fehler) einer Messung versteht man das Verhältnis Messunsicherheit/Ergebnis. Wird aus mehreren fehlerbehafteten Größen ein Ergebnis errechnet, ist dieses Ergebnis ebenfalls fehlerbehaftet. Bei der Addition und Subtraktion von solchen Größen lässt sich die maximale Unsicherheit errechnen, indem man die absoluten Fehler addiert und in Relation zum Ergebnis setzt, um den relativen Fehler des Ergebnisses zu erhalten. Besonders große maximale Unsicherheiten erhält man, wenn zwei ähnlich große Zahlen voneinander subtrahiert werden müssen.
Für unsere Aufgabe gilt: t_A = 110 ms ± 0,5 %, t_B = 100 ms ± 0,5 %. Die maximale Unsicherheit entsteht im Ergebnis, wenn eine der Größen nach oben und die andere nach unten maximal abweicht.
0,5 % von 110 ms sind 0,55 ms, 0,5 % von 100 ms sind 0,5 ms.
Wir rechnen im Beispiel mit einer Abweichung nach oben für 110 ms und nach unten für 100 ms:
110,55 ms – 99,5 ms = 11,05 ms
Das theoretische Ergebnis ohne Messfehler lautet:
110 ms – 100 ms = 10 ms
Der **absolute Fehler** des Ergebnisses **ist**:
11,05 ms – 10 ms = 1,05 ms
Daraus können wir den **relativen Fehler** des Ergebnisses (10 ms) **errechnen**:

$$\frac{\pm 1{,}05\,\text{ms}}{10\,\text{ms}} = \pm 10{,}5\,\% \approx \underline{\pm 10\,\%}$$

F04 ■■

→ **Frage 1.34: Lösung C**

Unter der maximalen relativen Unsicherheit versteht man das Verhältnis aus maximal möglichem Fehler Δx zum Ergebnis x. Sie wird üblicherweise in Prozent angegeben.
Die Rechtecksfläche errechnet sich aus dem Produkt von Länge und Breite. Die Messunsicherheit beider Strecken hat jeweils ± 0,5 % betragen. Wenn

nur die Länge fehlerbehaftet und die Breite fehlerfrei gemessen worden wäre, würde die relative Unsicherheit der Rechtecksfläche ±0,5 % betragen. Wäre umgekehrt die Länge fehlerfrei und die Breite fehlerbehaftet gemessen worden, würde sich die gleiche Unsicherheit ergeben.
Werden fehlerbehaftete Größen multipliziert, addieren sich also **die relativen Fehler** der Einzelgrößen **zum Gesamtfehler**. Die maximale relative Unsicherheit des Ergebnisses ist:
±0,5 % + ±0,5 % = ±1,0 %

F07 ■■

→ **Frage 1.35: Lösung A**

Siehe Kommentar zu Frage 1.31.
Zu **(A)**: Die Anzeige des Thermometers ist um ± 1 bezogen auf die letzte Ziffer (also die erste Nachkommastelle!) ungenau. Das Messergebnis der Körpertemperatur lag bei 39,9 °C. Damit gilt:

$$\text{relativer Fehler} = \left(\frac{\Delta x}{x} \cdot 100\right)\% = \left(\frac{\pm 0{,}1\,^\circ C}{39{,}9\,^\circ C} \cdot 100\right)\%$$
$$= \left(\frac{\pm 1}{399} \cdot 100\right)\% = \frac{\pm 100}{399}\%$$
$$\approx \pm 0{,}25\,\%$$

F02 ■■

→ **Frage 1.36: Lösung D**

Um die Unsicherheit für die Volumenmessung zu errechnen, berechnet man zunächst das Volumen eines Würfels, dessen Kantenlänge 10 cm beträgt:
$V = (10\,cm)^3 = 1000\,cm^3$. Damit scheiden Lösungsmöglichkeiten (A) und (B) aus.
Im nächsten Schritt errechnen wir das Volumen eines Würfels, dessen Kantenlänge entsprechend der angegebenen Unsicherheit von 0,1 cm zu groß ist: 10,1 cm statt 10 cm:
$V = (10{,}1\,cm)^3 \approx 1030\,cm^3$
Die Differenz zwischen der genauen Berechnung und der Berechnung mit der angegebenen Unsicherheit beträgt $30\,cm^3$. Damit ist Lösung (D) richtig. (Auf das gleiche Ergebnis wären wir gekommen, wenn wir die Kantenlänge um die Unsicherheit von 0,1 cm auf 9,9 cm verkleinert hätten.)

F01 ■■

→ **Frage 1.37: Lösung C**

Unter der maximalen relativen Unsicherheit versteht man das Verhältnis aus maximal möglichem Fehler Δx zum Ergebnis x. Sie wird üblicherweise in Prozent angegeben. Die elektrische Leistung *P* errechnet sich nach:
$P = U \cdot I$
Die Messunsicherheit der elektrischen Spannung *U* soll ±4 % betragen. Es leuchtet ein, dass die relative Unsicherheit der Leistung *P* ebenfalls 4 % betragen würde, wenn *I* fehlerfrei gemessen worden wäre. Den gleichen Einfluss auf das Ergebnis hat aber auch die eben nicht fehlerfrei gemessene Stromstärke *I*, die mit einer Messunsicherheit von ±3 % angegeben ist. **Die relativen Fehler der Einzelgrößen addieren sich** also **zum relativen Gesamtfehler:**
±4 % + ±3 % = ±7 %

H01 ■■

→ **Frage 1.38: Lösung E**

Das Verhältnis aus maximal möglichem Fehler Δx zum Ergebnis x beschreibt die maximale relative Unsicherheit. Diese wird üblicherweise in Prozent angegeben. Um die maximale relative Unsicherheit des Widerstandswertes zu erhalten, müssen wir zunächst die absolut angegebenen Unsicherheiten für Stromstärke und elektrische Spannung in relative Unsicherheiten umrechnen:
relative Unsicherheit Stromstärke:

$$\frac{\Delta I}{I} = \frac{30\,mA}{3\,A} = \frac{0{,}03\,A}{3\,A} = \frac{1}{100} = \pm 1\,\%$$

relative Unsicherheit Spannung:

$$\frac{\Delta U}{U} = \frac{0{,}5\,V}{10\,V} = \frac{5}{100} = \pm 5\,\%$$

Der elektrische Widerstand *R* errechnet sich nach:

$$R = \frac{U}{I}$$

Die relative Unsicherheit der elektrischen Spannung *U* beträgt ±5 %. Es leuchtet ein, dass die relative Unsicherheit des Widerstands *R* ebenfalls 5 % betragen würde, wenn *I* fehlerfrei wäre. Den gleichen Einfluss auf das Ergebnis hat aber auch die eben nicht fehlerfreie Stromstärke *I*, für die die relative Unsicherheit ± 1 % beträgt. **Um auszuschließen, dass sich Fehler kompensieren** (eine zu klein gemessene Spannung *U* würde eine zu groß gemessene Stromstärke *I* teilweise oder ganz kompensieren), **werden die relativen Fehler der Einzelgrößen addiert**:
±1 % + ±5 % = ±6 %

H04 ■■

→ **Frage 1.39: Lösung C**

Unter der maximalen relativen Unsicherheit versteht man das Verhältnis aus maximal möglichem Fehler Δ*x* zum Ergebnis *x*. Sie wird üblicherweise in Prozent angegeben. In der Aufgabenstellung errechnet sich unser Ergebnis nach der Beziehung:

$$v = \frac{s}{t}$$

Die relative Unsicherheit von *s* beträgt ±0,5 %. Es leuchtet ein, dass die relative Unsicherheit von *v* ebenfalls 0,5 % betragen würde, wenn *t* fehlerfrei wäre. Den gleichen Effekt auf das Ergebnis hat aber auch die eben nicht fehlerfreie Messgröße *t*, für die

die relative Unsicherheit ebenfalls ±0,5 % beträgt. Für den Fall, dass sich das Ergebnis als Produkt oder Quotient einzelner Messgrößen darstellt (und die relativen Fehler nicht zu groß sind), **addieren** sich also die relativen Fehler der Einzelgrößen zum relativen Gesamtfehler:
±0,5 % + ±0,5 = ±1 %
Die in der Aufgabenstellung angegebenen Messergebnisse 100 s und 110 mm sind für die Berechnung des relativen Gesamtfehlers völlig irrelevant.

H00 ■■

→ **Frage 1.40: Lösung E**

Das Verhältnis aus maximal möglichem Fehler Δx zum Ergebnis x beschreibt die maximale relative Unsicherheit, die in Prozent angegeben wird. Wird eine Länge x von 3 m mit einer Unsicherheit von 5 cm gemessen, dann beträgt der relative Maximalfehler

$$\frac{\Delta x}{x} = \frac{0{,}05\,\text{m}}{3{,}00\,\text{m}} = 0{,}017 = 1{,}7\,\%,$$

wobei im Ergebnis aufgerundet wurde. Da die Abweichung nach zu großen oder zu kleinen Werten auftreten kann, wird der Fehler angegeben als:
$x = (3{,}00 \pm 0{,}05)$ m = 3,00 m ± 1,7 %
0,05 m ist der absolute, 1,7 % der relative Maximalfehler. Wie wirkt sich nun der Fehler einer Messgröße auf ein zusammengesetztes Ergebnis aus, in das die betreffende Größe eingeht? Für den Fall, dass sich das Ergebnis nun als Produkt oder Quotient einzelner Messgrößen darstellt (und die relativen Fehler nicht zu groß sind), wird das folgende Verfahren angewendet. In der Aufgabenstellung errechnet sich unser Ergebnis nach der Beziehung

$$E = \frac{1}{2}\frac{Q^2}{C} = \frac{1}{2}\frac{Q \cdot Q}{C}$$

wobei Q und C Größen mit den Maximalfehlern ΔQ und ΔC (hier jeweils ±2 %) sind. Den Faktor $\frac{1}{2}$ braucht man nicht zu beachten, da er den relativen Fehler der Größe E nicht verändert. Es leuchtet ein, dass das Ergebnis um ±2 % falsch wird, wenn die Größe C einen Fehler von ±2 % besitzt und alle anderen Größen fehlerfrei sind. Den gleichen Einfluss auf das Endergebnis haben alle übrigen Größen in gleicher Weise, d. h. die relativen Fehler der Einzelgrößen addieren sich zum relativen Gesamtfehler. Treten Potenzen auf, dann tritt diese Potenz als Faktor im Fehler auf. Der relative Gesamtfehler für E ergibt damit (Faktor $\frac{1}{2}$ fällt weg, s. o.):

$$\frac{\Delta E}{E} = 2\frac{\Delta Q}{Q} + \frac{\Delta C}{C} = (2 \cdot 2\,\%) + 2\,\% = \underline{\pm 6\,\%}$$

Um auszuschließen, dass sich Fehler kompensieren (im obigen Beispiel würde die zu klein gemessene Ladung Q eine zu groß gemessene Kapazität C teilweise oder ganz kompensieren), werden alle relativen Fehler addiert.

I.14 Mittelwert und Standardabweichung

Um eine Größe x zu messen, benutzt man in der Regel ein Messgerät, das eine bestimmte Genauigkeit zulässt. Je besser die Qualität des Messgerätes ist, um so geringer werden die Schwankungen der einzelnen Messwerte sein. Ein Maß für diese Schwankungen ist die so genannte Standardabweichung der Einzelmessung $\sigma(x)$.
Messen wir z. B. den Durchmesser einer Münze einmal mit einem Maßstab mit Millimetereinteilung, ein zweites Mal mit einer Schieblehre (Ablesegenauigkeit mit Nonius 1/10 Millimeter), so ist die Standardabweichung der Messwerte im zweiten Fall wesentlich geringer als bei der Messung mit dem Maßstab.
Die Standardabweichung der Einzelmessung $\sigma(x)$ ist ein Maß für die Qualität des Messgerätes und hängt nicht von der Anzahl der durchgeführten Messungen ab.
Hat man n Messungen von x durchgeführt, dann erfolgt die Berechnung dieser Größe nach der Beziehung:

$$\sigma(x) = \sqrt{\frac{\sum(x_i - \bar{x})^2}{(n-1)}} \qquad \text{(Gl. 1.30.)}$$

Die Differenzen $(x_i - \bar{x})$ sind die Abweichungen der Einzelmessungen vom Mittelwert. Wie bekannt ist, liefert der Mittelwert

$$\bar{x} = \frac{x_1 + x_2 + \ldots + x_n}{n} = \frac{1}{n}\sum_{i=1}^{n} x_i \qquad \text{(Gl. 1.31.)}$$

einer Messreihe aus n Einzelmessungen einen zuverlässigeren Messwert als eine Einzelmessung. Jedoch schwanken auch diese Mittelwerte noch, wenn man die Messreihe mehrere Male wiederholt. Die Schwankungen der Mittelwerte sind aber wesentlich geringer als diejenigen der einzelnen Messungen und sie werden um so kleiner, je größer die Anzahl n der Einzelwerte einer Messreihe ist, die zur Mittelbildung benutzt werden.
Die Standardabweichung des Mittelwertes $\sigma(\bar{x})$ ist ein Maß für die möglichen statistischen Schwankungen des Mittelwertes einer Messreihe. Sie ist proportional zur Standardabweichung der Einzelmessung und umgekehrt proportional zur Wurzel aus der Anzahl der Messwerte, die zur Mittelbildung benutzt werden.
Der quantitative Zusammenhang lautet also:

$$\sigma(\bar{x}) = \frac{\sigma(x)}{\sqrt{n}} = \sqrt{\frac{\sum(x_i - \bar{x})^2}{n(n-1)}} \qquad \text{(Gl. 1.32.)}$$

Der Mittelwert einer Messreihe ist also um so zuverlässiger, je genauer die Messapparatur ist (kleines $\sigma(x)$) und je mehr Messungen durchgeführt werden (großes n). Die Angabe eines Messergebnisses in der Form
gesuchte Größe $= \overline{x} \pm \sigma(\overline{x}) = \overline{x} \pm \Delta x$

bedeutet anschaulich, dass bei der Wiederholung einer Messreihe der neue Mittelwert mit einer Wahrscheinlichkeit von ca. 70% in den Grenzen $\pm\sigma(\overline{x})$ liegt. (Anstelle von $\sigma(\overline{x})$ schreibt man häufig auch Δx.)

H06 ■

→ **Frage 1.41: Lösung B**

Siehe Kommentar zu Frage 1.42.
Zu **(B)**: Für die Aufgabe:

$$\frac{37{,}2\,°C + 37{,}8\,°C + 37{,}2\,°C + 37{,}5\,°C + 37{,}3\,°C}{5}$$
$$= \frac{187}{5}\,°C = \underline{37{,}4\,°C}$$

Es gibt aber auch eine einfachere Lösung:
Die Messwerte unterscheiden sich nur in den Nachkommazahlen. Der Mittelwert dieser Zahlen muss damit auf jeden Fall 37,X °C sein. Wenn wir nun einfach die Nachkommazahlen der Messwerte aufaddieren und sie durch die Anzahl der Messungen teilen, erhalten wir X:

$$X = \frac{0{,}2 + 0{,}8 + 0{,}2 + 0{,}5 + 0{,}3}{5} = \frac{2{,}0}{5} = 0{,}4$$

Auch so kommen wir zum richtigen Ergebnis 37,4 °C.

H05

→ **Frage 1.42: Lösung E**

Bekanntlich kann man den Mittelwert $\overline{x}$ einer Messreihe errechnen, indem man alle Messwerte aufaddiert und die Summe durch die Zahl der Messwerte teilt. Formal ausgedrückt:

$$\overline{x} = \frac{x_1 + x_2 + \ldots + x_n}{n} = \frac{1}{n}\sum_{i=1}^{n} x_i$$

Dabei ist der Mittelwert $\overline{x}$ multipliziert mit der Anzahl der Messwerte n natürlich genau so groß wie die aufaddierte Summe der wahren Messwerte.
Zu **(E)**: Die Summe aller 50 Messwerte in unserer Aufgabe ist damit:
$\overline{x} \cdot n = 25{,}0\,\text{hPa} \cdot 50 = 1250\,\text{hPa}$
Zieht man davon einen Wert von 50,0 hPa als „Ausreißer" ab, bleiben noch 49 Messwerte übrig, die aufaddiert als Summe 1250 hPa – 50 hPa = 1200 hPa ergeben. Der Mittelwert der Messreihe ohne den Ausreißer ist damit:

$$\frac{1200}{49}\,\text{hPa} = 24{,}49\,\text{hPa} \approx \underline{24{,}5\,\text{hPa}}$$

F08

→ **Frage 1.43: Lösung E**

Diese Frage ist eher etwas für Statistiker. Die Standardabweichung (von Einzelmessungen) $\sigma(x)$ ist ein Maß dafür, wie sehr die n = 100 Messwerte um den Mittelwert streuen und errechnet sich wie folgt:

$$\sigma(x) = \sqrt{\frac{\sum(x_i - \overline{x})^2}{(n-1)}}$$

Die Differenzen $(x_i - \overline{x})$ sind die Abweichungen der Einzelmessungen vom Mittelwert. Sie werden quadriert, aufsummiert und durch die Anzahl der Messungen (n) minus 1 geteilt. Die Standardabweichung ist die Quadratwurzel des so erhaltenen Wertes.
Die Standardabweichung des Mittelwerts $\sigma(\overline{x})$ wiederum ist die Standardabweichung von Einzelmessungen (siehe oben) geteilt durch die Quadratwurzel der Anzahl der Messungen:

$$\sigma(\overline{x}) = \frac{\sigma(x)}{\sqrt{n}}$$

Sie ist ein Maß für die möglichen statistischen Schwankungen des Mittelwerts einer Messreihe (siehe auch Lerntext I.14).
Für die in der Aufgabe beschriebene Standardabweichung der Messwerte $\sigma(x)$ von 1,0 mm bei gemessenen Probanden ergibt sich für die Standardabweichung des Mittelwerts $\sigma(x)$:

$$\sigma(x) = \frac{\sigma(x)}{\sqrt{n}} = \frac{\pm 1{,}0\,\text{mm}}{\sqrt{100}} = \frac{\pm 1{,}0\,\text{mm}}{10} = \pm 0{,}1\,\text{mm}$$

Nun soll aber die Standardabweichung des Mittelwerts $\sigma(\overline{x})$ von ±0,1 mm auf ±0,01 (oder 1/100) mm sinken. Damit muss die Standardabweichung der Messwerte $\sigma(x)$ von ±1,0 mm durch 100 geteilt werden, $\sqrt{n}$ also 100 ergeben. Dies ist der Fall, wenn n = 100 · 100 = 10000 ist ($\sqrt{10000} = 100$).

Abzüglich der schon gemessenen 100 Probanden werden noch 10000 – 100 = 9900 zusätzliche Probanden (Lösung (E) ist richtig) benötigt.

F10

→ **Frage 1.44: Lösung C**

Siehe Kommentar zu Frage 1.45
Zu **(C)**: In unserer Aufgabe ist der Mittelwert 110 cm, die Standardabweichung 5 cm. Alle Werte im Intervall von 105–115 cm liegen deshalb im Bereich **einer** Standardabweichung um den Mittelwert. Damit ist Lösung (C) korrekt: 68% der hier vermessenen Mädchen müssen eine Körpergröße zwischen 105 und 115 cm haben.

H10 ■

→ **Frage 1.45: Lösung C**

Die Normalverteilung (**Gauß-Verteilung**) ist eine kontinuierliche Wahrscheinlichkeitsverteilung. Grafisch dargestellt hat die Gauß-Verteilung die Form einer Glocke.
Die Breite der Normalverteilung hängt von der Streuung der Einzelwerte ab. Die Streuung von Messwerten um den Mittelwert wiederum beschreibt man mit der Standardabweichung σ. Sie errechnet sich nach

$$\sigma(x) = \sqrt{\frac{\sum(x_i - \overline{x})^2}{(n-1)}}$$ siehe Lerntext I.14,

wobei x_i den Einzelwert einer Messreihe, $\overline{x}$ den Mittelwert und n die Anzahl der Messungen darstellt. Für jeden Einzelwert wird $(x_i - \overline{x})^2$ berechnet, die Ergebnisse werden aufsummiert und durch n-1 geteilt. Danach wird die Quadratwurzel gezogen und man erhält die Standardabweichung.
Für die Gauß-Verteilung gilt generell folgender Zusammenhang zur Standardabweichung:

- 68,27 % aller Messwerte liegen innerhalb einer Standardabweichung um den Mittelwert,
- 95,45 % aller Messwerte innerhalb von zwei Standardabweichungen und
- 99,73 % aller Messwerte innerhalb von drei Standardabweichungen.

Zu **(C)**: In unserer Aufgabe ist der Mittelwert 110 cm, die Standardabweichung 5 cm. Alle Werte im Intervall von 105 bis 115 cm liegen deshalb im Bereich **einer** Standardabweichung um den Mittelwert. Dies betrifft 68 % der hier vermessenen Mädchen. Außerhalb der Standardweichung (mit Abweichung nach oben oder unten) liegen daher 32 %. Bei der symmetrischen Gauß-Verteilung liegt die gleiche Anzahl der Verteilungswerte oberhalb und unterhalb der Standardabweichung: 16 % (32/2) oberhalb (von 115 cm, Lösung (C) ist korrekt), und 16 % unterhalb (von 105 cm).

H04 ■

→ **Frage 1.46: Lösung D**

Gefragt ist in dieser Aufgabe nach der Querschnittsfläche des dunkel eingezeichneten äußeren Ringes, der Knochengewebe darstellen soll. Die gesuchte Fläche A kann man errechnen, indem man den Flächeninhalt A_i des inneren Kreises mit dem Innenradius r_i vom Flächeninhalt A_a des äußeren Kreises mit dem Außenradius r_a abzieht:
$A = A_a - A_i$
Eine Kreisfläche berechnet man nach der Formel
$A = \pi \cdot r^2$
Wir erhalten also:

$$A = A_a - A_i = \pi \cdot r_a^2 - \pi \cdot r_i^2 = \underline{\pi(r_a^2 \cdot r_i^2)}$$

H07 ■

→ **Frage 1.47: Lösung B**

Dies wiederum ist eine reine Mathematik-Aufgabe, die mit Physik eigentlich nichts zu tun hat. Aber zur Lösung: Das Volumen einer Kugel errechnet sich nach der Formel:

$$V = \frac{4}{3}\pi r^3$$

Um auszurechnen, welches Innenvolumen 10^9 Zellen mit einem Radius von 10 µm haben, setzen wir den Radius in die obere Formel ein und multiplizieren ihn noch mit der Anzahl der Zellen, 10^9. Da die Zahl π mit 3,14 ungefähr 3 entspricht, kürzen wir sie im ersten Schritt gegen die 3 im Nenner, um die Rechnung zu vereinfachen:

$$V_{gesamt} = \frac{4}{3}\pi\,(10\,\mu m)^3 \cdot 10^9 = 4 \cdot (10 \cdot 10^{-6}\,m)^3 \cdot 10^9$$
$$= 4 \cdot 1000 \cdot 10^{-18}\,m^3 \cdot 10^9 = 4000 \cdot 10^{-9}\,m^3$$
$$= 4 \cdot 10^{-6}\,m^3$$

Nun haben wir das Ergebnis des Innenvolumens aller Zellen – allerdings in der Einheit m^3.
1 m^3 enthält 1000 (=10^3) l oder 10^6 ml. Unser Ergebnis von $4 \cdot 10^{-6}\,m^3$ entspricht damit <u>4 ml</u>.

H10 ■

→ **Frage 1.48: Lösung C**

Zu **(C)**: Jeder Würfel mit einer Kantenlänge von 10 µm hat ein Volumen von:

$$V = (10\,\mu m)^3 = (10 \cdot 10^{-6}\,m)^3 = (10 \cdot 10^{-4}\,cm)^3 = 1000 \cdot 10^{-12}\,cm^3 = 1 \cdot 10^{-9}\,cm^3$$

In ein Volumen von 1 cm^3 passen

$$n = \frac{1\,cm^3}{1 \cdot 10^{-9}\,cm^3} = \underline{1 \cdot 10^9}$$

also 1 Milliarde Würfel einer Kantenlänge von 10 µm.

F06

→ **Frage 1.49: Lösung B**

Eine etwas ungewöhnliche Frage für ein Physikum, aber durchaus interessant: Die Noniusskala ist ein schon sehr altes Hilfsmittel, das die Messgenauigkeit von Längenmessungen steigert. Etabliert hat dieses Prinzip nicht etwa ein Herr Nonius, sondern schon 1631 der französische Mathematiker Pierre Vernier.
Man benötigt nach diesem Verfahren zwei Skalen, eine feste und eine bewegliche. Die bewegliche Skala hat in unserem Beispiel 11 Teilstriche (0 bis 10) in einem Abstand von jeweils 0,9 mm. Durch diesen Abstand gibt es bei 11 Teilstrichen immer **einen** Teilstrich, der genau mit einem Strich der festen Skala übereinstimmt; dieser Teilstrich bestimmt die „Zehntel-Millimeter".

Zur Aufgabe:
Die bewegliche Skala beginnt auf der festen Skala bei 2 cm (der nächste Strich in linker Richtung von Beginn der beweglichen Skala an). Dies gibt die „ganzen" Millimeter = 2 cm oder umgerechnet eben 20 mm an. Nun ermitteln wir die Zehntel-Millimeter: Der 8-te Teilstrich der unteren beweglichen Skala stimmt mit einem Strich auf der oberen festen Skala genau überein. Damit haben wir als letzte Stelle der Längenmessung 0,8 mm ermittelt! Endergebnis ist damit: 20,8 mm
Mit bloßem Auge (ohne Lupe oder ähnliche Instrumente) können mit dieser Methode übrigens Messungen bis auf 5/100 mm Genauigkeit durchgeführt werden! So genau arbeiten die Orthopäden aber dann doch nicht ...

1.3 Zusammenhänge zwischen physikalischen Größen

■

→ **Frage 1.50: Lösung B**

Ein Vergleich mit Abb. 2.1 zeigt, dass (B) die richtige Darstellung ist.
Zu **(A):** Dieses Diagramm zeigt einen am Ort s_0 ruhenden Körper (s ändert sich nicht mit t).
Zu **(C):** Hier springt der Körper zu einem bestimmten Zeitpunkt mit unendlicher Geschwindigkeit (senkrechte Gerade = Steigung ∞!) auf den Ort s_0 und bleibt dort.
Zu **(D)** und **(E):** Auch diese Diagramme beschreiben gleichförmige Bewegungen mit $v > 0$, jedoch ist in (D) $s_0 < 0$ (die Gerade würde die s-Achse unterhalb des Nullpunktes schneiden), in (E) ist $s_0 = 0$ (die Gerade verläuft durch den Ursprung).

F09 ■■

→ **Frage 1.51: Lösung B**

Zu **(B)**: Der Volumenelastizitätskoeffizient berechnet sich wie folgt:

$$E' = \frac{\Delta p}{\Delta V}$$

Gefragt wird nach $\boldsymbol{E'}$ im Druckbereich von 10 kPa bis 15 kPa ($\boldsymbol{\Delta p}$ = 15 kPa – 10 kPa = 5 kPa). Wird auf der Y-Achse der Bereich zwischen 10 kPa und 15 kPa markiert, liegen die korrespondierenden Werte auf der X-Achse zwischen 150 ml und 180 ml ($\boldsymbol{\Delta V}$ = 180 ml – 150 ml = 30 ml).

$$E' = \frac{\Delta p}{\Delta V} = \frac{5\,\text{kPa}}{30\,\text{ml}} = 0{,}1\bar{6}\,\text{kPa/ml} \approx \underline{0{,}17\,\text{kPa/ml}}$$

F07 ■■

→ **Frage 1.52: Lösung B**

Hier handelt es sich um eine relativ einfache mathematische Aufgabe, die in einen kompliziert klingenden Text verpackt ist; Wir könnten auch sagen: Die Ursprungszahl ist p_0. Wir reduzieren diese Zahl zunächst um 10 %, danach nochmals um 50 %. Die jetzt erhaltene Zahl nennen wir p_1. Wie ist das Verhältnis p_1/p_0 der beiden Zahlen?
Zur Berechnung:
$p_1 = ((1\,p_0 - 10\,\%) - 50\,\%) = (0{,}9\,p_0 - 50\,\%) = 0{,}45\,p_0$
Daraus ergibt sich: $p_1/p_0 = \underline{0{,}45}$

H09 ■

→ **Frage 1.53: Lösung B**

Zu **(B)**: Hier ist die so genannte „**Immunadsorption**" beschrieben. Sie wird **zur Entfernung von Autoantikörpern und Immunkomplexen aus dem Blutplasma** bei bestimmten Autoimmunerkrankungen (z. B. Guillain-Barré-Syndrom) bzw. antikörpervermittelten Abstoßungsreaktionen therapeutisch genutzt. Grundsätzlich ist die Aufgabe jedoch eher der Mathematik als der Physik zuzuordnen: **Wenn 2 Stunden lang 100 mL/min Blut durch** eine **Maschine fließen und vom hindurchströmenden Blutplasma (60 % Volumenanteil** an Blut) **¾ vorübergehend abgetrennt** und durch Adsorbersäulen geleitet **werden, errechnet sich das Plasmavolumen wie folgt**:

$$\begin{aligned} V_{\text{Blutplasma Ads}} &= 2\,\text{h} \cdot 100\frac{\text{ml}}{\text{min}} \cdot \frac{3}{4} \cdot 60\,\% \\ &= 120\,\text{min} \cdot 0{,}1\frac{\text{l}}{\text{min}} \cdot \frac{3}{4} \cdot 60\,\% \\ &= 12\,\text{l} \cdot \frac{3}{4} \cdot 60\,\% = 9\,\text{l} \cdot 60\,\% \end{aligned}$$

Setzt man das ins Verhältnis zur gesamten Blutplasmamenge (Produkt aus Gesamtblutvolumen und Plasmaanteil, 6 l · 60 %) **erhält man**:

$$\frac{V_{\text{Blutplasma Ads}}}{V_{\text{Gesamtplasma}}} = \frac{9\,\text{l} \cdot 60\,\%}{6\,\text{l} \cdot 60\,\%} = \frac{9\,\text{l}}{6\,\text{l}} = \underline{1{,}5}$$

1.4 Kommentare aus Examen Frühjahr 2011

F11 ■■

→ **Frage 1.54: Lösung B**

Zu **(B)**: Die **elektrische Leistung *P*** errechnet sich aus dem **Produkt von Spannung und Stromstärke**:
$P = U \times I$
Gefragt ist allerdings nicht die Leistung ***P***, sondern die Arbeit bzw. **Energie *W***. Der Zusammenhang zwischen diesen Größen ist einfach: Leistung ist Arbeit/Energie geteilt durch Zeit:
$P = W/\Delta t$

Daraus folgt: **Arbeit/Energie** ist das **Produkt aus Leistung und Zeit**:
$W = P \times \Delta t = U \times I \times \Delta t$
Die Energie, die hier im Körper durch den Stromfluss umgesetzt wird, ist daher:
$W = 230\,V \times 10\,mA \times 0{,}2\,s = 230\,V \times 10 \times 10^{-3}\,A \times 0{,}2\,s = 230\,V \times 2 \times 10^{-3}\,As = 460 \times 10^{-3}\,J = 0{,}46\,J \approx \mathbf{0{,}5\,J}$

F11 ■

→ **Frage 1.55: Lösung D**

Zu **(D)**: Fließt während einer Zeitdauer Δt ein konstanter elektrischer Strom I durch einen Leiter, dann ist insgesamt die folgende Ladungsmenge geflossen (Einheit der Ladung: Coulomb, abgekürzt C):

$Q = I \times \Delta t$

Umgekehrt **erzeugt eine Ladung *Q***, die einem Kondensator in der **Zeit Δ*t*** entnommen wird, einen **Stromfluss *I***:

$I = Q / \Delta t$

Nach dem Einsetzen erhalten wir:

$$I = \frac{Q}{\Delta t} = \frac{1{,}2\ \mu C}{0{,}4\ ms} = \frac{1{,}2 \times 10^{-6} C}{0{,}4 \times 10^{-3} s} = 3 \times 10^{-3} A = 3\ mA$$

F11 ■

→ **Frage 1.56: Lösung E**

Zu **(E)**: Dies ist eine reine Mathematik-Aufgabe. Hat ein Mensch 4 Millionen (4×10^6) Erythrozyten pro µl (10^{-6} l) Blut, enthält 1 l seines Blutes:

$4 \times 10^6 \times 10^6 = 4 \times 10^{12}$ Erythrozyten

In 6 l Blut sind demzufolge:

$6 \times 4 \times 10^{12} =$ **24×10^{12} Erythrozyten**

2 Mechanik

2.1 Bewegungen

II.1 Die gleichförmige Bewegung

Man spricht von einer gleichförmigen Bewegung, wenn sich ein Körper mit konstanter Geschwindigkeit (v = const.) bewegt. Die auf ihn wirkende Beschleunigung ist in diesem Fall stets null ($a = 0$). Die Geschwindigkeit eines gleichförmig bewegten Körpers erhält man, indem man die im Zeitraum Δt zurückgelegte Strecke Δs durch Δt dividiert:

$$v = \frac{\Delta s}{\Delta t};\ [v] = m/s \qquad \text{(Gl. 2.1.)}$$

Für die Zeitabhängigkeit des Weges $s(t)$ gilt die Beziehung

$$s(t) = v \cdot t + s_0 \qquad \text{(Gl. 2.2.)}$$

s_0 ist dabei die zum Zeitpunkt $t = 0$ bereits zurückgelegte Strecke ($s(t = 0) = s_0$).
In einer grafischen Darstellung (dem sog. Weg-Zeit-Diagramm oder s(t)-Diagramm) ist dies eine Gerade mit der (positiven oder negativen) Steigung v und dem Achsenabschnitt s_0 auf der s-Achse (Abb. 2.1).

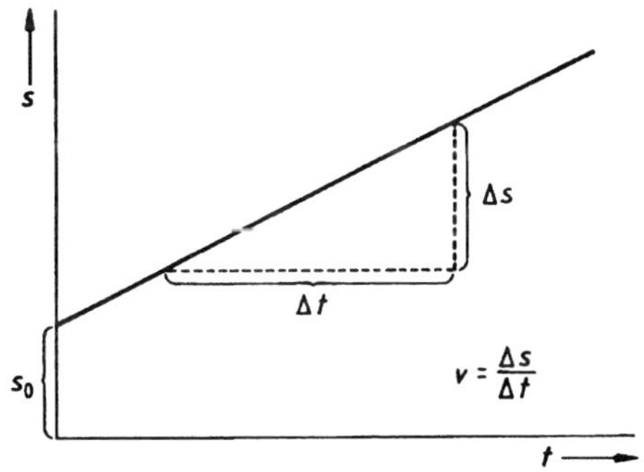

Abb. 2.1 Die grafische Darstellung einer gleichförmigen Bewegung im Weg-Zeit-Diagramm ist eine Gerade. Ihre Steigung ist gleich der Geschwindigkeit.

H02 ■

→ **Frage 2.1: Lösung E**

Beide Moleküle bewegen sich in gleicher Richtung (radial von der Drehachse weg) mit konstanten, aber unterschiedlichen Geschwindigkeiten. Die Entfernung der beiden Moleküle zueinander zu jedem Zeitpunkt errechnet sich aus der Differenz der Geschwindigkeiten:
$\Delta v = (v_2 - v_1)$ multipliziert mit der vergangenen Zeit t. Gesucht ist die Zeit t, nach der der Entfernungsunterschied der beiden Molekülgruppen genau 1 cm beträgt:
$\Delta v \cdot t = (v_2 - v_1) \cdot t = 1\ \text{cm}$

$$t = \frac{1\ \text{cm}}{(v_2 - v_1)} = \frac{1\ \text{cm}}{1\ \text{mm/h}} = \frac{1\ \text{cm}}{0{,}1\ \text{cm/h}} = \underline{10\ \text{h}}$$

II.2 Die gleichförmig beschleunigte Bewegung

Wirkt auf einen Körper eine konstante Beschleunigung (a = const. $\neq 0$), dann führt er eine gleichförmig beschleunigte Bewegung aus.
Man kann die Beschleunigung berechnen, indem man die im Zeitraum Δt erfolgte Geschwindigkeitsänderung Δv durch Δt dividiert:

$$a = \frac{\Delta v}{\Delta t};\ [a] = m/s^2 \qquad \text{(Gl. 2.3.)}$$

Für die Zeitabhängigkeit von Geschwindigkeit und zurückgelegtem Weg gelten die folgenden Beziehungen:

$$v(t) = a \cdot t + v_0 \qquad \text{(Gl. 2.4.)}$$

$$s(t) = \frac{1}{2} a \cdot t^2 + v_0 t + s_0 \qquad \text{(Gl. 2.5.)}$$

v_0 und s_0 sind Geschwindigkeit und Ort des Körpers zu Beginn der Bewegung. Die grafische Darstellung dieser Beziehungen hat das folgende Aussehen:
Gleichung 2.4: Geschwindigkeits-Zeit-Diagramm (Abb. 2.2)
Gerade mit positiver ($a > 0$) oder negativer ($a < 0$) Steigung, und Achsenabschnitt v_0 auf der v-Achse.
Gleichung 2.5: Weg-Zeit-Diagramm (Abb. 2.3)
Für den Sonderfall $v_0 = s_0 = 0$ ist dies eine ansteigende Parabel
($s \sim t^2$):

$$s(t) = \frac{1}{2} a \cdot t^2$$

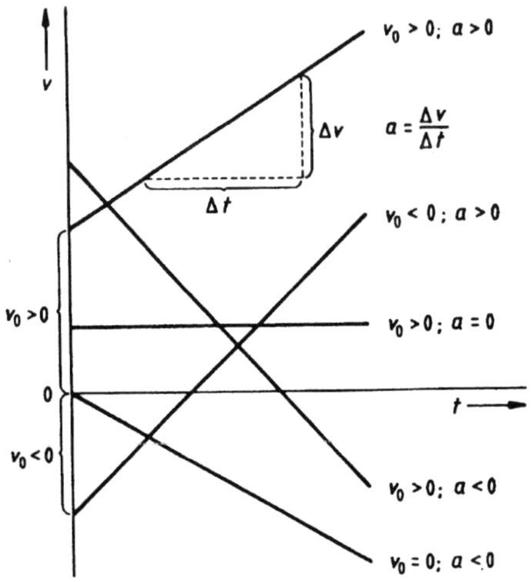

Abb. 2.2 Geraden in einem Geschwindigkeits-Zeit-Diagramm gehören zu gleichförmig beschleunigten Bewegungen. Die Steigung ist gleich der Beschleunigung. Ist die Gerade parallel zur **t**-Achse, dann handelt es sich um eine gleichförmige Bewegung (**a** = 0 und **v** = const.).

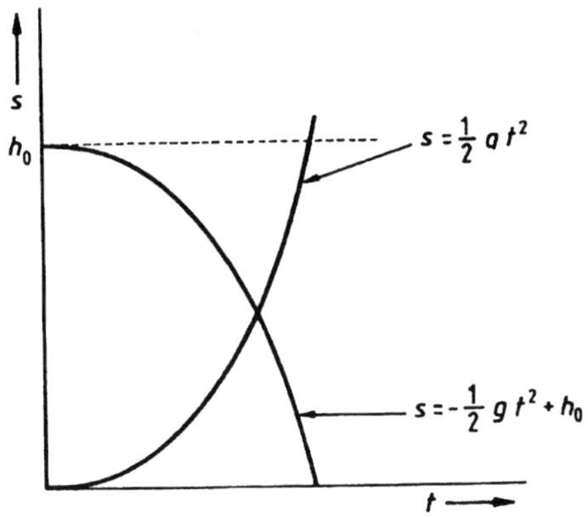

Abb. 2.3 Weg-Zeit-Diagramm einer gleichförmig beschleunigten Bewegung.

F10 ■

→ **Frage 2.2: Lösung D**

Zu **(D)**: Der Zusammenhang zwischen Beschleunigung ***a***, Geschwindigkeit(en) ***v*** und zurückgelegter Strecke ***s*** eines bewegten Körpers bei einer **gleichförmigen Beschleunigung** lautet:

$$a = \frac{(v_2^2 - v_1^2)}{2s};\ [a] = \frac{m}{s^2}$$

Wenn wir einsetzen (Anfangsgeschwindigkeit $v_1 = 4\,\text{m/s}$, Endgeschwindigkeit $v_2 = 0\,\text{m/s}$, Strecke 10 mm = 0,01 m), erhalten wir:

$$a = \frac{(0\,\frac{\text{m}}{\text{s}})^2 - (4\,\frac{\text{m}}{\text{s}})^2}{2 \cdot 0{,}01\,\text{m}} = \frac{-16\,\frac{\text{m}^2}{\text{s}^2}}{0{,}02\,\text{m}} = -800\,\frac{\text{m}}{\text{s}^2}$$

Der Absolutbetrag (ohne Vorzeichen) ist damit $800\,\frac{\text{m}}{\text{s}^2}$, Lösung (D) ist korrekt.

Ein Aufprall mit dieser Verzögerung dürfte ausgesprochen schmerzhaft sein.

II.3 Durchschnittsgeschwindigkeit und Momentangeschwindigkeit

Ist die Bewegung eines Körpers in einem $s(t)$-Diagramm gegeben, dann lässt sich daraus auf grafischem Wege die Durchschnittsgeschwindigkeit $\overline{v}$ in einem Zeitraum $\Delta t = t_2 - t_1$ und die Momentangeschwindigkeit v zu einem Zeitpunkt t_0 ermitteln (Abb. 2.4).

Die Durchschnittsgeschwindigkeit $\overline{v}$ zwischen den Zeiten t_1 und t_2 erhält man, wenn man die Steigung der Verbindungsgeraden zwischen den Kurvenpunkten P_1 und P_2 berechnet:

$$\overline{v} = \frac{s_2 - s_1}{t_2 - t_1} \quad \text{(Gl. 2.6.)}$$

Sie ist unabhängig davon, wie sich der Körper zwischen den Punkten P_1 und P_2 bewegt (siehe gestrichelte Kurve in Abb. 2.4).

Die Momentangeschwindigkeit zu einem bestimmten Zeitpunkt t_0 erhält man aus der Steigung der $s(t)$-Kurve an dieser Stelle. Um sie zu berechnen, wird eine Tangente an die Kurve gezeichnet und mit Hilfe eines Steigungsdreiecks deren Steigung ermittelt.

$$v(t_0) = \frac{\Delta s_0}{\Delta t_0} \quad \text{(Gl. 2.7.)}$$

Formal mathematisch ergibt sich die Momentangeschwindigkeit aus dem Differenzialquotienten:

$$v = \frac{\mathrm{d}s(t)}{\mathrm{d}t} \quad \text{(Gl. 2.7a)}$$

In gleicher Weise ist die Steigung der $v(t)$-Kurve gleich der momentanen Beschleunigung:

$$a = \frac{\mathrm{d}v(t)}{\mathrm{d}t} \quad \text{(Gl. 2.8.)}$$

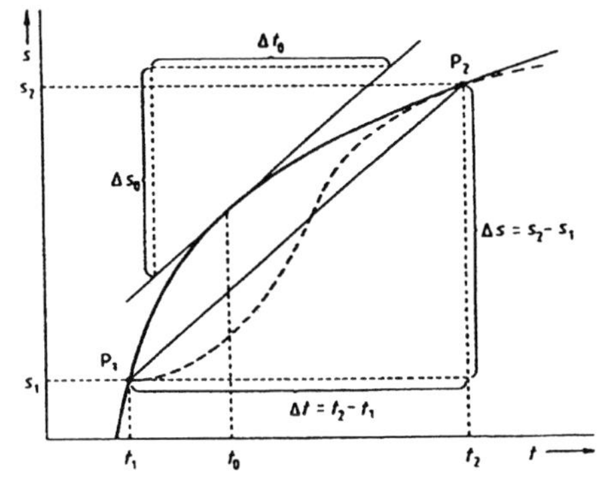

Abb. 2.4 In dieser Abbildung sind zwei Möglichkeiten einer ungleichförmigen Bewegung zwischen den Punkten P_1 und P_2 dargestellt (dicke und gestrichelte Linie). Die Durchschnittsgeschwindigkeit (Steigung der Verbindungsgeraden zwischen P_1 und P_2) ist für beide Bewegungen gleich. Die Steigung der Tangente ergibt die Momentangeschwindigkeit zu einem bestimmten Zeitpunkt.

Merke!
Bei Fragen, die den Zusammenhang zwischen s(t)-, v(t)- und a(t)-Diagrammen betreffen, achte man genau darauf, welche Größe aufgetragen ist. Es gilt immer: Steigung der s(t)-Kurve ist gleich der Momentangeschwindigkeit, Steigung der v(t)-Kurve ist die momentane Beschleunigung, nie umgekehrt!

H98 ■■

→ **Frage 2.3: Lösung C**

Siehe Lerntext II.3.
Das Weg-Zeit-Diagramm kann so interpretiert werden: Die Geschwindigkeit nimmt aus der Ruhe (t_1) zunächst zu, bleibt dann zwischen t_2 und t_3 bei maximalen Werten **konstant** (Gerade) und nimmt ab t_3 wieder bis zur Ruhe (t_4) ab.
Daraus ergibt sich in Bezug auf die Antworten:
Zu **(A):** Zum Zeitpunkt t_3 ist die Geschwindigkeit **größer** als zum Zeitpunkt t_4.
Zu **(B):** Zum Zeitpunkt t_1 ist die Geschwindigkeit **kleiner** als zum Zeitpunkt t_2.
Zu **(C):** Die mittlere Geschwindigkeit zwischen t_1 und t_4 entspricht der Steigung einer Geraden zwischen dem Anfangs- und Endpunkt der Kurve. Die Steigung dieser Geraden ist kleiner als die der Geraden bei maximaler Geschwindigkeit zwischen t_2 und t_3 – Lösung (C) ist richtig.
Zu **(D):** Die Beschleunigung ist im Zeitintervall zwischen t_3 und t_4 **negativ** (die Geschwindigkeit nimmt ab).
Zu **(E):** Die mittlere Beschleunigung ist im Zeitintervall zwischen t_1 und t_2 **größer** als im Zeitintervall t_2 und t_3 – da ist nämlich bei konstanter Geschwindigkeit (Gerade!) die Beschleunigung 0.

H08 ■

→ **Frage 2.4: Lösung B**

Die **Geschwindigkeit** v ist bekanntermaßen definiert als Quotient aus zurückgelegter Strecke Δs und benötigter Zeit Δt:

$$v = \frac{\Delta s}{\Delta t}$$

Die Wachstumsgeschwindigkeit (v) ist also die Veränderung in Körpergröße (Δs) geteilt durch die benötigte Zeit in Monaten (Δt).
Die zweite Hälfte des 1. Lebensjahres ist die Zeit vom 6. bis zum 12. Monat: Damit ist Δt = 6 Monate. Im Diagramm können wir ablesen, dass das Mädchen im Alter von 6 Monaten genau 67 cm groß war, mit 12 Monaten genau 76 cm.
Damit ist Δs = 76 cm – 67 cm = 9 cm. Nun setzen wir ein:

$$v = \frac{\Delta s}{\Delta t} = \frac{9\,\text{cm}}{6\,\text{Monate}} = \underline{1{,}5\,\text{cm/Monat}}$$

F06 ■■

→ **Frage 2.5: Lösung D**

Die Definition der Geschwindigkeit v lautet: Legt ein Körper im Zeitintervall Δt eine Strecke Δs zurück, dann bezeichnet man den Quotienten $\Delta s/\Delta t$ als die Geschwindigkeit des Körpers:

$$v = \frac{\Delta s}{\Delta t}$$

Hierbei ist es egal, ob es sich um einen festen Körper oder auch um die Pulswelle handelt. Die zu errechnende Dauer Δt erhalten wir durch Umformung und Einsetzen:

$$\Delta t = \frac{\Delta s}{v} = \frac{30\,\text{cm}}{6\,\text{m/s}} = \frac{0{,}3\,\text{m}}{6\,\text{m/s}} = 0{,}05\,\text{s} = \underline{50\,\text{ms}}$$

H06 ■■

→ **Frage 2.6: Lösung D**

Die Nervenleitgeschwindigkeit ist wie jede Geschwindigkeit v definiert als zurückgelegter Weg s durch die benötigte Zeit t:

$$v = \frac{s}{t};\quad [v] = \frac{\text{m}}{\text{s}}$$

Die Strecke s ist hier 42 cm lang (die Entfernung der beiden Reizorte voneinander). Bei Reizung am Oberarm beginnt das Summenaktionspotential nach 10,5 ms, bei Reizung am Handgelenk nach 2,1 ms. Da beide Orte oberhalb des Erfolgsortes (M. abductor digiti minimi) liegen, ist die zur Strecke s

gehörende Zeit t die Differenz zwischen beiden Zeiten: 10,5 ms – 2,1 ms = 8,4 ms.
Wir setzen nun ein und bringen das Ergebnis auf SI-Einheiten ohne Vorsätze:

$$v = \frac{s}{t} = \frac{42\,\text{cm}}{8{,}4\,\text{ms}} = \frac{42 \cdot 10^{-2}\,\text{m}}{8{,}4 \cdot 10^{-3}\,\text{s}} = \frac{42 \cdot 10^{1}\,\text{m}}{8{,}4\,\text{s}} = \frac{420\,\text{m}}{8{,}4\,\text{s}}$$
$$= 50\,\frac{\text{m}}{\text{s}}$$

F92 H85 ■■

→ **Frage 2.7: Lösung D**

Zu **(A):** Die Geschwindigkeit v (= Steigung der $s(t)$-Kurve) ist am Anfang des Diagramms größer als am Ende. Sie hat sich an der gekrümmten Stelle verringert, hier war die Beschleunigung **negativ**.
Zu **(B):** In II ist die Geschwindigkeit (= Steigung) **kleiner** als in I.
Zu **(C):** Die Beschleunigung des Körpers ist sowohl in I als auch in II **gleich 0**, da ein gerader Kurvenverlauf der $s(t)$-Kurve konstante Geschwindigkeit bedeutet.
Zu **(D):** Genau an einer Stelle des gekrümmten Teils kann eine Tangente (ihre Steigung ist ein Maß für die Momentangeschwindigkeit an dieser Stelle) gezeichnet werden, die parallel zur Verbindungslinie zwischen Anfangs- und Endpunkt der Kurve (ihre Steigung ist ein Maß für die mittlere Geschwindigkeit des Körpers während des gesamten Zeitintervalls Δt) verläuft.
Zu **(E):** In I ist die Geschwindigkeit (Steigung) **größer** als die mittlere Geschwindigkeit.

H02 ■■

→ **Frage 2.8: Lösung D**

Die Grafik stellt ein v(t)-Diagramm dar, in dem die Geschwindigkeit gegen die Zeit aufgetragen wird. In einem solchen Diagramm ist die **Steigung** gleich der **Beschleunigung a.** Da die gegebene **Beschleunigung negativ** ist, muss das Ergebnis eine **fallende Gerade** sein, (A) und (B) scheiden aus.
Die negative Steigung soll genau $-1\frac{\text{m}}{\text{s}^2}$ betragen, also muss die Geschwindigkeit um $1\frac{\text{m}}{\text{s}}$ abnehmen: Lösungsmöglichkeit (D) ist korrekt.

Bei (A) beträgt die Steigung $+1\frac{\text{m}}{\text{s}^2}$, bei (B) $0\frac{\text{m}}{\text{s}^2}$, bei (C) $-0{,}5\frac{\text{m}}{\text{s}^2}$, bei (E) $-2\frac{\text{m}}{\text{s}^2}$.

II.4 Die Kreisbewegung

Bewegt sich ein Körper mit konstanter Geschwindigkeit auf einer Kreisbahn, dann gibt die Umlauffrequenz f an, wie oft er in einer Sekunde die Bahn durchläuft. f ist gleich dem Kehrwert der Umlaufzeit T:

$$f = \frac{1}{T};\ [f] = \text{s}^{-1} \qquad \text{(Gl. 2.9.)}$$

Man kann auch den Winkel betrachten, der von der Verbindungslinie Kreismittelpunkt–Körper („Ortsvektor") überstrichen wird. Für einen Umlauf beträgt dieser (im Bogenmaß) 2π bei f Umläufen

$\omega = 2\pi f$; $[\omega] = \text{s}^{-1}$ (Gl. 2.10.)

ω nennt man die Kreisfrequenz oder auch Winkelgeschwindigkeit, da diese Größe den in einer Sekunde überstrichenen Winkel angibt:

$$\omega = \frac{\Delta\varphi}{\Delta t} \qquad \text{(Gl. 2.11.)}$$

Zwischen der Winkelgeschwindigkeit und der Geschwindigkeit v, mit der sich der Körper längs der Bahn (Radius r) bewegt, besteht der folgende Zusammenhang:

$v = \omega \cdot r$ (Gl. 2.12.)

Während der Kreisbewegung wirkt eine betragsmäßig konstante, zum Kreismittelpunkt gerichtete Beschleunigung a_z (Zentripetalbeschleunigung), die den Körper auf seiner Bahn hält.

$$a_z = \frac{v^2}{r} = \omega^2 \cdot r;\ [a_z] = \text{m/s}^2 \qquad \text{(Gl. 2.13.)}$$

Würde die Zentripetalkraft (d. h. die Ursache für die Zentripetalbeschleunigung) plötzlich wegfallen, dann würde sich der Körper in Richtung seiner Momentangeschwindigkeit, d. h. in Richtung der Bahntangente T weiterbewegen (Abb. 2.5).

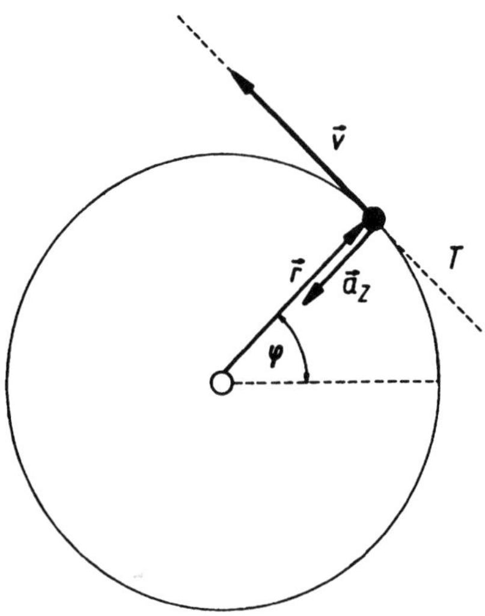

Abb. 2.5 Bewegt sich ein Körper auf einer Kreisbahn mit dem Radius $\vec{r}$, dann wirkt eine Zentripetalbeschleunigung $\vec{a}_z$ zum Kreismittelpunkt, die Momentangeschwindigkeit $\vec{v}$ ist stets in Richtung der Bahntangente gerichtet.

Klinischer Bezug
Mittels einer Zentrifuge kann man Blut in seine korpuskulären (Blutkörperchen) und flüssigen (Blutplasma) Bestandteile trennen. Dabei nutzt man die Zentripetalkraft, die durch die Kreisbewegung der Zentrifuge entsteht. Die Zentripetalkraft lässt die schwereren Blutkörperchen auf den Boden des Probenröhrchens sinken.

H00 ■

→ **Frage 2.9: Lösung B**

Siehe Kommentar zu Frage 2.13.
Zu **(B)**: Bewegt sich ein Körper auf einer Kreisbahn mit dem Radius $\vec{r}$, dann wirkt eine Zentripetalbeschleunigung $\vec{a_z}$ zum Kreismittelpunkt, die Momentangeschwindigkeit $\vec{v}$ ist stets in Richtung der Bahntangente gerichtet.
Die Kreisfrequenz ω errechnet sich aus der Frequenz f und dem Winkel, der von der Verbindungslinie Kreismittelpunkt–Körper („Ortsvektor") überstrichen wird. Für einen Umlauf beträgt dieser (im Bogenmaß) 2π.
$\omega = 2\pi f$. Eingesetzt in die obere Formel ergibt sich:
$a_z = \omega^2 \cdot r = (2\pi f)^2 \cdot r = (2\pi)^2 \cdot f^2 \cdot r$, umgeformt und bezogen auf die Aufgabe:

$$\frac{a_z}{r \cdot (2\pi)^2} = f^2 = \frac{10^5 \cdot g}{0{,}1\,\text{m} \cdot 4\pi^2} = \frac{10^6\,\text{m}}{0{,}1\,\text{m} \cdot 40 \cdot \text{s}^2} = \frac{10^6}{4\,\text{s}^2}$$
$$= 2{,}5 \cdot 10^5 \text{s}^{-2}$$

f ist also: $\sqrt{2{,}5 \cdot 10^5 \cdot \text{s}^{-2}} = \underline{5 \cdot 10^2 \text{s}^{-1}}$

F02 ■

→ **Frage 2.10: Lösung B**

Während einer Kreisbewegung wirkt eine betragsmäßig konstante, zum Kreismittelpunkt gerichtete Beschleunigung a_z, die den Körper auf seiner Bahn hält (siehe auch Lerntext II.4):
$a_z = \omega^2 \cdot r$
Dabei ist r der Radius und ω die sog. Kreisfrequenz, die den in einer Sekunde überstrichenen Winkel angibt. Sie errechnet sich aus:
$\omega = 2\pi \cdot f$
Wenn die Drehzahl der Zentrifuge um das Dreifache erhöht wird, verändern sich die Frequenz f und folglich auch die Kreisfrequenz ω auf das Dreifache. Die Zentrifugalbeschleunigung steigt damit auf das **Neunfache** (die Kreisfrequenz ω geht nach obiger Formel quadratisch in die Beschleunigung ein, $3^2 = 9$): Die Zentrifugalbeschleunigung ist 9 mal so groß wie zuvor (9·g), nämlich 81·g.

H01

→ **Frage 2.11: Lösung D**

Alle benötigten Angaben zum Begriff Sedimentationskonstante sind in der Aufgabenstellung enthalten: Die Sedimentationskonstante S_K ist der Quotient aus Sedimentationsgeschwindigkeit v_S und Zentrifugalbeschleunigung a_Z:

$$S_K = \frac{v_S}{a_Z}$$

Serumalbuminmoleküle bewegen sich bei einer Zentrifugalbeschleunigung a_Z von $2 \cdot 10^5 \cdot g = 2 \cdot 10^6 \frac{\text{m}}{\text{s}^2}$ mit konstanter Sedimentationsgeschwindigkeit v_S. Die Sedimentationskonstante S_K soll $5\,S = 5 \cdot 10^{-13}$ s betragen.
Wir formen um, um zunächst die Sedimentationsgeschwindigkeit v_S zu berechnen:
$v_S = S_K \cdot a_Z$
Wir setzen ein:

$$v_S = 5 \cdot 10^{-13}\,\text{s} \cdot 2 \cdot 10^6 \frac{\text{m}}{\text{s}^2} = 10 \cdot 10^{-7} \frac{\text{m}}{\text{s}} = 1 \cdot 10^{-6} \frac{\text{m}}{\text{s}}$$

Gefragt ist jedoch nicht die Sedimentationsgeschwindigkeit v_S, sondern die Zeit, in der die Moleküle eine Strecke von 1 cm = 0,01 m zurückgelegt haben. Nach $v = \frac{s}{t}$ lässt sich diese Zeit durch Umformung errechnen:

$$t = \frac{s}{v_S} = \frac{0{,}01\,\text{m}}{1 \cdot 10^{-6} \frac{\text{m}}{\text{s}}} = \frac{1 \cdot 10^{-2}\text{m}}{1 \cdot 10^{-6} \frac{\text{m}}{\text{s}}} = \frac{1\,\text{m}}{1 \cdot 10^{-4} \frac{\text{m}}{\text{s}}}$$
$$= \underline{1 \cdot 10^4\,\text{s}}$$

H09 ■

→ **Frage 2.12: Lösung E**

Zu **(D)** und **(E)**: Wenn ein **in Bewegung befindliches geladenes Teilchen** in ein **magnetisches Feld eintritt**, **wird** es in diesem Feld **abgelenkt** und **ändert seine ursprüngliche Richtung** in eine **Kreisbahn**. Ursache der Richtungsänderung ist die **Lorentzkraft**: Sie ist vom Magnetfeld verursacht und steht senkrecht sowohl zu den magnetischen Feldlinien als auch **senkrecht zur Bewegungsrichtung/Geschwindigkeit** des Teilchens ((D) ist falsch). Eine Kreisbahn kann ein Teilchen nur dann beschreiben, wenn es durch eine **senkrecht zur Geschwindigkeit stehende Beschleunigung** seine Bewegungsrichtung permanent verändert.
Zu **(A)**: Der Radius r der Kreisbahn ist abhängig vom Impuls des Teilchens (im Magnetfeld wird nur die Richtung, aber nicht der absolute Betrag der Geschwindigkeit verändert). Die **Ladung des Teilchens** hat **keine Auswirkung auf den Radius der Kreisbahn**.
Zu **(B)** und **(C)**: Je größer der Impuls M des Teilchens (Produkt aus Masse und Geschwindigkeit, $M = m \cdot v$), desto größer der Radius r der Kreisbahn im magnetischen Feld. **Damit ist der Radius r pro-**

portional zur Masse und Geschwindigkeit des Teilchens (siehe Abb. 2.5 in Lerntext II.4).
Damit sich ein Körper auf einer konstanten Kreisbahn mit dem Radius r bewegt, muss senkrecht zur Geschwindigkeit $(\vec{v})$ eine Beschleunigung wirken (hier $(\vec{a}_Z)$).

H10 ■

→ **Frage 2.13: Lösung D**

Wenn sich ein Körper mit konstanter Geschwindigkeit auf einer Kreisbahn bewegt, wirkt eine betragsmäßig konstante, zum Kreismittelpunkt gerichtete Beschleunigung a_z (Radial- oder Zentripetalbeschleunigung), die den Körper in seiner Bahn hält.

$$a_Z = \frac{v^2}{r} = \omega^2 \cdot r$$

wobei man ω die Kreisfrequenz nennt (siehe Abb. 2.5 in Lerntext II.4).
Zu **(D)**: Die Kreisfrequenz ω errechnet sich aus der Frequenz f und dem Winkel, der von der Verbindungslinie Kreismittelpunkt-Körper („Ortsvektor") überstrichen wird. Für einen Umlauf beträgt dieser (im Bogenmaß) 2π: $\omega = 2\pi f$
In der Aufgabe sind Kreisfrequenz und Radius angegeben. Wir können sie direkt in die obere Formel einsetzen:

$$a_Z = \omega^2 \cdot r = \left(300\frac{1}{s}\right)^2 \cdot 0{,}2\,\text{m} = 90000\frac{1}{s^2} \cdot 0{,}2\,\text{m}$$
$$= 18000\frac{\text{m}}{s^2} = \underline{1{,}8 \cdot 10^4\,\frac{\text{m}}{s^2}}$$

2.2 Impuls, Kraft; Kräfte

II.5 Die Bewegungsgleichung (II. Newtonsches Axiom)

Die Kraftdefinition $F = m \cdot a$ (vgl. Gl. 1.6) wird auch als Bewegungsgleichung bezeichnet, weil sie den Zusammenhang zwischen der auf einen Körper der Masse m wirkenden resultierenden Kraft und der dadurch hervorgerufenen Beschleunigung beschreibt.
Man beachte, dass hier die resultierende Kraft $\boldsymbol{F}_{res}$ betrachtet werden muss. Wirken gleichzeitig mehrere (n) Kräfte auf einen Körper, dann erhält man $\boldsymbol{F}_{res}$ durch vektorielle Addition der Einzelkräfte:

$F_{res} = F_1 + F_2 + ... F_n$ (Gl. 2.14.)

Ist die resultierende Kraft gleich null, dann bleibt der Körper in Ruhe oder er bewegt sich mit konstanter Geschwindigkeit (**a** = 0!).

H06 ■

→ **Frage 2.14: Lösung C**

In einer mit einer definierten Bahngeschwindigkeit v rotierenden Zentrifuge erfährt jede Masse m, die sich im Abstand r von der Drehachse befindet, eine vom Drehzentrum weggerichtete Kraft der Größe:

$$F_Z = \frac{m \cdot v^2}{r}$$

Diese Kraft sorgt dafür, dass sich mit der Zeit Teilchen vom Drehzentrum entfernen. Wird nun die Drehzahl der Zentrifuge halbiert, sinkt die Bahngeschwindigkeit v auf die Hälfte und die Zentrifugalkraft F_Z (die proportional v^2 ist) auf ¼ $\left(\left(\frac{1}{2}\right)^2 = \frac{1}{4}\right)$

Die Zentrifugationsdauer wiederum ist umgekehrt proportional zur Zentrifugalkraft. Sinkt die Zentrifugalkraft auf ¼, muss sie also auf die **vierfache Dauer** steigen (Lösung (C)).

H06 ■

→ **Frage 2.15: Lösung D**

Erfährt ein Körper der Masse m eine Beschleunigung a, dann wirkt auf ihn eine Kraft F, die definiert ist als das Produkt Masse (m) mal Beschleunigung (a):

$$F = m \cdot a, \ [F] = \frac{\text{kg} \cdot \text{m}}{s^2} = \text{Newton} = \text{N}$$

Die Gewichtskraft G eines Körpers errechnet sich, indem man für die Beschleunigung die Erdbeschleunigung g (9,81 m/s² oder ~ 10 m/s²) einsetzt:

$$G = m \cdot g; \ g = 9{,}81\frac{\text{m}}{s^2} \approx 10\frac{\text{m}}{s^2}$$

Die Beschleunigung a eines bewegten Körpers wiederum erhält man (sofern die Beschleunigung konstant ist), indem man die während einer Zeitspanne Δt erfolgte Geschwindigkeitsänderung Δv durch Δt dividiert:

$$a = \frac{\Delta v}{\Delta t}; \ [a] = \frac{\text{m}}{s^2}$$

Zunächst errechnen wir die (negative) Beschleunigung (= Verzögerung), mit der der PKW verzögert wird: In nur 0,1 s kommt er aus einer Geschwindigkeit von 72 km/h (20 m/s) zum Stillstand:

$$a = \frac{\Delta v}{\Delta t} = \frac{20\,\text{ms}}{0{,}1\,\text{s}} = 200\frac{\text{m}}{s^2}$$

Gefragt ist das Verhältnis F/G. Wir setzen ein (g näherungsweise mit 10 m/s²):

$$\frac{F}{G} = \frac{m \cdot a}{m \cdot g} = \frac{a}{g} = \frac{200\,\text{ms}^2}{10\,\text{ms}^2} = \underline{20}$$

(Siehe auch Lerntext I.7)

H09 ■

→ **Frage 2.16: Lösung D**

Zu **(D)**: **Wenn abgesehen von der hängenden Masse m alle anderen Teile** des Geräts und **Reibungskräfte nicht berücksichtigt** werden, **hängt** die **Kraft**, mit der der Sportler am Seil gegenzuhalten hat, **alleine von der Gewichtskraft *G* der Masse m ab.** Sie errechnet sich nach:
$G = m \cdot g$, wobei g die Erdbeschleunigung (ungefähr $10\,m/s^2$) darstellt.
Bei einer Masse m von 5 kg ist $G = m \cdot g = 5\,kg \cdot 10\,\frac{m}{s^2} = 50\,N$,
bei einer Masse m von 50 kg ist $G = m \cdot g = 50\,kg \cdot 10\,\frac{m}{s^2} = 500\,N$. Damit ist (D) die gesuchte Lösung.

II.6 Federkräfte

Für Spiralfedern, die nicht zu stark deformiert werden, gilt das Hookesche Gesetz (siehe Lerntext II.11). Damit wird ausgesagt, dass beim Einwirken einer Kraft *F* auf eine Feder die Verlängerung (oder Verkürzung) *s* der Feder proportional zur Kraft ist.

$$F = D \cdot s \qquad \text{(Gl. 2.15.)}$$

D nennt man die Federkonstante. Aus der Definition folgt, dass sich eine Feder mit großer (kleiner) Federkonstante schwer (leicht) deformieren lässt.

Klinischer Bezug

Die in Kliniken benutzten Waagen sind normalerweise bis 150 kg zugelassen. Oberhalb dieser Grenze würde die Feder in der Waage nicht mehr linear verformt, die Verlängerung (oder Verkürzung) der Feder wäre nicht mehr linear zur Gewichtskraft (siehe auch Lerntext II.11). Doch wie ermittelt man das Gewicht eines Patienten, der mehr als 150 kg wiegt? Richtig: Man stellt ihn auf 2 Waagen und addiert die Messwerte!

H90 ■■

→ **Frage 2.17: Lösung D**

Bei der Untersuchung eines statischen Problems (d. h. alle betrachteten Körper sind in Ruhe) muss die resultierende Kraft an jedem Punkt 0 sein.
Die Feder 3 wird mit 1 N belastet, sie zeigt daher auch 1 N an. Betrachten wir nun den Querstab, der die drei Federn verbindet. An ihm wirkt eine Kraft von 1 N nach unten, diese muss durch eine Kraft von 1 N nach oben kompensiert werden. Dies besorgen die beiden Federn 1 und 2, die daher je 0,5 N anzeigen.

F05 ■■

→ **Frage 2.18: Lösung A**

Die Lösung dieser Aufgabe ist zum Glück erheblich einfacher, als sie sich auf den ersten Blick darstellt. Um eine relative Längenänderung der einzelnen Materialien von jeweils 0,02 zu erzielen, muss eine Kraft von 2 angreifen. Die Parallelschaltung der beiden Materialien kann zunächst wie die Parallelschaltung von zwei Federn betrachtet werden (siehe auch Lerntext II.6). Die Kraft verteilt sich dabei auf die beiden Federn; um eine Längenänderung von 0,02 bei der Parallelschaltung der Materialien zu erzeugen, muss daher eine Kraft von 2 + 2 = 4 aufgebracht werden.
Nach dieser Überlegung sind nur noch die Kurven (A) und (B) als Lösungen möglich. Für eine Längenänderung von 0,01 sind in Material 1 die Kraft 1, in Material 2 die Kraft 0,5 notwendig. Bei einer Parallelschaltung ergibt das eine Kraft von 1 + 0,5 = 1,5. Damit ist Kurve (A) die richtige Lösung.

F98 ■■

→ **Frage 2.19: Lösung C**

Um den Körper auf der schiefen Ebene (mit konstanter Geschwindigkeit) nach oben zu schieben, muss eine Kraft **F** einwirken, die den gleichen Betrag besitzt wie die Komponente $\mathbf{G}_p$ der Gewichtskraft **G** parallel zur schiefen Ebene. Sie muss ihr jedoch entgegengerichtet sein (Abb. 2.6). Die Gesamtkraft $\mathbf{F}_{res}$ ist dann gleich 0:
$\mathbf{G}_p + \mathbf{F} = \mathbf{F}_{res} = 0$
$\mathbf{G}_p$ lässt sich aus **G** errechnen: wenn man die Spitzen der beiden Vektoren verbindet (gestrichelte Linie), erkennt man, dass ein rechtwinkliges Dreieck entsteht. **G** entspricht der Hypotenuse, $\mathbf{G}_p$ der Gegenkathete. Der Winkel zwischen **G** und der gestrichelten Linie (der Ankathete) entspricht dem Winkel der schiefen Ebene (hier 30°). Der Sinus dieses besagten Winkels ist definitionsgemäß der Quotient von Gegenkathete ($\mathbf{G}_p$) und Hypotenuse (**G**):

$$\sin 30^\circ = \frac{\mathbf{G}_p}{\mathbf{G}}$$

Also gilt (Gewichtskraft $G = m \cdot g$):
$\mathbf{G}_p = \mathbf{G} \cdot \sin 30^\circ = m \cdot g \cdot \sin 30^\circ$
Nun kann **F** errechnet werden:
$F = G_p = m \cdot g \cdot \sin 30^\circ = (100\,kg) \cdot (10\,m/s^2) \cdot (0{,}5) = \underline{500\,N}$

Hinweis:
Man beachte, dass es sich hier um eine Vektorgleichung und anschließend um eine Gleichung zwischen den Beträgen handelt. Die Gleichungen $\mathbf{G}_p + \mathbf{F} = 0$ und $G_p = F$ widersprechen sich nicht!

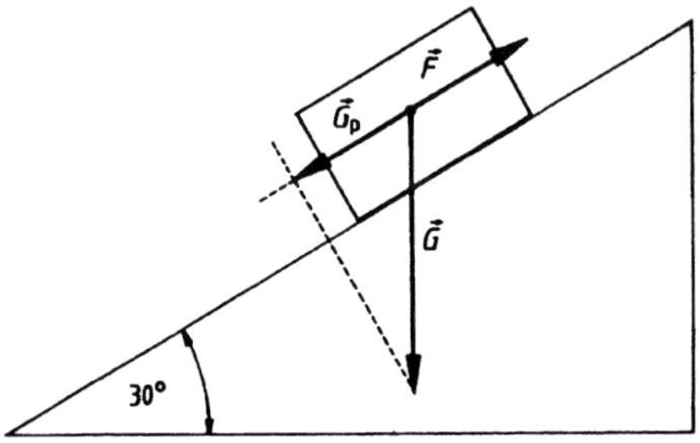

Abb. 2.6 Vektordiagramm. Die (nicht gekennzeichnete) Gewichtskomponente senkrecht zur schiefen Ebene wird durch die Unterlage kompensiert.

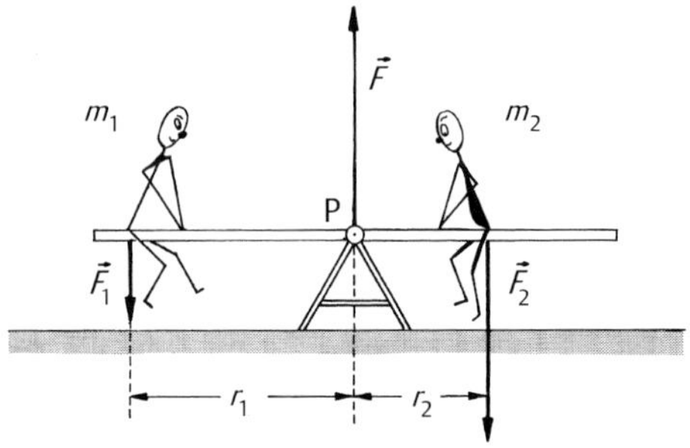

Abb. 2.7 Da die Kraft **F** kein Drehmoment um P erzeugt (r = 0), muss der Betrag des nach links drehenden Moments M_1 gleich sein dem Betrag des nach rechts drehenden Moments M_2:
$\boldsymbol{F}_1 \cdot \boldsymbol{r}_1 = \boldsymbol{F}_2 \cdot \boldsymbol{r}_2$

2.3 Drehmoment, Trägheitsmoment, Drehimpuls

H01 ■

→ **Frage 2.20: Lösung C**

Auf den ersten Blick ist die Aufgabe verwirrend. Wenn eine Versuchsperson auf einer Waage Kniebeugen macht, ändert sich ihre Masse nicht. Warum soll sich dann die Anzeige der Waage ändern?
Sie ändert sich durch die Trägheit. Bekanntlich „möchte" jede Masse in dem Bewegungszustand verharren, in dem sie sich befindet. Die Masse der Versuchsperson „möchte" ihren ursprünglichen Bewegungszustand vor Beginn der Kniebeuge beibehalten. (Interessanterweise ist für einen Betrachter, der neben der Versuchsperson steht, die Versuchsperson vor der Bewegung in Ruhe – von einem Satelliten im Weltraum aus gesehen würde man den wahren Bewegungszustand erkennen: Die Versuchsperson bewegt sich mit der Drehung der Erde mit.)
Bei Beginn der Abwärtsbewegung der Kniebeuge wirkt eine Beschleunigung nach unten, woraufhin eine der Beschleunigung entgegengerichtete **Trägheitskraft** F_T entsteht. Diese Kraft ist nach oben entgegen der Gewichtskraft gerichtet und bewirkt, dass die von der Waage angezeigte Masse **am Anfang der Abwärtsbewegung kleiner als die Masse m_0 ist**.

II.7 Das Hebelgesetz

Ein drehbar gelagerter Körper ist immer dann in Ruhe, wenn kein resultierendes Drehmoment an ihm angreift. Dazu muss die Summe der Drehmomente, die den Körper im Uhrzeigersinn (nach rechts) drehen möchten, genauso groß sein wie die Summe der Drehmomente, die ihn im entgegengesetzten Sinn (nach links) zu drehen versuchen.

$$M_1^r + M_2^r + \ldots = M_1^l + M_2^l + \ldots \qquad \text{(Gl. 2.16.)}$$

H99 ■■

→ **Frage 2.21: Lösung C**

Eine drehbar gelagerte Balkenwaage ist immer dann im Gleichgewicht, wenn kein resultierendes Drehmoment an ihr angreift. Dazu muss die Summe der Drehmomente, die den Balken der Waage im Uhrzeigersinn (nach rechts) drehen möchten, genauso groß sein wie die Summe der Drehmomente, die ihn im entgegengesetzten Sinn (nach links) zu drehen versuchen.
Die Definition des Drehmomentes M lautet für den einfachen (und hier wegen der wirkenden Gewichtskräfte gegebenen) Fall, dass die Kraft F auf dem Hebelarm l senkrecht steht:
Drehmoment = Kraft mal Hebelarm,
oder $M = F \cdot l$ (vgl. Gl. 1.13).
Für die Frage gilt:
Drehmoment links = Gewichtskraft m_1 (Masse m_1 mal Erdbeschleunigung) mal Länge Hebelarm l_1.
Drehmoment rechts = Gewichtskraft m_2 (Masse m_2 mal Erdbeschleunigung) mal Länge Hebelarm l_2.
Es resultiert:
$F_{G1} \cdot l_1 = F_{G2} \cdot l_2$ oder $m_1 \cdot g \cdot l_1 = m_2 \cdot g \cdot l_2$, nach Kürzen von g: $m_1 \cdot l_1 = m_2 \cdot l_2$

H89 ■

→ **Frage 2.22: Lösung B**

Das nach links drehende Drehmoment M^l, des Gewichtes F_G in der Hand muss gleich sein dem nach rechts drehenden Drehmoment M^r, das der Muskel auf den Unterarm ausübt:
$M^l = M^r$
Da die Kräfte senkrecht zum Unterarm wirken (φ = 90° und damit $\sin \varphi = 1$), ergibt die zweimalige Anwendung von Gl. 1.13a:
$F_G \cdot a = F \cdot b$ oder
$F = F_G \dfrac{a}{b}$

Merke!
Bei Fragen dieser Art denke man stets daran, dass
- der Hebelarm stets vom Drehpunkt aus gerechnet wird (hier Ellenbogengelenk)
- der sin 90° = 1 ist, wenn Kraft und Hebelarm einen rechten Winkel einschließen.

F07 ■■

→ **Frage 2.23: Lösung C**

Ein drehbar gelagerter Körper (hier also der Unterarm) ist dann im Gleichgewicht, wenn die nach links drehenden **Drehmomente** genau so groß sind wie die nach rechts drehenden (siehe auch Lerntext II.7). Bezogen auf diese Aufgabe kann man auch sagen: Die nach oben und die nach unten wirkenden Drehmomente müssen gleich sein.
Das Drehmoment M ist definiert als Kraft F mal Länge des Hebelarms r:
$M = F \cdot r$
Dabei ist r die Strecke **vom Drehpunkt bis zum Angriff der Kraft**, in unserem Fall also l_1 bzw. l_2, da der Drehpunkt das Ellenbogengelenk ist. Der erste Kraftangriff (nach l_2) ist der Ansatz des Bizeps, der zweite Kraft-Angriffspunkt (nach l_1) die Hantel (hier wirkt die Gewichtskraft der Hantel nach unten).
Eine einfache Schemazeichnung verdeutlicht dies (EG ist das Ellenbogengelenk):

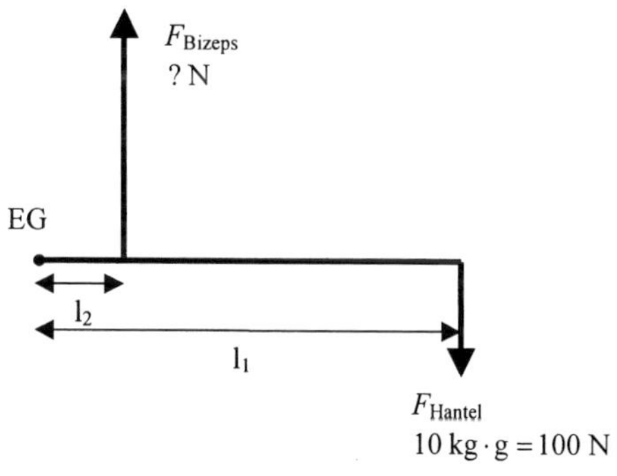

Abb. 2.8

Die Drehmomente nach oben und unten errechnen sich:
$M_{oben} = F_{Bizeps} \cdot l_2$ und $M_{unten} = F_{Hantel} \cdot l_1$
Zu **(C)**: Setzt man die Drehmomente gleich und löst dann nach F_{Bizeps} auf, erhält man:
$F_{Bizeps} \cdot l_2 = F_{Hantel} \cdot l_1$

$$F_{Bizeps} = \frac{F_{Hantel} \cdot l_1}{l_2} = \frac{100\,N \cdot 32\,cm}{4\,cm} = 100\,N \cdot 8$$
$$= \underline{800\,N}$$

F10 ■■

→ **Frage 2.24: Lösung C**

Siehe Kommentar zu Frage 2.23.
Zu **(C)**: Wir müssen nur das Drehmoment nach unten errechnen, da das Drehmoment nach oben den gleichen Betrag (aber ein anderes Vorzeichen) hat. Setzt man ein, erhält man:

$M_{Unten} = F_{Hantel} \cdot l_1 = 100\,N \cdot 0{,}4\,m = \underline{40\,Nm}$

Damit ist Lösung (C) korrekt.

H10 ■■

→ **Frage 2.25: Lösung E**

Zu **(E)**: Die drehbar gelagerte starre Stange bewegt sich auf der linken Seite nach unten und hebt das Gewicht an, wenn das **Drehmoment** auf der linken Seite der Drehachse (die Seite, auf der die Person sitzt) mindestens so groß ist wie auf der rechten Seite der Drehachse. Das Drehmoment M ist definiert als Kraft F mal Länge des Hebelarms r:

$M = F \cdot r$

Dabei ist r die Strecke **vom Drehpunkt bis zum Angriff der Kraft**. In unserem Fall wäre das Drehmoment für die Seite, auf der die Person sitzt:

$M = F_1 \cdot r_1 = F_1 \cdot 0{,}8\ m$

und für die Seite, auf der das Gewicht liegt:

$$M_2 = F_2 \cdot r_2 = m \cdot g \cdot r_2 = 20\ kg \cdot g \cdot 0{,}4\ m$$

$$= 20\ kg \cdot 10\frac{m}{s^2} \cdot 0{,}4\ m = 80\ Nm$$

Die Kraft F_2 lässt sich aus der Gewichtskraft des Gewichts von 20 kg Masse nach $m \cdot g$ errechnen, wobei g der Erdbeschleunigung entspricht, hier auf $10\frac{m}{s^2}$ aufgerundet. Die Strecke Kraftangriff bis Drehpunkt beträgt 40 cm (120 cm – 80 cm).

Nun setzen wir beide Drehmomente gleich, da das Drehmoment M_1 ja so groß wie M_2 werden muss, um das Gewicht anheben zu können:

$M_1 = M_2$

$$F_1 = \frac{M_2}{r_1} = \frac{80\,Nm}{0{,}8\,m} = \underline{100\,N}$$

Damit muss die Person (mindestens) 100 N Kraft aufwenden, um das Gewicht anzuheben.

H03 ■

→ **Frage 2.26: Lösung C**

Der Schwerpunkt eines Körpers ist derjenige Punkt, in dem man sich die gesamte Masse des Körpers vereinigt denken kann, wenn die Wirkung der Schwerkraft auf die Bewegung des Körpers berechnet werden soll.

Ein drehbar gelagerter Körper (also auch unsere Metallstangen) ist dann im Gleichgewicht, wenn die nach links drehenden **Drehmomente** genau so groß sind wie die nach rechts drehenden (siehe auch Lerntext II.7).
Das Drehmoment M ist definiert als Kraft F (in unserem Fall Gewichtskraft) mal Länge des Hebelarms r:
$M = F \cdot r$
Dabei ist r die Strecke vom Drehpunkt bis zum Angriff der Kraft, in unserem Fall also r_1 bzw. r_2, da die gesamte (Gewichts-)Kraft für die Berechnung jeweils im Schwerpunkt S_1 bzw. S_2 angreift (siehe oben). Da die Metallstangen im Gleichgewicht sein sollen, müssen die Drehmomente auf beiden Seiten gleich sein:
$M_1 = F_1 \cdot r_1 = M_2 = F_2 \cdot r_2$
Umgeformt gilt: $\frac{r_1}{r_2} = \frac{F_2}{F_1}$

Die Stange 1 ist genau so beschaffen wie Stange 2, aber doppelt so lang. Damit ist sie doppelt so schwer und die Gewichtskraft F_1 doppelt so groß wie F_2. Setzt man dieses Verhältnis ein, kann das Verhältnis r_1/r_2 errechnet werden:

$$\frac{r_1}{r_2} = \frac{F_2}{F_1} = \underline{\frac{1}{2}}$$

F00 ■■

→ **Frage 2.27: Lösung D**

Wenn sich die beiden Drehmomente kompensieren sollen, muss der Betrag des nach unten gerichteten Drehmoments gleich dem Betrag des nach oben gerichteten Drehmoments sein. Das Drehmoment kann nach folgender Formel berechnet werden:
$M = F \cdot r$
F = Betrag der wirkenden Kraft
r = Strecke zwischen Drehpunkt und Angriffspunkt der Kraft
Das nach unten wirkende Drehmoment beträgt:
$M = 10\,N \cdot (0{,}5\,m + 0{,}1\,m) = 10\,N \cdot 0{,}6\,m = 6\,Nm$
(Achtung, der Abstand vom Drehpunkt beträgt 60 cm!)
Für die Kompensation muss das nach oben gerichtete Drehmoment also auch 6 Nm betragen:
$M = F_1 \cdot 0{,}1\,m = 6\,Nm$
Für die Kraft F_1 gilt dann:

$$F_1 = \frac{6\,\text{Nm}}{0{,}1\,\text{m}} = \underline{60\,\text{N}}$$

F03 ■

→ **Frage 2.28: Lösung B**

Das **Drehmoment** M ist definiert als **Produkt aus senkrecht** (im 90°-Winkel) **angreifender Kraft** F_S **und Abstand** r **des Angriffspunktes der Kraft vom Drehzentrum**: $M = F_S \cdot r$

Zunächst betrachten wir das Drehmoment nach oben: Die für das Drehmoment benötigte senkrechte Kraftkomponente zur Kraft F_1, die im 60°-Winkel angreift, ist die Projektion der Kraft F_1 auf die gestrichelte Linie nach oben. Bei genauer Betrachtung ist dann die Kraft F_1 die Hypotenuse eines gedachten rechtwinkligen Dreiecks, die auf die gestrichelte Linie projizierte gedachte senkrechte Kraft F_{S1} die Ankathete. Der Winkel zwischen Hypotenuse und Ankathete ist: 90°– 60° = 30°. Drehmoment nach oben:
$M_1 = F_{S1} \cdot r_1 = F_1 \cdot \cos 30° \cdot r_1 = 10\,\text{N} \cdot 0{,}866 \cdot 0{,}12\,\text{m}$
$\approx 1{,}04\,\text{N} \cdot \text{m}$
Für das Drehmoment M_2 nach unten gilt der Zusammenhang zwischen gegebener Kraft F_2 und senkrechter auf die gestrichelte Linie nach unten projizierter Kraft F_{S2} analog:
$M_2 = F_{S2} \cdot r_2 = F_2 \cdot \cos 30° \cdot r_2 = 10\,\text{N} \cdot 0{,}866 \cdot 0{,}07\,\text{m}$
$\approx 0{,}61\,\text{N} \cdot \text{m}$
Das resultierende Gesamt-Drehmoment M_{Ges} errechnet sich aus:
$M_{Ges} = M_1 - M_2 = 1{,}04\,\text{N} \cdot \text{m} - 0{,}61\,\text{N} \cdot \text{m} \approx \underline{0{,}43\,\text{N} \cdot \text{m}}$ nach oben.

F01 ■

→ **Frage 2.29: Lösung E**

Die Stange ist dann im Gleichgewicht, wenn die Summe der Drehmomente auf beiden Seiten gleich ist (siehe Lerntext II.7). Das Drehmoment M ist definiert als das Produkt von angreifender Kraft F und Abstand d des Angriffspunktes der Kraft vom Drehzentrum (das Drehzentrum ist in der Aufgabe mit dem Pfeil markiert):
$M = F \cdot d$
Der Abstand d vom Drehzentrum ist auf beiden Seiten gleich. Die angreifende Kraft ist jeweils die **Gewichtskraft** der Kugeln, sie muss also bei beiden Kugeln gleich sein, damit das Drehmoment auf beiden Seiten gleich ist. Damit muss die **Masse** beider Kugeln gleich sein, denn die Gewichtskraft G ist definiert als Produkt aus Masse m und Erdbeschleunigung g:
$G = m \cdot g$.
Unter der **Dichte** ρ wiederum versteht man die Masse m eines Körpers geteilt durch sein Volumen V:

$$\rho = \frac{m}{V}$$

Bei konstanter Masse wird die Dichte proportional zur Vergrößerung des Volumens kleiner. Das Volumen einer Kugel errechnet sich nach:
$V_{Kugel} = \frac{4}{3}\pi \cdot r^3$, d. h. eine **Verdopplung des Radius bewirkt** eine **Verachtfachung** ($2^3 = 8$) **des Volumens**!
Das Volumen der rechten Kugel ist damit 8-mal so groß wie das der linken; ihre Dichte muss deshalb 8-mal kleiner als die der linken Kugel sein, damit beide die gleiche Masse haben.

II.8 Der Schwerpunkt

Der Schwerpunkt eines Körpers ist derjenige Punkt, in dem man sich die gesamte Masse des Körpers vereinigt denken kann, wenn die Wirkung der Schwerkraft auf die Bewegung des Körpers berechnet werden soll.
Wird ein Körper drehbar aufgehängt, dann zieht die (am Schwerpunkt angreifende) Schwerkraft diesen stets senkrecht unter den Aufhängepunkt. Der Schwerpunkt kann auch außerhalb des Körpers liegen.

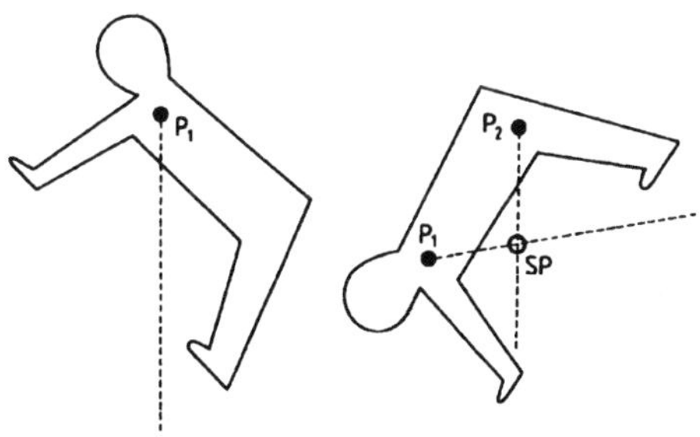

Abb. 2.9 Zur Bestimmung des Schwerpunktes.

H97 ■

→ **Frage 2.30: Lösung C**

Zur korrekten Beantwortung dieser Frage müssen zwei Begriffe klar sein: Schwerpunkt eines Körpers und Drehmoment.
Unter dem **Schwerpunkt** eines ausgedehnten Körpers versteht man den Punkt, in dem man sich die gesamte Masse des Körpers vereinigt denken kann, wenn nach der Wirkung der Schwerkraft auf diesen Körper gefragt wird. Für einen symmetrisch gebauten homogenen Körper (d. h. also auch für die in der Aufgabe gegebene Stange) liegt dieser stets im geometrischen Mittelpunkt (d. h. für die Stange liegt er 0,25 m links vom Unterstützungspunkt). Der Körper bewegt sich dann so, als würde die Schwerkraft in diesem Punkt angreifen. Insgesamt verhält sich die Stange also derart, als wäre sie selbst masselos und es würde an diesem Punkt eine Masse von 1 kg hängen.
Ein drehbar gelagerter Körper (also auch unsere Stange, die um den Auflagepunkt gedreht werden kann) wird in Rotation gesetzt, wenn ein resultierendes **Drehmoment** an ihm angreift. Die Definition des Drehmoments lautet:
Drehmoment = Kraft · senkrechter Abstand (Angriffspunkt der Kraft – Drehpunkt) oder $M = F \cdot s$.
Ein Körper, der drehbar gelagert ist, bleibt im Gleichgewicht, wenn die nach links drehenden Drehmomente genau so groß sind wie die nach rechts drehenden. In unserer Frage erzeugt die Wirkung der Schwerkraft auf die Stange ein Drehmoment nach links. Dabei greift die Schwerkraft im Schwerpunkt der Stange an. Dieses muss am rechten Ende der Stange durch das Anhängen einer Masse m kompensiert werden. Es besteht also die folgende Beziehung:
(Masse der Stange) · g · (Abstand Schwerpunkt – Drehpunkt) = (angehängte Masse) · g · (Abstand rechtes Stangenende – Drehpunkt)
Einsetzen der Zahlen ergibt:
$(1\,\text{kg}) \cdot g \cdot (0{,}25\,\text{m}) = m \cdot g \cdot (0{,}25\,\text{m})$, oder
(g kürzt sich weg) $m = 1\,\text{kg}$
Die richtige Lösung wurde nur von 9 % der Kandidaten angekreuzt!

II.9 Gravitation und Schwerkraft

Zwischen allen Körpern wirkt eine anziehende Kraft, die Massenanziehung oder Gravitationskraft. Für zwei Körper (Massen m_1, m_2; Schwerpunktabstand r) hat sie die Größe

$$F_{grav} = \gamma \cdot \frac{m_1\, m_2}{r^2} \qquad \text{(Gl. 2.17.)}$$

γ nennt man die Gravitationskonstante.
Die Schwerkraft (Gewichtskraft) G ist die Anziehungskraft, die von der Erde auf andere Körper in der Nähe der Erdoberfläche ausgeübt wird. Fasst man die konstanten Größen m_1 = Erdmasse, r = Erdradius und γ zu einer Konstanten g zusammen, so kann die Gewichtskraft G auf einen Körper der Masse m so formuliert werden:

$$G = m \cdot g \qquad \text{(Gl. 2.18.)}$$

g ist die Bezeichnung für die Erdbeschleunigung (9,81 m/s²).

F98 H88 ■■

→ **Frage 2.31: Lösung D**

Durch das Einbringen des Metallstückes in das Wasser ändert sich die von der Waage angezeigte Masse aus zwei Gründen:
1. Es kommt die Masse $m_M = 1\,\text{kg}$ des Metallstückes hinzu.
2. Die Masse verringert sich um die Masse m_W des Wassers, das dadurch verdrängt wird und abfließt. Diese Masse errechnet sich aus dem Produkt (Volumen des Metalls) · (Dichte des Wassers):

$$m_W = V_M \cdot \rho_W = \frac{m_M}{\rho_M} \cdot \rho_W = \frac{10^3 \text{g}}{10\,\text{g/cm}^3} (1\,\text{g/cm}^3)$$
$$= 100\,\text{q} = 0{,}1\,\text{kg}$$

Das ergibt:
$m_{(nachher)} = m_{(vorher)} + m_M - m_W = 5{,}9\,\text{kg}$
Der Auftrieb des Metalls im Wasser spielt in dieser Frage keine Rolle, denn es wird nicht nach den Kräften gesucht, die auf das Metallstück wirken, sondern nach der Gesamtkraft auf die Waagschale.

2.4 Arbeit, Energie; Leistung

F00 ■

→ **Frage 2.32: Lösung E**

Siehe Kommentar zu Frage 2.33.
Zu **(E)**: Um diesen Energiebetrag (Arbeit = übertragene Energie) wurde die potenzielle Energie (= Lageenergie) des Körpers erhöht. Da die potenzielle Energie an der Erdoberfläche definitionsgemäß null beträgt, hat sie damit in der Höhe h den Wert $m \cdot g \cdot h$, hier also:

$$W = 100\,\text{kg} \cdot 10\,\frac{\text{m}}{\text{s}^2} \cdot 2\,\text{m} = \underline{2000\,\text{J}}$$

F08 ■■

→ **Frage 2.33: Lösung D**

Zur Berechnung der Hubarbeit gilt: Wird ein Körper mit der Masse m gegen die Schwerkraft $G = m \cdot g$ von der Erdoberfläche um die Strecke Δh senkrecht angehoben, dann muss Arbeit geleistet werden. Diese beträgt:
W = Kraft · (zurückgelegter Weg) = $G \cdot \Delta h = m \cdot g \cdot \Delta h$
Zu **(D)**: Löst man die Formel nach Δh auf, ergibt sich:

$$\Delta h = \frac{W}{m \cdot g}$$

Als Arbeit (Energiemenge) müssen im vorliegenden Fall allerdings nicht die gesamten 2 MJ eingesetzt werden, denn beim Wandern hat der Patient nur einen Nettowirkungsgrad von 0,20 (d. h. nur 1/5 der aufgebrachten Arbeit wird als reine Hubarbeit erbracht). Deshalb müssen die 2 MJ mit dem Nettowirkungsgrad multipliziert werden:

$$\Delta h = \frac{W}{m \cdot g} = \frac{2\,\text{MJ} \cdot 0{,}2}{100\,\text{kg} \cdot 10\,\frac{\text{m}}{\text{s}^2}} = \frac{2 \cdot 10^6\,\text{J} \cdot 0{,}2}{10^3\,\frac{\text{kg} \cdot \text{m}}{\text{s}^2}}$$
$$= \frac{4 \cdot 10^5\,\frac{\text{kg} \cdot \text{m}^2}{\text{s}^2}}{10^3\,\frac{\text{kg} \cdot \text{m}}{\text{s}^2}} = \underline{400\,\text{m}}$$

H04 ■■

→ **Frage 2.34: Lösung D**

Wird ein Körper durch eine Kraft F über eine Strecke Δs bewegt, dann wird Verschiebungsarbeit geleistet, die folgendermaßen definiert ist:
$W = F \cdot \Delta s$
F ist dabei die Kraftkomponente parallel zum Weg. Aus dem Diagramm ist abzulesen, dass für eine Wegstrecke Δs = 15 µm eine Kraft F = 10 nN benötigt wird:
$W = F \cdot \Delta s = 10\,\text{nN} \cdot 15\,\mu\text{m} = 10 \cdot 10^{-9}\,\text{N} \cdot 15 \cdot 10^{-6}\,\text{m}$
$= 150 \cdot 10^{-15}\,\text{J} = \underline{1{,}5 \cdot 10^{-13}\,\text{J}}$

H00 ■■

→ **Frage 2.35: Lösung C**

Wenn ein Körper durch Reibung abgebremst wird, wird seine kinetische Energie in Wärmeenergie umgewandelt. Hier wird ein Körper der Masse 2 kg von v_1 = 11 km/s auf v_2 = 10 km/s abgebremst. Wir berechnen den Verlust an kinetischer Energie ($E_{kin} = \frac{1}{2}mv^2$), der auch gleichzeitig die gesuchte entstehende Wärmemenge ΔQ ist:

$$\Delta Q = \frac{1}{2}mv_1^2 - \frac{1}{2}mv_2^2 = \frac{1}{2}m(v_1^2 - v_2^2)$$
$$= \frac{1}{2} \cdot 2\,\text{kg} \cdot \left(\left(11 \cdot 10^3\,\frac{\text{m}}{\text{s}}\right)^2 - \left(10 \cdot 10^3\,\frac{\text{m}}{\text{s}}\right)^2\right)$$
$$= 1\,\text{kg} \cdot (121 \cdot 10^6 - 100 \cdot 10^6)\,\frac{\text{m}^2}{\text{s}^2}$$
$$= 1\,\text{kg} \cdot 21 \cdot 10^6\,\frac{\text{m}^2}{\text{s}^2}$$
$$= \underline{21 \cdot 10^6\,\text{J}}$$

H08 ■

→ **Frage 2.36: Lösung B**

Die Volumenarbeit ist die Arbeit, die in einem geschlossenen System geleistet werden muss, um ein bestimmtes Volumen z. B. zu verkleinern oder auch zu verschieben.
Die **Volumenarbeit *W*** lässt sich – sofern man die Reibung vernachlässigt – aus dem Integral aus Druck im System und der Volumenänderung errechnen. Wenn der Druck als konstant angesehen wird, gilt vereinfacht:
$W = p \cdot V$
Beachtet werden muss hier allerdings, dass das Volumen nicht in der SI-Einheit m^3, sondern in ml angegeben ist, weshalb es in m^3 umgerechnet werden muss!
Umrechnung ml in m^3: 1 ml = $10^{-6}\,\text{m}^3$
$W_{rechts} = p \cdot V = 2\,\text{kPa} \cdot 70\,\text{ml}$
$= 2 \cdot 10^3\,\text{Pa} \cdot 70 \cdot 10^{-6}\,\text{m}^3 = 140 \cdot 10^{-3}\,\text{Nm}$
$W_{links} = p \cdot V = 14\,\text{kPa} \cdot 70\,\text{ml}$
$= 14 \cdot 10^3\,\text{Pa} \cdot 70 \cdot 10^{-6}\,\text{m}^3 = 980 \cdot 10^{-3}\,\text{Nm}$
Nun müssen nur noch die Volumenarbeiten aus beiden Ventrikeln addiert werden:
$W_{rechts} + W_{links} = 140 \cdot 10^{-3}\,\text{Nm} + 980 \cdot 10^{-3}\,\text{Nm}$
$= 1120 \cdot 10^{-3}\,\text{nm} = \underline{1{,}1\,\text{Nm}}$

F04 ■■

→ **Frage 2.37: Lösung B**

Siehe Kommentar zu Frage 2.38.
Zu **(B)**:Um eine mittlere Leistung von 1,8 MJ/Tag in Watt darzustellen, muss man die Zeiteinheit „Tag" in Sekunden umrechnen: Ein Tag hat 24 · 60 · 60 = 86 400 Sekunden. 1,8 MJ geteilt dadurch entspricht:

$$\frac{1{,}8 \cdot 10^6\,\text{J}}{86\,400\,\text{s}} \approx \frac{180 \cdot 10^4\,\text{J}}{8{,}6 \cdot 10^4\,\text{s}} = \frac{180\,\text{J}}{8{,}6\,\text{s}} \approx 21\,\text{Watt}$$

H10 ■

→ **Frage 2.38: Lösung E**

Wird eine **Arbeit *W*** in einem **Zeitintervall Δt** verrichtet, dann liefert der Quotient $W/\Delta t$ die Leistung:

$P = W\Delta t$

Die Einheit der Leistung ist Joule/s oder Watt.
Zu **(E)**: Beim Gehen ist der Energieumsatz P = 120 W höher als im Sitzen, und die Frage ist, welche Zeit Δt der Mann gehen muss, um die Energie W = 1,8 MJ mit dem zusätzlichen Energieumsatz P auszugleichen.
Um die Frage zu beantworten, formen wir die obere Formel um und setzen ein:

$$\Delta t = \frac{W}{P} = \frac{1{,}8\ \text{MJ}}{120\ \text{W}} = \frac{1{,}8 \cdot 10^6\ \text{J}}{120\ \frac{\text{J}}{\text{s}}} = \frac{180 \cdot 10^4\ \text{s}}{120}$$

$$= 1{,}5 \cdot 10^4\ s = 15\,000\ s$$

Umgerechnet in Minuten ergeben 15 000 Sekunden (15 000/60) 250 min.

F08 ■

→ **Frage 2.39: Lösung A**

Siehe Kommentar zu Frage 2.38.
Zu **(A)**: Eine Person mit einem Energieumsatz von 100 Watt (gleich J/s) produziert in einer Stunde (= 3600 s) eine Energie von:

$$W = P \cdot \Delta t = 100 \frac{\text{J}}{\text{s}} \cdot 3600\ \text{s} = 360\,000\ \text{J} = 3{,}6 \cdot 10^5\ \text{J}$$

Diese Energie dividiert durch die spezifische Verdunstungswärme von Wasser ($Q_{H_2O} = 2{,}4\ \text{MJ/kg}$) ergibt die Masse an Wasser m, die der Körper durch Evaporation pro Stunde verliert:

$$m = \frac{W}{Q_{H_2O}} = \frac{3{,}6 \cdot 10^5\text{J}}{2{,}4\frac{\text{MJ}}{\text{kg}}} = \frac{3{,}6 \cdot 10^5\text{J}}{2{,}4 \cdot 10^6 \frac{\text{J}}{\text{kg}}} = 0{,}15\ \text{kg}$$

Da 0,15 kg Wasser einem Volumen von 150 ml Wasser entsprechen (Dichte von Wasser = 1 kg/L), ist (A) die richtige Lösung.

F10 ■■

→ **Frage 2.40: Lösung B**

Wenn ein Volumen verschoben wird (z. B. wenn Blut durch die Aorta strömt), muss dazu Volumenarbeit geleistet werden. Die **Volumenarbeit *W*** lässt sich – sofern man die Reibung vernachlässigt – aus dem Integral aus Druck im System und der Volumenänderung errechnen. Wenn der Druck als konstant angesehen wird, gilt vereinfacht:

$W = p \cdot V$

Werden 20 l ($20 \cdot 10^{-3}\ \text{m}^3$) Blut mit einem Druck von 18 kPa verschoben, wird die folgende Volumenarbeit geleistet:

$W = p \cdot V = 20\ \text{l} \cdot 18\ \text{kPa} = 20 \cdot 10^{-3}\ \text{m}^3 \cdot 18\ \text{kPa}$
$= 20 \cdot 10^{-3}\ \text{m}^3 \cdot 18 \cdot 10^3\ \text{Pa} = 360\ \text{J}$

Gefragt ist allerdings nicht nach der Volumenarbeit, sondern nach der **mechanischen Leistung**. Wird eine Arbeit W in einem Zeitintervall Δt verrichtet, dann liefert der Quotient $W/\Delta t$ die Leistung P:

$$P = \frac{W}{\Delta t}$$

Die Einheit der Leistung ist Joule/s oder Watt.
Da die Volumenarbeit laut Aufgabe in 1 Minute (60 s) geleistet wird, müssen wir den errechneten Wert durch 60 Sekunden dividieren:

$$P = \frac{W}{\Delta t} = \frac{360\ \text{J}}{60\ \text{s}} = 6\ \frac{\text{J}}{\text{s}} = 6\ \text{W}$$

II.10 Energieerhaltungssatz

Arbeit bedeutet Energiezu- oder -abnahme. Wird an einem System von Körpern keine Arbeit geleistet (man sagt: das System ist abgeschlossen), dann bleibt seine Gesamtenergie konstant.
Innerhalb des Systems können jedoch Umwandlungen zwischen verschiedenen Energieformen (kinetische und potenzielle Energie, Wärmeenergie usw.) stattfinden.
Verläuft eine Bewegung ohne Reibungsverluste, dann kann auch keine Wärme entstehen: Die Summe aus potenzieller und kinetischer Energie ist konstant:
$E_{kin} + E_{pot} = \text{const.}$ (Gl. 2.19.)

H00 ■■

→ **Frage 2.41: Lösung E**

Bei jeder ungedämpften Schwingung (ohne Reibungsverluste) findet eine vollständige periodische Umwandlung von kinetischer in potenzielle Energie und umgekehrt statt. Ihre Summe ist jedoch zu jedem Zeitpunkt konstant:
$E_{kin} + E_{pot} = \text{const.}$ (siehe auch Lerntext II.10)

2.5 Mengengrößen, bezogene Größen

H01

→ **Frage 2.42: Lösung B**

Eine Lösung mit einer definierten Konzentration soll so mit einem Lösungsmittel verdünnt werden, dass eine neue Lösung mit einer geringeren, genau definierten Konzentration entsteht.
Der Rechenansatz muss also lauten: n ml der Lösung 0,25 mg/ml und m ml des Lösungsmittels der Konzentration 0 mg/ml ergeben eine neue Lösung von $(n + m)$ ml der Konzentration 0,1 mg/ml:

n ml · 0,25 $\frac{mg}{ml}$ + m ml · 0 $\frac{mg}{ml}$ = (n + m) ml · 0,1 $\frac{mg}{ml}$; nach Kürzen der Einheiten:

$n \cdot 0{,}25 + m \cdot 0 = (n + m) \cdot 0{,}1$

Der Term „$m \cdot 0$" ergibt 0 und fällt deshalb weg:

$n \cdot 0{,}25 = (n + m) \cdot 0{,}1$

Hier kann man nun entweder alle angebotenen Lösungsmöglichkeiten nacheinander einsetzen, um die richtige Lösung zu ermitteln, oder alternativ die Gleichung weiter auflösen:

$$n \cdot 0{,}25 = (n + m) \cdot 0{,}1$$
$$= n \cdot 2{,}5 = n + m$$
$$= n \cdot 2{,}5 = n \cdot \left(1 + \frac{m}{n}\right)$$
$$= 2{,}5 = 1 + \frac{m}{n}$$
$$= 1{,}5 = \frac{m}{n} = \frac{3}{\underline{2}}$$

Ergebnis: n = 2 und m = 3

H09 ■■

→ **Frage 2.43: Lösung D**

Zu **(D)**: Gefragt ist: **Wie viele Na⁺-Ionen befinden sich in 1 µm³ Volumen, wenn in 1 L 15 mmol vorhanden sind?** Die **Definition der Stoffmenge Mol** lautet: 1 mol = 6 · 10^{23} Teilchen. **15 mmol Na⁺-Ionen entsprechen damit** 15 · 10^{-3} · 6 · 10^{23} = 90 · 10^{20} = 9 · 10^{21} Na^+-Ionen. Diese Anzahl an Ionen ist in 1 L = 1/1000 m^3 vorhanden. In einem Kubikmeter sind es entsprechend 1000-mal mehr:

$$9000 \cdot 10^{21} \frac{\text{Na}^+\text{-Ionen}}{\text{m}^3} = 9 \cdot 10^{24} \frac{\text{Na}^+\text{-Ionen}}{\text{m}^3}$$

Nun fehlt noch die Umrechnung m^3 in μm^3:
1 µm = 1 · 10^{-6} m. Damit sind 1 μm^3 = (1 · 10^{-6} m)^3 = 1 · 10^{-18} m^3. Mit diesem Faktor muss man die Zahl der Na^+-Ionen pro m^3 multiplizieren, um die Zahl der Ionen pro μm^3 zu erhalten:

$$9 \cdot 10^{24} \frac{\text{Na}^+\text{-Ionen}}{\text{m}^3} \cdot 1 \cdot 10^{-18}\,\text{m}^3 = \underline{9 \cdot 10^6\,\text{Na}^+\text{-Ionen}}$$

F09 H10 ■■

→ **Frage 2.44: Lösung C**

Zu **(C)**: Eine dankbare Frage für alle, die im Rettungsdienst gearbeitet haben. Die Standarddosis **bei Reanimationen** für die intravenöse Gabe von Suprarenin® (deutscher Handelsname für Adrenalin) sind 1 mg = 1 Ampulle (1 ml) Suprarenin® 1:1000. Wenn noch 9 ml NaCl-Lösung hinzugefügt werden, enthalten 10 ml Lösung 1 mg Adrenalin, also muss von der verdünnten Lösung dementsprechend 1 ml (0,1 mg Adrenalin) zur Therapie der schweren anaphylaktischen Reaktion injiziert werden.
Die physikalische Erklärung:
Die Dichte von Wasser (oder auch näherungsweise Kochsalzlösung) beträgt bekanntlich

$$\rho_{H_2O} = 1000 \frac{\text{kg}}{\text{m}^3} = 1 \frac{\text{g}}{\text{cm}^3}$$

In 1 ml (1 cm^3) einer 100 %-igen Adrenalinlösung ist daher 1g Adrenalin enthalten. Ist die Lösung jedoch nur 0,1 %-ig, enthält 1 ml: 1 g · 0,1 % = 0,001 g = 1,0 mg Adrenalin.
Wenn zu besagtem 1 ml Ausgangslösung nun noch 9 ml isotone Kochsalzlösung hinzugefügt werden, enthalten 10 ml eben 1 mg Adrenalin und 1 ml der Lösung 0,1 mg Adrenalin.
Die in der Aufgabe beschriebene **intravenöse** Gabe von Adrenalin bei schwerer anaphylaktischer Reaktion ist allerdings nicht die ideale erste Maßnahme. Die Therapie (z.B. einer anaphylaktischen Reaktion nach Wespenstich) soll den aktuellen Leitlinien nach schon **vor** Legen eines Venenzugangs durch **intramuskuläre** Gabe von 0,5 mg Adrenalin in die Außenseite des Oberschenkels erfolgen.

2.6 Verformung fester Körper

H03

→ **Frage 2.45: Lösung D**

Die Dehnung eines starren Körpers (z. B. Draht, Stab, Knochen) ist proportional zur **Zugspannung σ**, die auf den Körper wirkt. Sie errechnet sich aus dem Quotienten der senkrecht angreifenden Kraft F und der Querschnittsfläche A des Körpers:

$$\sigma = \frac{F}{A} \text{(Einheit: N/m}^2\text{)}$$

Für unsere Aufgabe muss bedacht werden, dass die Fläche nicht in m^2 angegeben ist. 4 cm^2 entsprechen 4 · 10^{-4} m^2:

$$\sigma = \frac{F}{A} = \frac{2\,\text{kN}}{4\,\text{cm}^2} = \frac{2 \cdot 10^3\,\text{N}}{4 \cdot 10^{-4}\,\text{m}^2} = \underline{5 \cdot 10^6\,\text{N} \cdot \text{m}^{-2}}$$

Ein weiterer Begriff, der zu diesem Aufgabengebiet gehört, ist die **Dehnung** (oder Stauchung) **ε**. So bezeichnet man den Quotienten Längenänderung zur Ursprungslänge:

$$\varepsilon = \frac{\Delta l}{l}$$

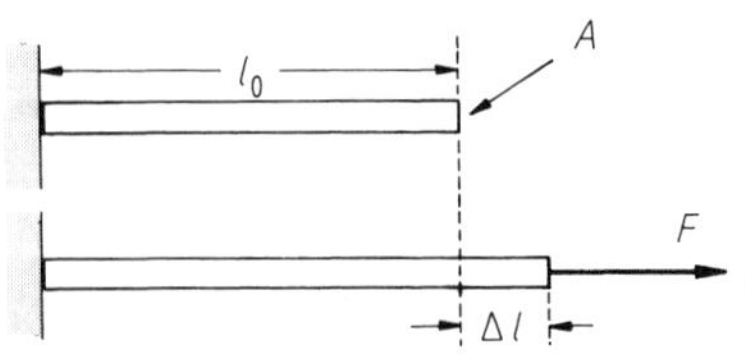

Abb. 2.10 Dehnung eines starren Körpers

H09

→ **Frage 2.46: Lösung D**

Zu **(D)**: Das **Elastizitätsmodul** E errechnet sich aus dem **Quotient Spannung** σ **und Dehnung** ε:

$$E = \frac{\sigma}{\varepsilon}$$

Die **Spannung** σ ist auf der **Y-Achse** des Graphen aufgetragen, auf der **X-Achse** ist die **Sehnenlänge** dargestellt. Die **Dehnung** ε **der Sehne** wiederum lässt sich aus dem **Quotient Längendifferenz** ΔL **zu Gesamtlänge** L_0 ermitteln:

$$\varepsilon = \frac{\Delta L}{L_0}$$

Ein **„linearer Bereich"** ist nichts anderes als eine „Gerade" im Graphen (z. B. im Bereich zwischen 51 mm und 52 mm Sehnenlänge). Die Dehnung ε der Sehne in diesem Bereich ist

$$\varepsilon = \frac{\Delta L}{L_0} = \frac{1\,\text{mm}}{51\,\text{mm}} \approx \frac{1}{50}$$

Die Spannungsdifferenz σ für den Sehnenbereich 51 bis 52 mm ist: $\sigma = 20\frac{\text{N}}{\text{mm}^2} - 10\frac{\text{N}}{\text{mm}^2} = 10\frac{\text{N}}{\text{mm}^2}$

Eingesetzt in die Formel des Elastizitätsmoduls E (siehe oben) erhalten wir:

$$E = \frac{\sigma}{\varepsilon} = \frac{10\frac{\text{N}}{\text{mm}^2}}{\frac{1}{50}} = 10\frac{\text{N}}{\text{mm}^2}\cdot\frac{50}{1} = \underline{500\frac{\text{N}}{\text{mm}^2}}$$

II.11 Das Hookesche Gesetz

Für einen Körper gilt das Hookesche Gesetz, wenn beim Einwirken einer Kraft die Größe der Verformung (z. B. die Verlängerung einer Feder) proportional zur Kraft ist. Dieser Zusammenhang ist im Allgemeinen nur bei kleinen Formänderungen erfüllt. An diesen **linearen** Bereich schließt sich ein weiterer an, in dem die Deformationen überproportional anwachsen. Jedoch nimmt auch hier der Körper beim Nachlassen der Kraft seine ursprüngliche Form wieder an (reversibler Vorgang). Man nennt dieses Verhalten **elastisch** (siehe Lerntext II.6).
Erst wenn noch stärkere Kräfte einwirken, entstehen bleibende (irreversible) Veränderungen. Man spricht dann von **plastischen** Deformationen.

2.7 Druck

II.12 Kraftverstärkung durch Hydraulik

Der Druck in einer (schwerelosen) Flüssigkeit ist überall in einem Gefäß gleich. Daraus folgt, dass auf alle Begrenzungen einer Flüssigkeit der gleiche Druck wirkt. Dies ergibt eine Kraft, die stets senkrecht auf die Begrenzungen gerichtet ist.
Sind zwei mit Flüssigkeit gefüllte Zylinder mit beweglichen Kolben durch eine Röhre verbunden, so können damit große Kräfte erzeugt werden, wenn die beiden Zylinder unterschiedliche Durchmesser haben. Wenn man den kleinen Kolben (Querschnittsfläche A_1) mit der Kraft $F_1 = pA_1$ um eine Strecke s_1 verschiebt, so wird insgesamt ein Flüssigkeitsvolumen $V = A_1s_1$ in den anderen Zylinder 2 gedrückt und dabei der Kolben um die Strecke $s_2 = V/A_2$ nach außen bewegt. Die Kraft F_2, mit der dies geschieht, ist jedoch größer, da gilt:

$$\frac{F_2}{A_2} = p = \frac{F_1}{A_1} \quad \text{oder} \quad F_2 = \frac{A_2}{A_1}F_1 \qquad \text{(Gl. 2.20.)}$$

Ebenso gilt für die Strecken s (da $V = sA$ = const.):

$$A_2s_2 = V = A_1s_1 \quad \text{oder} \quad s_2 = \frac{A_1}{A_2}s_1 \qquad \text{(Gl. 2.21.)}$$

H90 ■

→ **Frage 2.47: Lösung E**

Die Benutzung der beiden Formeln aus Lerntext II.12 ergibt die richtige Antwort:

$$F_2 = \frac{400}{100}\cdot 15\,\text{N} = 60\,\text{N}$$

$$s_2 = \frac{100}{400}\cdot 8\,\text{cm} = 2\,\text{cm}$$

II.13 Schweredruck einer Flüssigkeit

Der Schweredruck innerhalb einer Flüssigkeit rührt vom Eigengewicht der Flüssigkeit her, das auf die jeweils darunter liegenden Bereiche wirkt. Er hängt ab von der Dichte der Flüssigkeit ρ_{Fl} und der Tiefe h unterhalb der Oberfläche.

$$p = \rho_{Fl}\cdot g\cdot h \qquad \text{(Gl. 2.22.)}$$

Er breitet sich allseitig aus.
p ist auch der Druck, der von einer Flüssigkeitssäule der Länge h erzeugt wird.

Klinischer Bezug

Der Schweredruck der Flüssigkeitssäule ist auch die physikalische Grundlage der Infusionstherapie. Die Flüssigkeitssäule der Infusionslösung muss hierbei einen Druck erzeugen, der höher als der Druck in den Venen des Patienten ist. Sollte eine Infusion zu langsam tropfen, kann man den Schweredruck und damit die Tropfgeschwindigkeit dadurch steigern, dass man die Höhe der Flüssigkeitssäule über dem Patienten vergrößert (die Infusionsflasche höher hängt).

II.14 Umrechnung von Druckeinheiten

Da oft mit Flüssigkeitssäulen Drücke gemessen werden (Flüssigkeitsmanometer), ist es üblich, die Länge der Säule direkt als Maß für den Druck anzugeben.
Wird Quecksilber (Hg; Dichte = $13{,}6 \cdot 10^3$ kg/m³) als Manometersubstanz verwendet, dann erzeugt eine 1 mm hohe Säule einen Druck von:
$p = (13{,}6 \cdot 10^3\,\text{kg/m}^3) \cdot (9{,}81\,\text{m/s}^2) \cdot (10^{-3}\,\text{m})$
$= 133{,}4\,\text{Pa} = 1{,}334\,\text{mbar}\ (10^5\,\text{Pa} = 1\,\text{bar})$
Es gilt also die folgende Umrechnung:
1 mmHg-Säule (= 1 Torr) = 1,334 mbar (Gl. 2.23.)

Klinischer Bezug
In der Medizin verwenden wir ein buntes Durcheinander von Druckeinheiten: Der Blutdruck wird in mmHg gemessen, den zentralvenösen Druck messen wir in cm H_2O, Beatmungsdrücke dagegen wiederum in mbar.

F02 ■■

→ **Frage 2.48: Lösung C**

Siehe Kommentar zu Frage 2.50.
Zu **(C)**: Die Dichte von (kaltem) Wasser beträgt 1,0 g/cm³ = 10^3 kg/m³, die Erdbeschleunigung g ungefähr 10 m/s². Für eine 10 cm = 0,1 m hohe Wassersäule ergibt sich:

$$p_s = 10^3\,\frac{\text{kg}}{\text{m}^3} \cdot 10\,\frac{\text{m}}{\text{s}^2} \cdot 0{,}1\,\text{m} = 1 \cdot 10^3\,\frac{\text{kg}}{\text{m} \cdot \text{s}^2}$$
$$= 1 \cdot 10^3\,\frac{\text{N}}{\text{m}^2} \cdot \left(1\,\text{N} = 1\,\text{Newton} = 1\,\text{kg} \cdot \frac{\text{m}}{\text{s}^2}\right)$$

F06 ■■

→ **Frage 2.49: Lösung E**

Die Frage ist relativ kompliziert formuliert. Gefragt wird letztlich nach dem Schweredruck einer 50 cm hohen Flüssigkeitssäule, deren Dichte näherungsweise so groß wie die von Wasser ist:

$$\rho_{H_2O} = 1\,\frac{\text{g}}{\text{cm}^3} = 1000\,\frac{\text{kg}}{\text{m}^3}$$

Der Schweredruck p einer Flüssigkeitssäule rührt vom Eigengewicht der Flüssigkeit her, das auf die jeweils darunter liegenden Bereiche wirkt. Er hängt ab von der Dichte der Flüssigkeit ρ_{FL}, der Tiefe bzw. Höhe h der Flüssigkeitssäule und der Erdbeschleunigung g (siehe auch Lerntext II.13):
$p = \rho_{FL} \cdot g \cdot h$
Wir setzen ein (als Dichte müssen wir die Dichte in SI-Einheiten einsetzen, also: 1000 kg/m³, für die Erdbeschleunigung g rechnen wir näherungsweise mit 10 m/s²):

$$p = \rho_{FL} \cdot g \cdot h = 1000\,\frac{\text{kg}}{\text{m}^3} \cdot 10\,\frac{\text{m}}{\text{s}^2} \cdot 0{,}5\,\text{m} = 5000\,\frac{\text{kg}}{\text{m} \cdot \text{s}^2}$$
$$= \underline{5\,\text{kPa}}$$

F09 ■■

→ **Frage 2.50: Lösung C**

Der Schweredruck **p** einer Flüssigkeitssäule entsteht durch das Eigengewicht der Flüssigkeit, das auf die jeweils darunter liegenden Bereiche wirkt. Er hängt ab von der Dichte der Flüssigkeit ρ_{FL}, der Höhe ***h*** der Flüssigkeitssäule und der Erdbeschleunigung ***g*** (siehe Lerntext II.13):
$p = \rho_{FL} \cdot g \cdot h$
Zu **(C)**: Die Dichte wird in SI-Einheiten mit 1000 kg/m³ H_2O angegeben, für die Erdbeschleunigung ***g*** rechnet man näherungsweise mit 10 m/s², die Höhe ***h*** der Flüssigkeitssäule in Metern beträgt 1,7 m:

$$p = \rho_{FL} \cdot g \cdot h = 1000\,\frac{\text{kg}}{\text{m}^3} \cdot 10\,\frac{\text{m}}{\text{s}^2} \cdot 1{,}7\,\text{m} = 17000\,\frac{\text{kg}}{\text{m} \cdot \text{s}^2}$$
$$= \underline{1{,}7 \cdot 10^4\,\text{Pa}}$$

H09 ■■

→ **Frage 2.51: Lösung D**

Zu **(D)**: Wenn das **Blutdruckmessgerät zu tief angebracht** wird, misst es durch den Schweredruck der Blutsäule zwischen Herz und Unterarm **zu hohe Werte**. Der **Schweredruck *p*** einer Flüssigkeitssäule rührt vom Eigengewicht der Flüssigkeit her, das auf die jeweils darunter liegenden Bereiche wirkt. Er **hängt ab von** der **Dichte der Flüssigkeit** ρ_{Fl}, der **Tiefe bzw. Höhe** h **der Flüssigkeitssäule** und der **Erdbeschleunigung** g:
$p = \rho_{Fl} \cdot g \cdot h$ (siehe Lerntext II.13)
Gefragt ist letztlich nach dem **Schweredruck einer 13 cm** (0,13 m) **hohen Flüssigkeitssäule**, deren **Dichte** näherungsweise so groß wie die von Wasser $\rho_{H_2O} = \left(1\,\frac{\text{g}}{\text{cm}^3} = 1000\,\frac{\text{kg}}{\text{m}^3}\right)$ ist.

Wir setzen ein (als Dichte müssen wir die Dichte in SI-Einheiten einsetzen, d. h.: 1000 kg/m³, für die Erdbeschleunigung g rechnen wir näherungsweise mit 10 m/s², die Höhe h der Flüssigkeitssäule in Metern beträgt 0,13 m):

$$p = \rho_{Fl} \cdot g \cdot h = 1000\,\frac{\text{kg}}{\text{m}^3} \cdot 10\,\frac{\text{m}}{\text{s}^2} \cdot 0{,}13\,\text{m}$$
$$= 1300\,\frac{\text{kg}}{\text{m} \cdot \text{s}^2} = 1300\,\text{Pa}$$

Den erhaltenen Druck müssen wir noch in die **Einheit „mmHg" umrechnen**. 1 mmHg entsprechen ca. 133,3 Pa.

$$1300\,\text{Pa} = \frac{1300}{133{,}3}\,\text{mmHg} \approx \underline{10\,\text{mmHg}}$$

Im beschriebenen Fall wird der **Blutdruck** etwa **10 mmHg zu hoch** angezeigt.

H06 ■

→ **Frage 2.52: Lösung C**

Unter dem Druck p, der von einer Kraft F auf eine Fläche A ausgeübt wird, versteht man den Quotienten Kraft geteilt durch Fläche. F ist dabei die zu A senkrechte Kraftkomponente (siehe auch Lerntext I.7):

$$p = \frac{F}{A}; \; [p] = \frac{N}{m^2} = \text{Pascal} = \text{Pa}$$

In der Medizin verwenden wir allerdings nicht nur die heute gültige Einheit Pascal, sondern auch mehrere der „alten" Druckeinheiten: mmHg z. B. bei der Blutdruckmessung, cmH_2O bei der Messung des zentralen Venendrucks usw. Ab und zu müssen daher auch Druckeinheiten ineinander umgerechnet werden. Der Zusammenhang zwischen den Einheiten lautet:
1 mmHg ~ 1,36 cmH_2O ~ 133 Pa
Die Angabe 20 cmH_2O muss also durch 1,36 geteilt werden, um mmHg zu erhalten. Mathematisch korrekt ausgeführt sieht das so aus:

$$20\,cmH_2O \cdot \frac{1\,mmHg}{1{,}36\,cmH_2O} = 14{,}7\,mmHg \approx \underline{15\,mmHg}$$

F00 ■

→ **Frage 2.53: Lösung E**

Der Schweredruck innerhalb einer Flüssigkeit hängt ab von der Dichte der Flüssigkeit ρ_{FL}, der Erdbeschleunigung g und der Tiefe h unterhalb der Oberfläche:
$p_{FL} = \rho_{FL} \cdot g \cdot h$
Er kann auf einfache Weise zur Druckmessung verwendet werden: Die Flüssigkeit in einem U-Rohr-Manometer ist im Gleichgewicht, wenn in beiden Schenkeln der gleiche Druck wirkt:
Druck links = Druck rechts.
Anders ausgedrückt:
$p_2 = p_1 + p_{FL} = p_1 + \rho_{FL} \cdot g \cdot h$
oder umgeformt: $p_2 - p_1 = \rho_{Fl} \cdot g \cdot h$
Dabei ist p_1 der im offenen Schenkel auf die Flüssigkeitssäule wirkende Druck, p_2 der Druck im Kolben. Im Fall unserer Aufgabe entspricht die Druckdifferenz $p_2 - p_1$ dem Schweredruck einer 10 cm hohen Wassersäule: der Druck im Kolben p_2 ist um diesen Druck größer als der äußere Druck p_1.
Die Dichte des Wassers nehmen wir näherungsweise mit $\rho_{H_2O} = 1{,}0\frac{g}{cm^3} = 1000\frac{kg}{m^3}$ an.
Dann gilt:

$$p_2 - p_1 = \rho_{H_2O} \cdot g \cdot h$$
$$= 1000\frac{kg}{m^3} \cdot 10\frac{m}{s^2} \cdot 0{,}1\,m = \underline{1000\,Pa}$$

H04 F97 ■■

→ **Frage 2.54: Lösung C**

Fragen zum Druck in ruhenden Flüssigkeiten wiederholen sich in vielfältiger Form immer wieder. Man kann sie beantworten, wenn man sich daran erinnert, von welchen Größen dieser Druck abhängt. An einer Stelle, die eine Strecke h unterhalb der Wasseroberfläche liegt, herrscht der Druck:
$p = \rho \cdot g \cdot h$ (siehe Lerntext II.13)
Dabei bedeuten:
ρ = Dichte der Flüssigkeit
g = Erdbeschleunigung
h = senkrechter Abstand zur Wasseroberfläche
Wichtig: Die **Form des Gefäßes** spielt in diesem Zusammenhang keine Rolle. Unabhängig von der Form nimmt der Druck mit zunehmender Tiefe linear zu. Nur Grafik (C) erfüllt diese Bedingungen (der Abstand zur Wasseroberfläche ist hier nicht als h, sondern als w angegeben).

F97 H87 ■■

→ **Frage 2.55: Lösung E**

Während der Druck in einer Flüssigkeit (ausgehend vom Boden der Flüssigkeit) zur Oberfläche hin proportional zur Höhe abnimmt (Diagramm B zeigt diesen Verlauf), findet man für den Luftdruck eine exponentielle Abhängigkeit von der Höhe über dem Erdboden:
$p(h) = p_0\, e^{-(h/H)}$
p_0 ist in dieser Gleichung der Druck in der Höhe h = 0, d. h. am Erdboden. H gibt diejenige Höhe an, bei der der Druck um den Faktor 1/e = 0,37 abgenommen hat. Das Funktionsdiagramm ist das gleiche, wie es auch die Abbildungen 5.10 (Kondensatorentladung) und 8.2 (radioaktives Zerfallsgesetz) zeigen.
Der Unterschied zwischen Flüssigkeiten und Gasen rührt von der Tatsache her, dass Flüssigkeiten nahezu inkompressibel sind, ihre Dichte also über den gesamten Höhenbereich konstant ist. Bei den Gasen werden jedoch die unteren Schichten durch das Gewicht der darüber liegenden Luftmassen komprimiert, sodass die Dichte und damit (konstante Temperatur vorausgesetzt) auch der Druck von unten nach oben exponentiell abnehmen.

II.15 Auftrieb

Taucht ein Körper zum Teil oder vollständig in eine Flüssigkeit ein, dann erfährt er eine Kraft nach oben; man nennt diese Kraft den Auftrieb.
Der Auftrieb hat seine Ursache in dem mit steigender Tiefe zunehmenden allseitig gerichteten Druck in der Flüssigkeit: Die an der Unterseite angreifende Kraft nach oben ist größer als die auf die Oberfläche nach unten wirkende Kraft.
Die Größe der Auftriebskraft F_A, die ein Körper mit dem Volumen V_K in einer Flüssigkeit mit der

Dichte ρ_{Fl} erfährt, ist gleich der Gewichtskraft G_{Fl} der vom Körper verdrängten Flüssigkeitsmenge (Archimedisches Prinzip):

$F_A = G_{Fl} = m_{Fl} \cdot g = \rho_{Fl} \cdot V_K \cdot g$ (Gl. 2.24.)

Das Verhältnis zwischen Auftriebskraft und Gewicht eines Körpers (d. h. das Verhältnis der Dichten von Flüssigkeit und Körper) entscheidet darüber, ob dieser in einer bestimmten Flüssigkeit sinkt, schwebt oder schwimmt.

a) Ist ρ_K größer als ρ_{Fl}, dann sinkt der Körper.
b) Ist ρ_K gleich ρ_{Fl}, dann schwebt der Körper.
c) Ist ρ_K kleiner als ρ_{Fl}, dann taucht nur ein Teil des Körpers in die Flüssigkeit ein: Der Körper schwimmt.

Bei einem schwimmenden Körper verhält sich das Gesamtvolumen V_K des Körpers zu dem eintauchenden Teil V'_K wie die Dichte ρ_{Fl} der Flüssigkeit zur Dichte ρ_K des Körpers:

$$\frac{V_K}{V'_K} = \frac{\rho_{Fl}}{\rho_K} \quad \text{(Gl. 2.25.)}$$

F09 ■

→ **Frage 2.56: Lösung C**

Siehe Lerntext II.15.

Zu **(C)**: Wir benötigen zur Berechnung der Auftriebskraft also das Volumen des in das Wasser eingetauchten Arms. Da Dichte und Masse bekannt sind und die Dichte $\rho = \frac{\text{Masse } m}{\text{Volumen } V}$ ist, ist das Volumen wiederum $V = \frac{m}{\rho} = \frac{5\,\text{kg}}{1{,}1\,\frac{\text{kg}}{\text{l}}} = 4{,}5\,\text{l}$

Die Auftriebskraft F_A entspricht also der Gewichtskraft von 4,5 l (= 4,5 kg) verdrängtem Wasser, was in Relation zur Gewichtskraft F_G des 5 kg schweren Arms gesetzt werden soll:

$$\frac{F_A}{F_G} = \frac{m_{FL} \cdot g}{m_{ARM} \cdot g} = \frac{m_{FL}}{m_{ARM}} = \frac{4{,}5\,\text{kg}}{5{,}0\,\text{kg}} = \underline{0{,}9}$$

H98 ■

→ **Frage 2.57: Lösung D**

Die **Größe der Auftriebskraft** F_A, die ein Körper mit dem Volumen V_K in einer Flüssigkeit mit der Dichte ρ_{Fl} erfährt, **ist gleich der Gewichtskraft** G_{Fl} **der vom Körper verdrängten Flüssigkeitsmenge** (Archimedisches Prinzip, vgl. Gl. 2.24):

$F_A = G_{Fl} = m_{Fl} \cdot g = \rho_{Fl} \cdot V_K \cdot g$

(g ist die Erdbeschleunigung; Volumen des Körpers V_K multipliziert mit der Dichte der Flüssigkeit ρ_{Fl} gibt die Masse der verdrängten Flüssigkeitsmenge m_{Fl}).

Wenn wir einen kugelförmigen Luftballon unter Wasser auf den doppelten Durchmesser aufblasen, dann verachtfachen wir damit sein Volumen (Volumen einer Kugel: $V = \frac{4}{3}\pi \cdot r^3$; eine Verdopplung des Durchmessers bedeutet eine Verdopplung des Radius; das Volumen wird also um den Faktor $2^3 = 8$ größer). Damit verdrängt der Körper die achtfache Flüssigkeitsmenge und die Auftriebskraft verachtfacht sich, wie aus der obigen Gleichung leicht zu ersehen ist.

F03 ■

→ **Frage 2.58: Lösung D**

Siehe Lerntext II.15.

Zu **(D)**: Ein Körper schwimmt an der Oberfläche einer Flüssigkeit, wenn seine Gewichtskraft genau der Auftriebskraft entspricht, die der in die Flüssigkeit eintauchende Teil des Körpers erzeugt. Die Gewichtskraft des Eises ist:

$G_{Eis} = m_{Eis} \cdot g = \rho_{Eis} \cdot V_{Eis} \cdot g$

Der Auftrieb F_{AET}, den der eintauchende Teil ET des Volumens des Eises erzeugt, ist nach obiger Formel:

$F_{AET} = \rho_{Wasser} \cdot V_{Eis} \cdot ET \cdot g$

Wir setzen beide Formeln gleich:

$G_{Eis} = \rho_{Eis} \cdot V_{Eis} \cdot g = F_{AET} = \rho_{Wasser} \cdot V_{Eis} \cdot ET \cdot g$

$\rho_{Eis} \cdot V_{Eis} \cdot g = \rho_{Wasser} \cdot V_{Eis} \cdot ET \cdot g$

$\rho_{Eis} = \rho_{Wasser} \cdot ET$

$$ET = \frac{\rho_{Eis}}{\rho_{Wasser}} = \frac{0{,}9\,\text{g/cm}^3}{1{,}0\,\text{g/cm}^3} = 0{,}9 = \underline{90\,\%}$$

Ein Anteil von 90 % des Eises befindet sich unter der Wasseroberfläche.

F00 ■■

→ **Frage 2.59: Lösung C**

Taucht ein Körper zum Teil oder vollständig in eine Flüssigkeit ein, dann erfährt er eine Kraft nach oben; man nennt diese Kraft den Auftrieb. Die **Größe der Auftriebskraft** F_A, die ein Körper mit dem Volumen V_K in einer Flüssigkeit mit der Dichte ρ_{FL} erfährt, ist **gleich der Gewichtskraft** G_{FL} **der vom Körper verdrängten Flüssigkeitsmenge** (Archimedisches Prinzip, siehe auch Lerntext II.15):

$F_A = G_{FL} = m_{FL} \cdot g = \rho_{FL} \cdot V_K \cdot g$

(g ist die Erdbeschleunigung; Volumen des Körpers V_K multipliziert mit der Dichte der Flüssigkeit ρ_{FL} gibt die Masse der verdrängten Flüssigkeitsmenge m_{FL}).

Das Verhältnis zwischen Auftriebskraft und Gewicht eines Körpers (d. h. das Verhältnis der Dichten von Flüssigkeiten und Körper) entscheidet darüber, ob dieser in einer bestimmten Flüssigkeit sinkt, schwebt oder schwimmt. Wenn der Körper schweben soll, müssen die Kräfte Auftrieb und Gewicht genau gleich groß sein. Für homogene Körper kann die Gewichtskraft aus Erdbeschleunigung, Dichte des Körpers und dem Körpervolumen errechnet werden:

$F_G = \rho_K \cdot V_K \cdot g$

Wir haben jedoch keinen homogenen Körper, sondern einen Körper mit 2 Kompartimenten unterschiedlicher Dichte. Das kleine Kompartiment macht dabei 1/8 des Gesamtvolumens aus (Volumen einer Kugel: $V = \frac{4}{3}\pi \cdot r^3$; eine Halbierung des Durchmessers bedeutet eine Halbierung des Radius; das innere Volumen ist also um den Faktor $2^3 = 8$ kleiner). Es ergibt sich für die Gewichtskraft:

$$F_G = \left(\frac{1}{8} \cdot \rho_{INNEN} + \frac{7}{8} \cdot \rho_{AUSSEN}\right) \cdot V_K \cdot g$$

Der luftleere Hohlraum hat die Dichte

$$\rho_{INNEN} = 0\,\frac{g}{cm^3}$$

Daraus folgt:

$$F_G = \frac{7}{8} \cdot \rho_{AUSSEN} \cdot V_K \cdot g$$

Gewichtskraft und Auftriebskraft sind bei schwebendem Körper gleich:

$$F_G = \frac{7}{8} \cdot \rho_{AUSSEN} \cdot V_K \cdot g = \rho_{FL} \cdot V_K \cdot g = F_A$$

gekürzt: $\frac{7}{8} \cdot \rho_{AUSSEN} = \rho_{FL} = 1\,\frac{g}{cm^3}$

(Dichte der Flüssigkeit Wasser ist $1\,\frac{g}{cm^3}$)

Es resultiert: $\rho_{AUSSEN} = \frac{8}{7}\,\frac{g}{cm^3}$

2.8 Kräfte an Grenzflächen

II.16 Kräfte zwischen Atomen und Molekülen

Als **Kohäsionskräfte** bezeichnet man die anziehenden Kräfte **zwischen gleichartigen Atomen oder Molekülen**. Jedoch **ziehen sich** auch **verschiedenartige Atome und Moleküle an**. In diesem Fall **spricht man von Adhäsionskräften.**

Grenzt eine Flüssigkeit an einen festen Körper und sind die Kohäsionskräfte zwischen den Flüssigkeitsteilchen kleiner als die Adhäsionskräfte gegenüber dem Festkörper (Beispiel H_2O – Glas), dann nennt man die Flüssigkeit benetzend.

Sind jedoch die Kohäsionskräfte zwischen den Flüssigkeitsmolekülen größer als die Adhäsionskräfte gegenüber den Molekülen des angrenzenden Festkörpers, dann spricht man von einer nicht benetzenden Flüssigkeit (Beispiel Hg – Glas).

II.17 Kapillarwirkung

Taucht man ein enges Rohr (Radius *r*) in eine **benetzende Flüssigkeit** (Oberflächenspannung *σ*, Dichte *ρ*), so steigt im Inneren der Kapillare eine Flüssigkeitssäule hoch (**Kapillaraszension**). Für die Steighöhe *h* gilt die Beziehung:

$$h = \frac{2\sigma}{r \cdot g \cdot \rho} \quad (g = 9{,}81\,m/s^2) \qquad \text{(Gl. 2.26.)}$$

Für **nicht benetzende Flüssigkeiten** (z. B. Hg – Glas) beobachtet man eine so genannte **Kapillardepression**, d. h. der Flüssigkeitsspiegel im Rohr wird unter das Niveau der umgebenden Flüssigkeit gedrückt.

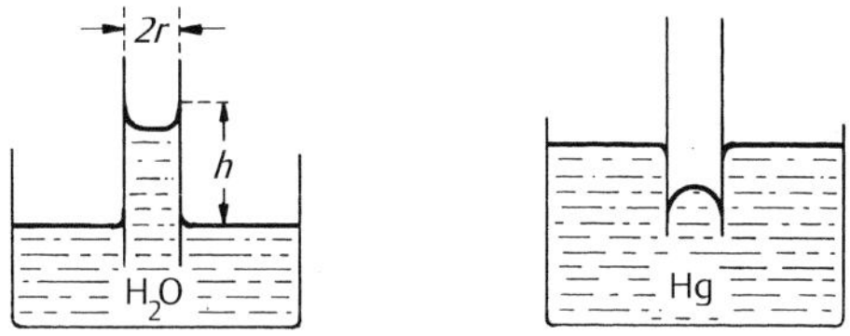

Abb. 2.11 Kapillarwirkung bei benetzenden und nicht benetzenden Flüssigkeiten.

Klinischer Bezug

Den typischen Flüssigkeitsspiegel von nicht benetzenden Flüssigkeiten in Kapillaren kann man auch gut bei einem Quecksilber-Fieberthermometer beobachten: In der Mitte ist der Quecksilberspiegel am höchsten, nach außen hin fällt er ab – weil die Kohäsionskräfte zwischen den Flüssigkeitsmolekülen größer als die Adhäsionkräfte gegenüber den Molekülen des umgebenden Glases sind.

H94 H87 ■

→ **Frage 2.60: Lösung E**

(B) zeigt das Verhalten einer benetzenden Flüssigkeit. 30 % der Prüflinge haben Abbildung (C) angekreuzt. Man beachte den Unterschied zur richtigen Lösung (E): Die Form der Oberflächen ist in (C) zwar richtig wiedergegeben, es fehlt jedoch die Depression, d. h. die Absenkung des Flüssigkeitsspiegels im Innern des Röhrchens.

F06

→ **Frage 2.61: Lösung C**

In der Lunge bilden Pneumozyten II das sog. Surfactant, das die Oberflächenspannung der Alveolen herabsetzt und u. a. ein Zusammenfallen der Alveolen beim Ausatmen verhindert. Surfactant wird erst kurz vor der Geburt (um die 35. Schwangerschaftswoche) in den fetalen Lungen produziert, weshalb bei früher geborenen Kindern die Lungen zusammenfallen können und das Atmen unmöglich werden kann – eine gefürchtete Komplikation.

Was bedeutet aber Oberflächenspannung genau? Wenn man die Oberfläche einer Flüssigkeit vergrößert, muss man – wegen der Oberflächenspannung – Energie aufbringen. Die Oberflächenspannung selbst ist dabei definiert als die Energie, die bei der Oberflächenzunahme aufgebracht werden muss, geteilt durch die Oberflächenzunahme (C).

2.9 Strömung von Flüssigkeiten und Gasen

II.18 Die laminare Strömung

Eine laminare Strömung ist dadurch gekennzeichnet, dass benachbarte Flüssigkeitsschichten ohne Verwirbelung, jedoch mit unterschiedlicher Geschwindigkeit aneinander vorbeigleiten. Wird speziell die Strömung durch ein Rohr mit kreisförmigem Querschnitt betrachtet, so ist die unmittelbar an die Rohrwand grenzende Flüssigkeitsschicht auf Grund der Adhäsionskräfte in Ruhe. Zur Mitte hin nimmt die Strömungsgeschwindigkeit bis zu einem Maximalwert zu (parabolisches Geschwindigkeitsprofil).
Zwischen den mit verschiedener Geschwindigkeit strömenden konzentrischen Schichten wirken Reibungskräfte, zu deren Überwindung Arbeit geleistet werden muss. Um eine konstante Strömung aufrechterhalten zu können, muss zwischen Anfang und Ende des Rohres eine Druckdifferenz bestehen (Umwandlung von mechanischer Energie in Wärme).
Die Reibungsverluste sind um so größer, je größer die Viskosität (Zähigkeit, innere Reibung) der Flüssigkeit ist.
Übersteigt die Strömungsgeschwindigkeit einen bestimmten kritischen Wert, dann tritt Verwirbelung ein, die Strömung wird turbulent.

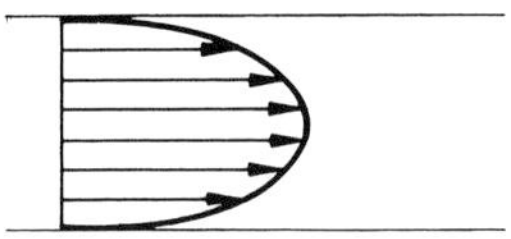

Abb. 2.12 Geschwindigkeitsprofil einer realen Flüssigkeit bei laminarer Strömung durch ein Rohr mit kreisförmigem Querschnitt

Klinischer Bezug
In den großen Arterien ist bedingt durch den pulsierenden Herzschlag die Strömung des Blutes nicht laminar, sondern turbulent. Erst in den kleineren Arterien wird die Strömung des Blutes zu einer laminaren Strömung, die dann in den Endarterien einen guten Gasaustausch mit dem Gewebe garantiert.

II.19 Die Kontinuitätsgleichung

Unter der Volumenstromstärke I versteht man das im Zeitintervall Δt durch den Rohrquerschnitt strömende Flüssigkeitsvolumen V geteilt durch Δt.

$$I = \frac{V}{\Delta t}; \; [I] = m^3/s \qquad \text{(Gl. 2.27.)}$$

Da Flüssigkeiten inkompressibel sind und die Volumenstromstärke konstant bleibt, muss sich die **mittlere** Strömungsgeschwindigkeit v ändern, wenn sich die Querschnittsfläche A des Rohres ändert. Auf Grund des Zusammenhanges

$$I = A \cdot v \qquad \text{(Gl. 2.28.)}$$

muss für die Strömungsgeschwindigkeit an zwei Stellen mit verschiedenem Querschnitt (A_1 und A_2) gelten:

$$A_1 \cdot v_1 = A_2 \cdot v_2 \qquad \text{(Gl. 2.29.)}$$

Je größer der Querschnitt ist, um so kleiner wird die Strömungsgeschwindigkeit und umgekehrt!

H97 ■

→ **Frage 2.62: Lösung A**

Diese Frage kann durch einfaches Überlegen beantwortet werden.
Zu Beginn und am Ende der gegebenen h(t)-Kurve bleibt die Höhe konstant, es fließt nichts zu, die Volumenstärke ist null. Nur (A) und (B) zeigen diesen Verlauf. Dazwischen haben wir einen geradlinig ansteigenden Verlauf, der Flüssigkeitsspiegel steigt konstant. Dies kann nur eine konstante Volumenstromstärke bewirken. Schaubild (A) ist die richtige Lösung. Man kann auch formal argumentieren:
Die Volumenstromstärke ist definiert durch das Verhältnis: Zugeflossenes Volumen dV durch Zeitintervall dt.

$$I = \frac{dV}{dt} = A\frac{dh}{dt}$$

Dabei wurde das Volumen ersetzt durch das Produkt Querschnittsfläche A des Zylinders mal Wasserhöhe h. Da A bei einem Zylinder konstant ist, folgt damit, dass I proportional ist zur Ableitung dh/dt. Mit anderen Worten: I ist proportional zur Steigung der $h(t)$-Kurve. Diese ist erst 0 (horizontale Gerade), ist dann ein Stück konstant ($\neq 0$) und dann wieder 0.

H05 ■

→ **Frage 2.63: Lösung B**

In einem unverzweigten Rohr ist die Volumenstromstärke I an allen Stellen gleich. Bekannt ist das durch die sog. **Kontinuitätsgleichung**: Sie besagt, dass sich zwar die Strömungsgeschwindigkeit v ändern kann, wenn sich die Querschnittsfläche A der Röhre ändert, die Stromstärke I jedoch immer gleich bleibt (siehe auch Lerntext II.19). Zur Erinnerung die Kontinuitätsgleichung:

$$A_1 \cdot v_1 = A_2 \cdot v_2$$

Dabei stellt das Produkt aus Querschnittsfläche und Strömungsgeschwindigkeit die Volumenstromstärke I dar:

$$I = A \cdot v$$

Für die Aufgabe lösen wir nach der Strömungsgeschwindigkeit auf und erhalten:

$$v = \frac{I}{A}$$

Jetzt müssen wir noch beachten, dass Querschnittsfläche und Strömungsgeschwindigkeit nicht in SI-Einheiten angegeben sind, sodass einige Umrechnungen nötig werden! Im einzelnen sind das die Umrechnung von cm^2 in m^2 ($1\,cm^2 = 1 \cdot 10^{-4}\,m^2$), die Umrechnung von l/min in l/s (durch 60 teilen, weil eine Minute 60 Sekunden entspricht), und die Umrechnung von l in m^3 ($1\,l = 1 \cdot 10^{-3}\,m^3$):

$$v = \frac{I}{A} = \frac{0{,}6\,l/min}{0{,}5\,cm^2} = \frac{0{,}6\,l/min}{0{,}5 \cdot 10^{-4}\,m^2} = \frac{0{,}01\,l/s}{0{,}5 \cdot 10^{-4}\,m^2}$$
$$= \frac{1 \cdot 10^{-2}\,l/s}{0{,}5 \cdot 10^{-4}\,m^2} = \frac{1 \cdot 10^{-5}\,m^3/s}{0{,}5 \cdot 10^{-4}\,m^2} = 2 \cdot 10^{-1}\,m/s$$
$$= \underline{0{,}2\,m/s}$$

H10 ■■

→ **Frage 2.64: Lösung C**

Zu **(C)**: Bei dieser Aufgabe geht es um den Zusammenhang zwischen Querschnittsfläche $\boldsymbol{A}$ einer Röhre (dem Blutgefäß), der Stromstärke $\boldsymbol{I}$ und der Strömungsgeschwindigkeit $\boldsymbol{v}$ einer Flüssigkeit.
Grundsätzlich stellt das Produkt aus Querschnittsfläche und Strömungsgeschwindigkeit die Volumenstromstärke I dar (siehe Lerntext II.19):

$I = A \cdot v$

Bekanntlich lässt sich die Querschnittsfläche A eines Kreises nach $A = \pi r^2$ errechnen. Eingesetzt in die obere Formel ergibt sich: $I = A \cdot v = \pi r^2 \cdot v$
Wenn der Durchmesser des Gefäßes 2,0 cm beträgt, ist der Radius 1,0 cm:
$I = \pi r^2 \cdot v = 3{,}14 \cdot (1\,cm)^2 \cdot 20\,cm/s = 3{,}14\,cm^2 \cdot 20\,cm/s = 62{,}8\,cm^3/s \approx \underline{60\,cm^3/s}$

F08 ■

→ **Frage 2.65: Lösung C**

Eine eingeschränkte Volumenstromstärke $FEV_{25-75\%}$ ist in der Lungenfunktionsdiagnostik ein Hinweis auf eine Obstruktion der mittleren und peripheren Atemwege (zentrale Obstruktionen dagegen sind unter anderem am eingeschränkten Spitzenfluss zu erkennen).
Die mittlere Volumenstromstärke I gibt an, wie viel Volumen pro Zeiteinheit ausgeatmet wird (Einheit l/s). Sie ist der Quotient aus abgeatmetem Volumen pro Zeit:

$$I = \frac{V}{t}$$

Zwischen den Zeitpunkten, zu denen der Patient 25 % und 75 % seiner Vitalkapazität ausgeatmet hat, liegen 50 % Volumen Vitalkapazität. Die Vitalkapazität ist mit 4,0 l angegeben, damit ist V=2,0 l (50 % von 4,0 l). Diese werden in einer Zeit von 0,8 s abgeatmet, damit ergibt sich:

$$I = \frac{V}{t} = \frac{2{,}0\,l}{0{,}8\,s} = \underline{2{,}5\,l/s}$$

H01 ■■

→ **Frage 2.66: Lösung D**

Bei der Strömung von Flüssigkeiten längs eines Rohres kann sich die Volumenstromstärke (solange Rohrverzweigungen ausgeschlossen sind) nicht ändern: Wenn das Rohr an einer Stelle von einer bestimmten Anzahl von Litern durchflossen wird, muss dies an einer anderen Stelle die gleiche Menge sein, da nichts verloren gehen oder dazukommen kann. Das Produkt Querschnittsfläche mal Strömungsgeschwindigkeit muss konstant bleiben:
$A_1 \cdot v_1 = A_2 \cdot v_2$
In unserer Aufgabe ist allerdings noch zu beachten, dass hier nicht die Querschnittsflächen, sondern die Innendurchmesser des Rohres gegeben sind. Die Querschnittsfläche erhält man nach der bekannten Formel:
$A = \pi \cdot r^2$, wobei der Radius r jeweils dem halben Innendurchmesser d entspricht.
Wir errechnen zunächst das Verhältnis der Querschnittsflächen A_1 und A_2. Der **Innendurchmesser** d_1 (4,5 cm) ist **dreimal so groß wie** $\boldsymbol{d_2}$ (1,5 cm); für die Radien r_1 und r_2 gilt gleiches. Setzt man dies statt der eigentlichen Werte in die Formel zur Berechnung der Querschnittsfläche ein, so erhält man das **Verhältnis der Querschnittsflächen**:

$$\frac{A_1}{A_2} = \frac{\pi \cdot (3)^2}{\pi \cdot (1)^2} = \underline{\frac{9}{1}}$$

Löst man die erste Formel nach v_2 auf und setzt dann das Flächenverhältnis ein, erhält man:

$$v_2 = \frac{A_1 \cdot v_1}{A_2} = \frac{9 \cdot 5{,}0\frac{cm}{s}}{1} = \underline{45\frac{cm}{s}}$$

H02 ■■

→ **Frage 2.67: Lösung B**

Bei der Strömung von (bekanntlich inkompressiblen) Flüssigkeiten längs eines Rohres kann sich die Volumenstromstärke I (solange Rohrverzweigungen ausgeschlossen sind) nicht ändern: Ändert sich die Querschnittsfläche A, muss sich die mittlere Strömungsgeschwindigkeit v ändern, da gilt:
$I = A \cdot v$
Für die Strömungsgeschwindigkeiten v_1 und v_2 an zwei Stellen mit verschiedenem Querschnitt (A_1 und A_2) gilt dann:
$A_1 \cdot v_1 = A_2 \cdot v_2$
Somit ist das Verhältnis der Geschwindigkeiten:

$$\frac{v_1}{v_2} = \frac{A_2}{A_1}$$

In unserer Aufgabe ist aber nicht das Verhältnis der Querschnittsflächen, sondern das Verhältnis der **Radien** r_1 und r_2 angegeben. Die Querschnittsfläche errechnet sich aus dem Radius nach der Formel:
$A = \pi \cdot r^2$
Wir setzen die Flächenformel und das gegebene Verhältnis der Radien $r_1/r_2 = 3/2$ ein:

$$\frac{v_1}{v_2} = \frac{A_2}{A_1} = \frac{\pi \cdot r_2^2}{\pi \cdot r_1^2} = \frac{\pi \cdot (2)^2}{\pi \cdot (3)^2} = \frac{(2)^2}{(3)^2} = \underline{\frac{4}{9}}$$

F05 ■

→ **Frage 2.68: Lösung D**

Unter der Volumenstromstärke ***I*** versteht man das im Zeitintervall $\boldsymbol{\Delta t}$ durch den Rohrquerschnitt strömende Flüssigkeitsvolumen ***V***, geteilt durch das Zeitintervall Δt:

$$I = \frac{V}{\Delta t}$$

Angegeben wird die Volumenstromstärke in SI-Einheiten in m^3/s.
Das in der Zeit Δt durch einen Rohrquerschnitt A strömende Volumen ΔV ist:
$\Delta V = A \cdot v \cdot \Delta t$
Dividiert man beide Seiten der Gleichung durch Δt, erhält man:

$$\frac{\Delta V}{\Delta t} = A \cdot v$$

Daraus ergibt sich:
$I = A \cdot v$
Zur Lösung der Aufgabe müssen wir jetzt noch beachten, dass Querschnittsfläche und Volumenstromstärke nicht in SI-Einheiten angegeben sind, sodass einige Umrechnungen nötig werden:

$$I = A \cdot v = 0{,}5\,\text{cm}^2 \cdot 0{,}2\,\frac{\text{m}}{\text{s}} = 0{,}5 \cdot 10^{-4}\,\text{m}^2 \cdot 0{,}2\,\frac{\text{m}}{\text{s}}$$
$$= 0{,}1 \cdot 10^{-4}\,\frac{\text{m}^3}{\text{s}}$$

Die Auswahlmöglichkeiten für das Ergebnis bieten jedoch nur die Einheiten l/min und nicht m^3/s. Also rechnen wir um:
Ein tausendstel Kubikmeter, also $10^{-3}\,m^3$, entsprechen 1 l. Damit sind $0{,}1 \cdot 10^{-4}\frac{m^3}{s}$ genau $0{,}01\frac{l}{s}$. Nun multiplizieren wir dieses Ergebnis noch mit 60 s, um auf l/min zu kommen, und erhalten:

$$I = 0{,}01\frac{l}{s} \cdot 60\,s = 0{,}6\frac{l}{min}$$

F06 ■■

→ **Frage 2.69: Lösung E**

Eine Stenose ist nichts anderes als eine Verringerung des Querschnitts des Blutgefäßes. Da Flüssigkeiten inkompressibel sind und die Volumenstärke in einer unverzweigten Röhre konstant bleibt, muss sich die mittlere Strömungsgeschwindigkeit v ändern, wenn sich die Querschnittsfläche A des Rohres ändert. Aufgrund des Zusammenhangs
$I = A \cdot v$
muss für die Strömungsgeschwindigkeit an zwei Stellen mit verschiedenem Querschnitt (A_1 und A_2) gelten:
$A_1 \cdot v_1 = A_2 \cdot v_2$
Übersetzt: Wenn der Rohrquerschnitt (wie bei einer Stenose) kleiner wird, wird die Strömungsgeschwindigkeit entsprechend größer (siehe auch Abb. 2.13):

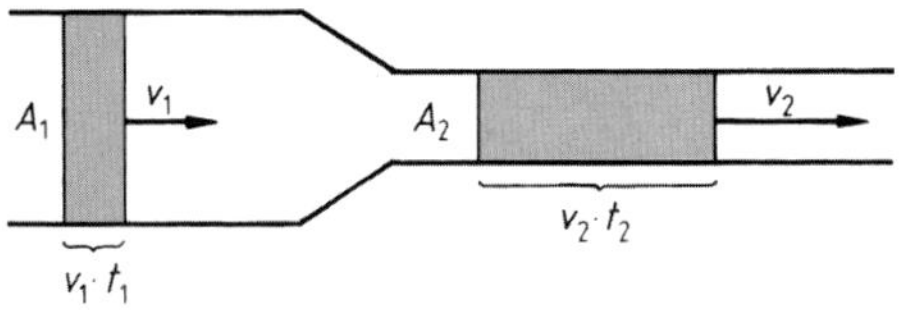

Abb. 2.**13**

Um die Strömungsgeschwindigkeit bei verringertem Querschnitt auszurechnen, lösen wir die obere Formel zunächst auf:

$$v_2 = \frac{A_1}{A_2} \cdot v_1$$

In der Aufgabe sind jedoch nicht die Flächen, sondern die **Durchmesser** innerhalb und außerhalb der Stenose angegeben. Die Fläche können wir mit der Flächenformel des Kreises errechnen:
$A = \pi \cdot r^2$
Setzen wir das in die umgeformte Formel (Radius r = ½ Durchmesser) ein, erhalten wir:

$$v_2 = \frac{A_1}{A_2} \cdot v_1 = \frac{\pi \cdot r_1^2}{\pi \cdot r_2^2} \cdot v_1 = \frac{r_1^2}{r_2^2} \cdot v_1 = \frac{(4\,\text{mm})^2}{(2\,\text{mm})^2} \cdot 0{,}1\,\text{m/s}$$
$$= \frac{16\,\text{mm}^2}{4\,\text{mm}^2} \cdot 0{,}1\,\text{m/s} = 4 \cdot 0{,}1\,\text{m/s} = \underline{0{,}4\,\text{m/s}}$$

F10 ■

→ **Frage 2.70: Lösung D**

Zu **(D)**: Bei dieser Aufgabe geht es um den Zusammenhang zwischen Querschnittsfläche A einer Röhre (der Kanüle), der Stromstärke I und der Strömungsgeschwindigkeit v einer Flüssigkeit.
Grundsätzlich stellt das Produkt aus Querschnittsfläche und Strömungsgeschwindigkeit die Volumenstromstärke I dar (siehe Lerntext II.19):

$I = A \cdot v$

Für die Aufgabe lösen wir nach der Strömungsgeschwindigkeit auf und erhalten:

$$v = \frac{I}{A}$$

Die Querschnittsfläche ist direkt angegeben, die Stromstärke I müssen wir aus dem Quotienten Volumen V und Zeit t errechnen, mit der die Lösung errechnet wird:

$$I = \frac{V}{t}$$

Wir müssen allerdings beachten, dass die einzusetzenden Größen nicht in SI-Einheiten angegeben sind, so dass einige Umrechnungen nötig werden! Im Einzelnen sind das die Umrechnung von mm^2 in m^2 ($1\ mm^2 = 1 \times 10^{-6}\ m^2$), die Umrechnung von ml/s in l/s ($1\ ml = 1 \times 10^{-3}\ l$) und die Umrechnung von l in m^3 ($1\ l = 1 \times 10^{-3}\ m^3$):

$$I = \frac{V}{t} = \frac{10\,\text{ml}}{10\,\text{s}} = 1\,\text{ml/s} = 0{,}001\,\text{l/s} = 1 \cdot 10^{-3}\,\text{l/s}$$

$$v = \frac{I}{A} = \frac{1 \cdot 10^{-3}\,\text{l/s}}{0{,}5\,\text{mm}^2} = \frac{1 \cdot 10^{-3}\,\text{l/s}}{0{,}5 \cdot 10^{-6}\,\text{m}^2} = \frac{1 \cdot 10^{-6}\,\text{m}^3/\text{s}}{0{,}5 \cdot 10^{-6}\,\text{m}^2} = \underline{2\,\text{m/s}}$$

H07 ■■

→ **Frage 2.71: Lösung E**

Bei einer Strömung von (bekanntlich inkompressiblen) Flüssigkeiten längs eines Rohres (oder auch eines Blutgefäßes mit kreisrundem Querschnitt) kann sich die Volumenstromstärke I nicht ändern. Ändert sich die Querschnittsfläche A, muss sich daher die mittlere Strömungsgeschwindigkeit v ändern, da gilt:

$I = A \cdot v$

Für die Strömungsgeschwindigkeiten v_1 und v_2 an zwei Stellen mit verschiedenem Querschnitt (A_1 und A_2) ergibt sich:

$A_1 \cdot v_1 = A_2 \cdot v_2$, oder umgeformt: $\frac{A_2}{A_1} = \frac{v_1}{v_2}$

Die Geschwindigkeit in der Stenose (v_2) soll doppelt so groß sein wie vor der Stenose (v_1).
Damit ergibt sich für das Verhältnis der Querschnittsflächen:

$$\frac{A_2}{A_1} = \frac{v_1}{v_2} = \frac{1}{2}$$

Die Querschnittsfläche im Blutgefäß hat sich an der Stenose also halbiert.
Gefragt ist allerdings nicht nach der Querschnittsfläche, sondern nach dem **Innendurchmesser** an der Stenose. Er ist natürlich proportional dem Radius, und verhält sich somit genau wie dieser.
Um an das Verhältnis der Innendurchmesser oder Radien zu gelangen, müssen wir die Querschnittsfläche als Funktion des Radius $A = \pi r^2$ in die obere Gleichung einsetzen:

$$\frac{A_2}{A_1} = \frac{\pi r_2^2}{\pi r_1^2} = \frac{r_2^2}{r_1^2} = \frac{1}{2}$$

Nun ziehen wir die Wurzel:

$$\frac{r_2}{r_1} = \sqrt{\frac{1}{2}}$$

Damit ist Lösung (E) korrekt:

$$\sqrt{\frac{1}{2}} = \sqrt{0{,}5} \approx 0{,}71 = \underline{71\,\%}$$

F07 ■■

→ **Frage 2.72: Lösung B**

Die mittlere Strömungsgeschwindigkeit in den Kapillaren verhält sich so, als ob die Aorta mit geringer Querschnittsfläche in ein einziges großes Gefäß mit großer Querschnittsfläche übergegangen wäre. Bei einer solchen Strömung von (bekanntlich inkompressiblen) Flüssigkeiten längs eines Rohres kann sich die Volumenstromstärke I nicht ändern. Ändert sich die Querschnittsfläche A, muss sich die mittlere Strömungsgeschwindigkeit v ändern, da gilt:

$I = A \cdot v$

Für die Strömungsgeschwindigkeiten v_1 und v_2 an zwei Stellen mit verschiedenem Querschnitt (A_1 und A_2) ergibt sich:

$A_1 \cdot v_1 = A_2 \cdot v_2$

Wir lösen nach v_2 auf und setzen ein:

$$v_2 = \frac{A_1 \cdot v_1}{A_2} = \frac{5\,\text{cm}^2 \cdot 0{,}2\,\text{m/s}}{3000\,\text{cm}^2} = \frac{1\,\text{m/s}}{3000} = 3{,}\overline{3} \cdot 10^{-4}\,\text{m/s} \approx \underline{3 \cdot 10^{-4}\,\text{m/s}}$$

II.20 Strömungswiderstand und Hagen-Poiseuillesches Gesetz

Wird an ein Rohr oder ein Rohrsystem eine zeitlich konstante Druckdifferenz Δp angelegt, dann wird auch ein zeitlich konstanter Flüssigkeitsstrom mit der Stromstärke I fließen. Das Verhältnis aus Druckdifferenz und Volumenstromstärke bezeichnet man als den Strömungswiderstand des Rohres oder Rohrsystems:

$$R = \frac{\Delta p}{I};\ [R] = \frac{\text{Pa} \cdot \text{s}}{\text{m}^3} \qquad \text{(Gl. 2.30.)}$$

Unter dem Strömungsleitwert G versteht man den Reziprokwert des Strömungswiderstandes:

$G = 1/R$ (Gl. 2.31.)

Man spricht von einer Newtonschen Flüssigkeit, wenn der Strömungswiderstand unabhängig von der Druckdifferenz konstant bleibt.
Für die **laminare Strömung** (diese entsteht durch Reibung zwischen mit verschiedener Geschwindigkeit strömenden Flüssigkeitsschichten und zeigt ein parabelförmiges Strömungsprofil) durch ein Rohr mit starren Wandungen und kreisförmigem Querschnitt kann die Abhängigkeit der Volumenstromstärke von der Druckdifferenz explizit angegeben werden **(Gesetz von Hagen-Poiseuille)**:

$$I = \frac{\pi}{8} \frac{r^4 \Delta p}{l\eta} \qquad \text{(Gl. 2.32.)}$$

Die auftretenden Größen bedeuten dabei:
r: Radius des Rohres
l: Länge des Rohres
Δp: Druckdifferenz zwischen Rohranfang und -ende
η: Viskosität der Flüssigkeit
Bildet man durch Umstellen von Gleichung 2.32 das Verhältnis $\Delta p/I$, dann erhält man den Strömungswiderstand für ein Rohr:

$$R = \frac{8\,l\eta}{\pi r^4} \qquad \text{(Gl. 2.33.)}$$

Klinischer Bezug
Patienten mit einem akuten Asthma oder einer chronisch obstruktiven Lungenerkrankung haben einen deutlich erhöhten Atemwegswiderstand, den man auch in der Lungenfunktionsuntersuchung nachweisen kann.
Um nachzuvollziehen, was das bewirkt, kann man probieren, einige Sekunden durch einen Strohhalm zu atmen. Dabei nimmt der Durchmesser der Atemwege stark ab, und nach Gleichung 2.33 der Atemwegswiderstand sehr stark zu.

F99 ■■

→ **Frage 2.73: Lösung D**

Für die laminare Strömung einer Newton'schen Flüssigkeit durch ein Rohr mit starren Wandungen und kreisförmigem Querschnitt kann die Abhängigkeit der Volumenstromstärke von der Druckdifferenz explizit angegeben werden (Gesetz von Hagen-Poiseuille, vgl. Gl. 2.32):

$$I = \frac{\pi \cdot r^4 \cdot \Delta p}{8 \cdot l \cdot \eta}$$

Zu **(D)**: Die Stromstärke wird doppelt so groß, wenn man die Druckdifferenz zwischen den Enden der Kapillare verdoppelt ($\Delta p' = 2\Delta p$ heißt für $I' = 2\,I$). (D) ist die richtige Lösung.
Zu **(A)**: Bei Verdopplung des Durchmessers verdoppelt sich auch der Radius, die Stromstärke würde sich also versechzehnfachen ($2^4 = 16$, $r' = 2\,r$ heißt für $I' = 16\,I$).
Zu **(B)**: Da die Querschnittsfläche A nicht explizit in der Formel für I enthalten ist, muss beachtet werden, dass $A = r^2\pi$, d. h. $A \propto r^2$ und damit $I \propto A^2$ ist. Wählt man also $A' = 4A$, dann wird $I' = 16\,I$.
Zu **(C)**: Wählt man $\eta' = 2\,\eta$, dann wird $I' = {}^1/_2\,I$.
Zu **(E)**: Wählt man $l' = 2\,l$, dann wird $I' = {}^1/_2\,I$.

F09 ■■

→ **Frage 2.74: Lösung E**

Ausgangspunkt für die Beantwortung dieser Frage ist das **Hagen-Poiseuillesche Gesetz**. Für newtonsche Flüssigkeiten mit laminarer Strömung, die durch ein Rohr mit starrer Wand und kreisförmigem Querschnitt strömen, kann damit die Volumenstromstärke ***I*** in Abhängigkeit von der Rohrlänge ***l***, der Viskosität ***η*** der Flüssigkeit, dem Radius ***r*** der Röhre und der Druckdifferenz **Δ*p*** errechnet werden (siehe Lerntext II.20):

$$I = \frac{\pi r^4}{8\,l\eta} \cdot \Delta p$$

Zu **(E)**: Gleichzeitig sagt das Gesetz aus, dass die Volumenstromstärke I proportional ist zur vierten Potenz des Radius r ($I \sim r^4$) oder auch proportional zum Quadrat der Querschnittsfläche A($I \sim A^2$) ($A = \pi r^2$). Die Stromstärke ist damit direkt proportional zur Druckdifferenz: $I \sim A^2 \cdot \Delta p$
Die Fläche A des Schlauchs wird halbiert, die Stromstärke I jedoch genauso groß wie vorher gehalten. Damit gilt:

$$I \sim A^2 \cdot \Delta p = \left(\frac{A}{2}\right)^2 \cdot x \cdot \Delta p$$

$$A^2 \cdot \Delta p = \frac{A^2}{4} \cdot x \cdot \Delta p$$

Die Druckdifferenz Δp erhöht sich um den **Faktor 4.**

F02 ■■

→ **Frage 2.75: Lösung B**

Zu **(B)**: Unter der Volumenstromstärke I versteht man das im Zeitintervall Δt durch den Rohrquerschnitt strömende Flüssigkeitsvolumen V geteilt durch Δt:

$$I = \frac{V}{\Delta t}$$

Dabei muss in einem **unverzweigten Rohrsystem** die Volumenstromstärke unabhängig vom Rohrquerschnitt **an allen Stellen gleich sein**: Flüssigkeiten sind inkompressibel und wenn an der einen Seite z. B. 2 l/min hineinfließen, müssen damit an der Ausgangsseite natürlich auch 2 l/min hinauskommen.
Demzufolge muss sich die Strömungsgeschwindigkeit v ändern, wenn sich die Querschnittsfläche A des Rohres ändert: je kleiner die Querschnittsfläche, desto höher die Strömungsgeschwindigkeit ((A) ist falsch).
Der Strömungswiderstand R kann nach $R = \frac{8 \cdot l \cdot \eta}{\pi \cdot r^4}$ errechnet werden (l = Rohrlänge, η = Viskosität der Flüssigkeit, r = Radius, vgl. Gl. 2.33).
Damit nimmt der Strömungswiderstand bei abnehmendem Radius des Rohres zu ((C) und (D) sind falsch, der Strömungswiderstand ist zwischen 2 und 3 am größten). Entsprechend ist der Druckabfall Δp durch den größten Strömungswiderstand ebenfalls zwischen 2 und 3 am größten ((E) ist falsch).

F03 ■

→ **Frage 2.76: Lösung E**

Für eine laminar fließende, newtonsche Flüssigkeit (der Strömungswiderstand bleibt unabhängig vom Druck konstant) durch ein Rohr mit starren Wandungen und kreisförmigem Querschnitt kann die Abhängigkeit der Volumenstromstärke von der Druckdifferenz explizit angegeben werden (Gesetz von Hagen-Poiseuille, siehe auch Lerntext II.20):

$I = \frac{\pi}{8} \cdot \frac{r^4 \cdot \Delta p}{l \cdot \eta}$, aufgelöst nach Druckdifferenz:

$$\Delta p = I \cdot \frac{8}{\pi} \cdot \frac{l \cdot \eta}{r^4}$$

r: Radius des Rohres, l: Länge des Rohres, Δp: Druckdifferenz zwischen Rohranfang und -ende, η: Viskosität der Flüssigkeit.
Wenn alle anderen Faktoren konstant bleiben, ist die Druckdifferenz direkt proportional zum Kehrwert von r^4 und es ergibt sich:

$$\Delta p_1 \sim \frac{1}{r_1^4}, \ \Delta p_2 \sim \frac{1}{r_2^4} \text{ bzw. } \frac{\Delta p_2}{\Delta p_1} = \frac{r_1^4}{r_2^4}$$

Wir formen um und setzen ein:

$$\Delta p_2 = \frac{r_1^4}{r_2^4} \cdot \Delta p_1 = \frac{(1{,}0 \cdot 10^{-2}\,\text{m})^4}{(0{,}7 \cdot 10^{-2}\,\text{m})^4} \cdot 10\,\text{kPa}$$
$$= \frac{1{,}0^4}{0{,}7^4} \cdot 10\,\text{kPa} = \frac{1}{0{,}24} \cdot 10\,\text{kPa} = 41{,}7\,\text{kPa}$$
$$\approx \underline{42\,\text{kPa}}$$

F05 ■■

→ **Frage 2.77: Lösung D**

Etwas verklausuliert wird hier ein (hoffentlich) gut bekannter Zusammenhang abgefragt: das Hagen-Poiseuillesche Gesetz. In diesem Gesetz bezeichnet man das Verhältnis aus Druckdifferenz Δp und Volumenstromstärke I als Strömungswiderstand R eines Rohres:

$$R = \frac{\Delta p}{I}$$

(Siehe auch Lerntext II.20. Letztlich kann man den Zusammenhang analog zum Ohm'schen Gesetz betrachten, wenn man statt der Spannung die Druckdifferenz Δp einsetzt.)
Damit eine kontinuierliche Volumenstromstärke I von 6 ml/min bei einem Strömungswiderstand R von 100 MPa · s/l in den beschrieben Plastikbehälter strömt, muss ein definierter konstanter Überdruck herrschen, den wir nach Umformung der oberen Formel leicht errechnen können. Zunächst müssen wir aber beachten, dass die verwendeten Einheiten noch auf gleiche (SI-)Dimensionen gebracht werden müssen: 6 ml/min Stromstärke entsprechen umgerechnet in Liter $6 \cdot 10^{-3}$ l/min. Wird dann noch statt Minuten die Stromstärke in Sekunden angeben, werden daraus (dividiert durch 60):

$$\frac{6 \cdot 10^{-3}\,\text{l}}{60\,\text{s}} = \frac{60 \cdot 10^{-4}\,\text{l}}{60\,\text{s}} = 1 \cdot 10^{-4}\,\frac{\text{l}}{\text{s}}$$

Eingesetzt ergibt sich:

$$\Delta p = R \cdot I = 100 \cdot 10^6\,\frac{\text{Pa} \cdot \text{s}}{\text{l}} \cdot 1 \cdot 10^{-4}\,\frac{\text{l}}{\text{s}} = 100 \cdot 10^2\,\text{Pa}$$
$$= \underline{10\,\text{kPa}}$$

H00 ■

→ **Frage 2.78: Lösung D**

Wird an ein Rohr oder ein Rohrsystem eine zeitlich konstante Druckdifferenz Δp angelegt, dann wird auch ein zeitlich konstanter Flüssigkeitsstrom mit der Stromstärke I fließen. Das Verhältnis aus Druckdifferenz und Volumenstromstärke bezeichnet man als den **Strömungswiderstand** des Rohres oder Rohrsystems (siehe Lerntext II.20):

$$R = \frac{\Delta p}{I}$$

Der Wert 1 auf der x-Achse des Diagramms entspricht einer Druckdifferenz Δp von $1 \cdot 10^3$ Pa. Wir ermitteln nun für diesen Punkt anhand der eingezeichneten Funktion den entsprechenden Wert auf der Y-Achse, die zugehörige Stromstärke I: $2 \cdot 10^{-7}\,\text{m}^3 \cdot \text{s}^{-1}$. Daraus ergibt sich ein Strömungswiderstand von:

$$R = \frac{\Delta p}{I} = \frac{1 \cdot 10^3\,\text{Pa}}{2 \cdot 10^{-7}\,\text{m}^3 \cdot \text{s}^{-1}} = \frac{1\,\text{N} \cdot \text{m}^{-2}}{2 \cdot 10^{-10}\,\text{m}^3 \cdot \text{s}^{-1}}$$
$$= \frac{1\,\text{N}}{2 \cdot 10^{-10}\,\text{m}^5 \cdot \text{s}^{-1}} = \underline{5 \cdot 10^9\,\text{N} \cdot \text{s} \cdot \text{m}^{-5}}$$

F07 ■

→ **Frage 2.79: Lösung E**

Für diese Aufgabe betrachten wir das Bronchialsystem als ein System von zusammenhängenden Röhren. Wird an ein Rohr oder ein Rohrsystem eine zeitlich konstante Druckdifferenz Δp angelegt, dann wird auch ein zeitlich konstanter Flüssigkeitsstrom der Stromstärke I fließen. Das Verhältnis aus Druckdifferenz und Volumenstromstärke bezeichnet man als den Strömungswiderstand des Rohres oder Rohrsystems:

$R = \frac{\Delta p}{I}$ (siehe auch Lerntext II.20)

Die Stromstärke I ist in unserer Aufgabe als Ableitung des Volumens nach der Zeit $\dot{V}$ angegeben. Die Druckdifferenz Δp zwischen dem Druck in den Alveolen p_A und dem Druck am Mund p_M lässt sich leicht errechnen:
$\Delta p = p_A - p_M$
Setzen wir dies in die obere Formel ein, erhalten wir:

$$R = \frac{\Delta p}{I} = \frac{p_A - p_M}{\dot{V}}$$

H07 ■■

→ **Frage 2.80: Lösung C**

Der Atemwegswiderstand ist eine wichtige Kenngröße für Erkrankungen wie Asthma oder chronisch obstruktive Bronchitis (COPD). Bei Patienten mit COPD (z. B. Rauchern) ist er permanent, bei Asthmatikern oft nur dann, wenn der Patient Symptome hat, erhöht. Es kommt dann zu einer deutlich erschwerten Atmung mit Luftnot und Einsatz der Atemhilfsmuskulatur. Gemessen wird er mittels der Bodyplethysmographie. Die Theorie dahinter betrachtet das Bronchialsystem als ein System von zusammenhängenden Röhren. Wird an ein Rohr oder ein Rohrsystem eine Druckdifferenz Δp (Druckdifferenz zwischen Alveole und Umgebungsluftdruck) angelegt, dann wird auch ein Flüssigkeitsstrom der Stromstärke I fließen. Das Verhältnis aus Druckdifferenz und Volumenstromstärke bezeichnet man in Analogie zum Ohmschen Gesetz als den Strömungswiderstand des Rohres oder Rohrsystems:

$$R = \frac{\Delta p}{I}$$

Nach Einsetzen errechnen wir:

$$R = \frac{\Delta p}{I} = \frac{0{,}2\,\text{kPa}}{0{,}5\,\text{l} \cdot \text{s}^{-1}} = \underline{0{,}4\,\text{kPa} \cdot \text{l}^{-1} \cdot \text{s}}$$

Siehe auch Lerntext II.20.

H08 ■

→ **Frage 2.81: Lösung A**

Parallel geschaltete Röhren, in denen Flüssigkeiten fließen, kann man sehr gut mit einer Parallelschaltung von Widerständen vergleichen:

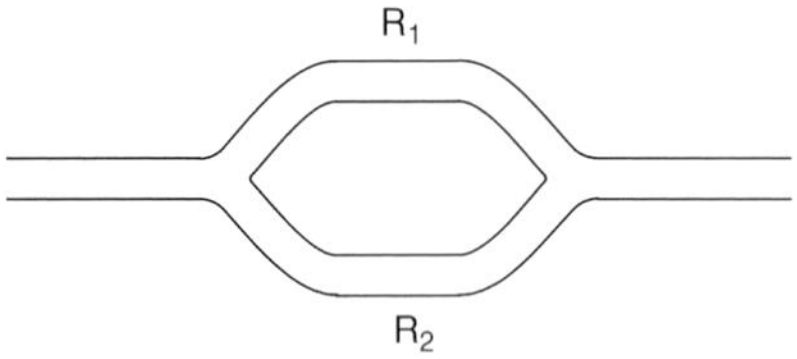

Abb. 2.**14**

In beiden Röhren fließt – wie in einer Parallelschaltung beim Stromkreis – die gleiche Stromstärke, die sich zur (doppelt so großen) Gesamtstromstärke addiert (Lösung (E) ist falsch).

Der **Strömungswiderstand *R*** errechnet sich analog dem elektrischen Widerstand einer Parallelschaltung (siehe auch Lerntext V.10):

$$\frac{1}{R_{gesamt}} = \frac{1}{R_1} + \frac{1}{R_2}$$

Für den Fall, dass $R_1 = R_2$ (beide Röhren sollen ja genau gleich sein und haben damit den gleichen Strömungswiderstand) gilt:

$$\frac{1}{R_{gesamt}} = \frac{1}{R} + \frac{1}{R} = \frac{2}{R}$$

$$R_{gesamt} = \frac{R}{2}$$

Der Strömungswiderstand halbiert sich also durch die Parallelschaltung (Lösung (A) ist korrekt).

H05 ■■

→ **Frage 2.82: Lösung E**

Siehe Kommentar zu Frage 2.74.

Zu **(E)**: Gleichzeitig sagt es aus, dass die Volumenstromstärke I proportional ist zur 4. Potenz des Radius r und damit auch (da $d = 2r$) proportional zur 4. Potenz des Durchmessers d:

$I \propto d^4$

d sei der Durchmesser zu Beginn, d_{20} der Durchmesser nach 20 %iger Vergrößerung. Wenn wir d der Einfachheit halber auf „1" setzen, ist d_{20} 20 % größer, also „1,2". Um zu ermitteln, wie viel höher die neue Volumenstromstärke I_{20} als die ursprüngliche Volumenstromstärke I ist, kann man nun die folgende Proportionalität aufschreiben:

$$\frac{I_{20}}{I} = \left(\frac{d_{20}}{d}\right)^4 = \left(\frac{1{,}2}{1}\right)^4 = 2{,}07 \approx \underline{2{,}1}$$

H07 ■■

→ **Frage 2.83: Lösung E**

Siehe Kommentar zu Frage 2.74.

Zu **(E)**: Gleichzeitig wird damit ausgesagt, dass die Volumenstromstärke I proportional ist zur 4. Potenz des Radius r:

$I \sim r^4$ (~ bedeutet proportional)

Die Stromstärke I_2 in der zweiten Röhre mit doppeltem Radius ist damit unter Berücksichtigung des Verhältnisses der Radien der beiden Röhren im Vergleich zur Stromstärke I_1 in der ersten Röhre:

$$\frac{I_2}{I_1} = \left(\frac{r_2}{r_1}\right)^4 = \left(\frac{2\,\text{mm}}{1\,\text{mm}}\right)^4 = \left(\frac{2}{1}\right)^4 = \frac{16}{1}$$

Im Vergleich zur ersten Röhre ist die Stromstärke der zweiten also 16-mal größer. Hinterhältigerweise ist aber nicht danach gefragt, sondern wie viel mal größer die Stromstärke beider Röhren gemeinsam im Vergleich zur Röhre 1 ist: 17-mal, denn die ursprüngliche Stromstärke in der Röhre 1 muss dann noch zum Faktor 16 hinzuaddiert werden!

Siehe auch Lerntext II.20.

F08 ■■

→ **Frage 2.84: Lösung C**

Für Newton'sche Flüssigkeiten mit laminarer Strömung, die durch ein Rohr mit starren Wandungen und kreisförmigem Querschnitt strömen, kann die Volumenstromstärke I in Abhängigkeit von der Rohrlänge l, der Viskosität η der Flüssigkeit, dem Radius r der Röhre und der Druckdifferenz Δp mit dem **Gesetz von Hagen-Poiseuille** explizit angegeben werden (siehe Lerntext II.20):

$$I = \frac{\pi r^4}{8\,l\eta} \cdot \Delta p = G \cdot \Delta p$$

Zu **(C)**: G ist der (Strömungs-)Leitwert und der Kehrwert des (Strömungs-)Widerstands $R = \frac{8\,l\eta}{\pi r^4}$

Damit ist $G = \frac{\pi r^4}{8\,l\eta}$

Wenn zu Rohr I ein Rohr II mit derselben Länge, aber nur halb so großem Radius parallel zugeschaltet wird, bleiben alle anderen Faktoren außer dem Radius r konstant. Wir können die neue Situation wie ein neues Rohr betrachten, mit einem um den Faktor 0,5 vergrößerten Radius r.
Der Leitwert ist, wie aus der Formel zu entnehmen, proportional zu r^4: $G \propto r^4$
Wird der Radius um den Faktor 0,5 vergrößert, ändert sich der Leitwert G damit um:

$$(0{,}5)^4 = \frac{1}{2} \cdot \frac{1}{2} \cdot \frac{1}{2} \cdot \frac{1}{2} = \frac{1}{16} = 0{,}0625 = \underline{6{,}25\,\%}$$

H03 ■■

→ **Frage 2.85: Lösung A**

Siehe Kommentar zu Frage 2.84.
Zu **(A)**: Wenn alle Größen bis auf den Radius konstant bleiben sollen, reduziert sich das Gesetz darauf, dass die Stromstärke I proportional zu r^4 ist. Damit lässt sich die Aufgabe per Dreisatz lösen:

$$\frac{I_2}{I_1} = \frac{r_2^4}{r_1^4}$$

$$\frac{I_2}{I_1} = \frac{I_2}{100\,\text{cm}^3/\text{s}} = \frac{(0{,}8\,\text{cm})^4}{(1{,}0\,\text{cm})^4}$$

$$I_2 = \frac{(0{,}8\,\text{cm})^4}{(1{,}0\,\text{cm})^4} \cdot 100\,\text{cm}^3/\text{s} = \frac{0{,}41\,\text{cm}^4}{1{,}0\,\text{cm}^4} \cdot 100\,\text{cm}^3/\text{s} = \underline{41\,\text{cm}^3/\text{s}}$$

II.21 Satz von Bernoulli

Wenn sich die Querschnittsfläche eines Rohres, das von einer Flüssigkeit durchflossen wird, ändert, dann muss sich auch die mittlere Fließgeschwindigkeit ändern. Dies ist die Aussage der Kontinuitätsgleichung (siehe Lerntext II.19).
Aus diesem Grunde muss z. B. bei einer Rohrverengung die Flüssigkeit beschleunigt werden. Dazu ist die Erhöhung der kinetischen Energie, also Arbeitsleistung notwendig. Dies geschieht auf Kosten des statischen Druckes in der Flüssigkeit, der in diesem Fall abnimmt. Erweitert sich das Rohr, dann steigt infolge der Abbremsung der Flüssigkeit der statische Druck an. Quantitativ wird dieser Zusammenhang durch den Satz von Bernoulli beschrieben:

$$p + \frac{1}{2}\rho v^2 = \text{const.} \qquad \text{(Gl. 2.34.)}$$

p ist der statische Druck in der Flüssigkeit, ρ die Dichte und v die mittlere Strömungsgeschwindigkeit der Flüssigkeit ($\frac{1}{2}\rho v^2$ ist die kinetische Energie pro Volumeneinheit). In Worten: Steigt die Geschwindigkeit, so sinkt der Druck, und umgekehrt.

Klinischer Bezug

Der Satz von Bernoulli besagt, dass an Engstellen die Geschwindigkeit von Gasen oder Flüssigkeiten steigt und gleichzeitig der Druck abnimmt. Eine solche Engstelle ist zum Beispiel auch ein Tubus. Moderne Beatmungsgeräte haben daher für die Beatmungsmodi, in denen ein Patient unterstützend (assistiert) beatmet wird, eine Tubuskompensation, die den Druck während der Beatmung entsprechend dem Durchmesser der Tubus kompensiert (umso weiter erhöht, je kleiner der Tubusdurchmesser ist).

F04 ■

→ **Frage 2.86: Lösung C**

Wenn sich die **Querschnittsfläche eines Rohres**, das von einer Flüssigkeit durchflossen wird, **verengt, nimmt in der Engstelle die mittlere Strömungsgeschwindigkeit *v* zu**, da Flüssigkeiten inkompressibel sind und die Volumenstromstärke konstant bleibt (siehe auch Lerntext II.19).
Damit nimmt auch die kinetische Energie (Bewegungsenergie) zu, sie ist definiert als $\frac{1}{2}m \cdot v^2$ (m = Masse, v = Strömungsgeschwindigkeit). Da der Energieerhaltungssatz bekanntlich besagt, dass in einem abgeschlossenen System die Summe aller Energien konstant bleibt, muss eine andere Energie im gleichen Maße abnehmen, in dem die kinetische Energie zunimmt. Diese besagte Energie ist die Volumenarbeit $p_1 \cdot V$ (p_1 = statischer Druck innerhalb der Engstelle). Der statische Druck p_1 sinkt, die Volumenarbeit wird reduziert. Berücksichtigt man keine Reibung und Schwerkrafteinflüsse, gilt:

$$p_1 \cdot V + \frac{1}{2} m \cdot v^2 = \text{const.}$$

Das bedeutet, **dass innerhalb einer Engstelle die mittlere Strömungsgeschwindigkeit zunimmt, der Druck jedoch sinkt!**
Die Masse m lässt sich aus Volumen V und Dichte ρ der Flüssigkeit darstellen:
$m = \rho \cdot V$
Eingesetzt in die obere Formel erhält man:
$p_1 \cdot V + \frac{1}{2} \rho \cdot V \cdot v^2 = \text{const.}$

Daraus entsteht die Bernoullische Gleichung:
$p_1 + \frac{1}{2} \rho \cdot v^2 = p_0 = \text{const.}$

Siehe auch Lerntext II.21.
Eine stenosierte Aortenklappe ist natürlich nichts anderes als eine Engstelle. Die Druckdifferenz $p_0 - p_1$ errechnet sich dann wie folgt (eine Dichte von 1 kg/l entspricht 1000 kg/m³):

$$p_0 - p_1 = \frac{1}{2}\rho \cdot v^2 = \frac{1}{2} \cdot 1000 \frac{\text{kg}}{\text{m}^3} \cdot \left(4 \frac{\text{m}}{\text{s}}\right)^2$$
$$= \frac{1}{2} \cdot 1000 \frac{\text{kg}}{\text{m}^3} \cdot 16 \frac{\text{m}^2}{\text{s}^2} = 8 \cdot 10^3 \frac{\text{kg}}{\text{m} \cdot \text{s}^2}$$
$$= \underline{8\ \text{kPa}}$$

II.22 Temperaturabhängigkeit der Viskosität

Die Viskosität von Flüssigkeiten, also auch diejenige von Newtonschen Flüssigkeiten, nimmt mit steigender Temperatur ab. Die gleiche Abhängigkeit zeigt daher auch der Strömungswiderstand (vgl. Gl. 2.33).

II.23 Stokes'sche Reibung

Bewegt sich eine Kugel (Radius r) mit der Geschwindigkeit v durch eine ruhende Flüssigkeit (Viskosität η), dann wirkt auf die Kugel eine Reibungskraft der Größe:
$R = 6\pi \cdot v \cdot r \cdot \eta$ (Gl. 2.35.)
Sie ist wie alle Reibungskräfte der Geschwindigkeit entgegen gerichtet.

H97 ■

→ **Frage 2.87: Lösung B**

Der Auftrieb eines Körpers in einer Flüssigkeit ist gleich der Gewichtskraft G der vom Körper verdrängten Flüssigkeitsmenge (Archimedisches Prinzip), d. h.
$G = m_{Fl} g = \rho_{Fl} \cdot V_K \cdot g$
Es bedeuten: G = Gewichtskraft der verdrängten Flüssigkeit (= Auftrieb)
m_{Fl} = Masse der verdrängten Flüssigkeit
g = Erdbeschleunigung (= 9,81 m/s²)
ρ_{Fl} = Dichte der Flüssigkeit
V_K = Volumen des eingetauchten Körpers

Wenn man diese Formel im Kopf hat, kann die Frage gut beantwortet werden.
Zu **(A)**: Der Auftrieb ist proportional zu V_K. Richtig!
Zu **(B)**: Die Dichte des Körpers (der Kugel) steht nicht in der Formel. Dies ist die falsche Aussage!
Zu **(C)**: Wenn die Dichte der Kugel größer ist als diejenige der Flüssigkeit, dann sinkt sie nach unten. Die mit zunehmender Geschwindigkeit anwachsende Reibungskraft (eine nach oben wirkende, die Bewegung hemmende Kraft) kompensiert nach langer Zeit (zusammen mit der ebenfalls nach oben wirkenden Auftriebskraft) die nach unten wirkende Gewichtskraft auf die Kugel. Die resultierende Kraft wird null, die Kugel bewegt sich mit konstanter Geschwindigkeit. Richtig!
Zu **(D)**: Der Auftrieb ist proportional zu m_{Fl}. Richtig!
Zu **(E)**: Gleicher Durchmesser bedeutet gleiches Kugelvolumen V_K und damit gleiche Auftriebskraft. Sie ist unabhängig von der Dichte des Körpers (siehe Antwort (B)!). Richtig!
In 52 % der Antworten war (E) angekreuzt!

2.10 Kommentare aus Examen Frühjahr 2011

F11 ■■

→ **Frage 2.88: Lösung D**

Zu **(D)**: Bei dieser Aufgabe geht es um den Zusammenhang zwischen der Querschnittsfläche A einer Röhre (Aortenabschnitt: 5 cm²), der Stromstärke I (6 l/min) und der Strömungsgeschwindigkeit v einer Flüssigkeit.
Grundsätzlich ist die **Volumenstromstärke** das **Produkt aus Querschnittsfläche und Strömungsgeschwindigkeit**:
$I = A \times v$
Aufgelöst nach der **Strömungsgeschwindigkeit *v*** ergibt sich:
$v = I / A$
Vor dem Einsetzen der Werte müssen die Größen auf gleiche Einheiten (cm und Sekunde) gebracht werden. Dazu rechnen wir 6 Liter Blut pro Minute in cm³ pro Sekunde um:
$I = 6\ \text{l/min} = 6000\ \text{cm}^3/\text{min} = 6000\ \text{cm}^3/60\ \text{s} = 100\ \text{cm}^3/\text{s}$
Eingesetzt in die obige Formel ergibt das die folgende Strömungsgeschwindigkeit:

$$v = \frac{I}{A} = \frac{100\ \text{cm}^3/\text{s}}{5\ \text{cm}^2} = 20\ \text{m/s}$$

F11 ■

→ **Frage 2.89: Lösung E**

Zu **(E)**: Im linearen Bereich des **Spannungs-Dehnungs-Diagramms** gilt das **Hooke'sche Gesetz**. Es besagt, dass - bei Einwirken einer Kraft auf einen Körper - die Verformung des Körpers (z. B. Länge einer Sehne) proportional zur Kraft ist. Das **Elastizitätsmodul *E*** entspricht der Steigung des Diagramms in diesem Abschnitt. Die mathematische Definition des Elastizitätsmoduls lautet:

$E = \sigma / \varepsilon$

Dabei bezeichnet σ die Spannung (hier: die **Zugspannung**) und ε die **Dehnung** (Verhältnis von Längenänderung zur ursprünglichen Länge $\varepsilon = \Delta l / l$).
Das Elastizitätsmodul ist mit 0,2 GPa (Gigapascal) in einer Druckeinheit angegeben. Der Druck *p* ist definiert als die Kraft *F*, die pro Fläche *A* ausgeübt wird (wobei die Kraft senkrecht zur Fläche steht):

$p = F / A$

Die Einheit des Drucks ist: N/m^2 = Pascal = Pa
Da die Zugspannung in der Einheit N/mm^2 angegeben ist, rechnen wir 0,2 GPa entsprechend um:

$0{,}2\ GPa = 0{,}2 \times 10^9\ Pa = 0{,}2 \times 10^9\ N/m^2 = 0{,}2 \times 10^6\ kN/m^2 = 0{,}2\ kN/mm^2$

Daraus folgt:

$1\ GPa = 1\ kN/mm^2$

Zur Lösung der Aufgabe formen wir die erste Formel um:

$\boldsymbol{\varepsilon = \sigma / E}$

Eingesetzt ergibt sich somit:

$$\varepsilon = \frac{6\ N/mm^2}{0{,}2\ GPa} = \frac{6\ N/mm^2}{0{,}2\ kN/mm^2} = \frac{6\ N/mm^2}{200\ N/mm^2} = 0{,}03$$

Eine Längenänderung um den Faktor 0,03 bedeutet: 3 / 100 = **3 %**.

F11 ■■

→ **Frage 2.90: Lösung E**

Zu **(E)**: Das **PET-Verfahren** ist kompliziert, die physikalische Fragestellung aber sehr einfach: Hier wird schlicht der aus der Mechanik bekannte **Zusammenhang zwischen der** Strecke *s*, die ein γ-Quant zurücklegt, seiner **Geschwindigkeit *v*** (hier: Lichtgeschwindigkeit 3×10^8 m/s) und der **Zeitdauer *t*** der Wegstrecke gefragt:

$\boldsymbol{s = v \times t}$

Setzt man die Zeitdifferenz von 10 ns (10×10^{-9} s) ein, erhält man:

$s = v \times t = 3 \times 10^8\ m/s \times 10 \times 10^{-9}\ s = 30 \times 10^{-1}\ m = \mathbf{3\ m}$

Klinischer Hinweis: Die **Positronen-Emissions-Tomografie (PET)** ist ein Schnittbildverfahren, das die Verteilung radioaktiv markierter Substanzen im Körper sichtbar macht. Dem Patienten wird zu Beginn der Untersuchung eine radioaktiv markierte Substanz (z. B. ^{18}F-Fluordesoxyglukose [FDG]) über eine Vene appliziert. FDG wird von Körper- und Tumorzellen wie Glukose aufgenommen. Da Tumorzellen sehr stoffwechselaktiv sind, sammelt sich in ihnen FDG an und der Tumor wird in der PET sichtbar. Vorteilhaft ist, dass insbesondere Fernmetastasen leicht gefunden werden können. Ein Nachteil ist die schlechte örtliche Auflösung, die inzwischen mit Kombinationsgeräten aus PET und Computertomographie, PET-CT zu verbessern versucht wird. Sehr kleine Tumoren werden übersehen, entzündliche Vorgänge (z. B. eine Sarkoidose, die die Hiluslymphknoten betreffen kann) können wegen der ebenfalls hohen Stoffwechselaktivität als Tumorerkrankung fehlgedeutet werden.
Die bei der PET verwendeten Radionuklide sind **β^+-Strahler**, die Positronen freisetzen. Ein abgestrahltes Positron gelangt jedoch nicht aus dem Körper hinaus, sondern trifft nach sehr kurzer Wegstrecke im Körpergewebe auf ein Elektron. Dabei kommt es zur „Annihilation" (Zerstrahlung): Das Elektron-Positron-Paar wird vernichtet, die dabei freiwerdende Energie wird in Form von 2 Photonen (Gammaquanten) in genau entgegengesetzte Richtungen (Winkel 180°) ausgesandt. Wegen ihrer Entstehung nennt man diese **Gammastrahlung** auch **„Paarvernichtungsstrahlung"**. Das PET-Gerät hat viele, in einem Ring angeordnete Detektoren, die solche Gammaquanten erfassen. Die in entgegengesetzte Richtungen abgestrahlten Photonen aus einer Paarvernichtung treffen mit minimaler Zeitdifferenz auf den Detektorring. Der Ort ihrer Entstehung liegt also auf der Verbindungslinie zwischen beiden Erfassungsdetektoren. Mit einer Vielzahl erfasster Signale von Paarvernichtungen lässt sich so schließlich ein Schnittbild erstellen.

F11 ■■

→ **Frage 2.91: Lösung B**

Zu **(B)**: Der Proband verrichtet mit der **„Evaporation"** (Verdunstung von Wasser, umgangssprachlich Schwitzen) im physikalischen Sinn Arbeit, mit der er Wärme an die Umgebung abgibt.
Wird die Arbeit *W* in einem Zeitintervall Δt verrichtet, liefert der Quotient die Leistung *P*:

$\boldsymbol{P = W / \Delta t}$

Die Einheit ist Joule/s oder Watt.
Die Arbeit, die bei einer Leistung von *P* = 120 W in 1 Stunde (60 min = 3600 s) verrichtet wird, ist dementsprechend:

$W = P \times \Delta t = 120\ W \times 3600\ s = 120\ J/s \times 3{,}6 \times 10^3\ s = 432 \times 10^3\ J = 432\ kJ$

Die Verdunstungswärme von Wasser beträgt: $r \sim 2{,}4\ kJ/g$
Um eine Arbeit von 432 kJ zu verrichten, muss also die folgende Menge Wasser verdunsten:

$$m = \frac{W}{r} = \frac{432\ kJ}{2{,}4\ kJ/g} = 180\ g$$

Da 1 ml Wasser einer Masse von 1 g entspricht, ist die korrekte Lösung **180 ml**.

3 Struktur der Materie

3.1 Aufbau der Atome und Atomkerne

III.1 Elementarbausteine und Fundamentalkräfte

Am Aufbau der Materie sind insgesamt drei verschiedene Elementarbausteine beteiligt: Das Proton (p), das Neutron (n) und das Elektron (e). Zwischen diesen Teilchen existieren drei unterschiedliche Kraftwirkungen, die von praktischer Bedeutung sind:

- Da die drei genannten Teilchen Masse besitzen ($m_p \approx m_n \approx 2000 \cdot m_e$), wirkt zwischen ihnen die Massenanziehung (Gravitation).
- Elektrische Kräfte wirken nur zwischen Protonen und Elektronen, da diese (positiv bzw. negativ) elektrisch geladen sind. Das Neutron dagegen ist elektrisch neutral.
- Zwischen Neutronen und Protonen gibt es schließlich noch die sehr starke, anziehend wirkende Kernkraft.

III.2 Der Aufbau des Atoms

Jedes Atom besteht aus dem Atomkern und der Atomhülle. Im Atomkern befinden sich etwa gleich viele Protonen und Neutronen, die durch Kernkräfte zusammengehalten werden. Der Kern ist positiv geladen. Er wird von einer aus Elektronen bestehenden negativen Hülle umgeben.
Die Summe der im Kern enthaltenen Protonen und Neutronen bezeichnet man als **Massenzahl** *A* (auch Nukleonenzahl). Die **Kernladungszahl** *Z* nennt die Anzahl der Protonen. Die Zahl der Neutronen erhält man aus der Differenz Massenzahl minus Kernladungszahl: $N = A - Z$
Man schreibt diese Zahlen oben *(A)* und unten *(Z)* vor das Elementsymbol. Aus der Angabe $^{14}_{6}C$ kann also entnommen werden, dass dieser Kohlenstoffkern aus 6 Protonen und aus 14 – 6 = 8 Neutronen besteht. Im neutralen Zustand besitzt dieses Atom eine Hülle aus 6 Elektronen. Die Kernladungszahl *Z* ist daher gleich der Ordnungszahl dieses Elementes im Periodensystem.
Besitzt ein Atom mehr oder weniger Elektronen in seiner Hülle als der Protonenzahl im Kern entspricht, dann bezeichnet man dieses Gebilde als positives oder negatives Ion.
Unter Isotopen versteht man Atome, die sich nur in der Zahl der Neutronen im Kern unterscheiden, nicht aber in der Zahl der Protonen. Sie gehören also zum gleichen chemischen Element. Das $^{12}_{6}C$-Atom besitzt nur 6 Neutronen im Kern.

F99 ■■

→ **Frage 3.1: Lösung B**

Unter Isotopen versteht man Atome, die sich nur in der Zahl der Neutronen im Kern unterscheiden, nicht aber in der Zahl der Protonen. Sie gehören also zum gleichen chemischen Element und stehen an gleicher Stelle im Periodensystem. Isotope unterscheiden sich durch die unterschiedliche Neutronenzahl, in der Nukleonenzahl (der Kernteilchenzahl), in der Masse und auch in der relativen Atommasse. Sie besitzen jedoch die gleiche Protonenzahl (und damit Kernladungszahl) und die gleiche Elektronenzahl.

F04 ■■

→ **Frage 3.2: Lösung B**

Siehe Kommentar zu Frage 3.5.
Zu **(B)**: Der in der Frage beschriebene Atomkern besitzt die Protonenzahl Z = 2 und die Massenzahl A = 2 + 1 = 3 (2 Protonen, 1 Neutron). Die Protonenzahl (die Ordnungszahl) bestimmt das Element: An zweiter Position (2 Protonen) im Periodensystem steht Helium. Die Schreibweise muss daher lauten: $^{3}_{2}He$.

F03 F00 ■■

→ **Frage 3.3: Lösung E**

Siehe Kommentar zu Frage 3.5.
Zu **(E)**: Der in der Frage beschriebene Atomkern besitzt die Protonenzahl Z = 2 und die Massenzahl A = 2 + 2 = 4. Die Protonenzahl (die Ordnungszahl) bestimmt das Element: An zweiter Position (2 Protonen) im Periodensystem steht Helium. Die Schreibweise muss daher lauten: $^{4}_{2}He$.

F98 ■■

→ **Frage 3.4: Lösung C**

Um einen Atomkern zu beschreiben, ist es üblich, die Gesamtzahl seiner Nukleonen (= Protonen + Neutronen) als Massenzahl links oben vor das Elementsymbol zu schreiben, ebenso die Protonenzahl (= Ordnungszahl oder Kernladungszahl) links unten. Für den gegebenen Argonkern lauten diese Zahlen 40 (= Protonenzahl + Neutronenzahl = 18 + 22 = 40) und 18 (Protonenzahl). Die symbolische Schreibweise sieht daher folgendermaßen aus: $^{40}_{18}Ar$.

H09 ■■

→ **Frage 3.5: Lösung C**

Jeder **Atomkern** ist **aus Protonen und Neutronen aufgebaut** (siehe Lerntext III.2). Um einen Atomkern zu beschreiben, gibt man an:

- seine **Protonenzahl** Z (auch Kernladungszahl oder Ordnungszahl genannt),
- seine **Massenzahl** A (auch Nukleonenzahl genannt) → Summe aus Protonenzahl Z und Neutronenzahl N im Kern (A = Z + N).

Für die formale Charakterisierung eines Kerns schreibt man die **Protonenzahl links unten vor das Elementsymbol**, die **Massenzahl links oben vor das Elementsymbol**, d. h. allgemein: $^{A}_{Z}X$, wenn X für das Elementsymbol steht.

Zu **(C)**: Für unser Beispiel muss die Massenzahl A links oben (Zahl der Neutronen + Protonen) um 18 größer sein als die Protonenzahl Z links unten.

Dies trifft für Lösung (C) zu: $^{35}_{17}Cl$ enthält **17 Protonen** und **35 – 17 = 18 Neutronen**.

Zu **(A)**: **Argon** $^{40}_{18}Ar$ enthält: 40 – 18 = 22 Neutronen

Zu **(B)**: **Kohlenstoff** $^{12}_{6}C$ enthält: 12 – 6 = 6 Neutronen

Zu **(D)**: **Fluor** $^{19}_{9}F$ enthält: 19 – 9 = 10 Neutronen

Zu **(E)**: **Sauerstoff** $^{18}_{8}O$ enthält: 18 – 8 = 10 Neutronen

H03 ■■

→ **Frage 3.6: Lösung C**

Siehe Kommentar zu Frage 3.5.

Zu **(C)**: Die Neutronenzahl N kann man aus Massenzahl A und Protonenzahl Z errechnen: N = A – Z. Ein Deuteriumkern $^{2}_{1}H$ besitzt damit 1 Neutron und 1 Proton, ein Tritiumkern $^{3}_{1}H$ 2 Neutronen und 1 Proton. **Der aus** der **Verschmelzung entstehende $^{4}_{2}He$-Kern** enthält **2 Neutronen** und **2 Protonen**, **damit bleibt 1 Neutron „übrig“**, die richtige Lösung ist (C).

III.3 Atomare Masseneinheit und relative Atommasse

Die Masse von Atomen und Molekülen bezieht man auf die atomare Masseneinheit:

Die atomare Masseneinheit (abgekürzt 1 u) ist definiert als 1/12 der Masse eines ^{12}C-Atoms.

$$1\,u = \left(\frac{1}{12}\right) \cdot \text{Masse}\,(^{12}\text{C-Atom}) = 1{,}66 \cdot 10^{-24}\,g \quad \text{(Gl. 3.1.)}$$

Die relative Atommasse (Molekülmasse) M_A einer Atomsorte (Molekülsorte) A ist das Verhältnis: Masse des Atoms (Moleküls) m_A geteilt durch die atomare Masseneinheit.

$$M_A = \frac{m_A}{u} \quad \text{(Gl. 3.2.)}$$

Hinweis:

Man verwechsle nicht die Begriffe Massenzahl, Masse und relative Atommasse:

- Die **Massenzahl** ist gleich der Anzahl der Nukleonen (Protonen + Neutronen) im Kern. Sie ist stets ganzzahlig und dimensionslos.
- Die **Masse** eines Atoms gibt die tatsächliche Masse des Atoms (z. B. in g) an.
- Die **relative Atommasse** gibt an, um wievielmal die Atommasse größer ist als die atomare Masseneinheit. Sie ist im Allgemeinen nicht ganzzahlig und dimensionslos.

F08 ■■

→ **Frage 3.7: Lösung B**

Unter Isotopen versteht man Atome, die sich nur in der Zahl der Neutronen im Kern unterscheiden, nicht aber in der Zahl der Protonen. Sie gehören also zum gleichen chemischen Element und stehen an gleicher Stelle im Periodensystem. **Isotope** unterscheiden sich durch die **unterschiedliche Neutronenzahl** in der Nukleonenzahl (der Kernteilchenzahl), in der Masse und auch in der relativen Atommasse. Sie besitzen jedoch die **gleiche Protonenzahl** (und damit Kernladungszahl) und die gleiche Elektronenzahl.

F05 H01 ■■

→ **Frage 3.8: Lösung A**

Siehe Kommentar zu Frage 3.5.

Zu **(A)**: Wenn das Ergebnis einer Kernreaktion zwischen einem $^{6}_{3}Li$-Kern mit einem Neutron $^{1}_{0}n$ ein Tritiumkern $^{3}_{1}H$ und ein weiteres Teilchen X ist, können wir für das Teilchen X nach der Reaktionsgleichung

$^{6}_{3}Li + ^{1}_{0}n \rightarrow ^{A}_{Z}X + ^{3}_{1}H$ die Protonenzahl *Z* und Massenzahl *A* ausrechnen:

- Massenzahl *A*: 6+1 → A + 3; *A* = 4
- Protonenzahl *Z*: 3+0 → Z + 1; *Z* = 2

Das Teilchen X muss damit 2 Protonen und 2 Neutronen (Massenzahl 4) besitzen: $^{4}_{2}X$. Die Protonenzahl bestimmt den Namen des Elements, 2 steht für Helium. X ist also $^{4}_{2}He$ und damit ein so genanntes **Alphateilchen** (siehe auch Lerntext VIII.2).

H02 ■■

→ **Frage 3.9: Lösung B**

Zu **(B)–(D)**: Die Masse von Atomen und Molekülen bezieht man auf die atomare Masseneinheit (abgekürzt 1 u): Sie ist definiert als 1/12 der Masse eines ^{12}C-Atoms:

$$1\,u = \frac{1}{12} \cdot \text{Masse}\,(^{12}\text{C-Atom}) = 1{,}66 \cdot 10^{-24}\,g$$

Die einzelnen Ruhemassen der angegebenen Teilchen:
- Neutron ≈ 1 u (C)
- Proton ≈ 1 u (D)
- Elektron ≈ $\frac{1}{2000}$ u (die Ruhemasse eines Elektrons ist etwa 2000-mal kleiner als die eines Protons oder Neutrons) (B)

Das Elektron hat die kleinste Ruhemasse, das α-Teilchen die größte.

Zu **(A)**: Das α-Teilchen ist ein $^4_2$He-Kern, der beim radioaktiven α-Zerfall aus dem ursprünglichen Kern abgestrahlt wird. Er besteht aus 2 Protonen und 2 Neutronen, die Masse beträgt damit ≈ 4 u.

Zu **(E)**: Ein Deuteron ist ein Kern des Wasserstoff-Isotops Deuterium. Er besteht aus einem Neutron und einem Proton: $^2_1$H. Die Atommasse ist damit ≈ 2 u.

3.2 Festkörper, Flüssigkeiten, Gase

III.4 Die kinetische Gastheorie

Die kinetische Gastheorie geht davon aus, dass ein Gas aus Atomen besteht, die sich regellos und mit verschiedenen Geschwindigkeiten durcheinander bewegen (Maxwellsche Geschwindigkeitsverteilung). Der Gasdruck wird durch die beim Stoß der Teilchen auf die Wand (pro Zeitspanne Δt und Wandfläche A) erfolgende Impulsübertragung verursacht.

$$p = \frac{\text{Summe der übertragenen Impulse}}{\Delta t \cdot A} \qquad \text{(Gl. 3.3.)}$$

Betrachtet man speziell Gasteilchen mit der Masse m und der mittleren Geschwindigkeit v, und beträgt die Teilchendichte n (Teilchen pro m^3), dann erhält man den folgenden Zusammenhang:

$$p = \frac{1}{3} nmv^2 = \frac{2}{3} n \left(\frac{1}{2} \cdot mv^2\right) = \frac{2}{3} nE \qquad \text{(Gl. 3.4.)}$$

Der Druck eines Gases ist demnach porportional zur Teilchendichte n und proportional zur mittleren kinetischen Energie $E(\frac{1}{2} \cdot mv^2)$ der Teilchen.

→ **Frage 3.10: Lösung E**

Siehe Lerntext III.4.

4 Wärmelehre

4.1 Temperatur

IV.1 Die absolute Temperaturskala

Die Temperatur eines Körpers ist ein Maß für die ungeordnete Bewegungsenergie (thermische Bewegung) seiner Bausteine. Zwischen der mittleren kinetischen Energie E eines Teilchens (Atom oder Molekül) und der absoluten Temperatur T besteht eine Proportionalität:

$E \sim T$ (Gl. 4.1.)

Speziell für ideale Gase gilt der folgende Zusammenhang:

$E = \frac{3}{2} k\,T$ (Gl. 4.2.)

Die Boltzmann-Konstante k hat den Wert $1{,}38 \cdot 10^{-23}$ J/K. T nennt man die absolute Temperatur des Körpers. Ihre Einheit ist:
1 Kelvin = 1 K

H87 ■

→ **Frage 4.1: Lösung A**

Wenn ein Körper erwärmt wird, dann nimmt seine Wärmeenergie zu, seine Temperatur steigt. Daraus ergibt sich, dass Aussage (A) falsch ist.
Zu **(B)**: Temperatur kann sowohl in °C als auch in K gemessen werden. Es gilt der folgende Zusammenhang: T (gemessen in K) = t (gemessen in °C) + 273.
Zu **(C)** und **(D)**: Druck, Volumen und Temperatur sind sog. Zustandsgrößen. Durch die Angabe ihrer Werte kann der Zustand eines Systems eindeutig beschrieben werden. Von ihnen hängt es also ab, in welchem Aggregatzustand sich ein Stoff befindet.
Zu **(E)**: Der spezifische Widerstand von Metallen ist eine Materialkonstante, die temperaturabhängig ist. Mit steigender Temperatur nimmt der spezifische Widerstand zu.
Auf Grund dieser Tatsache eignen sich Metallwiderstände nach entsprechender Eichung sehr gut zur Temperaturmessung (Platinwiderstandsthermometer).

Merke!
Man unterscheide streng zwischen den Größen „Wärmeenergie“ (gemessen in Joule) und „Temperatur“ (gemessen in Kelvin oder Grad Celsius). Unter der Wärmeenergie versteht man die Energie, die in der ungeordneten Bewegung (Translation, Rotation, Schwingung) der Atome oder Moleküle eines Körpers steckt. Die Temperatur ist dagegen ein Maß dafür, wie groß dieser Energiebetrag ist. (Genauso könnte man sagen, dass die Höhe eines Körpers über der Erdoberfläche ein Maß für seine potenzielle oder seine Geschwindigkeit ein Maß für seine kinetische Energie darstellt.)

IV.2 Die Celsius-Skala

Die Celsius-Skala ist neben der absoluten Temperaturskala in Gebrauch. Sie ist durch die Fixpunkte Schmelzpunkt des Eises (0°C) und Siedepunkt des Wassers (100°C) bei Normaldruck festgelegt. Die Umrechnung zwischen beiden Skalen geschieht nach der Gleichung:

T (gemessen in Kelvin) = t (gemessen in Grad Celsius) + 273. (Gl. 4.3.)

Die Temperatureinheiten 1 K und 1°C haben die gleiche Größe. Während sich also absolute Temperaturangaben in ihrem Zahlenwert unterscheiden (z. B. 20°C = 293 K), unterscheiden sich Temperaturdifferenzen nicht im Wert (z. B. Δt = 23°C = 23 K = ΔT).

IV.3 Temperaturmessung

Die wichtigsten zur Temperaturmessung verwendeten physikalischen Effekte sind:
- Die Temperaturabhängigkeit der Kontaktspannung zwischen zwei Metallen (Thermoelement).
- Die Temperaturabhängigkeit des elektrischen Widerstandes von Metalldrähten (Widerstandsthermometer).
- Die thermische Längenausdehnung von Metallen (Bimetallthermometer).
- Die thermische Volumenausdehnung von Flüssigkeiten (Flüssigkeitsthermometer, z. B. Fieberthermometer).
- Die Intensität oder Art der Wärme-(Infrarot-)Strahlung (z. B. berührungsloses Fiebermessen im Ohr).

IV.4 Die thermische Ausdehnung von Stoffen

Längenausdehnung fester Körper:
Ein Festkörper (z. B. Eisenstab), der bei t = 0°C die Länge l_0 besitzt, dehnt sich auf die Länge

$l(t) = l_0 (1 + \alpha t)$ (Gl. 4.4.)

aus, wenn er auf die Temperatur t (gemessen in °C) erhitzt wird. α nennt man den Längenausdehnungskoeffizient (Einheit = K^{-1}).
Volumenausdehnung von Flüssigkeiten:
Für die Temperaturabhängigkeit des Volumens gilt eine analoge Beziehung:

$V(t) = V_0 (1 + \beta t)$ (Gl. 4.5.)

V_0 ist das Volumen bei 0°C, β ist der Volumenausdehnungskoeffizient (Einheit = K^{-1}).
Man kann Gleichung 4.5 umschreiben, wenn man die Volumenänderung $\Delta V = V(t) - V_0$ einführt:
$\Delta V = V_0 \cdot \beta \cdot t$ (Gl. 4.6.)
Die grafischen Darstellungen der Gleichungen 4.4 und 4.5 haben das gleiche Aussehen:
Es sind Geraden mit positiver Steigung ($l_0 \cdot \alpha$ bzw. $V_0 \cdot \beta$) und einem positiven Achsenabschnitt (l_0 bzw. V_0)

Merke!
Man beachte, dass es keine verbindliche Übereinkunft für die Bezeichnungen von physikalischen Größen gibt. Der Buchstabe α z. B. kann einen Winkel, genauso gut aber auch einen Volumen- oder einen Längenausdehnungskoeffizienten bezeichnen.

H96 ■

→ **Frage 4.2: Lösung C**

Temperaturen können in Grad Celsius (Celsius-Skala) oder in Kelvin (absolute Temperaturskala) angegeben werden (siehe Lerntext IV.2). Die Umrechnung zwischen beiden Skalen geschieht nach der Gleichung:
T (gemessen in Kelvin) = *t* (gemessen in Grad Celsius) + 273.
Für die Beantwortung der Frage müssen die Temperaturwerte entsprechend der obigen Beziehung in Kelvin umgerechnet werden. Das ergibt:

$$\frac{T_1}{T_2} = \frac{t_1 + 273}{t_2 + 273} = \frac{400}{320} = \frac{5}{4}$$

F96 H90 H83 ■■

→ **Frage 4.3: Lösung A**

Siehe Lerntext IV.4.

H02 ■

→ **Frage 4.4: Lösung D**

Der Widerstand des Widerstandsthermometers steigt von 0 °C bis 100 °C um genau 3,2 Ω (11,2 Ω – 8,0 Ω). Damit steigt er um 3,2 Ω/100 °C = 0,032 Ω pro °C (bzw. um 0,32 Ω pro 10 °C).
Geht man von 0 °C (8,0 Ω) aus, steigt der Widerstand um 0,96 Ω, damit der Widerstandswert 8,96 Ω erreicht wird. Das entspricht einem Temperaturanstieg von 0 °C auf

$$\frac{0{,}96\,\Omega}{0{,}032\,\Omega/^\circ C} = \underline{30\,^\circ C}$$

4.2 Wärme, Wärmekapazität

F94 ■■

→ **Frage 4.5: Lösung D**

Wenn man sich an die Umrechnungsbeziehung zwischen Kalorie und Joule erinnert,
1 Kalorie = 4,2 Joule, erkennt man sofort die Richtigkeit der Antwort (D).
Historisch gesehen (als man noch nicht wusste, dass die Wärme eine besondere, aber zu anderen gleichberechtigte Form der Energie ist) wurde die Einheit für die Wärmeenergie gesondert definiert.
1 Kalorie ist der Wärmebetrag, der 1 Gramm Wasser um 1°C erwärmt. Damit war die spezifische Wärme für Wasser festgelegt zu 1 cal/g · °C. Als man erkannte, dass diese Sonderstellung nicht gerechtfertigt ist und man das „mechanische Wärmeäquivalent" bestimmte, ergab sich die obige Beziehung zwischen Kalorie und Joule und damit auch der in der Frage genannte Wert für die spezifische Wärmekapazität des Wassers. (Ob hier pro Grad Celsius oder pro Kelvin steht, ist gleichgültig.)

Merke!
Im Allgemeinen ist es nicht sinnvoll, Zahlenwerte auswendig zu lernen. Einige sollte man aber doch im Gedächtnis behalten, wie z. B. die Vakuumlichtgeschwindigkeit $c = 3 \cdot 10^8$ m/s oder die Elementarladung $e = 1{,}6 \cdot 10^{-19}$ Coulomb. Dazu gehört auch der Wert für die spezifische Wärmekapazität des Wassers ($= 4{,}2\,J \cdot g^{-1} \cdot K^{-1}$).

H03 ■■

→ **Frage 4.6: Lösung B**

Unter der Wärmekapazität C eines Körpers versteht man die Wärmemenge, die man benötigt, um ihn um 1 K (oder 1 °C) zu erwärmen:

$$C = \frac{\text{zugeführte Wärmemenge}}{\text{Temperaturerhöhung}} = \frac{Q}{\Delta T}$$

Die Temperaturdifferenz zwischen 64 °C und 20 °C sind 44 °C bzw. 44 Kelvin (in absoluten Temperaturen: 337 K – 293 K = 44 K). Bei einer Wärmemenge (Energie) von 8,8 kJ heißt das:

$$C = \frac{Q}{\Delta T} = \frac{8{,}8\,kJ}{44\,K} = \frac{8800\,J}{44\,K} = \underline{200\,J/K}$$

F04 F95 ■■

→ **Frage 4.7: Lösung E**

Werden Körper mit unterschiedlicher Temperatur in thermischen Kontakt gebracht, sodass Wärmeenergie zwischen ihnen ausgetauscht werden kann, dann gibt der wärmere Körper Wärme an den kälteren ab, bis beide die gleiche Temperatur erreicht haben. Nimmt man an, dass keine Wärmeenergie nach außen verloren geht, dann muss die vom wärmeren Körper abgegebene Wärmemenge Q_{ab} gleich der vom kälteren Körper aufgenommenen Wärmeenergie Q_{auf} sein. Diese Wärmemengen können berechnet werden, wenn die Formel für die spezifische Wärmekapazität $c = \frac{Q}{m \cdot \Delta T}$ (siehe auch Lerntext I.8) nach Q aufgelöst wird:

$Q = c \cdot m \cdot \Delta T$

Auf die Frage angewandt heißt das:

$Q_{ab} = c \cdot m_1 \cdot (T_1 - T_m) = c \cdot m_2 \cdot (T_m - T_2) = Q_{auf}$

c = spezifische Wärmekapazität des Wassers

m = Masse der betreffenden Wassermenge (hier 1 bzw. 3 l Wasser, also 1 kg bzw. 3 kg)

T = Anfangstemperatur der betreffenden Wassermenge

T_m = resultierende Temperatur nach der Mischung

Da im Endeffekt mit Temperatur**differenzen** gerechnet wird, ist es für diese Aufgabe unerheblich, ob mit der absoluten Temperatur oder mit Celsiustemperatur gerechnet wird. Die Auflösung nach T_m ergibt:

$$T_m = \frac{m_1 T_1 + m_2 T_2}{m_1 + m_2} = \frac{(1\,\text{kg})(60\,^\circ\text{C}) + (3\,\text{kg})(100\,^\circ\text{C})}{1\,\text{kg} + 3\text{kg}} = \underline{90\,^\circ\text{C}}$$

F96 ■

→ **Frage 4.8: Lösung D**

Um Wärmemengen zu berechnen, die bei einer Temperaturänderung einem Körper zugeführt oder von diesem abgegeben werden, muss auf die Definition der spezifischen Wärmekapazität (siehe Lerntext I.8, vgl. Gl. 1.15) zurückgegriffen werden:

Die spezifische Wärmekapazität c ist diejenige Wärmemenge, die man 1 kg einer Substanz zuführen (oder entziehen) muss, um eine Temperaturänderung von 1 K zu erreichen. Will man die Temperatur von m Kilogramm eines Stoffes um ΔT Kelvin ändern, dann ergibt dies eine Wärmemenge (oder Wärmeenergie) Q von

$Q = cm\,\Delta T$

Wendet man diese Überlegung auf die gestellte Frage an, dann muss eingesetzt werden: Für c die spezifische Wärmekapazität von Wasser (= $4{,}2 \cdot 10^3$ J/kg · K = 4,2 kJ/kg · K), für m die Masse von 1 l Wasser (= 1 kg) und für ΔT die Temperaturdifferenz zwischen 60°C und Körpertemperatur (= 60 °C – 37°C = 23°C).

$Q = (4{,}2 \cdot 10^3\,\text{J/kg} \cdot \text{K}) \cdot (1\,\text{kg}) \cdot (23\,\text{K}) = \underline{1 \cdot 10^5\,\text{J}}$

H00 ■

→ **Frage 4.9: Lösung E**

Ein Dewargefäß ist ein doppelwandiges Gefäß mit einem evakuierten Zwischenraum zwischen den beiden Wänden, welches eine gute Wärmeisolation besitzt. Wir kennen solche Gefäße als Thermoskannen, sie werden aber wegen der guten Wärmeisolation auch als Kalorimeter eingesetzt.

In diesem Gefäß sollen 60 g Eis geschmolzen werden, wobei die spezifische Schmelzwärme des Eises mit 333 J/g angegeben ist. Es muss also eine Gesamtenergie von $60\,\text{g} \cdot 333\,\frac{\text{J}}{\text{g}} = 19\,980\,\text{J}$ aufgebracht werden, um die Eismenge zu schmelzen.

Ein Heizgerät mit einer Leistung von 100 Watt (1 Watt = 1 J/s) gibt pro Sekunde 100 J Energie ab. Dieses Gerät benötigt also $\frac{19\,980\,\text{J}}{100\,\text{W}} = \frac{19\,980\,\text{J}}{100\,\frac{\text{J}}{\text{s}}} =$ 199,8 Sekunden, um 60 g Eis zu schmelzen. Damit dauert das Schmelzen des Eises länger als 3,0 Minuten (180 Sekunden).

H01 ■

→ **Frage 4.10: Lösung B**

Die spezifische Verdampfungsenthalpie (Verdampfungswärme) gibt an, wie viel Energie man benötigt, um 1 kg eines siedenden Stoffes zu verdampfen.

Für Wasser ist die Verdampfungsenthalpie mit ≈ 2 MJ/kg angegeben. Verdampft werden sollen 5 % von 2 l (= 2 kg) Wasser:

$2\,\text{kg} \cdot 5\,\% = 2\,\text{kg} \cdot 0{,}05 = 0{,}1\,\text{kg}$

Die benötigte Energie ist damit:

0,1 kg · spezifische Verdampfungsenthalpie

$= 0{,}1\,\text{kg} \cdot 2\,\frac{\text{MJ}}{\text{kg}} = 200 \cdot 10^3\,\text{J} = 200\,\text{kJ}$

1 Watt entspricht $1\,\frac{\text{J}}{\text{s}}$; damit beträgt die Leistung des Heizgerätes $1\,\frac{\text{kJ}}{\text{s}}$. Um die benötigten 200 kJ Energie aufzubringen, muss das Heizgerät x Sekunden Wärme zuführen:

$$1\,\frac{\text{kJ}}{\text{s}} \cdot x = 200\,\text{kJ}$$

Nach x aufgelöst:

$$x = \frac{200\,\text{kJ}}{1\,\frac{\text{kJ}}{\text{s}}} = 200\,\text{s} = \underline{2 \cdot 10^2\,\text{s}}$$

F02 ■■

→ **Frage 4.11: Lösung A**

Die spezifische Wärmekapazität (c_{Wasser} = 4,2 kJ · $\text{kg}^{-1} \cdot \text{K}^{-1}$) gibt an, wie viel Energie benötigt bzw. frei wird, um 1 kg Wasser um 1 °C (= 1 Kelvin = 1 K) zu erwärmen (bzw. abzukühlen). Wird ein Liter (1 kg) um 50 °C (50 K) abgekühlt, dann werden $(4{,}2\,\text{kJ} \cdot \text{kg}^{-1} \cdot \text{K}^{-1}) \cdot (1\,\text{kg}) \cdot (50\,\text{K}) = 210\,\text{kJ}$ Energie frei, die zu einer Erwärmung des ebenfalls im wärmeisolierten Gefäß befindlichen 1 kg Eis führen. Die spezifische Schmelzwärme des Eises (c_S = 334 kJ · kg^{-1}) gibt an, wie viel Energie benötigt wird, um 1 kg Eis zu schmelzen: nämlich 334 kJ pro kg Eis. Da aber bei Abkühlen des Wassers von 50 °C auf 0 °C nach obiger Rechnung nur 210 kJ Energie ent-

stehen, die das Eis schmelzen können (weniger als für das Schmelzen von 1 kg Eis benötigt) ist klar: Nach Wärmeausgleich gibt es immer noch Eis im Gefäß, die Temperatur des Wasser-Eis-Gemisches liegt bei 0 °C.
Genau berechnet können $\frac{210\,kJ}{334\,kJ/kg} = 0{,}629\,kg = 629\,g$ durch das komplette Abkühlen des Wassers geschmolzen werden. Am Ende des Wärmeausgleichs gibt es also 1629 g 0 °C kaltes Wasser und noch 371 g Eis im Gefäß.

F05 ■■

→ **Frage 4.12: Lösung C**

Unter der Wärmekapazität C eines Körpers versteht man die Wärmemenge, die man benötigt, um ihn um 1 K (oder 1 °C) zu erwärmen:

$$C = \frac{\text{zugeführte Wärmemenge}}{\text{Temperaturerhöhung}} = \frac{Q}{\Delta T}$$

In dieser Aufgabe ist nicht die Wärmekapazität die gesuchte Größe, sondern die Temperaturdifferenz ΔT, um die die Körpertemperatur sich bei einer Stunde Arbeit von 100 W erhöhen würde, wenn bei einem Körper der Wärmekapazität von 180 kJ/K die Wärme nicht abgeführt werden könnte. Wir lösen deshalb nach ΔT auf:

$$\Delta T = \frac{Q}{C}$$

Beachtet werden muss dabei noch, dass die 100 Watt (1 Watt = 1 J/s) für **eine Stunde**, also für 60 · 60 = 3600 Sekunden für die Wärmebildung wirkten:

$$\Delta T = \frac{Q}{C} = \frac{100\,\frac{J}{s} \cdot 3600\,s}{180\,\frac{kJ}{K}} = \frac{360\,000\,J}{180\,000\,\frac{J}{K}} = 2\,K \text{ oder } \underline{2\,^\circ C}$$

H05 ■

→ **Frage 4.13: Lösung D**

Die Wärmekapazität eines Körpers ist die Wärmemenge, die man ihm zuführen (oder entziehen) muss, um eine Temperaturänderung um 1 Kelvin oder 1 °C zu erreichen. In dem beschriebenen Experiment soll die Körpertemperatur um 2 °C bzw. 2 Kelvin ansteigen. Die Wärmekapazität des Körpers beträgt 180 kJ/K. Multipliziert mit den besagten 2 Kelvin ergibt sich die benötigte Energie:

$$180\,\frac{kJ}{K} \cdot 2\,K = 360\,kJ = 360\,000\,J$$

Für die Tätigkeit, die der Proband verrichtet, ist jedoch nicht die Arbeit (oder Energie) angegeben, sondern die Leistung. Die Leistung ist der Quotient aus Arbeit (oder Energie) pro Zeit und hat die Einheit Joule/Sekunde (J/s) oder Watt (W).

$$\text{Leistung} = \frac{\text{Arbeit (oder Energie)}}{\text{Zeit}}$$

100 Watt sind also gleich 100 J/s.

Gefragt ist nach der Zeit, die benötigt wird, um mit 100 Watt Arbeitsleistung eine Energie zu erzeugen, die eine Erwärmung um 2 Kelvin bewirkt. Wir lösen die Leistungsformel daher nach der Zeit auf und setzen die oben errechnete Energiemenge ein:

$$\text{Zeit} = \frac{\text{Arbeit (oder Energie)}}{\text{Leistung}} = \frac{360\,000\,J}{100\,J/s} = 3600\,s$$
$$= 60\,min = \underline{1\,h}$$

H07 ■■

→ **Frage 4.14: Lösung C**

Die spezifische Wärmekapazität eines Körpers ist die Wärmemenge (Wärmeenergie), die man ihm zuführen (oder entziehen) muss, um bezogen auf ein Kilogramm Körpermasse eine Temperaturänderung um 1 Kelvin oder 1 °C zu erreichen.
Für unser gut gekühltes Bier ist die spezifische Wärmekapazität c_W mit etwa $4\,\frac{kJ}{kg \cdot K}$ angegeben. Die zum Erwärmen des Bieres nötige Energie W lässt sich nun einfach errechnen, indem wir die spezifische Wärmekapazität mit der Masse m (0,5 l = 0,5 kg) und der Temperaturdifferenz ΔT (von 7 °C auf 37 °C = 30 °C bzw. 30 K) multiplizieren:

$$W = c_W \cdot m \cdot \Delta T = 4\,\frac{kJ}{kg \cdot K} \cdot 0{,}5\,kg \cdot 30\,K = \underline{60\,kJ}$$

Das ist zwar nur ein kleiner Energiebetrag, aber 37 °C warmes Bier möchte wohl ohnehin niemand trinken...

F94 ■

→ **Frage 4.15: Lösung D**

Die Schnelligkeit des Wärmeübergangs von einem wärmeren Körper zu einem kälteren (d. h. die zeitliche Abnahme der Temperaturdifferenz zwischen den beiden Körpern) ist stets proportional zur momentanen Temperaturdifferenz. Anfangs ist diese Differenz zwischen Wassermenge und Umgebung groß, das Wasser kühlt sich rasch ab. Dieser Abkühlungsprozess wird dann immer langsamer verlaufen und die Temperatur des Wassers nähert sich asymptotisch der Umgebungstemperatur von 20°C. Kurve (D) zeigt diesen geschilderten Verlauf richtig!

Merke!
Streng genommen ist dies eine fallende Exponentialkurve, die sich stets dann ergibt, wenn die Änderung einer Größe zu dieser Größe selbst proportional ist. Bekannte Beispiele dafür sind das radioaktive Zerfallsgesetz (die Anzahl der pro Zeiteinheit zerfallenden Kerne ist proportional zur Anzahl der momentan vorhandenen noch nicht zerfallenen Kerne) oder das Absorptionsgesetz (die Abnahme der Intensität einer Strahlung pro Längeneinheit beim Durchgang durch Materie ist proportional zur einfallenden Intensität).

4.3 Gaszustand

IV.5 Zustandsgleichung für ideale Gase (Allgemeine Gasgleichung)

Der Zustand eines idealen Gases (ein Gas ohne zwischenmolekulare Wechselwirkungskräfte und ohne Eigenvolumen der Gasteilchen) ist vollständig bestimmt, wenn man die Größen Druck p, Volumen V und Temperatur T kennt. Zwischen diesen sog. Zustandsgrößen besteht die Beziehung:

$p \cdot V = n \cdot R \cdot T$ (Gl. 4.7.)

n ist die Anzahl Mole im Volumen V, R ist die allgemeine Gaskonstante (8,31 J/mol · K). Da die Anzahl der Mole in der Regel konstant bleiben, gilt vereinfacht:

$$\frac{p \cdot V}{T} = const. \quad \text{(Gl. 4.8.)}$$

Klinischer Bezug

Bei bekannter Temperatur und bekanntem Volumen eines Körpers kann die enthaltene Gasmenge durch den Druck im Körper errechnet werden – für Sauerstoffflaschen gibt es eine einfache Formel: Normale, auf Stationen verwendete Flaschen haben ein Innenvolumen von 10 L. Multipliziert mit dem Druck in bar, der in der Flasche herrscht, erhält man (bei Raumtemperatur) die Menge an noch vorhandenem Sauerstoff in Litern. Üblicherweise werden die Flaschen bis auf 200 bar befüllt. Damit befinden sich 2000 Liter komprimierten Sauerstoffs in einer neu befüllten Flasche. Benötigt ein Patient 4 Liter Sauerstoff pro Minute, reicht eine so gefüllte Flasche also etwas mehr als 8 Stunden.

F95 ■■

→ **Frage 4.16: Lösung E**

Das in der Frage benutzte molare Volumen $V_m = V/n$ kann in Gl. 4.7 (Lerntext IV.5) eingeführt werden, wenn die Gleichung durch die Molzahl n dividiert wird. Sie nimmt dann folgende Form an:

$pV_m = RT$

Löst man diese Beziehung nach R auf, dann ergibt sich der gesuchte Ausdruck:

$$R = \frac{V_m \cdot p}{T}$$

F00 F96 ■

→ **Frage 4.17: Lösung D**

Siehe Lerntext IV.5.

Auf Grund der Zustandsgleichung für ideale Gase:

$p \cdot V = n \cdot R \cdot T$

(p = Druck, V = Volumen, n = Anzahl der Mole, R = allgemeine Gaskonstante = 8,31 $\frac{J}{mol \cdot K}$, T = absolute Temperatur) besteht eine Proportionalität zwischen Druck und Temperatur, wenn das Volumen konstant gehalten wird ($p \propto T$).

Die absolute Temperatur eines Körpers (oder Gases) ist jedoch ein Maß für die ungeordnete Bewegungsenergie (thermische Energie) seiner Bausteine. Zwischen der mittleren kinetischen Energie $\overline{E_k}$ der Teilchen eines Stoffes und der absoluten Temperatur T besteht daher ebenfalls eine Proportionalität $T \propto \overline{E_k}$. Diese Zusammenhänge können zusammengefasst werden: Da $p \propto T$ und $T \propto \overline{E_k}$, muss auch gelten $p \propto \overline{E_k}$.

Der Druck eines idealen Gases bei konstantem Volumen ist damit proportional zur mittleren kinetischen Energie seiner Moleküle.

F05 ■■

→ **Frage 4.18: Lösung A**

Siehe Kommentar zu Frage 4.20.

Zu **(A)**: Aufgelöst nach dem Druck:

$$p = \frac{n \cdot R \cdot T}{V}$$

Wird nun die Temperatur T_1 auf die Hälfte abgesenkt und die Teilchenzahl n_1 verdoppelt, ergibt sich für den zugehörigen Druck p_2:

$$p_2 = \frac{2 \cdot n_1 \cdot R \cdot \frac{T_1}{2}}{V_1} = \frac{n_1 \cdot R \cdot T_1}{V_1} = p_1$$

Die Veränderungen „kürzen sich heraus", der Druck bleibt gleich.

H08 ■■

→ **Frage 4.19: Lösung E**

Siehe Kommentar zu Frage 4.20.

Zu **(E)**: Taucht der Sporttaucher aus einer Tiefe von 30 m auf, ohne dass er ein- oder ausatmet, müssen das Produkt aus Druck und Volumen in der Lunge in 30 m Tiefe und das Produkt aus Druck und Volumen an der Wasseroberfläche gleich sein (Teilchenzahl, Gaskonstante und Temperatur ändern sich nicht):

$p_{30\,m} \cdot V_{30\,m} = p_{0\,m} \cdot V_{0\,m}$

($p_{30\,m}$, $V_{30\,m}$ = Druck und Volumen in 30 m Tiefe, $p_{0\,m}$, $V_{0\,m}$ = Druck und Volumen an der Wasseroberfläche)

Pro 10 m Wassertiefe nimmt der Wasserdruck bekanntermaßen um 1 bar zu; in 30 m Tiefe haben wir also 3 bar Wasserdruck + 1 bar Luftdruck, der noch auf der Wasseroberfläche lastet (Gesamtdruck 4 bar), an der Wasseroberfläche nur 1 bar Luftdruck.

Wir lösen nach $V_{0\,m}$ **(Volumen an der Wasseroberfläche)** auf und setzen ein:

$$V_{0\,m} = \frac{p_{30\,m} \cdot V_{30\,m}}{p_{0\,m}} = \frac{4\,bar \cdot 6\,l}{1\,bar} = \underline{24\,l}$$

F04 ■■

→ **Frage 4.20: Lösung B**

Zu **(B)**: Der Zustand eines idealen Gases (ein Gas ohne zwischenmolekulare Wechselwirkungskräfte und ohne Eigenvolumen der Gasteilchen) lässt sich vollständig durch die 5 Größen Druck p, Volumen V, Temperatur T, Teilchenzahl n und die allgemeine Gaskonstante R beschreiben (siehe auch Lerntext IV.5):

$p \cdot V = n \cdot R \cdot T$

Dabei sind p der Druck in Pascal, V das Volumen in m^3, n die Teilchenzahl in mol, R die allgemeine Gaskonstante $\approx 8\,J \cdot K^{-1} \cdot mol^{-1}$ und T die absolute Temperatur in Kelvin.

Zunächst muss die Temperatur in die absolute Temperatur in Kelvin (37 °C + 273 = 310 K) und das in Liter angegebene Volumen in Kubikmeter umgerechnet werden (1 Liter entspricht 1/1000 Kubikmeter): $6\,l = 6/1000\,m^3 = 6 \cdot 10^{-3}\,m^3$

Wir lösen nach der Teilchenzahl n auf und errechnen:

$$n = \frac{p \cdot V}{R \cdot T} = \frac{13\,kPa \cdot 6 \cdot 10^{-3}\,m^3}{8\,J \cdot K^{-1} \cdot mol^{-1} \cdot 310\,K}$$
$$= \frac{13 \cdot 10^3\,N \cdot m^{-2} \cdot 6 \cdot 10^{-3}\,m^3}{8\,N \cdot m \cdot K^{-1} \cdot mol^{-1} \cdot 310\,K} = \frac{13 \cdot 6\,mol}{8 \cdot 310}$$
$$= \frac{78\,mol}{2480} \approx \underline{0{,}03\,mol}$$

F10 ■■

→ **Frage 4.21: Lösung D**

Zu **(D)**: Den Zustand eines idealen Gases beschreibt die **„Allgemeine Gasgleichung"** anhand der Größen Druck p, Volumen V, Temperatur T, Anzahl der Gasteilchen n und der allgemeinen Gaskonstante R (8,31 J/mol · K):

$p \cdot V = n \cdot R \cdot T$ (siehe Lerntext IV.5)

Lässt man das Gas aus der Sauerstoffflasche ausströmen, gilt, dass das Produkt aus Druck und Volumen in der Flasche und das Produkt aus Druck und Volumen des Gases außerhalb der Flasche gleich sein müssen (Teilchenzahl, Gaskonstante und Temperatur ändern sich nicht):

$p_0 \cdot V_0 = p_U \cdot V_U$

(p_0, V_0 = Druck und Volumen in der Sauerstoffflasche, p_U, V_U = Druck und Volumen des Sauerstoff in der Umgebung).

Nach V_U aufgelöst erhalten wir zunächst das Gasvolumen, das anfänglich in der Flasche ist. Der normale äußere Umgebungsdruck p_U (auf Meereshöhe) liegt bei 1 bar.

$$V_U = \frac{p_0 \cdot V_0}{p_U} = \frac{180\,bar \cdot 10\,l}{1\,bar} = 180 \cdot 10\,l = 1800\,l$$

Strömt dieses Gas mit 12 l/min aus der Flasche, reicht der Gasvorrat für $\frac{1800\,l}{12\,l/min} = 150\,min = \underline{2{,}5\,h}$

F08 ■

→ **Frage 4.22: Lösung A**

Die Compliance ist ein Maß für die Dehnbarkeit von Geweben, z. B. der Lunge oder auch von Gefäßen. Sie gibt an, wie der Druck ansteigt, wenn Volumen (Gas oder Flüssigkeit) in die untersuchte Struktur gegeben wird. Die Compliance der Lunge und des Thorax ist dabei insbesondere zur Steuerung der Beatmung bei intensivmedizinisch betreuten Patienten wichtig. Moderne Beatmungsgeräte können die Compliance messen.

Die Formel ist in der Aufgabenstellung angegeben:

$$C = \frac{\Delta V}{\Delta p}$$

C = Compliance, ΔV = Volumendifferenz, Δp = Druckdifferenz

In der vorliegenden Grafik ändert sich das Volumen (im Bereich 10 kPa bis 15 kPa) von 150 ml auf 180 ml.

Beim Einsetzen in die Formel erhält man:

$$C = \frac{\Delta V}{\Delta p} = \frac{(180\,ml - 150\,ml)}{(15\,kPa - 10\,kPa)} = \frac{30\,ml}{5\,kPa} = \underline{6\,ml/kPa}$$

IV.6 Der 1. Hauptsatz der Wärmelehre

Der 1. Hauptsatz der Wärmelehre ist eine auf die Belange der Wärmelehre zugeschnittene Formulierung des Energieerhaltungssatzes:

Wenn man einem Gas eine Wärmemenge Q zuführt, dann kann dadurch die thermische Energie des Gases U (d. h. seine Temperatur) um einen Betrag ΔU erhöht werden und/oder es kann von diesem Gas Arbeit geleistet werden, indem es sich gegen den äußeren Druck p um einen Volumenbetrag ΔV ausdehnt:

$Q = \Delta U + p \cdot \Delta V$ (Gl. 4.9.)

Die einzelnen Größen können auch negativ sein: Wärmeabgabe ($-Q$), Verringerung der thermischen Energie, d. h. Temperaturabnahme ($-\Delta U$), das Gas wird komprimiert (Volumenabnahme: $-\Delta V$).

IV.7 Isobare Zustandsänderungen

Wird in einem Gas bei einer Zustandsänderung der Druck konstant gehalten (p = const.), dann spricht man von einer isobaren Zustandsänderung. Für diesen Fall gilt Proportionalität zwischen Volumen und absoluter Temperatur (vgl. Gl. 4.7, siehe Lerntext IV.5):

$V \sim T$ oder $\frac{V}{T} = const.$ (Gl. 4.10.)

(p, n und R sind konstante Größen.)

Trägt man V gegen T in einer grafischen Darstellung auf, dann ist dies eine Gerade durch den Nullpunkt mit positiver Steigung (Abb. 4.1).

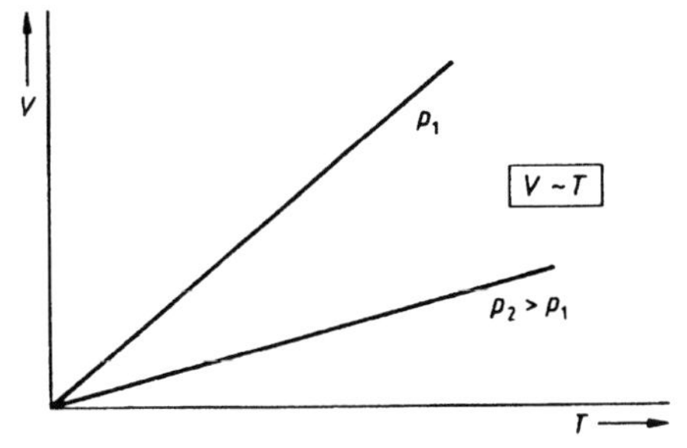

Abb. 4.1 Darstellung von Isobaren (**p** = const.) im ***V(T)***-Diagramm. Die Kurven verlaufen um so flacher, je größer der Druck ist, da das Volumen mit steigendem Druck abnimmt.

H96 F88 H82 ■■

→ **Frage 4.23: Lösung B**

Wenn zwei Größen zueinander proportional sind, dann sind relative Änderungen dieser Größen gleich:
$\Delta T/T = \Delta V/V$

Da sich die Temperatur des Gases um $\frac{2{,}73\,K}{273\,K} = \frac{1}{100}$ erhöht, vergrößert sich das Volumen des Gases um den gleichen Bruchteil unabhängig vom Gefäßvolumen.

Wichtig: Dies gilt nur, wenn in Kelvin gerechnet wird, nicht jedoch, wenn °C verwendet wird!

F00 ■

→ **Frage 4.24: Lösung C**

Wird in einem Gas **bei** einer Zustandsänderung der Druck konstant gehalten (p = const.), dann spricht man von **einer isobaren Zustandsänderung**. Für diesen Fall **gilt** eine **Proportionalität zwischen Volumen und absoluter Temperatur:**

$V \propto T$ oder $\frac{V}{T} = const.$ (siehe auch Lerntext IV.7)

Wenn zwei Größen zueinander proportional sind, dann sind auch die relativen Änderungen dieser Größen gleich:

$$\frac{\Delta T}{T} = \frac{\Delta V}{V}$$

Wenn die Temperatur von 27°C auf 87°C steigt, entspricht das einer absoluten Zunahme von 87 °C – 27 °C = 60 Kelvin oder einer prozentualen Zunahme der absoluten Temperatur von:

$$\frac{\Delta T}{T} = \frac{60\,K}{(27+273)\,K} = \frac{60\,K}{300\,K} = \frac{1}{5} = 0{,}2 = 20\,\% = \frac{\Delta V}{V}$$

Damit nimmt das Volumen um 20 % zu.

H01 ■

→ **Frage 4.25: Lösung D**

Bleibt während einer Zustandsänderung der Druck eines Gases konstant (hier wird Luft erwärmt, ohne dass sich der Luftdruck ändert), dann verläuft der Prozess isobar. In diesem Fall gilt, dass der Quotient aus Volumen und Temperatur konstant ist:

$\frac{V}{T} = const.$ (siehe Lerntext IV.7)

T bezieht sich auf die absolute Temperatur in Kelvin!
Bei Erwärmung entweicht Gas (bzw. Luft) in genau dem Verhältnis, um das sich die Temperatur erhöht. Die Ausgangstemperatur ist T_A= –3 °C = (273 – 3) = 270 K, die Differenz zur Endtemperatur T_E = 27 °C = (273 + 27) = 300 K beträgt: ΔT = 300 K – 270 K = 30 K. Es ergibt sich eine relative Temperaturerhöhung um $\frac{\Delta T}{T_A} = \frac{30\,K}{270\,K} = \frac{1}{9}$. Damit entweichen $\frac{1}{9}$ der ursprünglich vorhandenen Luft (die ursprünglich vorhandene Menge entspricht dem Volumen des Raumes = Bodenfläche mal Höhe):

$$\frac{1}{9} \cdot V_{RAUM} = \frac{1}{9} \cdot (15\,m^2 \cdot 3\,m) = \frac{1}{9} \cdot 45\,m^3 = \underline{5\,m^3}$$

H06 ■

→ **Frage 4.26: Lösung B**

Siehe Kommentar zu Frage 4.21.
Zu **(B)**: Nach V_U aufgelöst erhalten wir:

$$V_U = \frac{p_0 \cdot V_0}{p_U} = \frac{2 \cdot 10^7\,Pa \cdot 10\,l}{1 \cdot 10^5\,Pa} = 2 \cdot 10^2 \cdot 10\,l = \underline{2000\,l}$$

Tatsächlich werden die 10-Liter-Sauerstoffflaschen, die in den Kliniken verwendet werden, üblicherweise mit 200 bar (~ 2 · 10^7 Pa) befüllt, so dass sie voll befüllt 2000 Liter Sauerstoff enthalten.
Siehe auch Lerntext IV.5.

F07 ■

→ **Frage 4.27: Lösung D**

Siehe Kommentar zu Frage 4.21.
Nach V_U aufgelöst erhalten wir zunächst das Gasvolumen, das anfänglich in der Flasche ist:

$$V_U = \frac{p_0 \cdot V_0}{p_U} = \frac{2 \cdot 10^7\,Pa \cdot 2\,l}{1 \cdot 10^5\,Pa} = 4 \cdot 10^2\,l = 400\,l$$

Zu **(D)**: Strömt dieses Gas mit 10 l/min aus der Flasche, reicht der Gasvorrat für:

$$\frac{400\,l}{10\,l/min} = \underline{40\,min}$$

F08 ■■

→ **Frage 4.28: Lösung E**

Siehe Kommentar zu Frage 4.21.
Zu **(E)**: Nach V_U aufgelöst erhält man zunächst das Gasvolumen, das anfänglich in der Flasche ist (wir rechnen den Druck nicht in Pascal um, da sich die Druckeinheit sowieso herauskürzt):

$$V_U = \frac{p_0 \cdot V_0}{p_U} = \frac{85\,\text{bar} \cdot 10\,\text{l}}{1\,\text{bar}} = 850\,\text{l}$$

Strömt dieses Gas mit 12 l/min aus der Flasche, reicht der Gasvorrat für

$$\frac{850\,\text{l}}{12\,\text{l/min}} = 70{,}8\,\text{min} \approx \underline{70\,\text{min}}$$

IV.8 Isochore Zustandsänderungen

Bleibt während einer Zustandsänderung das Volumen eines Gases konstant (V = const.), dann verläuft dieser Prozess isochor. Aus Gleichung 4.7 folgt, dass Druck und Temperatur zueinander proportional sind.

$$p \propto T \text{ oder } \frac{p}{T} = \text{const.} \qquad \text{(Gl. 4.11.)}$$

(V, n und R sind konstante Größen.)
Wie bei der isobaren Zustandsänderung zeigt die grafische Darstellung $p(T)$ eine Gerade durch den Nullpunkt (Abb. 4.2).

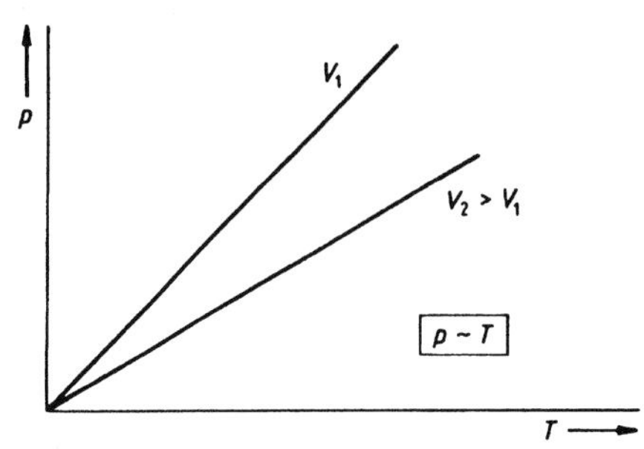

Abb. 4.2 Darstellung von Isochoren (**V** = const.) im **$p(T)$**-Diagramm. Die Kurven verlaufen um so flacher, je größer das Volumen ist, da mit steigendem Volumen der Druck abnimmt.

H05 ■■

→ **Frage 4.29: Lösung B**

Wird in einem Gas **bei** einer Zustandsänderung der Druck konstant gehalten (p = const), dann spricht man von **einer isobaren Zustandsänderung.** Für diesen Fall gilt eine **Proportionalität zwischen Volumen und absoluter Temperatur:**

$$V \propto T \text{ oder } \frac{V}{T} = \text{const.} \text{ (siehe auch Lerntext IV.7)}$$

Damit gilt, dass der Quotient V/T bei beiden Temperaturen gleich sein muss. Es gilt also:

$$\frac{V_{0°C}}{T_{0°C}} = \frac{V_{27°C}}{T_{27°C}} \text{ oder umgeformt: } V_{0°C} = \frac{V_{27°C}}{T_{27°C}} \cdot T_{0°C}$$

Bedacht werden muss nun nur noch, dass in die Gleichung die absoluten Temperaturen in Kelvin eingesetzt werden (siehe oben):

$$V_{0°C} = \frac{V_{27°C}}{T_{27°C}} \cdot T_{0°C} = \frac{3{,}0\,\text{l}}{(27°C + 273)} \cdot (0°C + 273)$$
$$= \frac{3{,}0\,\text{l}}{300\,\text{K}} \cdot 273\,\text{K} = 0{,}01\,\text{l} \cdot 273 = 2{,}73\,\text{l} \approx \underline{2{,}7\,\text{l}}$$

F01 ■

→ **Frage 4.30: Lösung B**

Bleibt während einer Zustandsänderung das Volumen eines Gases konstant (hier ist das Gas in der Sauerstoff-Flasche eingeschlossen und kann sein Volumen nicht ändern), dann verläuft der Prozess isochor. In diesem Fall sind Druck und Temperatur zueinander proportional; die relativen Änderungen von Temperatur und Druck müssen gleich sein:

$\frac{\Delta T}{T} = \frac{\Delta p}{p}$, wobei immer mit **absoluten Temperaturen** (in Kelvin) gerechnet werden muss!

Die Ausgangstemperatur ist T = 27 °C = (273 + 27) = 300 K, die Temperaturänderung beim Erwärmen ΔT = 30 K (57 °C = 330 K). Das ergibt eine Erhöhung der Temperatur um:

$$\frac{\Delta T}{T} = \frac{30}{300} = \frac{1}{10}$$

Da sich die Temperatur um 1/10 erhöht, erhöht sich auch der Druck um 1/10 von 200 bar auf 220 bar.

H10 ■■

→ **Frage 4.31: Lösung B**

Zu **(B)**: Den Zustand eines idealen Gases beschreibt die **„Allgemeine Gasgleichung"** anhand der Größen Druck p, Volumen V, Temperatur T, Anzahl der Gasteilchen n und der allgemeinen Gaskonstante R (8,31 J/mol · K):
$p \cdot V = n \cdot R \cdot T$ (siehe Lerntext IV.5)
Solange kein Gas entweicht, ist die Teilchenzahl n konstant, die Gaskonstante R ist es sowieso. Damit gilt:
$p \cdot V = const. \cdot T$

$$\frac{p \cdot V}{T} = const.$$

Wenn bei einer Zustandsänderung zudem das Volumen eines Gases konstant bleibt (V = const.), nennt man diesen Prozess **isochor.** Für eine isochore Zustandsänderung gilt also:

$$\frac{p}{T} = const.$$

(p ist direkt proportional zu T). Wird der Druck p größer, erhöht sich die Temperatur T um den gleichen Faktor. Im p(T)-Diagramm stellt sich dies als ansteigende Gerade (Lösung (B)) dar (s. Abb. 4.2).

IV.9 Isotherme Zustandsänderungen

Bei isothermen Zustandsänderungen wird die Temperatur konstant gehalten (T = const.). Der Zusammenhang zwischen Druck und Volumen lautet in diesem Fall (vgl. Gl. 4.7):

$p \cdot V = \text{const.}$ (Gl. 4.12.)

Je kleiner das Volumen wird, um so mehr steigt der Druck und umgekehrt. In der Grafik wird diese Beziehung durch eine Hyperbel dargestellt (Abb. 4.3).

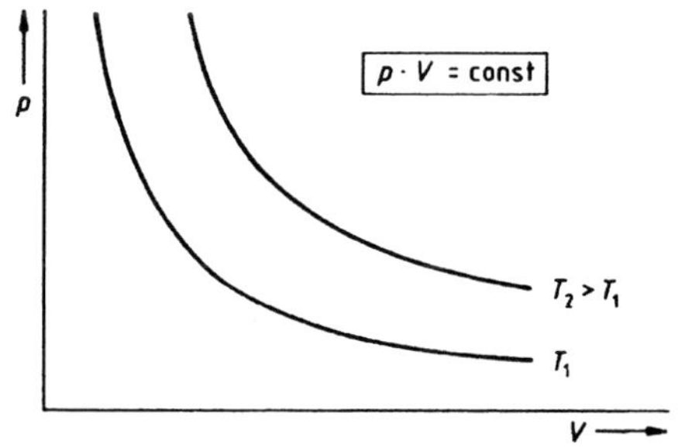

Abb. 4.3 Darstellung von Isothermen (T = const.) im $p(V)$-Diagramm. Mit steigender Temperatur rücken die Kurven vom Nullpunkt weg, da Druck und/oder Volumen zunehmen.

F03 ■■

→ **Frage 4.32: Lösung D**

Der Zustand eines idealen Gases lässt sich durch die Größen Druck p, Volumen V, Temperatur T, die Teilchenzahl n in mol und die allgemeine Gaskonstante R (8,31 J/mol · K) vollständig beschreiben (siehe auch Lerntext IV.5):

$p \cdot V = n \cdot R \cdot T$

Da die Anzahl der Mole in der Regel konstant bleibt, gilt vereinfacht:

$$\frac{p \cdot V}{T} = \text{const.}$$

damit ist: $p \sim \frac{1}{V}$, $V \sim T$ und $p \sim T$(D)

Einfacher ist die Orientierung anhand der drei Grafiken: Die letzten beiden Grafiken zeigen eine ansteigende Gerade (also eine direkte Proportionalität) – nur (A) und (D) beschreiben für beide Grafiken direkte Proportionalitäten. Die erste Grafik stellt eine Hyperbel dar. Diese entsteht, wenn eine Größe proportional zum Kehrwert der anderen Größe ist; damit muss (D) die gesuchte Lösung sein.

F95 H87 ■

→ **Frage 4.33: Lösung C**

Da nach dem Öffnen des Ventils der Temperaturausgleich abgewartet wird, handelt es sich hier um einen isothermen Vorgang. Für diesen gilt

$(p \cdot V)_{\text{vor dem Öffnen}} = (p \cdot V)_{\text{nach dem Öffnen}} = \text{const.}$

In Worten lautet diese Beziehung:

(Druck in der Gasflasche) · (Volumen der Gasflasche) = (Druck in Gasflasche und Behälter) · (Volumen von Gasflasche und Behälter)

Einsetzen der Zahlenwerte ergibt:

$(4\,\text{MPa}) \cdot (0{,}1\,\text{m}^3) = p \cdot (0{,}1 + 0{,}2)\,\text{m}^3$

$$p = \frac{0{,}4\,\text{MPa} \cdot \text{m}^3}{0{,}3\,\text{m}^3} = \underline{1{,}33\,\text{MPa}}$$

H07 ■■

→ **Frage 4.34: Lösung B**

Den Zustand eines idealen Gases beschreibt die „Allgemeine Gasgleichung“ anhand der Größen Druck p, Volumen V, Temperatur T, Anzahl der Gasteilchen n und der allgemeinen Gaskonstante R (8,31 J/mol · K):

$p \cdot V = n \cdot R \cdot T$ (siehe Lerntext IV.5)

Müssen mehrere Größen (wie in der Aufgabenstellung beschrieben) nicht berücksichtigt werden, vereinfacht sich die Formel: Wenn kein Gasaustausch stattfindet, bleibt die Anzahl der Gasteilchen n konstant, ebenso die Temperatur T, wenn Temperaturänderungen nicht berücksichtigt werden müssen. Die Gaskonstante R ist, wie der Name schon sagt, sowieso konstant.

Damit reduziert sich die Formel auf: $p \cdot V = const.$ Der Zusammenhang zwischen Druck p und Gasvolumen V ist unter diesen Bedingungen:

$p \sim \frac{1}{V}$ (wobei $\sim$ proportional bedeuten soll)

Jetzt kommt es darauf an, wie stark der Druck in einer Tiefe von 15 Metern gegenüber dem Luftdruck steigt. Glücklicherweise lässt sich der hydrostatische Druck des Wassers, der (zusätzlich zum Luftdruck) auf dem Taucher lastet, sehr einfach errechnen – pro 10 Meter Wassertiefe erhöht er sich um 1 bar (1 bar entspricht 10^5 Pascal).

Das Verhältnis Gasdruck in den Lungen vor dem Tauchen und in 15 m Tiefe beträgt also:

$$\frac{\text{Luftdruck}}{\text{Druck in 15 m Tiefe}} = \frac{\text{Luftdruck}}{\text{Luftdruck + hydrostatischer Druck in 15 m Tiefe}}$$

$$= \frac{1\,\text{bar}}{(1 + 1{,}5)\,\text{bar}} = \frac{1}{2{,}5}$$

Damit muss das Gasvolumen in den Lungen und Atemwegen um den Faktor 2,5 kleiner werden:

$$\frac{7{,}5\,l}{2{,}5} = \underline{3\,l}$$

Siehe auch Lerntext IV.5.

IV.10 Partialdruck

Der Partialdruck eines Gases innerhalb eines Gasgemisches ist der Druck, der gemessen würde, wenn alle übrigen Komponenten des Gemisches aus dem gegebenen Volumen entfernt würden.
Der Gesamtdruck eines Gasgemisches ergibt sich aus der Summe der Partialdrücke der anwesenden Gase:

$$p = p_1 + p_2 + ... + p_n \qquad \text{(Gl. 4.13.)}$$

Klinischer Bezug

Steigt man auf einen Berg, nimmt mit zunehmender Höhe der Sauerstoffpartialdruck in der Luft immer weiter ab. In 5000 m Höhe liegt er fast 50 % niedriger als auf Höhe 0 m. Durch die Erniedrigung des Sauerstoffpartialdrucks in der Atemluft sinkt gleichzeitig auch der arterielle Sauerstoffpartialdruck. Die körperliche Leistungsfähigkeit sinkt, die sog. Höhenkrankheit mit den Symptomen Kopfschmerzen, Übelkeit, Appetitlosigkeit, Schwindel, Sehstörungen bis hin zu psychiatrischen Störungen kann auftreten.

H09 ■

→ **Frage 4.35:** Lösung A

Zu **(A)**: **Trockene Luft** ist ein **Gasgemisch aus**:

– **Stickstoff** (N_2)	→ **78 %**
– **Sauerstoff** (O_2)	→ **21 %**
– **anderen Komponenten**	→ < 1 %
– Edelgas Argon (Ar)	→ 0,9 %
– **Kohlendioxid**(CO_2)	→ **0,04 %**

Für diejenigen, die schon auf einer Intensivstation oder im Rettungsdienst gearbeitet haben, ist die Antwort leicht zu ermitteln. Man erinnere sich, wie an einem Beatmungsgerät die Sauerstoffzumischung in der Inspirationsluft (FiO_2) eingestellt werden kann: auf minimal 21 % (→ Sauerstoffgehalt von Luft).

F00 ■

→ **Frage 4.36:** Lösung C

Der Luftdruck beträgt unter Normalbedingungen 101 325 Pascal, also sehr grob $10 \cdot 10^5$ Pa. Luft ist ein Gasgemisch; der Luft(-gesamt-)druck entspricht der Summe der Partialdrücke der in Luft vorhandenen Gase (der Partialdruck eines Gases innerhalb eines Gasgemisches ist der Druck, der gemessen würde, wenn alle übrigen Komponenten des Gemisches aus dem Volumen entfernt würden).
Atmosphärische Luft besteht im Wesentlichen aus ca. 79 % Stickstoff und ca. 21 % Sauerstoff (abgesehen von sehr kleinen Anteilen von Edelgasen und CO_2). Der Partialdruck eines Gases errechnet sich aus dem Produkt von Gesamtdruck und prozentualem Anteil des einzelnen Gases am Gasgemisch. So beträgt der Stickstoff-Partialdruck unter Normalbedingungen:

$$p_{N_2} = p_{LUFT} \cdot 79\,\% \approx 10 \cdot 10^5\,\text{Pa} \cdot 79\,\% \approx 7{,}9 \cdot 10^4\,\text{Pa}$$

und der in der Aufgabe gefragte Sauerstoffpartialdruck:

$$p_{O_2} = p_{LUFT} \cdot 21\,\% \approx 10 \cdot 10^5\,\text{Pa} \cdot 21\,\% \approx 2{,}1 \cdot 10^4\,\text{Pa} \approx \underline{2 \cdot 10^4\,\text{Pa}}$$

H04 ■■

→ **Frage 4.37:** Lösung A

Der Zustand eines idealen Gases ist durch die folgende Gleichung vollständig bestimmt:

$$p \cdot V = n \cdot R \cdot T$$

n ist die Anzahl der Mole im Volumen V, R die allgemeine Gaskonstante (8,31 J/mol · K). Damit ist unter Konstanthaltung des Volumens V und der Temperatur T der Druck p proportional zur Anzahl der Mole n:

$$p \sim n$$

Der Partialdruck eines Gases innerhalb eines Gasgemisches wiederum ist der Druck, der gemessen würde, wenn alle übrigen Komponenten des Gemisches aus dem gegebenen Volumen entfernt würden.
Der Gesamtdruck eines Gasgemisches ergibt sich aus der Summe der Partialdrücke der anwesenden Gase:

$$p = p_1 + p_2 + ... + p_n$$

(siehe auch Lerntexte IV.5 und IV.10).
Damit verhält sich der Sauerstoffpartialdruck zum Gesamtdruck wie die Anzahl der Mole Sauerstoff zur Gesamtzahl der Mole der Luft:

$$\frac{p_{Sauerstoff}}{p_{Gesamt}} = \frac{n_{Sauerstoff}}{n_{Gesamt}}$$

Die Gesamtzahl der Mole n_{Gesamt} in der Aufgabe ist: 16 mmol + 100 mmol + 9 mmol + 15 mmol = 140 mmol. Lösen wir die Gleichung nach dem Sauerstoff-Partialdruck auf, erhalten wir:

$$p_{Sauerstoff} = \frac{n_{Sauerstoff} \cdot p_{Gesamt}}{n_{Gesamt}} = \frac{16\,\text{mmol} \cdot 60\,\text{kPa}}{140\,\text{mmol}} = 6{,}9\,\text{kPa} \approx \underline{7\,\text{kPa}}$$

F06 ■

Frage 4.38: Lösung E

Der Partialdruck eines Gases innerhalb eines Gasgemisches ist der Druck, der gemessen würde, wenn alle übrigen Komponenten des Gasgemisches aus dem Gas entfernt würden. Addiert man die Partialdrücke aller Gaskomponenten auf, erhält man den Gesamtdruck eines Gasgemisches (siehe auch Lerntext IV.10).
Zu **(E)**: Bekanntlich haben wir auf Meereshöhe einen Luftdruck von 1 bar. Luft ist ein Gasgemisch aus Stickstoff (78 %), Sauerstoff (21 %) und zu einem sehr geringen Prozentsatz anderen Komponenten wie das Edelgas Argon (0,9 %). Der O_2-Partialdruck von Luft entspricht auf Meereshöhe demzufolge:
$pO_{2normal} = 21\,\% \cdot 1\,\text{bar} = 0{,}21\,\text{bar}$
Die Druckkammer soll nahezu 100 % O_2 bei 3 bar enthalten, der Partialdruck ist hier also:
$pO_{2Druckkammer} = 100\,\% \cdot 3\,\text{bar} = 3\,\text{bar}$
Das gefragte Verhältnis dieser beiden Drücke wiederum ist:

$$\frac{pO_{2Druckkammer}}{pO_{2normal}} = \frac{3\,\text{bar}}{0{,}21\,\text{bar}} = \frac{30}{2{,}1} = \frac{15}{1{,}05} \approx \underline{\frac{14}{1}}$$

Klinischer Bezug
Die in der Aufgabe beschriebene Druckkammer setzt man u. a. tatsächlich bei Patienten mit Kohlenmonoxid-Vergiftung (vorkommend z. B. bei massiver Rauchgas-Inhalation bei Bränden) oder auch bei Tauchunfällen ein; allerdings gibt es nur wenige Kliniken in Deutschland, an denen eine solche Druckkammer zur Verfügung steht.

F09 ■

Frage 4.39: Lösung A

Siehe Kommentar zu Frage 4.38.
Zu **(A)**: Luft ist ein Gasgemisch aus Stickstoff (78 %), Sauerstoff (21 %) und zu einem sehr geringen Prozentsatz anderen Komponenten wie dem Edelgas Argon (0,9 %). Der O_2-Partialdruck in einer Flugzeugkabine bei einem Luftdruck von 80 kPa beträgt demnach:
$p_{O_2} = 21\,\% \cdot 80\,\text{kPa} = 0{,}21 \cdot 80\,\text{kPa} = 16{,}8\,\text{kPa} \approx \underline{17\,\text{kPa}}$

4.4 Änderung des Aggregatzustands

IV.11 Aggregatzustände

Die verschiedenen Erscheinungsformen der Materie bezeichnet man als Aggregatzustände (oder auch als Phasen). Wir unterscheiden dabei den festen, den flüssigen und den gasförmigen Zustand. Für die Übergänge zwischen den einzelnen Phasen sind besondere Bezeichnungen gebräuchlich:
fest–flüssig–fest: Schmelzen bzw. Erstarren
flüssig–gasförmig–flüssig: Verdampfen bzw. Kondensieren
fest–gasförmig–fest: Sublimieren bzw. Kondensieren
Unter der Umwandlungswärme versteht man die bei einem Phasenübergang zu- oder abgeführte Wärmemenge. Was beim Schmelzen, Verdampfen oder Sublimieren zugeführt werden muss, wird beim umgekehrten Prozess wieder frei. Während eines Phasenüberganges bleibt die Temperatur (trotz Energiezu- oder -abfuhr) konstant.

H98 H88 H85 ■■

Frage 4.40: Lösung E

Siehe Lerntext IV.11. Für die Übergänge zwischen den einzelnen Phasen sind besondere Bezeichnungen gebräuchlich:
fest–flüssig–fest: Schmelzen (B) bzw. Erstarren (A)
flüssig–gasförmig–flüssig: Verdampfen (D) bzw. Kondensieren (C)
fest–gasförmig–fest: Sublimieren (E) bzw. Kondensieren

H98 H88 H85 ■■

Frage 4.41: Lösung C

Siehe Kommentar zu Frage 4.40.

IV.12 Dampfdruck einer Flüssigkeit

Bringt man eine Flüssigkeit in ein abgeschlossenes Gefäß, dann stellt sich nach einiger Zeit ein Gleichgewicht ein zwischen den Flüssigkeitsmolekülen, die die Oberfläche verlassen (d. h. verdampfen), und denen, die beim Auftreffen auf die Oberfläche in die Flüssigkeit zurückkehren (d. h. kondensieren). Den Druck, der sich auf diese Weise über der Flüssigkeit einstellt, nennt man den Dampfdruck der Flüssigkeit.
Da sich mit steigender Temperatur die Geschwindigkeit der Flüssigkeitsmoleküle erhöht und diese daher leichter die Oberfläche verlassen können, nimmt auch der Dampfdruck über der Flüssigkeit zu. Quantitativ gilt für den Dampfdruck *p* der folgende Zusammenhang.

$$p(T) = C \cdot e^{-\frac{\Lambda}{RT}} \qquad \text{(Gl. 4.14.)}$$

Darin bedeuten:
Λ = molare Verdampfungswärme
R = allgemeine Gaskonstante
T = absolute Temperatur
C = Konstante

Dies ist eine Funktion, die (für nicht zu hohe Temperaturen) nahezu exponentiell, d. h. viel rascher als linear ansteigt.
Wird in einer Flüssigkeit ein Stoff gelöst, dann wird dadurch der Dampfdruck erniedrigt, wobei der Betrag der Erniedrigung proportional ist zur Konzentration der Lösung. Man kann dies qualitativ verstehen, wenn man bedenkt, dass sich auch an der Oberfläche gelöste Moleküle befinden. Dadurch steht den Lösungsmittelmolekülen eine kleinere Oberfläche zur Verfügung, durch die sie die Flüssigkeit verlassen können.

F07

Frage 4.42: Lösung E

Das Verdampfen einer Flüssigkeit ist durch die kinetische Energie der Flüssigkeitsmoleküle bedingt. Ab einer gewissen Geschwindigkeit können die Moleküle die Flüssigkeit verlassen und in den Raum über der Oberfläche austreten (verdampfen). Den Druck des Gases, das sich als Dampf über der Flüssigkeit bildet, nennt man Dampfdruck.
Will man nun das Verdampfen einer Flüssigkeit (auch einer gefrorenen) beschleunigen, kann man entweder die kinetische Energie der Flüssigkeitsmoleküle erhöhen, indem man die Flüssigkeit erhitzt (natürlich ungünstig, wenn man etwas gleichzeitig einfrieren will), **oder man erniedrigt den äußeren (Luft-)Druck, damit die Teilchen die Flüssigkeit besser und schneller verlassen können.**
Soll beim schnellen Einfrieren einer Substanz eine ihrer Komponenten verdampft werden, ist der sinnvollste Weg damit eine starke Reduktion des Umgebungsdrucks (Lösung (E)).
Sublimation nennt man den direkten Übergang vom festen in den gasförmigen Aggregatzustand (ohne Durchlaufen einer flüssigen Phase). Unter bestimmten Druck- und Temperaturbedingungen kann bei vielen Stoffen eine Sublimation auftreten, bei Trockeneis auch unter „normalen" Druckbedingungen.

F05 ■■

Frage 4.43: Lösung C

Das Verdampfen einer Flüssigkeit ist durch die kinetische Energie der Flüssigkeitsmoleküle bedingt. Ab einer gewissen Geschwindigkeit können die Moleküle die Flüssigkeit verlassen und in den Raum über der Oberfläche austreten (verdampfen). In einem abgeschlossenen Gefäß stellt sich nach einiger Zeit ein Gleichgewicht ein, indem im zeitlichen Mittel genau so viele Moleküle wieder in die Flüssigkeit eintreten (kondensieren), wie die Flüssigkeit verlassen (verdampfen). Den Druck, der sich während dieses Gleichgewichtszustands im Gasraum über der Flüssigkeit einstellt, nennt man **Sättigungsdampfdruck**. Der Dampfdruck ist umso größer, je höher die Temperatur der Flüssigkeit ist.
Eine Flüssigkeit siedet, wenn der Dampfdruck der Flüssigkeit genauso groß wie der äußere Druck ist.
Auf Höhe Null beträgt der Luftdruck (der beim Siedepunkt den äußeren Druck darstellt) 1013 hPa, also ungefähr $\underline{10^5\ \text{Pa}}$. Dies entspricht dem Sättigungsdampfdruck von Wasser bei 100 °C.
Zu **(C)**: Bekanntlich nimmt der Luftdruck im Gebirge mit der Höhe **ab**, weshalb Wasser hier schon unter 100 °C siedet – denn schon bei niedrigerer Temperatur wird ein Sättigungsdampfdruck erreicht, der dem (niedrigeren) äußeren Luftdruck entspricht, Lösung (C) ist korrekt.

H97 H90 ■■

Frage 4.44: Lösung D

Wir wissen, dass eine Flüssigkeit siedet, wenn ihr Dampfdruck genauso groß ist wie der Luftdruck, der auf der Flüssigkeitsoberfläche lastet (siehe Lerntext IV.12). 1013 mbar ist der so genannte „Normaldruck", ein Mittelwert, um den der tatsächliche Luftdruck in geringen Grenzen schwankt.
Beträgt der Dampfdruck des Wassers also 1013 mbar, so beginnt es zu sieden, vorausgesetzt der Luftdruck würde ebenfalls gerade 1013 mbar betragen. Dies geschieht bei 100°C oder bei (100 + 273) K = <u>373 K</u>.

F01 ■

Frage 4.45: Lösung E

Siehe Kommentar zu Frage 4.43.

IV.13 Relative Luftfeuchte

Die relative Luftfeuchte gibt an, wieviel Prozent des bei einer bestimmten Temperatur möglichen Sättigungsdampfdruckes der tatsächliche Wasserdampfpartialdruck ausmacht:

$$\text{relative Luftfeuchtigkeit} = \frac{\text{Partialdruck des Wasserdampfes}}{\text{Sättigungsdampfdruck}} \cdot 100\,\%$$

Die absolute Luftfeuchtigkeit gibt direkt den Wasserdampfgehalt der Luft in kg/m^3 an.

H91 ■

Frage 4.46: Lösung C

Lerntext IV.13 gibt die Definition der relativen Luftfeuchtigkeit. Diese ist identisch mit Aussage (C).
Die Angabe der Luftfeuchtigkeit kann auch über den Massengehalt des Wasserdampfes (Masse des Wasserdampfes zur Gesamtmasse der Luft (A)) oder die Stoffmengenkonzentration in mol/m^3 (D) erfolgen. Aussage (B) ist sinnlos.

4.5 Wärmetransport, Transportphänomene

IV.14 Konvektion, Wärmeleitung, Wärmestrahlung

Unter Konvektion versteht man einen Wärmetransport, der mit Materietransport verbunden ist (Warmwasserheizung, warme Luftströmungen).
Bei der Wärmeleitung erfolgt der Energietransport innerhalb eines Körpers auf Grund von Energieübertragung zwischen seinen Bausteinen (z. B. Wärmestrom durch eine Wand oder eine Fensterscheibe). Diese Stoffeigenschaft wird durch die Wärmeleitfähigkeit beschrieben.
Auch durch elektromagnetische Strahlung kann Wärme übertragen werden. Wärmestrahlung breitet sich auch im Vakuum aus (Sonnenstrahlung).
Die Energie S, die ein Körper pro Sekunde und Quadratmeter abstrahlt, ist proportional zur vierten Potenz seiner absoluten Temperatur:

$$S = \sigma \cdot T^4 \qquad \text{(Gl. 4.15.)}$$

(Gesetz von Stefan-Boltzmann)

Klinischer Bezug

Die Wärmestrahlung, die jeder Körper abstrahlt, kann auch zur berührungslosen Temperaturmessung mit so genannten Infrarot-Thermometern genutzt werden. Die Strahlungsenergie der elektromagnetischen Wärmestrahlung wird dabei mit einem Detektor gemessen. Dieser Messwert wird vom Thermometer in eine Temperaturangabe umgerechnet. Solche Geräte werden sowohl in der Industrie als auch in der Medizin genutzt – zum Beispiel als „Ohrthermometer", die die Körpertemperatur anhand der Wärmestrahlung des Trommelfells innerhalb von Sekunden messen.

F89 ■

→ **Frage 4.47: Lösung E**

Aussage (E) ist die richtige Lösung (siehe Lerntext IV.14).
(C) und (D) nennen die beiden anderen Arten des Wärmetransports.
(A) und (B) haben nichts damit zu tun.

H99

→ **Frage 4.48: Lösung D**

Die Wärmeleitfähigkeit λ eines Stoffes ist ein Maß für seine Wärmeleitungseigenschaft. Zwischen **Wärmeleitfähigkeit** λ und dem **Wärmestrom** I, der durch einen homogenen Stab mit dem Querschnitt A und der Länge l fließt, besteht folgender Zusammenhang:

$$I = \lambda \cdot A \frac{\Delta T}{l}$$ (vgl. Gl. 1.17, siehe auch Lerntext I.8)

Je höher die Wärmeleitfähigkeit und je höher die **Temperaturdifferenz**, desto größer der Wärmestrom.
Zu **(D)**: Der Wärmestrom ohne nach außen gerichtete Wärmeverluste fließt von links nach rechts zunächst durch Stab 1 mit **kleinerer** Wärmeleitfähigkeit λ_1, weshalb nach obiger Definition eine **größere** Temperaturdifferenz ΔT_1 als in Stab 2 mit **größerer** Wärmeleitfähigkeit λ_2 zur Aufrechterhaltung des Wärmestroms nötig ist. Nur Lösung (D) zeigt ein solches Verhältnis der Temperaturdifferenzen.

4.6 Stoffgemische

IV.15 Stoffmengenkonzentration (Molarität)

Die Stoffmengenkonzentration einer Lösung gibt an, wieviel Mol (1 Mol = $6{,}022 \cdot 10^{23}$ Teilchen) einer Substanz in 1 Liter einer Lösung enthalten sind. Die Einheit ist 1 mol/l, also 1-molar.

Klinischer Bezug

Die Einheit der Stoffmengenkonzentration nutzt man für die Angabe der Konzentration von Elektrolyten (z. B. Natrium, Kalium, Calcium, Chlorid) im Blutplasma – sie werden in der Einheit mmol/l gemessen. Andere Größen wie zum Beispiel Enzyme oder Glukose werden in U/l (Units, Einheiten pro Liter) oder mg/dl angegeben.

IV.16 Diffusion

Massentransport auf Grund thermischer Bewegung nennt man Diffusion. Wird ein Konzentrationsgefälle $\Delta c/\Delta x$ aufrechterhalten, d. h. ändert sich auf einer Strecke Δx die Konzentration um Δc, und steht für den Diffusionsstrom eine Querschnittsfläche A zur Verfügung, dann gilt für den Diffusionsstrom

$$I = D \cdot A \cdot \frac{\Delta c}{\Delta x} \qquad \text{(Gl. 4.16.)}$$

D nennt man die Diffusionskonstante.

F10

→ **Frage 4.49: Lösung B**

Zu **(B)**: Der **Permeabilitätskoeffizient** P beschreibt die Durchlässigkeit und damit den Transport einer elektrisch neutralen Substanz durch eine (Zell-) Membran.
Korrekt ist – wie so oft im Examen – die einfachste der angegebenen Formeln, in diesem Fall Lösung (B):

$I_D = P \cdot A \cdot \Delta c$

Die durch eine Membran diffundierende Stoffmenge pro Zeit ist direkt proportional zum Permeabilitätskoeffizienten *P*, der Membranfläche *A* und der Konzentrationsdifferenz Δc.

IV.17 Osmotischer Druck

Wird eine Lösung durch eine semipermeable (d. h. nur für die Lösungsmittelmoleküle durchlässige) Membran vom reinen Lösungsmittel getrennt, so können nur Lösungsmittelmoleküle in Richtung der Lösung durch die Membran diffundieren in dem Bestreben, die Konzentrationen auszugleichen. Den Druck, der infolge dieses Vorganges in der Lösung entsteht, nennt man den osmotischen Druck dieser Lösung. Die Größe dieses Druckes ergibt sich aus der Beziehung:

$p_{osm} = cRT$ (Gl. 4.17.)

c = Konzentration der Lösung; *R* = allgemeine Gaskonstante; *T* = absolute Temperatur

Wichtig: Der osmotische Druck hängt nicht von der Art der gelösten Moleküle und nicht vom Lösungsmittel ab.

Klinischer Bezug

Lösungen, die den gleichen osmotischen Druck haben wie das Blutplasma, nennt man isotone Lösungen. Hypotonische Lösungen haben einen niedrigeren osmotischen Druck, hypertonische Lösungen einen höheren osmotischen Druck.

F03 ■■

→ **Frage 4.50: Lösung D**

Der osmotische Druck lässt sich nach der Beziehung $p_{osm} = c \cdot R \cdot T$ errechnen (siehe Lerntext IV.17; *c* = Konzentration der Lösung, *R* = allgemeine Gaskonstante, *T* = **absolute** Temperatur).

Die Konzentration *c* ergibt sich aus dem Verhältnis Teilchenzahl in mol durch Volumen in m³: $c = \frac{n}{V}$.

Beachtet werden muss hier, dass 0,3 mol Partikel in einem Liter Wasser gelöst sind – ein Liter Wasser entspricht 1/1000 Kubikmeter (0,001 m³). Die Temperatur von 37 °C muss in die **absolute** Temperatur in Kelvin umgerechnet werden: 37 °C + 273=310 K.

Wird alles in die obere Formel eingesetzt, ergibt sich:

$$p_{osm} = \frac{n}{V} \cdot R \cdot T = \frac{0{,}3\,\text{mol}}{0{,}001\,\text{m}^3} \cdot 8{,}3 \frac{\text{N} \cdot \text{m}}{\text{mol} \cdot \text{K}} \cdot 310\,\text{K}$$
$$= 771900 \frac{\text{N}}{\text{m}^2} \approx 800000\,\text{Pa} \approx \underline{0{,}8\,\text{MPa}}$$

F04 F02 ■■

→ **Frage 4.51: Lösung B**

Der osmotische Druck gehorcht einer Beziehung, die formal der idealen Gasgleichung entspricht (siehe auch Lerntexte IV.5 und IV.17):

$p_{osm} \cdot V = n \cdot R \cdot T$, umgeformt: $p_{osm} = \frac{n}{V} \cdot R \cdot T$

Dabei sind *V* das Volumen in m³, *n* die Teilchenzahl in mol, *R* die allgemeine Gaskonstante $8{,}3\,\text{J} \cdot \text{K}^{-1} \cdot \text{mol}^{-1}$ und *T* die **absolute** Temperatur in **Kelvin**.

Zu **(B)**: Aus der Formel ist erkennbar, dass sich der osmotische Druck direkt proportional zur Temperatur verhält. Wir müssen berücksichtigen, dass die Formel die Temperatur als absolute Temperatur in Kelvin verlangt, und können dann folgenden Zusammenhang für den gefragten Quotienten aufstellen:

$$\frac{p_{osm\ 7^\circ C}}{p_{osm\ 37^\circ C}} = \frac{T_{7^\circ C}}{T_{37^\circ C}} = \frac{7^\circ C + 273}{37^\circ C + 273} = \frac{280\,\text{K}}{310\,\text{K}} \approx \underline{0{,}90}$$

H03 ■

→ **Frage 4.52: Lösung D**

Siehe Kommentar zu Frage 4.51.

Zu **(D)**: Die Konzentration ist in der Aufgabenstellung (0,1 mol/L) nicht in SI-Einheiten angegeben, deshalb muss sie zunächst in die Einheiten mol/m³ umgerechnet werden: 0,1 mol/L = 100 mol/1000 L = 100 mol/1 m³. Ebenso ist die Temperatur in °C und nicht in der SI-Einheit Kelvin angegeben. Die Umrechnung ergibt: 37 °C + 273 = 310 K.

Wir setzen ein:

$$p_{osm} = \frac{n}{V} \cdot R \cdot T = \frac{100\,\text{mol}}{1\,\text{m}^3} \cdot 8{,}3 \frac{\text{N} \cdot \text{m}}{\text{mol} \cdot \text{K}} \cdot 310\,\text{K}$$
$$= 257300 \frac{\text{N}}{\text{m}^2} \approx \underline{2{,}6 \cdot 10^5\,\text{Pa}}$$

H04 ■■

→ **Frage 4.53: Lösung C**

Siehe Kommentar zu Frage 4.51.

Zu **(C)**: Bedacht werden muss, dass zunächst die Temperatur 37 °C in Kelvin umgerechnet werden muss: 37 °C + 273 = 310 K. Die gesuchte Konzentration entspricht der Teilchenzahl in mol geteilt durch das Volumen (in m³). Formt man die Gleichung um, so errechnet sich die Konzentration (*n*/*V*) nach:

$$\frac{n}{V} = \frac{p_{osm}}{R \cdot T} = \frac{250\,\text{kPa}}{8{,}3 \frac{\text{N} \cdot \text{m}}{\text{mol} \cdot \text{K}} \cdot 310\,\text{K}} = \frac{250 \cdot 10^3 \frac{\text{N}}{\text{m}^2}}{8{,}3 \frac{\text{N} \cdot \text{m}}{\text{mol} \cdot \text{K}} \cdot 310\,\text{K}}$$
$$\approx 100 \frac{\text{mol}}{\text{m}^3}$$

Gesucht ist aber die Konzentration in der Angabe mol/l, nicht mol/m³. Da 1 m³ = 1000 l, muss das Ergebnis noch durch 1000 geteilt werden. Wir erhalten:

$$\underline{0{,}1 \frac{\text{mol}}{\text{l}}}$$

H02 ■

→ **Frage 4.54: Lösung E**

Siehe Kommentar zu Frage 4.51.
Zu **(E)**: Mit der Angabe der molaren Masse kann die Konzentration der Glukose-Lösung in mol/l bzw. in der gesuchten Einheit **mol/m³** (1000 l = 1 m³) umgerechnet werden:

$$\text{Konzentration} = \frac{\text{Gramm Glukose/Liter}}{\text{molare Masse Glukose}} = \frac{18\,\text{g/l}}{180\,\text{g/mol}}$$
$$= 0{,}1\,\frac{\text{mol}}{\text{l}} = 0{,}1\,\frac{\text{mol}}{\text{l}} \cdot \frac{1000}{1000}$$
$$= 100\,\frac{\text{mol}}{\text{m}^3} = \frac{n}{V}$$

Die Temperatur T ist mit 27 °C + 273 = 300 K gegeben. Wir formen um und setzen ein:

$$p_{osm} = \frac{n}{V} \cdot R \cdot T = \frac{100\,\text{mol}}{\text{m}^3} \cdot \frac{8{,}3\,\text{J} \cdot 300\,\text{K}}{\text{K} \cdot \text{mol}} = 249000\,\text{Pa}$$
$$= 2{,}49 \cdot 10^5\,\text{Pa} = \underline{2{,}49\,\text{bar}}$$

F08

→ **Frage 4.55: Lösung B**

Die Osmolarität gibt die Anzahl osmotisch aktiver (also gelöster) Teilchen pro Liter einer Lösung an. Die Einheit der Osmolarität ist osmol/l (1 osmol/l = 1 mol gelöster Teilchen pro Liter). Das Blutplasma hat eine Osmolarität von ungefähr 300 mosmol/l. In einem Volumen von 0,6 l einer zum Blutplasma isotonen Lösung sind damit 300 mosmol/l · 0,6 l = 180 mmol gelöster Teilchen enthalten. Nun werden 60 mmol löslicher Teilchen hinzugegeben, ohne dass sich das Volumen relevant verändert. Damit sind in 0,6 l dann 180 mmol + 60 mmol = 240 mmol Teilchen enthalten, die die Osmolarität insgesamt erhöhen:

$$\frac{240\,\text{mmol}}{0{,}6\,\text{l}} = 400\,\text{mosmol/l}$$

Trotz 240 mmol Teilchen soll die Lösung aber wieder eine Osmolarität von 300 mosmol/l erhalten. Das erreicht man, wenn man 240 mmol Teilchen in x L reinem Wasser löst:

$$300\,\text{mosmol/l} = \frac{240\,\text{mmol}}{x\,\text{l}}$$

$$x\,\text{l} = \frac{240\,\text{mmol}}{300\,\text{mosmol/l}} = \frac{2{,}4\,\text{l}}{3} = 0{,}8\,\text{l}$$

Zu den bereits vorhandenen 0,6 l müssen demzufolge noch 0,8 l–0,6 l = 0,2 l hinzugegeben werden.

F07 ■

→ **Frage 4.56: Lösung D**

Das Henry-Gesetz beschreibt das Löslichkeitsverhalten von flüchtigen Substanzen in Wasser. Die physikalisch gelöste Menge eines Gases in einer Flüssigkeit ist danach direkt proportional dem (temperaturabhängigen) Löslichkeitskoeffizienten α (dem sog. Bunsen-Koeffizienten) und dem Partialdruck des Gases.
Dabei gilt:
$c = \alpha \cdot p$
c = Konzentration an physikalisch gelöstem Gas; α = Löslichkeitskoeffizient; p = Partialdruck
Wenn der Sauerstoffpartialdruck p verzehnfacht ist, ist damit auch die dazu direkt proportionale Konzentration c verzehnfacht, wie aus der Formel ersichtlich. Lösung (D) ist korrekt.

4.7 Kommentare aus Examen Frühjahr 2011

F11 ■■

→ **Frage 4.57: Lösung D**

Zu **(D)**: Neben der absoluten Temperaturskala (nach Kelvin) ist die **Celsius-Skala** in Gebrauch. Diese ist durch 2 Fixpunkte festgelegt, den Schmelzpunkt (0 °C) und den Siedepunkt von Wasser (100 °C) bei Normaldruck. Die **Umrechnung zwischen Kelvin- und Celsius-Skala** geschieht nach der Gleichung:

T(Kelvin) = t(°Celsius) + 273

Absolute Temperaturangaben unterscheiden sich bei der Kelvin- und der Celsius-Skala in ihrem Zahlenwert (z. B. 20 °C = 293 K), Temperaturdifferenzen jedoch nicht (z. B. Δt = 23 °C = 23 K = ΔT).
In diesem Beispiel rechnen wir 27 °C und 0 °C in die Kelvin-Skala um:

27 °C = 27 + 273 = **300 K**
0 °C = 0 + 273 = **273 K**

Zur Erinnerung: Der Nullpunkt der **Kelvin-Skala** (0 K bzw. ca. –273 °C) ist der sog. absolute Nullpunkt, die (hypothetische) Temperatur, bei der ein physikalisches Objekt keine thermodynamische Energie besitzt.

F11 ■

→ **Frage 4.58: Lösung D**

Zu **(D)**: Druckkammern können eine Atmosphäre mit höherem Druck (hyperbar) als dem Luftdruck auf Meereshöhe (1013,25 hPa ≈ 1000 hPa) erzeugen und zudem zu 100 % mit Sauerstoff gefüllt werden.
Die normale Atemluft ist grundsätzlich ein Gasgemisch aus Stickstoff $\mathbf{N_2}$ (78 %), Sauerstoff $\mathbf{O_2}$ (21 %) und einem sehr geringen Prozentsatz anderer Komponenten, wie Argon **Ar** (0,9 %) und Kohlendioxid $\mathbf{CO_2}$ (0,04 %). Der **Gesamtdruck eines Gasgemisches** ergibt sich aus der **Summe der Partialdrücke der anwesenden Gase** (in Luft also N_2, O_2, Ar und CO_2).

Eine Anhebung des O_2-Gehalts von 21 % auf 100 % würde den O_2-Partialdruck etwa verfünffachen:

100 % / 21 % = **4,8** ≈ 5
Wird zudem der Druck von 1000 hPa auf 2500 hPa (**Faktor 2,5**) angehoben, steigt der O_2-Partialdruck um den folgenden Faktor:

4,8 × 2,5 = **12**

Klinischer Bezug: Haben brandverletzte Patienten neurologische Symptome wie Übelkeit, Schwindel, Desorientiertheit oder gar Bewusstlosigkeit, muss an eine zusätzliche Kohlenmonoxid-Intoxikation durch die Inhalation CO-haltiger Brandgase gedacht werden. Die Diagnose einer CO-Intoxikation gelingt durch Messung des COHb (z. B. mittels moderner Blutgasgeräte oder Puls-CO-Oxymeter). Die Patienten benötigen eine Sauerstofftherapie, u. U. mit Intubation. COHb-Spiegel > 20–30 % oder eine anhaltende neurologische Symptomatik sind Indikationen für eine Therapie in einer Druckkammer mit hyperbarer Oxygenierung, wodurch die CO-Elimination beschleunigt und die Sauerstoffversorgung des Gewebes verbessert wird. Die Gesellschaft für Tauch- und Überdruckmedizin hält im Internet ein Verzeichnis von Kliniken mit Druckkammeranlagen vor: www.gtuem.org

5 Elektrizitätslehre

5.1 Elektrische Stromstärke, elektrische Ladung

F02 ■

→ **Frage 5.1: Lösung D**

Fließt während einer Zeitdauer Δt ein konstanter Strom I durch einen Leiter, dann ist insgesamt eine Ladungsmenge $Q = I \cdot \Delta t$ geflossen (siehe auch Lerntext I.9).
Zur Aufgabe: Ein Strom von 0,5 A fließt 20 Minuten. Zunächst müssen 20 Minuten in die SI-Einheit Sekunden umgerechnet werden (20 min · 60 = 1200 s). Die Ladung beträgt dann insgesamt:
$Q = I \cdot \Delta t = 0{,}5\,\text{A} \cdot 1200\,\text{s} = \underline{600\,\text{C}}$
Die Klemmenspannung wird für die Lösung der Aufgabe nicht benötigt und ist wohl nur zur „Verwirrung" angegeben.

F04 ■■

→ **Frage 5.2: Lösung B**

Die elektrische Energie errechnet sich nach:
$W = I \cdot U \cdot \Delta t$ (siehe Lerntext I.9)
Es wurden 1000 Stromstöße dem Tumorgewebe appliziert. Damit errechnet sich die Gesamtenergie:
$W = 1000 \cdot I \cdot U \cdot \Delta t = 1000 \cdot 5\,\text{A} \cdot 20\,\text{kV} \cdot 10\,\text{ns}$
$= 1 \cdot 10^3 \cdot 5\,\text{A} \cdot 20 \cdot 10^3\,\text{V} \cdot 10 \cdot 10^{-9}\,\text{s} = \underline{1\,\text{J}}$

V.1 Mechanismen der Elektrizitätsleitung

Abhängig von der Art des Leitermaterials können verschiedene Arten von Ladungsträgern auftreten:
Im **Festkörper** (Metalle, Halbleiter) sind es stets negativ geladene Elektronen, die den Ladungstransport besorgen.
In **Flüssigkeiten**, die den Strom leiten (Elektrolyte), haben wir positive und negative Ionen als Ladungsträger. Ionen sind Atome, die zu viel oder zu wenig Elektronen in ihrer Hülle haben.
In **Gasen** können es sowohl Elektronen als auch Ionen sein, die einen Stromfluss bewirken.

Klinischer Bezug

Manchen Menschen ist unglücklicherweise nicht klar, dass auch Flüssigkeiten Strom leiten können – Urin als Elektrolyt zum Beispiel. Jedes Jahr gibt es weltweit eine Reihe von Todesfällen, weil meist männliche Mitmenschen nicht daran denken, dass man mit dem Urinstrahl möglichst nicht stromführende Metalle treffen sollte – wie zum Beispiel U-Bahn-Schienen.

F05

→ **Frage 5.3: Lösung B**

Unter der Stromdichte j versteht man die Stromstärke I geteilt durch den Leiterquerschnitt A:

$$j = \frac{I}{A}$$

Der Leiterquerschnitt entspricht dem Querschnitt der Fläche der Gegenelektrode. Diese Fläche ist bei einer rechteckigen flachen Elektrode das Produkt aus Länge und Breite:
$A = \mathit{Länge} \cdot \mathit{Breite} = 20\,\text{cm} \cdot 10\,\text{cm} = 200\,\text{cm}^2$
Die Stromdichte j ist dann:

$$j = \frac{I}{A} = \frac{40\,\text{mA}}{200\,\text{cm}^2} = 0{,}2\,\text{mA/cm}^2 = \underline{200\,\mu\text{A/cm}^2}$$

F09 ■

→ **Frage 5.4: Lösung C**

Unter der **Stromdichte** j versteht man die Stromstärke I geteilt durch den Leiterquerschnitt A:

$$j = \frac{I}{A}$$

Der Leiterquerschnitt entspricht der Fläche der Gegenelektrode. Da die möglichen Lösungen in der Einheit A/m² und nicht in A/cm² angegeben sind, müssen 500 cm² in m² umgerechnet werden:
$1\,\text{m}^2 = 100\,\text{cm} \cdot 100\,\text{cm} = 10\,000\,\text{cm}^2$

$$\frac{500\,\text{cm}^2}{10\,000\,\text{cm}^2} = 0{,}05 = \frac{1}{20}$$

Die 500 cm² entsprechen also 0,05 m² bzw. 1/20 m².
Die Stromdichte j errechnet sich dementsprechend:

$$j = \frac{I}{A} = \frac{1\,\text{A}}{500\,\text{cm}^2} = \frac{1\,\text{A}}{\frac{1}{20}\,\text{m}^2} = \underline{20\,\frac{\text{A}}{\text{m}^2}}$$

V.2 Wirkungen des elektrischen Stromes

Der elektrische Strom hat (unabhängig von der Art der Ladungsträger) im Allgemeinen drei verschiedene Wirkungen:
magnetische Wirkung:
Der elektrische Strom ist **stets** von einem Magnetfeld umgeben, in dem ein zweiter stromdurchflossener Leiter Kraftwirkungen erfährt.
chemische Wirkung:
Manchmal ist der elektrische Strom mit chemischen Wirkungen verbunden. Dies ist der Fall, wenn der Stromfluss durch einen Elektrolyten erfolgt (Elektrolyse). In Metallen bewirkt der Strom keine chemischen Veränderungen.
Wärmewirkung:
Im Zusammenhang mit bewegten Ladungen (also Strömen) wird **meistens** Wärme erzeugt. Dies

kann gedeutet werden durch die Zusammenstöße, die die Elektronen oder Ionen mit den Atomen des Leitermaterials erfahren. Dabei wird Bewegungsenergie, die die Ladungsträger auf Grund einer angelegten Spannung aufnehmen, in ungeordnete Wärmebewegung umgewandelt.
Ausnahmen: Bewegte Ladungen im Vakuum; Supraleitung, eine metallische Leitung bei sehr tiefen Temperaturen ($T <$ ca. 10 K).

Klinischer Bezug
Bei Stromunfällen sind die ausgelösten Komplikationen (Herzrhythmusstörungen bis hin zum Kammerflimmern, Muskelkrämpfe, Bewusstlosigkeit...) meist durch die elektrischen Wirkungen des Stroms ausgelöst. Fließen jedoch bei Unfällen mit Hochspannung sehr hohe Ströme, kann es durch die Wärmewirkung des elektrischen Stroms zu Verbrennungen und Verkochungen von Gewebe kommen. Bei Patienten mit Herzschrittmachern muss auch daran gedacht werden, dass starke Magnetfelder die Funktion von Herzschrittmachern verändern können.

V.3 Eigenschaften der elektrischen Ladung

a) Zwei Ladungen Q_1 und Q_2, die sich im Abstand r befinden, üben eine Kraft aufeinander aus von der Größe

$$F = \frac{1}{4\pi\varepsilon_0}\frac{Q_1 Q_2}{r^2} \qquad \text{(Gl. 5.1.)}$$

(Coulomb'sche Kraft, Coulomb'sches Gesetz)
b) Wir kennen positive und negative Ladungen. Die Coulombsche Kraft (vgl. Gl. 5.1) ist abstoßend zwischen gleichnamigen und anziehend zwischen ungleichnamigen Ladungen.
c) Die elektrische Ladung tritt in der Natur stets nur in Vielfachen einer kleinsten Ladungsmenge, der sog. Elementarladung eines Elektrons, auf.
Sie hat den Wert:
$e = 1{,}6 \cdot 10^{-19}$ C

5.2 Elektrische Feldstärke

V.4 Elektrische Feldstärke

In der Umgebung elektrischer Ladungen existiert ein elektrisches Feld. Eine Ladung Q, die in ein solches elektrisches Feld gebracht wird, erfährt dort eine Kraft F. Um die Stärke E des Feldes zu beschreiben, führt man den Begriff der Feldstärke ein. Sie ist definiert durch den Quotienten (Kraft auf die positive Ladung Q)/(Ladung Q).
$E = F/Q$; $[E] = \text{V/m}$ (Gl. 5.2.)
Wegen der Einheit lese man bei Gleichung 1.19 nach. Der Zusatz „positive Ladung" ist wichtig, wenn nach der Richtung der Feldstärke gefragt ist, denn E ist wie F (die Kraft) ein Vektor.

Klinischer Bezug
Ob und wie weit schwache elektrische Felder (erzeugt zum Beispiel durch Mobiltelefone oder auch drahtlose Computernetzwerke, sog. Wireless Local Area Networks [WLAN]) gesundheitliche Schäden hervorrufen können, wird weiterhin kontrovers diskutiert. Dass es überhaupt eine Wirkung von elektrischen Feldern auf Körpergewebe gibt, ist aber unbestritten: Man macht es sich in der Medizin im Rahmen der Kurzwellentherapie zu Nutze, die durch ein elektrisches Feld Wärme im Gewebe erzeugt.

H98

→ **Frage 5.5: Lösung C**

Wenn eine Ladung in ein elektrisches Feld gebracht wird, erfährt sie eine Kraft, die von der Stärke des elektrischen Feldes und ihrem eigenen Ladungsbetrag abhängt. Die genaue Definition lautet:
$F = E \cdot Q$ (F = Kraft auf die positive Ladung; E = elektrische Feldstärke; Q = Ladung)
Die Kraft beträgt also $10\,\frac{\text{V}}{\text{m}} \cdot 0{,}1\,\text{C} = \underline{1\,\text{N}}$

V.5 Elektrische Feldlinien und Äquipotenzialflächen

Im Lerntext V.4 haben wir gelernt, dass es in der Umgebung von elektrischen Ladungen ein elektrisches Feld gibt, dessen Größe und Richtung an jeder Stelle durch den Vektor der elektrischen Feldstärke angegeben werden kann. Einfacher kann man diese Verhältnisse durch ein so genanntes Feldlinienbild darstellen.
Der Zusammenhang zwischen elektrischer Feldstärke und Feldlinien beruht auf den folgenden Vereinbarungen:
- Die Feldlinien beginnen an den positiven und enden an den negativen Ladungen,
- die Richtung der Feldlinien ist identisch mit der Richtung des Feldstärkevektors $\vec{E}$ und
- die Dichte der Feldlinien ist ein Maß für den Betrag der Feldstärke.

Verschieben wir eine Ladung in Richtung der Feldlinien, dann wird Arbeit geleistet. Dies ist nicht der Fall, wenn eine Ladung senkrecht zu den Feldlinien verschoben wird. Bewegungsrichtung und Kraft stehen dann ebenfalls senkrecht zueinander. Nach der Definition der Arbeit (Weg mal Kraftkomponente in Wegrichtung, siehe Lerntext I.7) ist dann die Arbeit gleich null.
Flächen, die senkrecht auf den Feldlinien stehen, nennt man aus diesem Grund Äquipotenzialflächen, d. h. Flächen konstanten elektrischen Po-

tenzials. In der Abb. 5.1 sind die Feldstärkevektoren, die Feldlinien und die Äquipotenzialflächen (gestrichelt) in der Umgebung einer positiven Punktladung Q dargestellt.

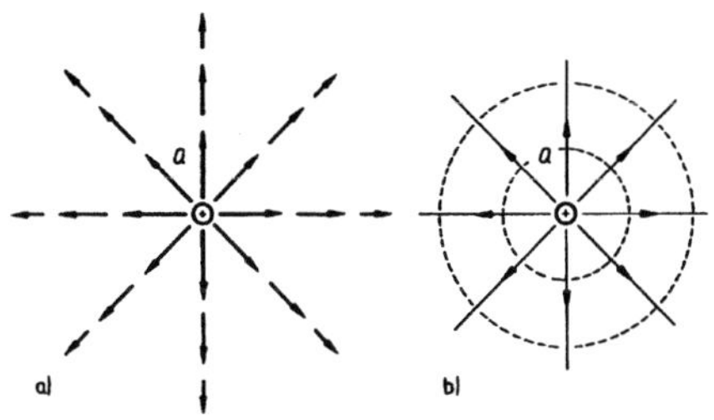

Abb. 5.1 Teilbild (a) zeigt die Feldstärkenvektoren in der Umgebung einer positiven Ladung Q. Entsprechend der abnehmenden Feldstärke werden die Vektoren nach außen immer kürzer. Dies kommt in Teilbild (b) in der Tatsache zum Ausdruck, dass die Dichte der Feldlinien immer kleiner, d. h. ihr gegenseitiger Abstand immer größer wird.

H90 ■

→ **Frage 5.6: Lösung B**

Zu **(A)–(C)**: Die Richtigkeit der Aussagen (A) und (C) ergibt sich aus dem voranstehenden Lerntext V.5. Dass (B) die gesuchte falsche Aussage ist, erkennt man aus der Abbildung 5.1.
Zu **(D)** und **(E):** Um die Verhältnisse an Leiteroberflächen richtig zu beurteilen, denke man an das Feld eines geladenen Plattenkondensators. Wir wissen, dass dort die Feldlinien senkrecht zu den Platten verlaufen. Die Äquipotenzialflächen sind also die Platten selbst und Ebenen parallel dazu. (Man lese in diesem Zusammenhang auch den Lerntext V.22.) Es ist eigentlich erstaunlich, dass in 41 % der Lösungsbögen die Antwort (E) als nicht zutreffend markiert wurde!

5.3 Elektrisches Potenzial, elektrische Spannung

V.6 Der Elektronenstrahloszillograph

Der Oszillograph dient zur Sichtbarmachung rascher Spannungsänderungen. Mit seiner Hilfe können z. B. Frequenz und Amplitude von Wechselspannungen gemessen oder Spannungsimpulse, wie sie beim EKG entstehen, untersucht werden.
Freie, in einer Glühkathode erzeugte Elektronen werden durch eine Spannung U_A zur Anode hin beschleunigt, durchfliegen zwei senkrecht zueinander orientierte Plattenpaare und treffen auf einen Leuchtschirm, auf dem der Auftreffort sichtbar wird. Legt man Spannungen an die Plattenpaare, dann bewirkt dies eine Ablenkung des Strahls und damit auch eine Ortsänderung des Leuchtflecks auf dem Schirm (Abb. 5.2).

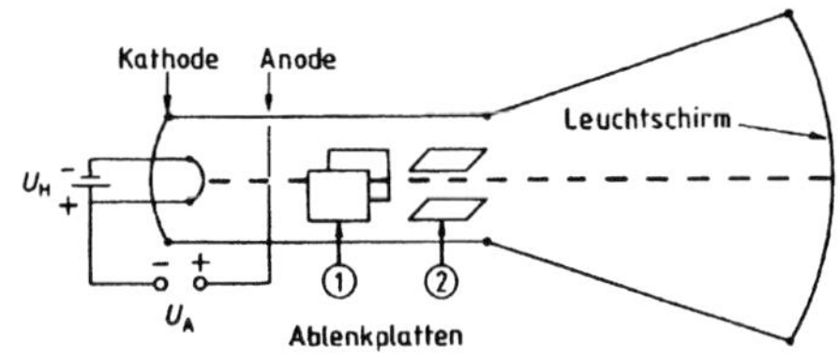

Abb. 5.2 Schematische Darstellung einer Oszillographenröhre.

Klinischer Bezug
Ein EKG-Monitor war in der Ära vor den computerisierten EKG-Geräten nichts anderes als ein Elektronenstrahloszillograph, der die EKG-Kurve auf den Leuchtschirm projizierte.

V.7 Spannungs- und Frequenzmessung mit dem Oszillographen

Eine an Plattenpaar 1 (Abb. 5.2) liegende linear mit der Zeit wachsende Spannung bewegt den Elektronenstrahl mit konstanter Geschwindigkeit horizontal über den Leuchtschirm. Eine Wechselspannung $U(t)$, die an Plattenpaar 2 gelegt wird, bewirkt eine Vertikalablenkung des Strahls, wodurch der zeitliche Verlauf der Spannung $U(t)$ auf den Schirm gezeichnet wird. Da sich dieser Vorgang rasch wiederholt, entsteht ein stehendes Bild der angelegten Wechselspannung.
Um aus dem Bild der Sinuskurve Amplitude und Frequenz zu ermitteln, ist die Einstellung zweier Bedienungsknöpfe wichtig:

1. Vertikalablenkung: Die Einstellung E_V dieses Knopfes gibt an, welche Spannung eine Ablenkung um 1 cm in vertikaler Richtung bewirkt.
   Beispiel: $E_v = 0{,}2\,V/cm$
2. HorizontalablenkungE_h: Dieser Knopf gibt an, welche Zeit der Elektronenstrahl braucht, um eine Entfernung von 1 cm in horizontaler Richtung zu überstreichen.
   Beispiel: $E_h = 5\,ms/cm$

Beträgt die Amplitude auf dem Bildschirm A = 2,5 cm und erstreckt sich eine volle Schwingung über 6 cm, so ergibt das eine Spannungsamplitude von U_0 = (2,5 cm) (0,2 V/cm) = 0,5 V und eine Schwingungsdauer von T = (6 cm) (5 ms/cm) = 30 ms. Die Frequenz dieser Wechselspannung ist somit

$$f = \frac{1}{30\,\text{ms}} = (1/30)\,\text{kHz} = \text{ca. } 33\,\text{Hz}$$

Hinweis:
Man beachte, dass bei Aufgaben dieses Typs auch die Reziprokwerte gegeben sein können, also nicht 0,2 V/cm, sondern 5 cm/V, und nicht 5 ms/cm, sondern 0,2 cm/ms. Dies hat selbstverständlich keinen Einfluss auf das Ergebnis, es muss jedoch bei der Auswertung berücksichtigt werden.

F01

→ **Frage 5.7: Lösung D**

Addiert man beide Spannungskurven, dann erhält man im Ergebnis eine sinusförmige Spannung, die gegenüber der ursprünglichen Sinusspannung $U_{\sim}$ um einen Zentimeter nach oben verschoben ist. Sie beginnt auf der Y-Achse in einer Höhe von 1 cm, erreicht ein Maximum von 3 cm, ein Minimum von −1 cm und endet bei einer Höhe von 1 cm. Da die Empfindlichkeit der Y-Ablenkung **2 V/cm** beträgt, ergeben sich folgende Spannungswerte:

$$\text{maximal} \left(3\,\text{cm} \cdot 2\frac{\text{V}}{\text{cm}}\right) = \underline{6\,\text{V}}$$

$$\text{minimal} \left(-1\,\text{cm} \cdot 2\frac{\text{V}}{\text{cm}}\right) = \underline{-2\,\text{V}}$$

H93 F91 ■■

→ **Frage 5.8: Lösung D**

Bei dieser Aufgabe ist es zweckmäßiger, 3/2 Schwingungen auszumessen:

$$\frac{3}{2}T = (10\,\text{cm}) \cdot (3\,\text{ms/cm})$$

$$T = \frac{2}{3}(30\,\text{ms}) = \underline{20\,\text{ms}}$$

$$f = \frac{1}{20\,\text{ms}} = \underline{50\,\text{Hz}}$$

F85 ■

→ **Frage 5.9: Lösung B**

Zwei sich entsprechende Ausschläge auf dem Bildschirm haben einen Abstand von ca. 5 cm. Der zeitliche Abstand beträgt dann:
$T = (5\,\text{cm}) \cdot (200\,\text{ms/cm}) = 1000\,\text{ms} = 1{,}0\,\text{s}$
Wenn der Herzschlag im Sekundenabstand erfolgt, dann beträgt die Herzfrequenz 60 pro Minute = $\underline{60\,\text{min}^{-1}}$

5.4 Elektrischer Widerstand

V.8 Elektrischer Widerstand

Jeder Leiter setzt dem Stromfluss (d. h. der Bewegung der Ladungsträger) einen Widerstand entgegen. Um den Strom aufrechtzuerhalten, muss zwischen den Enden des Leiters eine Spannung liegen.
Der elektrische Widerstand ist definiert als das Verhältnis der angelegten Spannung zum fließenden Strom:

$$R = \frac{U}{I};\ [R] = \text{V/A} = \text{Ohm} = \Omega \qquad \text{(Gl. 5.3.)}$$

Hält man die Temperatur eines Leiters konstant, so ist für viele Leiter dieses Verhältnis und damit auch der Widerstand unabhängig von der angelegten Spannung ebenfalls konstant. Diese Leiter bezeichnet man als **Ohm'sche Leiter**. Man sagt, „sie gehorchen dem Ohm'schen Gesetz".
In einem Diagramm, das die Abhängigkeit des Stromes von der Spannung zeigt, ergibt sich für Ohm'sche Leiter eine Gerade durch den Nullpunkt.
Als Leitwert G bezeichnet man den Reziprokwert des Widerstandes R:

$$G = 1/R;\ [G] = \frac{1}{\text{Ohm}} = \text{Siemens} = \text{S} \qquad \text{(Gl. 5.4.)}$$

F10 ■■

→ **Frage 5.10: Lösung C**

Jeder Leiter (in dieser Aufgabe entspricht der menschliche Körper dem elektrischen Leiter) setzt Stromfluss einen Widerstand entgegen. Um den Strom aufrechtzuerhalten, muss zwischen den Enden des Leiters eine Spannung anliegen. Der elektrische **Widerstand *R*** ist dabei definiert als das Verhältnis der angelegten **Spannung *U*** zum fließenden **Strom *I***:

$R = \frac{U}{I}$ (siehe auch Lerntext V.8)

Zu **(C)**: Ob ein Wechsel- oder Gleichstrom fließt, welche Frequenz der Wechselstrom hat oder wie lange er fließt, ist in diesem Zusammenhang völlig egal. In unserer Aufgabe ist nach der Spannung bei bekanntem Stromfluss und bekanntem elektrischem Widerstand gefragt. Wir lösen daher nach U auf und setzen ein:

$$U = R \cdot I = 2\,\text{k}\Omega \cdot 25\,\text{mA} = 2 \cdot 10^3\,\Omega \cdot 25 \cdot 10^{-3}\,\text{A} = \underline{50\,\text{V}}$$

H05 ■■

→ **Frage 5.11: Lösung E**

Siehe Kommentar zu Frage 5.10.
Zu **(E)**: In unserer Aufgabe ist nach der nötigen Spannung bei bekanntem Stromfluss und bekanntem elektrischem Widerstand gefragt. Wir lösen daher nach U auf und setzten ein:

$$U = R \cdot I = 8\,\text{k}\Omega \cdot 10\,\text{mA} = 8 \cdot 10^3\,\Omega \cdot 10 \cdot 10^{-3}\,\text{A} = \underline{80\,\text{V}}$$

H06 ■■

→ **Frage 5.12: Lösung C**

Siehe Kommentar zu Frage 5.10.
Zu **(C)**: In unserer Aufgabe ist nach der Spannung bei bekanntem Stromfluss und bekanntem elektrischem Widerstand gefragt. Wir lösen daher nach *U* auf und setzen ein:
$U = R \cdot I = 10\,k\Omega \cdot 5\,mA = 10 \cdot 10^3\,\Omega \cdot 5 \cdot 10^{-3}\,A$
$= \underline{50\,V}$

H04 ■■

→ **Frage 5.13: Lösung D**

In dieser Aufgabe soll ein Ohm'scher Widerstand *R* ausgerechnet werden. Er ist definiert als das Verhältnis der angelegten Spannung *U* zum fließenden Strom *I* (siehe auch Lerntext V.8):

$$R = \frac{U}{I}$$

Wir setzen ein:

$$R = \frac{U}{I} = \frac{6\,V}{30\,mA} = \frac{6\,V}{0{,}03\,A} = \underline{200\,\Omega}$$

Das Ohm'sche Gesetz ist wohl jedem Physikumskandidaten bekannt. Man darf sich hier nur nicht durch die komplizierte Aufgabenbeschreibung vom einfachen Lösungsweg abbringen lassen.

F06 ■■

→ **Frage 5.14: Lösung A**

Als elektrischen Leitwert *G* bezeichnet man den Reziprokwert des Widerstandes *R*:

$$G = \frac{1}{R}; \; [G] = \frac{1}{\text{Ohm}} = \text{Siemens} = S$$

Zunächst kann man einfach den Widerstand berechnen und daraus dann den Reziprokwert ermitteln. Also:

$$R = \frac{U}{I} = \frac{50\,V}{10\,mA} = \frac{50\,V}{10 \cdot 10^{-3}\,A} = 5 \cdot 10^3\,\Omega$$

Der Reziprokwert daraus ist:

$$G = \frac{1}{R} = \frac{1}{5 \cdot 10^3\,\Omega} = 0{,}2 \cdot 10^{-3}\,\frac{1}{\Omega} = \underline{0{,}2\,mS}$$

F07 ■■

→ **Frage 5.15: Lösung D**

Siehe Kommentar zu Frage 5.10.
Zu **(D)**: In der Aufgabe ist allerdings nicht der elektrische Widerstand *R*, sondern der elektrische Leitwert *G* des Körpers angegeben. Er entspricht dem Kehrwert des Widerstands und hat die Einheit Siemens (S), entsprechend $1/\Omega$:

$$G = \frac{1}{R}$$

Setzt man den Leitwert statt dem Widerstand in die obere Formel ein, ergibt sich:

$$\frac{1}{G} = \frac{U}{I}$$

Aufgelöst nach der gesuchten Spannung *U*: $U = \frac{I}{G}$

Nun setzen wir noch ein:

$$U = \frac{I}{G} = \frac{0{,}2\,A}{2\,mS} = \frac{0{,}2\,A}{0{,}002\,S} = \frac{2 \cdot 10^{-1}\,A}{2 \cdot 10^{-3}\,S} = \underline{100\,V}$$

F08 ■■

→ **Frage 5.16: Lösung C**

Siehe Kommentar zu Frage 5.10.
Zu **(C)**: In unserer Aufgabe ist nach der Spannung bei bekanntem Stromfluss und bekanntem elektrischen Widerstand gefragt. Wir lösen daher nach *U* auf und setzen ein:
$U = R \cdot I = 5\,k\Omega \cdot 80\,mA = 5 \cdot 10^3\,\Omega \cdot 80 \cdot 10^{-3}\,A$
$= \underline{400\,V}$

V.9 Spezifischer Widerstand, spezifische Leitfähigkeit

Der spezifische Widerstand ist eine formunabhängige materialspezifische Größe (Materialkonstante). Der Widerstand eines zylindrischen Drahtes (Länge *l*, Querschnittsfläche *A*) ist um so größer, je größer die Länge und je kleiner die Querschnittsfläche ist. Den dabei auftretenden Proportionalitätsfaktor ρ nennt man den spezifischen Widerstand des Materials.

$$R = \rho \cdot \frac{l}{A}; \; [\rho] = \Omega \cdot m \qquad \text{(Gl. 5.5.)}$$

Den Kehrwert des spezifischen Widerstandes bezeichnet man als spezifische Leitfähigkeit dieses Stoffes:

$$\sigma = 1/\rho; \; [\sigma] = \frac{1}{\Omega \cdot m} \qquad \text{(Gl. 5.6.)}$$

Der spezifische Widerstand und damit auch die Leitfähigkeit hängen von der Temperatur ab: Mit steigender Temperatur nimmt der spezifische Widerstand zu, die Leitfähigkeit ab.

F97 ■

→ **Frage 5.17: Lösung B**

Die Beantwortung solcher Fragen geht von der betreffenden Formel aus:

$$R = \frac{\rho \cdot l}{\pi \cdot r^2}$$

(In der üblichen Schreibweise dieser Beziehung wird für die Querschnittsfläche des Leiters $\pi \cdot r^2 = A$ geschrieben.)

Den gesuchten Faktor erhält man unmittelbar, wenn man den Faktor 2 entsprechend der Angabe in die Formel einführt ($r^2 = r \cdot r$):

$$R_{(neu)} = \frac{\rho \cdot 2l}{\pi \cdot 2r \cdot 2r} = \frac{2}{4} \cdot \frac{\rho \cdot l}{\pi \cdot r^2} = \frac{1}{2} \cdot R_{(alt)}$$

Durch die neuen Maße vermindert sich der Widerstand um den Faktor $(\frac{1}{2})$.

Merke!
Man unterscheide streng zwischen den Begriffen Durchmesser und Querschnittsfläche (eines Drahtes oder eines Rohres). Der Durchmesser d (= 2 mal Radius; d = 2r) ist eine Länge mit der Einheit m. Die Querschnittsfläche A ist eine Fläche mit der Einheit m^2. Der Zusammenhang lautet:

$$A = \frac{d^2\pi}{4} = r^2\pi$$

A ist also proportional zu r^2. Verdoppelt man den Radius (oder den Durchmesser), so vergrößert sich die Querschnittsfläche um den Faktor 4.

F06 F04

→ **Frage 5.18: Lösung E**

Der Widerstand eines zylindrischen Drahtes (Länge *l*, Querschnittsfläche *A*) ist umso größer, je größer die Länge und je kleiner die Querschnittsfläche ist. Den dabei auftretenden Proportionalitätsfaktor ρ nennt man die Resistivität bzw. den spezifischen elektrischen Widerstand des Materials.
Ein Axon können wir für die Länge eines Internodiums in elektrischer Hinsicht wie einen zylindrischen leitenden Draht betrachten. Je kleiner der innere Längswiderstand einer Nervenfaser ist, desto schneller kann der depolarisierende Strom bei der Erregungsausbreitung fließen. Weil der Widerstand umso kleiner ist, je größer die Querschnittsfläche ist, können Zellen mit großem Querschnitt schneller Informationen leiten als solche mit geringem Querschnitt.
Der Längswiderstand *R* errechnet sich nach:

$$R = \frac{\rho \cdot l}{A}$$

ρ ist die Resistivität (der spezifische elektrische Widerstand), *l* die Länge, *A* die Querschnittsfläche (siehe auch Lerntext V.9). Für unsere Aufgabe errechnen wir:

$$R = \frac{\rho \cdot l}{A} = \frac{0{,}6\,\Omega \cdot m \cdot 1 \cdot 10^{-3}\,m}{6 \cdot 10^{-11}\,m^2} = \frac{6 \cdot 10^{-4}\,\Omega}{6 \cdot 10^{-11}} = \underline{10^7\,\Omega}$$

Man beachte, dass bei der Division von Zehnerexponenten der Exponent des Nenners von dem des Zählers abgezogen wird.
Ein Beispiel: Bei der Division $\frac{10^5}{10^3}$ muss der Exponent des Nenners (3) von dem des Zählers (5) abgezogen werden: 5 – 3 = 2. Das Ergebnis ist:

$$\frac{10^5}{10^3} = 10^2$$

Für unsere Aufgabe ist der Exponent des Nenners –11, der des Zählers –4:
–4 – (–11) = –4 + 11 = 7

Damit ergibt $\frac{10^{-4}}{10^{-11}} = 10^7$

F05

→ **Frage 5.19: Lösung D**

Der spezifische Widerstand (**Resistivität**) **ist eine formunabhängige materialspezifische Größe** – der Widerstand eines zylindrischen Drahtes (Länge *l*, Querschnittsfläche *A*) ist umso größer, je größer die Länge und je kleiner die Querschnittsfläche ist. Den dabei auftretenden Proportionalitätsfaktor ρ nennt man den spezifischen Widerstand des Materials:

$$R = \rho \cdot \frac{l}{A}$$

Der spezifische Widerstand hat die Einheit $\Omega \cdot m$ und hat je nach Material sehr unterschiedliche Werte; für Elektrolyte ist er z. B. wesentlich größer als für Metalle. Der spezifische Widerstand ist eine Folge des Mechanismus des Ladungstransports und der „Reibung" der Ladungsträger (in einer Elektrolytlösung sind das Ionen) an den Molekülen des Materials; er ist **abhängig von der Temperatur**, mit steigender Temperatur nimmt er zu (siehe auch Lerntext V.9).

V.10 Widerstandsschaltungen

Reihenschaltung:
Der Gesamtwiderstand von Einzelwiderständen, die in Reihe geschaltet sind, ist gleich der Summe der Einzelwiderstände.

$R = R_1 + R_2 ... + R_n$ (Gl. 5.7.)

Parallelschaltung:
Bei einer Parallelschaltung von Einzelwiderständen addieren sich die Kehrwerte dieser Widerstände zum Kehrwert des Gesamtwiderstandes.

$$\frac{1}{R} = \frac{1}{R_1} + \frac{1}{R_2} + \ldots + \frac{1}{R_n} \quad \text{(Gl. 5.8.)}$$

Gleichung 5.8 kann auch mit Hilfe der Leitwerte (vgl. Gl. 5.4) formuliert werden: Der Gesamtleitwert einer Parallelschaltung ist gleich der Summe der Einzelleitwerte.

$G = G_1 + G_2 + ... + G_n$ (Gl. 5.8a)

H00 ■■

→ **Frage 5.20: Lösung B**

Bei einer Parallelschaltung von Einzelwiderständen addieren sich die **Kehrwerte** dieser Widerstände zum **Kehrwert** des Gesamtwiderstandes (siehe Lerntext V.10):

$$\frac{1}{R} = \frac{1}{R_1} + \frac{1}{R_2}$$

Für die Aufgabe ergibt sich:

$$\frac{1}{R} = \frac{1}{8\,\Omega} + \frac{1}{2\,\Omega} = \frac{1}{8\,\Omega} + \frac{4}{8\,\Omega} = \frac{5}{8\,\Omega}$$

Wenn wir nun den Kehrwert bilden, erhalten wir den gesuchten Gesamtwiderstand R:

$$R = \frac{8}{5}\Omega = \underline{1{,}6\,\Omega}$$

H94 ■■

→ **Frage 5.21: Lösung E**

Um die Spannungsverhältnisse an den 4 Widerständen beurteilen zu können, sollte man Folgendes wissen: Die Spannung an parallel geschalteten Widerständen ist stets gleich, die Spannung an hintereinander geschalteten Widerständen teilt sich im gleichen Verhältnis wie die Widerstände (Spannungsteiler).
Es muss also zunächst der Gesamtwiderstand R der Parallelschaltung errechnet werden:

$$\frac{1}{R} = \frac{1}{R_1} + \frac{1}{R_2} + \ldots = \frac{1}{5\,\Omega} + \frac{1}{10\,\Omega} + \frac{1}{30\,\Omega}$$
$$= \frac{6+3+1}{30\,\Omega} = \frac{10}{30\,\Omega} = \frac{1}{3\,\Omega}$$

Wir erhalten: $R = 3\,\Omega$
Die Schaltung ist also gleichbedeutend mit einer Hintereinanderschaltung von zwei 3 Ω-Widerständen, an denen als Spannungsteiler die gleiche Spannung abfällt. Das heißt, an allen 4 Widerständen liegt die gleiche Spannung an.

H02 ■■

→ **Frage 5.22: Lösung B**

Es handelt sich um die Kombination von Parallel- und Serienschaltung: Die beiden 30 Ω-Widerstände sind parallel geschaltet, diese Parallelschaltung wiederum ist in Serie zum 15 Ω-Widerstand geschaltet. In Serienschaltungen addieren sich die Einzelwiderstände zum Gesamtwiderstand, in Parallelschaltungen die Kehrwerte der Einzelwiderstände zum Kehrwert des Gesamtwiderstandes (siehe auch Lerntext V.10).
Der Widerstand R_P der Parallelschaltung errechnet sich nach:

$$\frac{1}{R_P} = \frac{1}{30\,\Omega} + \frac{1}{30\,\Omega} = \frac{2}{30\,\Omega} = \frac{1}{15\,\Omega}$$

Ergebnis: $R_P = 15\,\Omega$
Um den Gesamtwiderstand der ganzen Schaltung zu erhalten, addieren wir den Widerstand der Parallelschaltung zum in Serie geschalteten 15 Ω-Widerstand:

$R_{ges} = R_P + 15\,\Omega = 15\,\Omega + 15\,\Omega = 30\,\Omega$
In einer Serienschaltung fließt an allen Stellen stets der gleiche Strom. Anhand des Ohmschen Gesetzes $U = R \cdot I$ können wir nach Umformung die gesuchte Stromstärke errechnen:

$$I = \frac{U}{R_{ges}} = \frac{6\,V}{30\,\Omega} = 0{,}2\,A = \underline{200\,mA}$$

F00 ■■

→ **Frage 5.23: Lösung A**

In jedem Widerstand wird elektrische Energie in Wärme (oder Licht) umgewandelt. Die Leistung (das ist die pro Sekunde umgewandelte Energie) ist gleich dem Produkt aus Spannung und Stromstärke: $P = U \cdot I$
Zunächst betrachten wir die Stromstärke: In einer **Serienschaltung** ist die Stromstärke an jedem Punkt gleich (und gleich der Gesamtstromstärke). Da die beiden 50 Ω-Widerstände **zueinander parallel**, aber **in Serie** zum 100 Ω-Widerstand geschaltet sind, fließt insgesamt der gleiche Strom im Bereich der Parallelschaltung wie im 100 Ω-Widerstand. Da sich in einer **Parallelschaltung** die Stromstärken der einzelnen Leitungen an den Verknüpfungspunkten zur Gesamtstromstärke addieren (siehe Lerntext V.11), teilt sich die Gesamtstromstärke im Bereich der Parallelschaltung mit zwei gleichen Widerständen auf. Die Stromstärke an jedem 50 Ω-Widerstand ist deshalb im Vergleich zum 100 Ω-Widerstand jeweils **halbiert**.
Nun zu den Spannungen: In einer Serienschaltung addieren sich die Spannungsabfälle an den einzelnen Widerständen. Nach dem Ohm'schen Gesetz $U = R \cdot I$ verhalten sich die Spannungsabfälle dabei proportional zum Widerstand.
Der Gesamtwiderstand der Parallelschaltung der beiden 50 Ω-Widerstände beträgt:

$$\frac{1}{\frac{1}{50\,\Omega} + \frac{1}{50\,\Omega}} = \frac{1}{\frac{2}{50\,\Omega}} = \frac{50\,\Omega}{2} = 25\,\Omega$$

(siehe auch Lerntext V.10)
Damit fällt im Bereich der Parallelschaltung im Vergleich zum *in Serie* geschalteten 100 Ω-Widerstand ein Viertel der Spannung ab. Da die Spannung innerhalb einer Parallelschaltung gleich bleibt, liegt diese Spannung an beiden 50 Ω-Widerständen an.
Zusammenfassend steht im Vergleich zum 100 Ω-Widerstand an jedem 50 Ω-Widerstand die **Hälfte der Stromstärke** und ein **Viertel der Spannung** zur Verfügung. Nach $P = U \cdot I$ gilt für die 50 Ω-Widerstände:

$$\frac{1}{4}U_{100\,\Omega} \cdot \frac{1}{2}I_{100\,\Omega} = \frac{1}{8}P_{100\,\Omega}$$

$\frac{1}{8}$ der 10 Watt Leistung des 100 Ω-Widerstandes entsprechen <u>1,25 Watt</u>.

V.11 Die Kirchhoffschen Regeln

Knotenregel:
Im Knotenpunkt einer Schaltung (Verknüpfungspunkt mehrerer stromführender Leitungen) ist die Summe aller zufließenden Ströme I_z gleich der Summe der abfließenden Ströme I_a.
$I_{z1} + I_{z2} + ... = I_{a1} + I_{a2} + ...$ (Gl. 5.9.)
Maschenregel:
In einem geschlossenen Stromkreis ist die Summe aller Spannungsquellen U_q (dabei sind die Vorzeichen zu beachten!) gleich der Summe der Spannungsabfälle U_w (= $R \cdot I$) an den Widerständen.
$U_{q1} + U_{q2} + ... = U_{w1} + U_{w2} + ...$
$= R_1I_1 + R_2I_2 + ...$ (Gl. 5.10.)

F96 F87 ■■

→ **Frage 5.24: Lösung B**

Da keine Verzweigungen vorliegen, muss die Stromstärke im gesamten Stromkreis konstant bleiben.

H98 ■

→ **Frage 5.25: Lösung E**

Bei der abgebildeten Schaltung handelt es sich um eine Parallelschaltung. Nach der Knotenregel (siehe Lerntext V.11) addieren sich in einer solchen Schaltung an den Verknüpfungspunkten im Stromkreis die Einzelstromstärken der jeweils verknüpften Glieder des Stromkreises.
Wir haben vier gleiche Lampen, also fließt durch jede Lampe der gleiche Strom. Bei der vierten Lampe ganz rechts ist die Stromstärke mit 1 Ampere angegeben, also fließen jeweils 1 Ampere durch jede Lampe und damit auch bei (D) und (E).
Bei (C) addieren sich die Stromstärken durch die letzten beiden Lampen (insgesamt 2 Ampere), bei (B) die Stromstärken durch die letzten 3 Lampen (3 Ampere), bei (A) misst man eine Gesamtstromstärke von 4 Ampere.

H00 ■

→ **Frage 5.26: Lösung D**

Bekanntlich ist die **Spannung an parallel geschalteten Widerständen stets gleich**, **wogegen sich** die **Stromstärken durch** die **Einzelwiderstände zur Gesamtstromstärke addieren** (siehe Lerntext V.11). So liegt sowohl an der Lampe als auch am Heizlüfter die Netzspannung, nämlich 230 V, an.
Die elektrische Leistung ist gleich dem Produkt aus Spannung und Stromstärke:
$P = U \cdot I$ (siehe Lerntext V.17)
Nach Umformung $(I = \frac{P}{U})$ kann für beide Widerstände (Lampe und Heizlüfter) aus Leistung und Spannung die Stromstärke errechnet werden:

$$I_{\text{Heizlüfter}} = \frac{1000\,\text{W}}{230\,\text{V}} \approx 4{,}34\,\text{A}$$

Die Stromstärke an der Lampe (100 W) muss dann $\frac{1}{10}$ betragen:

$$I_{\text{Lampe}} = \frac{100\,\text{W}}{230\,\text{V}} \approx 0{,}43\,\text{A}$$

Da sich die beiden Stromstärken zur Gesamtstromstärke addieren (s. o.), lautet das richtige Ergebnis: 4,34 A + 0,43 A ≈ 4,8 A

F03 ■■

→ **Frage 5.27: Lösung D**

In jedem Widerstand wird elektrische Energie in Wärme umgewandelt. Die Leistung (das ist die pro Sekunde umgewandelte Energie) ist gleich dem Produkt aus Spannung und Stromstärke:
$P = U \cdot I$
Multipliziert man beide Seiten der Gleichung mit Sekunde, erhält man aus der elektrischen Leistung die in Wärme umgesetzte elektrische Energie W:
$W = P \cdot s = U \cdot I \cdot s$
In einer Parallelschaltung ist die Spannung U an allen Stellen gleich, die Stromstärken I der einzelnen stromführenden Leitungen addieren sich an den Knotenpunkten zur Gesamtstromstärke (siehe auch Lerntext V.11).
Nach dem Ohm'schen Gesetz gilt: $U = R \cdot I$. Wenn die Spannung in einer Parallelschaltung konstant bleibt, bedeutet das $R \cdot I$ = const. Damit ist $I \sim \frac{1}{R}$.
Betrachtet man nun die elektrische in Wärme umgewandelte Energie (oder auch die Leistung), gilt (wenn U in der Parallelschaltung konstant ist):

$$W \sim P \sim I \sim \frac{1}{R}$$

Die **in Wärme umgesetzte Energie ist in** einer **Parallelschaltung** daher **umgekehrt proportional zu** den **Widerstandswerten**:

$$W_1 \sim \frac{1}{R_1} \text{ und } W_2 \sim \frac{1}{R_2}\text{, zusammengefasst:}$$

$$\frac{W_1}{W_2} \sim \frac{R_2}{R_1} \sim \frac{10\,\Omega}{5\,\Omega} = \underline{2}$$

H10 ■

→ **Frage 5.28: Lösung B**

Zu **(B)**: Hier handelt es sich um eine Reihenschaltung von Widerständen (siehe Lerntext V.10). Der Gesamtwiderstand R ist bekanntlich die Summe der Einzelwiderstände einer solchen Schaltung:

$$R = R_1 + R_2 + ... + R_n$$

Gefragt wird hier allerdings nicht nach dem Widerstand, sondern dem **Leitwert *G***. Als den Leitwert G bezeichnet man den Reziprokwert des Widerstands:

$$G = \frac{1}{R}$$

Seine Einheit ist 1 Ω und trägt den Namen **Siemens**.

Entsprechend ist $R = \frac{1}{G}$

So können wir die Formel $R = R_1 + R_2 + ... + R_n$ umformen in:

$$\frac{1}{G} = \frac{1}{G_1} + \frac{1}{G_2} + ... + \frac{1}{G_n}$$

In diese Formel setzen wir jetzt die einzelnen Leitwerte ein:

$$\frac{1}{G} = \frac{1}{1\,\text{mS}} + \frac{1}{2\,\text{mS}} + \frac{1}{1\,\text{mS}} = \frac{2}{2\,\text{mS}} + \frac{1}{2\,\text{mS}} + \frac{2}{2\,\text{mS}}$$

$$= \frac{5}{2\,\text{mS}}$$

G ist der Reziprokwert davon, nämlich

$$\frac{2\,\text{mS}}{5} = \underline{0{,}4\,\text{mS}}$$

V.12 Spannungsteiler

Legt man an eine Serienschaltung von Widerständen (R_1, R_2 usw.) eine Spannung U an, so ist nach Gleichung 5.10 die Spannung U gleich der Summe der an den Widerständen abfallenden Teilspannungen U_1, U_2 ... Durch alle Widerstände fließt der gleiche Strom ($I = U/R_{ges}$). Man kann daher auf jeden Widerstand das Ohm'sche Gesetz anwenden:

$$I = \frac{U_1}{R_1} = \frac{U_2}{R_2} = \ldots = \frac{U}{R_{ges}}$$

anders geschrieben:

$$\frac{U_1}{U} = \frac{R_1}{R_{ges}} \text{ oder } \frac{U_1}{U_2} = \frac{R_1}{R_2} \qquad \text{(Gl. 5.11.)}$$

Merke!

Merkregeln für Widerstandsschaltungen:

An **parallel** geschalteten Widerständen liegt stets die gleiche Spannung an; der Strom durch die Widerstände verhält sich umgekehrt wie die Werte der Widerstände.

Der Gesamtwiderstand einer Parallelschaltung ist immer kleiner als der kleinste Einzelwiderstand. Sind speziell zwei gleich große Widerstände parallel gelegt, dann ist der Gesamtwiderstand halb so groß wie ein Einzelwiderstand.

Durch **hintereinander** geschaltete Widerstände fließt stets der gleiche Strom. Die Spannungen an den Widerständen verhalten sich wie die Werte der Widerstände.

(Diese Regeln folgen selbstverständlich aus den Kirchhoffschen Regeln und dem Ohmschen Gesetz.)

H97 ■

→ **Frage 5.29: Lösung D**

Die Skizze (2) zeigt eine Kurzschlussschaltung des Widerstandes R. Im Kurzschlussfall fließt immer der maximal mögliche Strom. Das Amperemeter misst also mehr. Der angezeigte Strom fließt hauptsächlich durch den Kupferdraht. Der maximale Strom ist natürlich von der Spannungsquelle mit ihrem inneren Widerstand R_i abhängig. Diese Angabe ist jedoch zur Lösung der Frage nicht relevant. Antwort (D) ist richtig.

Zu **(B):** Bei einer Parallelschaltung fließt durch den kleineren Widerstand (= Kupferdraht) der größere Strom. Falsch!

Zu **(C):** Der Gesamtwiderstand wird kleiner, der Strom durch das Amperemeter also größer. Falsch!

Zu **(A)** und **(E):** Zur Wiederholung: Am Innenwiderstand der Spannungsquelle fällt bereits ein Teil der Spannung ab. Dieser Anteil ist um so größer, je größer der der Quelle entnommene Strom ist.

Da der Strom durch das Zuschalten des Kupferdrahtes sehr stark zunimmt, sinkt die „Klemmenspannung" zwischen X und Y und der Strom durch R ändert sich dadurch auch im gleichen Verhältnis. Beide Aussagen sind falsch.

Die Überlegungen zu (A) und (E) sind zwar etwas schwieriger, wenn man jedoch die richtige Aussage (D) bereits entdeckt hat, kann man sich den Rest sparen. Nicht zu verstehen ist allerdings, warum die Antwort (C) häufiger angekreuzt wurde als die richtige Antwort (D) (40 % zu 34 %). Denn dass durch das Zuschalten des Drahtes der Widerstand des Stromkreises stark abnimmt und daher der Strom zunimmt, ist leicht zu erkennen.

F99 ■■

→ **Frage 5.30: Lösung B**

Bei der abgebildeten Schaltung handelt es sich um einen Spannungsteiler (siehe Lerntext V.12). Legt man an eine Serienschaltung von Widerständen (um eine solche handelt es sich hier) eine Spannung U an, so ist die Spannung U gleich der Summe der an den Widerständen abfallenden Teilspannungen U_1, U_2 ... Durch alle Widerstände fließt der gleiche Strom ($I = U / R_{ges}$). Man kann daher auf jeden Widerstand das Ohm'sche Gesetz anwenden:

$$I = \frac{U_1}{R_1} = \frac{U_2}{R_2} = \ldots = \frac{U}{R_{ges}}$$

anders geschrieben: $\frac{U_1}{U} = \frac{R_1}{R_{ges}}$

Wir erhalten den gesuchten Spannungswert U_x nach Umformung aus der obigen Formel:

$$U_x = U \cdot \frac{R_x}{R_{ges}}$$

Die Berechnung lautet also:

$$U_x = 12\,V \cdot \frac{2\,\Omega}{6\,\Omega} = \underline{4\,V}$$

H01 ■■

→ **Frage 5.31: Lösung B**

Bei der abgebildeten Schaltung handelt es sich um einen Spannungsteiler (siehe Lerntext V.12.). Legt man an eine Serienschaltung von Widerständen eine Spannung U_0 an, so ist die Spannung U_0 gleich der Summe der an den Widerständen abfallenden Teilspannungen U_1 und U_2. Die Einzelwiderstände R_1 und R_2 addieren sich zum Gesamtwiderstand R_{GESAMT}:
$R_{GESAMT} = R_1 + R_2$
Durch alle Widerstände fließt der gleiche Strom

$$I = \frac{U_0}{R_{GESAMT}} = \frac{U_0}{R_1 + R_2}$$

Den Spannungsabfall U_2 am Widerstand R_2 errechnet man nach dem Ohm'schen Gesetz:
$U_2 = R_2 \cdot I$
Eine solche Lösungsmöglichkeit wird jedoch nicht angeboten, weshalb wir I durch $\frac{U_0}{R_1+R_2}$ ersetzen (s. o.).
Wir erhalten:

$$U_2 = R_2 \cdot \frac{U_0}{R_1 + R_2} = U_0 \cdot \frac{R_2}{R_1 + R_2}$$

F02 ■

→ **Frage 5.32: Lösung C**

Der abgebildete Schaltplan besteht aus einer Parallelschaltung von Widerständen (R_1 und R_2), die in Serie zu einem 1 kΩ-Widerstand geschaltet sind. Wir blenden zunächst kurz die Parallelschaltung aus und betrachten die beiden Widerstände R_1 und R_2 als einen Gesamtwiderstand R_X: Es ergibt sich jetzt das Bild eines **Spannungsteilers** (siehe Lerntext V.12) mit zwei Widerständen (R_X und 1 kΩ-Widerstand $R_{1K\Omega}$). Dabei gilt:

$$\frac{U_X}{U_{1k\Omega}} = \frac{R_X}{R_{1k\Omega}}$$

Da laut Aufgabenstellung U_X und $U_{1K\Omega}$ gleich sein sollen (wenn $U_X = ½\, U_K$ ist, muss die andere Hälfte der Spannung als $U_{1K\Omega}$ am 1 kΩ-Widerstand abfallen), gilt nach obiger Formel:
$R_X = R_{1K\Omega} = 1\,k\Omega$ (zur Erinnerung: R_X ist dabei der Gesamtwiderstand R_1 und R_2)
Gesucht sind jetzt zwei Einzelwiderstände R_1 und R_2, die parallel geschaltet einen Gesamtwiderstand R_X von 1 kΩ ergeben. Der Widerstand von zwei gleichen parallel geschalteten Widerständen ist genau halb so groß wie ein Einzelwiderstand; damit ist (C) die gesuchte Lösung.
Überprüfung mit der Gleichung für Widerstandswerte bei Parallelschaltungen:

$$\frac{1}{R_X} = \frac{1}{R_1} + \frac{1}{R_2} = \frac{1}{2} + \frac{1}{2} = \frac{2}{2} = 1$$

Damit ist $R_X = 1\,k\Omega$, Lösung (C) also tatsächlich richtig.

F95 ■■

→ **Frage 5.33: Lösung C**

Zur Wiederholung (siehe Lerntext I.9):
Definitionsgemäß ist das **Potenzial** eines Punktes einer Schaltung, der leitend mit der Erde verbunden („geerdet") ist, gleich 0 Volt. Jeder andere Punkt liegt demgegenüber auf einem positiven oder negativen Potenzial.
Die Spannung zwischen 2 Punkten ist die **Potenzialdifferenz** zwischen diesen Punkten. Das Potenzial eines Punktes ist also gleich der Spannung dieses Punktes gegen Erde. In unserer Schaltung fließt ein Strom von $I = U/R = 10\,V/10\,\Omega = 1\,A$, d. h. pro 1 Ω Widerstand erhalten wir einen Spannungsabfall von 1 Volt.
Zu **(C)**: Die einzelnen Punkte der Schaltung besitzen daher die folgenden Potenziale:
$\varphi_E = 0\,V$ (dieser Punkt ist geerdet)
$\varphi_C = \underline{+\,6\,V}$ (dies ist auch das Potenzial des positiven Pols der Spannungsquelle). Falsche Aussage!
$\varphi_A = \underline{-\,4\,V}$ (Potenzial des negativen Pols)
$\varphi_B = \underline{-\,3\,V}$
Als gefragte Spannungen (Potenzialdifferenzen) erhalten wir:
$U_{AB} = \varphi_B - \varphi_A = -3\,V - (-\,4\,V) = -3\,V + 4\,V = \underline{1\,V}$
$U_{BC} = \varphi_C - \varphi_B = 6\,V - (-3\,V) = 6\,V + 3\,V = \underline{9\,V}$
Die Potenzialdifferenz zwischen den Punkten A und C ergibt erwartungsgemäß die Spannung der Quelle:
$U_{AC} = \varphi_C - \varphi_A = 6\,V - (-\,4\,V) = 6\,V + 4\,V = 10\,V$

H95 ■■

→ **Frage 5.34: Lösung E**

Siehe Kommentar zu Frage 5.33.
Zu **(E)**: Die einzelnen Punkte der Schaltung besitzen daher die folgenden Potenziale:
Zu **(A):** $\varphi_E = 0\,V$ (dieser Punkt ist geerdet)
Zwischen Punkt A und Erde (Punkt E) liegt ein Gesamtwiderstand von 9 Ω. Diesem entspricht eine Potenzialdifferenz von 9 Volt. Da Punkt A vom Erdungspunkt in Richtung zum negativen Pol der Spannungsquelle liegt, besitzt er damit ein Potenzial von
$\varphi_A = -9\,V$ (Potenzial des negativen Pols)
Zu **(B)** und **(C):** Die gleiche Überlegung führt für den Punkt B zu einem Potenzial von $\varphi_B = -3\,V$ und für den Punkt C (er liegt in Richtung zum positiven Pol der Spannungsquelle) zu $\varphi_C = +\,1\,V$.
Zu **(D)** und **(E):** Als gefragte Spannungen (Potenzialdifferenzen) erhalten wir:
$U_{AB} = \varphi_B - \varphi_A = -3\,V - (-\,9\,V) = 6\,V$
$U_{BC} = \varphi_C - \varphi_B = 1\,V - (-\,3\,V) = 4\,V$ (Falsche Aussage!)

Die (nicht gefragte) Potenzialdifferenz zwischen den Punkten A und C ergibt erwartungsgemäß die Spannung der Quelle:
$U_{AC} = \varphi_C - \varphi_A = 1\,V - (-9\,V) = 10\,V$

H03 ■■

→ **Frage 5.35: Lösung B**

In Serie geschaltete Widerstände bezeichnet man auch als „Spannungsteiler" (siehe Lerntext V.12). Die an den Widerständen abfallenden Teilspannungen addieren sich zur Gesamtspannung U; durch alle Widerstände fließt der gleiche Strom I. Man kann daher auf jeden Widerstand das Ohm'sche Gesetz anwenden:

$$I = \frac{U_1}{R_1} = \frac{U_2}{R_2} = \frac{U}{R_{ges}}$$

anders geschrieben:

$$\frac{U_1}{U} = \frac{R}{R_{ges}} \text{ oder } \frac{U_1}{U_2} = \frac{R_1}{R_2}$$

Damit ist das Verhältnis der Spannungsabfälle in unserer Aufgabe:

$$\frac{U_1}{U_2} = \frac{R_1}{R_2} = \frac{5\,\Omega}{10\,\Omega} = \frac{1}{2}$$

Die in Wärme umgesetzte elektrische Energie ist wiederum proportional zur elektrischen Leistung (Leistung = Energie/Zeit). Die elektrische Leistung P ist definiert als das Produkt aus Spannung und Stromstärke:
$P = U \cdot I$
Da wie oben beschrieben die Stromstärke I in einer Serienschaltung an allen Widerständen gleich ist, gilt:
Energie $W \sim$ Leistung $P \sim$ Spannung U ($\sim$ bedeutet „ist proportional zu")
Das Verhältnis der in Wärme umgesetzten elektrischen Energien W_1/W_2 ist damit genau wie das Verhältnis der Spannungsabfälle: $W_1/W_2 = U_1/U_2 = \underline{1/2}$

H99 ■■

→ **Frage 5.36: Lösung C**

Einen Widerstand, der einen verschiebbaren Abgriff hat, bezeichnet man als Potenziometer.
Dieses Potenziometer kann man als Spannungsteiler aus 2 in Serie geschalteten Widerständen betrachten (siehe Lerntext V.12). Legt man an eine solche Schaltung eine Spannung U_0 an, so ist die Spannung U_0 gleich der Summe der an den Widerständen abfallenden Teilspannungen U_1 und U_2.
Durch die beiden gedachten Widerstände fließt der gleiche Strom:

$$\left(I = \frac{U_0}{R_{ges}}\right)$$

Man kann daher auf jeden der beiden gedachten Widerstände das Ohm'sche Gesetz anwenden:

$$I = \frac{U_1}{R_1} = \frac{U_2}{R_2} = \frac{U_0}{R_{ges}}$$

anders geschrieben:

$$\frac{U_2}{U_0} = \frac{R_2}{R_{ges}}$$

Wir erhalten den gesuchten Spannungswert U_0 nach Umformung aus der obigen Formel:

$$U_0 = U_2 \cdot \frac{U_{ges}}{R_2}$$

Die Berechnung lautet also:

$$U_0 = 1{,}2\,V \cdot \frac{(600\,\Omega + 150\,\Omega)}{150\,\Omega} = 1{,}2\,V \cdot \frac{750\,\Omega}{150\,\Omega} = 1{,}2\,V \cdot 5 = \underline{6\,V}$$

V.13 Temperaturabhängigkeit des elektrischen Widerstandes

Der elektrische Widerstand eines metallischen Leiters nimmt mit wachsender Temperatur zu. Zwischen diesen beiden Größen besteht ein linearer Zusammenhang:
$R(t) = R_0\,(1 + \alpha t)$ (Gl. 5.12.)
Dabei bedeuten:
R_0 = Widerstand bei 0°C
α = Temperaturkoeffizient des Widerstandes
t = Temperatur in °C
Die mikroskopische Deutung dieser Tatsache geht von der Vorstellung aus, dass die ungeordnete thermische Schwingungsbewegung der Gitterbausteine des Metalls bei steigender Temperatur zunimmt. Somit wird die Bewegung der Ladungsträger (d. h. der Elektronen) immer stärker behindert und ihre Beweglichkeit sinkt. Dies ist gleichbedeutend mit einer Zunahme des Widerstandes.

Klinischer Bezug
Die Temperaturabhängigkeit des elektrischen Widerstandes kann natürlich für die Herstellung elektronischer Thermometer gut genutzt werden.

F96 ■

→ **Frage 5.37: Lösung B**

Der elektrische Widerstand eines Metalls nimmt mit steigender Temperatur zu. Zwischen diesen beiden Größen besteht ein linearer Zusammenhang:
$R(t) = R_0\,(1 + \alpha t)$
Im $R(t)$-Diagramm entspricht dieser Beziehung eine ansteigende Gerade, die mit einem positiven R-Wert bei $t = 0$ (t = Celsiustemperatur) beginnt. Kurve (B) zeigt diesen Verlauf.
Nur 30 % der Antworten waren richtig. Fast ebenso viele Antworten entfielen auf Kurve (E), die einen

fallenden Verlauf (d. h. abnehmenden Widerstand mit steigender Temperatur) zeigt. Bereits bei einer früheren Prüfungsfrage zu diesem Sachverhalt konnte die gleiche Feststellung gemacht werden. Daher besonders einprägen: **Der elektrische Widerstand von Metallen nimmt mit steigender Temperatur linear zu!**

5.5 Elektrischer Stromkreis

V.14 Der Innenwiderstand von Spannungsquellen

Jede Spannungsquelle besitzt selbst einen ohmschen Widerstand R_i, den sog. Innenwiderstand, der zum Gesamtwiderstand des Stromkreises beiträgt. Dies hat zur Folge, dass die an den Klemmen der Spannungsquelle zur Verfügung stehende Spannung U_K (Klemmenspannung) abnimmt, wenn durch den Kreis ein Strom fließt.
Wird die Spannungsquelle mit einem Widerstand R (dem Verbraucher) belastet (Abb. 5.3), so sinkt die Klemmenspannung um so mehr, je größer der Innenwiderstand ist und je höher die entnommene Stromstärke I ist:

$U_K = U_0 - I \cdot R_i$ (Gl. 5.13.)

U_0 ist die Leerlaufspannung ($I = 0$). Das heißt:
a) Nur für $I = 0$ (keine Stromentnahme) ist die Klemmenspannung gleich der „Leerlaufspannung" U_0.
b) Mit wachsendem Strom nimmt die Klemmenspannung ab, bis sie für $I_K = U_0/R_i$ zu 0 wird („Kurzschlussstrom").
Trägt man U_K gegen I in ein Diagramm ein, dann ergibt dies eine fallende Gerade mit dem Achsenabschnitt U_0 und der Steigung R_i (Abb. 5.4).

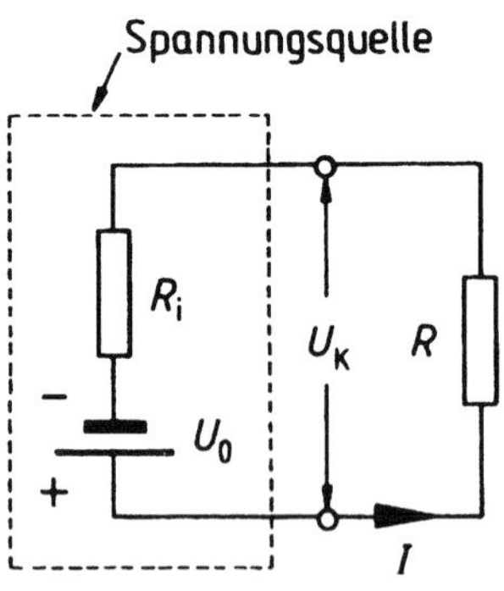

Abb. 5.3 „Ersatzschaltbild" für eine Spannungsquelle: Eine Spannungsquelle, die unabhängig vom entnommenen Strom konstant ist, und ein in Reihe dazu geschalteter Widerstand R_i, der Innenwiderstand der Quelle.

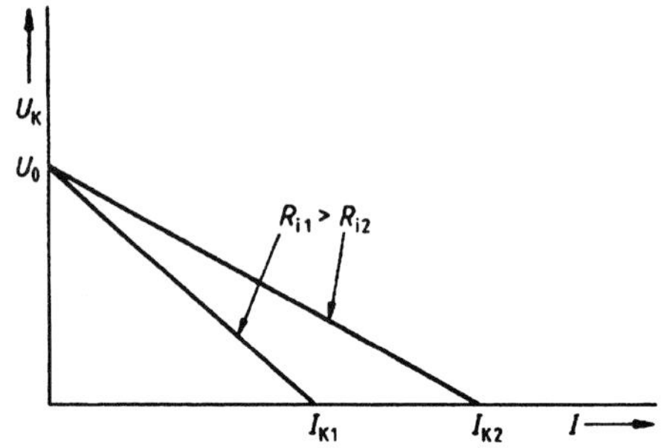

Abb. 5.4 Je größer der Innenwiderstand der Spannungsquelle ist, um so stärker fällt die an den Klemmen zur Verfügung stehende Spannung U_K bei Stromentnahme ab.

F84 ■

→ **Frage 5.38: Lösung D**

Siehe Lerntext V.14.

F01 ■

→ **Frage 5.39: Lösung D**

Jede Spannungsquelle besitzt selbst einen Ohmschen Widerstand $R_{i,0}$, den sog. Innenwiderstand, der zum Gesamtwiderstand des Stromkreises beiträgt. Dies hat zur Folge, dass die an den Klemmen einer Spannungsquelle zur Verfügung stehende Spannung U_k (Klemmenspannung) abnimmt, wenn durch den Kreis Strom fließt. Wird die Spannungsquelle mit einem Widerstand R (hier das Voltmeter mit einem Innenwiderstand $R_{i,v}$ von 1 MΩ) belastet, so sinkt die Klemmenspannung um so mehr, je größer der Innenwiderstand der Spannungsquelle und je höher die entnommene Stromstärke I ist:

$U_k = U_0 - I \cdot R_{i,0}$

Am Voltmeter liegt die **Klemmenspannung U_k** an und ist somit als Anzeige zu erwarten.
Nach $I = \frac{U}{R}$ lässt sich aus Gesamtwiderstand und Leerlaufspannung die entnommene Stromstärke errechnen und in die obige Formel einsetzen:
(Der Gesamtwiderstand des Stromkreises beträgt: $R_{Gesamt} = R_{i,0} + R_{i,v} = 0{,}1\,M\Omega + 1\,M\Omega = 1{,}1\,M\Omega$)

$$U_k = U_0 - I \cdot R_{i,0} = U_0 - \left(\frac{U_0}{R_{Gesamt}}\right) \cdot R_{i,0}$$
$$= 110\,mV - \frac{110\,mV}{1{,}1\,M\Omega} \cdot 0{,}1\,M\Omega = 110\,mV - 10\,mV$$
$$= \underline{100\,mV}$$

F97 H93 ■

→ **Frage 5.40: Lösung D**

Eine Spannungsquelle mit dem Innenwiderstand $R_i = 0$ liefert eine konstante Spannung U_0 unabhängig

vom entnommenen Strom, da in der Spannungsquelle selbst keine Spannungsverluste entstehen ((A) und (B) sind falsch!).
Durch den zusätzlichen, in Reihe geschalteten Widerstand wird der Gesamtwiderstand verdoppelt ($R_{gesamt} = R + R = 2\ R$), der Strom nimmt damit auf die Hälfte ab.
Die Joulesche Wärmeentwicklung (= verbrauchte Leistung P) errechnet sich aus dem Produkt: Spannung mal Stromstärke ($P = U \cdot I$). Bei konstant bleibender Spannung U_0 vermindert sich damit auch diese Größe auf die Hälfte (Antwort (D)).
Offensichtlich werden diese Zusammenhänge oft nicht richtig gesehen (nur 10% richtige Antworten, alle übrigen Antworten wurden öfter gewählt!).

V.15 Reihen- und Parallelschaltungen von Spannungsquellen

Nur bei **hintereinander** (in Reihe) geschalteten Spannungsquellen addieren sich die Spannungen. Bei **parallel** geschalteten Spannungsquellen erhöht sich die Spannung nicht. Eine solche Anordnung besitzt jedoch einen kleineren Innenwiderstand als einzige Spannungsquelle und kann daher mit höheren Strömen belastet werden.

F86 ■■

→ **Frage 5.41: Lösung C**

Siehe Lerntext V.15.
Wenn nach der Spannung gefragt ist, dann verhält sich die gezeichnete Anordnung wie 2 hintereinandergeschaltete Akkumulatoren: Die Gesamtspannung U_x beträgt somit 4 Volt.

V.16 Strom- und Spannungsmessung

Um die Stromstärke zu messen, die in einem Stromkreis fließt, muss das Messgerät (Amperemeter) in den Stromkreis eingeschaltet werden (Abb. 5.5). Strommesser sollten einen sehr **kleinen Innenwiderstand** besitzen, damit sich der Gesamtwiderstand des Stromkreises nicht stark erhöht. Dadurch würde sich die Stromstärke, die ja bestimmt werden soll, verringern.
Spannungsmessung bedeutet die Messung der Potenzialdifferenz zwischen 2 Punkten, z.B. zwischen den Enden eines Widerstandes (A und B in Abb. 5.6). Das Messgerät (Voltmeter) muss daher mit diesen beiden Punkten verbunden werden. Leider fließt dabei durch das Messgerät auch ein geringer Strom, sodass die eigentlich zu messende Spannung gegebenenfalls sinkt. Je größer der Innenwiderstand des Voltmeters, desto kleiner die Verfälschung.

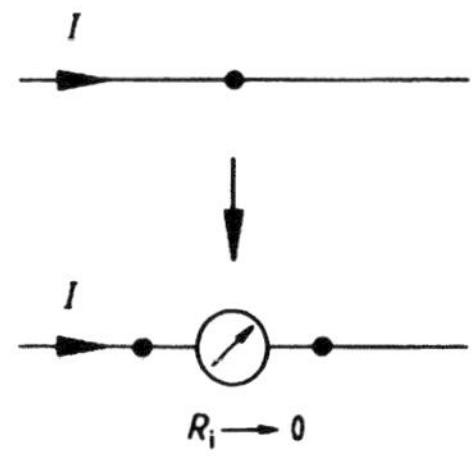

Abb. 5.**5** Strommesser müssen in den Stromkreis eingeschaltet werden.

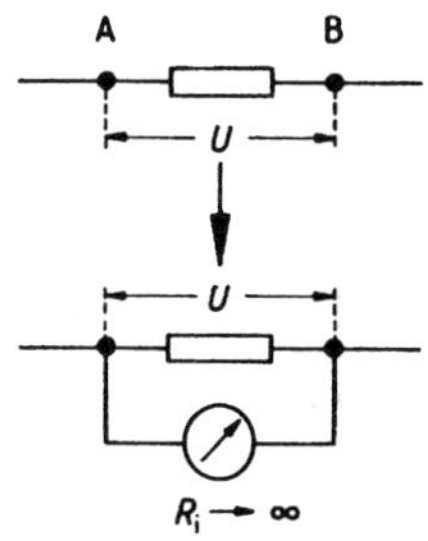

Abb. 5.**6** Spannungsmesser müssen mit den beiden Punkten verbunden werden, zwischen denen die Spannung gemessen werden soll.

F00 F94 H86 ■■

→ **Frage 5.42: Lösung C**

Um die **Stromstärke** zu **messen**, die in einem Stromkreis fließt, muss das **Messgerät** (Amperemeter) **in** den **Stromkreis** (d.h. **in Serie**) eingeschaltet werden. Strommesser sollten einen sehr **kleinen Innenwiderstand** besitzen, damit sich der Gesamtwiderstand des Stromkreises nicht stark erhöht. Dadurch würde sich die Stromstärke, die ja bestimmt werden soll, verringern.

H87 H84 ■■

→ **Frage 5.43: Lösung E**

Zu Strom- und Spannungsmessung siehe Lerntext V.16. Der eigentliche Stromkreis besteht aus Spannungsquelle U und Widerstand R. Strommesser müssen prinzipiell direkt in den Stromkreis geschaltet werden, sodass sie vom gesamten zu messenden Strom durchflossen werden. Um den Spannungsabfall über einem Widerstand zu messen, muss ein Voltmeter parallel zu diesem Widerstand geschaltet werden, d.h. die beiden Messschnüre müssen mit den beiden Enden des Widerstandes verbunden werden.
Nur (B) und (E) zeigen diese Art der Verschaltung. Tatsächlich wurden diese beiden Möglichkeiten von den Prüflingen auch etwa gleich häufig als Lösung

angegeben ((B) mit 38 %, (E) mit 43 %). Es ist daher sehr wichtig, den Unterschied klar zu erkennen. Während in (B) wegen des endlichen Innenwiderstandes von V (R_i etwa gleich R) ein zu großer Strom gemessen wird (A misst den Strom durch R und V), werden die Messwerte in (E) nicht verfälscht. Da der Innenwiderstand von A vernachlässigt werden kann, fällt über dieses Gerät auch keine Spannung ab. Das Voltmeter zeigt allein die Spannung über R.

V.17 Die elektrische Leistung

Siehe auch Lerntext I.9, vgl. Gl. 1.22.
In jedem Widerstand wird elektrische Energie in Wärme (oder Licht) umgewandelt. Die Leistung (das ist die pro Sekunde umgewandelte Energie) ist gleich dem Produkt aus Spannung und Stromstärke:
$P = U \cdot I$; $[P] = V \cdot A$ = Watt = W (Gl. 5.14.)
Bei einem Widerstand hängen Strom und Spannung über das Ohm'sche Gesetz zusammen: $R = U/I$. Man kann die Leistung daher auch durch den Widerstand ausdrücken:

$$P = I^2 \cdot R \text{ oder } P = \frac{U^2}{R} \quad \text{(Gl. 5.15.)}$$

H01 F92 ■

→ **Frage 5.44: Lösung E**

In jedem Widerstand wird elektrische Energie in Wärme (oder Licht) umgewandelt. Die **Leistung** *P* (das ist die pro Sekunde umgewandelte Energie) ist gleich dem **Produkt** aus Spannung und Stromstärke:
$P = U \cdot I$
Die Einheit der elektrischen Leistung nennt man Watt (W).
Zu **(A)**: Nicht verwechselt werden darf die Leistung mit dem **elektrischen Widerstand** *R*, definiert als **Quotient** aus Spannung und Stromstärke:

$$R = \frac{U}{I}$$

F89 ■

→ **Frage 5.45: Lösung A**

Da der Widerstand des Tauchsieders eine konstante Größe ist (d. h. er hängt nicht von der angelegten Spannung ab), gilt zwischen der Leistung *P* und dem Quadrat der angelegten Spannung eine Proportionalität (Gl. 5.15):
$P \propto U^2$
Wird also die Spannung auf die Hälfte reduziert $\left(U_2 = \frac{U_1}{2}\right)$, geht die Leistung des Gerätes auf

$$P_2 = \left(\frac{1}{2}\right)^2 P_1 = \frac{1}{4} P_1 = \underline{125\,W} \text{ zurück.}$$

69 % der Kandidaten haben die Antwort (B) angekreuzt; nur 19 % die richtige Antwort (A)! Daher die Lösung noch einmal in Worten: Wenn die Spannung auf die Hälfte vermindert wird, dann geht auch die Stromstärke auf die Hälfte zurück. Die Leistung, das ist das Produkt aus Strom und Spannung, beträgt also nur noch 1/4 (= 25 %) des Anfangswertes.

F07 ■

→ **Frage 5.46: Lösung B**

Die elektrische Leistung *W* ist definiert als Produkt aus Spannung *U* und Stromstärke *I*:
$P = U \cdot I$
Eine Notfallstation mit einer Leistungsaufnahme von 2 kW hat bei 100 V Betriebsspannung damit eine Stromstärke von:

$$I = \frac{P}{U} = \frac{2\,kW}{100\,V} = \frac{2000\,W}{100\,V} = 20\,A$$

Die „Kapazität" der Bleiakkumulatoren gestattet eine Versorgung, bis sie auf 10 % abgesunken ist. Wir haben also 220 Ah – 10 % = 198 Ah ≈ 200 Ah „Kapazität" zur Verfügung. Bilden wir den Quotienten „Kapazität" durch Stromstärke, erhalten wir die Zeit, die die Station betrieben werden kann:

$$\frac{200\,Ah}{20\,A} = \underline{10\,h}$$

H90 H82 ■■

→ **Frage 5.47: Lösung D**

Da nach Gleichung 5.15 *P* proportional zu *U* im Quadrat ist ($P \sim U^2$), steigt die Leistung um den Faktor 4, wenn die Spannung verdoppelt wird. Die Stromstärke *I* erhöht sich dabei jedoch nur um den Faktor 2 ($I \sim U$).

H07 ■

→ **Frage 5.48: Lösung C**

Zwischen Energie und Leistung besteht bekanntlich der Zusammenhang:
Energie = Leistung · Zeit
Die elektrische Leistung *P* wiederum ist definiert als Produkt aus Spannung *U* und Stromstärke *I*:
$P = U \cdot I$
Die bei beschriebenem Elektrounfall umgesetzte Energie *W* würde sich damit nach $W = U \cdot I \cdot t$ errechnen.
Die Stromstärke *I* und die Zeit *t* sind gegeben, aber leider nicht die Spannung *U*. Sie muss aus der dritten angegebenen Größe, dem Leitwert, ermittelt werden.

Der Leitwert G ist der Reziprokwert des Widerstands R, der sich wiederum bekanntlich nach der Formel $R=U/I$ errechnet. Daraus ergibt sich:

$$G = \frac{1}{R} = \frac{I}{U}$$

Aufgelöst nach der fehlenden Spannung U zeigt die Umformung: $U = \frac{I}{G}$

Nun setzen wir in die obere Energieformel ein:

$$W = U \cdot I \cdot t = \frac{I}{G} \cdot I \cdot t = \frac{I^2 \cdot t}{G} = \frac{(30\,A)^2 \cdot 0{,}2\,s}{2\,mS}$$
$$= \frac{900\,A^2 \cdot 0{,}2\,s}{2 \cdot 10^{-3}\,S} = \frac{450\,A^2 \cdot 0{,}2\,s}{1 \cdot 10^{-3}\,S} = \frac{90\,A^2 s}{10^{-3}\,S}$$
$$= 90 \cdot 10^3 \frac{A^2 s}{S} = \underline{90\,kJ}$$

Siehe auch Lerntext I.9.

F98 F88 H85 F83 ■■

→ **Frage 5.49: Lösung E**

Die 4 Lampen stellen eine Hintereinanderschaltung von 4 identischen Widerständen dar. An allen liegt die gleiche Spannung ($^1/_4$ der Gesamtspannung) an und alle werden vom gleichen Strom durchflossen. Daher ist auch ihre Leistung und damit ihre Helligkeit gleich.

F99 ■

→ **Frage 5.50: Lösung B**

In jedem Widerstand wird elektrische Energie in Wärme (oder Licht) umgewandelt. Die Leistung (das ist die pro Sekunde umgewandelte Energie) ist gleich dem Produkt aus Spannung und Stromstärke: $P = U \cdot I$ (vgl. Gl. 5.14)
Zunächst betrachten wir den Aufbau der Schaltung: Die beiden 25 Ω-Widerstände sind zueinander **in Serie** und **parallel** zum 100 Ω-Widerstand geschaltet. In einer **Parallelschaltung** addieren sich die Stromstärken der einzelnen Leistungen an den Verknüpfungspunkten zur Gesamtstromstärke (siehe Lerntext V.11), die Spannung bleibt konstant. Nach dem Ohmschen Gesetz $U = R \cdot I$ verhalten sich bei konstanter Spannung Widerstand und Stromstärke antiproportional zueinander ($R \cdot I$ = const.). Durch die obere Leitung mit den beiden 25 Ω-Widerständen (Gesamtwiderstand der Leitung = 50 Ω) fließt also doppelt so viel Strom wie durch die untere Leitung mit dem 100 Ω-Widerstand. Da in einer **Serienschaltung** (obere Leitung) die Stromstärke konstant bleibt, sich die Spannungsabfälle an den Widerständen aber addieren, fällt an jedem der beiden 25 Ω-Widerstände $U/2$ ab.
Wenn am 100 Ω-Widerstand die Spannung U abfällt und die Stromstärke I fließt, gilt für jeden 25 Ω-Widerstand: Es fällt die Spannung $U/2$ ab und fließt die Stromstärke 2 I. Das Produkt aus Spannung und Stromstärke (und damit die elektrische Leistung) ist am 100 Ω-Widerstand und an jedem der 25 Ω-Widerstände gleich.

H07 ■

→ **Frage 5.51: Lösung B**

Die beiden Kontakte des Ersatzschaltbildes werden mit einer **Gleichstromquelle** bei durch einen Regler **konstant gehaltener Stromstärke** betrieben – was bedeutet, dass sich der Kondensator C_m zu Beginn des Stromflusses auflädt, danach aber **kein** Strom mehr über den Kondensator fließt.
Damit reduziert sich das Schaltbild nach dem Laden des Kondensators auf:

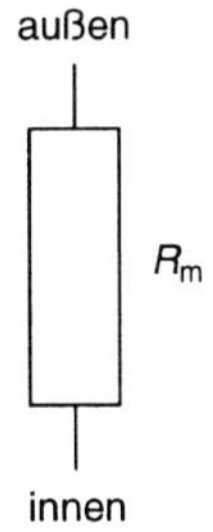

Abb. 5.7

Der Elektrotonus (die Änderung des Membranpotenzials der Zelle) entspricht der **Spannung**, die an dieser Schaltung abfällt. Damit gilt schlicht und einfach das Ohm'sche Gesetz:
$U = R_m \cdot I_{const}$
Lösung (B) ist korrekt.

H08 ■■

→ **Frage 5.52: Lösung D**

Die Lösung dieser Aufgabe ist sehr viel einfacher, als es zunächst erscheint: In einem **Gleichstrom-Kreis** verhält sich ein Kondensator so, als ob der Stromkreis an dieser Stelle getrennt wäre.
Damit verändert sich das Schaltbild von

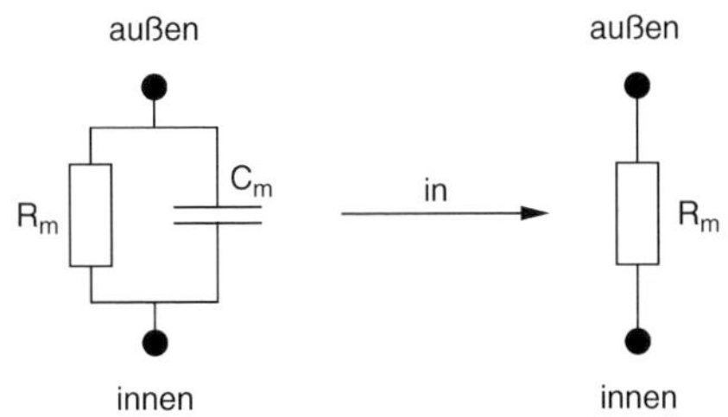

Abb. 5.8

Der Elektrotonus (die **Spannung U**) lässt sich nach dem **Ohm'schen Gesetz** errechnen (siehe auch Lerntext I.9).
$U = R \cdot I = 6\,M\Omega \cdot 2\,nA = 6 \cdot 10^6\,\Omega \cdot 2 \cdot 10^{-9}\,A$
$= 12 \cdot 10^{-3}\,V = \underline{12\,mV}$

5.6 Elektrische Kapazität

V.18 Kondensator und Kapazität

Ein Kondensator besteht aus zwei gegeneinander isolierten Leiterplatten. Er dient zur Speicherung elektrischer Ladung.
Schließt man einen Kondensator an eine Spannungsquelle *U* an, dann fließt eine bestimmte Ladungsmenge *Q* auf die Platten. Das Verhältnis: Ladungsmenge *Q* durch Spannung *U* definiert man als die Kapazität (Fassungsvermögen) des Kondensators:
$C = Q/U$; $[C]$ = Farad = F (Gl. 5.16.)

Klinischer Bezug

Auch heute noch versterben 30 % aller Menschen, die einen akuten Herzinfarkt erleiden, vor Erreichen des Krankenhauses. Ursache ist fast immer ein durch den Infarkt ausgelöstes Kammerflimmern, eine kreisende schnelle Erregung im Ventrikel. Das Herz kann nicht mehr koordiniert pumpen, der Kreislauf bricht zusammen. Um das Leben des Patienten zu retten, muss das Kammerflimmern mittels eines starken gerichteten Stromstoßes durch das Herz durchbrochen werden. Dazu verwendet man einen sog. Defibrillator, der nichts anderes als ein großer Kondensator ist: Man lädt ihn auf, danach setzt man die Kontakte („Paddles") auf den Thorax des Patienten auf und löst den kurzen, aber sehr starken Stromstoß aus.

H98 ■

→ **Frage 5.53: Lösung A**

Zwischen den beiden Platten des Kondensators entsteht ein homogenes elektrisches Feld. Wenn eine Ladung (Elektronen sind negativ geladen) in ein solches Feld gebracht wird, erfährt sie eine Kraft, die von der Stärke des elektrischen Feldes und ihrem eigenen Ladungsbetrag abhängt. Die genaue Definition lautet (vgl. Gl. 1.19):
$F = E \cdot Q$ (F = Kraft auf die positive Ladung, E = elektrische Feldstärke, Q = Ladung)
Positive Ladungen erfahren eine Kraft in Richtung der Feldlinien (welche definitionsgemäß immer von der positiven zur negativen Ladung verlaufen, also hier von der positiv zur negativ geladenen Kondensatorplatte), negative Ladungen erfahren eine Kraft entgegen der Richtung der Feldlinien. Die negativ geladenen Elektronen des Strahls erfahren also eine Kraft und dadurch eine Ablenkung in Richtung der positiv geladenen Platte.

F98 ■

→ **Frage 5.54: Lösung E**

Wenn nicht bekannt ist, dass sich bei Hintereinanderschaltung von Kondensatoren die Reziprokwerte der Einzelkapazitäten zum Reziprokwert der Gesamtkapazität addieren, dann muss von der Definition der Kapazität eines Kondensators ausgegangen werden.

$$\text{Kapazität} = \frac{\text{Ladung auf den Platten}}{\text{Spannung an den Platten}} = \frac{Q}{U}$$

Durch Anlegen einer Spannung U an die gezeichnete Schaltung werden beide Kondensatoren aufgeladen. Dabei fließt auf die beiden Kondensatoren unabhängig von ihrer Kapazität jeweils die gleiche Ladungsmenge Q. Dies erkennt man sofort aus der Tatsache, dass das Mittelstück der Schaltung (die rechte Platte des linken Kondensators, die Verbindung und die linke Platte des rechten Kondensators) völlig isoliert ist und deshalb elektrisch neutral bleiben muss. Das bedeutet, dass auf den beiden genannten Platten die gleiche Ladung mit entgegengesetztem Vorzeichen sitzen muss, d. h. die beiden Kondensatoren tragen die gleiche Ladung.
Entsprechend ihrer Kapazität wird daher die Gesamtspannung U aufgeteilt in Spannung $U_1 = Q/C_1$ an Kondensator C_1 und in Spannung $U_2 = Q/C_2$ an Kondensator C_2, wobei natürlich gelten muss:
$U = U_1 + U_2$
Soll diese Ladung Q bei der Spannung U auf **einem** Kondensator gespeichert sein, dann muss dieser die folgende Kapazität besitzen:

$$C = \frac{Q}{U} = \frac{Q}{U_1 + U_2}$$

Wir erhalten nun das bereits erwähnte Ergebnis, wenn auf beiden Seiten der Kehrwert genommen wird:

$$\frac{1}{C} = \frac{U_1}{Q} + \frac{U_2}{Q} = \frac{1}{C_1} + \frac{1}{C_2} = \left(\frac{C_1 + C_2}{C_1 \cdot C_2}\right)$$

Bringt man diese Summe noch auf den gemeinsamen Nenner, dann erhält man die unter (E) angegebene Lösung.

H04 F01 ■

→ **Frage 5.55: Lösung A**

Ein Kondensator besteht aus 2 gegeneinander isolierten Leiterplatten. Er dient zur Speicherung elektrischer Ladung.
Schließt man einen Kondensator an eine Spannungsquelle *U* an, dann fließt eine bestimmte Ladungsmenge *Q* auf die Platten. Das Verhältnis Ladungsmenge *Q* durch Spannung *U* definiert man als Kapazität *C* (Fassungsvermögen) des Kondensators:

$C = \frac{Q}{U}$ (Einheit der Kapazität C ist Farad, abgekürzt F)

Die Kapazität des gesuchten Kondensators ist:

$$C = \frac{Q}{U} = \frac{0{,}4\,\text{mC}}{200\,\text{V}} = \frac{0{,}4 \cdot 10^{-3}\,\text{C}}{2 \cdot 10^{2}\,\text{V}} = \frac{4 \cdot 10^{-4}\,\text{C}}{2 \cdot 10^{2}\,\text{V}}$$
$$= 2 \cdot 10^{-6}\,\text{F} = \underline{2\,\mu\text{F}}$$

H03 ■■

→ **Frage 5.56: Lösung B**

Schließt man einen Kondensator an eine Spannungsquelle U an, dann fließt eine bestimmte Ladungsmenge Q auf die Platten. Das Verhältnis Ladungsmenge Q durch Spannung U definiert man als die Kapazität (Fassungsvermögen) des Kondensators:

$C = \frac{Q}{U}$ (siehe auch Lerntext V.18)

Wenn die Spannung U an den Kondensatorplatten erhöht wird, steigt die Ladung Q proportional zur Spannung ($Q/U = C$ = konstant). Wenn man die obere Formel nach der Ladung Q auflöst, erhält man:
$Q = C \cdot U = 3{,}0 \cdot 10^{-12}\,\text{F} \cdot 20\,\text{mV}$
$= 3{,}0 \cdot 10^{-12}\,\text{F} \cdot 20 \cdot 10^{-3}\,\text{V} = \underline{6{,}0 \cdot 10^{-14}\,\text{Coulomb}}$

F06 ■

→ **Frage 5.57: Lösung C**

Siehe Kommentar zu Frage 5.59.
Zu **(C)**: Zunächst rechnen wir die transportierte Ladungsmenge Q aus. Dazu formen wir um und setzen ein:
$Q = C \cdot U = 2 \cdot 10^{-12}\,\text{F} \cdot 0{,}08\,\text{V}$
$= 2 \cdot 10^{-12}\,\text{F} \cdot 0{,}8 \cdot 10^{-1}\,\text{V} = 1{,}6 \cdot 10^{-13}$ Coulomb
Ein K^+-Ion trägt jeweils eine Elementarladung, hat also eine Ladung von genau $1{,}6 \cdot 10^{-19}$ Coulomb. Um eine Ladung von $1{,}6 \cdot 10^{-13}$ Coulomb zu erzeugen, mussten:

$$n = \frac{1{,}6 \cdot 10^{-13}\,\text{Coulomb}}{\text{Ladung}(K^+)} = \frac{1{,}6 \cdot 10^{-13}\,\text{Coulomb}}{1{,}6 \cdot 10^{-19}\,\text{Coulomb}} = \underline{10^{6}}$$

K^+-Ionen auf die andere Seite der Membran transportiert werden.

H09 ■■

→ **Frage 5.58: Lösung A**

Zu **(A)**: Ein **Plattenkondensatorbesteht auszwei gleich großen Leiterplatten** (Plattenfläche A), die sich im Abstand d parallel gegenüberstehen (siehe Lerntext V.18). In dieser Aufgabe entspricht die Fläche der Zellmembran den Plattenflächen eines Kondensators. Sie wird für die Lösung der Aufgabe allerdings nicht benötigt. Stattdessen ist hier der Zusammenhang zwischen Kapazität, Ladungsmenge und Spannung am Kondensator wegweisend: Die **Ladungsmenge Q, die ein Kondensator auf seinen Platten speichern kann, ist abhängig von der angelegten Spannung**:

$$C = \frac{Q}{U},$$

wobei die Kapazität C konstant ist (durch die Bauart des Kondensators bedingt). Zunächst rechnen wir die **transportierte Ladungsmenge Q** aus. Dazu formen wir um und setzen ein:
$Q = C \cdot U = 10^{-14}\,\text{F} \cdot 10\,\text{mV} = 10^{-14}\,\text{F} \cdot 10 \cdot 10^{-3}\,\text{V}$
$= 10^{-14}\,\text{F} \cdot 10^{-2}\,\text{V} = 10^{-16}$ Coulomb.
Ein **Na^+-Ion** trägt jeweils eine Elementarladung (→ eine **Ladung** von genau **$1{,}6 \cdot 10^{-19}$ Coulomb**). Um eine **Ladung von 10^{-16} Coulomb zu erzeugen**, müssen

$$n = \frac{10^{-16}\,\text{Coulomb}}{\text{Ladung}\ (Na^+)} = \frac{10^{-16}\,\text{Coulomb}}{1{,}6 \cdot 10^{-19}\,\text{Coulomb}}$$
$$= \frac{1000 \cdot 10^{-19}\,\text{Coulomb}}{1{,}6 \cdot 10^{-19}\,\text{Coulomb}} = \frac{1000}{1{,}6} = 625 \approx \underline{600}$$

Na^+-Ionen auf die andere Seite der Membran transportiert werden.

H06 ■■

→ **Frage 5.59: Lösung D**

Ein Plattenkondensator besteht aus zwei gleich großen Leiterplatten (Plattenfläche A), die sich im Abstand d parallel gegenüberstehen. Zwischen ihnen kann sich Luft oder ein beliebiger isolierender Stoff (Dielektrikum mit der Dielektrizitätskonstante ε) befinden. In dieser Aufgabe entspricht die Oberfläche der Lipidmembran den Plattenflächen eines Kondensators. Sie wird für die Lösung der Aufgabe allerdings gar nicht benötigt. Stattdessen ist der Zusammenhang zwischen Kapazität, Ladungsmenge und Spannung am Kondensator hier wegweisend: Die Ladungsmenge Q, die ein Kondensator auf seinen Platten speichern kann, ist abhängig von der angelegten Spannung U (siehe auch Lerntext V.18):

$$C = \frac{Q}{U},$$

wobei die Kapazität C konstant ist, weil sie durch die Bauart des Kondensators (Größe der Plattenflächen usw.) bedingt ist.
Zu **(D)**: Ein K^+-Ion trägt jeweils eine Elementarladung, hat also eine Ladung von genau $1{,}6 \cdot 10^{-19}$ Coulomb. 1 Millionen Kalium-Ionen entsprechen damit einer Ladung von $1 \cdot 10^{6} \cdot 1{,}6 \cdot 10^{-19}$ Coulomb $= 1{,}6 \cdot 10^{-13}$ Coulomb.
Die Kapazität 2 pF entspricht $2 \cdot 10^{-12}$ F.
Nun lösen wir die obere Formel nach der Spannung auf und setzen ein:

$$U = \frac{Q}{C} = \frac{1{,}6 \cdot 10^{-13}\,\text{C}}{2 \cdot 10^{-12}\,\text{F}} = \frac{1{,}6\,\text{C}}{20\,\text{F}} = 0{,}08\,\text{V} = \underline{80\,\text{mV}}$$

V.19 Kapazität des Plattenkondensators

Eine einfache Form des Kondensators ist der Plattenkondensator. Er besteht aus zwei gleich großen Leiterplatten (Plattenfläche *A*), die sich im Abstand *d* parallel gegenüberstehen. Zwischen ihnen kann sich Luft oder ein beliebiger isolierender Stoff (Dielektrikum mit der Dielektrizitätskonstanten ε) befinden. Für die Kapazität eines Plattenkondensators gilt der folgende Ausdruck:

$$C = \varepsilon_0 \cdot \varepsilon \cdot \frac{A}{d} \qquad \text{(Gl. 5.17.)}$$

ε_0 ist die sog. elektrische Feldkonstante.

H02 ■

→ **Frage 5.60: Lösung D**

Siehe Kommentar zu Frage 5.61.
Zu **(D)**: Für einen Kondensator **ohne** Dielektrikum gilt demnach:

$$C \propto \frac{A}{d}$$

Wird der **Plattenabstand** *d* im Nenner **verdoppelt**, **halbiert sich** die **Kapazität** *C*.
Nicht abhängig ist die Kapazität C von der angelegten Spannung (siehe auch obige Formel). Zwar kann nach $C = \frac{Q}{U}$ anhand der Spannung und der auf den Kondensator aufgebrachten Ladungsmenge *Q* die Kapazität *C* errechnet werden, die Kapazität ist dabei jedoch **konstant**, weil sie nur von der Bauweise (Plattenfläche, Plattenabstand, Dielektrikum) abhängig ist. Je mehr Spannung anliegt, desto mehr Ladung kann bei konstant bleibender Kapazität aufgebracht werden.
Einzig und allein der verdoppelte Plattenabstand *d* ändert die Kapazität (auf die Hälfte), richtig ist also (D).

H05 ■

→ **Frage 5.61: Lösung A**

Ein Plattenkondensator besteht aus 2 gleich großen Leiterplatten (Plattenfläche ***A***), die sich im Abstand ***d*** parallel gegenüberstehen. Zwischen ihnen kann sich Luft oder ein beliebiger isolierender Stoff (Dielektrikum mit der Dielektrizitätskonstanten $\boldsymbol{\varepsilon}$) befinden. Für die Kapazität eines Plattenkondensators gilt der folgende Ausdruck:

$C = \varepsilon_0 \cdot \varepsilon \cdot \frac{A}{d}$; ε_0 = elektrische Feldkonstante (siehe auch Lerntext V.19)

Zu **(A)**: Die auf die Fläche bezogene Kapazität erhält man durch Umformung der o. g. Formel:

$$\frac{C}{A} = \frac{\varepsilon_0 \cdot \varepsilon}{d}$$

In dieser Aufgabe entspricht sie wegen des Vergleichs der Lipidmembran mit den Plattenflächen eines Kondensators der „spezifischen Membrankapazität".
Die Kapazität *C* des „Lipidkondensators" lässt sich damit aus Plattenflächen *A* und „spezifischer Membrankapazität" *C/A* errechnen:

$$C = A \cdot \frac{C}{A} = 2 \cdot 10^{-10}\,\text{m}^2 \cdot 1 \cdot 10^{-2}\,\frac{\text{F}}{\text{m}^2} = 2 \cdot 10^{-12}\,\text{F}$$

Die Ladungsmenge *Q*, die ein Kondensator auf seinen Platten speichern kann, ist abhängig von der angelegten Spannung *U* (siehe auch Lerntext V.18):

$C = \frac{Q}{U}$, wobei die Kapazität *C* konstant ist, weil durch die Bauart des Kondensators die Größe der Plattenflächen usw. bedingt ist (siehe oben).

Um die Ladungsmenge *Q* ausrechnen zu können, formen wir um und setzen ein:
$Q = C \cdot U = 2 \cdot 10^{-12}\,\text{F} \cdot 0{,}1\,\text{V} = 2 \cdot 10^{-12}\,\text{F} \cdot 10^{-1}\,\text{V}$
$= \underline{2 \cdot 10^{-13}\,\text{Coulomb}}$

F03 ■

→ **Frage 5.62: Lösung A**

Der Plattenkondensator, der als Modell für die von Elektrolyten umgebene Lipiddoppelschicht dient, besteht aus zwei gleich großen Leiterplatten mit der Plattenfläche *A*, die sich im Abstand *d* parallel gegenüberstehen. Zwischen ihnen kann sich Luft oder ein beliebiger Stoff (Dielektrikum mit der Dielektrizitätszahl ε) befinden. Für die Kapazität eines Plattenkondensators gilt der folgende Ausdruck:

$$C = \varepsilon_0 \cdot \varepsilon \cdot \frac{A}{d}$$

Für die Frage formen wir um:

$$\frac{C}{A} = \varepsilon_0 \cdot \varepsilon \cdot \frac{1}{d} = 9 \cdot 10^{-12}\,\frac{\text{A} \cdot \text{s}}{\text{V} \cdot \text{m}} \cdot 3 \cdot \frac{1}{5 \cdot 10^{-9}\,\text{m}}$$
$$= 27 \cdot 10^{-3}\,\frac{\text{A} \cdot \text{s}}{5\,\text{V} \cdot \text{m}^2} \approx \underline{5 \cdot 10^{-3}\,\frac{\text{A} \cdot \text{s}}{\text{V} \cdot \text{m}^2}}$$

H10 ■■

→ **Frage 5.63: Lösung B**

Zu **(B)**: Ein **Plattenkondensator besteht aus zwei gleich großen Leiterplatten** (Plattenfläche *A*), die sich im Abstand *d* parallel gegenüberstehen (siehe Lerntext V.18). Zwischen ihnen kann sich Luft oder ein beliebiger isolierender Stoff (Dielektrikum mit der Dielektrizitätskonstante ε) befinden. In dieser Aufgabe entspricht das System aus Extra- und Intrazellulärflüssigkeit mit einer Zellmembran den Plattenflächen eines Kondensators. Für die Lösung der Aufgabe ist hier der Zusammenhang zwischen Kapazität, Ladungsmenge und Spannung am Kondensator wegweisend: Die **Ladungsmenge *Q*, die ein**

Kondensator auf seinen Platten speichern kann, ist abhängig von der angelegten Spannung *U*:

$$C = \frac{Q}{U}$$

wobei die Kapazität *C* konstant ist, weil sie durch die Bauart des Kondensators mit Größe der Plattenflächen usw. bedingt ist.
Zunächst rechnen wir die Ladungsmenge *Q* für einen Kondensator der Kapazität $1{,}6 \cdot 10^{-12}$ F bei einer Spannung (Potentialdifferenz) von 10 mV aus. Dazu formen wir um und setzen ein:

$$Q = C \cdot U = 1{,}6 \cdot 10^{-12}\ \text{F} \cdot 10\,\text{mV}$$

$$= 1{,}6 \cdot 10^{-12}\ \text{F} \cdot 10 \cdot 10^{-3}\ \text{V} = 16 \cdot 10^{-15}\ \text{Coulomb}$$

Um diese Potentialdifferenz mit einem einseitigen Überschuss einwertiger Ionen (geladen mit der Elementarladung $1{,}6 \cdot 10^{-19}$ Coulomb) zu erzeugen, benötigt man:

$$N = \frac{16 \cdot 10^{-15}\ \text{Coulomb}}{\text{Ladung Ion}} = \frac{1{,}6 \cdot 10^{-14}\ \text{Coulomb}}{1{,}6 \cdot 10^{-19}\ \text{Coulomb}}$$

$$= \underline{10^{5}\ \text{Ionen}}$$

F08 ■■

→ **Frage 5.64: Lösung B**

Siehe Kommentar zu Frage 5.61.
Zu **(B)**: Anhand der Formel wird ersichtlich, dass die Kapazität *C* umgekehrt proportional zum Plattenabstand *d* ist:

$$C \propto \frac{1}{d} = d^{-1}$$

Somit ist Lösung (B) korrekt.

F04 ■■

→ **Frage 5.65: Lösung D**

Siehe Kommentar zu Frage 5.61.
Zu **(D)**: Die auf die Fläche bezogene Kapazität erhält man durch Umformung der Formel:

$$\frac{C}{A} = \frac{\varepsilon_0 \cdot \varepsilon}{d}$$

Setzt man die Dicke *d* um 20 % herab, so hat man nur noch 80 % der vorherigen Dicke. Wird die Dielektrizitätszahl ε um 20 % vergrößert, erhöht sich ihr Wert auf 120 %. Die Dielektrizitätszahl steht im Zähler, die Dicke *d* im Nenner. Daraus ergibt sich ein Faktor, mit dem die ursprüngliche quadratzentimeterbezogene Kapazität (0,6 µF/cm²) multipliziert werden muss:

$$\frac{120\,\%}{80\,\%} = \frac{120}{80} = \frac{3}{2}$$

Das Ergebnis ist also:

$$0{,}6\,\mu\text{F/cm}^2 \cdot \frac{3}{2} = \underline{0{,}9\,\mu\text{F/cm}^2}$$

F09 ■■

→ **Frage 5.66: Lösung B**

Siehe Kommentar zu Frage 5.61.
Zu **(B)**: Die Fläche *A* stellt im Fall der Nervenfaser die Außenfläche der dargestellten Röhre dar. Sie errechnet sich aus dem Produkt aus Umfang (Kreisumfang: $s = 2\pi \cdot r$) und Länge der Röhre *l*:
$A = 2\pi \cdot r \cdot l$
Damit errechnet sich die Kapazität wie folgt:

$$\underline{C = \varepsilon_0 \cdot \varepsilon \cdot \frac{2\pi \cdot r \cdot l}{d}}$$

V.20 Isolatoren im elektrischen Feld: Polarisation

Im Isolator kann keine Ladungstrennung stattfinden, da keine beweglichen Ladungsträger vorhanden sind. Das Feld bewirkt lediglich eine Verschiebung der positiven (Kern) und negativen (Hülle) Ladungen der Atome bzw. Moleküle in entgegengesetzte Richtungen. Dadurch werden alle Atome bzw. Moleküle der Substanz (in diesem Zusammenhang auch Dielektrikum genannt) zu kleinen atomaren Dipolen (Verschiebungspolarisation). Zusätzlich werden Moleküle, die bereits ohne Feld einen elektrischen Dipol haben, in Feldrichtung gedreht (Orientierungspolarisation). Dies führt zur Ausbildung einer Polarisationsladung *Q'* an der Oberfläche des Leiters. Diese Polarisation schwächt das äußere Feld ab (Abb. 5.9). Den Effekt dieser Schwächung beschreibt man quantitativ durch die sog. Dielektrizitätszahl (Dielektrizitätskonstante). Definition:

$$\varepsilon = \frac{\text{elektrisches Feld ohne Materie}}{\text{elektrisches Feld mit Materie}} = \frac{E_0}{E} \qquad \text{(Gl. 5.18.)}$$

Da bei konstant gehaltener Ladung *Q* auf dem Kondensator mit kleiner werdender Feldstärke auch die Spannung *U* kleiner wird ($U \propto E$), ergibt sich somit (wegen $C = Q/U$) eine Zunahme der Kapazität. Die Definition für ε kann daher auch so formuliert werden:

$$\varepsilon = \frac{\text{Kapazität mit Dielektrikum}}{\text{Kapazität ohne Dielektrikum}} = \frac{C}{C_0} \qquad \text{(Gl. 5.19.)}$$

Die Kapazität eines mit Dielektrikum gefüllten Kondensators beträgt also

$$C = \varepsilon C_0 = \varepsilon \frac{\varepsilon_0 A}{d} \qquad \text{(Gl. 5.20.)}$$

Die Dielektrizitätszahl ε ist stets eine Zahl größer als 1 ($\varepsilon > 1$).

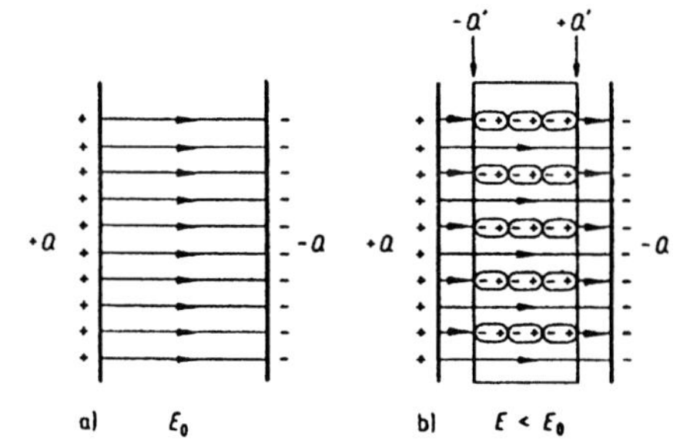

Abb. 5.9 Ein Dielektrikum zwischen den Platten eines Kondensators verringert die Feldstärke. Dadurch erhöht sich die Kapazität.

H96 ■

→ **Frage 5.67: Lösung C**

Wenn man an die Definition der Kapazität eines Kondensators denkt ($C = Q/U$), könnte man zunächst annehmen, dass C umgekehrt proportional zur Spannung U ist. Dies ist jedoch nicht richtig, da mit zunehmender Spannung auch die gespeicherte Ladung entsprechend zunimmt, das Verhältnis Q/U und damit die Kapazität des Kondensators aber konstant bleibt.

Die Kapazität eines Plattenkondensators hängt nur von seiner Geometrie (Plattenoberfläche und Plattenabstand) ab (siehe Lerntext V.19).

Diese Frage kann man auch ohne quantitative Überlegung richtig beantworten: Die Kapazität eines Kondensators ist eine feste Größe (genau wie der Widerstand eines Leiters). Wenn man im Geschäft einen Kondensator bestimmter Kapazität kauft, dann weiß man in den meisten Fällen noch nicht, welche Spannungen angelegt werden. Seine Kapazität behält er stets bei.

H00

→ **Frage 5.68: Lösung D**

Ein Dielektrikum ist ein Isolator im elektrischen Feld (siehe Lerntext V.20). Dieser Isolator schwächt durch Ausbildung einer Polarisationsladung Q' das elektrische Feld ab, wobei die relative **Dielektrizitätskonstante** ε_r angibt, in welchem Maße das Feld abgeschwächt wird (sie ist stets größer 1).

Eine Kraft kann zwischen zwei elektrischen Ladungen gemessen werden, weil sich zwischen diesen Ladungen ein elektrisches Feld aufbaut. Die elektrische Feldstärke E an irgendeinem Punkt in diesem Feld ist definiert als Quotient aus Kraft F und Ladung q, auf die diese Kraft wirkt:

$$E = \frac{F}{q}$$

Wenn man nun ein Dielektrikum in dieses Feld einbringt, wird das Feld proportional zur Dielektrizitätskonstante ε_r abgeschwächt. Damit wird natürlich auch die Kraft (E ist proportional zu F) in gleichem Maße abgeschwächt. Es gilt:

$$\frac{\text{Kraft nachher}}{\text{Kraft vorher}} = \frac{F_1}{F_0} = \frac{1}{\varepsilon_r} = \underline{\varepsilon_r^{-1}}$$

V.21 Kondensatorentladung

Die Spannung an einem Kondensator (Kapazität C), der über einen Widerstand R entladen wird, nimmt mit der Zeit exponentiell ab:

$U(t) = U_0 e^{-(t/RC)}$ (Gl. 5.21.)

Die grafische Darstellung dieser Funktion zeigt Abb. 5.10. Die Kurve beginnt bei der Anfangsspannung U_0 zu Beginn des Entladevorgangs ($t = 0$) und nähert sich für t gegen unendlich asymptotisch dem Wert $U = 0$ V.

Ein Maß für die Schnelligkeit des Spannungsabfalls ist die so genannte Zeitkonstante

$\tau = R \cdot C$ (Gl. 5.22.)

Man erkennt die anschauliche Deutung dieser Größe, wenn man sie in Gleichung 5.21 einsetzt:

$$U(t = \tau) = U_0 e^{-1} = \frac{U_0}{e} = 0{,}368\ U_0$$

Nach der Zeit $\tau = RC$ ist die Spannung auf ca. 37 % zurückgegangen. (e = Basis der natürlichen Logarithmen = 2,71; 1/e = 0,368)

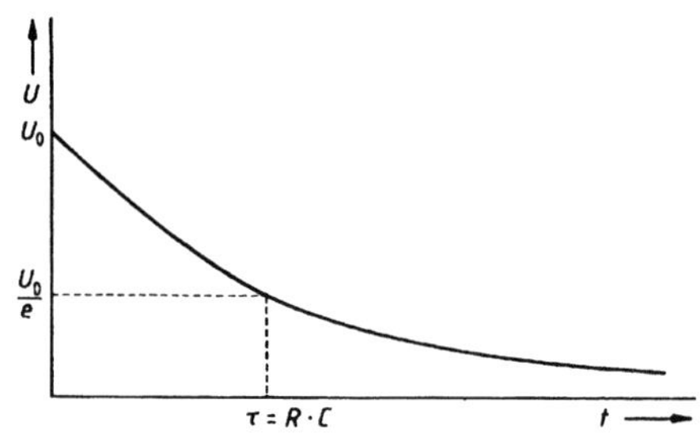

Abb. 5.10 Spannungsverlauf an einem Kondensator, der über einen Widerstand **R** entladen wird (exponentieller Abfall). Nach der Zeitkonstanten $\tau = R \cdot C$ hat die Spannung auf U_0/e = 0,37 U_0 abgenommen. Der Entladestrom **I** zeigt den gleichen Verlauf.

Klinischer Bezug

Den gleichen Spannungsverlauf wie hier grafisch dargestellt hat auch der Stromstoß eines (monophasischen) Defibrillators. Am Defibrillator wird jedoch keine abzugebende Spannung oder Stromstärke eingestellt, sondern gewählt werden kann nur die elektrische Energie, die der Defibrillator beim Auslösen abgibt. Bei einem Kreislaufstillstand bei Kammerflimmern wird für die ersten beiden Defibrillationen in der Regel eine Energie von 200 Joule gewählt, für alle weiteren danach 360 Joule (für monophasische Defibrillatoren).

H88 ■

→ **Frage 5.69: Lösung D**

In der gezeichneten Kurve bedeutet dies einen Abfall der Ausgangsspannung (U_0 = 10 V) auf einen Wert von ca. 0,37 · (10 V) = 3,7 V. Dieser Wert wird nach ca. 2 Sekunden erreicht.
Man verwechsle diese Zeit nicht mit der „Halbwertszeit" für eine Größe, die einen Abfall von 50 % charakterisiert. Die Antwort 1,5 s, die dieser Zeitspanne entsprechen würde, wurde immerhin von 45 % der Prüflinge gegeben!

F05 ■■

→ **Frage 5.70: Lösung C**

Die Spannung an einem Kondensator (Kapazität *C*), der über einen Widerstand *R* entladen wird, nimmt mit der Zeit exponentiell ab:
$U(t) = U_0 e^{-(t/RC)}$
Ein Maß für die Schnelligkeit des Spannungsabfalls ist dabei die so genannte Zeitkonstante
$\tau = R \cdot C$
Nach der Zeit τ ist die Kondensatorspannung auf ein e-tel (also auf etwa das 0,368-fache) abgesunken.
Beweis: Wir setzen t = τ und dies dann in die obere Formel ein:

$$U(t=\tau) = U_0 e^{-(\tau/RC)} = U_0 e^{-(t/\tau)} = U_0 e^{-(t/t)} = U_0 e^{-1} = \frac{U_0}{e} = 0{,}368\ U_0$$

Bei einem Kondensator mit der Kapazität 10 µF, der über einen 100 kΩ-Widerstand entladen wird, ist die Zeitkonstante τ also:

$$r = R \cdot C = 100\,\text{k}\Omega \cdot 10\,\mu\text{F} = 100 \cdot 10^3\,\Omega \cdot 10 \cdot 10^{-6}\,\text{F} = 1000 \cdot 10^{-3}\,\text{s} = \underline{1\,\text{s}}$$

F08 ■■

→ **Frage 5.71: Lösung C**

Wie man am Schaltbild erkennen kann, handelt es sich um nichts anderes als einen Kondensator *C*, der zunachst aufgeladen und dann über einen Widerstand *R* entladen wird. Dabei gilt, dass die Spannung an einem Kondensator *C*, der über einen Widerstand *R* entladen wird, mit der Zeit exponentiell abnimmt:
$U(t) = U_0 e^{-(t/RC)}$
Ein Maß für die Schnelligkeit des Spannungsabfalls ist hierbei die sog. Zeitkonstante:
$\tau = R \cdot C$
Nach der Zeit τ ist die Kondensatorspannung auf ein e-tel (also auf etwa das 0,368-fache) abgesunken.
Bei einem Kondensator mit der Kapazität 0,2 nF, der über einen 50 MΩ-Widerstand entladen wird, ist die Zeitkonstante τ also:

$$\tau = R \cdot C = 50\,\text{M}\Omega \cdot 0{,}2\,\text{nF} = 50 \cdot 10^6\,\Omega \cdot 0{,}2 \cdot 10^{-9}\,\text{F} = 10 \cdot 10^{-3}\,\text{s} = \underline{10\,\text{ms}}$$

F10 ■■

→ **Frage 5.72: Lösung C**

Zu **(C)**: Wie man am Schaltbild erkennen kann, handelt es sich um nichts anderes als einen Kondensator ***C***, der über einen Widerstand ***R*** auf- und entladen wird (siehe Lerntext V.21). Dabei gilt: Die Spannung an einem Kondensator *C*, der über einen Widerstand *R* entladen wird, nimmt mit der Zeit exponentiell ab.

$U(t) = U_0 e^{-(t/RC)}$

Ein Maß für die Schnelligkeit des Spannungsabfalls ist dabei die so genannte **Zeitkonstante τ**:

$\tau = R \cdot C$

Nach der Zeit *t* ist die Kondensatorspannung auf etwa das 0,368-fache abgesunken.

F00 ■

→ **Frage 5.73: Lösung D**

Die Spannung an einem Kondensator (Kapazität *C*), der über einen Widerstand R entladen wird, nimmt mit der Zeit exponentiell ab:
$U(t) = U_0 \cdot e^{-(t/RC)}$ (siehe auch Lerntext V.21)
Abbildung 5.10 zeigt die grafische Darstellung dieser Funktion. Die Kurve beginnt bei der Anfangsspannung U_0 zu Beginn des Entladevorgangs ($t = 0$) und nähert sich für *t* gegen unendlich asymptotisch dem Wert $U = 0\ V$.
Ein Maß für die Schnelligkeit des Spannungsabfalls ist die sog. *Zeitkonstante*: $\tau = R \cdot C$
Nach der Zeit $\tau = R \cdot C$ ist die Spannung auf ca. 37 % zurückgegangen.
In unserer Aufgabe sind Zeitkonstante und Widerstand gegeben; nach Umformung der obigen Formel erhalten wir:

$$C = \frac{\tau}{R} = \frac{10\,\text{s}}{500 \cdot 10^3\,\Omega} = 2 \cdot 10^{-5}\,\text{F} = \underline{\underline{20\,\mu\text{F}}}$$

H94

→ **Frage 5.74: Lösung B**

Qualitativ kann der Verlauf der Spannungen in diesem Stromkreis folgendermaßen beschrieben werden: Die konstante Spannung U_0 der Spannungsquelle ist betragsmäßig immer gleich der Summe der Spannungen an Widerstand und Kondensator (Maschenregel von Kirchhoff, siehe Lerntext V.11). Beim Schließen des Schalters (ungeladener Kondensator) fällt die gesamte Spannung am Widerstand ab, die Spannung am Kondensator ist 0. Die gesuchte Kurve muss also bei 0 beginnen ((A) oder (B)).
Wenn die Zeit fortschreitet, lädt sich der Kondensator allmählich auf, die Spannung am Kondensator steigt und erreicht schließlich asymptotisch den Wert der angelegten Spannung: Bei geladenem

Kondensator ist der Strom 0, der Spannungsabfall am Widerstand daher auch 0, und die gesamte Spannung liegt am Kondensator. Kurve B gibt diesen Verlauf richtig wieder. Kurve A könnte auch sofort ausgeschlossen werden, da die Spannung am Kondensator nie die angelegte Spannung übersteigen kann.
Quantitativ folgt die zeitliche Abhängigkeit der Spannung am Kondensator einem Exponentialgesetz:

$$U_C(t) = U_0(1 - e^{\frac{-t}{RC}})$$

Das Produkt RC nennt man die Zeitkonstante der Schaltung. Je größer sie ist, um so langsamer erfolgt der Anstieg der Spannung. Kurve D zeigt übrigens den Verlauf der Spannung am Widerstand. Die Summe der Kurven B und D ergibt zu jedem Zeitpunkt den konstanten Wert der angelegten Spannung.

F93 F92 ■■

→ **Frage 5.75: Lösung E**

Die Richtigkeit von (A) und (B) folgt direkt aus Lerntext V.19. Die Kapazität eines Kondensators hängt nur von den geometrischen Abmessungen ab, nicht jedoch von der angelegten Spannung (C). Abb. 5.10 zeigt den zeitlichen Verlauf der Entladung. Er wird nur durch die Zeitkonstante $\tau = RC$ bestimmt (D).
Werden zwei Kondensatoren parallel geschaltet, dann addieren sich die Kapazitäten! Da die Kapazität proportional zur Plattenfläche ist, kann man sich die Parallelschaltung einfach als Addition der Plattenflächen vorstellen, wodurch sich dann die Kapazitäten ebenfalls addieren. (E) ist also falsch!
Während die Quote der richtigen Antworten 40 % betrug, wurde (C) von 44 % der Kandidaten angekreuzt!

F07 ■

→ **Frage 5.76: Lösung D**

Wenn man sich die angebotenen Lösungen dieser Aufgabe ansieht, kann man den Zusammenhang zur Elektrotechnik herstellen. Eine *e*-Funktion kennen wir vom Kondensator, genauer von der Spannungs-Entladekurve eines Kondensators: Die Spannung U an einem Kondensator (Kapazität C), der über einen Widerstand R entladen wird, nimmt mit der Zeit t exponentiell ab:
$U(t) = U_0 = U_0 e^{-(t/RC)}$ (siehe auch Lerntext V.21)
Ein Maß für die Schnelligkeit des Spannungsabfalls ist dabei die sog. **Zeitkonstante**:
$\tau = R \cdot C$
Die Spannung am Kondensator ist nach der Zeit τ auf 37 % der Ursprungsspannung gefallen.
Längs einer Zellmembran verhält sich ein Potenzialabfall genauso wie der oben geschilderte Entladevorgang des Kondensators. Vom Ort $x = 0$ aus breitet sich der Strom über die Zellmembran aus und lädt sie um. Mit zunehmendem Abstand vom Ort $x = 0$ wird die umzuladende Membranfläche immer größer, das Potenzial nimmt daher mit einer exponentiellen Funktion in Abhängigkeit von der Entfernung x ab.
Analog zum Spannungsverlauf bei der Kondensatorentladung gilt daher für den Elektrotonus in Abhängigkeit von der Entfernung x vom Ort $x = 0$:
$\Delta E_{max}(x) = \Delta E_{max}(0) \cdot e^{-(x/\lambda)}$
λ ist dabei die Membranlängskonstante. Sie verhält sich wie die Zeitkonstante t bei der Kondensatorentladung: In der Entfernung λ vom Ort $x = 0$ ist der Elektrotonus auf $1/e$, d. h. 37 % des Potenzials bei $x = 0$ gefallen.

V.22 Leiter im elektrischen Feld: Influenz

Auf die Leitungselektronen wirkt eine Kraft entgegengesetzt zur Feldrichtung (Abb. 5.11a). Diese bewirkt, dass sich so lange Ladung zur Oberfläche bewegt, bis das durch diese Oberflächenladung erzeugte innere, dem äußeren entgegengerichtete Feld dieses genau kompensiert. Das Innere eines Leiters ist dann feldfrei (Abb. 5.11b). Diese teilweise Ladungstrennung im Leiter nennt man **Influenz**.
Hohlräume im Inneren eines Leiters sind daher ebenfalls stets feldfrei (Faraday-Käfig, Abb. 5.11c). Auf die Ladungen an der Oberfläche darf keine Kraftkomponente parallel zur Oberfläche wirken, da sie sich sonst in diese Richtung bewegen würden. Daraus folgt, dass die Feldlinien stets senkrecht zur Leiteroberfläche stehen müssen.

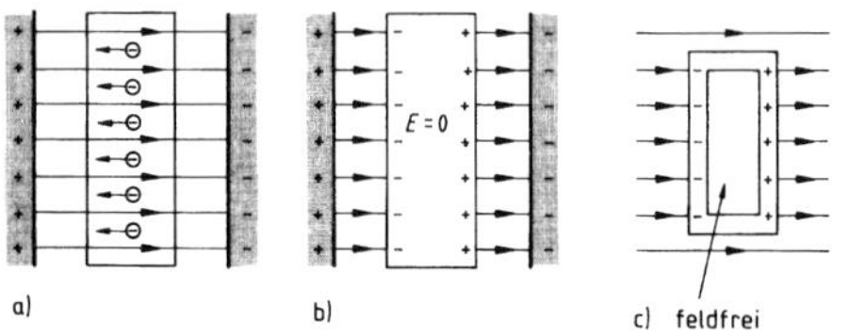

Abb. 5.11 Die elektrische Feldstärke im Inneren eines Leiters ist immer 0.

F90 ■

→ **Frage 5.77: Lösung E**

In Lerntext V.22 wird dargelegt, dass der Feldlinienverlauf im Inneren und in der Umgebung eines Leiters in einem elektrischen Feld die folgenden zwei Bedingungen erfüllen muss:
- Das Innere des Leiters muss feldfrei sein (keine Feldlinien!) und
- die Feldlinien müssen senkrecht auf der Leiteroberfläche stehen.

Nur bei Abbildung (E) ist dies der Fall.

5.7 Elektrizitätsleitung

V.23 Die Beweglichkeit von Ladungsträgern

Alle Stoffe, die bewegliche Ladungsträger enthalten, sind in der Lage, den elektrischen Strom zu leiten. Dies sind z. B. die Elektronen in Metallen oder Ionen in Elektrolyten.
Sobald durch das Anlegen einer Spannung an einen solchen Stoff ein elektrisches Feld *E* erzeugt wird, wirkt auf diese Ladungsträger eine Kraft, die sie in Bewegung setzt. In allen Fällen wirkt dieser Antriebskraft jedoch auch eine Art Reibungskraft entgegen (Stöße der Elektronen gegen die Gitterbausteine, Behinderung der Ionen durch die Lösungsmittelmoleküle), sodass sich schließlich eine Bewegung mit konstanter Geschwindigkeit *v* ergibt (elektrische Kraft gleich Reibungskraft bedeutet resultierende Kraft gleich null, d. h. Beschleunigung gleich null oder Geschwindigkeit konstant).
Quantitativ ergibt sich eine Proportionalität zwischen dem elektrischen Feld *E* und der Geschwindigkeit *v*:

$$v = b\,E \qquad \text{(Gl. 5.23.)}$$

Den Proportionalitätsfaktor *b* nennt man die Beweglichkeit der Ladungsträger.
Die Temperaturabhängigkeit des Widerstandes einer Substanz erklärt sich letztlich aus einer Temperaturabhängigkeit der Beweglichkeit. Für die Elektronen eines Metalls nimmt die Beweglichkeit bei steigender Temperatur infolge der zunehmenden Gitterschwingungen ab, der Widerstand also zu (siehe Lerntext V.13).
Demgegenüber nimmt die Beweglichkeit der Ionen eines Elektrolyten und damit auch die elektrische Leitfähigkeit mit steigender Temperatur zu (und der Widerstand daher ab). Dies erklärt sich aus der Tatsache, dass sich die Ionen infolge der abnehmenden Viskosität des Lösungsmittels leichter bewegen können.

F97 ■■

→ **Frage 5.78: Lösung D**

Siehe auch Lerntext V.1.
Stromfluss in einem Elektrolyten erfolgt durch positive oder negative Ionen, die in vielen Fällen (besonders in wässriger Lösung) von Hydrathüllen umgeben sind. Dabei lagern sich die Wassermoleküle, die einen elektrischen Dipol darstellen, entsprechend ihrer Polarität um das Ion. Letztlich bewegen sich also kleine elektrisch geladene Kügelchen durch die Flüssigkeit. Auf Grund dieser Vorstellung kann man gut vorhersagen, wann ein Elektrolyt gut leitet (große Leitfähigkeit besitzt).
Zu **(A)**: Größere Ionenkonzentration bedeutet mehr Ladungen pro Volumeneinheit. Je mehr Ladungen da sind, um so besser leitet die Flüssigkeit. Richtig!
Zu **(B)**: Die Viskosität ist ein Maß für die Zähigkeit der Flüssigkeit. Sie spielt bei allen Strömungsprozessen eine Rolle. Je dünnflüssiger die Flüssigkeit ist, um so leichter können sich die Kügelchen bewegen und um so besser leitet sie.
Zu **(C)**: Kleinere Kügelchen können sich leichter bewegen als große (Die Stokessche Reibungskraft (siehe Lerntext II.23) ist proportional zum Kugelradius). Größere Leitfähigkeit!
Zu **(D)**: Bei (B) wurde bereits der Einfluss der Viskosität auf diesen Vorgang erwähnt. Nun nimmt die Viskosität jedoch bei abnehmender Temperatur zu, sodass niedrigere Temperaturen zu einer Verschlechterung der Leitfähigkeit führen. Dies ist die falsche Aussage.
Zu **(E)**: Je größer die Ionenladung ist, um so stärker ist die elektrische Kraft, die bei angelegter Spannung auf das Kügelchen wirkt. Es bewegt sich schneller. Dies bedeutet eine größere Leitfähigkeit.

5.8 Elektrische Spannungen an Grenzflächen, Diffusionsspannungen

F06 ■

→ **Frage 5.79: Lösung B**

Die **Nernst-Gleichung** beschreibt prinzipiell die Konzentrationsabhängigkeit des Elektrodenpotenzials eines Redox-Paares. In der Aufgabe ist eine Gleichung gegeben, die davon abgeleitet ist:

$$E_{Mg^{2+}} = 30\,\text{mV} \cdot \lg \frac{c_a}{c_i}$$

Zur Lösung der Aufgabe reicht es, die angegebenen Werte für c_a und c_i einzusetzen:

$$E_{Mg^{2+}} = 30\,\text{mV} \cdot \lg \frac{1\,\text{mmol/l}}{10\,\text{mmol/l}} = 30\,\text{mV} \cdot \lg(0{,}1)$$

Die einzige echte Schwierigkeit besteht jetzt darin zu wissen, was der dekadische Logarithmus von 0,1 ist. Oder anders ausgedrückt: Welcher Faktor x bei 10^x ergibt 0,1? Richtig: –1! Damit ist –1 der dekadische Logarithmus von 0,1 und es bleibt:

$$E_{Mg^{2+}} = 30\,\text{mV} \cdot \lg(0{,}1) = 30\,\text{mV} \cdot (-1) = \underline{-30\,\text{mV}}$$

F07

→ **Frage 5.80: Lösung E**

Die **Nernst-Gleichung** beschreibt prinzipiell die Konzentrationsabhängigkeit von elektrischen Potenzialen z. B. in galvanischen Zellen (Batterien) oder auch in biologischen Zellen. In letzteren trennen Zellmembranen Bereiche unterschiedlicher Io-

nenkonzentrationen. Ist die Membran für ein bestimmtes Ion durchlässig, entsteht ein elektrisches Potenzial (eine Spannung) U, weil das entlang des Konzentrationsgradienten diffundierende Ion elektrisch geladen ist.
Die für die Aufgabe gültige vereinfachte Nernst-Gleichung lautet:

$$U_G = 60\,\text{mV} \cdot \lg \frac{c_a}{c_i}$$

Setzt man die Konzentrationen für c_a und c_i ein, erhält man:

$$U_G = 60\,\text{mV} \cdot \lg \frac{100\,\text{mmol/l}}{10\,\text{mmol/l}} = 60\,\text{mV} \cdot \lg 10$$
$$= 60\,\text{mV} \cdot 1 = \underline{60\,\text{mV}}$$

(Der dekadische Logarithmus von 10 ist 1.)

H08 ■

→ **Frage 5.81: Lösung A**

Die **Nernst-Gleichung** beschreibt prinzipiell die Konzentrationsabhängigkeit des Elektrodenpotenzials eines Redox-Paares. In der Aufgabe ist eine Gleichung gegeben, die davon abgeleitet ist:

$$U_G = 61\,\text{mV} \cdot \lg \frac{c_i}{c_a}$$

Zur Lösung der Aufgabe reicht es, die angegebenen Werte für c_i und c_a einzusetzen:

$$U_G = 61\,\text{mV} \cdot \lg\left(\frac{2\,\text{mmol/l}}{200\,\text{mmol/l}}\right) = 61\,\text{mV} \cdot \lg(0{,}01)$$

Die einzige echte Schwierigkeit besteht jetzt darin, zu wissen, was der dekadische Logarithmus von 0,01 ist. Oder anders ausgedrückt: Welcher Faktor x bei 10^x ergibt 0,01? Richtig: –2! Damit ist –2 der dekadische Logarithmus von 0,01 und es bleibt:
$U_G = 61\,\text{mV} \cdot \lg(0{,}01) = 61\,\text{mV} \cdot (-2) = \underline{-122\,\text{mV}}$

5.9 Magnetische Größen, elektromagnetische Induktion

H95 ■

→ **Frage 5.82: Lösung A**

Um diese Frage korrekt beantworten zu können, muss man wissen, dass das magnetische Feld durch zwei Größen beschrieben werden kann:
Die magnetische Feldstärke *H*: Sie wird benutzt, um das Feld zu beschreiben, das eine bestimmte Stromanordnung erzeugt. Für das Feld im Inneren einer langen Spule gilt die Beziehung:

$$H = \frac{NI}{l}$$

Darin bedeuten:
N: Anzahl der Windungen
I: Stromstärke
l: Länge der Spule
Wenn man sich an diese Formel erinnert, kann unmittelbar daraus die SI-Einheit für die magnetische Feldstärke hergeleitet werden. Da die Windungszahl *N* dimensionslos ist, erhalten wir:

$$\text{Einheit von } H = \left[\frac{I}{l}\right] = \frac{\text{Ampere}}{\text{m}} = \underline{\text{A/m}}$$

Die magnetische Induktion *B*: Sie verwendet man, um die Wirkung eines gegebenen Magnetfeldes *H* (z. B. Kraft auf bewegte stromführende Leiter oder Entstehung von Induktionsspannungen in einem Feld *H*) zu beschreiben. *B* hängt auf einfache Weise mit der Größe *H* zusammen:
$B = \mu_0 H$
μ_0 = magnetische Feldkonstante
$= 4\,\pi \cdot 10^{-7}\,\frac{\text{Vs}}{\text{Am}}$
Für *B* erhält man damit die Einheit: (Vs/m^2). Für diese Einheit hat man den Namen 1 Tesla = 1 T eingeführt.

Da es nur eine Art von Magnetfeld gibt, wird in neuerer Zeit in vielen Lehrbüchern auf die Einführung der Größe *H* verzichtet und auch bei der Entstehung von Magnetfeldern mit der Größe *B* (dann als Magnetische Feldstärke bezeichnet, der Begriff magnetische Induktion verschwindet damit) und der Einheit 1 Tesla gearbeitet.

F99 ■

→ **Frage 5.83: Lösung E**

Die magnetischen Feldlinien um einen geraden stromführenden Leiter sind konzentrische Kreise (**zirkuläres Feld**, wie in der richtigen Lösung (E) gezeigt). Ihre Richtung entspricht dem **Drehsinn des Uhrzeigers, wenn man in Stromrichtung** auf die Kreise **blickt** (man müsste die Kreise in dieser Aufgabe also **von unten betrachten**).
Die Stärke des Magnetfeldes *H* um einen Strom *I* im Abstand *r* ist proportional zu I/r, nimmt also ab, wenn der Abstand *r* zunimmt.

V.24 Der Transformator

Mit Transformatoren können Wechselspannungen herauf- oder heruntertransformiert werden. Ihnen liegt das Induktionsprinzip zugrunde.
Ein Transformator besteht aus 2 Spulen, die auf einen gemeinsamen Eisenkern gewickelt sind und daher vom gleichen magnetischen Fluss durchsetzt werden. Eine Wechselspannung U_1, die an Spule 1 angelegt wird, erzeugt darin einen Wechselstrom und damit auch einen im gleichen Rhythmus sich ändernden magnetischen Fluss, der auch durch Spule 2 hindurchtritt. An den Enden dieser Spule kann eine durch Induktionswirkung entstandene Wechselspannung abgenom-

men werden, deren Größe U_2 nur vom Windungsverhältnis der beiden Spulen abhängt:
Das Verhältnis von Sekundärspannung U_2 zu Primärspannung U_1 beim Transformator ist gleich dem Verhältnis der Windungszahlen n_2 und n_1:

$$\frac{U_2}{U_1} = \frac{n_2}{n_1} \quad \text{(Gl. 5.24.)}$$

Klinischer Bezug
Transformatoren sind zum Beispiel in Fernsehern enthalten und können dort Spannungen bis 30 Kilovolt aufbauen. Dies sollte man bedenken, bevor man bei eingeschalteter Netzspannung an solchen Geräten herumschraubt...

F03 H00 ■■

→ **Frage 5.84: Lösung B**

Mit Transformatoren können Wechselspannungen herauf- oder heruntertransformiert werden. Ihnen liegt das Induktionsprinzip zugrunde. Ein Transformator besteht aus zwei Spulen, die auf einen gemeinsamen Eisenkern gewickelt sind und daher vom gleichen magnetischen Fluss durchsetzt werden. Eine Wechselspannung U_1, die an Spule 1 angelegt wird, erzeugt darin einen Wechselstrom und damit auch einen sich im gleichen Rhythmus ändernden magnetischen Fluss, der auch durch Spule 2 hindurchtritt. An den Enden dieser Spule kann eine durch Induktionswirkung entstandene Spannung abgenommen werden, deren Größe U_2 nur vom Windungsverhältnis der beiden Spulen abhängt:

$$\frac{U_2}{U_1} = \frac{n_2}{n_1}$$

für die Aufgabe: $\frac{10\,V}{230\,V} = \frac{n_2}{920}$,

umgeformt: $n_2 = \frac{10\,V}{230\,V} \cdot 920 = \frac{10}{1} \cdot 4 = \underline{40}$

5.10 Wechselspannung, Wechselstrom

V.25 Sinusförmige Wechselspannungen

Eine sinusförmige Wechselspannung (Abb. 5.12) lässt sich mathematisch folgendermaßen beschreiben:

$$U(t) = U_0 \sin(\omega t) \quad \text{(Gl. 5.25.)}$$

Den größten auftretenden Spannungswert U_0 nennt man Spannungsamplitude, Spitzen- oder Scheitelspannung. Die Kreislauffrequenz ω hängt mit der Frequenz f und der Schwingungsdauer T zusammen:

$$\omega = 2\pi f = \frac{2\pi}{T} \quad \text{(Gl. 5.26.)}$$

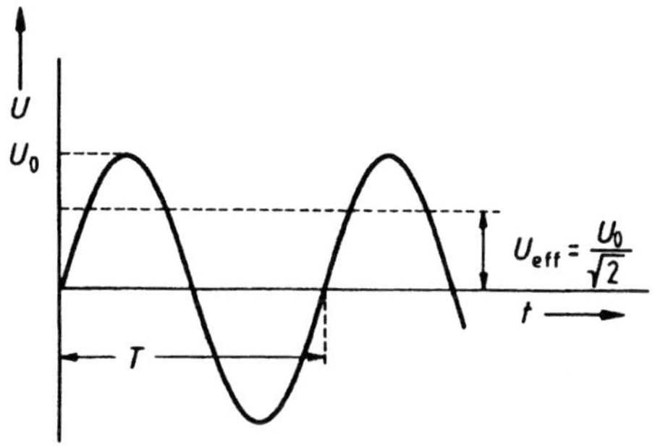

Abb. 5.12 Diagramm einer sinusförmigen Wechselspannung.

Klinischer Bezug
Durch die permanent wechselnde Stromrichtung (und die damit verbundene stärkere Störung der Erregungsleitung in Herz, Nerven und Muskulatur) ist Wechselspannung für den Menschen deutlich gefährlicher als Gleichspannung gleicher Stärke.

V.26 Effektivwerte bei Wechselspannungen

Unter dem Effektivwert U_{eff} einer Wechselspannung versteht man den Wert einer Gleichspannung, die an einem Widerstand R die gleiche Leistung erbringt wie die betrachtete Wechselspannung $U(t)$. Zwischen der Spitzenspannung U_0 einer Wechselspannung und der dazugehörenden Effektivspannung U_{eff} besteht der folgende Zusammenhang:

$$U_{eff} = \frac{U_0}{\sqrt{2}} \quad \text{(Gl. 5.27.)}$$

Das Gleiche gilt für die Stromwerte.
Messgeräte für Wechselspannung und -strom zeigen stets die Effektivwerte an. Sie werden auch in den technischen Daten elektrischer Geräte angegeben. Für die Berechnung der Wirkleistung kann man mit diesen Werten so umgehen, als würde es sich um Gleichstrom bzw. -spannung handeln:

$$P = U_{eff} \cdot I_{eff} \cdot \cos\varphi \quad \text{(Gl. 5.28.)}$$

φ ist dabei der Phasenwinkel zwischen Strom und Spannung (siehe Lerntext V.27).

F02 F97 ■■

→ **Frage 5.85: Lösung B**

Unter dem Effektivwert U_{eff} einer Wechselspannung versteht man den Wert einer Gleichspannung, die an einem Widerstand R die gleiche Leistung erbringt wie die betrachtete Wechselspannung $U(t)$.

Zwischen der Spitzenspannung U_s einer Wechselspannung und der dazugehörenden Effektivspannung U_{eff} besteht der folgende Zusammenhang:

$$U_{eff} = \frac{U_s}{\sqrt{2}}$$

Gleiches gilt für die Stromwerte.

F88 ■■

→ **Frage 5.86: Lösung E**

Siehe Lerntext V.26.
Der Effektivwert U_{eff} einer Wechselspannung
$U(t) = U_0 \sin(\omega t)$
hängt nur von der Spannungsamplitude U_0 ab.
Es gilt:

$$U_{eff} = \frac{U_0}{\sqrt{2}}$$

Er ist aber unabhängig von der Frequenz ω.
Der Effektivwert einer Wechselspannung ist gleich demjenigen Wert einer Gleichspannung, die an einem Widerstand die gleiche Leistung erzeugt wie die betrachtete Wechselspannung.

H98 ■

→ **Frage 5.87: Lösung B**

Eine sinusförmige Wechselspannung (siehe Abb. 5.12) lässt sich mathematisch folgendermaßen beschreiben:
$U(t) = U_0 \sin(\omega t)$ (vgl. Gl. 5.25)
Die Kreisfrequenz ω hängt von der Frequenz *f* oder der Schwingungsdauer *T* ab:

$$\omega = 2\pi f = \frac{2\pi}{T} \text{ (vgl. Gl. 5.26)}$$

Den größten auftretenden Spannungswert U_0 nennt man Spannungsamplitude, Spitzen- oder Scheitelspannung. Unter dem **Effektivwert** U_{eff} einer Wechselspannung versteht man den Wert einer Gleichspannung, die an einem Widerstand *R* die gleiche Leistung erbringt wie die betrachtete Wechselspannung *U(t)*.
Zu **(A):** Die Frequenz beträgt tatsächlich 50 Hz.
Zu **(B):** Wenn man die Kreisfrequenz ω nach der obigen Formel berechnet, ergibt sich:
$\omega = 2\pi \cdot 50\,\text{Hz} = 314{,}16\,\text{Hz}$
(B) ist die gesuchte Falschaussage.
Zu **(C):** Die Periodendauer *T* lässt sich aus dem Kehrwert der Frequenz *f* errechnen:

$$T = \frac{1}{f}$$

Die Periodendauer beträgt also:

$$\frac{1}{50\,\text{Hz}} = 0{,}02\,\text{s} = 20\,\text{ms}$$

Zu **(D)** und **(E):** Der für Haushaltssteckdosen angegebene Spannungswert entspricht immer dem Effektivwert – im Diagramm als gestrichelte Linie gezeichnet – und beträgt heutzutage in Deutschland tatsächlich ca. 230 V (Aussage (E) ist korrekt).
Zwischen der Spitzenspannung U_0 und der dazugehörigen Effektivspannung U_{eff} besteht der folgende Zusammenhang:

$$U_{eff} = \frac{U_0}{\sqrt{2}} \text{ (vgl. Gl. 5.27)}$$

Der Spitzenwert einer Effektivspannung von 230 V beträgt also: $230\,\text{V} \cdot \sqrt{2} = 230\,\text{V} \cdot 1{,}414 \approx 325\,\text{V}$ (Aussage (D) ist richtig)

V.27 Wechselspannung an Widerstand, Kondensator und Spule

Wenn man an eine Schaltung, die aus Widerständen, Kondensatoren und Spulen besteht, eine sinusförmige Wechselspannung anlegt, so fließt auch ein sinusförmiger Wechselstrom. Dieser ist jedoch im Allgemeinen zeitlich gegenüber der Spannung verschoben, was durch einen so genannten Phasenwinkel φ ausgedrückt werden kann:
$U(t) = U_0 \sin(\omega t)$
$I(t) = I_0 \sin(\omega t + \varphi)$

Widerstand
Am Ohmschen Widerstand sind Strom und Spannung in Phase ($\varphi = 0$), d. h. sie durchlaufen stets gleichzeitig Maxima und Minima. Hier gilt wie im Gleichspannungsfall:
$R = U_0/I_0$ (Gl. 5.29.)
Der Wechselstromwiderstand eines Ohm'schen Leiters ist frequenzunabhängig.

Kondensator
Wird eine Sinusspannung an einen Kondensator gelegt, dann eilt der dadurch erzeugte Strom der Spannung um ¼ Periode voraus. Dies entspricht einem Phasenwinkel $\varphi = \pi/2$ (Abb. 5.13). Das Verhältnis der Spitzenspannungen U_0/I_0 nennt man den kapazitiven Widerstand R_C *(auch Wechselstromwiderstand) eines Kondensators. Es gilt:*

$$R_C = \frac{1}{\omega \cdot C} \qquad \text{(Gl. 5.30.)}$$

R_C ist frequenzabhängig. Er wird unendlich für $\omega = 0$ (Gleichspannung) und 0 für sehr hohe Frequenzen.

Spule
An der Spule läuft der Strom um ¼ Periode nach ($\varphi = -\pi/2$; Abb. 5.14).
Der induktive Widerstand R_L bedeutet hier die Größe:
$R_L = \omega \cdot L$ (Gl. 5.31.)
R_L ist 0 für Gleichstrom und wird sehr groß für hohe Frequenzen.

Hinweis:
Um die zeitliche Reihenfolge von Spannung U und Strom I an Spule L und Kondensator C richtig zu behalten, kann man sich der folgenden Merkregel bedienen:
Bei der Induktivität L kommt U vor I = „Lui". Beim Kondensator ist es umgekehrt.
Dabei ist jedoch zu beachten, dass bei einer Darstellung im Zeitdiagramm alles früher kommt, was weiter links liegt.

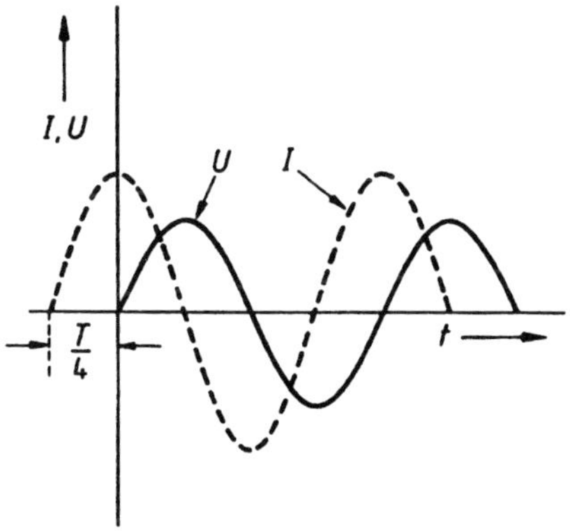

Abb. 5.13 Phasenverschiebung zwischen Strom und Spannung am Kondensator: Der Strom eilt der Spannung um $\pi/2$ (das entspricht einer viertel Schwingungsperiode: $T/4$) voraus.

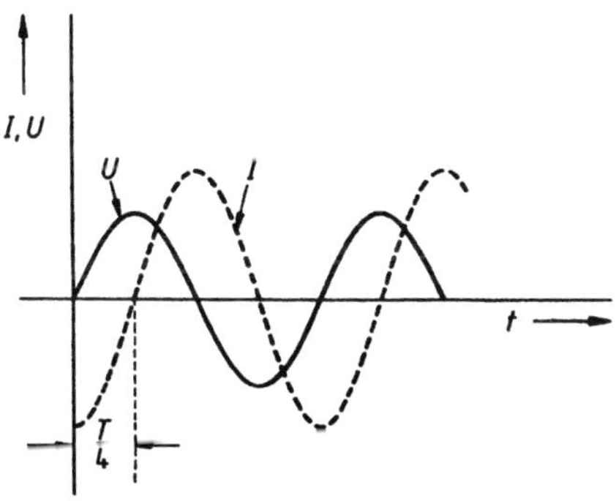

Abb. 5.14 Phasenverschiebung an der Spule: Hier eilt die Spannung um $\pi/2$ (entspricht $T/4$) dem Strom voraus.

V.28 Der elektrische Schwingkreis

Kondensator und Spule bilden zusammen einen elektrischen Schwingkreis (Abb. 5.15). Einmal angeregt, schwingen alle beteiligten Ströme und Spannungen sinusförmig. Während der Schwingung ist die Energie des Kreises abwechselnd als elektrische Feldenergie im Kondensator und als magnetische Feldenergie in der Spule gespeichert.

Ein Schwingkreis, bestehend aus Kapazität C und Induktivität L, besitzt eine Eigenfrequenz der Größe:

$$\omega = \sqrt{1/LC} \qquad \text{(Gl. 5.32.)}$$

Jeder elektrische Schwingkreis besitzt auch einen Ohmschen Widerstand R. Dies führt zu einer Dämpfung der Schwingung, da im Ohmschen Widerstand Joulesche Wärme erzeugt wird. Je größer der Widerstand, desto größer die Dämpfung. Berechnet man den Wechselstromwiderstand einer solchen Serienschaltung von C, L und R, dann erhält man das folgende Ergebnis:

$$R_{ges} = \sqrt{R^2 + \left(\omega L - \frac{1}{\omega C}\right)^2} \qquad \text{(Gl. 5.33.)}$$

Der Gesamtwiderstand besitzt einen minimalen Wert, wenn die Klammer gleich 0 ist, d. h. wenn der Kreis mit einer Frequenz $\omega = \sqrt{1/LC}$, also mit seiner Eigenfrequenz angeregt wird (Resonanz). Bei dieser Frequenz ist dann der Strom und die vom Schwingkreis aufgenommene Leistung maximal.

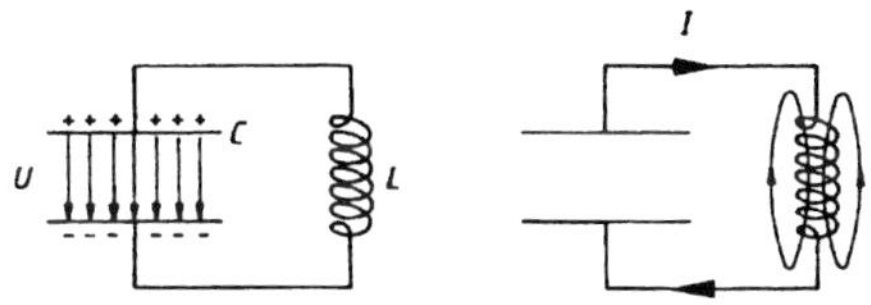

Abb. 5.15 Die beiden gezeichneten Situationen eines Schwingkreises liegen ¼ Schwingungsperiode auseinander. Jeweils ½ Periode später haben sich die Felder und Ströme umgekehrt.

■

→ **Frage 5.88: Lösung E**

Wesentliche Bestandteile eines Schwingkreises sind Kondensator und Spule. Ein Ohm'scher Widerstand ist zwar in jeder Schaltung vorhanden, er ist jedoch für das Funktionieren nicht nötig und braucht daher in einer Schaltskizze auch nicht zu erscheinen.

F01 ■

→ **Frage 5.89: Lösung C**

Eine Reihenanordnung von Ohm'schem Widerstand R, Kondensator C und Spule L kommt im elektrischen Schwingkreis vor (siehe Lerntext V.28). Dieser Schwingkreis besitzt eine Eigenfrequenz (bei der der Wechselstromwiderstand minimal ist) von

$$\omega = \frac{1}{\sqrt{LC}}$$

Anhand der in der Aufgabe gegebenen Formel kann dies bewiesen werden:

Impedanz (gleich Wechselstromwiderstand):

$$|Z| = \sqrt{R^2 + \left(\omega L \frac{1}{\omega C}\right)^2}$$

Sie ist **minimal**, wenn die **Klammer gleich 0** ist. (Da die Klammer quadriert wird, lässt sich dies am ehesten mit den Lösungsmöglichkeiten (C) und (D) erzielen, die eine Quadratwurzel enthalten. So kann schon eine Vorauswahl getroffen werden.)

Wird $\omega = \sqrt{\frac{1}{LC}}$ eingesetzt, ergibt sich für die Klammer unter Beachtung von $(a - b)^2 = a^2 - 2ab + b^2$:

$$\left(\frac{L}{\sqrt{LC}} - \frac{\sqrt{LC}}{C}\right)^2 = \frac{L^2}{LC} - \frac{2(L \cdot \sqrt{LC})}{\sqrt{LC} \cdot C} + \frac{LC}{C^2}$$

$$= \frac{L^2}{LC} - \frac{2(L)}{C} + \frac{LC}{C^2}$$

Wir bringen alles auf einen Nenner:

$$\frac{L^2 \cdot C}{LC \cdot C} - \frac{2(L \cdot LC)}{C \cdot LC} + \frac{LC \cdot L}{C^2 \cdot L}$$

$$= \frac{L^2 \cdot C - 2(L^2 \cdot C) + L^2 \cdot C}{L \cdot C^2}$$

$$= \frac{0}{L \cdot C^2} = 0$$

5.11 Kommentare aus Examen Frühjahr 2011

F11 ■

→ **Frage 5.90: Lösung B**

Zu **(B)**: Wenn man die **bipolaren Ableitungen nach Einthoven** auf ein Dreieck reduziert und Pfeile vom jeweiligen Minuspol aus zeichnet, ergibt sich folgendes Bild:

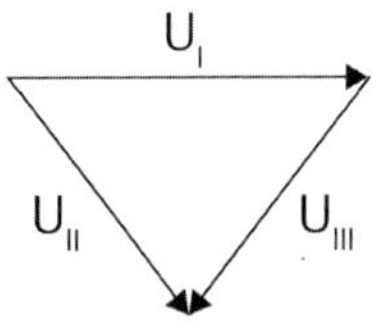

Die Pfeile entsprechen jeweils Vektoren, d. h. einer physikalischen Größe (hier der Spannung), der man eine Richtung im Raum zuordnen kann. In Diagrammen gibt ein Vektor die Richtung der betreffenden Größe an, seine Länge ist ein Maß für den Betrag der Größe.

Wenn man einen Vektor mit einem negativen Vorzeichen versieht, kehrt man ihn um (dreht ihn um 180°). Wir versehen den Vektor U_{II} mit einem Minus. Daraus ergibt sich:

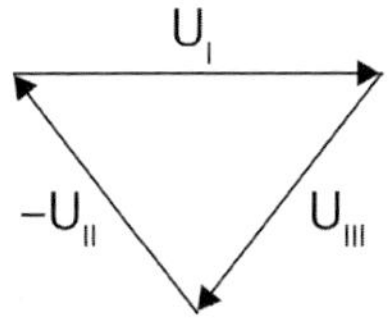

Wenn wir dem Spannungsverlauf von U_I aus folgen, kommen wir wieder beim Ausgangspunkt an. Die Spannung ist damit 0, da sich nur zwischen unterschiedlichen Punkten eine Potenzialdifferenz (Spannung = Potenzialdifferenz) aufbauen kann:

$U_I + U_{III} - U_{II} = \boldsymbol{U_I - U_{II} + U_{III}} = 0$

F11 ■■

→ **Frage 5.91: Lösung A**

Zu **(A)**: Ein **Plattenkondensator** besteht aus zwei gleich großen Leiterplatten mit der Plattenfläche *A*, die sich im Abstand *d* parallel gegenüberstehen. Zwischen ihnen kann sich Luft oder ein beliebiger isolierender Stoff (Dielektrikum mit der Dielektrizitätskonstante ε) befinden. In dieser Aufgabe entspricht das System aus Extra- und Intrazellulärflüssigkeit mit einer Zellmembran den Plattenflächen eines Kondensators. Für die Lösung der Aufgabe ist der Zusammenhang zwischen Kapazität, Ladungsmenge und Spannung am Kondensator entscheidend. Der **Fluss einer Ladungsmenge *Q* erzeugt** bei einem Kondensator der Kapazität *C* (Einheit F [Farad]) eine **Potentialdifferenz** (Spannung) ***U***:

$C = Q / U$

Nach U aufgelöst ergibt sich:

$\boldsymbol{U = Q / C}$

Die Kapazität *C* (Proportionalitätskonstante) ist konstant und abhängig von der Bauart des Plattenkondensators (Plattenfläche *A* usw.).

Zunächst berechnen wir die Ladungsmenge Q, die einem Strom vom 50 000 K^+-Ionen (geladen mit der Elementarladung $1{,}6 \times 10^{-19}$ C) entspricht:

$Q = 50\,000 \times 1{,}6 \times 10^{-19}\,C = 5 \times 10^4 \times 1{,}6 \times 10^{-19}\,C = 8 \times 10^{-15}\,C$

Für die **Potentialdifferenz *U*** ergibt sich somit:

$$U = \frac{Q}{C} = \frac{8 \times 10^{-15}C}{8\ pF} = \frac{8 \times 10^{-15}C}{8 \times 10^{-12}F} \times 10^{-3}V = 1\ mV$$

6 Schwingungen und Wellen

6.1 Schwingungen

VI.1 Harmonische Schwingungen

Unter einer Schwingung versteht man einen Vorgang, der sich in zeitlich gleichen Abständen (periodisch) wiederholt und mit einer ebenfalls periodischen Umwandlung von Energieformen (z. B. kinetische Energie in potenzielle Energie und umgekehrt) verknüpft ist.
Unter der Schwingungsamplitude versteht man die maximale Auslenkung aus der Ruhelage. Unter der Schwingungsdauer *T* versteht man die Zeit, in der genau eine Schwingung abläuft. Die Frequenz *f* gibt an, wie viele Schwingungen in einer Sekunde ausgeführt werden. Zwischen beiden Größen besteht der Zusammenhang:

$f = 1/T$; $[f] = s^{-1}$ = Hertz = Hz (Gl. 6.1.)

Man spricht von einer harmonischen Schwingung, wenn die Zeitabhängigkeit durch eine Sinusfunktion beschrieben werden kann:

$s(t) = s_0 \cdot \sin(\omega t + \varphi)$ (Gl. 6.2.)

$s(t)$ = momentane Auslenkung (Elongation)
s_0 = Schwingungsamplitude (Maximalwert von s)
ω = Kreisfrequenz = $(2\pi) \cdot f$
t = Zeitvariable
φ = Phasenwinkel der Schwingung

Unterscheiden sich zwei Schwingungen im Phasenwinkel, dann durchlaufen sie zu verschiedenen Zeiten den gleichen Schwingungszustand (z. B. Maximum, Minimum, Nulldurchgang usw.).

F00 ■■

→ **Frage 6.1: Lösung C**

Die in der Aufgabe gezeigte sinusförmige Wechselspannung soll eine Frequenz *f* von 50 Hz besitzen. Die Periodendauer *T* der Wechselspannung lässt sich aus dem Kehrwert der Frequenz *f* errechnen:

$$T = \frac{1}{f}$$

Die Periodendauer dieser Wechselspannung beträgt also:

$$\frac{1}{50\,\text{Hz}} = 0{,}02\,\text{s} = 20\,\text{ms}$$

Damit haben wir die Zeitspanne **einer** Schwingung (also einmal „Berg" und einmal „Tal") ausgerechnet. Auf der Abbildung sind jedoch $1\frac{1}{2}$ Schwingungen, damit $1\frac{1}{2}$ Periodendauern dargestellt. Die gesuchte Zeitspanne ist deshalb:

$$20\,\text{ms} \cdot 1\frac{1}{2} = 30\,\text{ms} = \underline{0{,}03\,\text{s}}$$

H05 ■■

→ **Frage 6.2: Lösung A**

Unter einer Schwingung versteht man einen Vorgang, der sich in zeitlich gleichen Abständen (periodisch) wiederholt und mit einer ebenfalls periodischen Umwandlung von Energieformen (z. B. kinetische Energie in potenzielle Energie und umgekehrt) verknüpft ist. Die Frequenz *f* gibt dabei an, wie viele Schwingungen in einer Sekunde ausgeführt werden. 1 Hertz (Hz) ist dabei eine Schwingung pro Sekunde. Die Zuckungen des Handmuskels des Patienten kann man im physikalischen Sinn also als Schwingung auffassen. Für die Angabe der Frequenz in Hertz muss man allerdings die Zahl der Schwingungen noch durch 60 teilen, da in der Aufgabe Schwingungen pro Minute und nicht pro Sekunde angegeben sind:

$$f = 300\frac{1}{\text{min}} = 300\frac{1}{60\,\text{s}} = \frac{300 \cdot 1}{60\,\text{s}} = \underline{5\,\text{Hz}}$$

F08 ■■

→ **Frage 6.3: Lösung B**

Die Herzfrequenzvariabilität, die im Wesentlichen eine Funktion des vegetativen Nervensystems ist, kann Hinweise auf bestimmte Erkrankungen bzw. deren Ausprägung geben. Ein Beispiel hierfür ist die diabetische Neuropathie, die mit einer „starren Herzfrequenz" einhergehen kann.
Der Zusammenhang zwischen Periodendauer *T* und Frequenz *f* einer Schwingung lautet:

$$f = \frac{1}{T} \text{ bzw. } T = \frac{1}{f};\ [f] = s^{-1} = \text{Hertz} = \text{Hz}$$

Eine Frequenz von 0,04 Hz entspricht damit einer Periodendauer von

$$T = \frac{1}{f} = \frac{1}{0{,}04\,\text{s}^{-1}} = \frac{1}{4 \cdot 10^{-2}\,\text{s}^{-1}} = 0{,}25 \cdot 10^2 = \underline{25\,\text{s}}$$

H08

→ **Frage 6.4: Lösung D**

Am Ende der etwas verwirrenden Aufgabenstellung steht der entscheidende und einzig wichtige Satz: „Etwa welcher Periodendauer entspricht 0,15 Hz"?
Der Zusammenhang zwischen **Frequenz *f*** und **Periodendauer *T*** lautet:

$$f = \frac{1}{T} \text{ oder umgeformt:}$$

$$T = \frac{1}{f} \text{ (siehe auch Lerntext VI.1)}$$

$$T = \frac{1}{f} = \frac{1}{0{,}15\,\text{Hz}} = \frac{1}{0{,}15\frac{1}{\text{s}}} = 6{,}\overline{6}\,\text{s} \approx \underline{7\,\text{s}}$$

F05 ■

→ **Frage 6.5: Lösung C**

Wenn 2 sinusförmige Schwingungen gleicher Frequenz eine Phasendifferenz von $\Delta\varphi_0 = \pi/2$ haben, sind sie genau um eine viertel Schwingung gegeneinander verschoben (eine Sinusschwingung hat eine Schwingungsdauer von 2π, wenn man im Bogenmaß misst).
Ein Beispiel ist die Phasenverschiebung zwischen Strom und Spannung am Kondensator: Der Strom eilt der Spannung um besagte π/2 voraus, wie in der Grafik dargestellt.

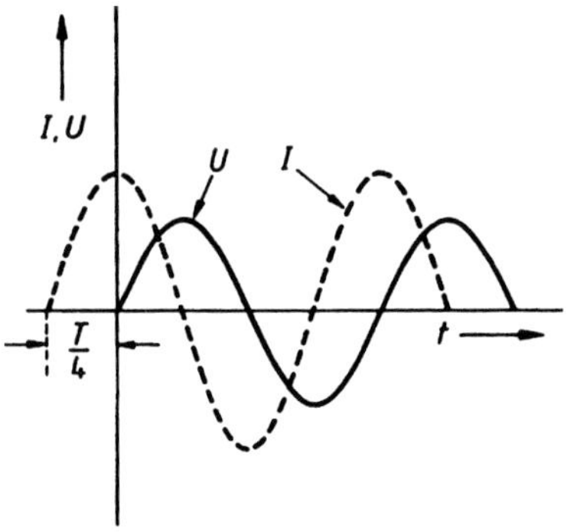

Abb. 6.1

In der Aufgabe ist nicht die Schwingungsdauer *T*, sondern die Frequenz angegeben. Der Zusammenhang zwischen beiden ist:

$$T = \frac{1}{f}$$

Die Schwingungsdauer der beiden Schwingungen mit einer Frequenz von 5 Hz ist also:

$$T = \frac{1}{f} = \frac{1}{5\,\text{Hz}} = 0{,}2\,\text{s} = 200\,\text{ms}$$

Mit π/2 sind sie ein Viertel dieser Zeit gegeneinander verschoben, also $\underline{\Delta t = 50\,\text{ms}}$.

F10 ■

→ **Frage 6.6: Lösung B**

Zu **(B)**: Wenn 2 harmonische Schwingungen gleicher Frequenz zu π/2 phasenverschoben sind, verhalten sie sich genau wie Spannung (*U*) und Strom (*I*) am Kondensator: Der Strom eilt der Spannung um besagte π/2 voraus.
Wie aus der Abbildung 6.1 erkennbar ist, ist der kleinste Abstand zwischen einem Maximum und einem Minimum ebenfalls 1/4 Schwingung (im Bogenmaß gemessen π/2, denn die gesamte Schwingungsdauer ist 2π). Um den konkreten zeitlichen Abstand zwischen einem Maximum und einem Minimum zu errechnen, müssen wir zunächst die Schwingungsdauer *T* auf der angegebenen Frequenz *f* (10 Hz) ermitteln. Der Zusammenhang ist (siehe auch Lerntext VI.1):

$$T = \frac{1}{f}$$

Die Schwingungsdauer der beiden Schwingungen mit einer Frequenz von 10 Hz ist also:

$$T = \frac{1}{f} = \frac{1}{10\,\text{Hz}} = 0{,}1\,\text{s} = 100\,\text{ms}$$

Mit π/2 sind sie ein Viertel dieser Zeit gegeneinander verschoben, also $\Delta t = \underline{25\,\text{ms}}$.

6.2 Wellen

VI.2 Wellen

Wenn sich eine periodische Störung (d. h. eine Schwingung) im Raum ausbreiten kann, dann spricht man von einer Welle. Zur zeitlichen Periodizität der Schwingung kommt bei der Welle die räumliche Periodizität hinzu. Die momentane Auslenkung eines Teilchens hängt also von Zeit und Ort ab: $s(t, x)$

Klinischer Bezug
Die vom schlagenden Herz erzeugte Pulsdruckwelle im menschlichen Gefäßsystem erfüllt die klassischen Kriterien einer Welle: Die zeitliche Periodizität (der regelmäßige Sinusrhythmus) und die räumliche Periodizität mit der räumlichen Ausbreitung der Pulswelle im arteriellen System.

VI.3 Wellenlänge, Frequenz und Ausbreitungsgeschwindigkeit

Am Beispiel einer Seilwelle kann man sich eine wichtige Beziehung klarmachen (Abb. 6.2). Wir bewegen ein langes Seil an einem Ende mit der Hand periodisch auf und ab. Es wird sich eine Welle von unserer Hand fortbewegen. Man sieht leicht ein, dass alle Teile des Seiles Schwingungen in vertikaler Richtung ausführen, die sich jedoch in der Phase unterscheiden: Entferntere Teile liegen zeitlich zurück. Der Abstand, der zwischen zwei Punkten gleicher Phase liegt (diese haben den gleichen Schwingungszustand), nennt man die Wellenlänge λ. Während nun der Seilanfang in der Hand eine volle Schwingung ausführt (dazu wird die Zeit *T* = Schwingungsdauer benötigt), muss die Welle gerade um die Strecke λ (= Wellenlänge) nach rechts gelaufen sein. Für die Ausbreitungsgeschwindigkeit einer Welle muss daher gelten:

$$c = \frac{\text{Wegstrecke}}{\text{Zeit}} = \frac{\lambda}{T} = \lambda \cdot f \qquad \text{(Gl. 6.3.)}$$

Diese Beziehung gilt für alle Wellenarten.

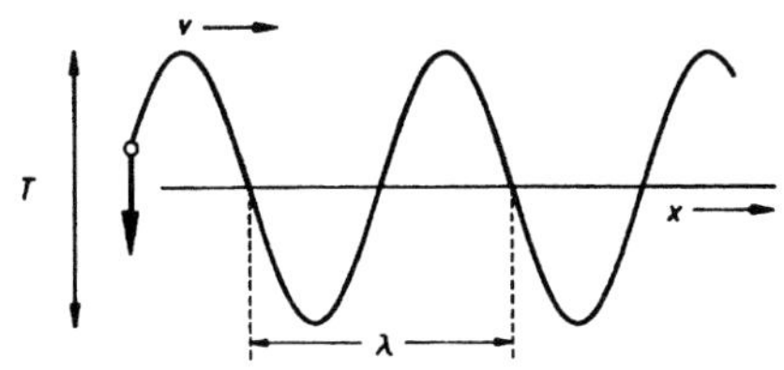

Abb. 6.2 Fortlaufende Seilwelle: Während das Seilende in der Zeit ***T*** einmal auf- und abbewegt wird, muss jeder Wellenberg um die Strecke λ weiterlaufen. Daraus ergibt sich die Ausbreitungsgeschwindigkeit $c = \lambda/\boldsymbol{T}$.

H03 F00 ■■

→ **Frage 6.7: Lösung A**

Der Zusammenhang zwischen Wellenlänge **λ**, Frequenz ***f*** und Ausbreitungsgeschwindigkeit ***c*** stellt wohl die wichtigste Formel für Wellenbewegungen dar:

$c = \lambda \cdot f$

Diese Beziehung gilt für alle Wellenarten (Wasserwellen, elektromagnetische Wellen, Schallwellen und damit auch für Ultraschall). In unserer Frage wird nach der Wellenlänge gefragt. Es muss also nach der Wellenlänge aufgelöst und die gegebenen Werte für die Frequenz und die Ausbreitungsgeschwindigkeit eingesetzt werden:

$$\lambda = \frac{c}{f} = \frac{1{,}5\,\frac{\text{km}}{\text{s}}}{10\,\text{MHz}} = \frac{1500\,\frac{\text{m}}{\text{s}}}{10\,\text{MHz}} = \frac{1{,}5 \cdot 10^3\,\frac{\text{m}}{\text{s}}}{10 \cdot 10^6\,\text{Hz}} = \frac{1{,}5\,\frac{\text{m}}{\text{s}}}{10 \cdot 10^3\,\frac{1}{\text{s}}}$$
$$= 1{,}5 \cdot 10^{-4}\,\text{m} = 0{,}15 \cdot 10^{-3}\,\text{m} = \underline{0{,}15\,\text{mm}}$$

F04 ■■

→ **Frage 6.8: Lösung D**

Siehe Kommentar zu Frage 6.9.
Zu **(D)**: Wir errechnen die Wellenlänge der verwendeten Strahlung:

$$\lambda = \frac{c}{f} = \frac{330\,\text{m/s}}{660\,\text{Hz}} = \frac{330\,\text{m/s}}{660\,1/\text{s}} = 0{,}5\,\text{m} = \underline{5\,\text{dm}}$$

F05 ■■

→ **Frage 6.9: Lösung C**

Den Zusammenhang zwischen Wellenlänge **λ**, Frequenz ***f*** und Ausbreitungsgeschwindigkeit ***c*** beschreibt unabhängig vom Gewebe, durch das die Welle läuft, die Formel:

$c = \lambda \cdot f$

Gesucht ist in unserer Aufgabe die Wellenlänge, deshalb formen wir um:

$$\lambda = \frac{c}{f}$$

Zu **(C)**: Wir errechnen die Wellenlänge der verwendeten Strahlung:

$$\lambda = \frac{c}{f} = \frac{1{,}6\,\text{km/s}}{8\,\text{MHz}} = \frac{1{,}6 \cdot 10^3\,\text{m/s}}{8 \cdot 10^6\,\text{Hz}} = \frac{16 \cdot 10^2\,\text{m/s}}{8 \cdot 10^6\,1/\text{s}}$$
$$= 2 \cdot 10^{-4}\,\text{m} = \underline{0{,}2\,\text{mm}}$$

F09 ■■

→ **Frage 6.10: Lösung D**

Siehe Kommentar zu Frage 6.9.
Zu **(D)**: Wir errechnen die Wellenlänge der verwendeten Strahlung:

$$\lambda = \frac{c}{f} = \frac{1{,}5\,\text{km/s}}{10\,\text{MHz}} = \frac{1500\,\text{m/s}}{10 \cdot 10^6\,\text{Hz}} = \frac{150\,\text{m/s}}{10^6\,1/\text{s}}$$
$$= 150 \cdot 10^{-6}\,\text{m} = \underline{150\,\mu\text{m}}$$

H04 H01 ■■

→ **Frage 6.11: Lösung E**

Den Zusammenhang zwischen Wellenlänge λ, Frequenz *f* und Ausbreitungsgeschwindigkeit *c* beschreibt die Formel:

$c = \lambda \cdot f$

Gesucht ist in unserer Aufgabe die Wellenlänge, deshalb formen wir um:

$$\lambda = \frac{c}{f}$$

Alle elektromagnetischen Wellen breiten sich im Vakuum mit Lichtgeschwindigkeit $c_0 = 3{,}0 \cdot 10^8\,\frac{\text{m}}{\text{s}}$ aus. In Materie (also auch in Luft) breiten sich elektromagnetische Wellen langsamer aus, für die Ausbreitung in Luft können wir aber in grober Näherung (da in den Lösungsmöglichkeiten nur Größenordnungen angegeben sind) mit Vakuumlichtgeschwindigkeit rechnen.
Zu **(E)**: Der Einfachheit halber rechnen wir zudem mit einer Näherung der Frequenz: 30 MHz statt 27,12 MHz:

$$\lambda = \frac{c}{f} = \frac{3{,}0 \cdot 10^8\,\text{m/s}}{30\,\text{MHz}} = \frac{3{,}0 \cdot 10^8\,\text{m/s}}{30 \cdot 10^6\,\text{Hz}}$$
$$= \frac{3{,}0 \cdot 10^8\,\text{m/s}}{3{,}0 \cdot 10^7\,1/\text{s}} = \underline{10\,\text{m}}$$

F10 ■■

→ **Frage 6.12: Lösung D**

Siehe Kommentar zu Frage 6.11.

Zu **(D)**: $\lambda = \frac{c}{f} = \frac{3{,}0 \cdot 10^8\,\text{m/s}}{2{,}5\,\text{GHZ}} = \frac{3{,}0 \cdot 10^8\,\text{m/s}}{2{,}5 \cdot 10^9\,\text{HZ}}$

$$= \frac{3{,}0 \cdot 10^8\,\text{m/s}}{2{,}5 \cdot 10^9\,1/\text{s}} = \frac{3\,\text{m}}{25} = \frac{12\,\text{m}}{100}$$

$$= 0{,}12\,\text{m} = \underline{12\,\text{cm}}$$

H10 ■■

→ **Frage 6.13: Lösung D**

Zu **(D)**: Mit der kompliziert klingenden Fragestellung ist nach einem einfachen Zusammenhang gefragt: dem zwischen Wellenlänge **λ**, Frequenz ***f*** und Ausbreitungsgeschwindigkeit **c** einer Welle. Ihn beschreibt unabhängig vom Gewebe, durch das die Welle läuft, die Formel (siehe Lerntext VI.3):

$$c = \lambda \cdot f$$

Gesucht wird in unserer Aufgabe die Wellenlänge, deshalb formen wir um:

$$\lambda = \frac{c}{f}$$

Wir setzen ein:

$$\lambda = \frac{c}{f} = \frac{1{,}5\,\text{km/s}}{7{,}5\,\text{MHz}} = \frac{1{,}5 \cdot 10^3\,\text{m/s}}{7{,}5 \cdot 10^6\,\text{Hz}} = \frac{15 \cdot 10^2\,\text{m/s}}{7{,}5 \cdot 10^6\,1/\text{s}}$$

$$= 2 \cdot 10^{-4}\,\text{m} = 200 \cdot 10^{-6}\,\text{m} = \underline{200\,\mu\text{m}}$$

H02 ■■

→ **Frage 6.14: Lösung D**

Den Zusammenhang zwischen Wellenlänge **λ**, Frequenz ***f*** und Ausbreitungsgeschwindigkeit ***c*** beschreibt die Formel:
$c = \lambda \cdot f$
Gesucht ist in unserer Aufgabe die **Frequenz**, deshalb formen wir um:

$$f = \frac{c}{\lambda}$$

Alle elektromagnetischen Wellen breiten sich im Vakuum mit Lichtgeschwindigkeit $c_0 = 3{,}0 \cdot 10^8 \frac{\text{m}}{\text{s}}$ aus. In Materie (also auch in Luft) breiten sich elektromagnetische Wellen **langsamer** aus, bei Ausbreitung in Luft allerdings nur geringfügig langsamer. Da in den Lösungsmöglichkeiten nur Größenordnungen angegeben sind, können wir näherungsweise mit $c_0 = 2{,}8 \cdot 10^8 \frac{\text{m}}{\text{s}}$ rechnen und die Wellenlänge näherungsweise mit 70 statt 69 cm einsetzen, um auf „gerade" Ergebnisse zu kommen:

$$f = \frac{c}{\lambda} = \frac{3{,}0 \cdot 10^8\,\text{m/s}}{0{,}69\,\text{m}} \approx \frac{2{,}8 \cdot 10^8\,\text{m/s}}{0{,}7\,\text{m}} \approx 4 \cdot 10^8\,\text{Hz}$$

$$\approx 400 \cdot 10^6\,\text{Hz} \approx \underline{400\,\text{MHz}}$$

H07 ■■

→ **Frage 6.15: Lösung D**

Siehe Kommentar zu Frage 6.9.
Zu **(D)**: Wir setzen ein:

$$\lambda = \frac{c}{f} = \frac{1{,}6\,\text{km/s}}{4\,\text{MHz}} = \frac{1{,}6 \cdot 10^3\,\text{m/s}}{4 \cdot 10^6\,\text{Hz}} = \frac{16 \cdot 10^2\,\text{m/s}}{4 \cdot 10^6\,1/\text{s}}$$

$$= 4 \cdot 10^{-4}\,\text{m} = 400 \cdot 10^{-6}\,\text{m} = \underline{400\,\mu\text{m}}$$

F02 ■■

→ **Frage 6.16: Lösung C**

Der Zusammenhang zwischen Wellenlänge λ, Frequenz *f* und Ausbreitungsgeschwindigkeit *c* beschreibt die Formel:
$c = \lambda \cdot f$
Die in der Aufgabe gesuchte Periodendauer *T* lässt sich aus $T = \frac{1}{f}$ errechnen.

Zunächst lösen wir aber die erste Formel nach *f* auf:

$$f = \frac{c}{\lambda}$$

Die Geschwindigkeit *v* ist mit 1 cm Papier für 0,05 Sekunden angegeben:

$$v = \frac{1\,\text{cm}}{0{,}05\,\text{s}} = 20\,\frac{\text{cm}}{\text{s}}$$

Eine Wellenlänge λ ist mit 16 cm in der Abbildung eingezeichnet:

$$f = \frac{c}{\lambda} = \frac{20\,\frac{\text{cm}}{\text{s}}}{16\,\text{cm}} = \frac{20}{16}\frac{1}{\text{s}}$$

Die gesuchte Periodendauer *T* ist der Kehrwert der Frequenz *f*:

$$T = \frac{1}{f} = \frac{16\,\text{s}}{20} = \underline{0{,}8\,\text{s}}$$

H02 ■

→ **Frage 6.17: Lösung D**

Der fortlaufende Ausschrieb der Druckpulskurve kann physikalisch als Welle betrachtet werden. Es gilt der bekannte Zusammenhang zwischen Wellenlänge λ, Frequenz *f* und Ausbreitungsgeschwindigkeit *c*:
$c = \lambda \cdot f$
Gesucht ist in unserer Aufgabe die Frequenz, deshalb formen wir um:

$$f = \frac{c}{\lambda}$$

Die Geschwindigkeit ist mit 1 cm/0,05 s angegeben. Zunächst erweitern wir die Geschwindigkeit mit 20:

$$\frac{1\,\text{cm}}{0{,}05\,\text{s}} = \frac{20\,\text{cm}}{1\,\text{s}}$$

Eingesetzt ergibt sich:

$$f = \frac{c}{\lambda} = \frac{20\,\frac{\text{cm}}{\text{s}}}{16\,\text{cm}} = 1{,}25\,\frac{1}{\text{s}}$$

Die Herzfrequenz ist in den Lösungsmöglichkeiten in min^{-1} angegeben: Die jetzt erhaltene Frequenz in s^{-1} muss also noch mit 60 erweitert werden, um die Einheit „pro Minute" zu erhalten:

$$1{,}25\,\frac{1}{\text{s}} \cdot \frac{60}{60} = 75\,\frac{1}{60\,\text{s}} = 75\,\frac{1}{\text{min}} = \underline{75\,\text{min}^{-1}}$$

H09 ■

→ **Frage 6.18: Lösung C**

Zu **(C)**: Die fortlaufende **Aufzeichnung des EKG** kann physikalisch als **Welle** betrachtet werden. Es gilt der bekannte Zusammenhang zwischen Wellenlänge **λ**, Frequenz ***f*** und Ausbreitungsgeschwindigkeit **c** (siehe auch Lerntext VI.3):

$c = \lambda \cdot f$

Gesucht ist in unserer Aufgabe die **Frequenz**, deshalb formen wir um:

$$f = \frac{c}{\lambda}$$

Die **Wellenlänge** λ ist der **Abstand zwischen zwei QRS-Komplexen**. Im vorliegenden EKG beträgt er 3 cm = **30 mm**. Die **Geschwindigkeit** *c* ist mit **50 mm/s** angegeben.

Zu **(C)**: Eingesetzt ergibt sich:

$$f = \frac{c}{\lambda} = \frac{50\,\frac{mm}{s}}{30\,mm} = 1{,}\overline{6}\,\frac{1}{s}$$

Die Herzfrequenz ist bei den Lösungsmöglichkeiten in min^{-1} angegeben: Die jetzt erhaltene **Frequenz in s^{-1}** muss daher noch **mit 60 erweitert werden**, um die **Einheit „pro Minute"** zu erhalten:

$$1{,}\overline{6}\,\frac{1}{s} = 100\,\frac{1}{60\,s} = \underline{100/min}$$

F09 ■■

→ **Frage 6.19: Lösung C**

Siehe Kommentar zu Frage 6.18.

Zu **(C)**: Eingesetzt ergibt sich:

$$f = \frac{c}{\lambda} = \frac{50\,\frac{mm}{s}}{30\,mm} = 1{,}\overline{6}\,\frac{1}{s}$$

Die Herzfrequenz wird als Anzahl der Schläge pro Minute angegeben. Die Frequenz in s^{-1} muss also noch mit 60 erweitert werden, um die richtige Einheit zu erhalten.

$$1{,}\overline{6}\,\frac{1}{s} \cdot \frac{60}{60} = 100\,\frac{1}{60\,s} = 100\,\frac{1}{min} = \underline{100\,min^{-1}}$$

F04 ■

→ **Frage 6.20: Lösung D**

Eine Herzfrequenz von 60/min beträgt umgerechnet in Frequenz pro Sekunde: 1/s. Der Abstand zwischen den Anfangspunkten zweier aufeinander folgender P-Wellen ist nichts anderes als die „Wellenlänge" der aufgezeichneten EKG-„Welle".

Gefragt ist nun nach der Ausbreitungsgeschwindigkeit (Papiervorschubgeschwindigkeit), mit der das EKG aufgezeichnet wird. Sie lässt sich errechnen aus dem Zusammenhang zwischen Wellenlänge **λ**, Frequenz ***f*** und Ausbreitungsgeschwindigkeit **c**:

$c = \lambda \cdot f$

Für unsere Aufgabe also:

$$c = \lambda \cdot f = 5\,cm \cdot 1\,Hz = 5\,cm \cdot 1\,\frac{1}{s} = 5\,cm/s$$

Umgerechnet in cm/min (dazu müssen wir mit 60 erweitern) erhalten wir:

$$5\,\frac{cm}{s} \cdot \frac{60}{60} = 300\,\frac{cm}{60\,s} = \underline{300\,\frac{cm}{min}}$$

VI.4 Longitudinal- und Transversalwellen

Bei Wellen unterscheidet man grundsätzlich zwischen Longitudinal- und Transversalwellen (Längs- und Querwellen). Bei den Longitudinalwellen ist die Schwingungsrichtung der Teilchen parallel zur Ausbreitungsrichtung, bei den Transversalwellen steht sie senkrecht dazu.

Beispiele: Seilwellen und elektromagnetische Wellen sind Transversalwellen, Schallwellen in Gasen sind Longitudinalwellen.

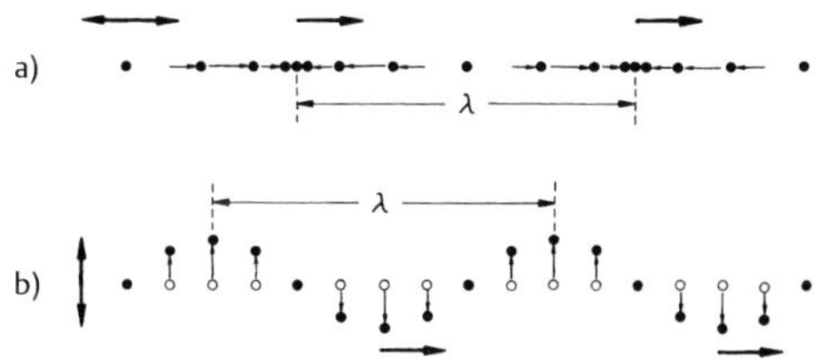

Abb. 6.3 Bei der Längswelle (Longitudinalwelle) schwingen die Teilchen in Ausbreitungsrichtung (a), bei der Querwelle (Transversalwelle) senkrecht zur Ausbreitungsrichtung (b).

VI.5 Beugung und Polarisation

Beugung und Polarisation sind typische Wellenerscheinungen.

Wellen können sich um Hindernisse herum ausbreiten, d. h. in Bereiche hinein, die bei einer geradlinigen Fortpflanzung von den Wellen nicht erfüllt würden. Man bezeichnet diese Erscheinung als **Beugung**. Sie tritt bei allen Wellenarten auf.

Für die Transversalwelle kann sich die Schwingungsrichtung in einer Ebene senkrecht zur Ausbreitungsrichtung ändern. Erfolgt die Auslenkung der Teilchen einer Transversalwelle immer in der gleichen Richtung, dann bezeichnet man die Welle als **polarisiert**. Ein anschauliches Beispiel für eine polarisierte Welle ist die Seilwelle, wenn das Ende stets senkrecht auf und ab bewegt wird.

Longitudinalwellen (z. B. der Schall) können nicht polarisiert werden.

Klinischer Bezug

Unter der natürlichen optischen Aktivität einer Substanz versteht man das Vermögen, die Polarisationsrichtung linear polarisierter Lichtstrahlen zu ändern. Der Drehwinkel, um den die Polarisationsrichtung gedreht wird, ist bei gelösten, natürlich optisch aktiven Substanzen von der Stoffkonzentration abhängig. Dies kann man ausnutzen, um zum Beispiel den Glukosegehalt im Urin auf optische Art zu bestimmen.

F05 ■

→ **Frage 6.21: Lösung B**

Bestimmte Substanzen (z. B. Zuckerlösungen) können das linear polarisierte Licht drehen. Wie die Polarisation genau funktioniert (hierzu siehe auch Lerntext VI.5), muss man für die Aufgabe gar nicht wissen; zur Lösung reicht ein einfacher Dreisatz:

50 g D-Glucose drehen mit $5\,\frac{\text{Grad}\cdot\text{cm}^2}{\text{g}}$ nach rechts, *x* g F-Fructose mit $9\,\frac{\text{Grad}\cdot\text{cm}^2}{\text{g}}$ nach links, wobei die beiden Drehungen sich gerade aufheben sollen. Also gilt:

$$50\,\text{g}\cdot 5\,\frac{\text{Grad}\cdot\text{cm}^2}{\text{g}} = x\cdot 9\,\frac{\text{Grad}\cdot\text{cm}^2}{\text{g}}$$

Nach *x* aufgelöst:

$$x = \frac{50\,\text{g}\cdot 5\,\frac{\text{Grad}\cdot\text{cm}^2}{\text{g}}}{9\,\frac{\text{Grad}\cdot\text{cm}^2}{\text{g}}} = \frac{250}{9}\,\text{g} = 27{,}8\,\text{g} \approx \underline{30\,\text{g}}$$

VI.6 Interferenz am Doppelspalt

Wenn eine ebene Welle auf einen Doppelspalt trifft, werden nach dem Huygensschen Prinzip die beiden Spaltöffnungen zu Ausgangspunkten neuer Elementarwellen (= Kugelwellen). In jede Richtung interferieren nun diese beiden Wellenzüge und es hängt vom Gangunterschied zwischen den beiden Wellen ab, ob sie sich in diese Richtung verstärken oder abschwächen.

Unter dem Gangunterschied Δs versteht man die Strecke, die ein Strahl mehr zurücklegen muss als der andere. Er kann aus der folgenden Formel berechnet werden:

$\Delta s = a \cdot \sin\alpha$ (Gl. 6.4.)

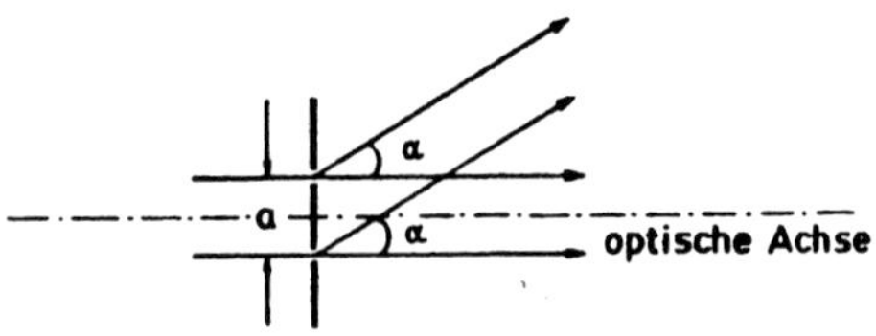

Abb. 6.4 Beugung am Doppelspalt.

Dabei bedeuten:

a = Spaltabstand, α = Winkel zwischen Beobachtungsrichtung und optischer Achse

Ist der Gangunterschied gleich einem Vielfachen der Wellenlänge ($\Delta s = n\lambda$), dann verstärken sich die beiden Teilwellen und man beobachtet in dieser Richtung ein Intensitätsmaximum. Gilt jedoch $\Delta s = (n\frac{1}{2})\lambda$, dann erfolgt in dieser Richtung Auslöschung, d. h. ein Interferenzminimum.

6.3 Schallwellen

H95 ■■

→ **Frage 6.22: Lösung B**

Wieder einmal eine Frage, die zeigt, dass es lohnt, sich gewisse Zahlenwerte zu merken. Abgesehen davon, dass dann solche Fragen leicht zu beantworten sind, gehört solches Wissen eigentlich zur „Allgemeinbildung" eines akademisch ausgebildeten Menschen. Zu diesen Zahlen gehören unter anderem:

Schallgeschwindigkeit in Luft = 330 m/s
Schallgeschwindigkeit in Wasser = 1500 m/s
Lichtgeschwindigkeit im Vakuum = $3\cdot 10^8$ m/s
Elementarladung = $1{,}6\cdot 10^{-19}$ Coulomb
Erdbeschleunigung = 9,8 m/s^2
Dichte des Wassers = 1 g/cm^3
Dichte der Luft = 1,3 kg/m^3

F96 ■■

→ **Frage 6.23: Lösung D**

Siehe Kommentar zu Frage 6.22.

F06 ■

→ **Frage 6.24: Lösung E**

Um diese Aufgabe lösen zu können, muss man wissen, mit welcher Geschwindigkeit sich Licht und Schall in Luft ausbreiten: Die **Lichtgeschwindigkeit in Luft** entspricht **annähernd** der Lichtgeschwindigkeit im Vakuum (**c_0 = 3 · 10^8 m/s**), die **Schallgeschwindigkeit in Luft** liegt bei etwa **330 m/s**.

Da das Licht so extrem schnell ist, sieht man das Lichtsignal quasi sofort, während sich der Schall mit 330 m/s relativ gemütlich bewegt und man ihn deshalb erst mit Verzögerung hört. Um auszurechnen, wie lange der Schall für die 2 km bis zum Beobachter benötigt, formen wir die bekannte Formel der Geschwindigkeit um (v = Geschwindigkeit, s = Strecke, t = Zeit):

$$v = \frac{s}{t}$$

$$t = \frac{s}{v} = \frac{2\,\text{km}}{330\,\text{m/s}} = \frac{2000\,\text{m}}{330\,\text{m/s}} \approx \underline{6\,\text{s}}$$

Damit trifft das optische Signal etwa 6 s vor dem akustischen Signal ein (Lösung (E)).

VI.7 Schallwellen

Unter Schallwellen versteht man Druck- (oder Dichte-)schwankungen, die sich in Materie ausbreiten und von unserem Ohr wahrgenommen werden. Sie liegen im Frequenzbereich zwischen ca. 20–20 000 Hz. Wellen dieser Art oberhalb der Hörgrenze bezeichnet man als Ultraschall.
Mit Schallwellen wird (wie auch mit allen anderen Wellen) Energie transportiert, ohne dass damit ein Materientransport verbunden ist. Allerdings können sich Schallwellen (im Gegensatz zu den elektromagnetischen Wellen) nur in Materie ausbreiten, nicht dagegen in Vakuum. Schallwellen sind Longitudinalwellen und können nicht polarisiert werden.

Klinischer Bezug

Das menschliche Ohr nimmt unterschiedliche Schallfrequenzen unterschiedlich gut wahr. Bei gleichem Schalldruck werden bestimmte Wellenlängenbereiche lauter empfunden als andere. Am besten gehört werden Frequenzen zwischen 2000 und 5000 Hertz. Zum Vergleich für Musikinteressierte: Der Kammerton a (das eingestrichene a, der Ton, auf den üblicherweise alle Instrumente eines Ensembles eingestimmt werden), hat eine Frequenz von 440 Hertz.

VI.8 Verhalten von Schallwellen an Grenzflächen

Trifft eine Schallwelle auf eine Grenzfläche, an der sich die Eigenschaften des Mediums ändern, so wird stets ein Teil der Welle und damit auch ein Teil ihrer Intensität reflektiert, während der Rest in das angrenzende Medium eindringt. Der reflektierte Anteil ist um so größer, je stärker sich der so genannte Wellenwiderstand *R* an der Grenzfläche ändert. Darunter versteht man das Produkt aus Dichte ρ des Stoffes und Ausbreitungsgeschwindigkeit *c* der Welle in diesem Stoff:

$$R = \rho \cdot c \qquad \text{(Gl. 6.5.)}$$

Im Allgemeinen ändert sich beim Übertritt in ein anderes Medium die Ausbreitungsgeschwindigkeit einer Schallwelle. Da die Frequenz *f* einer Welle unabhängig vom Stoff, den sie gerade durchläuft, konstant bleibt, muss sich die Wellenlänge λ in gleicher Weise ändern wie die Geschwindigkeit *c*, da stets gelten muss $c = \lambda \cdot f$, oder *v* ist proportional zu λ.

F10 ■■

→ **Frage 6.25: Lösung C**

Zu **(C)**: Die akustische **Impedanz** (früher auch als „Schallwiderstand" bezeichnet) von Luft (im Gehörgang) ist wesentlich geringer als die der Perilymphe, wie man die Flüssigkeit des Innenohrs bezeichnet. Bewegen sich Schallwellen von einem Medium in ein anderes, werden sie an der Grenzfläche der Medien umso stärker reflektiert, je größer die Differenz der akustischen Impedanzen zwischen beiden Medien ist. Gäbe es eine direkte Kopplung Luft-Perilymphe im Innenohr, würde der größte Teil der Luftschwingung aus dem Innenohr reflektiert und man wäre damit ziemlich schwerhörig. Das System **Trommelfell – Gehörknöchelchen – ovales Fenster** dient daher als **akustischer Impedanzanpasser**: Niedrige Schalldrücke und hohe Auslenkungen der Schallwelle in der Luft des Gehörgangs werden in hohe Schalldrücke und niedrige Auslenkungen in der Perilymphe des Innenohrs umgewandelt. Durch diesen Mechanismus besteht eine optimale „Schallweitergabe".

VI.9 Stehende Wellen

Die Überlagerung zweier Wellen mit gleicher Frequenz und Amplitude, aber entgegengesetzter Ausbreitungsrichtung ergibt eine stehende Welle. Diese Situation entsteht zwangsläufig vor einer Grenzfläche, an der eine Welle vollständig reflektiert wird (Abb. 6.5).
Eine stehende Welle ist durch folgende Merkmale charakterisiert:
a) An bestimmten ortsfesten Stellen ist die Auslenkung stets 0 (Schwingungsknoten). Ihr gegenseitiger Abstand ist genau eine halbe Wellenlänge.
b) Die dazwischenliegenden Teile schwingen mit unterschiedlicher Amplitude (Schwingungsbäuche).
c) Eine stehende Welle transportiert keine Energie. Die Energie ist in dem Bereich, in dem sich die stehende Welle ausbildet, eingeschlossen.

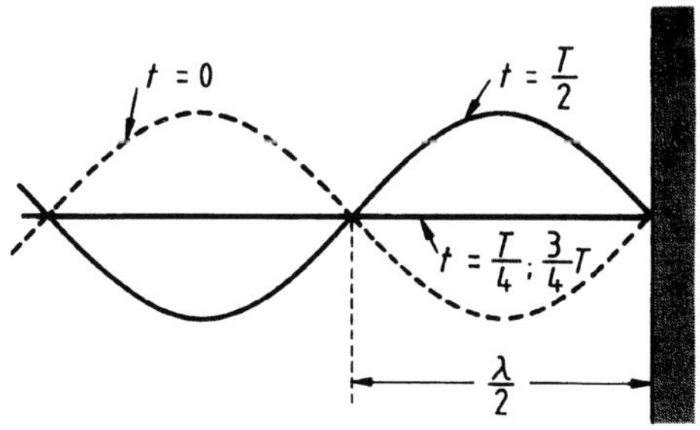

Abb. 6.5 Stehende Seilwelle: Es sind die Schwingungszustände für verschiedene Zeiten gezeichnet: Innerhalb einer halben Periode (***t*** = 0, ***T***/2) vertauschen Maxima und Minima (Berge und Täler) ihren Platz, dazwischen (***t*** = ***T***/4, 3***T***/4) schwingt das Seil durch die Ruhelage. Der Abstand zweier Schwingungsknoten ist immer $\lambda/2$.

F09

→ **Frage 6.26: Lösung D**

Bei einer gedackten Orgelpfeife ist ein Ende (in das Luft eingeleitet wird) offen, das andere geschlossen. Dadurch kann eine stehende Welle in der Orgelpfeife erzeugt werden. Dabei handelt es sich um eine Überlagerung von Wellen gleicher Frequenz und Amplitude, aber entgegengesetzter Ausbreitungsrichtung. Jeweils im Abstand einer halben Wellenlänge ($\lambda/2$) entstehen bei einer stehenden Welle sogenannte „Bewegungsknoten", dazwischen liegen Abschnitte maximaler Bewegung, „Bewegungsbäuche" (siehe Lerntext VI.9).
Die Abbildung 6.5 zeigt eine stehende Welle.
Bei der gedackten Orgelpfeife hat die Schwingung am offenen Ende eine maximale Amplitude, es entsteht ein Bewegungsbauch. Die **Grundschwingung** (kleinste Eigenfrequenz) ist in der Abbildung der Orgelpfeife dargestellt. Die Länge ***L*** entspricht der halben Strecke zwischen 2 Wellenknoten, also ¼ Wellenlänge ($\lambda/4$).

Abb. 6.**6** Grundschwingung in einer „gedackten" (geschlossenen) Orgelpfeife.

Die Länge **L** der Schwingung ist $\lambda/4$.

$$L = \frac{\lambda}{4}$$

$\lambda = L \cdot 4$

$\lambda = 2{,}5 \cdot 10^{-2}\,\text{m} \cdot 4 = 10 \cdot 10^{-2}\,\text{m} = 0{,}1\,\text{m}$

Die Frequenz errechnet sich aus dem Zusammenhang zwischen Wellenlänge λ, Frequenz f und Ausbreitungsgeschwindigkeit c:

$c = \lambda \cdot f$

$$f = \frac{c}{\lambda}$$

Bei Schallgeschwindigkeit c von 330 m/s ergibt sich:

$$f = \frac{c}{\lambda} = \frac{330\,\frac{\text{m}}{\text{s}}}{0{,}1\,\text{m}} = 3300\,\frac{1}{\text{s}} = 3{,}3\,\text{kHz} \approx \underline{3\,\text{kHz}}$$

VI.10 Schallstärke und Schallpegelmaß

Die Schallstärke ist ein Maß für die in einer Schallwelle transportierte Energie. Sie gibt an, welche Energie E in der Zeit t durch eine zur Ausbreitungsrichtung der Welle senkrechte Fläche A hindurchtritt. Die Schallstärke bezeichnet also die Intensität I einer Schallwelle:

$$I = \frac{E}{A \cdot t};\ [I] = \text{W/m}^2 \qquad \text{(Gl. 6.6.)}$$

Das Schallpegelmaß benutzt man dazu, die Intensität zweier Schallwellen I_1 und I_2 zu vergleichen. Man errechnet es nach der Formel:

$$L = 10 \log \frac{I_2}{I_1};\ [L] = \text{dB} \qquad \text{(Gl. 6.7.)}$$

Die Maßbezeichnung dB (Dezibel) wird wie eine Einheit verwendet, obwohl es sich um eine dimensionslose Zahl handelt, die das Verhältnis zweier Intensitäten widerspiegelt.
Man kann den Schallpegel auch als absolutes Maß verwenden, wenn man die zu bewertende Intensität auf die Intensität bezieht, die vom menschlichen Ohr gerade noch wahrgenommen wird. Der Wert dieser Intensität wird allgemein mit I_0 = 10^{-20} W/m² angenommen. Erzeugt wird diese Intensität durch einen Schallwechseldruck (= Amplitude der Druckschwankungen in der Schallwelle) von $p = 2 \cdot 10^{-5}$ Pa. Den absoluten Schallpegel für eine Intensität I erhält man dann aus der Gleichung

$$L = 10 \log\left(\frac{I}{I_0}\right) \qquad \text{(Gl. 6.8.)}$$

Definitionsgemäß besitzt dann die Intensität I_0 den Schallpegel 0 dB. Wichtig ist auch noch der Zusammenhang zwischen der Intensität und dem Schallwechseldruck p: I ist proportional zum Quadrat von p:

$$I \propto p^2 \qquad \text{(Gl. 6.9.)}$$

Klinischer Bezug

Zur Orientierung die Schallpegel einiger typischer Lärmquellen:

Dezibel	Schallquelle
110	Pressluftbohrer in 10 m Abstand
90	Fahrender LKW in 7,5 m Entfernung
70	Fluglärm in der Nähe eines Flughafens (Boeing 737-600, 6500 m nach dem Start)
55	Gespräch
30	Flüstern

F09 ■

→ **Frage 6.27: Lösung D**

Das **Phon** ist die Einheit der **Lautstärke**. Die Lautstärke ist an das menschliche Hörempfinden gebunden: Man schreibt 2 Tönen die gleiche Lautstärke zu, wenn sie unabhängig von der Frequenz als gleich laut empfunden werden. Die Lautstärke eines Tones bestimmt man, indem man ihn mit dem Schallpegel eines 1000 Hz (**1 kHz**)-Sinustons vergleicht, der gleich laut empfunden wird. Der Schallpegel des 1 kHz-Sinustons in dB (dB SPL) entspricht der Lautstärke des Tones in Phon.

F06 F03 ■■

→ **Frage 6.28: Lösung C**

Die Maßbezeichnung dB bezieht sich auf das sog. Schallpegelmaß, das man dazu benutzt, die Intensitäten zweier Schallwellen miteinander zu vergleichen (siehe auch Lerntext VI.10). Man errechnet es nach der Formel:

$$L = 10 \cdot \log \frac{I_1}{I_2}. \quad [L] = \text{dB}$$

Die Maßeinheit dB (Dezibel) wird wie eine Einheit verwendet, obwohl es sich um eine dimensionslose Zahl handelt, die das Verhältnis zweier Intensitäten widerspiegelt.
Zu **(C)**: Die Hörschwelle liegt für den an einer Hörminderung erkrankten Patienten am linken Ohr um 20 dB höher als am rechten Ohr. Wir formen die Formel etwas um und setzen den Dezibel-Wert ein, um das Verhältnis I_1/I_2 zu errechnen:

$$\log \frac{I_1}{I_2} = \frac{L}{10} = \frac{20\,\text{dB}}{10} = 2$$

(Die Maßbezeichnung dB ist **keine** Einheit, sondern eine dimensionslose Zahl!)
Der dekadische Logarithmus des Verhältnisses I_1/I_2 ist 2, die Schwellenschallintensität damit um den gesuchten Faktor höher:

$$\frac{I_1}{I_2} = 10^2 = \underline{100}$$

H06 ■

→ **Frage 6.29: Lösung B**

Siehe Kommentar zu Frage 6.28.
Zu **(B)**: Bei dieser Aufgabe muss man jedoch beachten, dass nicht nach der **Schallintensität *I*** gefragt ist, sondern nach dem **Schalldruck *p***.
Der Schallintensität I ist proportional zum Quadrat des Schalldrucks p:
$I \propto p^2$
Eingesetzt in die obere Formel ergibt das:

$$L = 10 \cdot \log \frac{p^2}{p_0^2} = 10 \cdot \log \left(\frac{p}{p_0}\right)^2 = 10 \cdot 2 \cdot \log \left(\frac{p}{p_0}\right)$$
$$= 20 \cdot \log \frac{p}{p_0}$$

Wir setzen die Differenz von 20 dB ein und formen um:

$$L = 20 \cdot \log \frac{p}{p_0}$$

$$20\,\text{dB} = 20 \cdot \log \frac{p}{p_0}$$

$$1 = \log \frac{p}{p_0}$$

(Die Maßbezeichnung dB ist **keine** Einheit, sondern eine dimensionslose Zahl.)
Der dekadische Logarithmus des Verhältnisses p/p_0 ist 1, der Schalldruck damit höher um den gesuchten Faktor $\frac{p}{p_0} = 10^1 = \underline{10}$ höher.

F07 ■

→ **Frage 6.30: Lösung C**

Siehe Kommentar zu Frage 6.28.
Zu **(C)**: Bei dieser Aufgabe muss man jedoch beachten, dass nicht nach der **Schallintensität *I*** gefragt ist (nach der das IMPP sonst sehr gerne fragt), sondern nach dem **Schall(wechsel)druck *p***!
Die Schallintensität I ist proportional zum Quadrat des Schall(wechsel)drucks p:
$I \propto p^2$
Eingesetzt in die obere Formel ergibt das:

$$L = 10 \cdot \log \frac{p^2}{p_0^2} = 10 \cdot \log \left(\frac{p}{p_0}\right)^2 = 10 \cdot 2 \cdot \log \left(\frac{p}{p_0}\right)$$
$$= 20 \cdot \log \frac{p}{p_0}$$

Wir setzen die Differenz von 40 dB ein und formen um:

$$L = 20 \cdot \log \frac{p}{p_0}$$

$$40\,\text{dB} = 20 \cdot \log \frac{p}{p_0}$$

$$2 = \log \frac{p}{p_0}$$

(Die Maßbezeichnung dB ist **keine** Einheit, sondern eine dimensionslose Zahl!)
Der dekadische Logarithmus des Verhältnisses p/p_0 ist 2, der Schalldruck damit höher um den gesuch ten Faktor:

$$\frac{p}{p_0} = 10^2 = \underline{100}$$

H05 ■■

→ **Frage 6.31: Lösung D**

Siehe Kommentar zu Frage 6.28.
Zu **(D)**: Wir setzen die Differenz von 30 dB ein und formen um:

$$\frac{30\,\text{dB}}{10} = 3 = \log \frac{I_1}{I_2}$$

(Die Maßbezeichnung dB ist **keine** Einheit, sondern eine dimensionslose Zahl!).
Der dekadische Logarithmus des Verhältnisses I_1/I_2 ist 3, die Schwellenschallintensität damit um den gesuchten Faktor höher:

$$\frac{I_1}{I_2} = 10^3 = \underline{1000}$$

Kommentare

H03 ■

→ **Frage 6.32: Lösung C**

Siehe Kommentar zu Frage 6.28.
Zu **(C)**: Die Schalldämmmauer reduziert den Schallpegel um 20 dB (von 80 dB auf 60 dB). Wenn das Verhältnis der Intensitäten (I_2/I_1) einen Schallpegelunterschied L von 20 dB ergibt, gilt:

$$L = 20\,\text{dB} = 10 \cdot \log\frac{I_2}{I_1}\text{, nach Kürzen: } 2 = \log\frac{I_2}{I_1}$$

Der dekadische Logarithmus des gesuchten Verhältnisses ist 2, das gesuchte Verhältnis I_2/I_1 selber damit: 10^2 = <u>100</u>. Um diesen Faktor reduziert die Schalldämmmauer die Schallintensität.

Merke!
Man unterscheide streng zwischen den Begriffen „Intensität" (vgl. Gl. 6.6) und „Pegelmaß" (vgl. Gl. 6.7) einer Schallwelle. Während sich die Intensitäten stets addieren, nimmt der Schallpegel (unabhängig von der Einzelintensität!) bei einer Verdopplung der Intensität stets um etwa 3 dB zu.

F04 ■■

→ **Frage 6.33: Lösung B**

Siehe Kommentar zu Frage 6.28.
Zu **(B)**: Wird die Schallintensität um den Faktor 100 erhöht, ist das Verhältnis der Intensitäten I_2/I_1 genau 100/1. Es ergibt sich eine Erhöhung des Schallpegels von:

$$L = 10 \cdot \log\frac{I_2}{I_1} = 10 \cdot \log\left(\frac{100}{1}\right) = 10 \cdot 2 = 20\,\text{dB}$$

Der Schallpegel beträgt nachher insgesamt (50 + 20) = <u>70 dB</u>

F05 ■■

→ **Frage 6.34: Lösung B**

Siehe Kommentar zu Frage 6.28.
Zu **(B)**: Wird die Schallintensität um den Faktor 10 000 erhöht, ist das Verhältnis der Intensitäten I_2/I_1 genau 10 000/1. Es ergibt sich eine Erhöhung des Schallpegels von:

$$L = 10 \cdot \lg\frac{I_2}{I_1} = 10 \cdot \lg\left(\frac{10\,000}{1}\right) = 10 \cdot 4 = 40\,\text{dB}$$

Der Schallpegel beträgt nachher insgesamt (30 + 40) = <u>70 dB</u>

F08 ■■

→ **Frage 6.35: Lösung C**

Siehe Kommentar zu Frage 6.28.
Zu **(C)**: Wird die Schallintensität um den Faktor 100 erhöht, ist das Verhältnis der Intensitäten I_2/I_1 genau 100/1. Es ergibt sich eine Erhöhung des Schallpegels von:

$$L = 10 \cdot \log\frac{I_2}{I_1} = 10 \cdot \log\left(\frac{100}{1}\right) = 10 \cdot 2 = \underline{20\,\text{dB}}$$

H08 ■■

→ **Frage 6.36: Lösung B**

Siehe Kommentar zu Frage 6.28.
Zu **(B)**: Wird die Schallintensität für den Patienten gegenüber einer Vergleichsperson um den Faktor 1000 erhöht, ist das Verhältnis der Intensitäten I_2/I_1 genau 1000/1. Es ergibt sich eine Erhöhung des Schallpegels von:

$$L = 10 \cdot \log\frac{I_2}{I_1} = 10 \cdot \log\left(\frac{1000}{1}\right) = 10 \cdot 3 = \underline{30\,\text{dB}}$$

H04 ■

→ **Frage 6.37: Lösung C**

Die Intensität (Schallstärke) I ist ein Maß für die in einer Schallwelle transportierte Energie. Sie gibt an, welche Energie E in der Zeit t durch eine zur Ausbreitungsrichtung der Welle senkrechte Fläche A hindurchtritt:

$$I = \frac{E}{A \cdot t}$$

Die Einheit der Intensität ist W/m^2.
Der Schallwechseldruck p ist die Amplitude der Druckschwankungen in der Schallwelle und wird in Pascal (Pa) gemessen. Wichtig ist der Zusammenhang zwischen der Intensität I und dem Schallwechseldruck p; I ist proportional zum Quadrat von p:
$I \sim p^2$ (siehe auch Lerntext VI.10)
Der Schalldruck wird in der Aufgabe von $2 \cdot 10^{-5}\,N \cdot m^{-2}$ auf $8 \cdot 10^{-5}\,N \cdot m^{-2}$ vervierfacht. Da die Intensität proportional zum Quadrat des Schallwechseldrucks ist, muss sich diese damit um den Faktor 4^2 = 16 erhöhen. Damit steigt die Schallintensität von $1 \cdot 10^{-12}\,W \cdot m^{-2}$ auf <u>$16 \cdot 10^{-12}\,W \cdot m^{-2}$</u>.

VI.11 Ultraschall

Unter Ultraschall versteht man den Bereich mechanischer Wellen, der oberhalb der Hörgrenze von ca. 20 kHz liegt. Er erstreckt sich bis zu Frequenzen um 100 MHz.
Man spricht ganz allgemein von mechanischen Wellen, da es sich um Schwankungen der Dichte bzw. des Druckes, also um Schwankungen von mechanischen Größen handelt.
In der Ausbreitungsgeschwindigkeit unterscheidet sich Ultraschall <u>nicht</u> von den Schallwellen im Hörbereich.

Klinischer Bezug
Ultraschall gehört zu den am häufigsten in der Medizin benutzten Werkzeugen. Trifft eine (Ultra-) Schallwelle an eine Grenzfläche, an der sich die Eigenschaften des Mediums ändern, so wird stets ein Teil der Welle und damit auch ein Teil ihrer Intensität reflektiert, während der Rest in das angrenzende Medium eindringt. Auf diesem Prinzip beruht der diagnostische Ultraschall in der Medizin: Die in inhomogenen Geweben vielfach vorhandenen Grenzflächen reflektieren jeweils Teile des Ultraschalls, diese Reflexionen werden als Echo aufgefangen und als Bild dargestellt. Der Übergang Gewebe-Luft reflektiert allerdings durch den großen Dichteunterschied fast vollständig den Ultraschall, weshalb unter Luftschichten liegende Gewebe kaum dargestellt werden können (sogenannte „Luftüberlagerung").

H09 ■■

→ **Frage 6.38: Lösung B**

Zu **(B)**: Ultraschall unterscheidet sich von hörbarem Schall nur dadurch, dass die Frequenz oberhalb des für den Menschen hörbaren Bereichs (oberhalb 20 kHz) liegt. Schallfrequenzen **zwischen 20 kHz und 1 GHz** bezeichnet man als **Ultraschall, noch höhere Schallfrequenzen** nennt man **Hyperschall.** Schall mit Frequenzen **unterhalb der Wahrnehmungsschwelle** des menschlichen Ohrs nennt man **Infraschall.** Eine **Schallfrequenz von 1 MHz ist** sicher höher als 20 kHz und niedriger als 1 GHz und deshalb eindeutig **Ultraschall** (siehe auch Lerntext VI.11).
Zu **(A)**: Die **Schallgeschwindigkeit** c in Luft ist abhängig von Lufttemperatur und Luftdruck, jedoch nicht von der Frequenz. In 20 °C warmer Luft bei einem Umgebungsdruck von 1013 hPa beträgt die Schallgeschwindigkeit zum Beispiel $c = 343$ m/s.
Zu **(C)** und **(D)**: **Schallintensität** (C) und **Schallwechseldruckamplitude** (D) haben nichts mit der Schallfrequenz und damit auch nichts mit der Ultraschalldefinition zu tun. Sie bestimmen vielmehr, wie laut der Schall ist.
Zu **(E)**: Den **Zusammenhang zwischen Wellenlänge λ, Frequenz f und Ausbreitungsgeschwindigkeit c** beschreibt die Formel:
$c = \lambda \cdot f$
Wenn wir umformen und die Wellenlänge (0,3 m) und Schallgeschwindigkeit (343 m/s, s. o.) einsetzen, erhalten wir:

$$f = \frac{c}{\lambda} = \frac{343\,\text{m/s}}{0{,}3\,\text{m}} = 1143{,}\overline{3} \cdot 1/\text{s} = 1143{,}\overline{3}\,\text{Hz}$$

Diese Frequenz liegt weit unterhalb des Ultraschallbereichs im hörbaren Frequenzspektrum. Anstelle der exakten Berechnung reicht in der Prüfungssituation auch eine sehr grobe Abschätzung wie:

$$f = \frac{c}{\lambda} = \frac{343\,\text{m/s}}{0{,}3\,\text{m}} \approx \frac{300\,\text{m/s}}{0{,}3\,\text{m}} \approx 1000\,\text{Hz} = 1\,\text{MHz},$$

um die Größenordnung ungefähr zu ermitteln.

F02 ■

→ **Frage 6.39: Lösung B**

Trifft eine (Ultra-)Schallwelle an eine Grenzfläche, an der sich die Eigenschaften des Mediums ändern, so wird stets ein Teil der Welle und damit auch ein Teil ihrer Intensität **reflektiert**, während der Rest in das angrenzende Medium eindringt. Auf diesem Prinzip beruht der diagnostische Ultraschall in der Medizin: Die in inhomogenen Geweben vielfach vorhandenen Grenzflächen reflektieren jeweils Teile des Ultraschalls, diese Reflexionen werden als Echo aufgefangen und als Bild dargestellt. Der Übergang Gewebe-Luft reflektiert allerdings durch den großen Dichteunterschied fast vollständig den Ultraschall, weshalb unter Luftschichten liegende Gewebe kaum dargestellt werden können (sog. „Luftüberlagerung").

H05

→ **Frage 6.40: Lösung B**

Ultraschall ist eine nicht nur für die Echokardiografie sehr häufig genutzte Untersuchungstechnik. Der diagnostische Ultraschall basiert darauf, dass Teile der Intensität einer Ultraschallwelle an Grenzflächen, an denen sich die physikalischen Eigenschaften eines zu untersuchenden Mediums ändern, reflektiert werden. Der Rest dringt weiter in das Medium ein. Die in inhomogenen Geweben vielfach vorhandenen Grenzflächen verursachen dadurch Reflexionen aus verschiedenen Gewebstiefen, die als Echo aufgefangen und als Bild dargestellt werden können.
Neben der geschilderten Grenzflächenreflexion wird der Ultraschall noch durch andere physikalische Effekte im Gewebe abgeschwächt. Dazu gehört u. a. die Absorption: Durch den Ultraschall werden Moleküle des untersuchten Gewebes zu Vibrationen angeregt, dabei tritt die sog. innere Reibung mit Energieverlusten und Erwärmung des Gewebes auf. Die Schwächung erfolgt exponentiell mit zunehmender Entfernung x vom Schallkopf (nur für Interessierte – die mathematische Definition der Schwächung: $J(x) = J_0 e^{-\mu x}$), wobei der Absorptionskoeffizient μ gewebeabhängig, v. a. aber stark frequenzabhängig ist.
Mit zunehmender Schallfrequenz wird der **Absorptionskoeffizient** μ dabei **größer** – (B) ist korrekt. Gleichzeitig wird dadurch natürlich die **Eindringtiefe** ins Gewebe **kleiner** – (D) ist falsch.
Zu **(C)**: Wellen können sich um Hindernisse herum ausbreiten, d. h. in Bereiche hinein, die bei einer gradlinigen Fortpflanzung von den Wellen nicht er-

füllt würden. Man bezeichnet diese Erscheinung als **Beugung**. Durch sie können wir auch Schallquellen hören, die hinter einer Ecke liegen. Beugung tritt bei allen Wellenarten auf. **Bei niedrigeren Frequenzen** ist die **Beugung größer** – tiefe Töne wandern besser um Hindernisse herum.

Zu **(E)**: Der Zusammenhang zwischen Wellenlänge λ und Frequenz f und Ausbreitungsgeschwindigkeit v stellt wohl die wichtigste Formel für Wellenbewegungen dar:

$v = \lambda \cdot f$

Hier ist erkennbar: Wird die **Frequenz größer**, muss die **Wellenlänge kleiner** werden (die Ausbreitungsgeschwindigkeit ist gewebeabhängig).

Zu **(A)**: Ganz unabhängig von Nah- oder Fernfeld können zwei in Schallrichtung hintereinander liegende Gewebeschichten gerade noch getrennt wahrgenommen (aufgelöst) werden, wenn von den Grenzflächen zwei unterscheidbare Echos ausgehen. Dies ist dann der Fall, wenn der Abstand der Flächen größer als die halbe Wellenlänge λ ist. Damit gilt: **je kleiner die Wellenlänge** (und **desto größer die Frequenz**), **desto höher das Auflösungsvermögen.**

Fazit: Für Organe, die weit unterhalb der Körperoberfläche liegen, muss eine relativ niedrige Ultraschallfrequenz genutzt werden, damit der Ultraschall überhaupt weit genug ins Gewebe eindringt. Für Gewebe dicht unterhalb der Körperoberfläche (z. B. Schilddrüse) wählt man sinnvoller Weise höhere Frequenzen, da damit eine höhere Auflösung erzielt werden kann.

H06 ■■

→ **Frage 6.41: Lösung E**

Die Abnahme der Schallintensität mit der „Halbwerttiefe" funktioniert genauso wie die „Halbwertszeit" bei der radioaktiven Strahlung: Nach der ersten Halbwerttiefe ist die Schallintensität auf 50 % (½), nach der zweiten Halbwerttiefe auf 25 % (¼) abgesunken usw.

Die Halbwerttiefe ist 1,2 cm. Nach 6 cm Gewebsdicke hat der Schall also $\frac{6\,\text{cm}}{1{,}2\,\text{cm}} = 5$ Halbwerttiefen durchlaufen. Nun errechnen wir die Schallintensität. Sie ist nach der:

1. Halbwerttiefe – 1/2
2. Halbwerttiefe – 1/4
3. Halbwerttiefe – 1/8
4. Halbwerttiefe – 1/16
5. Halbwerttiefe – 1/32

Nach 5 Halbwerttiefen hat die Schallintensität damit auf den Bruchteil 1/32 abgenommen.

F06 ■

→ **Frage 6.42: Lösung B**

Die Schallgeschwindigkeit v in wasserreichem Gewebe beträgt 1500 m/s. In der Zeit t = 20 µs ($20 \cdot 10^{-6}$ s) legt der Schall damit die folgende Strecke s zurück:

$s = v \cdot t = 1500\,\text{m/s} \cdot 20 \cdot 10^{-6}\,\text{s}$
$= 1{,}5 \cdot 10^3\,\text{m/s} \cdot 20 \cdot 10^{-6}\,\text{s}$
$= 30 \cdot 10^{-3}\,\text{m}$
$= 30\,\text{mm}$

Nun muss man allerdings noch beachten, dass der Schall an einer Grenzfläche im Körper reflektiert wird und in der besagten Zeit die Strecke **zur** Grenzfläche **und zurück** zum Schallkopf zurückgelegt hat. Die Grenzfläche liegt deshalb in einer Tiefe, die der Hälfte der ausgerechneten Strecke entspricht: 15 mm

F07 ■■

→ **Frage 6.43: Lösung C**

Hier ist ein ganz einfacher Sachverhalt in eine kompliziert klingende Aufgabe verpackt.

Die Geschwindigkeit v ist bekanntlich der Quotient aus Strecke s und Zeit t:

$$v = \frac{s}{t}$$

Gefragt ist in dieser Aufgabe nach der Zeit t. Bekannt sind Geschwindigkeit v (1,5 km/s) und Strecke s (2 · 22,5 mm), denn das Signal läuft von der Kornea-Vorderfläche zur Retina-Vorderfläche 22,5 mm und danach wieder zurück zur Kornea-Vorderfläche.

Wir formen die obere Gleichung um und setzen ein:

$$t = \frac{s}{v} = \frac{2 \cdot 22{,}5\,\text{mm}}{1{,}5\,\text{km/s}} = \frac{45\,\text{mm}}{15\,\text{km/s}} = \frac{45 \cdot 10^{-3}}{1{,}5 \cdot 10^3\,\text{m/s}}$$
$$= 30 \cdot 10^{-6}\,\text{s} = 30\,\mu\text{s}$$

H02 ■

→ **Frage 6.44: Lösung E**

Fährt ein Rettungswagen mit Martinshorn auf einen Beobachter zu, so klingt die Tonfolge „hoch", fährt der Wagen am Beobachter vorbei und entfernt sich dann, werden die Töne plötzlich „tiefer" (die Frequenz wird niedriger). Diese Erscheinung nennt man Doppler-Effekt: Die Schallquelle bewegt sich weiter, während eine Wellenlänge ausgestrahlt wird. Die ausgestrahlte Wellenlänge wird dabei „verkürzt", wenn die Bewegung in Richtung der Schallausbreitung erfolgt (Verschiebung zu höheren Frequenzen), oder „auseinandergezogen" (Verschiebung zu niedrigeren Frequenzen), wenn die Bewegung entgegengesetzt der Schallausbreitung erfolgt. Diesen Effekt macht man sich auch bei der so genannten Doppler-Sonographie zunutze: Der Ultra-

schall, den ein Sender emittiert, wird an den sich mit Fließgeschwindigkeit V_B bewegenden roten Blutkörperchen reflektiert. Aus der Frequenzverschiebung, die man an den reflektierten Wellen feststellt, kann die Fließgeschwindigkeit ausgerechnet werden.
Die größten Frequenzverschiebungen entstehen, wenn der Einschallwinkel sehr flach ist. Dann bewegen sich die Blutkörperchen fast gerade (und somit relativ schnell) auf den Empfänger zu oder weg. Ganz analog zum obigen Beispiel (Rettungswagen) erfolgt eine Verschiebung zu **höheren** Frequenzen, wenn die Blutkörperchen sich auf den Ultraschallkopf zubewegen (der Schall also **entgegengesetzt** zur Strömungsrichtung einfällt).
Eine Verschiebung zu tieferen Frequenzen gibt es, wenn die Blutkörperchen sich vom Ultraschallkopf weg bewegen (der Schall also in möglichst flachem Winkel in Strömungsrichtung einfällt).
Würde man den Schall genau senkrecht zur Strömungsrichtung einfallen lassen (90°), würde **keine** Frequenzverschiebung entstehen, da keine Blutkörperchen in Richtung oder Gegenrichtung zum Empfänger fließen.

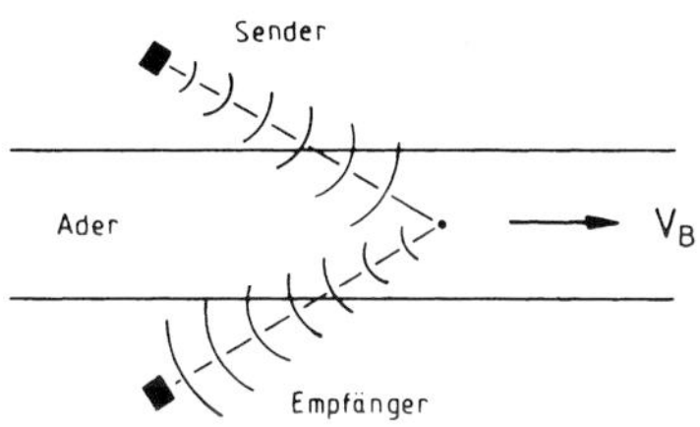

Abb. 6.7 Der Sender sendet Ultraschall in Einschallrichtung aus, der an den roten Blutkörperchen reflektiert wird. Anhand der Frequenzverschiebung des empfangenen reflektierten Ultraschalls kann die Fließgeschwindigkeit des Blutes $\boldsymbol{V}_B$ bestimmt werden.

F10 ■

→ **Frage 6.45: Lösung D**

Siehe Kommentar zu Frage 6.44.

F03 ■■

→ **Frage 6.46: Lösung A**

Siehe Kommentar zu Frage 6.44.

6.4 Elektromagnetische Wellen

VI.12 Elektromagnetische Wellen

In einer elektromagnetischen Welle ist es die elektrische Feldstärke **E** (und damit verknüpft die magnetische Feldstärke **B**), die sich periodisch in Raum und Zeit ändert. **E** und **B** sind Vektoren, d. h. sie besitzen eine Richtung im Raum.
Da der Vektor **E** stets senkrecht zur Ausbreitungsrichtung orientiert ist, handelt es sich bei der elektromagnetischen Welle um eine Transversalwelle, die polarisiert werden kann. Während sich in einer nicht polarisierten Welle die Richtung von **E** in einer Ebene senkrecht zur Ausbreitungsrichtung ständig ändern kann, ist sie in linear polarisierter Strahlung konstant.

F91 ■■

→ **Frage 6.47: Lösung B**

Licht besitzt wie alle elektromagnetischen Wellen im Vakuum eine Ausbreitungsgeschwindigkeit von:
$c_0 = 3 \cdot 10^8$ m/s $= 3 \cdot 10^5$ km/s
Zur Umrechnung in andere Einheiten (z. B. m/h oder km/h) lese man die Lerntexte I.5 und I.6.

VI.13 Das Spektrum der elektromagnetischen Strahlung

In Tabelle 6.1 ist das gesamte Spektrum der elektromagnetischen Strahlung dargestellt, wobei zwischen den verschiedenen Wellenarten keine fest definierten Grenzen gezogen werden können.

Tabelle 6.1 Das Spektrum der elektromagnetischen Wellen

	Wellenlänge in Metern	Frequenz in Hertz	Energie in eV
Langwellen	10^4 10^3 = 1 km	$3 \cdot 10^4$ $3 \cdot 10^5$	10^{-10} 10^{-9}
Mittelwellen Kurzwellen	10^2 10^1 10^0 = 1 m	$3 \cdot 10^6$ $3 \cdot 10^7$ $3 \cdot 10^8$	10^{-8} 10^{-7} 10^{-6}
Ultrakurzwellen (UKW)	10^{-1} 10^{-2} 10^{-3} = 1 mm	$3 \cdot 10^9$ $3 \cdot 10^{10}$ $3 \cdot 10^{11}$	10^{-5} 10^{-4} 10^{-3}
Infrarotstrahlen (Wärmestrahlung) Sichtbares Licht	10^{-4} 10^{-5} 10^{-6} = 1 µm	$3 \cdot 10^{12}$ $3 \cdot 10^{13}$ $3 \cdot 10^{14}$	10^{-2} 10^{-1} 10^0 (= 1 eV)
Ultraviolette Strahlung (UV)	10^{-7} 10^{-8} 10^{-9} = 1 nm	$3 \cdot 10^{15}$ $3 \cdot 10^{16}$ $3 \cdot 10^{17}$	10 10^2 10^3 (= 1 keV)
(weiche) Röntgenstrahlen (harte)	10^{-10} 10^{-11} 10^{-12} = 1 pm	$3 \cdot 10^{18}$ $3 \cdot 10^{19}$ $3 \cdot 10^{20}$	10^4 10^5 10^6 (= 1 MeV)
Gammastrahlung	10^{-13}	$3 \cdot 10^{21}$	10^7

H00 ■

→ **Frage 6.48: Lösung D**

Siehe Kommentar zu Frage 6.49.

H06 ■■

→ **Frage 6.49: Lösung B**

Das Spektrum des für den Menschen sichtbaren Lichts beginnt im Wellenlängenbereich von **400 nm** (violettes Licht) und endet etwas oberhalb von **700 nm** (rotes Licht). Ultraviolettes Licht unterhalb von 400 nm (UV-B von 280–320 nm, UV-A von 320–400 nm (B)) und Infrarotlicht (oberhalb von 750 nm) sind für den Menschen nicht mehr sichtbar.

Der Buchstabe „n" vor der Einheit Meter (m) bedeutet „nano", UV-A Licht hat also eine Wellenlänge von ungefähr 330 nm.

Zur Erinnerung eine Tabelle mit oft gefragten SI-Vorsätzen, mit deren Hilfe man die SI-Einheiten an die gemessene Größe anpassen kann.

Tabelle 6.2

Kennbuchstabe	Vorsilbe	Zehnerpotenz
T	Tera	10^{12}
G	Giga	10^{9}
M	Mega	10^{6}
k	Kilo	10^{3}
h	Hekto	10^{2}
c	Centi	10^{-2}
m	Milli	10^{-3}
µ	Mikro	10^{-6}
n	Nano	10^{-9}
p	Piko	10^{-12}

H10

→ **Frage 6.50: Lösung A**

Zu **(A)**: Ultraviolette (UV-)Strahlung ist eine für den Menschen unsichtbare elektromagnetische Strahlung unterhalb der Wellenlänge des sichtbaren Lichtspektrums (siehe Lerntext VI.13). Die Strahlung schließt sich an den Bereich an, den man als violett sehen kann, daher rührt der Name „Ultraviolett".

Die größte natürliche Strahlenquelle für UV-Strahlung ist die Sonne. In der Erdatmosphäre wird vor allem in der Ozonschicht UV-Strahlung (vorwiegend UV-B und C-Strahlung) absorbiert, so dass uns ein wesentlich größerer Anteil UV-A- als UV-B-Strahlung erreicht.

Anhand der Wellenlängenbereiche teilt man die UV-Strahlung in verschiedene Strahlungsarten ein:

Tabelle 6.3

UV-Strahlung	Wellenlängenbereich in nm	Wellenlängenbereich in µm
UV-A	**320–400 nm**	**0,32 – 0,40 µm**
UV-B	280–320 nm	0,28 – 0,32 µm
UV-C	100–280 nm	0,10 – 0,28 µm

UV-A-Strahlung kann durch die Epidermis bis zur Dermis vordringen. Der Körper benötigt grundsätzlich UV-Strahlung, um Vitamin D zu bilden, allerdings kann sie auch Schäden verursachen.

UV-A-Strahlung führt zu einer sofortigen, jedoch kurzfristigen Bräune der Haut, kann bei „Überdosierung" aber auch eine „Sonnenallergie" auslösen. Zudem lässt eine übermäßige Exposition gegenüber UV-A-Strahlung die Haut schneller altern, erhöht die Hautkrebsgefahr und kann zu Erbgut-Schäden führen.

6.5 Kommentare aus Examen Frühjahr 2011

F11 ■

→ **Frage 6.51: Lösung B**

Zu **(A) - (E)**: Trifft eine (Ultra-)Schallwelle auf eine Grenzfläche, an der sich die Eigenschaften des Mediums ändern, so wird stets ein Teil der Welle und damit auch ein Teil ihrer Intensität reflektiert, während der Rest in das angrenzende Medium eindringt. Diese Reflektion macht man sich in der **Ultraschalldiagnostik** zu Nutze: Das Ultraschallbild ist letztlich eine berechnete Zusammensetzung vieler solcher Reflektionen. Die Reflektion bedingt aber auch eine Abnahme von Schalldruckamplitude und Schallintensität ((C) und (D) sind falsch).

Grundsätzlich ist der **reflektierte Anteil umso größer, je stärker sich** der sog. **Wellenwiderstand *R*** an der Grenzfläche **ändert**. Damit ist das Produkt aus der Dichte ρ des Stoffs (konstant) und der Ausbreitungsgeschwindigkeit c der Welle in diesem Stoff gemeint:

$$R = \rho \times c$$

Im Allgemeinen ändert sich beim Übertritt in ein anderes Medium die Ausbreitungsgeschwindigkeit c ((A) ist falsch) einer Schallwelle (Schallgeschwindigkeit in Luft ~ 330 m/s, in Wasser ~ 1500 m/s).

Da die **Frequenz *f*** einer Welle unabhängig vom Stoff, den sie gerade durchläuft, **konstant** bleibt ((B) ist korrekt), muss sich die **Wellenlänge** λ ((E) ist falsch) in gleicher Weise **ändern** wie die Geschwindigkeit c, da folgende Bedingung erfüllt werden muss:

$$c = \lambda \times f$$

F11 ■■

→ **Frage 6.52: Lösung B**

Zu **(A)-(E)**: **Elektromagnetische Wellenstrahlung** (Photonenstrahlung) hat je nach Wellenlänge bzw. Frequenz sehr unterschiedliche Eigenschaften. Wenn man die verschiedenen Wellenstrahlungen geordnet aufträgt, ergibt sich folgende Tabelle:

Wellenlänge λ	Bezeichnung
10 km – 10 m	Radiowellen
1 m – 1 cm	Mikrowellen (B)
1 mm – 780 nm	Infrarotstrahlung, -licht
780 nm – 380 nm	sichtbares Licht (D)
380 nm – 1 nm	ultraviolettes Licht (E)
1 nm – 10 pm	Röntgenstrahlung (C)
10 pm	Gammastrahlung (A)

Mikrowellen haben also von den genannten Wellen die größte Wellenlänge (Radiowellen sind in der Aufgabe nicht erwähnt). Die kleinste Wellenlänge, damit aber die größte Frequenz und Energie hat die Gammastrahlung.

F11 ■■

→ **Frage 6.53: Lösung B**

Zu **(B)**: Der Papierausschrieb des **Elektroenzephalogramms (EEG)** kann physikalisch als Welle betrachtet werden. Es gilt der Zusammenhang zwischen Wellenlänge λ, Frequenz f und Ausbreitungsgeschwindigkeit c:

$$c = \lambda \times f$$

Gesucht ist in dieser Aufgabe die Frequenz, deshalb formen wir um:

$$\boldsymbol{f = c/\lambda}$$

Die (Papiervorschub-)Geschwindigkeit c ist mit 30 mm/s angegeben, die Wellenlänge λ (der Abstand der Maxima) mit 5 mm. Daraus folgt:

$$f = \frac{c}{\lambda} = \frac{30\ \text{mm/s}}{5\ \text{mm}} = 6\ \text{s}^{-1} = 6\ \text{Hz}$$

Eine Frequenz von **6 Hz** im EEG entspricht übrigens Theta-Wellen, die in den Non-REM-Schlafstadien 1 und 2 (Leichtschlaf) auftreten.

7 Optik

7.1 Licht

VII.1 Abstandsgesetz für die Strahlungsintensität

Die Strahlungsintensität I (zur Definition dieser Größe vgl. Gl. 6.6) einer punktförmigen Quelle nimmt umgekehrt proportional zum Quadrat des Abstandes r (d. h. proportional zu $1/r^2$) ab.
Diese Gesetzmäßigkeit leuchtet ein, wenn man daran denkt, dass die Gesamtintensität der von der Quelle ausgehenden Strahlung durch die Oberfläche einer immer größer werdenden Kugel tritt. Da die Oberfläche einer Kugel proportional zu r^2 zunimmt, muss die Intensität (= Strahlungsleistung pro Flächeneinheit) im gleichen Maß abnehmen. Es gilt also:

$$I = C \cdot \frac{1}{r^2} \sim \frac{1}{r^2} \qquad \text{(Gl. 7.1.)}$$

C ist eine Proportionalitätskonstante.
Dieses Gesetz gilt für Strahlung jeglicher Art, also z. B. auch für Schallwellen oder Gammastrahlung.

Klinischer Bezug
Auch die Strahlungsintensität von einer punktförmigen Röntgenquelle nimmt proportional zum Quadrat des Abstands ab. Der beste Schutz vor Röntgenstrahlung ist: großen Abstand von der Strahlenquelle halten!

F04

→ **Frage 7.1: Lösung D**

Siehe Kommentar zu Frage 7.3.

F06 ■■

→ **Frage 7.2: Lösung C**

Das Spektrum des für den Menschen sichtbaren Lichts beginnt im Wellenlängenbereich von 400 nm (violettes Licht) und endet etwas oberhalb von 700 nm (rotes Licht). Ultraviolettes Licht (unterhalb von 400 nm) und Infrarotlicht (oberhalb von 750 nm) sind für den Menschen nicht mehr sichtbar.
Der Buchstabe „n" vor der Einheit Meter (m) bedeutet „nano", rotes Licht hat also eine Wellenlänge von ungefähr 700 Nanometer. Nano entspricht einer Zehnerpotenz von 10^{-9}, Lösung (C) ist richtig.
Zur Erinnerung: Tabelle mit oft gefragten Maßeinheiten, siehe Anhang „oft gefragte Maßeinheiten".

F10 ■

→ **Frage 7.3: Lösung B**

Licht ist für das menschliche Auge wahrnehmbare elektromagnetische Strahlung. Der Wellenlängenbereich liegt zwischen ungefähr 400 und 700 nm. Vom kurzwelligen Ende des sichtbaren Spektrums elektromagnetischer Strahlung aus entwickeln sich die Farben in folgender Reihenfolge bis hin zum langwelligen Ende:

Violett (~ 400 nm) – Blau – Grün – Gelb – Orange – Rot (~ 700 nm).

Am langwelligen Ende des sichtbaren Spektrums sehen wir also die Farbe **Rot**, am kurzwelligen Ende die Farbe **Violett**.
Zu **(B)**: Die Aufgabe lässt sich lösen, wenn man bedenkt, dass die Reihenfolge kurzwellig zu langwellig blau – grün – gelb sein muss. Damit ist die richtige Lösung (B) schnell gefunden – blau hat die niedrigste, gelb die höchste Nanometerzahl der drei Farben.

7.2 Geometrische Optik

VII.2 Geometrische Optik

Die geometrische Optik umfasst den Bereich der Lichtausbreitung, in dem die Wellenphänomene (Beugung, Interferenz, Polarisation) keine Rolle spielen. Es ist daher möglich, von einer geradlinigen Ausbreitung des Lichtes auszugehen und für die Konstruktion von Abbildungen „Strahlen" zu verwenden.

VII.3 Der Brechungsindex (Brechzahl)

Der Brechungsindex einer Substanz ist definiert als Verhältnis der Lichtgeschwindigkeit im Vakuum c_0 zur Lichtgeschwindigkeit in dem betreffenden Stoff c:

$$n = \frac{c_0}{c} \qquad \text{(Gl. 7.2.)}$$

Da c nie größer sein kann als c_0, ist n stets größer als 1. Von zwei Stoffen bezeichnet man denjenigen als optisch dichter, der die größere Brechzahl n besitzt.
Da in jedem Medium die Beziehung
$\lambda \cdot f = c = c_0/n$
gelten muss, sich die Frequenz jedoch beim Übergang in einen anderen Stoff nie ändert, ändert sich die Wellenlänge in gleicher Weise wie die Ausbreitungsgeschwindigkeit:
$\lambda = \lambda_0/n$ (λ_0 = Wellenlänge im Vakuum) (Gl. 7.3.)

oder für 2 Substanzen mit den Brechzahlen n_1 und n_2:

$\lambda_1/\lambda_2 = n_2/n_1$ (Gl. 7.4.)

Die Wellenlänge (und die Lichtgeschwindigkeiten) in 2 verschiedenen Stoffen verhalten sich umgekehrt wie die Brechzahlen.

F05 ■■

→ **Frage 7.4: Lösung B**

Der Brechungsindex einer Substanz ist definiert als Verhältnis der Lichtgeschwindigkeiten im Vakuum c_0 zur Lichtgeschwindigkeit in dem bekannten Stoff c:

$$n = \frac{c_0}{c}$$

Da c nie größer sein kann als c_0, ist n stets größer als 1. Von 2 Stoffen betrachtet man denjenigen als optisch dichter, der die größere Brechzahl n besitzt.

Da in jedem Medium die Beziehung $\lambda \cdot f = c = \frac{c_0}{n}$ gelten muss, sich die Frequenz jedoch beim Übergang in einen anderen Stoff nie ändert, ändert sich die Wellenlänge in gleicher Weise wie die Ausbreitungsgeschwindigkeit:

$$\lambda = \frac{\lambda_0}{n} \ (\lambda_0 = \text{Wellenlänge im Vakuum})$$

Für unsere Aufgabe gilt damit:

$$\lambda = \frac{\lambda_0}{n} = \frac{600\,\text{nm}}{\frac{4}{3}} = 600\,\text{nm} \cdot \frac{3}{4} = \underline{450\,\text{nm}}$$

VII.4 Reflexion und Brechung

Treffen Lichtstrahlen unter einem Winkel α auf die Grenzfläche zu einem anderen Medium, dann wird im Allgemeinen ein Teil der Intensität zurückreflektiert, während der Rest unter Richtungsänderung in das neue Medium eindringt (Abb. 7.1).

Reflexionsgesetz:
Wird ein Lichtstrahl an der Grenzfläche zu einem anderen Medium reflektiert, dann ist der Reflexionswinkel α'_1 gleich dem Einfallswinkel α_1.

$\alpha'_1 = \alpha_1$ (Gl. 7.5.)

Brechungsgesetz:
Beim Übertritt eines Lichtstrahls aus einem Stoff mit der Brechzahl n_1 in ein anderes Medium (Brechzahl n_2) ändert er seine Richtung. **Dabei wird der Lichtstrahl beim Übergang von einem optisch dünneren in ein optisch dichteres Medium ($n_1 < n_2$) zum Einfallslot hin gebrochen; umgekehrt wird beim Übergang von einem optisch dichteren in ein optisch dünneres Medium ($n_1 > n_2$) der Strahl vom Einfallslot weg gebrochen.**

Zwischen Einfallswinkel und Brechungswinkel besteht der Zusammenhang:

$$\frac{\sin\alpha_1}{\sin\alpha_2} = \frac{n_2}{n_1} \qquad \text{(Gl. 7.6.)}$$

Für den Übergang von Vakuum (oder Luft) in einen Stoff mit der Brechzahl n vereinfacht sich die Beziehung, da n von Vakuum (oder Luft) gleich 1 ist:

$$\frac{\sin\alpha_1}{\sin\alpha_2} = n \qquad \text{(Gl. 7.7.)}$$

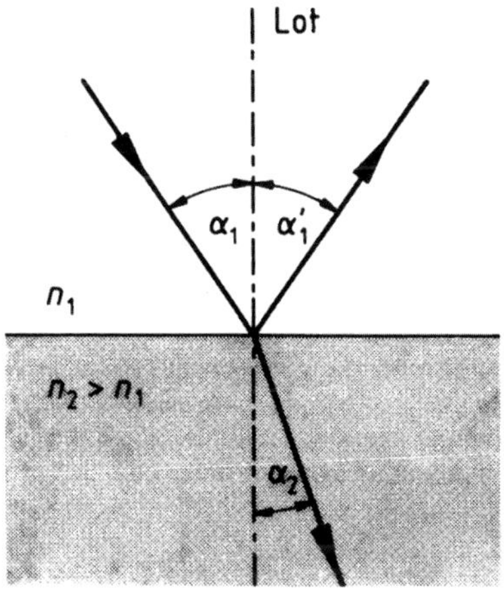

Abb. 7.1 Reflexionsgesetz und Brechungsgesetz.

Merke!
Es ist sehr wichtig, bei der Anwendung des Brechungsgesetzes darauf zu achten, dass Einfalls- und Brechungswinkel stets gegen das Lot (das ist die Senkrechte auf der Grenzfläche) gemessen werden. Man erhält falsche Ergebnisse, wenn man die Winkel etwa gegen die Grenzfläche rechnet!

H94 ■■

→ **Frage 7.5: Lösung C**

Ein sphärischer Hohlspiegel ist geometrisch ein Ausschnitt aus einer Kugel. Wenn man die Eigenschaften der Punkte M (Krümmungsmittelpunkt = Mittelpunkt der Kugel) und F (= Brennpunkt des Spiegels) kennt, kann die Frage leicht richtig beantwortet werden.

Ein Lichtstrahl, der vom Kugelmittelpunkt M ausgeht, trifft senkrecht auf den Spiegel und wird in sich zurück reflektiert, geht also wiederum durch den Mittelpunkt M. Damit entspricht ein solcher Strahl immer dem **Lot** (in dieser Aufgabe ist damit der Strahl B das Lot). Nach dem Reflexionsgesetz

(Einfallswinkel zum Lot = Reflexionswinkel zum Lot, siehe auch Lerntext VII.4) kann sehr schnell der reflektierte Strahl ermittelt werden: Nur Strahl C hat den gleichen Winkel zum Lot (B), wie der einfallende Lichtstrahl aus der Lampe.

F00 ■■

→ **Frage 7.6: Lösung E**

Zu **(A)–(E)**: Von 2 Stoffen bezeichnet man denjenigen als optisch dünner, der die kleinere Brechzahl n besitzt (Aussage (B) ist falsch). Tritt ein Lichtstrahl vom optisch dünneren (n_1) ins optisch dichtere Medium (n_2 mit $n_1 < n_2$) über, dann ist der Brechungswinkel immer kleiner als der Einfallswinkel, das Licht wird zum Einfallslot hin gebrochen (Aussage (A) ist falsch). Eine Totalreflexion ist prinzipiell nur möglich, wenn das erste Medium optisch dichter ist als das zweite Medium (Aussage (C) ist falsch).
Die Wellenlängen und Lichtgeschwindigkeiten in 2 verschiedenen Stoffen verhalten sich **umgekehrt** wie die Brechzahlen (siehe Lerntext VII.3). Die Brechzahl n_1 des Mediums I ist kleiner als die des Mediums II, also ist Aussage (D) falsch und Aussage (E) die gesuchte richtige Antwort (die Fortpflanzungsgeschwindigkeit des Lichts ist in dieser Aufgabe in Medium I größer).

F02 ■

→ **Frage 7.7: Lösung B**

Treffen Lichtstrahlen unter einem Winkel α auf die Grenzfläche zu einem anderen Medium, dann wird im Allgemeinen ein Teil der Intensität zurückreflektiert (dies bedeutet **Reflexion**), während der Rest unter **Richtungsänderung** in das neue Medium eindringt. Dieses Phänomen nennt man **Brechung**. Dabei wird der Lichtstrahl beim Übergang von einem optisch dünneren (z. B. Luft) in ein optisch dichteres Medium (z. B. Wasser) zum Einfallslot hin gebrochen, umgekehrt wird beim Übergang von einem optisch dichteren in ein optisch dünneres Medium der Strahl vom Einfallslot weg gebrochen.
Durch Richtungsänderung der Lichtstrahlen an der Mediengrenzfläche Luft-Wasser erscheint ein Teich weniger tief, als er tatsächlich ist.

F07 ■■

→ **Frage 7.8: Lösung E**

Beim Übertritt eines Lichtstrahls aus einem Stoff mit Brechzahl n_1 in ein anderes Medium (Brechzahl n_2) ändert er seine Richtung. Dabei wird der Lichtstahl beim Übergang von einem optisch dünneren in ein optisch dichteres Medium ($n_1 < n_2$) zum Einfallslot hin gebrochen; umgekehrt wird beim Übergang von einem optisch dichteren in ein optisch dünneres Medium ($n_1 > n_2$) der Strahl vom Einfallslot weg gebrochen (siehe auch Lerntext VII.4).

Der mathematische Zusammenhang zwischen Einfallswinkel und Brechungswinkel lautet:

$$\frac{\sin \alpha_1}{\sin \alpha_2} = \frac{n_2}{n_1}$$

In unserer Aufgabe tritt der Lichtstrahl von einem **optisch dichteren in ein optisch dünneres** Medium über. Er muss also vom Einfallslot **weg** gebrochen werden. Das Einfallslot (die Senkrechte zur Grenzfläche) entspricht Lichtstrahl (B). Würde der Lichtstrahl nicht gebrochen, wäre (D) die richtige Lösung, würde er zum Lot hin gebrochen (C). Die korrekte Lösung ist jedoch natürlich (E), hier wird der Lichtstrahl deutlich vom Einfallslot weg gebrochen (d. h. der Winkel zum Lot vergrößert sich).

H03 ■■

→ **Frage 7.9: Lösung E**

Nach dem bekannten Brechungsgesetz (siehe Lerntext VII.4) ändert ein Lichtstrahl seine Richtung beim Übertritt in ein anderes Medium. Dabei wird der Lichtstrahl beim Übergang in ein optisch dichteres Medium **zum Einfallslot hin** gebrochen (der Winkel zum Lot wird kleiner), beim Übergang in ein optisch dünneres Medium wird der Lichtstrahl **vom Einfallslot weg** gebrochen. Zwischen Einfallswinkel und Brechungswinkel und den Brechzahlen der Medien n besteht folgender Zusammenhang:

$$\frac{\sin \alpha_1}{\sin \alpha_2} = \frac{n_2}{n_1}$$

Die Brechzahl n eines Mediums ist umso größer, je optisch dichter das Medium ist (für Vakuum oder Luft ist die Brechzahl 1). Glas hat eine höhere optische Dichte und höhere Brechzahl als Luft, daher wird der in die Glaslinse eintretende Lichtstrahl **zum Einfallslot hin** gebrochen. Der Winkel zum Lot muss sich in der Glaslinse also verkleinern. Dies trifft nur für Lösung (E) zu. Beim Austritt aus der Linse wird der Lichtstrahl vom Lot weg gebrochen, da wir hier einen erneuten Übergang, diesmal aus einem optisch dichteren in ein optisch dünneres Medium (Luft), haben.

F08 ■

→ **Frage 7.10: Lösung C**

Beim Übertritt eines Lichtstrahls in ein anderes Medium ändert er seine Richtung. Dabei wird der Lichtstrahl beim Übergang von einem optisch dünneren in ein optisch dichteres Medium zum Einfallslot hin gebrochen; umgekehrt wird beim Übergang von einem optisch dichteren in ein optisch dünneres Medium der Strahl vom Einfallslot weg gebrochen.
Die optische Dichte eines Mediums wird mit Hilfe der Brechzahl n angegeben. Sie ist für Vakuum

gleich 1 und umso größer, je optisch dichter ein Medium ist.
Wenn ein Lichtstrahl von einem Medium in ein anderes übertritt, besteht zwischen Einfallswinkel und Brechungswinkel der folgende Zusammenhang:

$$\frac{\sin\alpha_1}{\sin\alpha_2} = \frac{n_2}{n_1}$$ (siehe auch Lerntext VII.4.)

Das menschliche Auge ist so ausgelegt, dass man in Luft scharf sehen kann (bei einem relativ großen Unterschied der Brechzahlen von Luft und Cornea-Vorderfläche). Die Brechzahl von Wasser ist höher als die von Luft und damit der der Cornea-Vorderfläche ähnlicher. Die Lichtbrechung ist gegenüber den Verhältnissen in Luft vermindert, weshalb man unter Wasser ohne Hilfsmittel nicht scharf sehen kann (Lösung (C) ist korrekt).

VII.5 Totalreflexion

Tritt ein Lichtstrahl vom optisch dichteren Medium (n_1) ins optisch dünnere Medium (n_2 mit $n_2 < n_1$) über, dann ist der Brechungswinkel immer größer als der Einfallswinkel ($\alpha_2 > \alpha_1$). Für einen bestimmten Grenzwert des Einfallswinkels wird der Brechungswinkel 90° erreichen. Da sin 90° = 1 ist, errechnet sich dieser „Grenzwinkel der Totalreflexion“ (vgl. Gl. 7.6) zu

$$\sin\alpha_G = \frac{n_2}{n_1} \qquad \text{(Gl. 7.8.)}$$

Übersteigt der Einfallswinkel diesen Wert, dann wird die gesamte Strahlungsintensität in das dichtere Medium zurückreflektiert.

Klinischer Bezug

In den so genannten Fiber-Endoskopen für Lungen-, Magen- oder Darmspiegelungen kommen lichtleitende Glas- oder Kunststofffasern zum Einsatz. Eine große Zahl einzelner Fasern ist im Endoskop angeordnet. Jede einzelne repräsentiert einen „Bildpunkt“ d. h. jede einzelne nimmt Licht von der zu untersuchenden Region auf und leitet das Licht durch das Endoskop weiter. Der Untersucher sieht ein Bild, das aus den Lichtpunkten zusammengesetzt ist, die die einzelnen Fasern erzeugen. Mit dieser Technik ist es möglich, Licht um Kurven zu lenken (normalerweise breiten Lichtstrahlen sich ja nur gerade aus, ein Endoskop aber muss biegsam sein). Das Licht wird jedes Mal, wenn es auf die Wand der biegsamen dünnen lichtleitenden Faser trifft, total reflektiert und tritt wieder in die Faser ein.

Merke!
Man präge sich den Verlauf der Sinusfunktion gut ein. Zwischen 0 und 90° (π/2) steigt der Sinus als Funktion des Winkels stetig an. Ist also sin α_2 größer (kleiner) als sin α_1, dann ist α_2 auch größer (kleiner) als α_1.

H02 ■■

→ **Frage 7.11: Lösung E**

Tritt ein Lichtstrahl vom optisch dichteren Medium (n_1) ins optisch dünnere Medium (n_2 mit $n_2 < n_1$) über, dann ist der Brechungswinkel immer größer als der Einfallswinkel ($\alpha_2 > \alpha_1$). Für einen bestimmten Grenzwert des Einfallswinkels wird der Brechungswinkel 90° erreichen. Übersteigt der Einfallswinkel diesen Wert, dann wird die gesamte Strahlungsintensität in das dichtere Medium zurückreflektiert (siehe auch Lerntext VII.5).
Damit muss der Lichtstrahl aus einem optisch **dichteren** Medium (mit **größerer** Brechzahl n) in ein **dünneres** eintreten, um total reflektiert zu werden: (A), (B) und (C) sind falsch.
Aus der Definition der Brechzahl eines Mediums ergibt sich der Zusammenhang zwischen Lichtgeschwindigkeit und Brechzahl:

$$n = \frac{\text{Lichtgeschwindigkeit im Vakuum}}{\text{Lichtgeschwindigkeit im Medium}} = \frac{c_0}{c}$$

Je langsamer die Lichtgeschwindigkeit c im Medium, desto größer die Brechzahl n, d. h. in optisch **dichteren** Medien mit hoher Brechzahl n ist die Lichtgeschwindigkeit **kleiner**.
Damit ist (D) falsch und (E) korrekt: Der Lichtstrahl kommt aus dem Medium M_2 mit **kleiner** Lichtgeschwindigkeit (also hoher Brechzahl n, **optisch dichteres Medium**) und tritt in das **dünnere** Medium M_1 über – nur so kann Totalreflexion auftreten.

H98 H88 ■

→ **Frage 7.12: Lösung D**

Beim Übertritt in ein anderes Medium ändert ein Lichtstrahl seine Richtung, er wird gebrochen. Nach dem Brechungsgesetz wird er beim Übertritt in ein optisch dichteres Medium (mit größerer Brechzahl n) zum Einfallslot hin gebrochen (Einfallswinkel größer als Brechungswinkel), beim Übertritt in ein optisch dünneres Medium (mit kleinerer Brechzahl n) wird er vom Einfallslot weg gebrochen (Einfallswinkel kleiner als Brechungswinkel).
Wasser hat eine größere Brechzahl als Luft, ist also optisch dichter. Wir suchen einen Strahl, der beim Eintritt in das Wasser zum Einfallslot hin und beim Austritt aus dem Wasser vom Einfallslot weg gebrochen wird. Wenn man sich nun links und rechts an den Übertrittspunkten der Strahlen jeweils das Lot

(senkrecht stehend zur Grenzfläche) einzeichnet, erkennt man, dass nur die Lichtstrahlen (D) und (E) beim Eintritt ins Wasser zum Lot hin gebrochen werden; nur Strahl (D) wird beim Austritt aus dem Wasser aber auch wieder vom Lot weg gebrochen, ist also die gesuchte Lösung.

VII.6 Brennpunkt, Brennweite und Brechkraft dünner Linsen

Achsenparallele Strahlen werden durch eine Sammellinse im Brennpunkt vereinigt. Der Abstand des Brennpunktes von der Mittelebene (= Hauptebene) der Linse heißt Brennweite *f* (Abb. 7.2).
Der Reziprokwert der Brennweite wird als Brechkraft φ der Linse bezeichnet:

$$\varphi = \frac{1}{f};\ [\varphi] = m^{-1} = \text{Dioptrie} = \text{dpt} \qquad \text{(Gl. 7.9.)}$$

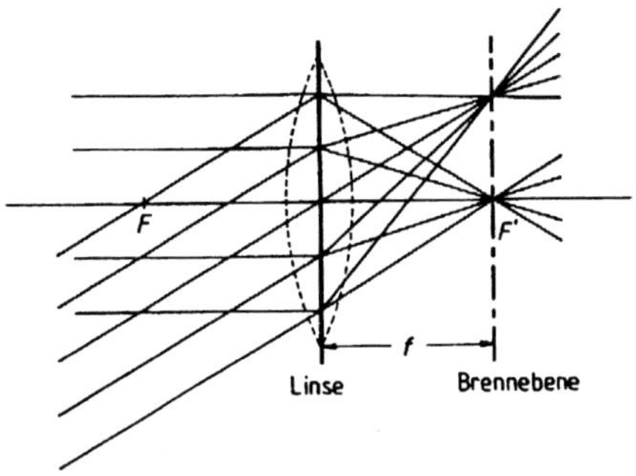

Abb. 7.2 Alle zueinander parallel ankommenden Strahlen werden in einem Punkt der Brennebene vereinigt. Für die achsenparallelen Strahlen ist dies der Brennpunkt auf der optischen Achse.

Klinischer Bezug

Ist der Bulbus des Auges im Verhältnis zur Brechkraft des abbildenden Systems des Auges zu kurz, so liegt eine Weitsichtigkeit („Hypermetropie") vor. Diese kann durch eine Sammellinse mit positiver Dioptriezahl korrigiert werden. Bei Kurzsichtigkeit („Myopie") ist der Bulbus im Verhältnis zu lang, hier wird zur Korrektur eine Zerstreuungslinse benötigt.

Merke!
Man unterscheide streng zwischen der Brechkraft einer Linse und der Brechkraft n eines Stoffes. Die Brechkraft einer Linse ist um so stärker, je größer die Brechzahl des Linsenmaterials ist.

F01 ■■

→ **Frage 7.13: Lösung B**

Die Brennweite *f* entspricht dem Reziprokwert der Brechkraft *D* (siehe Lerntext VII.6):

$$f = \frac{1}{D} = \frac{1}{-5\,\text{dpt}} = -0{,}2\,\text{m} = \underline{-20\,\text{cm}}$$
(Einheit dpt = m^{-1})

F03 ■

→ **Frage 7.14: Lösung C**

Die dargestellte Linse hat eine konkave Austrittsseite, wodurch ein parallel auf die Linse einfallendes Lichtbündel aufgefächert („zerstreut") wird. In einem solchen Fall haben Brechkraft und Brennweite der Linse ein **negatives Vorzeichen.**
Die Brennweite *f* errechnet sich aus dem Kehrwert der Brechkraft φ (siehe auch Lerntext VII.6). Der **Absolutbetrag** der Brechkraft φ soll 5 Dioptrien betragen. Da die Linse zerstreuende Wirkung hat (siehe oben), hat der eigentliche Betrag der Brechkraft ein negatives Vorzeichen: –5 Dioptrien bzw. $-5\,m^{-1}$. Eingesetzt ergibt sich:

$$f = \frac{1}{\varphi} = \frac{1}{-5\,m^{-1}} = \underline{-0{,}2\,m}$$

H06 ■

→ **Frage 7.15: Lösung A**

Zerstreuungslinsen haben die Eigenschaft, parallel einfallende Lichtstrahlen aufzufächern (zu zerstreuen). Der Brennpunkt ist bei Zerstreuungslinsen der Punkt, in dem sich die nach rückwärts verlängerten Strahlen treffen. Für einen Betrachter scheinen die Strahlen aus diesem Brennpunkt zu kommen.
Die Grafik macht die Zerstreuungslinse anschaulich:

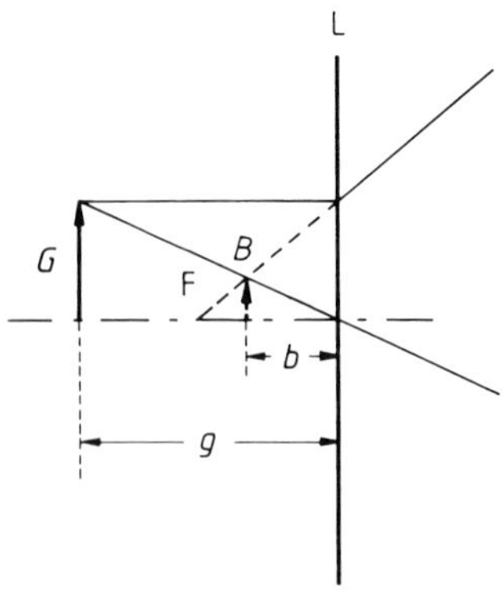

Abb. 7.3 G = Gegenstand, F = Brennpunkt, g = Gegenstandsweite, b = Bildweite, L = Linse.

Überträgt man dies auf die Aufgabe (und verlängert die Lichtstrahlen auf der gegenstandseitigen Seite der Linse in Richtung Brennpunkt), erkennt man, dass nur Lichtstrahl (A) aus dem Brennpunkt kommen kann.

H03 ■■

→ **Frage 7.16: Lösung E**

Eine Linse, die Lichtstrahlen bündelt, nennt man Sammellinse: Sie bündelt achsenparallel auf sie einfallende Lichtstrahlen im Brennpunkt. Der Abstand des Brennpunktes von der Mittelebene der Linse heißt Brennweite f (die in dieser Aufgabe 50 cm beträgt). Der **Brechwert** φ wiederum ist der Reziprokwert der Brennweite (siehe Lerntext VII.6):

$$\varphi = \frac{1}{f}$$

Der Zahlenbetrag des Brechwerts ist damit:

$$\varphi = \frac{1}{f} = \frac{1}{0{,}5\,\text{m}} = 2\,\text{dpt}$$

Bei Sammellinsen werden Brennweite und Brechwert stets als positive Zahlen angegeben, bei Zerstreuungslinsen als negative Werte. Somit ist die richtige Lösung dieser Aufgabe +2 dpt, also (E).

H09 ■■

→ **Frage 7.17: Lösung E**

Zu **(E)**: Die **Brechkraft** φ einer Linse errechnet sich nach (siehe auch Lerntext VII.6):

$\varphi = \frac{1}{f}$, wobei f der **Brennweite** entspricht. Nach Umformen und Einsetzen erhalten wir:

$$f = \frac{1}{\varphi} = \frac{1}{2{,}5\,\text{dpt}} = \frac{1}{2{,}5\,\frac{1}{\text{m}}} = 0{,}4\,\text{m} = \underline{40\,\text{cm}}$$

Bei **Sammellinsen** werden **Brennweite und Brechwert** stets als **positive** Zahlen angegeben, bei **Zerstreuungslinsen als negative Werte** ((A)–(C) sind somit unzutreffend).

VII.7 Die Abbildungsgleichung (Linsengleichung)

Von einem Gegenstand mit der Größe G, der in einer Entfernung g (= Gegenstandsweite) von einer Sammellinse mit der Brennweite f aufgestellt ist, entsteht im Abstand b (= Bildweite) ein Bild. Die Größe des Bildes sei B. Zwischen g, b und f besteht folgende Beziehung:

$$\frac{1}{g} + \frac{1}{b} = \frac{1}{f} \qquad \text{(Gl. 7.10.)}$$

Für das Verhältnis zwischen Gegenstandsgröße und Bildgröße (Abbildungsmaßstab) gilt:

$$\frac{B}{G} = \frac{b}{g} \qquad \text{(Gl. 7.11.)}$$

H99 ■

→ **Frage 7.18: Lösung B**

Wenn Bild und Gegenstand gleich groß sind, wie in unserer Frage, dann müssen somit auch Bild- und Gegenstandsweite gleich groß sein.
Für $g = b = 0{,}2$ m errechnet sich die Brechkraft der Linse zu:

$$\varphi = \frac{1}{f} = \frac{1}{g} + \frac{1}{g} = \frac{2}{g} = \frac{2}{0{,}2\,\text{m}} = \underline{10\,\text{dpt}}$$

Siehe Lerntext VII.7.

F91 ■

→ **Frage 7.19: Lösung C**

Da g und f gegeben und die Bildweite b gesucht ist, muss Gleichung 7.10 umgestellt werden:
Einsetzen von g und f in die umgeformte Linsengleichung ergibt

$$\frac{1}{b} = \frac{1}{f} - \frac{1}{g} = \frac{1}{5\,\text{cm}} - \frac{1}{15\,\text{cm}} = \frac{(3-1)}{15\,\text{cm}} = \frac{2}{15}\,\text{cm}^{-1}$$

Das Ergebnis erhält man durch Bildung des Kehrwertes:

$$b = \frac{15\,\text{cm}}{2} = \underline{7{,}5\,\text{cm}}$$

Merke!
Die Längen müssen nicht unbedingt auf Meter umgerechnet werden. Es kann auch die Einheit cm (oder mm) verwendet werden, nur ist dann darauf zu achten, dass beim Einsetzen von Größen in eine Gleichung stets nur ein und dieselbe Einheit benutzt wird. Das Ergebnis besitzt dann auch diese Einheit.

VII.8 Bildkonstruktion für Sammellinsen

Abb. 7.4 zeigt, wie das Bild eines Gegenstandes konstruiert werden kann. Der Gegenstand wird dabei wie meist üblich durch einen senkrechten Pfeil dargestellt. Es genügt dann, den Bildpunkt für die Pfeilspitze zu finden, denn der Fußpunkt des Pfeiles wird stets in gleicher Entfernung auf der optischen Achse abgebildet (gleiches g bedeutet nach der Abbildungsgleichung 7.10 auch gleiches b). Für die Konstruktion können die folgenden Strahlen benutzt werden:

1. **Der Parallelstrahl:** Der von der Pfeilspitze achsenparallel verlaufende Strahl geht nach der Brechung durch den Brennpunkt (Definition des Brennpunktes).
2. **Der Mittelstrahl:** Der Strahl durch die Linsenmitte wird nicht gebrochen, er verändert also nicht seine Richtung.
3. **Der Brennstrahl:** Der Strahl durch den gegenstandsseitigen Brennpunkt verläuft hinter der Linse parallel zur optischen Achse.

In Abb. 7.4 wird das Bild eines Gegenstandes für zwei verschiedene Gegenstandsweiten (1) und (2) konstruiert (B1) bzw. (B2). Um den Bildort eines Punktes zu finden, genügen dabei 2 der oben erwähnten Strahlen.
Wie die Eigenschaften des Bildes von der Gegenstandsweite abhängen, kann aus folgender Tabelle entnommen werden.

Tabelle 7.1 Bildeigenschaften bei Abbildung mit einer Sammellinse. Abhängig von der Gegenstandsweite ***g*** können prinzipiell 6 Fälle unterschieden werden.

Fall 1 $g = \infty$	Das Bild steht in der bildseitigen Brennebene ($b = f$)	umgekehrt reell verkleinert
Fall 2 $g > 2f$	Das Bild entsteht zwischen einfacher und doppelter Brennweite ($f < b < 2f$)	umgekehrt reell verkleinert
Fall 3 $g = 2f$	Das Bild entsteht in der doppelten Brennweite ($b = 2f$)	umgekehrt reell unverändert
Fall 4 $f < g < 2f$	Das Bild entsteht außerhalb der doppelten Brennweite ($b > 2f$)	umgekehrt reell vergrößert
Fall 5 $g = f$	Das Bild entsteht im Unendlichen ($b = \infty$)	aufrecht virtuell vergrößert
Fall 6 $g < f$	Das Bild entsteht auf der linken Seite (der Gegenstandsseite) der Linse	aufrecht virtuell vergrößert

Hinweis:
Es ist nicht sinnvoll, den Inhalt dieser Tabelle auswendig zu lernen. Vielmehr sollte man das Konstruieren des Bildes üben.

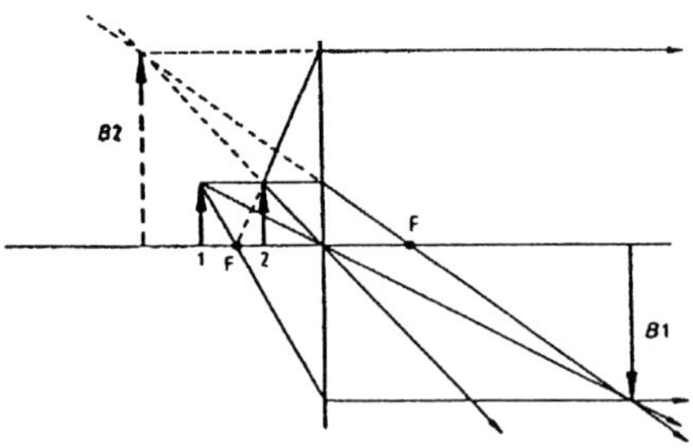

Abb. 7.4 Bildkonstruktion für eine Sammellinse. Liegt der Gegenstand außerhalb der Brennweite, so entsteht ein reelles und umgekehrtes Bild (B1), liegt der Gegenstand zwischen Brennpunkt und Linse, dann erhält man ein aufrechtes und virtuelles Bild (B2). Ein virtuelles Bild ist der Schnittpunkt gedachter Lichtstrahlen (in der Abbildung gestrichelt). Die nach rechts laufenden Strahlen scheinen von dem virtuellen Bild herzukommen.

F10 ■■

→ **Frage 7.20: Lösung C**

Zu **(C)**: Eine **Lupe** ist nichts anderes als eine **Sammellinse**. Wo und wie (reell oder virtuell, verkleinert oder vergrößert) das Bild einer Sammellinse entsteht, hängt von der Stellung des Gegenstandes zur Brennweite der Linse ab. Prinzipiell können 6 verschiedene Fälle unterschieden werden (siehe Lerntext VII.8).
Normalerweise setzt man eine Lupe so ein, dass der zu betrachtende Gegenstand zwischen der Hauptebene der Linse und der einfachen Brennweite f steht. Das entstehende Bild ist virtuell (auf der gleichen Seite der Linse wie der Gegenstand), aufrecht und vergrößert (s. Tabelle Punkt 5).
Wenn man jedoch die Augen auf „unendlich“ akkommodiert, muss auch die Linse ein Bild im „Unendlichen“ produzieren, damit man es scharf sehen kann. Wie man aus der Tabelle ablesen kann, ist das der Fall, wenn der Gegenstand genau auf der einfachen Brennweite f steht (Punkt 4), also wenn der Abstand **a** des Gegenstands von der Hauptebene der Linse und die Brennweite **f** gleich sind (C).

F98 ■

→ **Frage 7.21: Lösung D**

Diese Frage entspricht Fall 2 der Tabelle 7.1. Das Bild liegt zwischen einfacher und doppelter Brennweite.

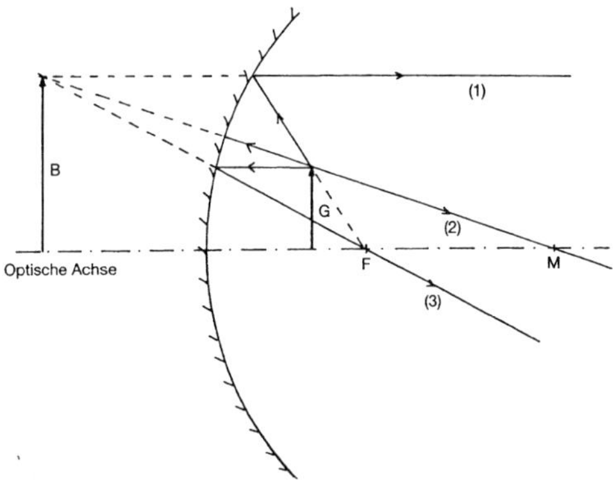

Abb. 7.5 Den Bildpunkt eines Gegenstandspunktes (hier der Pfeilspitze) suchen heißt, den Punkt finden, in dem sich die Strahlen, die vom Gegenstandspunkt ausgehen, nach der Reflexion am Spiegel wieder treffen. Von den drei im Kommentar beschriebenen Strahlen genügen zwei, um den Bildpunkt zu konstruieren.

F06 ■■

→ **Frage 7.22: Lösung A**

Um ein Bild zu konstruieren, muss zunächst die Brennweite der Linse ermittelt werden. Sie ist definiert als Reziprokwert der Brechkraft:

$f = \frac{1}{D} = \frac{1}{2{,}5\,\text{dpt}} = 0{,}4\,\text{m}$ (Einheit dpt = m^{-1})

Wo und wie (reell oder virtuell, verkleinert oder vergrößert) das Bild entsteht, hängt von der Stellung des Gegenstandes zur Brennweite der Linse ab. Prinzipiell können 6 verschiedene Fälle unterschieden werden (siehe Lerntext VII.8).
Der Gegenstand steht in unserem Fall genau auf der doppelten Brennweite (Fall 2, f = 0,4 m, g = 0,8 m = 2f), das entstehende Bild ist also reel, umgekehrt und gleich groß (Lösung (A)).

F97 ■

→ **Frage 7.23: Lösung A**

Wenn man sich daran erinnert, dass man ein vergrößertes Bild erhält, wenn sich der Gegenstand zwischen der einfachen und der doppelten Brennweite befindet, scheiden die Antworten (D) und (E) sofort aus. Da man aber die genaue Bildweite zur vollständigen Beantwortung benötigt, muss ein wenig gerechnet werden. Dazu benutzen wir die Abbildungsgleichung, die die Größen Gegenstandsweite *g*, Bildweite *b* und Brennweite *f* verknüpft:

$$\frac{1}{g} + \frac{1}{b} = \frac{1}{f}$$

Wir lösen nach b auf:

$$\frac{1}{b} = \frac{1}{f} - \frac{1}{g} = \frac{g-f}{g \cdot f}, \text{ oder}$$

$$b = \frac{g \cdot f}{g-f} = \frac{20 \cdot 15}{20-15}\,\text{cm} = \frac{300}{5}\,\text{cm} = 60\,\text{cm}$$

Damit ergibt sich auch die Vergrößerung. Für sie gilt:

$$V = \frac{\text{Bildgröße}}{\text{Gegenstandsgröße}} = \frac{\text{Bildweite}}{\text{Gegenstandsweite}} = \frac{b}{g} = \frac{60\,\text{cm}}{20\,\text{cm}} = 3$$

In **60 cm** Entfernung entsteht ein **vergrößertes Bild**.

F00 ■

→ **Frage 7.24: Lösung B**

Von einem Gegenstand der Größe *G*, der in einer Entfernung *g* (= Gegenstandsweite) von einer Sammellinse mit der Brennweite *f* aufgestellt ist, entsteht im Abstand *b* (= Bildweite) ein Bild. Die Größe des Bildes sei *B*. Zwischen *g*, *b* und *f* besteht die folgende Beziehung:

$$\frac{1}{g} + \frac{1}{b} = \frac{1}{f}$$

Für das Verhältnis zwischen Gegenstandgröße und Bildgröße (Abbildungsmaßstab) gilt:

$$\frac{B}{G} = \frac{b}{g}$$

Wenn Bild und Gegenstand gleich groß sein sollen, wie in unserer Frage, dann müssen auch Bildweite *b* und Gegenstandweite *g* gleich groß sein. Wenn wir unter diesem Aspekt nochmals die erste Gleichung betrachten, erkennen wir, dass der Gegenstand genau im Abstand der zweifachen Brennweite *f* von der Linse platziert werden muss:
Da für unsere Fragestellung *g* = *b* sein soll, gilt

$$\frac{1}{g} + \frac{1}{g} = \frac{2}{g} = \frac{1}{f} \text{ oder umgeformt } 2 \cdot f = g.$$

Gegeben ist aber nicht die Brennweite *f*, sondern die Brechkraft φ = 20 dpt. Also errechnen wir die Brennweite aus der Brechkraft.

$$f = \frac{1}{\varphi} = \frac{1}{20\,\text{dpt}} = 0{,}05\,\text{m}$$

Damit muss die Gegenstandsweite 2 · 0,05 m = 10 cm sein.

F92 ■

→ **Frage 7.25: Lösung C**

Der Strahlengang durch eine Linse ist grundsätzlich umkehrbar.
In Abb. 7.2 wurde gezeigt, dass Parallelstrahlbündel gleich welcher Richtung stets in der Brennebene vereinigt werden. (Die Brennebene ist die Ebene durch den Brennpunkt senkrecht zur optischen Achse.) Daher kann ein Parallellichtbündel hinter der Linse nur von einem Gegenstandspunkt herrühren, der in der gegenstandsseitigen Brennebene liegt (2). Die Richtung des Bündels erhält man aus der Richtung des Mittelstrahls, der vom Gegenstandspunkt durch die Linsenmitte verläuft (Abb. 7.6).

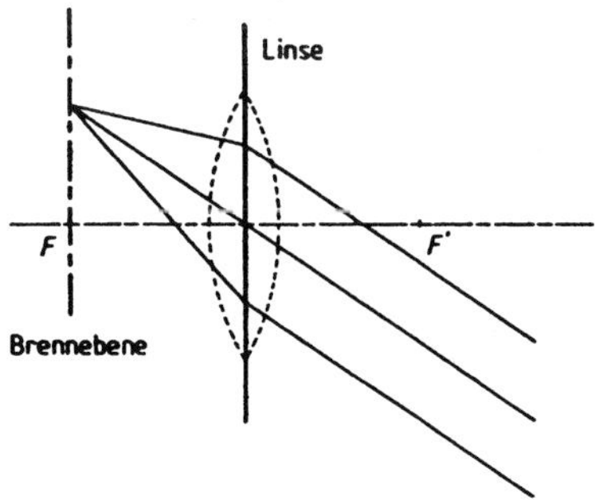

Abb. 7.6 Die Entstehung eines Parallelstrahlbündels hinter einer Sammellinse.

H90 F83 ■■

→ **Frage 7.26: Lösung D**

Die Bildkonstruktion ergibt, dass das Bild in Ebene E_4 entsteht.
Man kann die Frage auch ohne Konstruktion richtig beantworten: Da die Gegenstandsweite *g* ziemlich

genau gleich der doppelten Brennweite ($2f$) ist, muss die Bildweite auch gleich $2f$ sein.

H92 ■

Frage 7.27: Lösung D

Auch hier führt die Bildkonstruktion zum Ziel. Nur Strahl D geht auch durch den Gegenstandspunkt. Beantwortung ohne Konstruktion (Abb. 7.7): Strahl E ist ein Brennstrahl und müsste vor der Linse achsenparallel verlaufen. Strahl C, der die Achse im Abstand $b = 2f$ schneidet, kommt von einem Punkt auf der Achse, der einen Abstand $g = 2f$ von der Linse hat (punktierte Strahlen). Der von der Pfeilspitze herkommende Strahl liegt dazwischen.

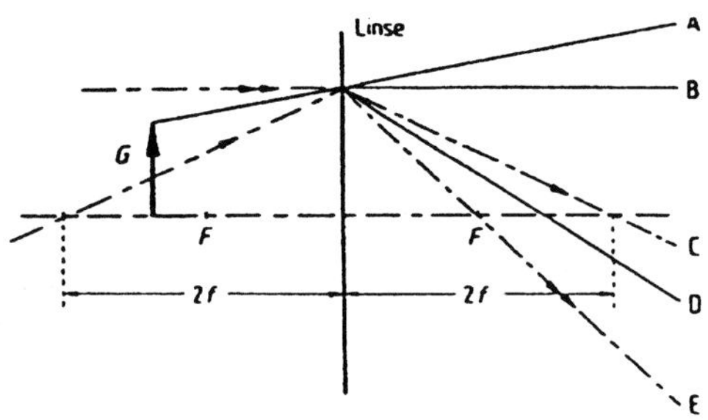

Abb. 7.7 Strahlengang durch eine Sammellinse, ausgehend von der Spitze eines Gegenstandes.

Strahlen, die unter verschiedenen Richtungen auf den gleichen Punkt der Linse treffen, werden stets um den gleichen Winkel abgelenkt (siehe die durch einen Einfachpfeil bzw. Doppelpfeil markierten Strahlen). Deshalb muss Strahl D auch vor der Linse zwischen C und E liegen.

Merke!
Man beachte bei der Bildkonstruktion, dass die Größe der Linse keine Bedeutung hat. Die Konstruktionsstrahlen sind immer richtig, wenn man sie auf die Mittelebene der Linsen bezieht, die beliebig über die Linse hinaus verlängert werden kann. Die Konstruktionsstrahlen sind also nicht immer Strahlen, die tatsächlich zur Abbildung beitragen. Sie liefern jedoch stets die korrekte Lage des Bildes.

F85 ■

Frage 7.28: Lösung C

Schon die Tatsache, dass der Fußpunkt des Pfeiles im doppelten Brennpunktabstand von der Linse liegt, ($g = 2f$), lässt nur (C) als richtige Lösung zu, da die Bildweite dieses Punktes ebenfalls gleich $2f$ sein muss.
Weitere Argumente sind:

1. Da die Gegenstandsweite für die Pfeilspitze verglichen mit derjenigen für den Pfeilanfang kleiner ist, muss ihre Bildweite größer sein, d. h. die Pfeilspitze muss im Bild rechts vom Pfeilanfang liegen. Dies folgt aus der Abbildungsgleichung: $1/g + 1/b = 1/f$.
2. Wendet man die Beziehung $B/G = b/g$ auf Pfeilanfang und -ende an, so muss der Bildpunkt der Pfeilspitze einen größeren Abstand B von der optischen Achse haben als derjenige des Pfeilanfangs, da auch die Bildweite b für die Spitze größer ist als diejenige für den Pfeilanfang.
   Das Pfeilbild muss also nach rechts oben deuten!

VII.9 Linsenkombinationen

Werden mehrere dünne Linsen hintereinander angeordnet, dann errechnet sich die Brechkraft der Kombination nach der folgenden Regel:
Die Brechkraft einer Linsenkombination ist gleich der Summe der Brechkräfte der Einzellinsen:

$$\varphi = \varphi_1 + \varphi_2 + ... + \varphi_n \qquad \text{(Gl. 7.12.)}$$

Dies kann auch für Brennweiten formuliert werden:

$$\frac{1}{f} = \frac{1}{f_1} + \frac{1}{f_2} + \ldots + \frac{1}{f_n} \qquad \text{(Gl 7.12a)}$$

Es empfiehlt sich jedoch, mit Gleichung 7.12 zu arbeiten. Die Brechkraft (bzw. die Brennweite) für Zerstreuungslinsen muss in diesen Beziehungen negativ angesetzt werden.

F99 ■■

Frage 7.29: Lösung E

Aus der Definition des Brennpunktes und der Umkehrbarkeit der Strahlenbündel folgt, dass bei dieser speziellen Anordnung zweier Sammellinsen ein achsenparallel einfallendes Strahlenbündel nach dem Austritt aus der zweiten Linse wieder achsenparallel verläuft.
Wenn man den Verlauf der beiden Begrenzungsstrahlen konstruiert, dann kann auch die Frage nach der Dicke dieses Parallelbündels richtig beantwortet werden (Abb. 7.8, Frage 7.30).

F90 ■

Frage 7.30: Lösung D

Zunächst müssen wir aus dem Brechwert φ die Brennweite f dieser Linsen ermitteln:

$$f = \frac{1}{\varphi} = \frac{1}{5\,\text{dpt}} = \frac{1}{5\,\text{m}^{-1}} = 0{,}2\,\text{m} = 20\,\text{cm}$$

Die Forderung nach einem Gesamtbrechwert null heißt, dass ein paralleles Lichtbündel eine Kombination aus diesen beiden Linsen wieder als Parallelbündel verlässt. Ein solches Bündel wird durch die erste Linse im Brennpunktabstand 20 cm vereinigt.

Dieser Punkt ist für die zweite Linse der Ausgangspunkt eines divergenten Lichtbündels, das durch diese Linse wiederum zum Parallelbündel gemacht wird, wenn sie im Abstand $f = 20\,\text{cm}$ nach diesem Punkt angeordnet wird. Daraus ergibt sich ein Gesamtabstand von 40 cm für die beiden Linsen.

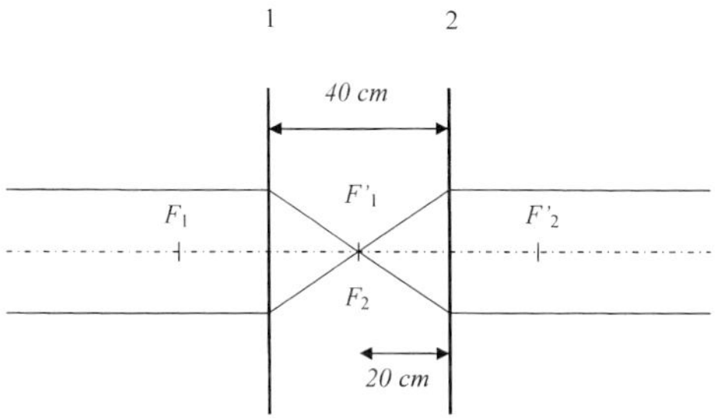

1 = Linse 1, 2 = Linse 2.
F_1 und F'_1 Brennpunkte Linse 1,
F'_2 und F_2 Brennpunkte Linse 2

Abb. 7.**8** Verlauf eines achsenparallel einfallenden Strahlenbündels durch 2 Sammellinsen.

H01 ■

→ **Frage 7.31: Lösung E**

Werden zwei dünne Linsen hintereinander angeordnet, dann errechnet sich die Brennweite nach der folgenden Regel:

$$\frac{1}{f} = \frac{1}{f_1} + \frac{1}{f_2} \text{ (siehe Lerntext VII.9)}$$

Die Brennweite für Zerstreuungslinsen muss in dieser Beziehung negativ angesetzt werden. Gesucht ist bei gegebener Gesamtbrennweite die Brennweite der Linse f_2. Nach Umformung der oberen Formel erhält man:

$$\frac{1}{f_2} = \frac{1}{f} - \frac{1}{f_1} = \frac{1}{40\,\text{cm}} - \frac{1}{20\,\text{cm}} = \frac{1}{40\,\text{cm}} - \frac{2}{40\,\text{cm}} = -\frac{1}{40\,\text{cm}}$$

Damit ist $f_2 = \underline{-40\,\text{cm}}$

F09 ■

→ **Frage 7.32: Lösung B**

Werden zwei dünne Linsen hintereinander angeordnet, errechnet sich die Brennweite wie folgt:

$$\frac{1}{f} = \frac{1}{f_1} + \frac{1}{f_2} \text{ (siehe Lerntext VII.9)}$$

Der Reziprokwert der Brennweite wird als Brechkraft einer Linse bezeichnet (siehe auch Lerntext VII.6):

$$\varphi = \frac{1}{f};\ [\varphi] = \text{m}^{-1} = \text{dpt}$$

Die Lupe (Linse 1) hat eine Brennweite von $f_1 = 0{,}1\,\text{m}$, insgesamt entsteht ein System mit einer Gesamtbrennweite f von 0,2 m (die Lichtstrahlen bündeln sich im Brennpunkt 20 cm = 0,2 m hinter beiden Linsen). Die Brennweite des Brillenglases (f_2) lässt sich aus der oben angegebenen Formel errechen:

$$\frac{1}{f} = \frac{1}{f_1} + \frac{1}{f_2}$$

$$\frac{1}{f_2} = \frac{1}{f} - \frac{1}{f_1}$$

$$\frac{1}{f_2} = \varphi^2 = \frac{1}{0{,}2\,\text{m}} - \frac{1}{0{,}1\,\text{m}} = 5\,\text{dpt} - 10\,\text{dpt} = \underline{-5\,\text{dpt}}$$

VII.10 Das Auge

Das abbildende System des Auges besteht aus zwei Elementen, der brechenden Grenzfläche zwischen Luft und Hornhaut und der eigentlichen Augenlinse (Abb. 7.9). Während der Übergang Luft–Hornhaut eine feste Brechkraft φ_H von ca. 43 dpt besitzt, kann die Brechkraft der Linse φ_L durch Veränderung der Krümmung zur Scharfeinstellung des Bildes in bestimmten Grenzen (zwischen ca. 15 und 25 dpt für Jugendliche und zwischen 15 und 20 dpt für Erwachsene) verändert werden.

Man nennt diesen Bereich die Akkommodationsbreite Δ_φ. Als Mittelwerte gelten 10 dpt für Jugendliche, 5 dpt (oder weniger) für ältere Menschen.

Die Gesamtbrechkraft des Auges beträgt also
$\varphi_H + \varphi_L(\infty) = 43\,\text{dpt} + 15\,\text{dpt} = \text{ca. } 58\,\text{dpt}$
beim Blick ins Unendliche (Abb. 7.9b) und
$\varphi_H + \varphi_L(N) = 43\,\text{dpt} + 20\,\text{dpt (bzw. 25 dpt)}$
$= 63\,\text{dpt (bzw. 68 dpt)}$
bei Scharfeinstellung auf den sog. Nahpunkt N (Abb. 7.9c).

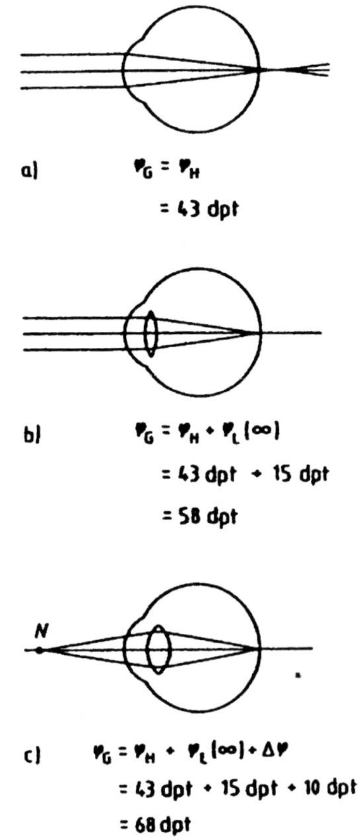

Abb. 7.9 Das optische System des Auges.

Klinischer Bezug

Die Katarakt (grauer Star, Trübung der Augenlinse) ist weltweit die häufigste Erblindungsursache. Zur Verbesserung der Sehkraft muss eine Operation durchgeführt werden. Dabei wird die natürliche Augenlinse mittels Ultraschall zerkleinert und dann abgesaugt. Danach wird eine Kunstlinse in die ursprüngliche Aufhängung der Linse implantiert. Mit dieser ist eine Akkommodation nur minimal möglich. Auf Wunsch kann die künstliche Linse so ausgelegt werden, das scharfes Sehen entweder in die Ferne oder in die Nähe möglich ist. Um im jeweils anderen Bereich scharf sehen zu können, muss der Patient jedoch eine Brille aufsetzen.

Seit kurzer Zeit sind „akkommodative Linsen" verfügbar, die verformbar sind und nach Implantation eine relativ gute Akkommodation zulassen. Diese Linsen sind jedoch noch nicht ganz so stark verformbar wie natürliche Augenlinsen, zudem haben bis jetzt erst wenige Patienten solche Linsen erhalten.

F06 ■

→ **Frage 7.33: Lösung D**

Für den Blick ins Unendliche wird die geringste Brechkraft des optischen Apparats des Auges benötigt. Fokussiert man einen in der Nähe liegenden Gegenstand, wird durch eine Kontraktion des M. ciliaris die Form der Augenlinse verändert (sie wird „kugeliger"), wodurch ihre Brechkraft (und damit auch ihr Brechwert) zunimmt.

F04 ■■

→ **Frage 7.34: Lösung D**

Siehe Kommentar zu Frage 7.38.

Zu **(D)**: Die Linse ist von einer bindegewebigen Kapsel umgeben, darunter liegen Fasern, die die Linse in ihrem Aufhängeapparat halten. Der Musculus ciliaris wirkt auf die Aufhängung und kann durch Anspannung oder Erschlaffung die Form der Linse und damit ihre Brechkraft verändern. Eine künstliche Linse ist in der Regel nicht verformbar, deshalb funktioniert die Akkommodation nur noch minimal, wenn getrübte Linsen durch Kunstlinsen ersetzt werden.

Werden Kunstlinsen eingesetzt, die den scharfen Blick ins Unendliche ermöglichen, treffen von jedem Gegenstandspunkt im „Unendlichen" parallele Lichtstrahlen auf das Auge und werden auf die Netzhaut gebündelt. Damit auch ein Gegenstand in der Nähe betrachtet werden kann, müssen die von diesem Gegenstand ausgehenden divergenten Strahlen parallel gemacht werden. Dies kann geschehen, indem man den Gegenstand in den Brennpunkt einer Sammellinse bringt. Die Gegenstandsweite ist dann gleich der Brennweite der Linse (in unserer Aufgabe: 20 cm = 0,2 m).

Die Brechkraft ist definiert als Reziprokwert der Brennweite (siehe auch Lerntext VII.6):

$$\varphi = \frac{1}{f} = \frac{1}{0{,}2\,\text{m}} = 5\,\text{m}^{-1} = 5\,\text{dpt}$$

H04 ■

→ **Frage 7.35: Lösung D**

Der hier beschriebene kurzsichtige Patient sieht mit entspanntem Auge in 1 m Entfernung scharf (Fernpunkt bei 1 m). Damit entspricht 1 m der Brennweite *f* des entspannten Auges. Die Brechkraft (Brechwert) *D* ist der Reziprokwert der Brennweite und wird in Dioptrie angegeben (siehe auch Lerntext VII.6).

Bei maximaler Nahakkommodation soll ein Gegenstand in 20 cm Entfernung vom Auge scharf gesehen werden. Damit muss die Gesamtbrechkraft $D = \frac{1}{0{,}2\,\text{m}} = +5$ dpt betragen.

Die Brechkräfte dicht hintereinander stehender Linsen können einfach addiert werden. Das entspannte myope Auge an sich hat eine Brechkraft von

$D = \frac{1}{1\,m} = +1$ dpt. Der Patient hat eine noch bestehende Akkommodationsbreite von 2 dpt, maximal kann ohne Korrekturlinsen also eine Brechkraft von 1 dpt + 2 dpt = + 3 dpt erzielt werden. Soll ein Gegenstand in 20 cm Entfernung vom Auge scharf gesehen werden, muss die Gesamtbrechkraft aber +5 dpt betragen. Damit muss eine Korrekturlinse mit einem Brechwert von + 2 dpt zusätzlich getragen werden.

H05 ■■

→ **Frage 7.36: Lösung D**

Während in jungen Jahren die Akkomodationsbreite des normalsichtigen Auges 10 bis 14 Dioptrien beträgt, nimmt sie im Lauf des Lebens immer weiter ab. Diese Einschränkung der Akkomodationsbreite, die keine Krankheit im eigentlichen Sinn, sondern eine normale Alterserscheinung ist, nennt man Presbyopie („Alterssichtigkeit").
Für den Blick ins Unendliche wird die geringste Brechkraft des optischen Apparats des Auges benötigt. Fokussiert man einen in der Nähe liegenden Gegenstand, wird durch eine Kontraktion des M. ciliaris die Form der Augenlinse verändert (sie wird „kugeliger"), wodurch ihre Brechkraft zunimmt.
Der Patient in unserer Aufgabe ist abgesehen von seiner Alterssichtigkeit kurzsichtig – für einen Blick in die (unendliche) Ferne benötigt er Brillengläser mit einer Brechkraft von –2 dpt. In die andere Richtung, zum Lesen, benötigt er Brillengläser mit einer Brechkraft von +1 dpt. Der Unterschied zwischen dem Blick ins Unendliche und dem Nahpunkt ist in Brechkraft ausgedrückt also 3 dpt (Differenz zwischen –2 und +1).
Beim Blick ins Unendliche laufen die Lichtstrahlen parallel, um das „Unendliche" scharf abzubilden, beim Blick in die Nähe wird der Brennpunkt der im Vergleich zum Blick ins Unendliche zusätzlichen Brechkraft scharf abgebildet (siehe auch Lerntexte VII.10 und VII.6). Aus dem Reziprokwert dieser Brechkraft von 3 dpt kann damit eine Brennweite und Entfernung des scharfen Sehens von $f = \frac{1}{\varphi} = \frac{1}{3\,dpt} = \frac{1}{3\frac{1}{m}} = 0,33\,m$ ermittelt werden.

F07 ■■

→ **Frage 7.37: Lösung C**

Die Augenlinse ist von einer bindegewebigen Kapsel umgeben, darunter liegen Fasern, die die Linse in ihrem Aufhängeapparat halten. Der Musculus ciliaris wirkt auf die Aufhängung und kann durch Anspannung oder Erschlaffung die Form der Linse und damit ihre Brechkraft φ_L in bestimmten Grenzen (zwischen ca. 15 und 25 dpt für Jugendliche und zwischen 15 und 20 dpt für Erwachsene) verändern. Diesen Bereich nennt man die Akkommodationsbreite.

Die Brechkraft φ ist definiert als Reziprokwert der Brennweite f (siehe auch Lerntext VII.6). Beim Blick ins „Unendliche" hat die Augenlinse eine Brechkraft von:

$$\varphi_\infty = \frac{1}{f_\infty} = \frac{1}{\infty\,m} = 0\,m^{-1} = 0\,dpt$$

Wenn der 8-jährige Junge einen Gegenstand in 7 cm Abstand zu den Augen scharf sieht, muss der Musculus ciliaris so auf die Linse eingewirkt haben, dass die Brennweite f_{7cm} der Linse von „unendlich" auf 7 cm (0,07 m) verändert worden ist:

$$\varphi_{7\,cm} = \frac{1}{f_{7\,cm}} = \frac{1}{0,07\,m} = 14\,m^{-1} = 14\,dpt$$

Die Akkommodationsbreite zwischen den Brennweiten „unendlich" und sieben Zentimetern liegt also bei 14 dpt – 0 dpt = 14 dpt

F08 ■■

→ **Frage 7.38: Lösung C**

Das abbildende System des Auges besteht aus zwei Elementen, nämlich der brechenden Grenzfläche zwischen Luft und Hornhaut und der eigentlichen Augenlinse. Während der Übergang Luft-Hornhaut eine feste Brechkraft von φ_H ca. 43 dpt besitzt, kann die Brechkraft der Linse φ_L in bestimmten Grenzen variiert werden (zwischen ca. 15 und 25 dpt für Jugendliche und zwischen 15 und 20 dpt für Erwachsene). Diesen Bereich nennt man die Akkommodationsbreite. Anders ausgedrückt ist die Akkommodationsbreite der Brechkraftunterschied zwischen dem nahsten (Nahpunkt) und entferntesten Punkt (Fernpunkt), den man scharf sehen kann. Scharf sieht man etwas, wenn es genau in der Brennweite des abbildenden Systems liegt.
Die Brechkraft φ wiederum ist definiert als Reziprokwert der Brennweite (siehe auch Lerntext VII.6):

$$\varphi = \frac{1}{f}$$

Zu **(C)**: In der vorliegenden Frage errechnet man die Brechkraft am Fern- und Nahpunkt wie folgt:

$$\varphi_{FERN} = \frac{1}{f} = \frac{1}{0,5\,m} = 2\,m^{-1} = 2\,dpt$$

$$\varphi_{NAH} = \frac{1}{f} = \frac{1}{0,2\,m} = 5\,m^{-1} = 5\,dpt$$

Die Differenz (Akkommodationsbreite) zwischen Nah- und Fernpunkt beträgt damit:
$\varphi_{NAH} - \varphi_{FERN}$ = 5 dpt – 2 dpt = 3 dpt

H07 ■■

→ **Frage 7.39: Lösung C**

Fokussiert man einen in der Nähe liegenden Gegenstand, wird durch eine **Kontraktion des M. ciliaris**

die Form der Augenlinse verändert (sie wird „kugeliger"), **wodurch** ihre **Brechkraft zunimmt**. Die **Brennweite bei maximaler Kontraktion** des M. ciliaris wird auch als **„Nahpunkt"** bezeichnet – die Gegenstände, die in der Brennweite liegen, kann man scharf sehen.
Um den Nahpunkt von 1 m auf 20 cm zu verlagern, also in 20 cm scharf sehen zu können, muss eine Linse zwischen Auge und Gegenstand gebracht werden, die die Brechkraft um den fehlenden Betrag ergänzt und die Brennweite auf 20 cm verkleinert.
Wir müssen nun nur noch die Differenz der Brechkräfte bei Brennweite 1 m und bei Brennweite 20 cm (0,2 m) errechnen, um den benötigten Brechwert der Vorsatzlinse zu erhalten:

$$\varphi_{\text{Vorsatzlinse}} = \varphi_{0{,}2\,\text{m}} - \varphi_{1\,\text{m}}$$

Die Brechkraft errechnet sich nach: $\varphi = \frac{1}{f}$, wobei f der Brennweite entspricht.
Für den Nahpunkt liegt sie also bei

$$\varphi_{\text{Nahpunkt}} = \varphi_{1\,\text{m}} = \frac{1}{f} = \frac{1}{1\,\text{m}} = 1\,\text{dpt}$$

Die Brechkraft für die gewünschte Brennweite von 20 cm errechnet sich nach:

$$\varphi_{0{,}2\,\text{m}} = \frac{1}{f} = \frac{1}{0{,}2\,\text{m}} = 5\,\text{dpt}$$

Die Differenz der beiden Brechkräfte ist also:
$\varphi_{\text{Vorsatzlinse}} = \varphi_{0{,}2\text{m}} - \varphi_{1\text{m}} = 5\,\text{dpt} - 1\,\text{dpt} = \underline{+4\,\text{dpt}}$
Siehe auch Lerntexte VII.10 und VII.6.

H08 ■■

→ **Frage 7.40: Lösung B**

Der hier beschriebene weitsichtige Patient sieht mit akkommodiertem Auge in 50 cm (= 0,5 m) Entfernung scharf (Nahpunkt bei 0,5 m). Damit entspricht 0,5 m der **Brennweite *f*** des akkommodierten Auges. Die **Brechkraft *φ*** ist der Reziprokwert (Kehrwert) der Brennweite und wird in Dioptrien (dpt) angegeben (siehe auch Lerntext VII.6):

$$\varphi_{\text{AUGE}} = \frac{1}{f} = \frac{1}{0{,}5\text{m}} = 2\,\text{m}^{-1} = +2\,\text{dpt}$$

Um den Nahpunkt auf 25 cm (0,25 m) zu verlagern, müssen Auge und vorgesetzte Linse insgesamt die folgende Brechkraft haben:

$$\varphi_{25\,\text{cm}} = \frac{1}{f} = \frac{1}{0{,}25\,\text{m}} = 4\,\text{m}^{-1} = +4\,\text{dpt}$$

Da sich die Brechkräfte hintereinander angeordneter (dünner) Linsen einfach addieren (siehe auch Lerntext VII.9), ist die folgende Brechkraft des Korrekturglases erforderlich:
$\varphi_{\text{Korrekturglas}} = \varphi_{25\text{cm}} - \varphi_{\text{AUGE}} = 4\,\text{dpt} - 2\,\text{dpt} = \underline{+2\,\text{dpt}}$

F07 ■

→ **Frage 7.41: Lösung D**

Entscheidend für den Lichtstrom ist die Fläche, durch die das Licht durch die Pupille tritt. Nimmt man die Pupille als rund an, gilt für die Kreisfläche A der Pupille:
$A = \pi \cdot r^2$
Wenn sich der Durchmesser von 1,5 mm auf 7,5 mm verfünffacht $\left(\frac{7{,}5\,\text{mm}}{1{,}5\,\text{mm}} = 5\right)$, dann wird der Radius als halber Durchmesser natürlich auch um den Faktor 5 größer (von 0,75 mm auf 3,75 mm). Setzt man nun das Verhältnis der Radien 1:5 in die Kreisformel ein, erkennt man das Verhältnis der Flächen zueinander (A_1 = Fläche mit 1,5 mm Durchmesser; A_2 = Fläche mit 7,5 mm Durchmesser):

$$\frac{A_2}{A_1} = \frac{\pi \cdot r_2^2}{\pi \cdot r_1^2} = \frac{\pi(5)^2}{\pi(1)^2} = \frac{(5)^2}{(1)^2} = \frac{25}{1}$$

Die Fläche der Pupille wird um den Faktor 25 größer, damit steigt der Lichtstrom um das 25-fache.

VII.11 Linsenfehler

Der **Öffnungsfehler** (sphärische Aberration) tritt auf, wenn achsenferne Lichtstrahlen, die durch die äußeren Zonen der Linse verlaufen, zur Abbildung beitragen. Für achsenferne Bündel erhält man eine kleinere Brennweite als für achsennahe Strahlen. Dieser Fehler kann korrigiert werden, indem man von der Kugelform der Linsenoberflächen abweicht oder die achsenfernen Strahlen ausblendet.
Der **Farbfehler** (chromatische Aberration) ist eine Folge der Tatsache, dass die Brechzahl eines Stoffes und damit auch der Brechungswinkel von der Wellenlänge abhängt (Dispersion). Da in Glas blaues Licht stärker gebrochen wird als rotes, liegt der Brennpunkt für blaues Licht näher an der Linse als für rotes ($f_{[\text{blau}]} < f_{[\text{rot}]}$).

7.3 Wellenoptik

VII.12 Quantenhafte Emission und Absorption von Licht durch Atome

Atome können nur genau festgelegte, für die betreffende Atomsorte charakteristische Energiezustände einnehmen (Bohrsches Atommodell). Durch Absorption (Aufnahme) von Strahlungsenergie (z. B. von Licht) kann ein Atom aus seinem energetischen Grundzustand in einen angeregten Zustand mit höherer Energie übergehen. Diese Anregungsenergie gibt das Atom nach sehr kurzer Zeit wiederum in Form von elektromagnetischer Strahlung ab (es emittiert z. B. Licht) und kehrt in seinen Grundzustand zurück. Man spricht in diesem Zusammenhang auch vom Übergang eines Atomelektrons in eine höhere bzw. niedrigere „Schale“. Zur Erklärung dieses Vorganges muss man elektromagnetische Strahlung als einen Strom von sehr kleinen, diskreten Energiequanten, den Photonen, betrachten. Zwischen der Frequenz f der absorbierten (oder emittierten) Strahlung und dem Energiebetrag E, der von einem Photon transportiert und vom Atom aufgenommen (oder abgegeben) wird, besteht der Zusammenhang

$E = h \cdot f$ (Gl. 7.13.)

h ist eine konstante Größe, das Plancksche Wirkungsquantum.

Diese wichtige Beziehung sagt aus, dass die Energie der Photonen um so größer ist, je größer die Frequenz (oder je kleiner die Wellenlänge) der Strahlung ist.

F94 ■■

→ **Frage 7.42: Lösung E**

Die optische Dichte eines Mediums wird durch die Brechzahl n beschrieben. Ein optisch dichteres Medium hat eine größere Brechzahl als ein optisch dünneres Medium. Damit ist Antwort (E) bereits als die richtige erkannt.

Trotzdem ein paar Worte zu den übrigen Feststellungen:

Zu **(A):** Aus der Definition der Brechzahl

$$n = \frac{\text{Lichtgeschwindigkeit im Vakuum}}{\text{Lichtgeschwindigkeit im Medium}} = \frac{c_0}{c}$$

erkennt man, dass die Lichtgeschwindigkeit im Medium mit der größeren Brechzahl (d. h. im optisch dichteren Medium) nicht größer, sondern **kleiner** sein muss.

Zu **(B)** und **(C):** Zwischen Wellenlänge λ, Frequenz f und Ausbreitungsgeschwindigkeit c besteht für alle Wellen der Zusammenhang:

$c = \lambda \cdot f$

Da sich die Frequenz einer Welle beim Übergang in ein anderes Medium nie ändert ((C) ist falsch), wird daher auch die Wellenlänge nicht größer, sondern **kleiner**.

Zu **(D):** Die Quantenenergie E (d. h. die Energie eines Lichtquants) ist proportional zur Frequenz f der Strahlung ($E = h \cdot f$; h = Plancksches Wirkungsquantum = const.). Sie ändert sich also bei gleichbleibender Frequenz nicht.

VII.13 Polarisation von Licht

Elektromagnetische Strahlung, und damit auch das Licht, ist eine Transversalwelle, da der Vektor der elektrischen Feldstärke E stets in einer Ebene senkrecht zur Ausbreitungsrichtung liegt. Bei unpolarisiertem Licht verändert er seine Richtung in dieser Ebene in statistischer Weise. Wird es polarisiert, dann behält der Feldvektor seine Orientierung bei (Abb. 7.10).

Die verschiedenen Möglichkeiten, Licht zu polarisieren, beruhen auf der Tatsache, dass sowohl die optischen Eigenschaften (Absorption, Lichtgeschwindigkeit) mancher Stoffe als auch die Lichtstreuung und -reflexion von der Richtung des E-Vektors abhängen.

Dementsprechend kann Licht polarisiert werden durch

1. dichroitische Stoffe (richtungsabhängige Absorption),
2. doppelbrechende Stoffe (richtungsabhängige Ausbreitungsgeschwindigkeit),
3. Reflexion unter bestimmtem Winkel und
4. Streuung an kleinen Teilchen (z. B. Moleküle).

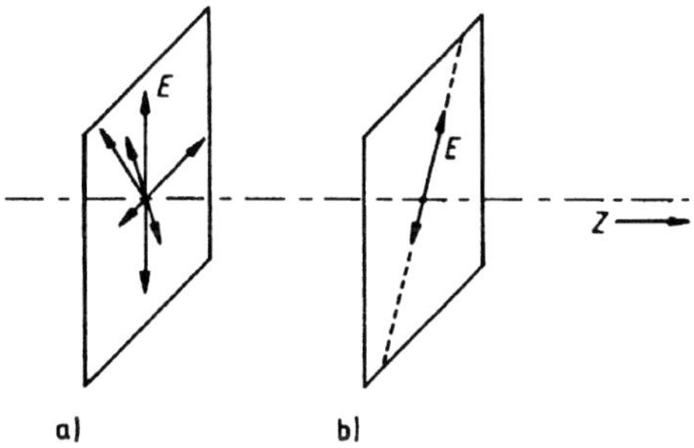

Abb. 7.**10** Die Richtung des elektrischen Vektors $\vec{E}$ in einer elektromagnetischen Welle im unpolarisierten Fall (a) und bei linearer Polarisation (b). ***Z*** ist dabei die Ausbreitungsrichtung der Welle.

7.4 Optische Instrumente

VII.14 Extinktion

Licht wird beim Durchgang durch Materie geschwächt. Trifft Licht der Intensität I_0 auf eine Lösung (Konzentration c, Schichtdicke x), und beobachtet man hinter der Lösung eine Intensität I, dann bezeichnet man den dekadischen Logarithmus des Verhältnisses I_0/I als die Extinktion E:

$E = \log (I_0/I)$ (Gl. 7.14.)

Die Extinktion ist proportional zu c und x. Es gilt:

$E = \varepsilon \cdot c \cdot x$ (Gl. 7.15.)

Die Größe ε nennt man den spezifischen Extinktionskoeffizienten. Er hängt von den beteiligten Substanzen und von der Wellenlänge ab.

Unter der Transmission versteht man den Anteil der durchgelassenen Intensität, der auch in Prozent angegeben werden kann:

$$T = I/I_0 = \left(\frac{I}{I_0}100\right) \quad \text{(Gl. 7.16.)}$$

Klinischer Bezug
Eine klinische Anwendung gibt es für die Extinktion in so genannten „Photometern". In diesen Geräten wird eine Probe der Untersuchungslösung mit Licht einer bestimmten Wellenlänge durchstrahlt. Dabei wird die Intensität des Lichts abgeschwächt. Durch Messung der Lichtintensität vor und nach der Probe kann (nach der im Lerntext aufgeführten Gesetzmäßigkeit) daraus die Konzentration der zu untersuchenden Lösung ermittelt werden.

F04 ■

→ **Frage 7.43: Lösung E**

Licht wird beim Durchgang durch Materie geschwächt. Trifft Licht der Intensität I_0 auf eine Lösung (Konzentration ***c***, Schichtdicke ***x***) und beobachtet man hinter der Lösung eine Intensität ***I***, dann bezeichnet man den dekadischen Logarithmus des Verhältnisses I_0/I als die (dekadische) Extinktion ***E***:
$E = \log(I_0/I)$ (siehe auch Lerntext VII.14)

Zu **(E)**: Werden 90 % des eingestrahlten Lichts absorbiert, ist das Verhältnis I_0/I : 10/1 (nur 1/10 des Lichts passiert die Messküvette und kann als Intensität I gemessen werden). Die Extinktion beträgt damit:
$E = \log(I_0/I) = \log(10/1) = \log(10) = \underline{1}$

F05 ■■

→ **Frage 7.44: Lösung C**

Siehe Kommentar zu Frage 7.43.
Zu **(C)**: Wenn die Transmission $\frac{I}{I_0} = 0{,}1$ ist, ist der Kehrwert davon $\frac{I_0}{I} = \frac{1}{0,1} = 10$.
Für die dekadische Extinktion muss davon noch der Zehnerlogarithmus gebildet werden. Praktischerweise ist der von 10 bekanntlich 1:

$$E = \lg\left(\frac{I_0}{I}\right) = \lg(10) = \underline{1}$$

H08 ■

→ **Frage 7.45: Lösung C**

Siehe Kommentar zu Frage 7.43.
Zu **(C)**: Unter der **Transmission *T*** versteht man den Anteil der durchgelassenen Intensität:

$$T = \frac{I}{I_0}$$

Angegeben ist die Transmission, die Extinktion soll berechnet werden. Da sich die Transmission aus $\frac{I}{I_0}$, die Extinktion jedoch aus dem dekadischen Logarithmus des **Kehrwerts** dieses Verhältnisses errechnet, müssen wir zunächst den Kehrwert bilden:

$$\frac{I_0}{I} = \frac{1}{\frac{I}{I_0}} = \frac{1}{0{,}01} = 100$$

Nun errechnen wir durch Bildung des dekadischen Logarithmus die Extinktion E (dekadischer Logarithmus von 100 = Anzahl der Nullen hinter der 1 = 2).

$$E = \lg\left(\frac{I_0}{I}\right) = \lg(100) = \underline{2}$$

F02 ■

→ **Frage 7.46: Lösung B**

Siehe Kommentar zu Frage 7.43.
Zu **(B)**: Für die Intensität $I(0)$ gilt dabei:
$I(0) = I(d) \cdot 10^{\varepsilon \cdot c \cdot d}$, wobei ε den sog. Extinktionskoeffizienten bezeichnet.
Umgeformt gilt: $\frac{I(0)}{I(d)} = 10^{\varepsilon \cdot c \cdot d}$
Gesucht ist der Wert von ε anhand eines gegebenen Diagramms. Für die Konzentration 1 mg/cm^3 lesen wir aus dem Diagramm einen Quotienten $I(0)/I(d)$ von 10 ab. Die Schichtdicke d ist mit d = 1,0 cm gegeben. Wir setzen ein:
$10 = 10^{\varepsilon \cdot 1\,\mathrm{mg/cm3} \cdot 1\,\mathrm{cm}}$
Nach Bildung des dekadischen Logarithmus:
$1 = \varepsilon \cdot 1\ \mathrm{mg/cm^3} \cdot 1\ \mathrm{cm}$, damit ist $\varepsilon = \underline{1\ \mathrm{cm^2/mg}}$.

H06 ■■

→ **Frage 7.47: Lösung A**

Siehe Kommentar zu Frage 7.43.
Zu **(A)**: Wenn die dekadische Extinktion 2 beträgt, der dekadische Logarithmus von $\frac{I_0}{I} = 2$ ist, ist das Verhältnis $\frac{I_0}{I} = 10^2 = 100$.
Die Transmission T ist der Kehrwert dieses Verhältnisses (s. o.):

$$T = \frac{I}{I_0} = \frac{1}{100} = 0{,}01 = \underline{1\,\%}$$

H07 ■■

→ **Frage 7.48: Lösung B**

Siehe Kommentar zu Frage 7.43.
Zu **(B)**: Die **Extinktion ist proportional zu Konzentration *c* und Schichtdicke**, damit ist Lösung (C) korrekt:

$$c \sim E = \log\left(\frac{I_0}{I}\right)$$

F08 ■■

→ **Frage 7.49: Lösung D**

Licht wird beim Durchgang durch Materie geschwächt. Dabei folgt die Abnahme der Lichtintensität beim Durchqueren einer Lösung einer Exponentialfunktion:
$I = I_0 \cdot e^{-\varepsilon^* \cdot c \cdot x}$
I_0 = ursprüngliche Lichtintensität, c = Konzentration der Lösung, x = Schichtdicke und ε^* = Extinktionskoeffizient. Üblicherweise überführt man die Gleichung auf den dekadischen Logarithmus und kann dann Extinktion und Transmission (wie in Lerntext VII.14 beschrieben) errechnen.
Für die Aufgabe ist jedoch wichtiger, dass die Lichtstärke mit steigender Konzentration c der Lösung exponentiell abnimmt, ganz ähnlich der Abnahme der Kerne einer radioaktiven Substanz. Wie es dort eine Halbwertszeit $T_{1/2}$ gibt (nach der die Hälfte der ursprünglich vorhandenen Kerne zerfallen sind), gibt es im Rahmen der oben beschriebenen Exponentialfunktion eine Halbwertskonzentration.
In der Aufgabenstellung ist sie beschrieben: die Konzentration, die die Intensität halbiert ($I_0/2$), ist 1 mmol/L. Wenn nun statt 1 mmol/L insgesamt 3 mmol/L gelöst werden, entspricht das 3 Halbwertskonzentrationen und die Lichtintensität sinkt auf:

$$I_0 \cdot \frac{1}{2} \cdot \frac{1}{2} \cdot \frac{1}{2} = I_0 \cdot \frac{1}{8} = \underline{\frac{I_0}{8}}$$

VII.15 Das Mikroskop

Der **Strahlengang** im Mikroskop ist in Abb. 7.**11** wiedergegeben.
Der zu betrachtende Gegenstand befindet sich unmittelbar vor dem Brennpunkt der Objektivlinse (g ist etwas größer als f_{ob}). Dadurch erhält man ein umgekehrtes, reelles und vergrößertes Zwischenbild ZB, das durch das Okular (als Lupe) betrachtet wird. Das ZB liegt im Brennpunkt des Okulars oder kurz dahinter (g ist etwas kleiner als f_{ok}). Mit dem Auge sehen wir dann auf ein virtuelles, vergrößertes und bezüglich des Zwischenbildes ZB aufrechtes Bild.
Die **Vergrößerung** eines Mikroskops erhält man aus dem Produkt von Objektiv- und Okularvergrößerung:

$$V = V_{ob} \cdot V_{ok} = \frac{\Delta}{f_{ob}} \cdot \frac{s_0}{f_{ok}} \qquad \text{(Gl. 7.17.)}$$

Sie hängt nur von den Mikroskopdaten ab:
f_{ob}, f_{ok} = Brennweiten von Objektiv und Okular,
Δ = Tubuslänge = Abstand der einander zugekehrten Brennpunkte von Objektiv und Okular,
s_0 = deutliche Sehweite ohne Hilfsmittel = 25 cm.
Das **Auflösungsvermögen** eines Mikroskops ist durch Beugungseffekte eingeschränkt. Die Beugung bewirkt, dass ein Punkt (z. B. die Pfeilspitze in Abb. 7.11) nicht als Punkt, sondern als kleiner Lichtfleck abgebildet wird. Liegen zwei Gegenstandspunkte zu dicht beieinander, dann überdecken sich die „Beugungsscheibchen" zu einem Fleck: Sie werden nicht mehr aufgelöst.
Für den kleinsten noch trennbaren Punktabstand gilt:

$$d = \frac{\lambda}{n \cdot \sin \alpha} \qquad \text{(Gl. 7.18.)}$$

λ ist die Wellenlänge des verwendeten Lichtes, n ist der Brechungsindex des Mediums zwischen Objekt und Objektiv, α ist der halbe Öffnungswinkel, unter dem die Objektivöffnung vom Objekt aus betrachtet wird.
Beim Immersionssystem lässt sich das Auflösungsvermögen etwas steigern, indem man zwischen Objekt und Objektiv ein Medium mit großer Brechzahl n (z. B. Immersionsöl mit n = 1,4) bringt und dadurch die Wellenlänge des Lichts verkleinert.

Klinischer Bezug

Wenn man sich an das Mikroskopieren im Biologie-Kurs am Anfang des Studiums zurückerinnert, kann man leicht ableiten, dass ein Mikroskop aus einem reellen (Objektiv) und virtuellen (Okular) Linsensystem aufgebaut sein muss:
Schiebt man beim Mikroskopieren das Objekt nach oben, verschiebt sich das Bild nach unten. Das Bild steht also bezogen auf das Objekt auf dem Kopf. Ein virtuelles System dreht das Bild nicht, ein reelles Linsensystem erzeugt ein umgekehrtes Bild. Zwei virtuelle Linsensysteme würden das Bild gar nicht drehen, zwei reelle würden das Bild zweimal auf den Kopf stellen – am Ende wäre es also wieder „richtig" orientiert. Ein auf dem Kopf stehendes Bild kann ein Mikroskop mit zwei Linsen also nur in der Kombination von virtuellem und reellem Linsensystem erzeugen!

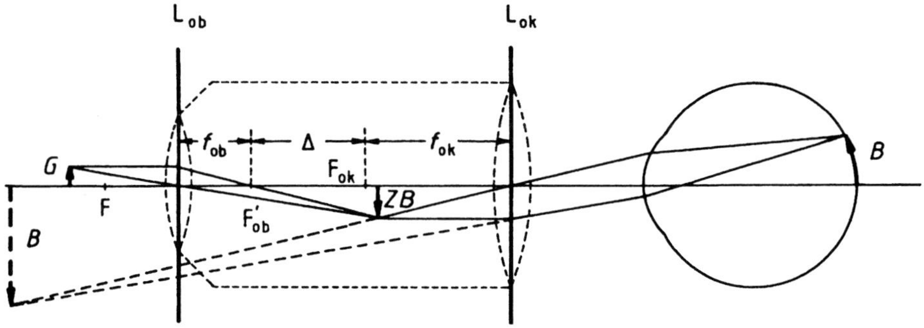

Abb. 7.11 Strahlengang im Mikroskop.

H02 H99 F95 ■■

→ **Frage 7.50: Lösung A**

Prinzipiell besteht jedes **Mikroskop** aus 2 hintereinander angeordneten **Sammellinsen**, dem Objektiv und dem Okular. Wie bei jeder Sammellinse hängen die Bildeigenschaften vom Abstand des Gegenstandes von der Linse ab. Bei der Betrachtung eines Gegenstandes durch das Mikroskop legt man diesen unmittelbar vor den Brennpunkt des Objektivs, d. h. die Gegenstandsweite ist etwas größer als die Brennweite. In diesem Fall entsteht ein vergrößertes, reelles und umgekehrtes Zwischenbild (A).
Dieses Zwischenbild (für das Okular der Gegenstand) liegt innerhalb der Brennweite des Okulars (Gegendstandsweite kleiner als Brennweite). Die als Lupe wirkende Okularlinse entwirft davon ein vergrößertes, virtuelles und (bezogen auf das Zwischenbild) aufrechtes Bild (siehe auch Lerntexte VII.8 und VII.15).

F09 ■■

→ **Frage 7.51: Lösung A**

Die Verhältnisse am Mikroskop sind in der Abbildung 7.11 im Lerntext VII.15 dargestellt.
Wo und wie (reell oder virtuell, verkleinert oder vergrößert) ein Bild entsteht, hängt von der Stellung des Gegenstandes zur Brennweite der Linse ab. Prinzipiell können 6 verschiedene Fälle unterschieden werden (siehe Lerntext VII.8).
Der zu betrachtende Gegenstand befindet sich unmittelbar vor dem Brennpunkt der Objektivlinse (der Gegenstand steht etwas **außerhalb** der Brennweite f_{ob}). **Dadurch entsteht ein umgekehrtes reelles und vergrößertes Zwischenbild ZB** (A), welches durch das Okular betrachtet wird. Das Zwischenbild liegt **innerhalb** der Brennweite des Okulars f_{ok}, mit dem Auge sehen wir auf ein bezüglich des Zwischenbildes **virtuelles, vergrößertes und aufrechtes Bild.** Das Objektiv am konventionellen Mikroskop ist also immer ein reelles, das Okular ein virtuelles System.

F03 ■

→ **Frage 7.52: Lösung D**

Siehe auch Lerntext VII.15.
Beim Mikroskop befindet sich der zu betrachtende Gegenstand (hier als Objekt O bezeichnet) unmittelbar vor dem Brennpunkt der Objektivlinse (Obj), wobei der Abstand des Objekts von der Linse etwas größer als die Brennweite f_{Obj} ist. Dadurch entsteht ein **umgekehrtes, reelles und vergrößertes** Zwischenbild (Z) – (A), (B) und (C) scheiden aus.
Das Okular (Ok) wirkt als Lupe, mit der man das Zwischenbild (Z) betrachtet. Wenn man die Aufgabenstellung genau liest, ergibt sich die Lösung: Durch das Okular soll mit auf „unendliche Ferne" akkommodiertem Auge gesehen werden. Ein aufrechtes, vergrößertes **im Unendlichen** liegendes Bild entsteht bei einer Lupe, wenn der Gegenstand (hier das Zwischenbild Z) genau auf dem Brennpunkt des Okulars (F_{Ok}) steht – (D) ist korrekt.
In der Praxis ist ein Mikroskop aber in der Regel so aufgebaut, dass das Zwischenbild innerhalb der Brennweite in direkter Nähe zum Brennpunkt des Okulars steht.
Das Einzeichnen der Strahlengänge ist eine andere Möglichkeit, die richtige Lösung zu finden. Von der Spitze des Objekts O zeichnet man einen parallelen Strahl (in der Grafik als durchgezogene Linie) bis zur Objektivlinse (Obj) und von da aus durch den Brennpunkt (F'_{Obj}), dazu einen zweiten Strahl (gestrichelte Linie) von der Spitze des Objekts O durch den Mittelpunkt der Objektivlinse (Obj). Am Schnittpunkt der beiden Strahlen liegt die Spitze des entstehenden Zwischenbildes (Z). Auch mit diesem zeichnerischen Ansatz stellt man schnell fest, dass (D) die richtige Lösung ist.

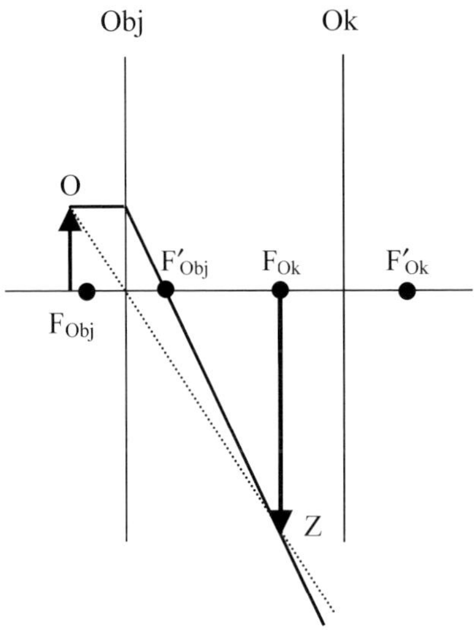

Abb. 7.12

H95 ■■

→ **Frage 7.53: Lösung D**

Das Auflösungsvermögen aller optischen Geräte (Fernrohr, Mikroskop, Auge usw.) wird allein durch Beugungseffekte begrenzt. Unter **Beugung** versteht man das Phänomen, dass Licht als Wellenbewegung nach einer Blende oder einem Spalt auch in den geometrischen Schattenraum eindringt, also quasi um die Ecke geht. Dadurch wird die Gültigkeit der so genannten „geometrischen Optik" eingeschränkt.
Während sich nach den Gesetzen der **geometrischen Optik** die von einem Gegenstandspunkt ausgehenden Strahlen prinzipiell unter Verwendung von abbildenden Elementen (Linsen, Spiegel) wieder exakt in einem Bildpunkt vereinigen lassen, führt die Beugung an den kreisförmigen Fassungen der Linsen und Spiegel dazu, dass stets kleine kreisförmige Flächen („Beugungsscheibchen") entstehen. Werden also zwei eng benachbarte Gegenstandspunkte abgebildet, dann entstehen keine mathematischen Punkte, sondern zwei runde Scheibchen, die sich bei abnehmendem Abstand der beiden abzubildenden Punkte mehr und mehr überdecken. Schließlich können sie nicht mehr getrennt als zwei Punkte wahrgenommen werden, die Grenze des Auflösungsvermögens ist erreicht.
Die Theorie ergibt für den Abstand *d* zweier im Mikroskop gerade noch getrennt erscheinender Punkte die Beziehung:

$$d = \frac{\lambda}{n \sin \alpha}$$

Dabei bedeuten
λ = Wellenlänge des verwendeten Lichtes
n = Brechungsindex des Mediums zwischen Objekt und Objektiv (Immersionsflüssigkeit)
α = halber Öffnungswinkel des Lichtbündels, der vom Objektiv erfasst wird
(D) ist daher die richtige Antwort. Alle anderen Größen haben damit nichts zu tun. Die Brennweiten von Objektiv und Okular sowie der Abstand Objektiv – Okular bestimmen z. B. die erreichbare Vergrößerung des Mikroskops. Die Lichtintensität ist für die Helligkeit des beobachteten Bildes verantwortlich.

F04 ■

→ **Frage 7.54: Lösung C**

Das Auflösungsvermögen eines Lichtmikroskops (der kleinste auflösbare Abstand) ist durch Beugungsartefakte eingeschränkt. Die **Beugung** bewirkt, dass ein Punkt nicht als Punkt, sondern als kleiner Lichtfleck abgebildet wird. Liegen zwei Gegenstandspunkte zu dicht beieinander, dann überdecken sich die „Beugungsscheibchen" zu einem Fleck: Sie werden nicht mehr aufgelöst.
Für den kleinsten noch trennbaren Punktabstand gilt (siehe Lerntext VII.15):

$$d = \frac{\lambda}{n \cdot \sin \alpha}$$

$\boldsymbol{\lambda}$ ist die Wellenlänge des verwendeten Lichts, $\boldsymbol{n}$ ist der Brechungsindex des Mediums zwischen Objekt und Objektiv (Immersionsöl), $\boldsymbol{\alpha}$ ist der halbe Öffnungswinkel, unter dem die Objektöffnung vom Objekt aus betrachtet wird. Der Nenner der Formel (das Produkt aus Brechzahl und Sinus des halben Öffnungswinkels) liegt stets in der Größenordnung von 1, der kleinste auflösbare Abstand $\boldsymbol{d}$ damit im Bereich der Wellenlänge des verwendeten Lichts λ. Der Wellenlängenbereich des sichtbaren Lichts bewegt sich ungefähr zwischen 400 und 800 nm, als Lösung kommt deshalb nur (C) infrage.

H08 ■■

→ **Frage 7.55: Lösung B**

Die **Vergrößerung *V*** einer Lupe errechnet sich nach der Gesetzmäßigkeit:

$$V = \frac{s_0}{f}$$

s_0 = deutliche Sehweite ohne Hilfsmittel (also 25 cm = 0,25 m beim normalsichtigen Probanden)
Zwischen **Brechkraft φ** und der **Brennweite *f*** wiederum besteht der Zusammenhang:

$$\varphi = \frac{1}{f} \text{ oder umgeformt } f = \frac{1}{\varphi}$$

Zunächst errechnen wir die Brennweite des Brillenglases:

$$f = \frac{1}{\varphi} = \frac{1}{+6\,\text{dpt}} = \frac{1}{+6\frac{1}{\text{m}}} = \frac{1}{6}\text{m}$$

Eingesetzt in die Vergrößerungsformel ergibt sich:

$$V = \frac{s_0}{f} = \frac{0{,}25\,\text{m}}{\frac{1}{6}\text{m}} = 0{,}25 \cdot 6 = \underline{1{,}5}$$

H05 F01 ■

→ **Frage 7.56: Lösung A**

Der Strahlengang im Mikroskop ist in der Abbildung 7.11 wiedergegeben.
Der zu betrachtende Gegenstand befindet sich unmittelbar vor dem Brennpunkt der Objektivlinse (die Gegenstandsweite ist etwas größer als die Brennweite der Objektivlinse). Dadurch erhält man ein umgekehrtes, reelles und vergrößertes Zwischenbild ZB, das durch das Okular (als Lupe) betrachtet wird. Dazu liegt das Zwischenbild ZB kurz hinter dem Brennpunkt des Okulars. Mit dem Auge sehen wir dann auf ein virtuelles, vergrößertes und bezüglich des Zwischenbildes ZB aufrechtes Bild (siehe Abb. 7.11 in Lerntext VII.15).
Die **Vergrößerung** eines Mikroskops erhält man aus dem Produkt von Objektiv- und Okularvergrößerung:

$$V = V_{ob} \cdot V_{ok} = \frac{\Delta}{f_{ob}} \cdot \frac{s_0}{f_{ok}}$$

Sie hängt nur von den Mikroskopdaten ab:
f_{ob}, f_{ok} = Brennweiten von Objektiv und Okular, Δ = optische Tubuslänge (Abstand der zueinander gekehrten Brennpunkte von Objektiv und Okular), s_0 = deutliche Sehweite ohne Hilfsmittel (25 cm).
Die Vergrößerung v_1 ist angegeben:

$$v_1 = \frac{\Delta}{f_{ob}} \cdot \frac{s_0}{f_{ok}} = 180$$

Die Verdopplung der Brennweiten für Objektiv und Okular verringert die Vergrößerung auf ein Viertel des ursprünglichen Wertes:

$$v_2 = \frac{\Delta}{2 \cdot f_{ob}} \cdot \frac{s_0}{2 \cdot f_{ok}} = \frac{1}{4} \cdot \left(\frac{\Delta}{f_{ob}} \cdot \frac{s_0}{f_{ok}}\right) = \frac{1}{4} \cdot v_1 = \frac{180}{4} = \underline{45}$$

H07 ■■

→ **Frage 7.57: Lösung A**

Der Strahlengang im Mikroskop ist in der Abbildung 7.11 wiedergegeben.
Der zu betrachtende Gegenstand befindet sich unmittelbar vor dem Brennpunkt der Objektivlinse (die Gegenstandsweite ist etwas größer als die Brennweite der Objektivlinse). Dadurch erhält man ein umgekehrtes, reelles und vergrößertes Zwischenbild ZB, das durch das Okular (als Lupe) betrachtet wird. Das Zwischenbild ZB liegt im Brennpunkt des Okulars oder kurz dahinter. Mit dem Auge sehen wir dann auf ein virtuelles, vergrößertes und bezüglich des Zwischenbildes ZB aufrechtes Bild.
Die **Vergrößerung** eines Mikroskops erhält man aus dem Produkt von Objektiv- und Okularvergrößerung:

$$V = V_{ob} \cdot V_{ok} = \frac{\Delta}{f_{ob}} \cdot \frac{s_0}{f_{ok}}$$

Sie hängt nur von den Mikroskopdaten ab:
f_{ob}, f_{ok} = Brennweiten von Objektiv und Okular, Δ = optische Tubuslänge (Abstand der zueinander gekehrten Brennpunkte von Objektiv und Okular), s_0 = deutliche Sehweite ohne Hilfsmittel (25 cm).
Die Vergrößerung v_1 ist angegeben:

$$v_1 = \frac{\Delta}{f_{ob}} \cdot \frac{s_0}{f_{ok}} = 400$$

Die Vervierfachung der Objektivbrennweite und die Verdopplung der Brennweite des Okulars verringert die Vergrößerung auf ein Achtel des ursprünglichen Wertes:

$$v_2 = \frac{\Delta}{4 \cdot f_{ob}} \cdot \frac{s_0}{2 \cdot f_{ok}} = \frac{1}{8} \cdot \left(\frac{\Delta}{f_{ob}} \cdot \frac{s_0}{f_{ok}}\right) = \frac{1}{8} \cdot v_1 = \frac{400}{8} = \underline{50}$$

7.5 Kommentare aus Examen Frühjahr 2011

F11 ■■

→ **Frage 7.58: Lösung D**

Zu **(D)**: Licht wird beim Durchgang durch Materie geschwächt. Trifft Licht der Intensität I_0 auf eine Lösung (mit der Konzentration c und der Schichtdicke x) und beobachtet man hinter der Lösung eine Intensität I, wird der dekadische Logarithmus der Verhältnisses I_0/I als die ***Extinktion E*** bezeichnet:

$\boldsymbol{E = \lg (I_0 / I)}$

Bei $\boldsymbol{E = 1{,}0}$ gilt daher:

$\lg(I_0 / I) = 1{,}0$

Daraus ergibt sich:

$I_0 / I = 10$

(Der dekadische Logarithmus von 10 ist 1, da $10^1 = 10$.)
Die ursprüngliche Intensität I_0 ist also 10-mal größer als die durchgelassene Intensität I:

$I_0 / I = 10 / 1$

Vereinfacht gesagt, werden von einer Intensität von 10 (100 %) **insgesamt 9 Teile absorbiert (90 %)**.

F11 ■■

→ **Frage 7.59: Lösung C**

Zu **(C)**: Licht wird beim Durchgang durch Materie geschwächt. Dabei folgt die Schwächung einem Exponentialgesetz: **Gleiche Strecken Materie schwächen** die Lichtintensität **um den gleichen prozentualen Anteil**.

Wird Licht bei Durchlaufen einer Küvette um 30 % geschwächt, bleiben 70 % der Ursprungsintensität übrig. Werden diese durch eine gleiche Küvette geschickt, werden die verbleibenden 70 % nochmals um 30 % geschwächt. Durch jede Küvette werden 70 % (Faktor 0,7) der Intensität hindurchgelassen, was im Endeffekt eine **Schwächung von ~50 %** bedeutet:

- 1. Küvette: 100 % × 0,7 = 70 %
- 2. Küvette: 70 % × 0,7 = 49 % = 50 %

8 Ionisierende Strahlung

8.1 Radioaktivität

Hinweis:
Bevor man diesen Abschnitt durcharbeitet, empfiehlt sich eine Wiederholung der Lerntexte III.1 und III.2 über den Aufbau der Atomkerne.

VIII.1 Der radioaktive Zerfall

Atomkerne bestehen aus Protonen und Neutronen, doch nicht alle möglichen Atomkerne sind stabil. Das Verhältnis Neutronen/Protonen liegt in stabilen Kernen für leichte Nuklide etwa bei 1 und wächst bis zu Werten von 1,6 für die schwersten Kerne an. Instabile Kerne zeigen das Bestreben, sich durch spontane Zerfallsprozesse in stabile Nuklide umzuwandeln. Diese Erscheinung nennt man Radioaktivität.

Klinischer Bezug
In der Medizin werden radioaktive Substanzen relativ häufig in der Diagnostik und auch Therapie verwendet. Die Funktion der Schilddrüse kann man zunächst grob durch Bestimmung der Schilddrüsenhormone im Blut ermitteln. Finden sich hier Auffälligkeiten, kann eine Schilddrüsenszintigraphie durchgeführt werden, um den Stoffwechsel der Schilddrüse genauer zu untersuchen. Dabei wird eine radioaktive Substanz (Tracer, in diesem Fall Technetium-99m) intravenös injiziert, die in die Schilddrüse aufgenommen wird. Etwa 15–20 Minuten später wird mit einer Gamma-Kamera ein Bild der Schilddrüse aufgenommen, das Aussagen darüber zulässt, in welchem Ausmaß und in welchen Teilen der Schilddrüse Hormone produziert werden.

H05 ■■

→ **Frage 8.1: Lösung D**

Unter der **Aktivität *A*** eines radioaktiven Präparates versteht man die Anzahl von Zerfällen, die in einer Sekunde stattfinden. Sie ist stets proportional zur **Anzahl *N(t)*** der momentan vorhandenen radioaktiven Atome und zur **Zerfallskonstante λ**:
$A(t) = \lambda \cdot N(t)$
Die SI-Einheit für die Aktivität ist das Becquerel (1 Becquerel = 1 Bq = 1 s^{-1}). Die Aktivität 1 Bq entspricht 1 Zerfall pro Sekunde.
Die Zerfallskonstante λ ist dabei der entscheidende Parameter der Funktion, mit der die Zahl der Kerne einer radioaktiven Substanz exponentiell abnimmt:
$N(t) = N_0 e^{-\lambda t}$
Der Begriff „mittlere Lebensdauer τ" bezeichnet die Zeit, nach der der e-te Teil (das sind ca. 37 %) der Kerne noch nicht zerfallen ist.

VIII.2 Der Alphazerfall

Beim Alphazerfall (α-Zerfall) wird aus dem Kern ein $^4_2$HE-Kern („α-Teilchen") ausgestoßen. Der durch diesen Zerfall entstehende neue Kern besitzt also 2 Protonen und 2 Neutronen (insgesamt also 4 Nukleonen) weniger als der Ausgangskern: Die Nukleonenzahl *A* nimmt bei diesem Prozess um 4, die Kernladungszahl *Z* (= Ordnungszahl) um 2 ab. Es entsteht ein neues Element, das im periodischen System 2 Plätze links vom Ausgangselement steht.
Betrachtet man den Kern ^A_ZX (X steht für ein beliebiges Element), der durch α-Zerfall in einen Kern Y übergeht, dann kann dieser Prozess symbolisch foldendermaßen formuliert werden:

$$^A_Z X \rightarrow {}^{A-4}_{Z-2}Y + {}^4_2 HE \qquad \text{(Gl. 8.1.)}$$

Klinischer Bezug
α-Strahler haben schon in Luft eine Reichweite von nur wenigen Zentimetern, im menschlichen Gewebe sogar von weniger als einem Millimeter. Dennoch können sie für den Menschen gefährlich werden. Wenn eine entsprechend strahlende Substanz mit der Nahrung aufgenommen oder eingeatmet wird, können Zellen, die mit der Substanz in direkten Kontakt kommen, durch die Strahlung beschädigt werden.

F95 F90 F86 ■■

→ **Frage 8.2: Lösung B**

Beim α-Zerfall nimmt die Nukleonenzahl um **4** ab (siehe Lerntext VIII.2).

H06 ■■

→ **Frage 8.3: Lösung C**

Siehe Kommentar zu Frage 8.4.

F10 ■■

→ **Frage 8.4: Lösung A**

Zu **(A)**: Beim α-Zerfall (siehe auch Lerntext VIII.2) wird aus dem zerfallenden Kern (in dieser Aufgabe Radon-222) ein $^4_2$He-Kern (das „α-Teilchen") ausgestoßen. Die α -Strahlung besteht aus diesen Strahlungsteilchen.
Jeder Atomkern ist aufgebaut aus Protonen und Neutronen. Um einen Atomkern zu beschreiben, gibt man an:
- seine **Protonenzahl *Z*** (auch Kernladungszahl oder Ordnungszahl genannt) und

– seine **Massenzahl *A*** (auch Nukleonenzahl genannt). Das ist die Summe aus Protonenzahl *Z* und Neutronenzahl *N* im Kern: $A = Z + N$.

Für die formale Charakterisierung eines Kerns schreibt man die Protonenzahl links unten vor das Elementsymbol, die Massenzahl links oben vor das Elementsymbol, allgemein also $^{A}_{Z}X$, wenn X für das Elementsymbol steht.

Ein $^{4}_{2}He$-Kern hat damit die Massenzahl 4 und die Protonenzahl 2. Er besitzt also 2 Protonen und 2 Neutronen. Da dieser Kern sehr schwer ist, kann er nur minimal in Gewebe eindringen.

Zu **(A)**: Für diese Aufgabe interessiert uns nur die Massenzahl links oben neben dem Elementsymbol. Die Massenzahl von Radon (222) wird beim α-Zerfall durch die Abstrahlung des α-Teilchens ($^{4}_{2}He$) um 4 auf 218 reduziert. Damit ist die richtige Lösung (A):

$^{222}Rn \rightarrow {}^{218}Po + {}^{4}He$

H10 ■

→ **Frage 8.5: Lösung B**

Siehe Kommentar zu Frage 8.4.

Zu **(B)**: Der exakte Zusammenhang beim Zerfall von Radon-226 lautet:

$$^{226}_{88}Ra \rightarrow {}^{222}_{86}Rn + {}^{4}_{2}He^{2+} + 4{,}88\,MeV$$

Auch ohne Kenntnisse dieses Zusammenhangs kann man die Aufgabe gut beantworten, man muss allerdings den Aufbau des abgestrahlten Alphateilchens mit Atommasse 4 und Protonenzahl 2 wissen. Die Massenzahl des Ausgangselements muss um 4 von 226 auf 222 abnehmen. Hiermit bleiben nur die Lösungsmöglichkeiten (A) und (B). Da Elemente durch die Protonenzahl (=Ordnungszahl) definiert werden und diese um zwei abnimmt, muss sich das ursprüngliche Element in ein anderes umwandeln, es bleibt nur Lösungsmöglichkeit (B).

VIII.3 Der Betazerfall

Der Betazerfall (β-Zerfall) tritt bei Kernen auf, die zu viele Neutronen besitzen, um stabil zu sein. Hierbei wandelt sich im Kern ein Neutron in ein Proton und ein Elektron um. Das Elektron verlässt als „β-Teilchen" den Kern, das Proton bleibt zurück.

Symbolische Formulierung:

$$^{A}_{Z}X \rightarrow {}^{A}_{Z+1}Y + e^{-} \quad \text{(Gl. 8.2.)}$$

Insgesamt erhöht sich durch diesen Prozess die Kernladungszahl (= Ordnungszahl) um eine Einheit (1 Proton ist entstanden), die Nukleonenzahl (= Massenzahl) bleibt konstant (1 Neutron hat sich in 1 Proton umgewandelt). Beim Betazerfall entsteht das im Periodensystem folgende Element.

Klinischer Bezug

Beta-Strahler haben in Luft eine Reichweite von einigen Metern. Setzt man sich ungeschützt einer Beta-Strahlung aus, kann die Strahlung bis in die Haut eindringen und dort Schäden verursachen.

F99 ■■

→ **Frage 8.6: Lösung E**

Siehe auch Lerntext VIII.2.

Beim **α-Zerfall** wird aus dem Ursprungskern ein **Helium-Kern** (E) ausgestoßen, der aus 2 Protonen und 2 Neutronen besteht.

F99 ■■

→ **Frage 8.7: Lösung B**

Siehe auch Lerntext VIII.3.

F06 ■

→ **Frage 8.8: Lösung A**

β^{-}-Strahlung wird von Kernen ausgestrahlt, die „zu viele" Neutronen besitzen, um stabil zu sein. Im Kern wandelt sich dabei ein Neutron in ein Proton und ein Elektron um. Das Elektron verlässt als „Beta-Teilchen" den Kern, das Proton bleibt im Kern zurück. Damit ist β^{-}-Strahlung eine **Elektronenstrahlung** (Lösung (A)).

Zu den anderen angebotenen Lösungen: Heliumkerne (B) sind der Bestandteil der Alphastrahlung. Das sog. Alpha-Teilchen ist ein Heliumkern mit 2 Protonen und 2 Elektronen: $^{4}_{2}HE$. Neutronenstrahlung dagegen heißt so, weil sie aus Neutronen (C) besteht.

Photonenstrahlung (D) ist keine Teilchenstrahlung, sondern eine elektromagnetische Welle. Gamma- oder Röntgenstrahlung sind Photonenstrahlungen. Positronen (E) sind „positive Elektronen", sie haben die gleiche Masse wie Elektronen, jedoch im Gegensatz zu diesen eine positive Ladung. Eine **Positronenstrahlung** nennt man auch **β^{+}-Strahlung**.

VIII.4 Der Gammazerfall

Gammastrahlung ist elektromagnetische Strahlung hoher Frequenz, die Wellenlängen liegen unter 10^{-10} m (siehe Lerntext VI.13).

Viele der bei Kernumwandlungen (z. B. durch Alpha- oder Betazerfall) entstehenden neuen Kerne besitzen noch überschüssige Energie, sie sind angeregt. Durch Aussendung von „Gammaquanten" können sie diese Anregungsenergie abgeben und in den energetischen Grundzustand übergehen. Massenzahl und Kernladungszahl ändern sich dabei nicht.

F09 ■■

→ **Frage 8.9: Lösung C**

Zu **(C)**: **Gammastrahlung** (siehe Lerntext VIII.5) ist wie die Röntgenstrahlung keine korpuskuläre Strahlung, sondern eine **Photonenstrahlung**, letztlich eine elektromagnetische Welle.
Zu **(A)**, **(B)**, **(D)** und **(E)**: Sowohl Alpha- (A) als auch Beta- (B), Neutronen- (D) und Protonenstrahlungen (E) sind **Teilchenstrahlungen**: Bei der Alphastrahlung ist das abgestrahlte Teilchen ein Helium-Kern (Alphateilchen), bei der Betastrahlung sind es Elektronen (β^--Strahlung) oder Positronen (β^+-Strahlung), bei Neutronen- und Protonenstrahlungen entsprechend Neutronen oder Protonen.

VIII.5 Absorption von Gammastrahlung

Gammastrahlung wird beim Durchgang durch Materie geschwächt (absorbiert). Die folgenden Prozesse können dazu beitragen:

1. Beim **Photoeffekt** werden durch die Energie der Strahlung Elektronen der Atome des Materials angeregt oder völlig abgetrennt (ionisiert). Es handelt sich dabei um unelastische Stöße des Gammaquants mit fest an Atome gebundenen Elektronen.
2. Beim **Compton-Effekt** überträgt das Gammaquant in einem elastischen Stoß mit freien Elektronen einen Teil seiner Energie in Form von kinetischer Energie auf das Elektron.
3. Bei hohen Gammaenergien (größer 1 MeV Quantenenergie) kann das Gammaquant seine gesamte Energie durch **Paarbildung** in Materie umwandeln. Es entstehen dabei ein Elektron und ein Positron. Das Positron unterscheidet sich vom Elektron nur dadurch, dass es eine positive Elementarladung trägt.

Klinischer Bezug

Die Schädigung von Körpergewebe durch ionisierende Strahlung entsteht durch die im Lerntext beschriebenen Wechselwirkungseffekte (Photoeffekt, Compton-Effekt, Paarbildung) der Strahlung mit dem Gewebe. Je mehr solcher Effekte im Gewebe auftreten, desto schädlicher ist die Strahlung.

H08 ■

→ **Frage 8.10: Lösung B**

Jede **Teilchenstrahlung** (zu den Teilchen gehören Elektronen, Helium-Kerne, Positronen und Wasserstoff-Kerne) hat eine sehr begrenzte Reichweite im Gewebe. Sie hängt ab von der Masse des betreffenden Teilchens und seiner Energie. Grob lässt sich sagen, dass eine Teilchenstrahlung umso weiter in Gewebe eindringen kann, je leichter die Teilchen der Strahlung sind.
Sowohl Elektronen als auch Positronen haben eine sehr geringe Ruhemasse; dennoch hat Elektronenstrahlung der Anfangsenergie 10 MeV nur eine Reichweite von etwa 5 cm in Wasser.
In der szintigrafischen Diagnostik in der Medizin verwendet man deshalb ausschließlich **γ-Strahler** (γ-Quanten haben in bestimmter physikalischer Hinsicht zwar Teilchencharakter, sind aber keine mit Masse behafteten Teilchen und lassen sich den elektromagnetischen Wellen zuordnen). Nur γ-Strahler wie ^{133}Xe können das Körpergewebe relativ ungehindert durchdringen. Ihre Aktivität wird mit einer so genannten Gamma-Kamera aufgezeichnet, die vor dem Patienten positioniert wird.

F04 ■

→ **Frage 8.11: Lösung D**

Bei der Paarbildung handelt es sich um Teilchenerzeugung aus der Energie einer Photonenstrahlung. Tritt Photonenstrahlung (bei γ-Strahlung handelt es sich um Photonenstrahlung) in das elektrische Feld eines Atomkerns, kann aus der Energie eines Photons (γ-Quant) ein **Positron-Elektron-Paar** gebildet werden (ein Positron ist ein positiv geladenes Elektron und wird als e^+ bezeichnet). Dabei beträgt das Energie-Massenäquivalent für ein Teilchen 511 keV, die Paarbildung bei Photonenstrahlung kann also erst bei Energien von 2 x 511 keV (1,022 MeV) stattfinden. Bei sehr energiereichen Strahlungen (Bereich 10 MeV) ist die Paarbildung der wichtigste Wechselwirkungsprozess zwischen Photonenstrahlung und Materie.

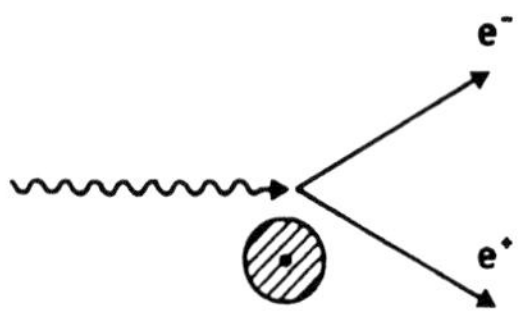

Abb. 8.1

H03

→ **Frage 8.12: Lösung A**

Bei der Positronen-Emissions-Tomographie (PET) nutzt man leichte Kerne mit relativem Protonen-Überschuss (wie z. B. ^{18}F). Diese können bei ihrem Zerfall Positronen emittieren (positive Elektronen, einfach positiv geladene Teilchen mit der Ruhemasse eines Elektrons). **Ein Positron wandert einige Millimeter im Gewebe, bis es beim Auftreffen auf ein normales Elektron vernichtet wird.** Die gesamte Masse beider Teilchen wird dabei in Energie umgewandelt. **Diese Energie wird in Form zweier 511 keV-Photonen abgegeben, die in genau entgegengesetzten Richtungen (diametral) den Zerfallsort verlassen.**

Der eigentliche Tomograph besteht aus einer Anzahl kleiner Kristalle, die ringförmig um den Patienten angeordnet sind. Beide entstandene Photonen werden innerhalb eines kleinen Zeitfensters in zwei gegenüberliegenden Kristallen erfasst. Der Zerfallsort kann mittels Berechnung der Verbindungslinie zwischen den Kristallen und der zeitlichen Differenz des Auftreffens auf die Kristalle relativ genau ermittelt und bildlich dargestellt werden.
Auch wenn hier die physikalischen Grundlagen der Positronen-Emissions-Tomographie abgefragt werden, gehört diese Frage wohl eher in das Gebiet „Radiologie" und damit in das Staatsexamen.

F08 ■

→ **Frage 8.13: Lösung B**

Siehe Kommentar zu Frage 8.14.
Zu **(B)**: Trifft ein solches Positron auf ein Elektron, so werden 2 Photonen (**Gammaquanten**) in genau entgegengesetzte Richtungen (Winkel 180°) ausgesandt (Lösung (B) ist richtig). Das PET-Gerät hat viele, in einem Ring angeordnete Detektoren, die solche Gammaquanten erfassen. Aus der räumlichen und zeitlichen Verteilung der erfassten Gammaquanten errechnet der Computer des PET die Schnittbilder.

F09 ■

→ **Frage 8.14: Lösung C**

Die **Positronen-Emissions-Tomographie (PET)** ist ein Schnittbildverfahren, das die Verteilung von radioaktiv markierten Substanzen im Körper sichtbar macht. Dem Patienten wird zu Beginn der Untersuchung eine radioaktiv markierte Substanz (z. B. ^{18}F-Fluordesoxyglukose (FDG)) über eine Vene appliziert. FDG wird von Körper- und Tumorzellen wie Glukose aufgenommen. Da Tumorzellen sehr stoffwechselaktiv sind, sammelt sich in Tumoren FDG an und der Tumor wird in der PET sichtbar. Der Nachteil der PET ist die schlechte örtliche Auflösung (inzwischen verbessert bei Kombinationsgeräten aus PET und Computertomographie, der PET-CT). Der Vorteil ist, dass insbesondere Fernmetastasen leicht gefunden werden können. Sehr kleine Tumoren werden von der PET übersehen. Entzündliche Vorgänge (z. B. Sarkoidose der Hiluslymphknoten) können wegen der ebenfalls hohen Stoffwechselaktivität als Tumor fehlgedeutet werden.
Die bei der PET verwendeten Radionuklide sind β^+-Strahler, die Positronen freisetzen. Das Positron entsteht dabei aus dem Zerfall eines **Protons**, welches in **ein Neutron, das abgestrahlte Positron** e^+ **und ein Neutrino** $\overline{\nu}$ zerfällt (ein Neutrino ist ein ungeladenes Teilchen mit einer Ruhemasse nahe null, hat also kaum Wechselwirkung mit Materie).
Zu **(C)**: Das ursprüngliche Element wandelt sich dadurch: es verliert ein Proton, ein Neutron entsteht. **Die Massenzahl bleibt daher gleich**, die Ordnungszahl (= Protonenzahl), die das Element bestimmt, erniedrigt sich um 1. ^{18}F wandelt sich in ^{18}O um (die einzige angebotene Lösung mit gleicher Massenzahl):

$$^{18}_{9}\mathrm{F} \rightarrow {}^{18}_{8}\mathrm{O} + e^+ + \overline{\nu} + \text{Energie}$$

H09 ■

→ **Frage 8.15: Lösung C**

Siehe Kommentar zu Frage 8.14.
Zu **(C)**: Ein abgestrahltes Positron gelangt jedoch nicht aus dem Körper hinaus, sondern trifft nach kurzer Wegstrecke im Körpergewebe auf ein Elektron. Dabei kommt es zur „**Annihilation**" (Zerstrahlung): das **Elektron-Positron-Paar wird vernichtet**, die dabei freiwerdende Energie wird in Form von zwei Photonen (**Gammaquanten**) in genau entgegengesetzte Richtungen (Winkel 180°) ausgesandt. Wegen ihrer Entstehung nennt man diese Gammastrahlung auch **„Paarvernichtungsstrahlung"**. Das PET-Gerät hat viele, in einem Ring angeordnete Detektoren, die solche Gammaquanten erfassen. Die in entgegengesetzten Richtungen abgestrahlten Photonen aus einer Paarvernichtung treffen gleichzeitig auf den Detektorring. Der Ort ihrer Entstehung liegt also auf der Verbindungslinie zwischen beiden Erfassungsdetektoren. Mit einer Vielzahl erfasster Signale von Paarvernichtungen lässt sich so schließlich ein Schnittbild erstellen, in dem die räumliche Verteilung der „Paarvernichtungsorte" sichtbar wird.
Zu **(A)**: Eine **β^--Strahlung** ist eine Elektronenstrahlung, die man in der Karzinom-Strahlentherapie einsetzt, nicht jedoch in diagnostischen Verfahren.
Zu **(B)** und **(E)**: **Infrarotes-** (B) und **ultraviolettes Licht** (E) ist Licht mit Frequenzen unterhalb bzw. oberhalb des sichtbaren Spektrums.
Zu **(D)**: Von einer **Bremsstrahlung** spricht man, wenn ein geladenes Teilchen (z. B. ein Elektron) auf Materie trifft und dabei abgebremst wird. Durch diesen Effekt entsteht eine elektromagnetische Strahlung (Bremsstrahlung). So entsteht auch die Röntgen(brems)strahlung: in einer Röntgenröhre (siehe Abb. 8.3) treffen durch eine große Spannung hoch beschleunigte Elektronen auf eine Anode und werden abgebremst. Die entstehende Bremsstrahlung nutzt man als eigentliche Röntgenstrahlung.

VIII.6 Ionisierende Strahlung

Unter ionisierender Strahlung versteht man alle Strahlungsarten, die beim Durchgang durch Materie deren Atome oder Moleküle ionisieren, d. h. Ionen erzeugen können. Damit eine Strahlung diese Fähigkeit besitzt, muss sie zwei Eigenschaften haben:

1. Die Strahlung muss mit **elektrischen Feldern** verknüpft sein. Dies ist der Fall für elektromagnetische Strahlung (UV-, Röntgenstrahlung, Gammastrahlung) und für Strahlen, die aus elektrisch geladenen Teilchen bestehen (α- und β-Strahlen). Keine ionisierende Wirkung besitzen dagegen Schallwellen (auch Ultraschall) und Neutralteilchenstrahlen (z. B. Neutronen).
2. Da zur Ionisierung eines Atoms ein bestimmter Energiebetrag (einige eV) benötigt wird, muss die Strahlung eine **bestimmte Minimalenergie** besitzen. Dabei handelt es sich bei Teilchenstrahlen um die kinetische Energie der (α- oder β-)Teilchen, bei elektromagnetischer Strahlung um die sog. Quantenenergie $E = h \cdot f$.
   Die beim radioaktiven Zerfall auftretenden Strahlungsarten haben Energien in der Größenordnung von 1 MeV (= 10^6 eV). Alpha-, Beta- und Gammastrahlen gehören also ausnahmslos zu den ionisierenden Strahlenarten.
   Der letzten Spalte der Tabelle 6.1 in Lerntext VI.13 kann man entnehmen, dass es für elektromagnetische Strahlung eine Wellenlängengrenze gibt, oberhalb der die Quantenenergie nicht mehr ausreicht, um eine Ionisation zu verursachen. Die Grenze liegt bei etwa 10^{-7} m. Nur kurzwelligere Strahlung kann ionisieren (UV-, Röntgen- und – wie bereits erwähnt – Gammastrahlung).

VIII.7 Das radioaktive Zerfallsgesetz

Der radioaktive Zerfall von Atomkernen ist ein statistischer Prozess. Man kann für einen speziellen, aus der Masse vieler identischer Kerne herausgegriffenen Kern nicht vorhersagen, wann sein Zerfall eintritt. Betrachtet man jedoch eine Substanzmenge, die eine Vielzahl gleicher Atome enthält, dann gilt das Zerfallsgesetz:
Die Zahl der Kerne einer radioaktiven Substanz nimmt exponentiell ab:

$$N(t) = N_0 e^{-\lambda t} \quad \text{(Gl. 8.3.)}$$

N_0 ist die Anzahl der zu Beginn (d. h. zum Zeitpunkt $t = 0$) vorhandenen Kerne, λ nennt man die Zerfallskonstante des betreffenden Stoffes.
In Abb. 8.2 ist das Zerfallsgesetz grafisch dargestellt. Um die Schnelligkeit des Zerfalls eines Stoffes (d. h. die Steilheit dieser Kurve) zu charakterisieren, können zwei Begriffe benutzt werden:

1. Die **Halbwertszeit** (HWZ) $T_{1/2}$ gibt an, nach welcher Zeit 50 % der Ausgangsmenge zerfallen sind.
2. Nach der **mittleren Lebensdauer** τ ist nur noch der e-te Teil (das sind ca. 37 %) vorhanden.
   Zwischen diesen Größen und der Zerfallskonstanten bestehen die folgenden Beziehungen:

$$\tau = \frac{1}{\lambda} = \frac{T_{1/2}}{\ln 2} \quad \text{(Gl. 8.4.)}$$

Je größer (kleiner) die Zerfallskonstante für eine radioaktive Substanz ist, desto kleiner (größer) sind Halbwertszeit und mittlere Lebensdauer und um so schneller (langsamer) zerfällt die Substanz.

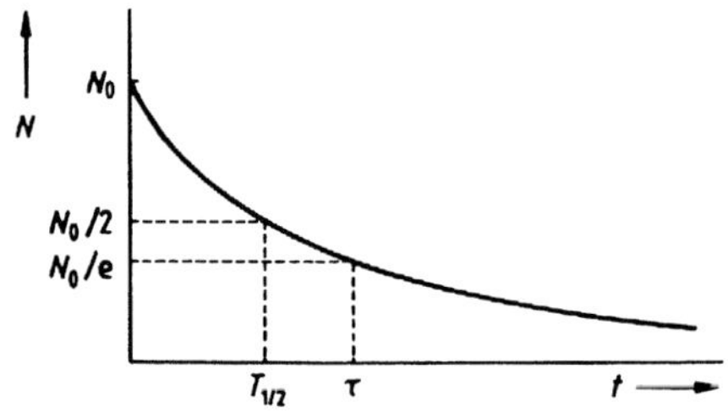

Abb. 8.2 Diagramm des radioaktiven Zerfallsgesetzes.

Klinischer Bezug

Will man die Funktion von bestimmten Organen testen, kann eine Szintigraphie durchgeführt werden. Dabei wird eine radioaktive Substanz (Tracer) intravenös injiziert, die im zu untersuchenden Organ aufgenommen wird. Einige Zeit später wird mit einer Gamma-Kamera ein Bild des Organs aufgenommen, das Aussagen über den Funktionszustand des Organs zulässt. Bei diesen Untersuchungen werden Tracer mit sehr kurzen Halbwertszeiten verwendet, um die Patienten keiner unnötigen Strahlenbelastung auszusetzen. Das oft verwendete Technetium-99m beispielsweise hat eine Halbwertszeit von nur 6 Stunden.

H88 ■

→ **Frage 8.16: Lösung A**

Die Anzahl der noch nicht zerfallenen Kerne eines radioaktiven Nuklids folgt dem Zerfallsgesetz: Die Ausgangsmenge N_0 (zur Zeit t = 0) nimmt exponentiell ab und nähert sich für sehr große Zeiten dem Wert 0, d. h. der t-Achse.
In unserer Frage wird nach der Zahl der insgesamt **zerfallenen Kerne** gefragt. Sie muss für t = 0 bei 0 beginnen (zu diesem Zeitpunkt ist noch kein Kern zerfallen) und nähert sich für große Zeiten dem Wert N_0 (alle anfangs vorhandenen Kerne sind zerfallen). Nur Kurve (A) zeigt diesen Verlauf.
Die Summe aus der Zahl der noch vorhandenen Ausgangskerne und der Zahl der zerfallenen Kerne muss zu jedem Zeitpunkt N_0 ergeben.

H08 ■■

→ **Frage 8.17: Lösung D**

Die **Halbwertszeit (HWZ)** gibt an, nach welcher Zeit die Aktivität einer radioaktiven Substanz auf die Hälfte abgefallen ist. Man muss daher überlegen, wie oft die Halbwertszeit verstreichen muss, bis die Aktivität auf etwa 0,1 % des ursprünglichen Wertes

abgefallen ist. Dazu bilden wir eine Reihe mit Halbwertszeiten und halbieren die prozentuale verbleibende Aktivität einfach in jedem Schritt:
- Nach 1 HWZ sind noch 50 % der Substanz vorhanden.
- Nach 2 HWZ sind noch 25 % der Substanz vorhanden.
- Nach 3 HWZ sind noch 12,5 % der Substanz vorhanden.
- Nach 4 HWZ sind noch 6,25 % der Substanz vorhanden.
- Nach 5 HWZ sind noch ~ 3,13 % der Substanz vorhanden.
- Nach 6 HWZ sind noch ~ 1,56 % der Substanz vorhanden.
- Nach 7 HWZ sind noch ~ 0,78 % der Substanz vorhanden.
- Nach 8 HWZ sind noch ~ 0,39 % der Substanz vorhanden.
- Nach 9 HWZ sind noch ~ 0,2 % der Substanz vorhanden.
- Nach 10 HWZ sind noch ~ 0,1 % der Substanz vorhanden.

Es müssen also 10 Halbwertszeiten verstreichen, damit nur noch eine Aktivität von etwa 0,1 % übrig ist. Da die Abnahme der Aktivität von ^{15}O auf 0,1 % der ursprünglichen Aktivität (10 Halbwertszeiten) genau 20 Minuten gedauert hat, ist eine Halbwertszeit:
20 Minuten/10 HWZ = 2 Minuten/HWZ

F05 H99 ■■

→ **Frage 8.18: Lösung D**

Siehe auch Lerntext VIII.7.
Die Zahl der Kerne einer radioaktiven Substanz nimmt exponentiell mit der Zeit ab:
$N(t) = N_0 e^{-\lambda t}$
N_0 ist die Anzahl der zu Beginn (d. h. zum Zeitpunkt $t = 0$) vorhandenen Kerne, λ nennt man die Zerfallskonstante des betreffenden Stoffes.
Um die Schnelligkeit des Zerfalls eines Stoffes bei einer solchen exponentiellen Gesetzmäßigkeit zu charakterisieren, kann man die sog. **Halbwertszeit $T_{1/2}$** benutzen. Sie gibt an, nach welcher Zeit 50 % der Ausgangsmenge zerfallen sind bzw. die ursprüngliche Aktivität um 50 % abgenommen hat.
Zu **(D)**: Genauso könnte man eine **10 %-Zeit $T_{10\%}$** definieren, die angeben soll, nach welcher Zeit die Aktivität um 10 % abgenommen hat.
Wenn wir die Aufgabenstellung genau betrachten, fällt auf, dass in einer Stunde die Aktivität um 10 % (von 1000 auf 900 kBq) abnahm. Die „10 %-Zeit $T_{10\%}$" beträgt also 1 Stunde.
Aktuell beträgt die Aktivität 900 Bq, gefragt ist, wie groß sie in einer Stunde (= 10 %-Zeit) sein wird. Es ergibt sich:
900 kBq – 10 % = 900 kBq – 90 kBq = 810 kBq

H06 ■■

→ **Frage 8.19: Lösung D**

Siehe Kommentar zu Frage 8.18.
Zu **(D)**: In 4 Jahren hat die Aktivität von 125 kBq auf 100 kBq um 25 kBq abgenommen. Prozentual sind das:

$$\frac{25\,\text{kBq}}{125\,\text{kBq}} = 0{,}2 = 20\,\%$$

In den nächsten 4 Jahren wird die Aktivität von jetzt 100 kBq also wieder um 20 % abnehmen:
100 kBq – 20 % = 80 kBq
(Siehe auch Lerntext VIII.7.)

F05 ■

→ **Frage 8.20: Lösung C**

Der radioaktive Zerfall von Atomkernen ist ein statistischer Prozess. Man kann für einen einzelnen Kern einer Masse nicht vorhersagen, wann sein Zerfall eintritt. Wenn man die gesamte Substanzmenge betrachtet, gelten jedoch bestimmte Gesetzmäßigkeiten wie z. B. das Zerfallsgesetz: Die Zahl der Kerne einer radioaktiven Substanz nimmt **exponentiell** ab, d. h.
$N(t) = N_0 e^{-\lambda t}$
N_0 ist die Anzahl der zu Beginn vorhandenen Kerne, λ nennt man die Zerfallskonstante des betreffenden Stoffes, $N(t)$ ist die Anzahl der nach der Zeit t noch nicht zerfallenen Kerne.
Für jeden radioaktiven Zerfall lässt sich die **physikalische Halbwertszeit T_{ph}** angeben. In dieser Zeit sind 50 % der ursprünglich vorhandenen Atomkerne zerfallen.
Die aktuelle Aktivität einer radioaktiven Substanz im menschlichen Körper wird jedoch nicht allein durch die physikalische Halbwertszeit bestimmt, sondern zusätzlich durch die **biologische Halbwertszeit T_b**: Der Körper scheidet ihm zugeführte Stoffe exponentiell aus, wodurch sich auch hier eine Halbwertszeit ergibt, nach der die Hälfte der ursprünglich zugeführten Stoffmenge ausgeschieden ist.
Aus der physikalischen und der biologischen Halbwertszeit resultiert die **effektive Halbwertszeit T_{eff}**, mit der die Aktivität insgesamt abklingt. Es gilt folgender mathematischer Zusammenhang:

$$\frac{1}{T_{\text{eff}}} = \frac{1}{T_{\text{ph}}} + \frac{1}{T_{\text{b}}}$$

Zu **(C)**: Wenn wir jetzt umformen, erhalten wir die Formel für T_{eff} (sicherheitshalber die Umformung in allen Einzelschritten):

$$\frac{1}{T_{\text{eff}}} = \frac{1}{T_{\text{ph}}} + \frac{1}{T_{\text{b}}}$$

$$\frac{T_{\text{ph}}}{T_{\text{eff}}} = \frac{T_{\text{ph}}}{T_{\text{ph}}} + \frac{T_{\text{ph}}}{T_{\text{b}}} = 1 + \frac{T_{\text{ph}}}{T_{\text{b}}}$$

$$\frac{T_{ph} \cdot T_b}{T_{eff}} = T_b + T_b \cdot \frac{T_{ph}}{T_b} = T_b + T_{ph}$$

$$\underline{\frac{T_{ph} \cdot T_b}{T_{ph} + T_b} = T_{eff}}$$

F04 ■

→ **Frage 8.21: Lösung C**

Siehe Kommentar zu Frage 8.20.

Zu **(C)**: In der Aufgabe ist festgelegt, dass $T_{eff} = \frac{1}{2} T_b$ ist. Damit können wir in der Formel

$\frac{1}{T_{eff}} = \frac{1}{T_{ph}} + \frac{1}{T_b}$ die Zeit T_{eff} durch $\frac{1}{2} T_b$ ersetzen:

$\frac{2}{T_b} = \frac{1}{T_{ph}} + \frac{1}{T_b}$, damit gilt:

$$\frac{2}{T_b} - \frac{1}{T_b} = \frac{1}{T_{ph}}$$

$\frac{1}{T_b} = \frac{1}{T_{ph}}$, was gleichbedeutend ist mit:

$\underline{T_b = T_{ph}}$

H07 ■■

→ **Frage 8.22: Lösung B**

Siehe Kommentar zu Frage 8.18.
Zu **(B)**: Im Körper kommt neben dem physikalischen Zerfall noch die Ausscheidung der Substanz z. B. über Leber und Galle oder Niere hinzu, sie wird durch die **biologische Halbwertszeit $T_{b1/2}$** charakterisiert.
Aus beiden Halbwertszeiten zusammen ergibt sich die effektive Halbwertszeit **$T_{eff1/2}$**, die die tatsächliche Elimination des Radionuklids aus dem Körper durch radioaktiven Zerfall und biologische Ausscheidung beschreibt. Der Zusammenhang lautet:

$$Teff_{1/2} = \frac{T_{1/2} \cdot T_{b1/2}}{T_{1/2} + T_{b1/2}} = \frac{5\,h \cdot 10\,h}{5\,h + 10\,h} = \frac{50\,h^2}{15\,h} = 3{,}3\,h$$

Nach einer effektiven HWZ ist die Menge des Radionuklids auf 1/2, nach 2 effektiven HWZ auf 1/4 und nach 3 effektiven HWZ dann schließlich auf 1/8 gefallen.
Damit müssen drei effektive Halbwertszeiten á 3,3 Stunden vergehen, insgesamt also $3 \cdot 3{,}\overline{3}\,h$ = <u>10 Stunden</u>, bis die Menge des Radionuklids im Körper auf 1/8 gefallen ist.
Siehe auch Lerntext VIII.7.

F94 ■■

→ **Frage 8.23: Lösung B**

Unter der Halbwertszeit einer radioaktiven Substanz versteht man den Zeitabschnitt, in dem die Anzahl der zerfallsfähigen, aber noch nicht zerfallenen Atome auf die Hälfte abnimmt.
In unserem Fall beträgt die Zahl der zerfallsfähigen Atome N zu Beginn der Betrachtung (d. h. bei t = 0 min) 10^8. Es muss also die Zeit abgelesen werden, zu der noch $5 \cdot 10^7$ dieser Atome vorhanden sind.
Die Schwierigkeit dieser Aufgabe besteht darin, die logarithmisch geteilte Ordinatenachse (y-Achse) richtig abzulesen. Ausgehend von $10^7 = 1 \cdot 10^7$ zählen wir nach oben (jeder horizontale Strich bedeutet eine Zunahme um 10^7, $10 \cdot 10^7 = 10^8$) und sehen, dass genau bei 10 min der Wert $5 \cdot 10^7$ von der abfallenden Geraden geschnitten wird. Die gesuchte Halbwertszeit beträgt demnach **10 min.**

F03 ■

→ **Frage 8.24: Lösung A**

Siehe Lerntext VIII.7.
Zwischen der Zerfallskonstanten λ und der Halbwertszeit $T_{1/2}$ besteht folgender Zusammenhang:

$$\lambda = \frac{\ln 2}{T_{1/2}}$$

Zu **(A)**: Formt man diese Formel um, erhält man.

$\frac{N(t)}{N_0} = e^{-\lambda t}$, bzw.: $\ln \frac{N(t)}{N_0} = -\lambda t$

Die linke Seite der Gleichung repräsentiert jetzt die Y-Achse des Graphen, wie man an der Achsenangabe erkennen kann.
Bei t = 20 h erreichen wir einen Y-Wert von –0,7 im Graphen. Wir setzen beide Werte ein:

$$\ln \frac{N(t)}{N_0} = -\lambda t$$

$$-0{,}7 = -\lambda \cdot 20\,h$$

$$0{,}7 = \lambda \cdot 20\,h$$

$$\lambda = \frac{0{,}7}{20\,h} = \frac{0{,}35}{10\,h} = \frac{0{,}035}{1\,h} = \underline{0{,}035/h}$$

H09 ■

→ **Frage 8.25: Lösung D**

Siehe Lerntext VIII.7.
Zu **(D)**: **Zwischen Halbwertszeit $T_{1/2}$ und Zerfallskonstante λ besteht** der folgende **Zusammenhang**:

$$\lambda = \frac{\ln 2}{T_{1/2}}$$

Wenn wir die Zerfallskonstante nun in der oberen Formel ersetzen, erhalten wir:

$$N(t) = N_0 e^{-\frac{\ln 2}{T_{1/2}} t}$$

Wir wollen wissen, nach welcher Zeit *t* die Aktivität eines radioaktiven Nuklids mit einer Anfangsaktivität von N_0 = 500 MBq auf *N(t)* = 1 MBq abgefallen ist, wobei das Nuklid eine Halbwertszeit im Körper von $T_{1/2}$ = **6 h** hat. Dazu setzen wir ein:

$$N(t) = N_0 e^{-\frac{\ln 2}{T_{1/2}} t}$$

$$1\,\text{MBq} = 500\,\text{MBq} \cdot e^{-\frac{\ln 2}{6\,\text{h}} t}$$

$$1 = 500 \cdot e^{-\frac{\ln 2}{6\,\text{h}} t}$$

Jetzt bilden wir den natürlichen Logarithmus auf beiden Seiten der Gleichung:

$$\ln 1 = \ln 500 \cdot -\frac{\ln 2}{6\,\text{h}} t$$

$$0 = \ln 500 \cdot -\frac{\ln 2}{6\,\text{h}} t$$

$$\frac{\ln 2}{6\,\text{h}} t = \ln 500$$

$$t = \frac{\ln 500}{\ln 2} \cdot 6\,\text{h}$$

VIII.8 Die Aktivität

Unter der Aktivität *A* eines radioaktiven Präparates versteht man die Anzahl von Zerfallen, die in einer Sekunde stattfinden. Sie ist stets proportional zur Anzahl *N*(*t*) der momentan vorhandenen radioaktiven Atome:

$A(t) = \lambda \cdot N(t)$ (Gl. 8.5.)

λ ist die Zerfallskonstante.

Die SI-Einheit für die Aktivität ist das Becquerel (1 Becquerel = 1 Bq = 1 s^{-1}). Die Aktivität 1 Bq bedeutet einen Zerfall pro Sekunde.

Frühere Einheit: 1 Curie = 1 Ci = $3{,}7 \cdot 10^{10}$ Bq.

Die Aktivität zeigt also die gleiche zeitliche Abhängigkeit wie die Zahl der noch nicht zerfallenen Atome:

Nach der Halbwertszeit $T_{1/2}$ hat nicht nur die Anzahl der radioaktiven Atome (*N*) um die Hälfte abgenommen, sondern auch die Aktivität dieses Stoffes ist auf 50 % zurückgegangen.

F06 ■■

→ **Frage 8.26: Lösung D**

Siehe Kommentar zu Frage 8.18.

Zu **(D)**: Die verschüttete radioaktive Substanz hat eine Halbwertszeit $T_{1/2}$ von 2 Monaten. Nach 1 Jahr sind also 6 Halbwertszeiten vergangen.

Nach der x-ten Halbwertszeit besitzt die Substanz noch folgenden Teil der ursprünglichen Radioaktivität:

- 1. Halbwertszeit – 1/2
- 2. Halbwertszeit – 1/4
- 3. Halbwertszeit – 1/8
- 4. Halbwertszeit – 1/16
- 5. Halbwertszeit – 1/32
- 6. Halbwertszeit – 1/64

Nach 6 Halbwertszeiten besitzt die Substanz noch 1/64 der ursprünglichen Radioaktivität.

Siehe auch Lerntext VIII.7.

F07 ■■

→ **Frage 8.27: Lösung B**

Die Halbwertszeit (HWZ) gibt an, nach welcher Zeit die Hälfte eines radioaktiven Nuklids zerfallen ist. Man muss daher überlegen, wie oft die Halbwertszeit verstreichen muss, bis nur noch ein Rest von etwa 6 % übrig bleibt:

- Nach 1 HWZ sind noch 50 % des Radionuklids nicht zerfallen,
- nach 2 HWZ sind noch 25 % des Radionuklids nicht zerfallen,
- nach 3 HWZ sind noch 12,5 % des Radionuklids nicht zerfallen,
- nach 4 HWZ sind noch 6,25 % des Radionuklids nicht zerfallen.

Es müssen also 4 Halbwertszeiten von jeweils 20 Minuten verstreichen, damit ein Rest von etwa 6 % übrig ist.

4 (Halbwertszeiten) · 20 Minuten = 80 Minuten

H04 ■

→ **Frage 8.28: Lösung B**

Die effektive Ganzkörper-Halbwertszeit (HWZ) gibt an, nach welcher Zeit der Gehalt einer radioaktiven Substanz im Körper auf die Hälfte abgefallen ist. Man muss daher überlegen, wie oft die Halbwertszeit verstreichen muss, bis nur noch ein Rest von kleiner 1 % übrig bleibt:

- Nach 1 HWZ sind noch 50 % der Substanz vorhanden,
- nach 2 HWZ sind noch 25 % der Substanz vorhanden,
- nach 3 HWZ sind noch 12,5 % der Substanz vorhanden,
- nach 4 HWZ sind noch 6,25 % der Substanz vorhanden,
- nach 5 HWZ sind noch 3,125 % der Substanz vorhanden,
- nach 6 HWZ sind noch 1,5625 % der Substanz vorhanden,

- nach 7 HWZ sind noch 0,78125 % der Substanz vorhanden.

Es müssen also 7 Halbwertszeiten verstreichen, damit nur noch ein Rest von kleiner 1 % übrig ist. Eine effektive Ganzkörper-Halbwertszeit hat eine Dauer von 6 Stunden.
7 (Halbwertszeiten) × 6 Stunden = 42 Stunden

F09 ■■

→ **Frage 8.29: Lösung D**

Die **Halbwertszeit (HWZ)** gibt an, nach welcher Zeit die Aktivität einer radioaktiven Substanz auf die Hälfte abgefallen ist. Um zu ermitteln, wann die Aktivität auf etwa 10 % des ursprünglichen Wertes abgefallen ist, bildet man eine HWZ-Reihe und halbiert die verbleibende Aktivität in jedem Schritt:

- nach 1 HWZ sind noch 50 % der Substanz vorhanden,
- nach 2 HWZ sind noch 25 % der Substanz vorhanden,
- nach 3 HWZ sind noch 12,5 % der Substanz vorhanden,
- nach 4 HWZ sind noch 6,25 % der Substanz vorhanden.

Es müssen also zwischen 3 und 4 Halbwertszeiten verstreichen, damit eine Aktivität von ca. 10 % verbleibt. Näherungsweise wird hier mit 3,5 HWZ gerechnet. Da eine Halbwertszeit beim Zerfall von ^{131}I etwa 8 Tage dauert, ergibt die Berechnung:
3,5 HWZ · 8 Tage = 28 Tage ≈ 27 Tage

F00 F88 ■

→ **Frage 8.30: Lösung C**

Unter der Aktivität A eines radioaktiven Präparates versteht man die Anzahl der Zerfälle, die in einer Sekunde in diesem Präparat stattfinden. Sie ist stets proportional zur Anzahl der vorhandenen, noch nicht zerfallenen Kerne *N*:
$A = \lambda \cdot N$
Daraus folgt, dass nach Verstreichen der Halbwertszeit $T_{1/2}$ sowohl *N* (die Anzahl der noch nicht zerfallenen Kerne) als auch A (die Aktivität) auf die Hälfte abgenommen haben.
In unserer Frage wird nach der Aktivität gefragt, die nach $t = 6\,\text{min} = 2 \cdot T_{1/2}$ noch vorhanden ist. Sie hat bis zu diesem Zeitpunkt um einen Faktor
$^1/_2 \cdot {}^1/_2 = {}^1/_4$ abgenommen:
$A\,(nach\ 6\,min) = (^1/_4) \cdot (2{,}4 \cdot 10^4\ \text{Bq}) = 6 \cdot 10^3\ \text{Bq}$

F10 ■

→ **Frage 8.31: Lösung E**

Siehe Lerntext VIII.8.

Zu **(E)**: Die in der Aufgabe beschriebene Probe hat eine Aktivität von 1800 Bq (1800 Kernzerfälle pro Sekunde). Innerhalb von 3 Stunden vergehen 3 · 60 · 60 = 10 800 Sekunden.
Damit wären 1800 Kerne/s ·10 800 s = 19 440 000 ≈ $2 \cdot 10^7$ Kerne in besagten 3 Stunden zerfallen, wenn die Aktivität konstant bleiben würde (in Wirklichkeit nimmt sie entsprechend der Reduzierung der ursprünglich vorhandenen Kerne ab).
Da die Probe jedoch ursprünglich 10^{12} zerfallsfähige Kerne enthielt, fallen selbst $2 \cdot 10^7$ Kerne weniger nicht wirklich ins Gewicht:
$10^{12} - 2 \cdot 10^7 = 9{,}99998 \cdot 10^{11}$, was ungefähr 10^{12} entspricht.

F92 ■

Frage 8.32: Lösung D
Wir erhalten nur dann einen linearen Zusammenhang zwischen der Aktivität *A* und der Zeit *t*, wenn die *A*-Achse (= y-Achse) logarithmisch, die *t*-Achse (= x-Achse) jedoch linear geteilt ist. Dies ist der Fall in Abb. 3.

8.2 Röntgenstrahlung

VIII.9 Röntgenstrahlung

Röntgenstrahlen sind elektromagnetische Wellen im Wellenlängenbereich zwischen ca. 10^{-10} und 10^{-11} m. Ihre Quantenenergie (siehe Lerntext VII.12)

$$E = h \cdot f = \frac{h \cdot c}{\lambda}$$

(*h* = Plancksches Wirkungsquantum, *c* = Vakuumlichtgeschwindigkeit) liegt damit im Bereich von ca. 100 keV.
Zur **Erzeugung** von Röntgenstrahlen werden in einem evakuierten Glaskolben Elektronen, die durch Glühemission an einer Kathode freigesetzt werden, durch eine hohe Spannung *U* zur Anode hin beschleunigt. Beim Auftreffen auf die Anode besitzen sie die kinetische Energie:
$E_{kin} = e \cdot U$ (Gl. 8.6.)
e ist die Ladung eines Elektrons (Elementarladung = $1{,}6 \cdot 10^{-19}$ C). Diese Energie wird zu einem kleinen Teil durch Stoßprozesse mit den Atomen der Anode in Röntgenstrahlung umgewandelt. Ca. 99 % davon wird jedoch in Wärme umgesetzt, die durch Kühlung der Röhre abgeführt werden muss.

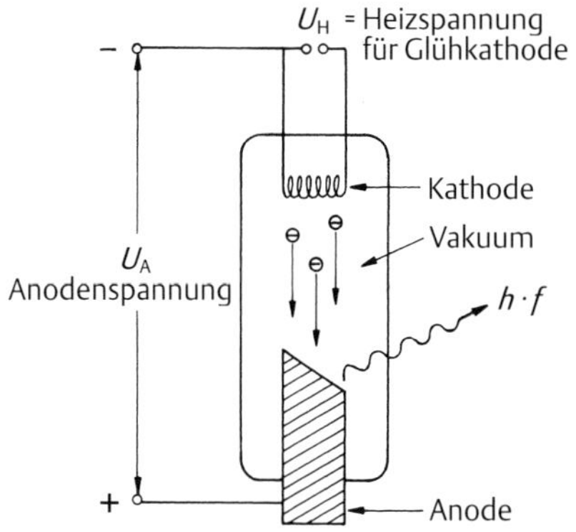

Abb. 8.3 Aufbau einer Röntgenröhre.

F07 F99 F94 H89 H85 ■■

→ **Frage 8.33: Lösung E**

Zur Erzeugung von Röntgenstrahlen werden in einem evakuierten Glaskolben Elektronen, die durch Glühemission an einer Kathode freigesetzt werden, durch eine hohe Spannung *U* zur Anode hin beschleunigt (siehe Lerntext VIII.9 und Abbildung 8.3). Die Quantenenergie der Röntgenstrahlung kann nie größer sein als die kinetische Energie der Elektronen, die beim Aufprall auf die Anode diese Strahlung erzeugen. Die Quantenenergie der in der medizinischen Diagnostik benutzten Röntgenstrahlung liegt bei ca. 100 keV. Um diese Strahlung zu erhalten, müssen die Elektronen auch eine Spannung von 100 kV = 0,1 MV durchlaufen, die richtige Lösung ist (E).

H02 ■■

→ **Frage 8.34: Lösung E**

Zur Erzeugung von Röntgenstrahlen werden in einem evakuierten Glaskolben Elektronen, die durch Glühemission an einer Kathode freigesetzt werden, durch eine hohe Spannung *U* zur Anode hin beschleunigt. Beim Auftreffen auf die Anode besitzen sie die kinetische Energie:

$E_{kin} = e \cdot U$

(e ist die in der Aufgabe genannte Ladung eines Elektrons, genannt Elementarladung = $1{,}6 \cdot 10^{-19}$ C; siehe auch Lerntext VIII.9).

Zu **(E)**: $E_{kin} = e \cdot U = 1{,}6 \cdot 10^{-19}\,\text{C} \cdot 100\,\text{kV}$
$= 1{,}6 \cdot 10^{-19}\,\text{C} \cdot 10^5\,\text{V} = \underline{1{,}6 \cdot 10^{-14}\,\text{J}}$

F08 ■■

→ **Frage 8.35: Lösung B**

Siehe Kommentar zu Frage 8.39.

H04 ■

→ **Frage 8.36: Lösung D**

Siehe Kommentar zu Frage 8.34.
Zu **(D)**: Diese Energie wird zu einem kleinen Teil durch Stoßprozesse mit den Atomen der Anode in Röntgenstrahlung umgewandelt (siehe auch Lerntext VIII.9). Das bedeutet, dass eine elektromagnetische Welle in Form eines Röntgenquants abgestrahlt wird. Die maximale Quantenenergie entsteht, wenn das auf die Anode auftreffende Elektron seine gesamte kinetische Energie E_{kin} in einem Stoßprozess abgibt – dann wird die kinetische Energie komplett in Quantenenergie umgesetzt.
Somit muss die kinetische Energie der auf die Anode auftreffenden Elektronen in unserer Aufgabe $2{,}4 \cdot 10^{-14}$ J betragen. Nach Umformung der oben angegebenen Formel erhalten wir die dafür nötige Anodenspannung:

$$U = \frac{E_{kin}}{e} = \frac{2{,}4 \cdot 10^{-14}\,\text{J}}{1{,}6 \cdot 10^{-19}\,\text{C}} = 1{,}5 \cdot 10^5\,\text{V} = 150 \cdot 10^3\,\text{V}$$
$$= \underline{150\,\text{kV}}$$

H09 ■

→ **Frage 8.37: Lösung E**

Zu **(E)**: Der **Massenabsorptionskoeffizient** ist eine wichtige Kenngröße für die Darstellung von Gewebe oder Material in der Röntgendiagnostik. Werden die **Strahlen** auf ihrem Verlauf nur **gering absorbiert** (wie z. B. bei wasserhaltigen Geweben), wird der **Röntgenfilmgeschwärzt**, **bei hoher Absorption** der Strahlung im Gewebe erscheint der Film an der entsprechenden Stelle **hell bzw. weiß**. Bezogen auf die Aufgabe bedeutet dies: **Wasser** erscheint fast **schwarz** (**geringer Massenabsorptionskoeffizient**), **kalziumhaltige Gewebe** wie Knochen **deutlich heller** (**höherer Massenabsorptionskoeffizient**). **Blei** wird auf einem Röntgenbild **weiß** abgebildet, da es die Röntgenstrahlung fast komplett absorbiert (**sehr hoher Massenabsorptionskoeffizient**). Der **Massenabsorptionskoeffizient** ist **abhängig** von der **Spannung**, die an die **Röntgenröhre** angelegt wird (diese ist wiederum proportional zur Quantenenergie der Röntgenstrahlung). **Bei niedrigen Spannungen** finden sich **zwischen Knochen und Weichteilen hohe Absorptionsunterschiede**. Bei hohen Spannungen verringern sich die Unterschiede und der Kontrast der Röntgenaufnahme nimmt ab. Gewünscht ist dieser Effekt zum Beispiel bei Thorax-Aufnahmen, die mit einer relativ hohen Spannung von > 100 kV angefertigt werden (Hartstrahltechnik).

H10

→ **Frage 8.38: Lösung C**

Siehe Kommentar zu Frage 8.37.

Zu **(C)**: Verschiedene physikalische Mechanismen tragen grundsätzlich zur Absorption von Röntgenstrahlung in Gewebe und damit zum spezifischen Massenabsorptionskoeffizienten bei: die Rayleigh-Streuung, die Compton-Streuung und zum größten Teil der photoelektrische Effekt. Bei letzterem wird beim Auftreffen der Röntgenstrahlung auf ein Atom ein Elektron aus dessen inneren Schale entfernt. Ein Elektron aus einer höheren Schale nimmt die Lücke ein und setzt dabei Energie frei, die wiederum als Photonenstrahlung abgestrahlt wird.
Bei Stoffen mit **höheren Ordnungszahlen** (z. B. den Knochen) befinden sich mehr Elektronen in der Elektronenhülle, so dass solche Effekte häufiger auftreten. Damit ist das Charakteristikum „Ordnungszahl" in erster Linie entscheidend für den Massenabsorptionskoeffizienten bei Röntgenstrahlung gleicher Wellenlänge (Lösung (C) ist korrekt).

VIII.10 Das Röntgenbremsspektrum

Für die Entstehung von Röntgenstrahlung sind zwei unterschiedliche Prozesse verantwortlich. Beide liefern einen eigenen Anteil zum Spektrum.
Das Bremsspektrum:
Dringt ein Elektron in das Anodenmaterial ein, dann kann es durch Stoß mit einem Atom einen Teil seiner kinetischen Energie ΔE_{kin} verlieren, es wird abgebremst. Gleichzeitig entsteht ein Röntgenquant mit der Energie:

$$h \cdot f = \Delta E_{kin} \quad \text{(Gl. 8.7.)}$$

Bei dieser Art der Erzeugung von Röntgenquanten können alle Energien zwischen null und einer maximalen Energie für das Quant erscheinen. Diese Maximalenergie $h \cdot f_{max}$ entsteht dann, wenn das Elektron seine gesamte Energie in **einem** Stoß abgibt. Für die kleinste mögliche Wellenlänge gilt dann:

$$\lambda_{min} = \frac{h \cdot c}{E_{kin}} = \frac{h \cdot c}{e \cdot U} \quad \text{(Gl. 8.8.)}$$

Das Röntgenbremsspektrum (Abb. 8.4) besitzt eine kurzwellige Grenze, die nur von der Anodenspannung U, nicht aber vom Anodenmaterial abhängt.
Die Intensität der Strahlung kann gesteigert werden, wenn man den Heizstrom der Kathode erhöht. Es treffen dann in der Sekunde mehr Elektronen auf die Anode auf, sodass mehr Strahlung erzeugt wird. Dadurch wird das Spektrum höher, es ändert jedoch nicht seine Form, z. B. λ_{min}.
Erhöht man dagegen die Anodenspannung, dann rückt die kurzwellige Grenze zu kleineren Werten, die Strahlung wird energiereicher, die „Härte" (d. h. die Durchdringungsfähigkeit) nimmt zu. Röntgenaufnahmen des Thorax werden so z. B. mit harter Rö-Strahlung durchgeführt; Mammographien mit weicher Strahlung.

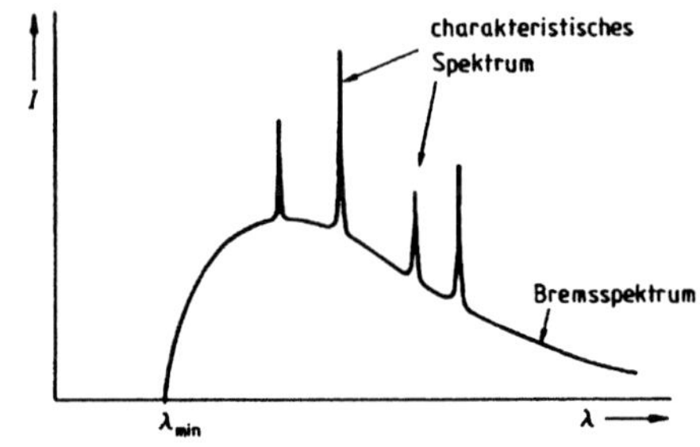

Abb. 8.4 Röntgenspektrum.

Klinischer Bezug

Wird für Röntgenaufnahmen „harte", energiereiche Strahlung verwendet, durchdringt die Röntgenstrahlung Gewebe besser. Dabei treten weniger Wechselwirkungseffekte (Photoeffekt, Compton-Effekt, Paarbildung) auf, die für die Schädigungswirkung der Strahlung auf das Körpergewebe ursächlich sind. Eine Röntgenaufnahme des Thorax (mit „harter" Röntgenstrahlung durchgeführt) ist in diesem Sinne also ungefährlicher als eine Mammographie, bei der die Aufnahme mit „weicher" Röntgenstrahlung gemacht wird.

H10 ■■

→ **Frage 8.39: Lösung A**

Zu **(A)**: Zur **Erzeugung von Röntgenstrahlen** werden in einem evakuierten Glaskolben (Röntgenröhre, siehe Abb. 8.3 in Lerntext VIII.9). **Elektronen**, die durch Glühemission an einer Kathode freigesetzt werden, durch eine hohe Spannung U in der Größenordnung von 100 kV zur Anode hin beschleunigt. Beim Auftreffen auf die Anode besitzen sie die kinetische Energie:
$E_{kin} = e \cdot U$ (e ist die Ladung eines Elektrons, Elementarladung = $1{,}6 \cdot 10^{-19}$ C)
Diese Bewegungsenergie der Elektronen wird zu einem kleinen Teil durch Stoßprozesse mit den Atomen der Anode (durch Abbremsen, weshalb man auch von Bremsstrahlung spricht) in Röntgenstrahlung umgewandelt. Etwa 99 % davon wird jedoch in Wärme umgesetzt, die durch Kühlung der Röhre abgeführt werden muss.

F91 ■

→ **Frage 8.40: Lösung D**

Die kurzwellige Grenze der Röntgenbremsstrahlung ist allein bestimmt durch die Energie $e \cdot U$ (= Ladung des Elektrons mal Anodenspannung) der Elektronen, die auf die Anode auftreffen. Je größer diese Energie, desto energiereicher die Bremsstrahlung und desto kleiner die minimale Wellenlänge des

Bremsspektrums. Der quantitative Zusammenhang lautet (vgl. Gl. 8.8):

$$\lambda_{min} = \frac{h\,c}{e\,U}$$

F10 ■

→ **Frage 8.41: Lösung D**

Zu **(D)**: Zur **Erzeugung von Röntgenstrahlen** werden in einem evakuierten Glaskolben Elektronen, die durch Glühemission an einer Kathode freigesetzt werden, durch eine hohe Spannung U zur Anode hin beschleunigt (siehe Abb. 8.3 in Lerntext VIII.9). Beim Auftreffen auf die Anode besitzt ein Elektron die kinetische Energie
$E_{kin} = e \cdot U$ (e = Ladung eines Elektrons, Elementarladung = $1{,}6 \cdot 10^{-19}$ C).
Durch Stoß mit einem Atom kann es einen Teil seiner kinetischen Energie ΔE_{kin} verlieren, es wird abgebremst. Gleichzeitig entsteht ein Röntgenquant mit der Energie:

$h \cdot f = \Delta E_{kin}$ (h = Plancksches Wirkungsquantum)

Bei dieser Art der Erzeugung von Röntgenquanten können alle Energien zwischen null und einer maximalen Energie für das Quant erscheinen. Diese Maximalenergie $h \cdot f_{max}$ entsteht dann, wenn das Elektron seine **gesamte Energie** ($E_{kin} = e \cdot U$) in **einem** Stoß abgibt.
Für die kleinste mögliche Wellenlänge (Grenzwellenlänge) λ_{min} gilt dann

$$\lambda_{min} = \frac{h \cdot c}{E_{kin}} = \frac{h \cdot c}{e \cdot U} \quad (c = \text{Vakuumlichtgeschwindigkeit})$$

Die Betriebsspannung U steht im Nenner, **bei einer Halbierung von U (für U wird 0,5 eingesetzt) verdoppelt** sich bei Konstanz aller anderen Größen damit die Grenzwellenlänge λ_{min}: von $8 \cdot 10^{-12}$m auf $16 \cdot 10^{-12}$m.

H89

→ **Frage 8.42: Lösung D**

Die kinetische Energie der Elektronen beim Auftreffen auf die Anode beträgt:
$E_{kin} = e \cdot U$
Um die Geschwindigkeit zu ermitteln, muss daher die folgende Beziehung nach v aufgelöst werden:

$$\frac{1}{2} m v^2 = e\,U$$
oder
$$v = \sqrt{\frac{2\,e\,U}{m}} = \sqrt{\frac{2 \cdot (1{,}6 \cdot 10^{-19}\,\mathrm{C})(6 \cdot 10^{4}\,\mathrm{V})}{9{,}1 \cdot 10^{-31}\,\mathrm{kg}}}$$
$$= 1{,}45 \cdot 10^{8}\,\mathrm{m/s}$$

Tatsächlich ist die wirkliche Geschwindigkeit durch eine scheinbare Massenzunahme nahe der Lichtgeschwindigkeit etwas geringer (D).

F01 F90 F84 ■■

→ **Frage 8.43: Lösung D**

Siehe Kommentar zu Frage 8.34.
Zu **(D)**: Dringt ein Elektron in das Anodenmaterial ein, dann kann es durch Stoß mit einem Atom einen Teil seiner kinetischen Energie E_{kin} verlieren, es wird abgebremst. Gleichzeitig entsteht ein Röntgenquant mit der Energie:
$h \cdot f = \Delta E_{kin}$ (h = Plancksches Wirkungsquantum; siehe Lerntext VII.12)
Bei dieser Art der Erzeugung von Röntgenquanten können alle Energien zwischen null und einer maximalen Energie für das Quant erscheinen. Diese Maximalenergie $E_{max} = h \cdot f_{max}$ entsteht dann, wenn das Elektron seine **gesamte** kinetische Energie in **einem** Stoß abgibt. Für diesen Fall gilt:
$E_{max} = h \cdot f_{max} = E_{kin} = e \cdot U$
Damit ist die **Maximalenergie** von Röntgenquanten E_{max} direkt proportional zur Anodenspannung U der Röntgenröhre.

F93 H85 ■

→ **Frage 8.44: Lösung E**

Siehe Lerntext VIII.10.

VIII.11 Das charakteristische Röntgenspektrum

Das auf die Anode auftreffende Elektron kann tief in die Hülle der Atome eindringen und aus einer inneren (normalerweise voll besetzten) Schale ein Elektron herausschlagen. Diese Lücke wird nun sofort von Elektronen der weiter außen liegenden Schalen (L-, M-Schale usw.) aufgefüllt. Dabei wird Strahlung emittiert, die für die Anodensubstanz charakteristische Frequenzen (oder Wellenlängen) enthält. Es entstehen „Spektrallinien", im Unterschied zum „kontinuierlichen" Bremsspektrum. Das charakteristische Spektrum ist vom Anodenmaterial abhängig. Seine Linien überlagern sich mit dem Bremsspektrum (siehe Abb. 8.4).

H07

→ **Frage 8.45: Lösung A**

Zur Erzeugung von Röntgenstrahlung werden in einem evakuierten Glaskolben Elektronen, die durch Glühemission an einer Kathode freigesetzt werden, durch eine hohe Spannung U zur Anode hin beschleunigt. Ein auf die Anode auftreffendes Elektron kann tief in die Hülle der Atome des Anodenmaterials eindringen und aus einer der inneren (normalerweise voll besetzten) Schalen ein Elektron herausschlagen. Diese Lücke wird nun sofort von Elektronen der weiter außen liegenden Schalen (L-,

M-Schale usw.) aufgefüllt. Dabei wird Strahlung emittiert, die für die Anodensubstanz charakteristische Frequenzen (oder Wellenlängen) enthält. Es entstehen „Spektrallinien“, wobei das dadurch **entstehende** charakteristische **Spektrum vom Anodenmaterial** (Lösung (A)) **abhängig** ist. Die Anodenspannung (Lösung (E)) dagegen bestimmt die kurzwellige Grenze des Spektrums – je höher die Spannung, desto kleiner die kurzwellige Grenze und desto energiereicher und „härter“ die Strahlung. Siehe auch Lerntext VIII.11.

H90 ■

→ **Frage 8.46: Lösung D**

Zu **(A):** Ein Linienspektrum im Sichtbaren beobachtet man, wenn Elektronenübergänge in den äußeren, nicht in den kernnahen Schalen des Atoms stattfinden.
Zu **(B):** Für die Absorptionsspektren im Sichtbaren gilt das Gleiche.
Zu **(C):** Röntgenbremsstrahlung entsteht, wenn in der Röntgenröhre ein Elektron beim Auftreffen auf die Anode im Kraftfeld eines Atomkerns abgelenkt, d.h. beschleunigt wird und als Folge dessen ein Quant emittiert. Die Elektronen des betreffenden Atoms bleiben davon unberührt.
Zu **(D):** Diese Aussage ist richtig!
Zu **(E):** γ-Strahlung hat ihren Ursprung im Atomkern, nicht in der Hülle.

F02

→ **Frage 8.47: Lösung D**

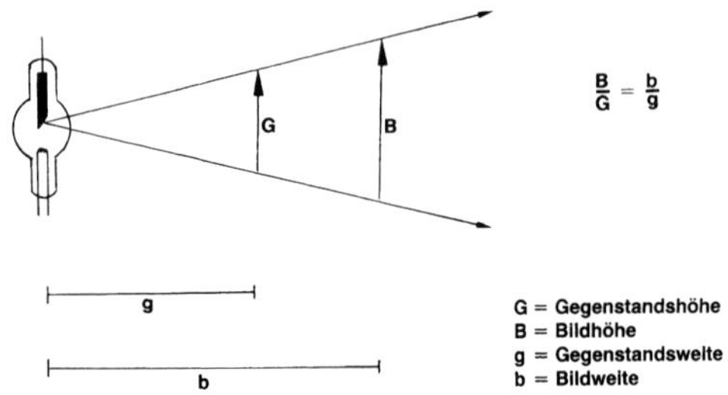

Abb. 8.5 Zentralprojektion.

Bei einer nahezu punktförmigen Strahlungsquelle breitet sich die ausgesandte Strahlung wie in der Abbildung gezeigt im Raum aus. Das Bild B eines Gegenstands G, der zwischen Strahlungsquelle und Film steht, ist durch das räumliche Ausbreitungsverhalten der Strahlen vergrößert, und zwar je mehr, desto näher der Gegenstand an der Strahlungsquelle steht.
Steht der Gegenstand jedoch nah am Film, unterscheiden sich Bildgröße *B* und Gegenstandsgröße *G* kaum (dann stehen Bild und Gegenstand eng zusammen). Lösung (D) ist richtig.

Den genauen mathematischen Zusammenhang zwischen Bildgröße *B*, Gegenstandsgröße *G*, Bildweite *b* und Gegenstandsweite *g* beschreibt die Formel:

$$\frac{B}{G} = \frac{b}{g}$$

8.3 Nachweis ionisierender Strahlen

VIII.12 Einheiten ionisierender Strahlung

Instabile Atomkerne (das sind typischerweise Kerne mit einem hohen Verhältnis von Neutronen zu Protonen) zeigen das Bestreben, sich durch spontane Zerfallsprozesse in stabile Kerne umzuwandeln. Diese Erscheinung nennt man Radioaktivität. In Zusammenhang mit radioaktiver (ionisierender) Strahlung werden verschiedene Einheiten verwendet; zum einen Einheiten für den Zerfallsprozess der Kerne selber, aber auch Einheiten, die die Energie (und deren Wirkung) beschreiben, welche an durchstrahlte Körper abgegeben wird.
Die SI-Einheit für die **Aktivität** einer radioaktiven Substanz ist das *Bequerel.* Die Aktivität 1 Bq bedeutet einen Kernzerfall pro Sekunde. Früher wurde die Einheit in „Curie“ angegeben (1 Curie = 3,7 10^{10} Bq), benannt nach der polnischen Physikerin Marie Curie, der für ihre Forschungen über die Radioaktivität sowohl ein Nobelpreis in Physik als auch in Chemie verliehen wurde.
Die **Energiedosis *D*** ist ein Maß für die von einem Körper absorbierte Energie, wenn er von ionisierender Strahlung getroffen wird. Sie ist definiert als Quotient aus der absorbierten Strahlungsenergie *E* und der Masse *m* des durchstrahlten Körpers:

$$D = \frac{E}{m}$$

Die Einheit der Energiedosis ist

$$\frac{\text{Joule}}{\text{kg}} = \frac{\text{J}}{\text{kg}}, \text{ Eigenname } \textit{Gray} \text{ (Gy).} \qquad \text{(Gl. 8.9.)}$$

Häufig wird auch noch die früher übliche Einheit *rad* benutzt.
Die **Äquivalentdosis** ist definiert als die vom Körper aufgenommene Energiedosis durch ionisierende Strahlung, multipliziert mit einem Strahlungswichtungsfaktor. Der Strahlungswichtungsfaktor bewertet die relative biologische Wirksamkeit der jeweiligen Strahlungsart. Für Photonenstrahlung wie der Gammastrahlung beträgt der Wichtungsfaktor 1, für Strahlung mit schweren Kernen wie z.B. der Alphastrahlung (wesentlich stärker biologisch wirksam) dagegen 20. Die Einheit der Äquivalentdosis ist das *Sievert* (Sv).

Wenn die Zeitspanne Δt bekannt ist, in der eine Energiedosis absorbiert wurde (siehe oben), kann zusätzlich auch die **Energiedosisleistung** P angegeben werden. Sie ist definiert als:

$$P = \frac{\text{Energiedosis}}{\Delta t} = \frac{D}{\Delta t} \quad \text{Einheit: } \frac{\text{Gray}}{\text{s}} \qquad \text{(Gl. 8.10.)}$$

Die **Ionendosis** J ist definiert als Quotient aus der Ladung Q der Ionen gleichen Vorzeichens, die in Luft durch ionisierende Strahlung entstehen, und der Masse m der durchstrahlten Luft:

$$J = \frac{Q}{m} \quad \text{Die Einheit ist: } \frac{\text{Coulomb}}{\text{kg}} = \frac{\text{C}}{\text{kg}} \qquad \text{(Gl. 8.11.)}$$

F09 ■

→ **Frage 8.48: Lösung B**

Zu **(A)**, **(B)** und **(D)**: Siehe Lerntext VIII.12.
Zu **(C)**: **Siemens** ist die Einheit des Leitwerts ***G***, dem Reziprokwert des elektrischen Widerstands R:

$$G = \frac{1}{R}; \ [G] = \frac{1}{\Omega} = \text{Siemens (S)}$$

Zu **(E)**: **Tesla (T)** verwendet man als Einheit für die **magnetische Induktion.** Die magnetische Induktion beschreibt die Wirkung eines gegebenen Magnetfeldes (z. B. Kraft auf bewegte stromführende Leiter oder Entstehung von Induktionsspannungen in einem magnetischen Feld).

F00 ■

→ **Frage 8.49: Lösung B**

Siehe Lerntext VIII.12.

H07 ■

→ **Frage 8.50: Lösung D**

Die **Äquivalentdosis** ist ein Maß für die Wirkung ionisierender Strahlung auf den menschlichen Körper. Die **Äquivalentdosis *H*** errechnet sich aus der Energiedosis multipliziert mit einem Bewertungsfaktor q, welcher der relativen biologischen Wirksamkeit der Strahlung Rechnung trägt:
$H = D \cdot q$; $[H]$ = Sievert (Sv)
Die Einheit der **Äquivalentdosis** ist das ***Sievert*** (Sv), Lösung (D). Gelegentlich wird noch die frühere Einheit der Äquivalentdosis rem (roentgen equivalent man) verwendet. 100 rem entsprechen einem Sievert.
Die Energiedosis D, auf der die Äquivalentdosis beruht, ist ein Maß für die von einem Körper absorbierte Energie, wenn er von ionisierender Strahlung getroffen wird. Sie ist definiert als Quotient aus der absorbierten Strahlungsenergie E (in Joule) und der Masse m (in Kilogramm) des durchstrahlten Körpers. Die Einheit der Energiedosis D ist das Gray:

$$D = \frac{E}{m}; \ [D] = \text{J/kg} = \text{Gray (Gy)}$$

Die Einheit Becquerel (Bq), Lösung (A), ist die Einheit der Radioaktivität. Dabei entspricht 1 Becquerel einer Kernumwandlung, d. h. einem Kernzerfall pro Sekunde.

H08 ■

→ **Frage 8.51: Lösung B**

Instabile Atomkerne (das sind typischerweise Kerne mit einem hohen Verhältnis von Neutronen zu Protonen) zeigen das Bestreben, sich durch spontane Zerfallsprozesse in stabile Kerne umzuwandeln. Diese Erscheinung nennt man Radioaktivität. Im Zusammenhang mit radioaktiver (ionisierender) Strahlung werden verschiedene Einheiten verwendet; zum einen Einheiten für den Zerfallsprozess der Kerne selber, aber auch Einheiten, die die Energie (und deren Wirkung) beschreiben, welche an durchstrahlte Körper abgegeben wird.
Zu **(A)–(E)**: Siehe Lerntext VIII.12.

F97 ■

→ **Frage 8.52: Lösung E**

In Lerntext VII.1 wird dargelegt, dass die Intensität aller Strahlungsarten (wenn man von Absorptionseffekten absieht) mit dem Quadrat des Abstandes von der Strahlungsquelle abnimmt. Anhand von Abb. 8.6 wollen wir uns diesen Sachverhalt noch einmal klarmachen.

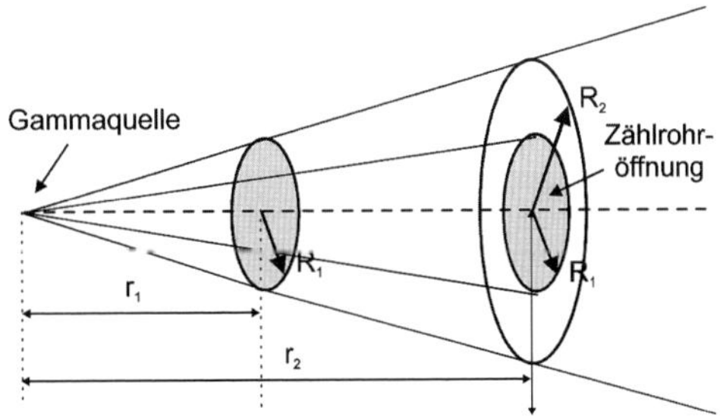

Abb. 8.6 Quadratisches Abstandsgesetz.

Das Zählrohr mit der Öffnung A befindet sich im Abstand r_2 von der Quelle und registriert dort die Zählrate Z_2 (Impulse/Sekunde). Nähern wir nun das Zählrohr auf den Abstand r_1, so steigt die Zählrate auf Z_1 an. Es werden jetzt alle diejenigen Gammaquanten registriert, die im Abstand r_2 durch den größeren Kreis mit dem Radius R_2 gehen würden. Die Zählraten verhalten sich daher umgekehrt wie die Kreisflächen im Abstand r_2, und die Radien R

der Kreise im Abstand r_2 sind proportional zum Abstand r von der Strahlungsquelle.

$$\frac{Z_1}{Z_2} = \frac{R_2^2\pi}{R_1^2\pi} = \frac{r_2^2}{r_1^2}, \text{ oder } Z_1 = \left(\frac{r_2}{r_1}\right)^2 \cdot Z_2$$

Für unsere Fragestellung heißt das:

$$Z = \left(\frac{50\,\text{cm}}{5\,\text{cm}}\right)^2 \cdot 100\ \text{Impulse/s}$$
$$= 100 \cdot 100\ \text{Impulse/s} = \underline{10\,000\ \text{Impulse/s}}$$

H02

→ **Frage 8.53: Lösung D**

Pro Sekunde misst ein Detektor 78 Gammaquanten von 1,5 MeV. Da er jedoch nur 20 % (also 1/5) erfassen kann, ist die wahre Gammaquantenemission 5-mal größer:
emittierte Gammaquanten/s = 78 gemessene Quanten/s · 5 = 390
Von einem Gramm natürlichen Kaliums werden pro Sekunde 3,0 Gammaquanten von 1,5 MeV emittiert. Die **Zahl der emittierten Gammaquanten pro Sekunde geteilt durch die pro Sekunde pro Gramm Kalium emittierten Quanten ergibt** die **Grammzahl des** natürlichen **Kaliums**, das ein Mensch enthält:

$$\frac{390\,\frac{\text{emittierte Gammaquanten}}{\text{s}}}{3{,}0\,\frac{\text{Gammaquanten}}{\text{s}\cdot\text{g Kalium}}} = \underline{130\,\text{g Kalium}}$$

8.4 Strahlenwirkungen

VIII.13 Die Absorption von Röntgenstrahlung

Röntgenstrahlen und Gammastrahlen sind physikalisch identisch: Beides sind elektromagnetische Wellen, die auch etwa im gleichen Wellenlängenbereich liegen. Man unterscheidet sie allein nach der Art ihrer Entstehung.
Während die **Gammastrahlung** bei radioaktiven Prozessen im **Atomkern** entsteht, liegt der Ursprung für die **Röntgenstrahlung** in Elektronenübergängen in der **Atomhülle.** Wenn Röntgenstrahlung durch Materie läuft, dann treten die gleichen Wechselwirkungsprozesse auf, die bereits bei der Gammastrahlung erwähnt und beschrieben wurden: Photoeffekt, Compton-Effekt, Paarbildung (siehe Lerntext VIII.5).
Zwischen der Intensität I der Strahlung und der Dicke der Absorberschicht x besteht der folgende Zusammenhang (Absorptionsgesetz):
$I(x) = I_0 e^{-\mu x}$ (Gl. 8.12.)
I_0 ist die Intensität vor dem Absorber, μ ist der Schwächungskoeffizient.
Die Intensität der Röntgenstrahlung nimmt exponentiell mit der Dicke der durchstrahlten Materie ab.

Klinischer Bezug
Die in der Klinik verwendeten Strahlenschutzschürzen („Bleischürzen") enthalten mehrere Lagen Bleigummi. Ihre Absorptionswirkung für Röntgenstrahlung entspricht der einer 0,25-0,35 mm starken Bleischicht. Die Strahlenschutzschürzen dienen dem Schutz vor („weicher") Streustrahlung, die in der Umgebung von Röntgenapparaten entsteht. Die Streustrahlung wird durch die Schürze auf 1–10 % geschwächt. Noch größere Schutzwirkungen könnte man durch mehr Lagen Bleigummi erzielen, jedoch würden die Schürzen dann so schwer, dass das Arbeiten mit ihnen sehr anstrengend wäre.

F07 ■

→ **Frage 8.54: Lösung A**

In der Aufgabenstellung wird richtig beschrieben, dass diejenige Strahlenart am dichtesten ionisierend ist, die aus Teilchen (Korpuskeln) mit der größten (Ruhe-)Masse und der stärksten Ladung besteht.
Die Bremsstrahlung (B) ist die Strahlung, die entsteht, wenn ein geladenes Teilchen abgelenkt bzw. beschleunigt oder abgebremst wird. Bremsstrahlung entsteht u. a. bei der Erzeugung von Röntgenstrahlung (siehe auch Lerntext VIII.10) und ist wie auch die Gammastrahlung (D) **keine** korpuskuläre Strahlung, sondern eine (damit auch ungeladene) elektromagnetische Welle.
Elektronen (C) sind einfach negativ geladen, haben aber eine sehr geringe Ruhemasse. Neutronen (E) dagegen sind nicht geladen, haben aber eine wesentlich höhere Ruhemasse (≈ 1 u). Die größte Ladung und Masse hat das sog. Alphateilchen aus der Alphastrahlung (A). Hier handelt es sich um einen Helium-Kern der Atommasse 4 (2 Protonen und 2 Neutronen, siehe auch Lerntext VIII.2), der zudem noch zweifach positiv geladen ist. Die Schreibweise lautet: ${}^4_2\text{HE}^{2+}$. Damit ist die Alphastrahlung (A) die am dichtesten ionisierende Strahlung.

F01 F98 ■■

→ **Frage 8.55: Lösung C**

Das Absorptionsgesetz für monoenergetische Gammastrahlung ist ein Exponentialgesetz: Gleiche Absorberschichten führen zur gleichen prozentualen Schwächung der Strahlung. Die Angabe in der Aufgabenstellung bedeutet, dass eine 8 mm dicke Bleischicht die Ausgangsintensität I_0 um 50 % schwächt, d. h. um den Faktor ½.

Eine Bleischicht der Dicke 24 mm kann man sich vorstellen als zusammengesetzt aus 3 aufeinander folgenden 8 mm-Schichten, von denen eine jede die Intensität um den Faktor ½ schwächt. Die Intensität I nach Durchlaufen der dritten Schicht beträgt daher nur noch:

$$I = \frac{1}{2} \cdot \frac{1}{2} \cdot \frac{1}{2} I_0 = \frac{1}{8} I_0$$

H01 ■■

→ **Frage 8.56: Lösung A**

Siehe Kommentar zu Frage 8.57.

F02 F88 ■■

→ **Frage 8.57: Lösung E**

Das Absorptionsgesetz für monoenergetische Gammastrahlung ist ein Exponentialgesetz: Gleiche Absorberschichten führen zur gleichen prozentualen Schwächung der Strahlung. Die Angabe in der Aufgabenstellung bedeutet, dass eine 2 mm dicke Materialschicht die Ausgangsintensität I_0 um 50 % schwächt, d. h. um den Faktor ½.
Eine Materialschicht der Dicke von 1 cm kann man sich zusammengesetzt aus 5 aufeinander folgenden 2 mm-Schichten vorstellen, von denen jede die Intensität um den Faktor ½ schwächt. Die Intensität I nach Durchlaufen der fünften Schicht beträgt daher nur noch:

$$I = \frac{1}{2} \cdot \frac{1}{2} \cdot \frac{1}{2} \cdot \frac{1}{2} \cdot \frac{1}{2} = \frac{1}{2^5} I_0 = \frac{1}{32} I_0 = 0{,}03125$$

Das bedeutet, dass
- **3 %** der Ursprungsintensität durchdringt
- und **97 %** der Strahlung absorbiert werden.

H05 ■■

→ **Frage 8.58: Lösung D**

Das Absorptionsgesetz für monoenergetische Gammastrahlung ist ein Exponentialgesetz: Gleiche Absorberschichten führen zur gleichen prozentualen Schwächung der Strahlung.
Die Angabe in der Aufgabenstellung bedeutet, dass eine 0,1 mm dicke Bleiplatte die Ausgangsintensität I_0 um 50 % schwächt, d. h. um den Faktor ½.
Eine Materialschicht der Dicke von 0,4 mm kann man sich zusammengesetzt aus 4 aufeinander folgende 0,1 mm-Schichten vorstellen, von denen eine jede die Intensität um den Faktor 50 % schwächt.
Die Intensität bezogen auf die Ausgangsintensität I_0 ist jeweils nach der:
- 1. Schicht – 50 % I_0
- 2. Schicht – 25 % I_0
- 3. Schicht – 12,5 % I_0
- 4. Schicht – 6,25 % I_0

Wenn nur 6,25 % der ursprünglichen Intensität durchgelassen werden, bedeutet dies eine Abschwächung von 93,75 % ~ 94 %.

F10 ■■

→ **Frage 8.59: Lösung C**

Zu **(C)**: Das **Absorptionsgesetz für monoenergetische Gammastrahlung** ist ein Exponentialgesetz: Gleiche Absorberschichten führen zur gleichen prozentualen Schwächung der Strahlung (siehe auch Lerntext VIII.5). Die Angabe in der Aufgabenstellung bedeutet, dass eine 8 cm dicke Gewebeschicht die Ausgangsintensität I_0 auf 20 % abschwächt. Eine Gewebeschicht der Dicke von 16 cm kann man sich zusammengesetzt aus 2 aufeinanderfolgenden 8 cm-Schichten vorstellen, von denen eine jede die Intensität um den Faktor auf 20 % (0,2) schwächt. Nach den ersten 8 cm sind noch 20 % Intensität „übrig", nach den zweiten 8 cm noch 20 % der Intensität, die nach den ersten 8 cm vorlag. Die **Intensität I** nach Durchlaufen von zwei 8 cm Schichten beträgt daher nur noch:

$I = 0{,}2 \cdot 0{,}2 = 0{,}04 = 4\,\%$

H03 ■

→ **Frage 8.60: Lösung B**

Trifft γ-Strahlung mit der Intensität I_0 auf Materie, dann beträgt die Intensität I nach Durchlaufen einer Strecke d noch:
$I = I_0 e^{-\mu d}$
Dabei nennt man μ den **Schwächungskoeffizienten**.
Zwischen der Halbwertsdicke d_H, die die Intensität einer Strahlung um 50 % schwächt, und dem Schwächungskoeffizienten μ besteht folgender Zusammenhang:

$$d_H = \frac{\ln 2}{\mu}$$

Zunächst rechnen wir die Halbwertsdicke einer Bleischicht aus, deren Schwächungskoeffizient für γ-Strahlung von Cäsium-137 genau 1 cm^{-1} ist:

$$d_H = \frac{\ln 2}{\mu} = \frac{0{,}7}{1\,cm^{-1}} = 0{,}7\,cm$$

Damit reduziert eine Absorberscheibe von 0,7 cm Dicke die γ-Strahlung von Cäsium-137 um die Hälfte.
Nach einer Absorberscheibe ist die Strahlung auf 50 % Intensität geschwächt, nach 2 auf 25 %, nach 3 auf 12,5 %. Damit werden mindestens 3 Absorberscheiben benötigt, um die Strahlung auf weniger als 15 % der Ausgangsintensität abzuschwächen.

H00 H97 ■■

→ **Frage 8.61: Lösung C**

Die Intensität einer Strahlung, die von einer punktförmigen Quelle ausgeht, nimmt umgekehrt zum Quadrat des Abstandes r von der Quelle ab.

$$I = \frac{C}{r^2} \quad (C = \text{const.})$$

Das Produkt $I \cdot r^2$ muss daher konstant bleiben. Die Frage geht von der Dosisleistung aus. Darunter versteht man die in Materie (z. B. menschlichem Gewebe) absorbierte Energie pro Kilogramm und Sekunde. Diese Größe ist natürlich proportional zur eingestrahlten Intensität. Wird z. B. die Strahlungsleistung der Quelle verdoppelt, dann wird auch die doppelte Energiemenge im bestrahlten Stoff absorbiert. Damit wie in unserer Frage die Energiedosisleistung um den Faktor 4 reduziert wird, muss ein Abstand gesucht werden, in dem die Intensität um den Faktor 4 kleiner ist. Um das obige Produkt aus I und r^2 konstant zu halten, muss daher der Abstand um den Faktor 2, d. h. auf 200 cm, vergrößert werden.

H91 H84 ■■

→ **Frage 8.62: Lösung B**

Die Abhängigkeit der Intensität von $1/r^2$ besagt, dass die Dosisleistung bei Verdopplung des Abstandes auf $^1/_4$ abnimmt. Sie beträgt dort noch:
$2\,\mu J \cdot kg^{-1} \cdot h^{-1}$
Dauert der Aufenthalt insgesamt 5 Stunden (= 5 h), dann ergibt sich eine Dosis von:
$10\,\mu J/kg$ = 10 µGy

F06 F00 ■■

→ **Frage 8.63: Lösung A**

Siehe Kommentar zu Frage 8.64.
Zu **(A)**: Die resultierende Dosisleistung ist in diesem Fall 1 Gy/min.

F03 ■■

→ **Frage 8.64: Lösung B**

Die Intensität einer Strahlung, die von einer punktförmigen Quelle ausgeht, nimmt umgekehrt proportional zum Quadrat des Abstands r von der Quelle ab:

$$I = \frac{C}{r^2} \quad (C = \text{const.})$$

Das Produkt $I \cdot r^2$ muss daher konstant bleiben. Die Frage geht von der Dosisleistung aus. Darunter versteht man die in Materie (z. B. menschlichem Gewebe) absorbierte Energie pro Kilogramm und Sekunde. Diese Größe ist natürlich proportional zur eingestrahlten Intensität. Wird z. B. die Strahlungsleistung der Quelle verdoppelt, dann wird auch die doppelte Energiemenge im bestrahlten Stoff absorbiert. **Wenn** wie in unserer Frage **der Fokusabstand verdoppelt wird, muss sich** die **Intensität und damit** die dazu proportionale **Dosisleistung um den Faktor 4 reduzieren**, um das Produkt aus I und r^2 konstant zu halten. (Wenn r verdoppelt wird, wird r^2 vervierfacht.) Die resultierende Dosisleistung ist 2 Gy/min.

F08 ■■

→ **Frage 8.65: Lösung B**

Die Intensität einer Strahlung, die von einer punktförmigen Quelle ausgeht (um eine solche handelt es sich bei der Schilddrüse des Patienten), nimmt umgekehrt proportional zum Quadrat des Abstands r von der Quelle ab:

$$I = \frac{C}{r^2}; \quad (C = \text{const.})$$

Das Produkt $I \cdot r^2$ muss daher konstant bleiben. Die Frage geht von der Dosisleistung aus. Darunter versteht man die in Materie (z. B. menschlichem Gewebe) absorbierte Energie pro Kilogramm und Sekunde. Diese Größe ist proportional zur eingestrahlten Intensität. Wenn (wie in der Frage) der Fokusabstand von 2 m auf 6 m verdreifacht wird, muss sich die Intensität und damit die dazu proportionale Dosisleistung um den Faktor 9 reduzieren, um das Produkt aus I und r^2 konstant zu halten. (Wenn r verdreifacht wird, wird r^2 verneunfacht, d. h. $3^2 = 9$). Die resultierende Dosisleistung ist

$$\frac{3{,}5\,\mu Sv/h}{9} = 0{,}38\,\mu Sv/h \approx 0{,}4\,\mu Sv/h$$

8.5 Kommentare aus Examen Frühjahr 2011

F11 ■

→ **Frage 8.66: Lösung E**

Zu **(E)**: Atomkerne bestehen aus Protonen und Neutronen, doch nicht alle möglichen Atomkerne sind stabil. Das Verhältnis Neutronen/Protonen liegt in stabilen Kernen für leichte Nuklide etwa bei 1 und wächst bis zu Werten von 1,6 für die schwersten Kerne an. Instabile Kerne zeigen das Bestreben, sich durch spontane Zerfallsprozesse in stabile Nuklide umzuwandeln. Diese Erscheinung nennt man **Radioaktivität**.
Die SI-Einheit für die Aktivität ist Becquerel (1 Becquerel = 1 Bq = 1 s^{-1}). Die Aktivität **1 Bq entspricht 1 Zerfall pro Sekunde**.
Wenn **pro Gramm** natürlich vorkommendem **Kalium $1{,}2 \times 10^{-4}$ g ^{40}K** enthalten sind, befinden sich in **100 g Kalium**:

$100 \times 1{,}2 \times 10^{-4}$ g ^{40}K = **$1{,}2 \times 10^{-2}$ g ^{40}K**

Multipliziert mit der Aktivität von **260 kBq pro Gramm ^{40}K** ergibt sich:

$$1{,}2 \times 10^{-2} g\ ^{40}K \times 260 \frac{kBq}{g\ ^{40}K} = 1{,}2 \times 10^{-2} \times 260$$
$$\times 10^{3} Bq = 312 \times 10^{1} Bq = 3120\ Bq$$
$$\approx 3000\ Bq\ (Zerfälle/s)$$

F11 ■

→ **Frage 8.67: Lösung B**

Zu **(B)**: **Sievert** ist die Einheit der **Äquivalentdosis.** Sie ist definiert als die vom Körper aufgenommene **Energiedosis** durch ionisierende Strahlung, **multipliziert mit** einem **Strahlungswichtungsfaktor**. Dieser bewertet die relative biologische Wirksamkeit der jeweiligen Strahlungsart (**Gammastrahlung**: 1, Alphastrahlung: 20). Für die Gammastrahlung entspricht die Äquivalent- demnach der Energiedosis. Die Energiedosis ist die absorbierte Strahlenenergie pro Masse des Volumens, auf das die Strahlung trifft. Die Einheit der Energiedosis ist J/kg, Eigenname Gray.
Wenn ein 80 kg schwerer Mensch eine Äquivalentdosis **Gammstrahlung** von **0,5 mSv/Jahr** aufnimmt, entspricht das einer **Energiedosis** von **0,5 mJ/kg. Multipliziert mit** seiner Masse von **80 kg** ergibt sich als **Energieaufnahme**:

$E = 0{,}5\ mJ/kg \times 80\ kg = 0{,}5 \times mJ/kg \times 80\ kg = \mathbf{40\ mJ}$

Zusatzinfo: In Deutschland beträgt die Summe der natürlichen Strahlenbelastung ungefähr 2 mSv (Millisievert) pro Jahr. Allerdings handelt es sich vorwiegend um kosmische Strahlung, terrestrische Radionuklide haben hieran nur einen geringen Anteil. Die medizinische Anwendung von ionisierter Strahlung führt zu einer zusätzlichen Strahlenbelastung von ungefähr 2 mSv/Jahr, sodass die „normale Strahlenbelastung" bei einem Menschen in der Größenordnung 4 mSv/Jahr liegt.

F11 ■

→ **Frage 8.68: Lösung D**

Zu **(D)**: In der Frage wird die Schilddrüse des Patienten als punktförmiger Gammastrahler gesehen und in verschiedenen Entfernungen die Dosisrate gemessen. Die **Intensität *I*** einer Strahlung, die von einer punktförmigen Quelle ausgeht, **nimmt umgekehrt proportional zum Quadrat des Abstands *R*** von der Quelle **ab**:

$I = C/R^2$
(C = const.)

Anders ausgedrückt: Die **Dosisleistung** $\dot{D}$, die sich wie die Intensität verhält, **nimmt quadratisch mit der Entfernung ab.**
Zusatzinfo: Mit **radioaktivem Iod-131** kann Schilddrüsengewebe zerstört werden, andererseits steigt durch die Aufnahme in die Schilddrüse auch das Risiko eines Schilddrüsenkarzinoms. Nach Untersuchungen der American Thyroid Association ist das Risiko hierfür nach einer Radiojodtherapie allerdings nur minimal erhöht.
Wird radioaktives Iod-131 jedoch in großen Mengen unkontrolliert in die Umwelt freigesetzt, steigt die Rate von Schilddrüsenkarzinomen bei exponierten Personen drastisch an, wie man leider nach der Reaktorkatastrophe von Tschernobyl im April 1986 lernen musste. Auch aus dem japanischen Kernkraftwerk Fukushima-Daiichi trat Iod-131 nach einer Kernschmelze unkontrolliert in die Umwelt aus, nachdem das Werk von einem durch das Tōhoku-Erdbeben am 11. März 2011 ausgelösten Tsunami getroffen wurde und die Kühlsysteme ausfielen.

F11 ■

→ **Frage 8.69: Lösung D**

Zu **(D)**: Der **Beta-Minus-Zerfall** (β^--Zerfall) tritt bei Kernen auf, die zu viele Neutronen besitzen, um stabil zu sein: Im Kern wandelt sich ein Neutron in ein Proton und ein Elektron um. Das Elektron verlässt als „β-Teilchen" den Kern, das Proton bleibt zurück.
Die symbolische Formulierung lautet:

$^{A}_{Z}X \rightarrow {}^{A}_{Z+1}Y + e^-$

Insgesamt **erhöht sich** durch diesen Prozess die **Kernladungszahl** (Ordnungszahl *Z*) **um eine Einheit** (1 Proton ist entstanden), die **Nukleonenzahl** (Massenzahl *A*) **bleibt konstant** (1 Neutron hat sich in 1 Proton umgewandelt). Beim β^--Zerfall **entsteht** dadurch **das im Periodensystem folgende Element**:

$^{60}_{27}Co \rightarrow {}^{60}_{28}Ni + e^-$

Diese Betrachtung ist allerdings eine grobe Vereinfachung: Zusätzlich entsteht noch ein Neutrino und eine große Menge Energie.

Zahlenwerte / Maßeinheiten

Anhang

Zahlen- und Größenwerte, die laut Gegenstandskatalog bekannt sein sollten

Im Allgemeinen werden in den vom IMPP gestellten Aufgaben die Werte von Konstanten angegeben. Ausnahme sind die folgenden Konstanten: sie sollen nach dem Gegenstandskatalog jedem Studenten bekannt sein. Soweit im Aufgabentext nicht anders angegeben, ist die Genauigkeit der gerundeten Werte ausreichend.

A. Zahlenwerte

$\pi \approx 3{,}14$
$e \approx 2{,}7$
$\sqrt{2} \approx 1{,}4$
$\ln 2 \approx 0{,}69$

B. Größenwerte

Fallbeschleunigung an der Erdoberfläche:	etwa $10\ m \cdot s^{-2}$
Dichte von Wasser:	$1\ g \cdot cm^{-3} = 10^3\ kg \cdot m^{-3}$
Lichtgeschwindigkeit im Vakuum und in Luft:	$3 \cdot 10^8\ m \cdot s^{-1}$
Schallgeschwindigkeit in Luft $330\ m \cdot s^{-1}$	
Avogadro-Konstante:	$6 \cdot 10^{23}\ mol^{-1}$
Molares Gasvolumen (Normalbedingungen):	$22{,}4\ l \cdot mol^{-1}$
Brechzahl von Luft:	1
1 Lichtjahr:	$9{,}46 \cdot 10^{15}\ m$

Oft gefragte Maßeinheiten

Dezimale Vielfache und Bruchteile von Einheiten

Faktor	Zehner-Potenz	Vorsilbe	Kennbuchstabe
1 Billion	10^{12}	Tera	T
1 Milliarde	10^9	Giga	G
1 Million	10^6	Mega	M
1 Tausend	10^3	Kilo	k
1 Hundert	10^2	Hekto	h
1 Hundertstel	10^{-2}	Centi	c
1 Tausendstel	10^{-3}	Milli	m
1 Millionstel	10^{-6}	Mikro	µ
1 Milliardstel	10^{-9}	Nano	n
1 Billionstel	10^{-12}	Piko	p

Basiseinheiten des internationalen Einheitensystems SI (Système Internationale)

Basisgröße	Basiseinheit	
	Name	Zeichen
Länge	Meter	m
Masse	Kilogramm	kg
Zeit	Sekunde	s
Elektrische Stromstärke	Ampere	A
Temperatur	Kelvin	K
Lichtstärke	Candela	cd
Stoffmenge	Mol	mol

Häufig benutzte, von SI-Basiseinheiten abgeleitete Einheiten

Größe	Größen-Symbol	SI-Einheit	Einheit	Einheiten-Symbol
Kraft	F	$kg \cdot m \cdot s^{-2}$	Newton	N
Druck	p	$kg \cdot m^{-1} \cdot s^{-2} = Nm^{-2}$	Pascal	Pa
Arbeit, Energie	E	$kg \cdot m^2 \cdot s^{-2} = Nm$	Joule	J
Drehmoment	M	$kg \cdot m^2 \cdot s^{-2} = J$	Newtonmeter	Nm
Leistung	P	$kg \cdot m \cdot s^{-3} = Js^{-1}$	Watt	W
Elektrische Ladung	Q	$A \cdot s$	Coulomb	C
Elektrische Spannung	U	$kg \cdot m^2 \cdot s^{-3} \cdot A^{-1} = WA^{-1}$	Volt	V
Elektrischer Widerstand	R	$kg \cdot m^2 \cdot s^{-3} \cdot A^{-2} = WA^{-2}$	Ohm	Ω

Sachverzeichnis

Ihre Meinung ist gefragt!

Sehr geehrte Leserin, sehr geehrter Leser,

ein gutes Buch sollte auch über mehrere Auflagen in Inhalt und Gestaltung den Bedürfnissen seiner Leser gerecht werden. Um dies zu erreichen, sind wir auf Ihre Hilfe angewiesen. Deshalb: Schreiben Sie uns, was Ihnen an diesem Buch gefällt, vor allem aber, was wir daran ändern sollen. Für Ihre Mühe möchten wir uns mit einer **Verlosung** bedanken, an der jeder Fragebogen teilnimmt. Die Verlosung findet einmal jährlich statt. Zu gewinnen sind 10 Büchergutscheine à € 50,–. Der Rechtsweg ist ausgeschlossen. Wir freuen uns auf Ihre Antwort, die wir selbstverständlich vertraulich behandeln.

Bitte schicken Sie diesen Fragebogen an:

Georg Thieme Verlag KG
Programmplanung Medizin
Dr. med. P. Fode
Postfach 30 11 20
70451 Stuttgart

Wie beurteilen Sie diesen Band:

Anzahl der Schemata ausreichend	ja ☐	nein ☐
Anzahl der Tabellen ausreichend	ja ☐	nein ☐
Anzahl der Lerntexte ausreichend	ja ☐	nein ☐

Wie beurteilen Sie die inhaltliche Qualität der Kommentare? Welche Kommentare sind besonders gut, welche Kommentare sind nicht ausreichend?

Wie beurteilen Sie die Lerntexte?

Zu folgenden Themen wünsche ich mir einen Lerntext/ausführlichere Erklärungen:

Wie beurteilen Sie den Schreibstil und die Lesbarkeit des Bandes?

Ist die Schwarze Reihe für das Prüfungsfach als Vorbereitung ausreichend? Haben Sie noch andere Lehrbücher benutzt? Welche?

Besonders gefallen hat mir an diesem Band:

Weitere Vorschläge und Verbesserungsmöglichkeiten?

Absender (bitte unbedingt ausfüllen)

Durchfallen?
Kommt nicht in die
Intensivkurse in Marburg
mehr Infos unter www.medi-learn.de/kurse
MEDI-LEARN
MEDI-LEARN
Medizinische Repetitorien
Elisabethstr. 9
35037 Marburg
kurse@medi-learn.de
Tel.: 06421 62015-0